国 家 科 技 重 大 专 项

大型油气田及煤层气开发成果丛书

（2008—2020）

卷 41

中国陆相致密油勘探开发理论与技术

胡素云　陶士振　白　斌　等编著

石油工業出版社

内容提要

本书在前期研究基础上，以致密油规模勘探、效益开发面临的关键难题为重点，多学科联合开展攻关研究，可概括为“3365”成果要点并在致密油形成条件与富集规律，勘探、开发、工程关键技术及应用等各个方面取得了一系列创新性成果。围绕非常规油气甜点区优选、非常规油气增产改造、非常规油气工厂化作业模式、示范工程建设四个方面对储量、产量目标的实现及示范区建设做了重要补充。

本书适合从事石油地质研究和勘探开发的科研技术人员以及高等院校相关专业教师和学生参考。

图书在版编目（CIP）数据

中国陆相致密油勘探开发理论与技术 / 胡素云等编著 .—北京：石油工业出版社，2023.3

（国家科技重大专项 · 大型油气田及煤层气开发成果丛书：2008—2020）

ISBN 978-7-5183-5556-3

Ⅰ . ① 中… Ⅱ . ① 胡… Ⅲ . ① 陆相 – 致密砂岩 – 油气勘探 – 研究 – 中国 ② 陆相 – 致密砂岩 – 油气田开发 – 研究 – 中国 Ⅳ . ① P618.130.2

中国版本图书馆 CIP 数据核字（2022）第 154491 号

责任编辑：孙　宇　孙　娟
责任校对：刘晓雪
装帧设计：李　欣　周　彦

出版发行：石油工业出版社
（北京安定门外安华里 2 区 1 号　100011）
网　址：www.petropub.com
编辑部：（010）64253017　图书营销中心：（010）64523633
经　　销：全国新华书店
印　　刷：北京中石油彩色印刷有限责任公司

2023 年 3 月第 1 版　2023 年 3 月第 1 次印刷
787 × 1092 毫米　开本：1/16　印张：22.75
字数：582 千字

定价：220.00 元

《国家科技重大专项·大型油气田及煤层气开发成果丛书（2008—2020）》

编委会

《中国陆相致密油勘探开发理论与技术》

编写组

组　长： 胡素云

副组长： 陶士振　白　斌　郭彬程　陈福利　杨立峰　梁晓伟
杨　智

成　员：（按姓氏拼音排序）

白晓虎　陈　旋　陈燕燕　淡卫东　方　向　冯胜斌
黄　东　贾进华　贾宁洪　贾希玉　江　涛　金　旭
李长喜　李国会　林森虎　卢明辉　马新仿　莫邵元
庞正炼　唐振兴　王　建　王　岚　王少军　王志平
吴颜雄　吴因业　尤　源　詹路锋　张天舒　郑　民

丛书·序

能源安全关系国计民生和国家安全。面对世界百年未有之大变局和全球科技革命的新形势，我国石油工业肩负着坚持初心、为国找油、科技创新、再创辉煌的历史使命。国家科技重大专项是立足国家战略需求，通过核心技术突破和资源集成，在一定时限内完成的重大战略产品、关键共性技术或重大工程，是国家科技发展的重中之重。大型油气田及煤层气开发专项，是贯彻落实习近平总书记关于大力提升油气勘探开发力度、能源的饭碗必须端在自己手里等重要指示批示精神的重大实践，是实施我国“深化东部、发展西部、加快海上、拓展海外”油气战略的重大举措，引领了我国油气勘探开发事业跨入向深层、深水和非常规油气进军的新时代，推动了我国油气科技发展从以“跟随”为主向“并跑、领跑”的重大转变。在“十二五”和“十三五”国家科技创新成就展上，习近平总书记两次视察专项展台，充分肯定了油气科技发展取得的重大成就。

大型油气田及煤层气开发专项作为《国家中长期科学和技术发展规划纲要（2006—2020年）》确定的10个民口科技重大专项中唯一由企业牵头组织实施的项目，以国家重大需求为导向，积极探索和实践依托行业骨干企业组织实施的科技创新新型举国体制，集中优势力量，调动中国石油、中国石化、中国海油等百余家油气能源企业和70多所高等院校、20多家科研院所及30多家民营企业协同攻关，参与研究的科技人员和推广试验人员超过3万人。围绕专项实施，形成了国家主导、企业主体、市场调节、产学研用一体化的协同创新机制，聚智协力突破关键核心技术，实现了重大关键技术与装备的快速跨越；弘扬伟大建党精神、传承石油精神和大庆精神铁人精神，以及石油会战等优良传统，充分体现了新型举国体制在科技创新领域的巨大优势。

经过十三年的持续攻关，全面完成了油气重大专项既定战略目标，攻克了一批制约油气勘探开发的瓶颈技术，解决了一批“卡脖子”问题。在陆上油气勘探、陆上油气开发、工程技术、海洋油气勘探开发、海外油气勘探开发、非常规油气勘探开发领域，形成了6大技术系列、26项重大技术；自主研发20项重大工程技术装备；建成35项示范工程、26个国家级重点实验室和研究中心。我国油气科技自主创新能力大幅提升，油气能源企业被卓越赋能，形成产量、储量增长高峰期发展新态势，为落实习近平总书记“四个革命、一个合作”能源安全新战略奠定了坚实的资源基础和技术保障。

《国家科技重大专项·大型油气田及煤层气开发成果丛书（2008—2020）》（62卷）是专项攻关以来在科学理论和技术创新方面取得的重大进展和标志性成果的系统总结，凝结了数万科研工作者的智慧和心血。他们以“功成不必在我，功成必定有我”的担当，高质量完成了这些重大科技成果的凝练提升与编写工作，为推动科技创新成果转化为现实生产力贡献了力量，给广大石油干部员工奉献了一场科技成果的饕餮盛宴。这套丛书的正式出版，对于加快推进专项理论技术成果的全面推广，提升石油工业上游整体自主创新能力和科技水平，支撑油气勘探开发快速发展，在更大范围内提升国家能源保障能力将发挥重要作用，同时也一定会在中国石油工业科技出版史上留下一座书香四溢的里程碑。

在世界能源行业加快绿色低碳转型的关键时期，广大石油科技工作者要进一步认清面临形势，保持战略定力、志存高远、志创一流，毫不放松加强油气等传统能源科技攻关，大力提升油气勘探开发力度，增强保障国家能源安全能力，努力建设国家战略科技力量和世界能源创新高地；面对资源短缺、环境保护的双重约束，充分发挥自身优势，以技术创新为突破口，加快布局发展新能源新事业，大力推进油气与新能源协调融合发展，加大节能减排降碳力度，努力增加清洁能源供应，在绿色低碳科技革命和能源科技创新上出更多更好的成果，为把我国建设成为世界能源强国、科技强国，实现中华民族伟大复兴的中国梦续写新的华章。

中国石油董事长、党组书记
中国工程院院士　戴厚良

丛书·前言

石油天然气是当今人类社会发展最重要的能源。2020 年全球一次能源消费量为 134.0×10^{8}t 油当量，其中石油和天然气占比分别为 30.6% 和 24.2%。展望未来，油气在相当长时间内仍是一次能源消费的主体，全球油气生产将呈长期稳定趋势，天然气产量将保持较高的增长率。

习近平总书记高度重视能源工作，明确指示“要加大油气勘探开发力度，保障我国能源安全”。石油工业的发展是由资源、技术、市场和社会政治经济环境四方面要素决定的，其中油气资源是基础，技术进步是最活跃、最关键的因素，石油工业发展高度依赖科学技术进步。近年来，全球石油工业上游在资源领域和理论技术研发均发生重大变化，非常规油气、海洋深水油气和深层—超深层油气勘探开发获得重大突破，推动石油地质理论与勘探开发技术装备取得革命性进步，引领石油工业上游业务进入新阶段。

中国共有 500 余个沉积盆地，已发现松辽盆地、渤海湾盆地、准噶尔盆地、塔里木盆地、鄂尔多斯盆地、四川盆地、柴达木盆地和南海盆地等大型含油气大盆地，油气资源十分丰富。中国含油气盆地类型多样、油气地质条件复杂，已发现的油气资源以陆相为主，构成独具特色的大油气分布区。历经半个多世纪的艰苦创业，到 20 世纪末，中国已建立完整独立的石油工业体系，基本满足了国家发展对能源的需求，保障了油气供给安全。2000 年以来，随着国内经济高速发展，油气需求快速增长，油气对外依存度逐年攀升。我国石油工业担负着保障国家油气供应安全，壮大国际竞争力的历史使命，然而我国石油工业面临着油气勘探开发对象日趋复杂、难度日益增大、勘探开发理论技术不相适应及先进装备依赖进口的巨大压力，因此急需发展自主科技创新能力，发展新一代油气勘探开发理论技术与先进装备，以大幅提升油气产量，保障国家油气能源安全。一直以来，国家高度重视油气科技进步，支持石油工业建设专业齐全、先进开放和国际化的上游科技研发体系，在中国石油、中国石化和中国海油建立了比较先进和完备的科技队伍和研发平台，在此基础上于2008年启动实施国家科技重大专项技术攻关。

国家科技重大专项“大型油气田及煤层气开发”（简称“国家油气重大专项”）是《国家中长期科学和技术发展规划纲要（2006—2020年）》确定的16个重大专项之一，目标是大幅提升石油工业上游整体科技创新能力和科技水平，支撑油气勘探开发快速发展。国家油气重大专项实施周期为2008—2020年，按照“十一五”“十二五”“十三五”3个阶段实施，是民口科技重大专项中唯一由企业牵头组织实施的专项，由中国石油牵头组织实施。专项立足保障国家能源安全重大战略需求，围绕“6212”科技攻关目标，共部署实施201个项目和示范工程。在党中央、国务院的坚强领导下，专项攻关团队积极探索和实践依托行业骨干企业组织实施的科技攻关新型举国体制，加快推进专项实施，攻克一批制约油气勘探开发的瓶颈技术，形成了陆上油气勘探、陆上油气开发、工程技术、海洋油气勘探开发、海外油气勘探开发、非常规油气勘探开发6大领域技术系列及26项重大技术，自主研发20项重大工程技术装备，完成35项示范工程建设。近10年我国石油年产量稳定在2×10^8t左右，天然气产量取得快速增长，2020年天然气产量达$1925\times10^8m^3$，专项全面完成既定战略目标。

通过专项科技攻关，中国油气勘探开发技术整体已经达到国际先进水平，其中陆上油气勘探开发水平位居国际前列，海洋石油勘探开发与装备研发取得巨大进步，非常规油气开发获得重大突破，石油工程服务业的技术装备实现自主化，常规技术装备已全面国产化，并具备部分高端技术装备的研发和生产能力。总体来看，我国石油工业上游科技取得以下七个方面的重大进展：

（1）我国天然气勘探开发理论技术取得重大进展，发现和建成一批大气田，支撑天然气工业实现跨越式发展。围绕我国海相与深层天然气勘探开发技术难题，形成了海相碳酸盐岩、前陆冲断带和低渗—致密等领域天然气成藏理论和勘探开发重大技术，保障了我国天然气产量快速增长。自2007年至2020年，我国天然气年产量从$677\times10^8m^3$增长到$1925\times10^8m^3$，探明储量从$6.1\times10^{12}m^3$增长到$14.41\times10^{12}m^3$，天然气在一次能源消费结构中的比例从2.75%提升到8.18%以上，实现了三个翻番，我国已成为全球第四大天然气生产国。

（2）创新发展了石油地质理论与先进勘探技术，陆相油气勘探理论与技术继续保持国际领先水平。创新发展形成了包括岩性地层油气成藏理论与勘探配套技术等新一代石油地质理论与勘探技术，发现了鄂尔多斯湖盆中心岩性地层大油区，支撑了国内长期年新增探明 10×10^8t 以上的石油地质储量。

（3）形成国际领先的高含水油田提高采收率技术，聚合物驱油技术已发展到三元复合驱，并研发先进的低渗透和稠油油田开采技术，支撑我国原油产量长期稳定。

（4）我国石油工业上游工程技术装备（物探、测井、钻井和压裂）基本实现自主化，具备一批高端装备技术研发制造能力。石油企业技术服务保障能力和国际竞争力大幅提升，促进了石油装备产业和工程技术服务产业发展。

（5）我国海洋深水工程技术装备取得重大突破，初步实现自主发展，支持了海洋深水油气勘探开发进展，近海油气勘探与开发能力整体达到国际先进水平，海上稠油开发处于国际领先水平。

（6）形成海外大型油气田勘探开发特色技术，助力“一带一路”国家油气资源开发和利用。形成全球油气资源评价能力，实现了国内成熟勘探开发技术到全球的集成与应用，我国海外权益油气产量大幅度提升。

（7）页岩气、致密气、煤层气与致密油、页岩油勘探开发技术取得重大突破，引领非常规油气开发新兴产业发展。形成页岩气水平井钻完井与储层改造作业技术系列，推动页岩气产业快速发展；页岩油勘探开发理论技术取得重大突破；煤层气开发新兴产业初见成效，形成煤层气与煤炭协调开发技术体系，全国煤炭安全生产形势实现根本性好转。

这些科技成果的取得，是国家实施建设创新型国家战略的成果，是百万石油员工和科技人员发扬艰苦奋斗、为国找油的大庆精神铁人精神的实践结果，是我国科技界以举国之力团结奋斗联合攻关的硕果。国家油气重大专项在实施中立足传统石油工业，探索实践新型举国体制，创建“产学研用”创新团队，创新人才队伍建设，创新科技研发平台基地建设，使我国石油工业科技创新能力得到大幅度提升。

为了系统总结和反映国家油气重大专项在科学理论和技术创新方面取得的重大进展和成果，加快推进专项理论技术成果的推广和提升，专项实施管理办公室与技术总体组规划组织编写了《国家科技重大专项 · 大型油气田及煤层气开发成果丛书（2008—2020）》。丛书共 62 卷，第 1 卷为专项理论技术成果总论，第 2～9 卷为陆上油气勘探理论技术成果，第 10～14 卷为陆上油气开发理论技术成果，第 15～22 卷为工程技术装备成果，第 23～26 卷为海洋油气理论技术装备成果，第 27～30 卷为海外油气理论技术成果，第 31～43 卷为非常规油气理论技术成果，第 44～62 卷为油气开发示范工程技术集成与实施成果（包括常规油气开发 7 卷，煤层气开发 5 卷，页岩气开发 4 卷，致密油、页岩油开发 3 卷）。

各卷均以专项攻关组织实施的项目与示范工程为单元，作者是项目与示范工程的项目长和技术骨干，内容是项目与示范工程在 2008—2020 年期间的重大科学理论研究、先进勘探开发技术和装备研发成果，代表了当今我国石油工业上游的最新成就和最高水平。丛书内容翔实，资料丰富，是科学研究与现场试验的真实记录，也是科研成果的总结和提升，具有重大的科学意义和资料价值，必将成为石油工业上游科技发展的珍贵记录和未来科技研发的基石和参考资料。衷心希望丛书的出版为中国石油工业的发展发挥重要作用。

国家科技重大专项“大型油气田及煤层气开发”是一项巨大的历史性科技工程，前后历时十三年，跨越三个五年规划，共有数万名科技人员参加，是我国石油工业史上一项壮举。专项的顺利实施和圆满完成是参与专项的全体科技人员奋力攻关、辛勤工作的结果，是我国石油工业界和石油科技教育界通力合作的典范。我有幸作为国家油气重大专项技术总师，全程参加了专项的科研和组织，倍感荣幸和自豪。同时，特别感谢国家科技部、财政部和发改委的规划、组织和支持，感谢中国石油、中国石化、中国海油及中联公司长期对石油科技和油气重大专项的直接领导和经费投入。此次专项成果丛书的编辑出版，还得到了石油工业出版社大力支持，在此一并表示感谢！

中国科学院院士 贾承造

《国家科技重大专项·大型油气田及煤层气开发成果丛书（2008—2020）》

分卷目录

序号	分卷名称
卷 1	总论：中国石油天然气工业勘探开发重大理论与技术进展
卷 2	岩性地层大油气区地质理论与评价技术
卷 3	中国中西部盆地致密油气藏“甜点”分布规律与勘探实践
卷 4	前陆盆地及复杂构造区油气地质理论、关键技术与勘探实践
卷 5	中国陆上古老海相碳酸盐岩油气地质理论与勘探
卷 6	海相深层油气成藏理论与勘探技术
卷 7	渤海湾盆地（陆上）油气精细勘探关键技术
卷 8	中国陆上沉积盆地大气田地质理论与勘探实践
卷 9	深层—超深层油气形成与富集：理论、技术与实践
卷 10	胜利油田特高含水期提高采收率技术
卷 11	低渗—超低渗油藏有效开发关键技术
卷 12	缝洞型碳酸盐岩油藏提高采收率理论与关键技术
卷 13	二氧化碳驱油与埋存技术及实践
卷 14	高含硫天然气净化技术与应用
卷 15	陆上宽方位宽频高密度地震勘探理论与实践
卷 16	陆上复杂区近地表建模与静校正技术
卷 17	复杂储层测井解释理论方法及 CIFLog 处理软件
卷 18	成像测井仪关键技术及 CPLog 成套装备
卷 19	深井超深井钻完井关键技术与装备
卷 20	低渗透油气藏高效开发钻完井技术
卷 21	沁水盆地南部高煤阶煤层气 L 型水平井开发技术创新与实践
卷 22	储层改造关键技术及装备
卷 23	中国近海大中型油气田勘探理论与特色技术
卷 24	海上稠油高效开发新技术
卷 25	南海深水区油气地质理论与勘探关键技术
卷 26	我国深海油气开发工程技术及装备的起步与发展
卷 27	全球油气资源分布与战略选区
卷 28	丝绸之路经济带大型碳酸盐岩油气藏开发关键技术

序号	分卷名称
卷 29	超重油与油砂有效开发理论与技术
卷 30	伊拉克典型复杂碳酸盐岩油藏储层描述
卷 31	中国主要页岩气富集成藏特点与资源潜力
卷 32	四川盆地及周缘页岩气形成富集条件、选区评价技术与应用
卷 33	南方海相页岩气区带目标评价与勘探技术
卷 34	页岩气气藏工程及采气工艺技术进展
卷 35	超高压大功率成套压裂装备技术与应用
卷 36	非常规油气开发环境检测与保护关键技术
卷 37	煤层气勘探地质理论及关键技术
卷 38	煤层气高效增产及排采关键技术
卷 39	新疆准噶尔盆地南缘煤层气资源与勘查开发技术
卷 40	煤矿区煤层气抽采利用关键技术与装备
卷 41	中国陆相致密油勘探开发理论与技术
卷 42	鄂尔多斯盆缘过渡带复杂类型气藏精细描述与开发
卷 43	中国典型盆地陆相页岩油勘探开发选区与目标评价
卷 44	鄂尔多斯盆地大型低渗透岩性地层油气藏勘探开发技术与实践
卷 45	塔里木盆地克拉苏气田超深超高压气藏开发实践
卷 46	安岳特大型深层碳酸盐岩气田高效开发关键技术
卷 47	缝洞型油藏提高采收率工程技术创新与实践
卷 48	大庆长垣油田特高含水期提高采收率技术与示范应用
卷 49	辽河及新疆稠油超稠油高效开发关键技术研究与实践
卷 50	长庆油田低渗透砂岩油藏 CO_2 驱油技术与实践
卷 51	沁水盆地南部高煤阶煤层气开发关键技术
卷 52	涪陵海相页岩气高效开发关键技术
卷 53	渝东南常压页岩气勘探开发关键技术
卷 54	长宁—威远页岩气高效开发理论与技术
卷 55	昭通山地页岩气勘探开发关键技术与实践
卷 56	沁水盆地煤层气水平井开采技术及实践
卷 57	鄂尔多斯盆地东缘煤系非常规气勘探开发技术与实践
卷 58	煤矿区煤层气地面超前预抽理论与技术
卷 59	两淮矿区煤层气开发新技术
卷 60	鄂尔多斯盆地致密油与页岩油规模开发技术
卷 61	准噶尔盆地砂砾岩致密油藏开发理论技术与实践
卷 62	渤海湾盆地济阳坳陷致密油藏开发技术与实践

本卷·前言

一、研究背景

致密油作为全球石油勘探开发的重要接替领域，2014 年北美产量约 2.3×10^{8}t，已成为世界石油供给的重要组成。其中，2014 年美国致密油产量达到 2.1×10^{8}t，推动了美国“能源独立”战略实施。中国致密油资源丰富，储量大，相继发现了鄂尔多斯、松辽、准噶尔 3 个 5 亿～10 亿吨级储量区，已建产能 100×10^{4}t/a，将为中国石油产量稳定增长做出重要贡献。该领域的攻关也将对中国实施油气资源与能源安全战略具有重大的现实价值和战略意义。

中国致密油资源丰富、发现储量规模大，但单井产量低、规模开采难。中国致密油与北美相比，具有“岩石类型复杂，储层非均质性强、物性偏差，油质偏重、气油比偏低，压力系数变化大”等特点，规模勘探、效益开发面临 4 个方面问题：

（1）致密油富集规律与资源潜力分级评价问题；

（2）致密油甜点区评价标准与准确预测问题；

（3）致密油有效开发方式与技术对策问题；

（4）致密油储层高效体积改造与提产增效问题。

2016 年国家科技部设立“致密油富集规律与勘探开发关键技术”项目，立足于鄂尔多斯、松辽、准噶尔等重点盆地，投入大量科研人员，完成了大量的实物工作，为项目研究提供了重要保障。

基础地质研究：观察描述岩心 551 口井、露头剖面 110 条；取样分析 43098 块次；三维地震资料处理解释 15900km^{2}；完成各类图件 4000 余幅。

开发工程室内实验与现场试验：完成开发实验模拟 800 余项次，开展长庆油田华 H60 平台等开发方案设计 119 口井，现场压裂试验 / 优化 659 井次（表 1、表 2）。

表 1　基础地质研究工作量统计表

分析项目		完成	分析项目		完成
文献调研	研究报告	791	地震资料处理	三维地震资料处理解释	15900km^2
	中外文献	4401		地震储层预测	9015km^2
野外工作	岩心描述	551 口		烃源岩 TOC 测井处理解释	713 口
	露头观察	110 条		岩心降噪处理	12 口
	裂缝描述	258		测井资料降噪处理	3 口
烃源岩特征	R_o/ 显微组分分析	157/247		测井计算模型 / 解释	11 种 /3 口
	有机碳含量 / 岩石热解	6607/987	完成图件	致密油样品速度	96
	氯仿沥青“A” / 组分定量	256		致密油样品弹性参数交会图	20
	饱和（芳香）烃气相色谱 / 色质	397/374		孔隙度结构、产量相关参数分析图	40
	常量 / 微量 / 硼元素全分析	205		野外露头综合柱状图	11
	孢粉分析	40		单井有机碳恢复柱状图	6
储层特征	粒度分析	121		单井综合柱状图	126
	全岩 / 黏土 XRD	577		烃源岩化学剖面图	519
	物性 / 压汞实验	956/392		勘探部署工业图件	30
	环境扫描电镜 /Qemscan 扫描	261/4		典型油藏剖面图	24
	阴极发光 /CT 扫描	1035/41		其他成藏要素基础图件	622
	气体等温吸附	178		微纳米尺度孔喉表征及模拟图件	15
	岩矿 / 铸体薄片	1375		流体赋存特征	810
	渗透率各向异性	12		储层含油分析	50
成藏特征	荧光 / 包体薄片	259		建模与模拟结果	32
	运移渗流机制 / 核磁	218/135		主控因素图版等	138
	碳氧同位素	20		开发方式	35
	流体包裹体	36		适应性分析	60
	地层水化学分析	89		压力传播特征 / 补充能量实验	30
	重矿物分析	197		其他分析测试结果图件等	797

表 2　开发工程室内实验与现场试验研究工作量统计表

分析项目		完成	分析项目		完成
开发目标	岩心应力测试	183	开发室内实验	热释重分析 /GPC/ 红外测试	50
	岩心 / 测井 / 地震裂缝预测	163		支撑剂导流能力评价实验	10
岩石力学	三轴应力试验	92		岩心自发渗吸实验 / 压裂液渗吸排驱实验	10
	最大、最小主应力测试	40		水力压裂物理模拟试验	19
	岩石力学评价实验	103		动态毛细管力测试实验 / 岩心接触角测试实验	50
	岩石力学参数测试实验	296		开发方案设计	119 口
	岩石脆性计算分析	30		致密油开发中的压力传播	15
流体特征	压汞 / 核磁 /CT 扫描	31		补充能量提高采收率实验	6
	原始含油 SEM 扫描	20	开发模式	致密油分类开发方式	4 类
渗流机理	数字岩心 / 衰竭模拟	6		开发方式适应性	3 类
	开采机理 / 采出程度	24	工程实践	探井	10 口
产能因素	产能因素分析	201		一体化水平井	38 口
	水驱油开发渗流机制	17	现场试验	压裂设计优化与实验	659 井次
	五敏测试	22		压裂材料优化	227 井次

二、取得的主要成果

通过持续攻关，初步建立了以多类型致密储层成藏为特色的陆相致密油形成与分布理论认识，发展完善了致密油资源潜力与甜点区预测评价技术，研发了以效益开发、储层高效改造为核心的开发技术体系，为“十三五”新增致密油地质储量 $5×10^8$～$8×10^8$t、新增产量约 $200×10^4$t/a 提供有效的技术支撑，助推陆相致密油规模效益发展。研究成果总体可概括为“3365”成果要点。

（1）地质认识取得 3 个方面新进展：① 中国陆相致密油形成与分布地质认识；② 中国陆相致密油充注和渗流理论认识；③ 中国陆相致密油富集理论与聚集模式。

（2）勘探方面发展 3 项致密油评价技术：① 陆相致密油资源分级评价方法；② 陆相致密油甜点区地质评价标准；③ 致密油测井评价和地震预测关键技术。

（3）开发方面研发 6 项致密油有效开发技术：① 裂缝描述、等效表征与建模技术；② 不同尺度甜点评价与优选技术；③ 全生命周期产能评价与预测技术；④ 不同类型致密油开发方式优选技术；⑤ 致密油油藏工程方案优化设计技术；⑥不同类型致密油提高采收率方法。

（4）工程方面集成 5 项致密油工程配套技术：① 裂缝起裂延伸机理、压裂液与储层作用渗流机理；② 储层改造井层优选方法、体积改造优化设计方法；③ 储层压裂井层优选软件、压裂液返排优化软件；④ 储层高效体积改造材料体系和改造工艺；⑤ 储层高效体积改造技术模式。

"十三五"项目在前期研究基础上，以致密油规模勘探、效益开发面临的关键难题为重点，多学科联合开展攻关研究。通过攻关在致密油形成条件与富集规律，勘探、开发、工程关键技术及应用等各方面取得了一系列创新性成果。

（1）分类解剖致密油形成地质条件，揭示不同源储组合成藏机制与富集规律的差异性，支撑了重点盆地有利区评价；建立并完善了致密油储层表征、充注运聚模拟和资源评价 3 个方面关键技术，支撑了致密油规模效益勘探开发；通过系统调研国内外典型盆地页岩油地质特征，提出页岩油有利区评价的重要参数，为后续评价选区提供依据。

（2）通过"十三五"5 年持续攻关，建立了一套相对完整的陆相致密油甜点评价优选方法与技术体系。一是建立了一套具有中国陆相特色的致密油甜点分级评价参数体系、方法和标准，为甜点定量评价提供标尺；二是研发了一套致密油"七性"参数高精度测井评价方法，形成了甜点段快速评价及甜点区测井综合优选技术，提高了致密油甜点区评价精度；三是研发并建立了一套混积岩、碎屑岩类致密油甜点地震预测关键技术，为甜点区优选提供技术支撑；四是基于多学科、多专业融合与大数据分析，建立陆相特色的致密油甜点综合评价优选方法体系，并研发形成中国首套致密油甜点评价优选软件系统（Toil V1.0），为甜点评价工业化应用提供手段。

（3）通过致密油岩心薄片观测和长岩心驱替实验测试，揭示了致密油储层微观渗流的孔喉下限为 100nm，不同类型致密油存在显著的可动流体与渗流差异，致密油储层普遍具有启动压力梯度特征，宏观上由于受致密油含油性级别及尺度限制，存在明显的渗流边界。致密油衰竭开采实验测试与数值模拟结果表明：致密油有效压力传播受到裂缝发育程度的限制，随着基质孔喉尺度减小压力有效传播距离减小，补充能量能够有效提高采收率，CO_2 吞吐提高采收率效果最为显著，室内实验四轮次提高采收率 63.9%。优选致密油开发目标并以人工复杂缝网有效控制可提高动用率，CO_2 吞吐 / 驱替可大幅度提高采收率。

（4）从致密油力学和物性非均质性强的地质特点以及水平井体积改造大规模压裂注入液量大、成本高的工程特点出发，研发了考虑层理和天然裂缝影响的复杂裂缝模拟软件、压后返排软件等 3 套软件，形成了以复杂裂缝实验和数值模拟技术、压—注—驱—采全耦合参数优化技术、石英砂选型、滑溜水配方和用量优化等低成本改造材料优化及应用技术为代表的致密油储层高效体积改造技术体系。

（5）创新形成了陆相淡水湖盆大型致密油成藏理论。重构了鄂尔多斯盆地延长组 7 段沉积时期“盆缘火山喷发频繁、盆内热液事件活跃”的古环境；揭示了泥页岩富有机质和广覆式分布的形成机理；提出了深水区“四古”控制下的大面积沉积富砂的新认识；创建了“高强度生烃、微纳米孔喉共储、持续充注富集”的致密油成藏模式，指导发现了 10 亿吨级庆城大油田。

（6）编制重点盆地成藏条件系列图件，明确富集主控因素，建立源储参数分级评价标准，优选富集区带 32 个，为致密油规模发展提供有利资源基础；立足识别规模有利储层甜点，建立测井地震参数体系与评价方法，预测优选甜点区 107 个，为致密油增储上产提供有利勘探开发靶区；开展重点盆地三类致密油典型区块实例分析，集成配套甜点 + 水平井 + 密切割一体化关键技术，为 5 个亿吨级致密油区发展提供有力技术支撑。

三、应用实效

项目围绕油气专项涉及的非常规油气甜点区优选、非常规油气增产改造、非常规油气工厂化作业模式、示范工程建设四个方面的目标 / 技术，立足致密油领域，强化致密油形成条件与富集规律、致密油储层储集特征与储集性能评价技术、致密油资源评价技术、陆相致密油甜点区地质评价指标与评价方法、致密油甜点测井评价和地震预测关键技术、致密油储层高效体积改造技术、致密油可动用性实验、致密油储层衰竭式开发渗流机理实验、致密油产能因素分析、致密油开发方式研究、致密油补充能量研究、鄂尔多斯盆地深水致密砂体成因及沉积模式、重点盆地致密油勘探形势评价及工业编图 13 个方面理论技术攻关。创新性体现在研究揭示陆相致密油形成、产出机理，技术研发面向致密油特色和难点；

实用性体现在理论认识指导甜点区（段）评价优选，技术研发着眼解决勘探开发实际生产问题。理论技术方面形成的甜点区富集理论与效益开发技术成果是专项中非常规油气理论技术的重要组成部分。生产实践方面推动中国石油致密油领域发展与示范区建设，是专项示范区建设及储量、产量目标实现的重要补充。

理论技术支撑方面：项目形成的理论技术成果是专项非常规油气勘探开发理论技术成果重要组成部分。

示范工程支撑方面：专项 22 项示范工程，本项目成果有力支撑致密油三大示范工程建设（表 3）。（1）甜点区优选：三大示范工程评价富集区 13 个，优选甜点区 77 个；（2）开发模式：衰竭式与补充能量开发模式在三大示范区规模应用；（3）压裂工艺：裂缝扩展机理模拟、密切割分压工艺等为三大示范区体积压裂优化设计提供支持。

成果应用支撑方面：项目探明石油地质储量 10×10^8t，为专项目标的完成提供了有力支撑。

表 3　项目研究对油气专项攻关目标完成的支撑作用

攻关目标	"十三五"专项目标	项目对专项的支撑作用
理论目标	实现岩性地层油气藏地质勘探、非常规油气勘探开发等理论创新	中国陆相致密油形成与分布地质认识、中国陆相致密油充注和渗流理论认识、中国陆相致密油富集理论与聚集模式
技术目标	形成岩性地层油气藏勘探技术、非常规油气勘探开发等六大技术系列和 20 项重大技术	创新发展陆相致密油资源分级评价、甜点区地质评价标准、测井评价和地震预测 3 项勘探评价技术；研发形成裂缝描述、等效表征与建模等 6 项致密油有效开发技术；创建裂缝起裂延伸机理、压裂液与储层作用渗流机理等 5 项致密油工程配套技术
示范工程	建设 22 项示范工程	甜点区优选：三大示范工程评价富集区 13 个，优选甜点区 77 个；开发模式：衰竭式与补充能量开发模式在三大示范区规模应用；压裂工艺：裂缝扩展机理模拟、密切割分压工艺等为三大示范区体积压裂设计提供支持
成果应用目标	新增石油探明可采储量 25.5×10^8～32.0×10^8t、天然气探明可采储量 4.1×10^{12}～$4.5\times10^{12}m^3$，国内原油年产量 1.9×10^8～2.1×10^8t、天然气年产量 1400×10^8～$1600\times10^8m^3$	优选钻探 76 个有利目标，其中 68 个获得工业油流；提交探明地质储量 10×10^8t，发现庆城 10 亿吨级大油田和 5 个亿吨级致密油区；累计新建产能 750.2×10^4t，新建长庆百万吨级产能建设区和 4 个 50 万吨级产能区；2020 年致密油产量 271.7×10^4t

四、编写分工情况

本卷由胡素云、陶士振、白斌、郭彬程、陈福利、梁晓伟、杨智等共同完成。其中，第一章由胡素云、陶士振、白斌、金旭、王建、贾进华、张天舒、林森虎、陈燕燕、庞正炼、郑民、王民、孟元林、刘鸿渊、卢双舫、肖丽华、刘羽汐等负责完成；第二章由郭彬程、李长喜、卢明辉、詹路锋、胡勇、杨轩、张春明、杨涛、何文祥、黄福喜等负责完成；第三章由陈福利、王志平、贾宁洪、高建、王少军、张祖波、丁文龙、张旭辉、孙圆辉、王治涛、肖子亢、闫林、童敏等负责完成；第四章由杨立峰、莫邵元、高睿、刘哲、王臻、冯富平、马新仿、邹雨时、范激、石阳、郝春成、白晓虎、付海峰、修乃领、梁天成等负责完成；第五章由梁晓伟、冯胜斌、淡卫东、尤源、高岗、田景春、王峰、孙明亮等负责完成；第六章由胡素云、杨智、闫伟鹏、方向、王岚、吴因业、李国会、唐振兴、赵家宏、王天煦、贾希玉、薛建勤、吴颜雄、夏晓敏、施奇、陈旋、刘俊田、江涛、钱铮、黄东、李育聪、李嘉蕊、付蕾等负责完成。整体编写、组织及统稿审核由胡素云、白斌、陶士振负责完成。

五、致谢

感谢国家重大专项“大型油气田及煤层气开发”项目的精心管理与技术指导；感谢对本项目在研究过程中提供帮助的所有领导、专家、同行；感谢项目组全体科研人员的辛勤劳动；感谢各位评审专家。

目 录

第一章　陆相致密油形成条件与富集规律

2008 年后，随着北美致密（页岩）油实现突破，美国原油产量大幅增长，致密油勘探和研究越来越受到重视。中国陆相致密油起步晚，但发展迅速，目前已在鄂尔多斯盆地延长组 7 段、准噶尔盆地芦草沟组等重点盆地累计探明地质储量 5.38×10^8t，2020 年致密油产量 185.6×10^4t，累计产油 593.6×10^4t，未来勘探开发潜力值得期待。但中国陆相湖盆致密油形成地质条件较国外复杂，淡水、咸化湖盆形成条件具有明显的非均质性特征，具有烃源岩的非均质性、储层的多样性以及源储组合的复杂性，富集规律差异化明显。本章主要介绍中国陆相致密油基本地质特征、形成条件与差异化富集规律。

第一节　陆相致密油基本地质特征

一、致密油概念

对致密油概念的认识，在早期的研究者中有细微的差别。邹才能等（2012）认为致密油是致密储层油的简称，是指覆压基质渗透率小于或等于 0.1mD 的砂岩、石灰岩等储集油层，并将赋存在生油岩中的未经历运移的滞留石油，称为页岩油。二者需要有不同的开采技术。贾承造等（2012）认为致密油是指以吸附或游离状态赋存于生油岩中，或与生油岩互层、紧邻的致密砂岩、致密碳酸盐岩等储集岩中，未经过大规模长距离运移的石油聚集（图 1-1-1）。按照 GBT34906—2017 国家标准，致密油（tight oil）是指储集在覆压基质渗透率小于或等于 0.1mD（空气渗透率＜1mD）的致密砂岩、致密碳酸盐岩等储层中的石油，或非稠油类流度小于或等于 0.1mD/（mPa·s）的石油。

因此，本卷提到的陆相致密油是指发育于陆相湖盆页岩层系内或邻近的致密储层，储层覆压基质渗透率不大于 0.1mD（空气渗透率＜1mD），存在短距离运移，具有源—储互层或紧邻组合特征，单井无自然产能或自然产能低于商业石油产量下限，但在一定经济条件和技术措施下可获得商业石油产量。致密油与成熟烃源岩中已生成并滞留在页岩地层中聚集的页岩油有明显差异，页岩油未发生运移，属于原位富集，既是生油岩，又是储集岩。

一般来说，致密油的形成具有 3 个明显的标志特征：（1）大面积分布的致密储层（孔隙度＜10%、基质覆压渗透率＜0.1mD、孔喉直径＜1μm）；（2）广覆式分布的成熟优质生油层（Ⅰ型或Ⅱ干酪根、平均 TOC 大于 1%、R_o 为 0.6%～1.3%）；（3）连续型分布的致密储层与生油岩紧密接触的共生关系，无明显圈闭边界，无油“藏”的概念。

总之，本章探讨的中国陆相中—高成熟度页岩油是指烃源岩镜质组反射率大于 0.9%，大量生成液态烃，赋存在陆相页岩层系内滞留生油岩自身及烃源岩层系内部分致密储层的石油资源，油气未经过长距离运移或原地成藏，储层岩性以空气渗透率小于 1mD 的致密砂岩和致密灰岩为主。从资源类型上，为滞留在页岩层系中尚未排出的液态烃，不包括尚未转化为石油的有机质；从资源分布上，既有富有机质烃源岩层系内（源内）的泥页岩，也有过渡岩性（泥质粉砂岩、碳酸盐质泥岩、泥质碳酸盐岩、凝灰质泥岩等）和致密储层（粉细砂岩等），具有原地聚集、源储一体的地质特征，常规技术难以开采，需要水平井多段压裂改造后生产，已在新疆、大港、吐哈等油田利用直井、水平井体积压裂关键技术，开展了高成熟页岩与云质泥岩、泥质粉砂岩、凝灰岩等过渡岩性互层段石油开发试验技术攻关，多层系取得新进展。

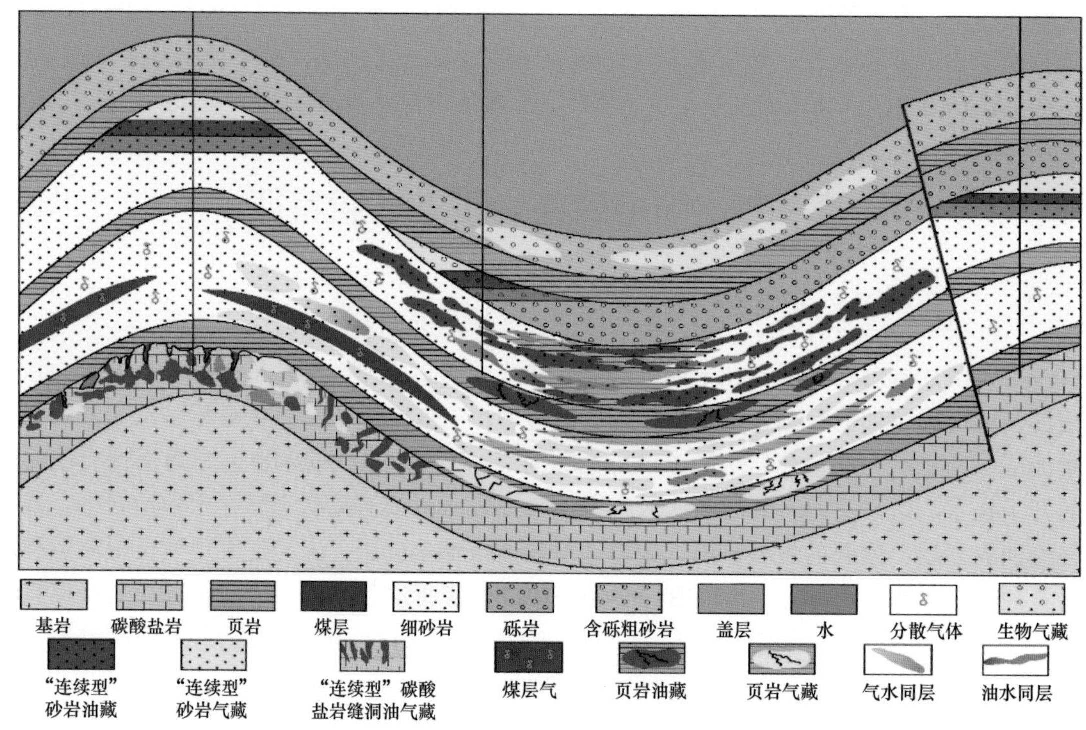

图 1-1-1　致密油聚集模式（据邹才能等，2011）

二、陆相致密油类型

中国陆相致密油主要赋存于湖相盆地，广泛分布在鄂尔多斯盆地三叠系延长组 7 段、松辽盆地白垩系青山口组与嫩江组扶余油层、准噶尔盆地二叠系（芦草沟组、风城组、平地泉组）、三塘湖盆地二叠系（芦草沟组、条湖组）、渤海湾盆地古近系沙河街组—孔店组、柴达木盆地古近系—新近系下干柴沟组—油砂山组、四川盆地侏罗系大安寨段等层系，其中以中—新生界层系为主（图 1-1-2）。储层包括致密砂岩、混积岩、沉凝灰岩、湖相碳酸盐岩等多种岩性，可分为陆相碎屑岩型致密油、陆相混积岩型致密油、陆相沉凝灰岩型致密油与湖相碳酸盐岩型致密油。

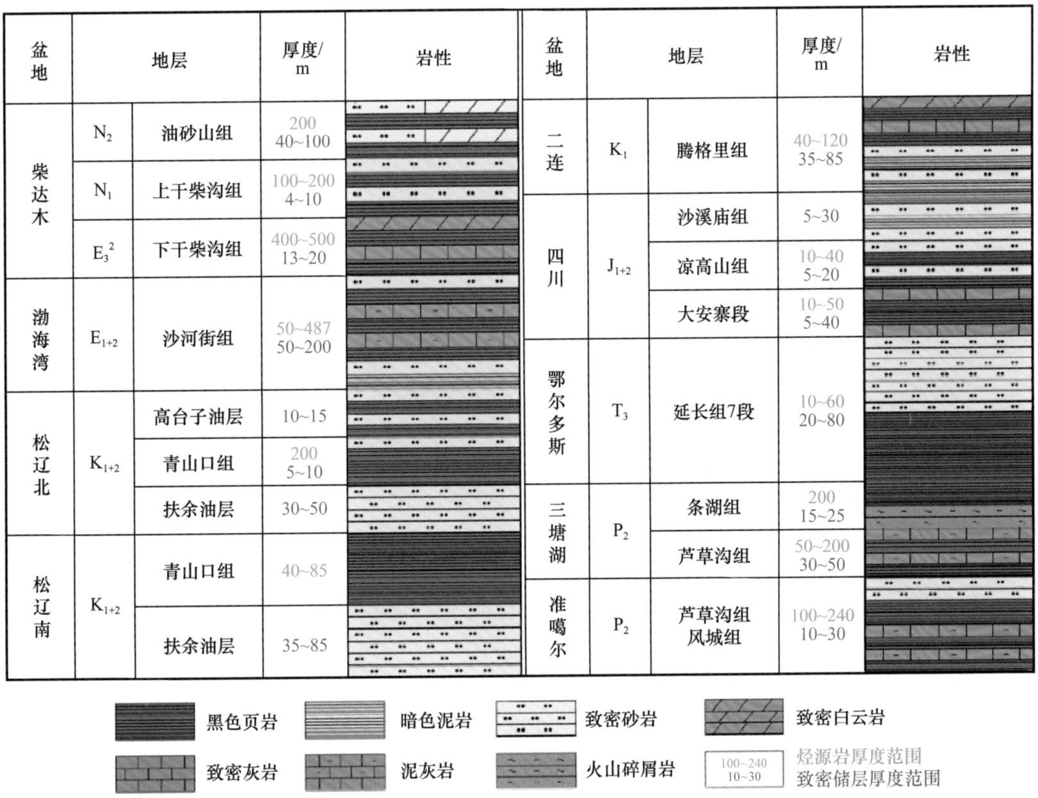

盆地	地层		厚度/m	岩性
柴达木	N_2	油砂山组	200 40~100	
	N_1	上干柴沟组	100~200 4~10	
	E_3^2	下干柴沟组	400~500 13~20	
渤海湾	E_{1+2}	沙河街组	50~487 50~200	
松辽北	K_{1+2}	高台子油层	10~15	
		青山口组	200 5~10	
		扶余油层	30~50	
松辽南	K_{1+2}	青山口组	40~85	
		扶余油层	35~85	

盆地	地层		厚度/m	岩性
二连	K_1	腾格里组	40~120 35~85	
四川	J_{1+2}	沙溪庙组	5~30	
		凉高山组	10~40 5~20	
		大安寨段	10~50 5~40	
鄂尔多斯	T_3	延长组7段	10~60 20~80	
三塘湖	P_2	条湖组	200 15~25	
		芦草沟组	50~200 30~50	
准噶尔	P_2	芦草沟组 风城组	100~240 10~30	

黑色页岩　暗色泥岩　致密砂岩　致密白云岩
致密灰岩　泥灰岩　火山碎屑岩　100~240 烃源岩厚度范围　10~30 致密储层厚度范围

图 1-1-2　中国陆相致密油分布

1. 陆相碎屑岩型致密油

陆相碎屑岩型致密油主要分布于三角洲前缘与半深湖—深湖相带。

1）三角洲前缘—滩坝相带碎屑岩致密油

湖泊三角洲是河流入湖形成的陆源碎屑沉积体系，多出现于湖盆深陷后的抬升期，分为三角洲平原、三角洲前缘和前三角洲 3 个亚相带。前三角洲位于三角洲前缘的外缘，是三角洲中最细物质沉积区，分布面积广，以暗色泥岩为主夹薄层粉砂岩，逐渐向深湖区过渡。前三角洲相带薄层粉—细砂岩与优质烃源岩互层或紧邻，成藏条件较好，是深湖水下三角洲砂岩致密油分布的主要沉积相带。

深湖水下三角洲砂岩致密油在中国分布最广泛，松辽盆地青山口组和泉头组、渤海湾盆地沙河街组、鄂尔多斯盆地延长组及四川盆地中—下侏罗统均有发现，松辽盆地上白垩统青山口组和泉头组（扶余油层）致密油是其中的典型代表（图 1-1-3）。

松辽盆地晚白垩世为陆源边缘海坳陷湖盆，受南北两大陆源控制，处于温湿气候，水体表现为微咸水环境，偶有海泛，在湖盆内部细粒有机质沉积广泛发育，储层微相类型丰富，具有形成源储共生的致密油沉积背景。松辽盆地上白垩统致密油发现于 20 世纪 80 年代初。盆地主要的致密油产层分布在中央坳陷区的大庆长垣、三肇凹陷、龙虎泡扶余油层及齐家高台子油层。据“十三五”致密油专项研究成果，松辽盆地青山口组和泉头组致密油分布面积约 $2\times10^4km^2$，致密油资源量达 27×10^8t，已建成 40 个致密油开发试验区，建产能百万吨。勘探开发成效显著，实现了松辽盆地致密油的经济有效开发。

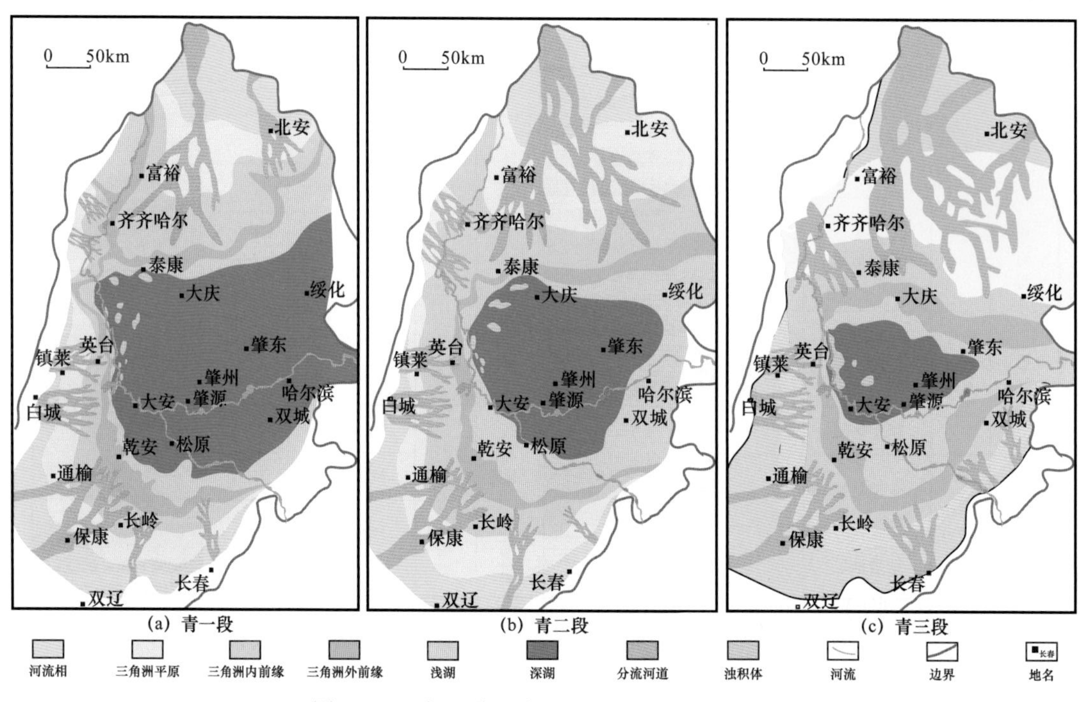

图 1-1-3　松辽盆地白垩系沉积相平面分布图

柴达木盆地古近纪—新近纪气候干旱、物源补给弱，湖盆呈高频振荡、咸化沉积特征，广泛发育湖相滩坝砂。古近系盆缘滩坝碎屑岩型致密油主要分布于柴西南区英雄岭—尕斯—扎哈泉一带，整体为辫状河三角洲前缘—湖泊沉积环境，沿岸发育大规模的多期叠置的滩坝群。储层岩性为中—细砂岩、粉砂岩。储集空间以（残余）粒间孔为主，孔隙度集中在 4%～6% 之间，渗透率集中在 0.1～0.5mD 之间，甜点区孔隙度可达 15%、渗透率 20mD。柴西古近系—新近系发育 E_3^2—N_2^1 咸化湖相主力烃源岩：岩性以暗色灰质泥岩为主，厚度介于 800～1200m，分布面积 $16000km^2$。有机质丰度虽然低，但转化率高。柴西古近系—新近系烃源岩有机碳普遍小于 1%，氯仿沥青“A”集中于 0.05%～0.5%，有机质类型以Ⅱ型为主。相对于其他盆地，咸化湖烃源岩具有较高的氢指数和氯仿沥青“A”含量。咸化湖烃源岩发育大量可溶有机质，低熟阶段即可大量生烃，贡献率高达 60%，干酪根持续接力裂解生烃，具有“可溶有机质低熟早生，不溶有机质高效转化”的特征，累计生油量达 470×10^8t，为柴西地区致密油的形成奠定了物质基础。

2）半深湖—深湖相带重力流砂岩致密油

中国中生代、新生代陆相湖盆中，重力流砂体广泛发育，主要分为砂质碎屑流岩体、浊积岩和滑塌岩 3 种砂体类型。砂质碎屑流岩体分布最广，由于沉积时流体密度较大，往往呈不规则的舌状体分布在盆地斜坡部位，砂体形状为连续块状。浊积岩所占比例较小，沉积时流体密度较小，可以延伸到盆地腹部地区，与砂质碎屑流岩体的主要区别在于平面上为有水道的扇体，砂体形态为孤立透镜状或薄层席状。滑塌岩则是在深水环境中由于滑动、滑塌作用形成的变形体，砂泥混杂，分选很差。大量岩心观察表明，砂质碎屑流岩体连续厚度较大，含油性最好（含油级别为饱含油）；浊积岩砂泥频繁互层，只有鲍马序列 A 段含油性较好（富含油或油浸）；滑塌岩含油性较差（油斑或油迹）。

深湖砂质碎屑流和浊流沉积体是深湖重力流砂岩致密油赋存的主要储集体类型，本身处于生烃凹陷中心部位，该储集体与烃源岩直接接触，有利于形成规模较大的致密油区。半深湖—深湖相重力流砂岩致密油在鄂尔多斯盆地延长组、渤海湾盆地沙河街组等地层中均有发现，其中最具典型的代表是鄂尔多斯盆地上三叠统延长组 7 段（以下简称长 7 段）致密油。

2. 陆相混积岩型致密油

致密混积岩是中国陆相致密油一类特殊储层，以准噶尔盆地吉木萨尔凹陷中二叠统风城组、芦草沟组和吐哈盆地芦草沟组的为典型代表。此外，渤海湾盆地沧东凹陷古近系孔店组、柴达木盆地古近系混积岩也显示出良好的勘探潜力。

准噶尔盆地中二叠统风城组、芦草沟组为前陆背景蒸发浓缩咸化碱湖湖盆的三源细粒混合沉积。根据风城组细粒岩的岩石组构特征，选择岩石分类的三端元组分：火山碎屑（凝灰质及晶屑）、陆源碎屑（黏土质及陆源矿物晶体）以及内源沉积（主要包括碳酸盐类及蒸发类矿物）。芦草沟为一套沉积于咸化湖泊中的富有机质细粒沉积，是在机械沉积作用、化学沉积作用和火山活动等影响下形成的混积岩，主要为陆源碎屑输入、盆内碳酸盐沉淀和火山碎屑输入 3 种来源。准噶尔盆地芦草沟组混积岩具有岩性复杂和矿物成分多样的特征（图 1–1–4）。

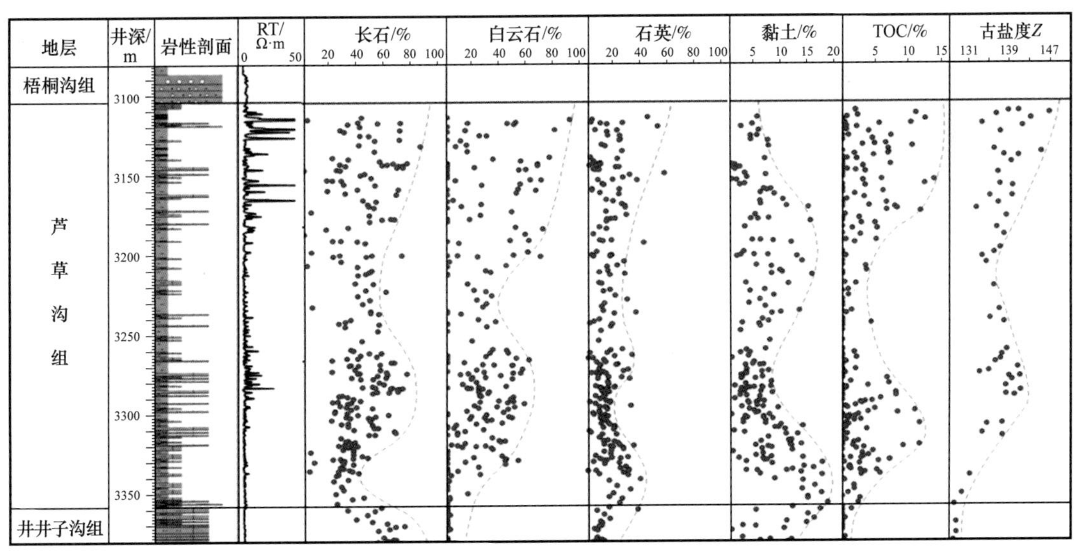

图 1–1–4　吉 174 井芦草沟组矿物含量垂向分布特征

准噶尔盆地芦草沟组混积岩具有整体含油、二元控储、甜点富集的特点，甜点区纵向分布跨度大、横向非均质性强；甜点物性好，含油级别高、含油饱和度高。吉木萨尔芦草沟组致密油地质资源量 6.66×10^8t，建立了“吉木萨尔国家级陆相页岩油示范区”，新

建产能 71.85×10^4t/a，推动了页岩油的勘探。

3. 陆相沉凝灰岩型致密油

致密沉凝灰岩是中国陆相致密油最为特殊的一类储层类型，主要分布在中国三塘湖盆地中二叠统条湖组，整体为一套火山喷发后期火山灰“空降”水中形成的火山碎屑岩。主要分布在三塘湖盆地马朗凹陷与条湖凹陷腹地，厚度主要受湖盆古地形的控制，具有东南部厚度大、西北部厚度小的特征，整个地层厚度约 500m，勘探面积 3200km^2。

三塘湖盆地条湖组致密油地质总资源量 1.43×10^8t，已发现马 56、芦 104、马 706 区块 3 个规模储量区。马 1—马 56 区块南翼、条湖凹陷南缘条 8—条 34 区块是勘探潜力区。条湖组致密油以主要组分是中酸性火山尘的沉凝灰岩为主，岩性为晶屑—玻屑凝灰岩，以玻屑和晶屑火山灰沉凝灰岩为主，含有一定的有机质碎屑组分，黏土矿物含量低。薄片鉴定表明，晶屑主要是石英、钠长石及少量钾长石，未见辉石和橄榄石等偏碱性的暗色矿物。凝灰岩储层发育在火山岩旋回顶部，受稳定湖盆区控制，大面积连片分布；甜点主要分布在火山机构两翼洼地，呈团块状分布。近火山口的斜坡—洼地背景、富含有机质的静水环境为空落的酸性火山灰沉积、成岩蚀变溶蚀形成大量次生溶蚀微孔创造了条件。

4. 湖相碳酸盐岩型致密油

中国湖相碳酸盐岩分布在中生代、新生代的侏罗纪、白垩纪和古近纪，发育湖盆浅水地带，而且形成时期盆地边缘以陆源碎屑沉积为主，多与蒸发岩的沉积环境关系密切，明显地受控于古气候、古水动力和古水介质条件的变化，主要发育有生物灰岩、藻灰岩、泥质灰岩、白云岩及白云石化岩类等岩石类型。因此，中国致密碳酸盐岩储层时空分布相对有限，具有储层厚度较小、空间展布规模较局限的特征。侏罗系湖相碳酸盐岩主要分布在四川盆地（图 1-1-5）。白垩系湖相碳酸盐岩主要分布在松辽盆地、酒西盆地等。古近纪湖相碳酸盐岩分布在渤海湾盆地，此外，在南方的衡阳、三水和百色等小盆地也有发现。

渤海湾盆地沙河街组湖相致密碳酸盐岩主要集中在束鹿凹陷、东营凹陷和沧东凹陷等地区，有效储层横向变化快，最大累计厚度普遍小于 150m，展布面积约 500km^2；岩性以石灰岩为主，白云岩相对较少。四川盆地大安寨段和渤海湾盆地沙河街组三段，以致密介壳灰岩、泥灰岩为主，生物介壳含量较高，岩心和薄片中表现为亮晶方解石与泥晶方解石混合沉积特征。致密碳酸盐岩在四川盆地下侏罗统自流井组大安寨段、渤海湾盆地古近系沙河街组三段和四段及柴达木盆地古近系下干柴沟组等均见油气产出，整体为一套浅湖相碳酸盐岩沉积。

柴达木盆地古近系—新近系发育两类湖相碳酸盐岩致密油，一类是新近系盆缘溶蚀型藻灰岩致密油，主要分布于柴西北区大风山—南翼山一带，整体为滨湖与浅湖交替沉积，发育大规模的藻灰岩与灰云岩组合。藻灰岩中碳酸盐含量高达 70% 以上，溶蚀作用强，孔隙结构好，含油性好。与灰云岩直接叠置、拼接，明显地提高了“富藻灰岩组合”储层的渗流能力。另一类是下干柴沟组盆内灰云岩晶间孔型。主要分布于环红狮凹陷，以浅湖—半深湖沉积为主，位于沉积中心地带，早期发育灰云岩、膏质灰云岩，晚期发育盐岩。灰云岩储层主要发育晶间孔，局部发育溶孔、断裂伴生的角砾化孔（洞）及网状裂缝。

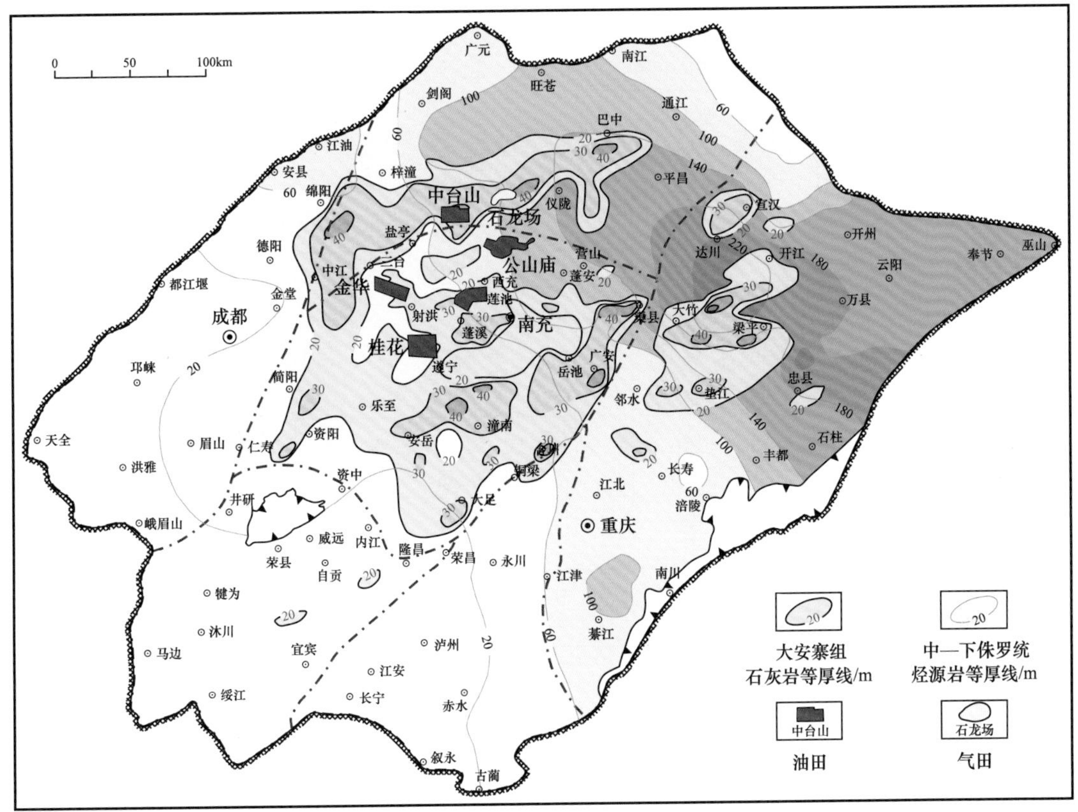

图 1-1-5　四川盆地大安寨段综合评价图（据李登华等，2011）

第二节　陆相致密油形成条件

一、烃源岩的非均质性与形成的差异

随着多旋回构造演化，中国中生代、新生代陆相湖盆经历多期扩张—萎缩旋回。自二叠纪以来，陆相裂谷与坳陷湖盆扩张期形成了淡水（如鄂尔多斯盆地延长组）、咸水（如三塘湖盆地芦草沟组）、微咸水（如松辽盆地白垩系青山口组和嫩江组）沉积（表 1-2-1），为形成陆相页岩油多套富有机质页岩和多物源沉积储层提供了有效场所。

中国各种类型陆相湖盆均发育优质烃源岩，丰度高，生烃潜力非均质性强。据统计，淡水环境烃源岩（例如鄂尔多斯盆地长 7 段泥页岩）的有机碳丰度 TOC 含量范围分布在 3%～17% 之间，S_1 为 0.2～7.1mg/g，S_2 为 0.3～46.1mg/g，厚度范围为 20～100m；咸水环境烃源岩（以三塘湖盆地芦草沟组泥页岩为例）的 TOC 含量范围则在 2%～14% 之间，S_1 分布于 0.01～3mg/g 范围内，S_2 则为 0.06～110mg/g，厚度分布在 100～240m 之间（表 1-2-1）。以松辽盆地青山口组烃源岩为例的微咸水烃源岩，TOC 含量范围则在 1.0%～4.2% 之间，S_1 分布在 0.04～3.9mg/g 之间，S_2 为 0.7～37.6mg/g，厚度分布在 60～

表 1-2-1 中国中新生代陆相湖盆页岩油源储特征表

水体性质	盆地	层位	沉积相	烃源岩特征											储层特征					
				岩性	TOC/%	S_1/(mg/g)	S_2/(mg/g)	R_o/%	有机质类型	厚度/m	有利面积/km^2	环境	古气候	火山灰	沉积微相	岩性	厚度/m	孔隙度/%	渗透率/mD	平均孔喉半径/μm
咸水—半咸水	准噶尔	二叠系芦草沟组	咸化湖泊—三角洲	泥岩、白云质泥岩	2.0～14.0	0.01～3.00	0.06～110.00	0.50～1.60	Ⅱ	100～240	870	缺氧底水环境	炎热—温暖气候	整个凹陷均有分布	半深湖—深湖	粉细砂岩、白云质粉砂岩、泥晶白云岩	20～50	4～14	0.0075～1.000	0.01～1.00
淡水—微咸水	松辽	大庆白垩系青山口组	深湖—三角洲前缘	泥页岩	1.8～4.5	1.00～10.00	5.80～37.60	0.75～1.67	Ⅰ/Ⅱ	200～600	2225～5520	缺氧水体	温暖潮湿	局部发育	水下分流河道、滩坝、重力流、深湖	粉细砂岩、页岩	5～30	2～15	0.030～1.000	0.04～0.15
		吉林白垩系青一段	半深湖	泥页岩	1.0～2.5	0.04～3.00	0.70～14.00	0.70～1.00	Ⅰ/Ⅱ	60～300	2200	缺氧水体	温暖潮湿							
淡水	鄂尔多斯	三叠系延长组	半深湖—深湖	页岩、泥岩	0.6～32.0	0.20～7.10	0.30～46.10	0.70～1.30	Ⅰ/Ⅱ	20～100	30000	缺氧水体	温暖	常见	水下分流河道、砂质碎屑流、滩坝、重力流	粉细砂岩、泥质粉砂岩、中—细砂岩	2～10	3～13	0.010～0.300为主	0.03～1.00

300m。形成富有机质页岩的主控因素可以分解为原始生产力和有机质保存条件。淡水湖由于最深部水体循环对流受阻而缺氧，常常发育厚层富有机质页岩。

相对而言，咸水湖可能更有利于有机质保存，因为水体分层状态更稳定。对于半咸水湖环境而言，其与外界连通性常常比较局限，高生产率、缺少碎屑稀释以及无硫化还原细菌的活动可能是高丰度有机质页岩形成的关键因素。

1. 鄂尔多斯盆地长 7 段淡水湖盆烃源岩非均质性特征及生排烃差异

1）淡水湖盆优质烃源岩非均质特征

受构造事件影响，晚三叠世，鄂尔多斯盆地拉张下陷，湖盆迅速扩张，盆地内部形成了大型淡水湖泊，沉积了一套以湖泊—河流沉积为主的陆源碎屑岩系。延长组 7 段沉积时为湖盆最大湖泛期，湖盆面积超过了 $10\times10^4km^2$，湖侵达到鼎盛，从而发育了大规模湖相泥页岩层，厚度范围为 20～100m。据文献报道，鄂尔多斯盆地长 7 段黑色页岩有机碳含量可达 4%～32%，平均厚度达 16m，最厚达 60m，有机碳含量大于 8% 的优质烃源岩面积 $1.41\times10^4km^2$，大于 2.5% 的面积可达 $5.6\times10^4km^2$，以腐泥组（65%，体积分数）为主，属于 Ⅰ—$Ⅱ_1$ 型，生烃能力强。黑色页岩平均生烃强度 $235.4\times10^4t/km^2$、生烃量 1012.2×10^8t，暗色泥岩平均生烃强度 $34.8\times10^4t/km^2$、生烃量 216.4×10^8t，合计 1228.6×10^8t。

本文选取鄂尔多斯盆地长 7 段重点钻井 G135 井，进行每米一个样的单井高分辨率有机地球化学分析。结果显示，虽然长 7 段烃源岩肉眼观察未呈现明显的非均质性，大部分样品为黑色或暗色泥岩，在长 7_1 亚段及长 7_2 亚段夹少量粉砂质泥岩和粉砂岩纹层，但其地球化学特征及显微岩相特征呈现较大的非均质性。地球化学分析结果显示，长 7 段烃源岩的有机碳含量分布范围为 3%～17%（图 1–2–1），其中以长 7_3 亚段烃源岩有机质丰度含量最高，TOC 平均值 8.32%。游离烃 S_1 分布范围为 0.2～7.1mg/g，其中，长 7_3 亚段 S_1 平均值高达 3.8mg/g。S_2 为 0.3～46.1mg/g，其垂向分布规律与 S_1 的类似，长 7_3 亚段 S_2 平均值为 16.1mg/g。S_1 和 S_2 与 TOC 之间呈现良好的正相关关系，说明了有机质丰度对泥页岩生排烃的控制作用（图 1–2–2）。其中，部分样品的 S_1/TOC 大于 100mg/g TOC，说明这部分样品中的烃类发生过跨越运移作用。最高热解峰温 T_{max} 主要分布于 440～460℃，结合镜质组反射率 R_o 为 0.65% 来看，成熟度适中，位于生油窗初期。

鄂尔多斯长 7 段沉积时期以淡水环境为主，本次的单井高分辨率生物标志物分析结果也显示，泥页岩生物标志物中伽马蜡烷和胡萝卜烷较低，指示沉积环境为淡水湖盆（图 1–2–3）。

镜下有机岩相分析结果显示，长 7 段烃源岩干酪根主要以矿物—沥青基质、壳质体（藻类体和无定型体）和镜质体为主（图 1–2–4），属于 $Ⅱ_1$—$Ⅱ_2$ 型干酪根，具有较高的生烃潜力。这些有机质多呈纹层状分布，相互交联形成可供烃类运移的三维通道。

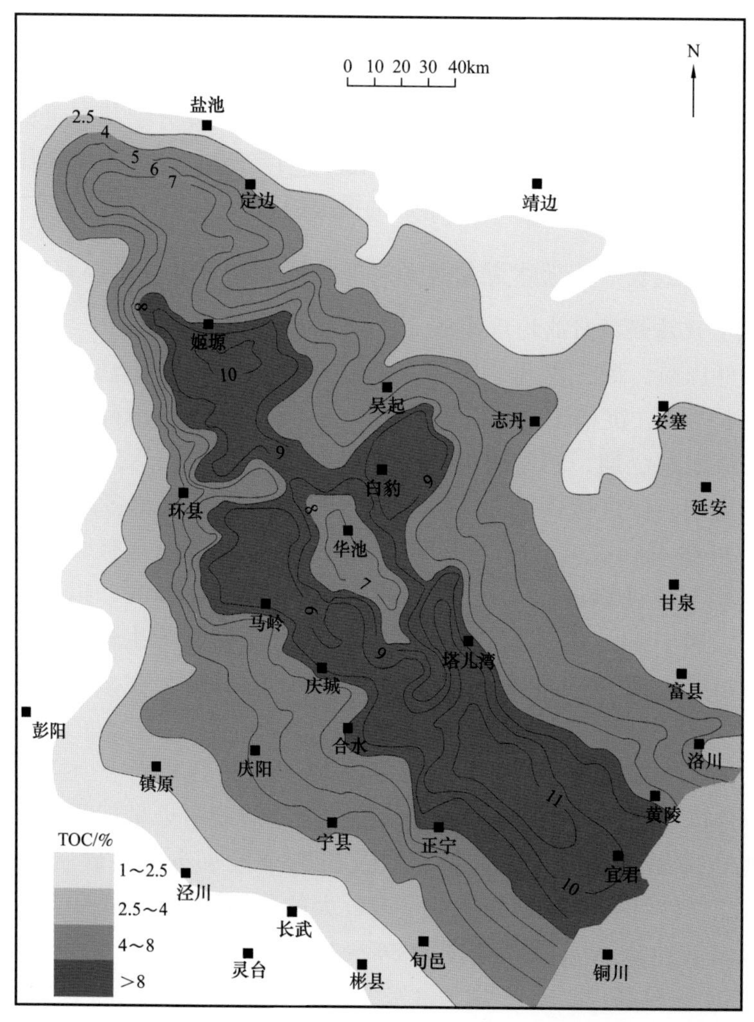

图 1-2-1 鄂尔多斯陆相湖盆长 7 段烃源岩有机碳丰度平面等值线图

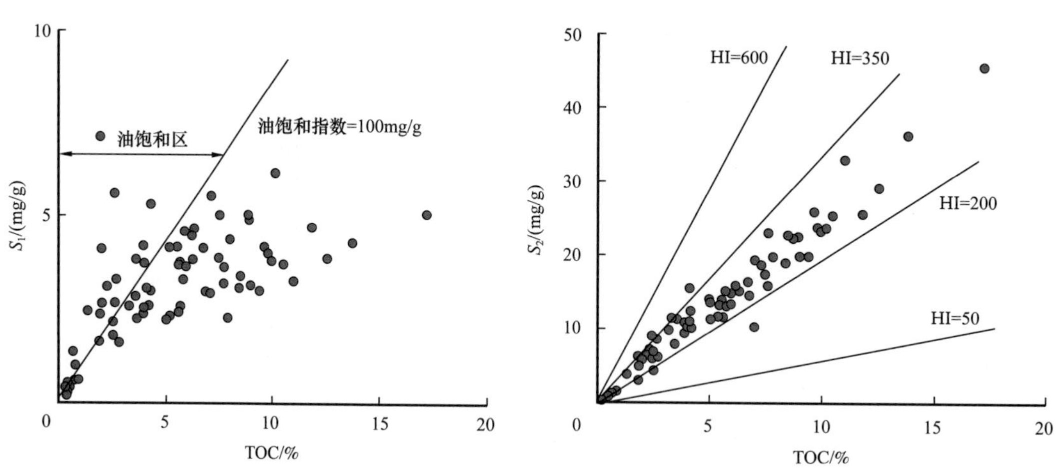

图 1-2-2 鄂尔多斯陆相湖盆长 7 段烃源岩 S_1、S_2 与 TOC 的交会图

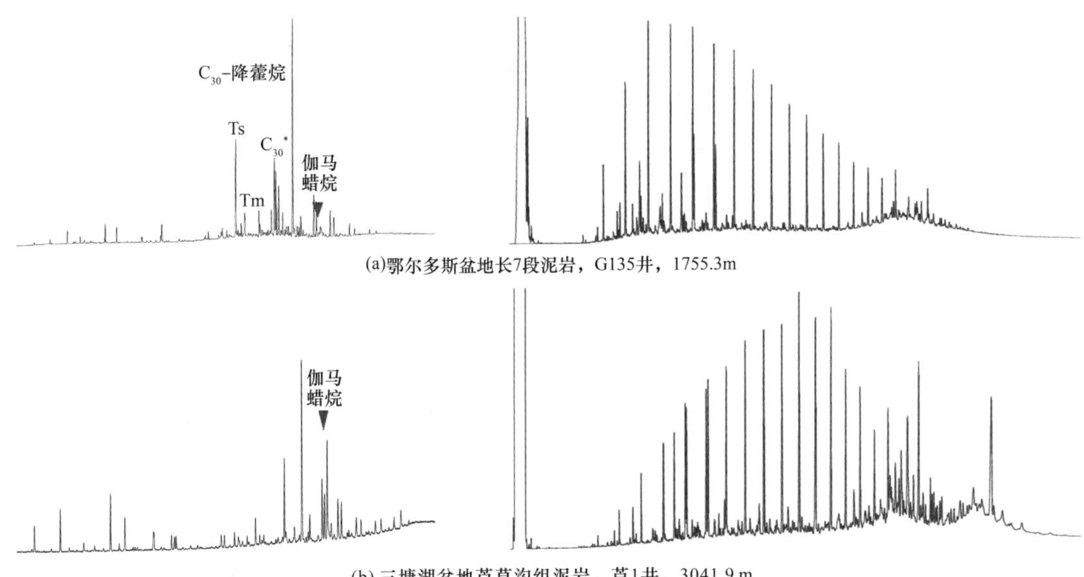

(a)鄂尔多斯盆地长7段泥岩，G135井，1755.3m

(b) 三塘湖盆地芦草沟组泥岩，芦1井，3041.9 m

图 1-2-3 淡水与咸水湖盆源岩生物标志化合物图

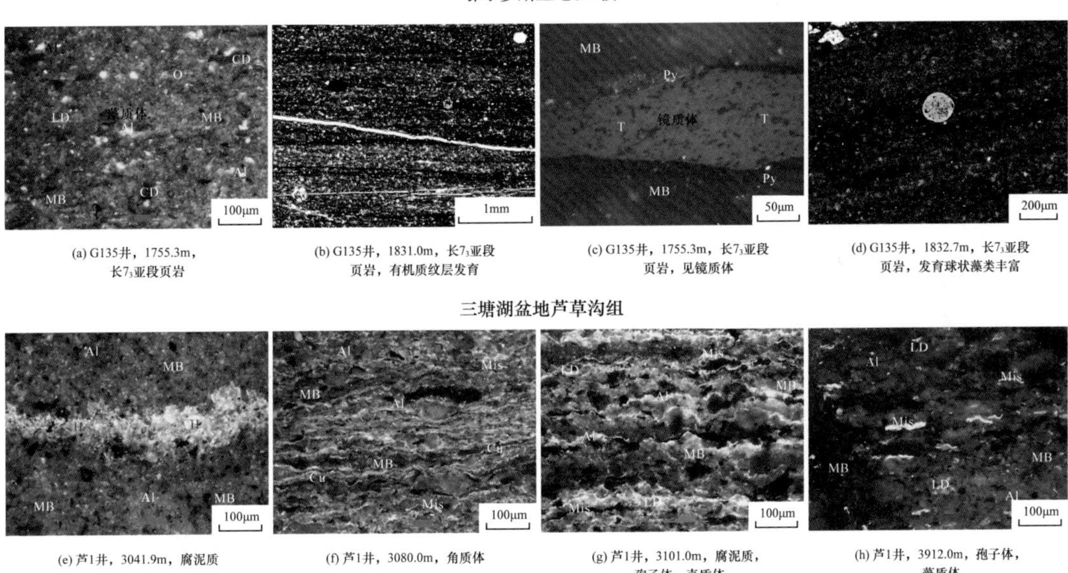

(a) G135井，1755.3m，长7_3亚段页岩

(b) G135井，1831.0m，长7_3亚段页岩，有机质纹层发育

(c) G135井，1755.3m，长7_3亚段页岩，见镜质体

(d) G135井，1832.7m，长7_3亚段页岩，发育球状藻类丰富

(e) 芦1井，3041.9m，腐泥质

(f) 芦1井，3080.0m，角质体

(g) 芦1井，3101.0m，腐泥质，孢子体，壳质体

(h) 芦1井，3912.0m，孢子体，藻质体

Al—藻质体；LD—碎屑壳质体；CD—碎屑镜质体；T—结构镜质体；MB—沥青基质；H—腐泥体；Mis—小孢子体；Py—黄铁矿；O—油迹

图 1-2-4 淡水与咸水湖盆泥页岩显微组分特征

2）淡水湖盆优质烃源岩生排烃特征

烃源岩的排烃作用一直是油气成藏过程研究的重点和难点之一。传统的针对常规油气的排烃效率计算，一般把烃源岩当作一个整体，衡量其整体排出烃类的程度。面对非常规致密油和页岩油的甜点评价需求，考虑到烃源岩的强非均质性，把烃源岩当作一个

均一整体不符合实际情况，需要进行高分辨率的排烃作用分析。本文试图采用物质平衡原理［式（1-2-1）至式（1-2-4）］，定量评价烃源岩内部不同样品在经历成熟过程中的生烃、排烃和滞烃量，明确烃源岩中滞留烃类的初次运移特征。计算结果为每一个深度段样品发生的排烃作用，更多反映的是烃源岩液态烃的源内排烃作用。

$$\text{原始 TOC 校正：}TOC_{ini}=TOC_{ma}\times(1200-HI_{ma})/(1200-HI_{im}) \tag{1-2-1}$$

$$\text{生烃量计算：}C_g=C_{im}-C_{ini} \tag{1-2-2}$$

$$\text{排烃量计算：}C_{exp}=C_g-C_{re} \tag{1-2-3}$$

$$\text{排烃效率计算：}E=C_{exp}/C_g\times100 \tag{1-2-4}$$

式中 TOC_{ini}——现今成熟页岩的初始未熟状态下的总有机碳含量；

TOC_{ma}——现今成熟样品的总有机碳含量；

HI_{ma}——已成熟样品的氢指数；

HI_{im}——现今未熟样品的氢指数；

1200——约为 0.83 倒数的 1000 倍；

C_g——样品生烃总量，mg/g（HC/TOC_{ini}）；

C_{im}——未成熟页岩的原始生烃潜力；

C_{ini}——样品归一化到初始未熟状态时的剩余生烃潜力；

C_{exp}——样品排烃总量；

C_{re}——样品滞留烃含量；

E——排烃效率。

通过上述公式计算可得，长 7 段泥页岩的排烃效率处于 -260%～77% 之间，平均排烃效率为 34%（图 1-2-5）。有机质含量较高的长 7_2 亚段下部和长 7_3 亚段的排烃效率最高，而长 7_1 亚段和长 7_2 亚段上部的粉砂质 / 砂质成分较高、TOC 含量较低的泥岩，不但没有发生排烃作用反而作为储层进行蓄烃，因此排烃效率为负值。可以发现，发生储烃作用的层段一般分布在物性较好，砂质含量较高的层段，类似常规储层。排烃作用较高的层段主要发生在 TOC 较高，纹层发育的样品。因此，低有机质丰度的泥质粉砂纹层、粉砂岩、泥质云岩、细砂岩、云质粉砂岩具有更高的可动性和较好开发潜力，可以作为勘探主力目标层。

为了证实上述结论，本文通过油饱和指数法和油组分的地层色层作用来进一步研究烃源岩内的烃类运移作用。Jarvie 通过对全球 14 个盆地的页岩油（致密油）地球化学特征及开采实践进行统计，提出可以利用油饱和指数（OSI，S_1/TOC×100，mg/g）作为评价指标初步筛选页岩油潜在甜点段。当 OSI 指标超过 100 时，泥页岩内滞留烃含量将可能突破有机质复杂网络结构对烃类的吸附上限而被有效开发。可以看到，在长 7 段泥页岩地球化学剖面中（图 1-2-5），G135 井的长 7_1 亚段 1740～1755m 以及长 7_2 亚段上部 1780～1795m 层段泥岩的 OSI 指标超过 100mg/g。而这些 OSI 高的层段与前文所述排烃效率为负的层段吻合率较高。

烃类在烃源岩内部的运移和聚集有迹可循。根据地层色层效应，饱和烃和芳香烃在源内的可移动性高于极性组分。因此，发生排烃作用的烃源岩中滞留烃的饱和烃含量低，而极性组分含量高，具有较低的饱芳比，发生储烃作用的烃源岩则刚好相反，具有较高的饱芳比。长 7_3 亚段滞留烃中极性组分含量最高、饱和烃和芳香烃含量最低，而长 7_1 亚段和长 7_2 亚段滞留烃的组分含量则恰恰相反，表明有机质丰度更高的长 7_3 亚段生成的烃类物质有可能发生源内运移，聚集到有机质含量并不很高的长 7_1 亚段和长 7_2 亚段内（图 1-2-5）。

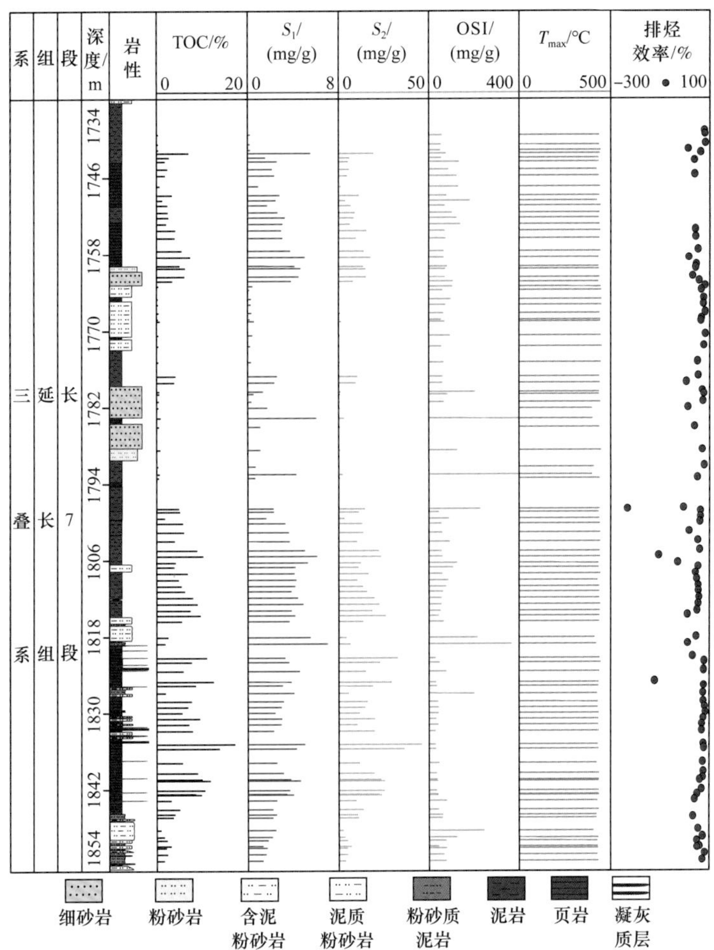

图 1-2-5 鄂尔多斯盆地延长组长 7 段单井地球化学剖面

2. 三塘湖盆地芦草沟组咸水湖盆烃源岩非均质性及生排烃差异

1）咸水湖盆优质源岩非均质特征

三塘湖盆地位于准噶尔盆地东北缘，是叠合在古生代褶皱基底上的晚古生代—中新生代叠合改造型陆内沉积盆地。与鄂尔多斯盆地延长组不同，芦草沟组泥页岩形成于咸水湖盆。二叠纪芦草沟组沉积时期湖盆面积大，湖水深度大，接受稳定持续沉积时间长，形成以泥质白云岩、云质泥岩、凝灰质泥岩、凝灰质粉砂岩等多种频繁互层的混积岩石组合。沉积物普遍发育火山物质，岩性复杂多变。芦草沟组泥页岩抽提物中伽马蜡烷和胡萝卜烷高，指示其沉积环境为咸水湖泊环境（图1-2-3）。

选取典型探井L1井进行高分辨率地球化学分析。结果显示，有机碳丰度介于1.1%～13.4%、平均4.9%，R_o为0.5%～1.3%，氢指数主要分布在600～800mg/g之间，S_1分布在0.01～3mg/g区间内，而S_2为0.06～110mg/g（图1-2-6），有机质中腐泥组占比高于70%（体积分数），HI—T_{max}相关特征显示母质类型为Ⅰ—Ⅱ$_1$型（图1-2-7、图1-2-4），生烃能力强。厚度分布在100～240m之间，具有厚度大、品质好的地质特征。

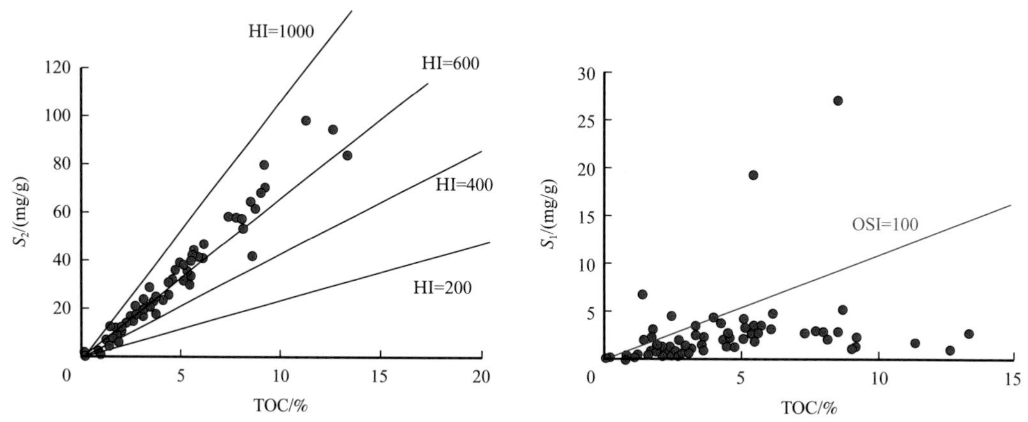

图1-2-6　三塘湖盆地芦草沟组咸水湖盆泥页岩S_1、S_2与TOC交会图

2）咸水湖盆优质源岩排烃的差异性

同样，通过物质平衡的计算方法获取三塘湖芦草沟组泥页岩的排烃效率。结果显示，咸化湖相烃源岩（三塘湖盆地芦草沟组）平均排烃效率更高，为40%～50%（图1-2-8）。其中，芦草沟组二段下部的排烃效率高于芦草沟组二段上部和芦草沟组一段的底部，说明排烃作用主要发生在芦草沟组二段下部，而潜在的甜点段在芦草沟组二段上部和芦草沟组一段底部。另外，芦草沟组一段底部和芦草沟组二段顶部的OSI数值也高于100，饱芳比较高。这些数据说明，这些低有机质丰度的泥质云岩、云质粉砂岩具有更高的可动性和较好开发潜力，可以作为勘探主力目标层。

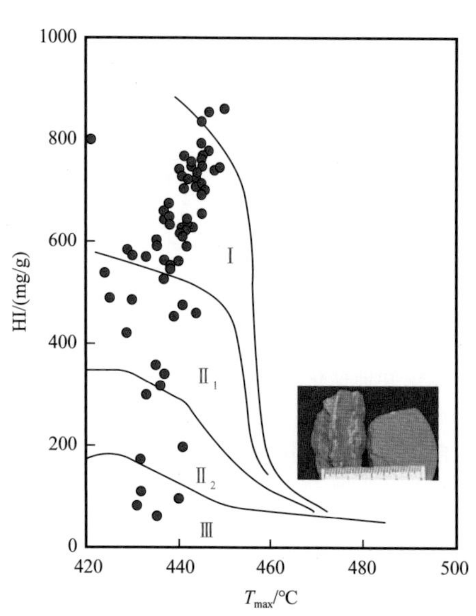

图1-2-7　三塘湖盆地芦草沟组咸水湖盆泥页岩干酪根类型特征

咸水湖相烃源岩平均排烃效率和排烃量高于淡水湖相烃源岩，推测有以下几个原因：（1）芦草沟组泥岩的成熟度略高于G135井长7段泥页岩的成熟度。陈建平等的研究表明，烃源岩成熟度越高，排烃效率越大；（2）咸水

湖相烃源岩排烃门限早，排烃周期长；（3）芦草沟组泥页岩中黏土含量低于长 7 段泥页岩，对烃类的吸附相对较小。

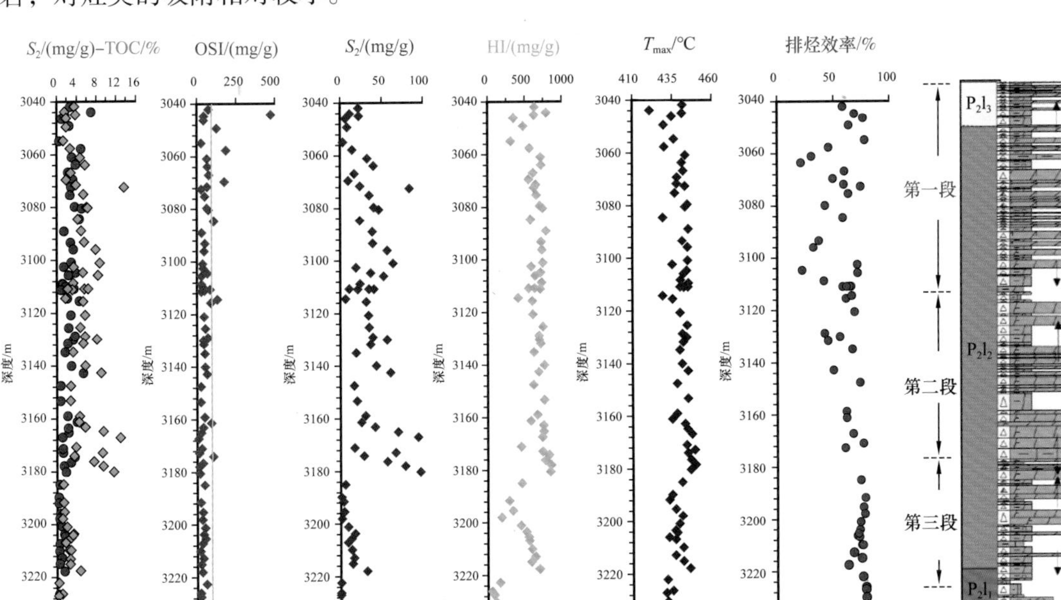

图 1–2–8 三塘湖盆地芦草沟组咸水湖泥页岩单井地球化学剖面

3. 烃源岩生排烃的非均质性对陆相致密油富集的控制

从源储配置角度考虑，致密油储层包括源储一体（纯泥岩和混积岩）和夹在烃源岩内的致密储层两种类型。对于源储一体的致密油类型，源内滞留是其页岩油的主要聚集方式。而对于近源储层的页岩油类型，其资源储量包括两个方面：源内滞留的液态烃以及发生了近距离运移、聚集到烃源岩夹杂的粉砂 / 砂层中的液态烃。并且，由于地层色层作用，发生了近距离运移的液态烃油品往往更优，对于中—高成熟度页岩油来说更具高效开发潜力。因此，烃源岩液态烃排到近源储层的效率越高，越有利于页岩油的高效开发。

研究表明，液态烃的排出效率受烃源岩 TOC 含量、矿物成分、纹层结构和热成熟度控制。烃源岩 TOC 越高，黏土矿物含量越低，排烃效率更高。其中，纹层越发育的烃源岩，其烃类生成及运移的效率越高。发育水平纹层的泥页岩由于有机质富集，生烃潜力往往优于块状烃源岩（表 1–2–2）。同时，有机质纹层可以作为液态烃运移聚集的有效通道。由于纹层状细粒岩特殊的矿物组成及沉积结构，其往往发育多种类型的储集空间。另外，纹层是影响泥页岩可压裂性的重要影响因素，控制着页岩压裂过程中的裂缝扩展规律。因此，纹层发育的烃源岩是理想的页岩油勘探领域。中国湖相盆地泥页岩纹层发育广泛。与海相相对单一的富有机质页岩纹层结构相比，由于陆相盆地沉积相类型复杂，沉积水动力环境变迁较快，形成的页岩纹层结构更具有多样性，这也是中国陆相页岩油高效勘探开发的一个优势。

表 1-2-2　不同陆相湖盆页岩油烃源岩微观结构

湖盆水体	重点盆地	层位	块状结构烃源岩（TOC<2%）	似纹层结构烃源岩（2%≤TOC<5%）	富有机质纹层烃源岩（TOC≥5%）
淡水	鄂尔多斯盆地	长 7 段	 500μm	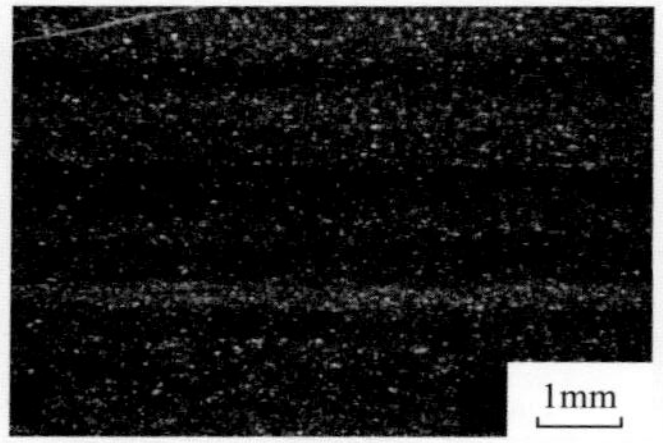 1mm	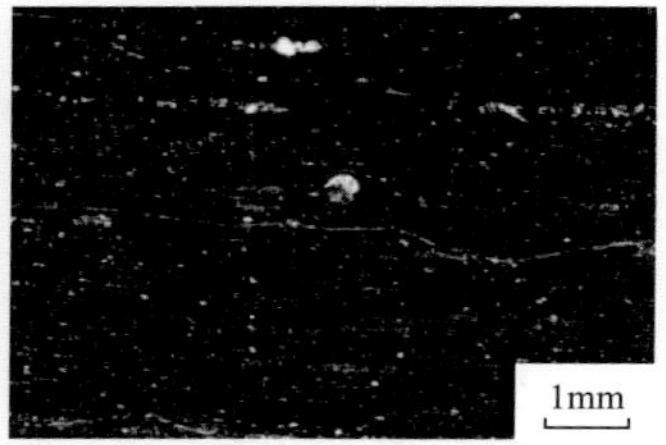 1mm
微咸水	松辽盆地	青山口组	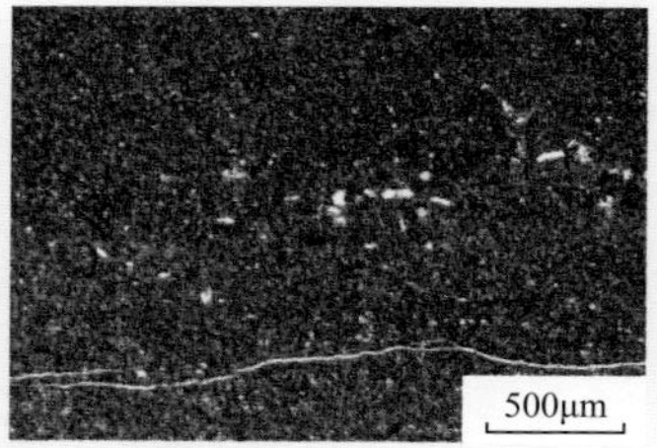 500μm	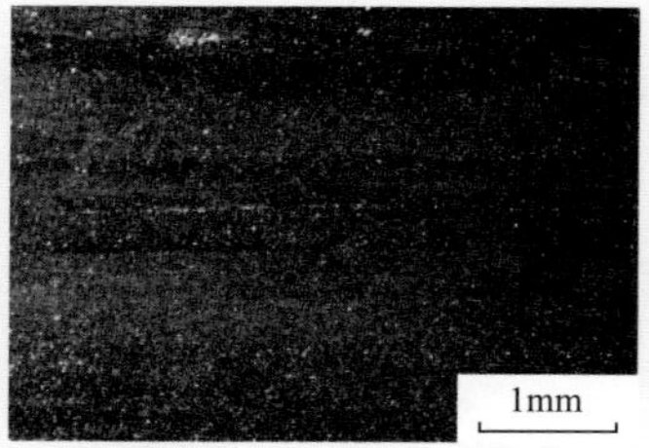 1mm	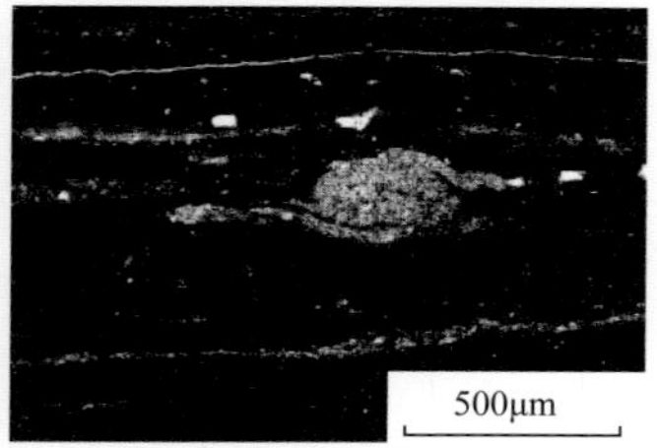 500μm
半咸水—微咸水	酒泉盆地	白垩系下沟组	 500μm	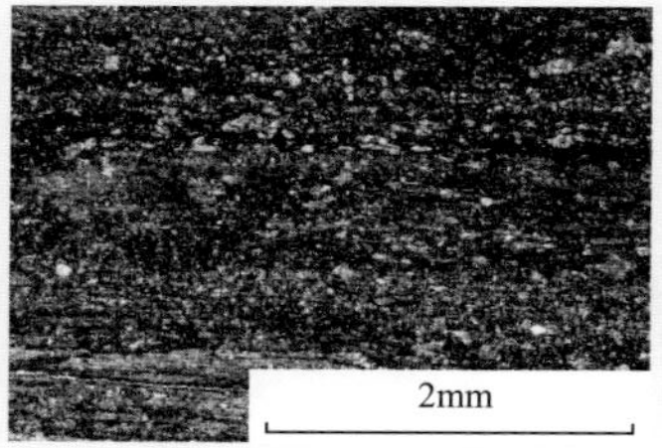 2mm	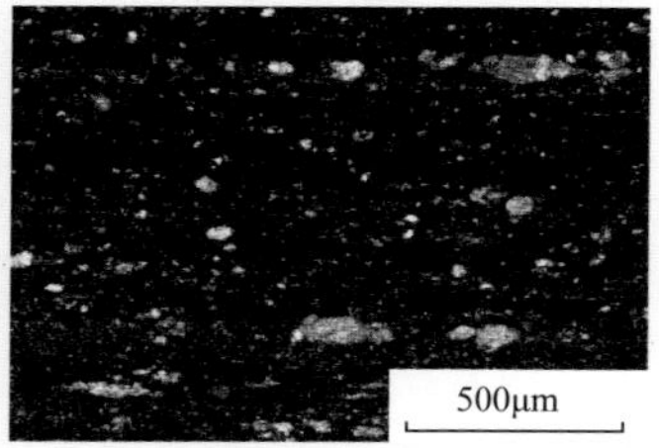 500μm

此外，烃源岩成熟度是控制页岩油富集的另一个重要因素。R_o处于0.8%～1.1%，滞留烃量大。美国已经投入规模商业开发的页岩油区带大多处于中—高成熟阶段的生烃凹陷区。威利斯顿盆地巴肯组页岩R_o主体为0.6%～0.9%，二叠盆地多套烃源岩目前处于生油阶段。对于中国陆相页岩油而言，咸化湖盆的烃源岩在R_o为0.9%时烃指数最大，可达557mg/g，而淡水湖盆湖盆在R_o为0.8%，烃指数最大可达201mg/g。

总结而言，对于中—高成熟度页岩油，烃源岩TOC适中，滞留烃量大，是源内甜点段（图1–2–5、图1–2–8）。淡水烃源岩的TOC>2.5%页岩，滞留烃高，是源内甜点有利区，0.5%<TOC<2.5%的为其次；咸化烃源岩的2%<TOC<10%凝灰质泥岩/泥晶云岩，滞留量高，是源内甜点有利区（图1–2–9）。

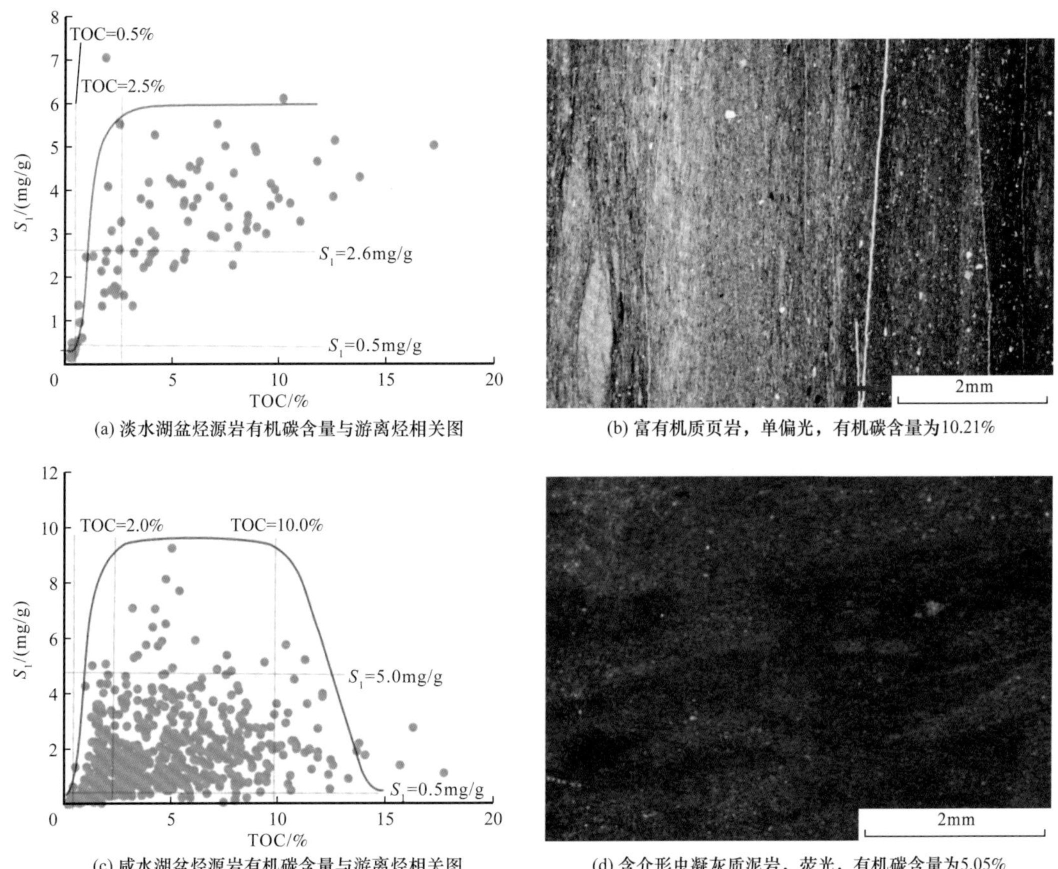

(a) 淡水湖盆烃源岩有机碳含量与游离烃相关图

(b) 富有机质页岩，单偏光，有机碳含量为10.21%

(c) 咸水湖盆烃源岩有机碳含量与游离烃相关图

(d) 含介形虫凝灰质泥岩，荧光，有机碳含量为5.05%

图1–2–9 淡水、咸化湖盆烃源岩TOC—S_1关系图

二、陆相致密油储层的多样性与形成的差异

北美页岩油以海相泥灰岩、云质粉砂岩为主，岩性相对单一，孔隙度则普遍大于6%。而中国页岩油页岩层系发育泥岩、页岩、泥质粉砂岩、凝灰岩、云质岩等多种类型岩石，岩性复杂且频繁互层，储集性能总体致密，具有孔隙度偏低，孔喉变化大，储集非均质性强的特点（参见表1–2–1）。

1. 储层岩性的多样性

根据中国陆相湖盆储集岩石成因特征，可将储集体分为以陆源供给为主和内源（含火山供给）供给为主的两类，发育泥质岩、过渡岩性、致密储层三类有效储层，为页岩油聚集提供了丰富的储集空间。

陆源供给为主的页岩油储集体沉积构造背景以稳定的大型坳陷湖盆为主，湖盆快速沉降与周缘多期构造活动，形成了多物源三角洲—半深湖陆源沉积体系，为形成大面积页岩油区提供了丰富多样的储集体类型，涵盖了半深湖—深湖泥页岩或粉细砂岩、前三角洲泥质粉砂岩或粉砂质泥岩、三角洲前缘粉细砂岩等储集体（表1-2-3）。而内源（含火山沉积物）供给型页岩油储层多位于半咸水—咸水断陷湖盆，发育于半深湖—深湖区，包括了浅湖台地相灰岩、台地相云岩及半深湖—深湖混积岩、凝灰岩、浊积岩等储集体。

表1-2-3 中国陆相致密油储层特征表

盆地类型	岩性	岩性亚类	沉积相带	渗透率/mD	孔隙度/%	实例
陆源输入为主型湖盆	砂岩	长石粉砂岩、岩屑长石砂岩、长石岩屑粉细砂岩、泥质粉砂岩	三角洲前缘水下分流河道、重力流等	<0.3	3～13	鄂尔多斯盆地长7_1亚段和长7_2亚段
			前三角洲			
	页岩	黏土质页岩、长英质页岩	半深湖—深湖	<1	2～15	鄂尔多斯盆地长7_3亚段、松辽盆地青山口组一段
		泥岩				
内源沉淀为主型湖盆（含火山作用）	混积岩	白云质粉细砂岩、云屑砂岩	半深湖、三角洲前缘	0.01～10.00	4～14	准噶尔盆地、三塘湖盆地芦草沟组
		砂屑白云岩及微晶—泥晶白云岩				
		白云质泥岩				
	碳酸盐岩	泥质白云岩、白云质页岩、长英质页岩	半深湖—深湖	0.03～16.00	1～13	渤海湾盆地沧东凹陷孔店组二段

2. 储层物性的差异性

陆源供给型页岩油储层多发育于三角洲前缘—半深湖区，由于陆源碎屑供应充分，烃源岩内部存在优质的砂质碎屑流、重力流砂体、水下分流河道等砂体类型，储集物性最佳。如鄂尔多斯盆地长7段陇东地区砂质碎屑流砂体孔隙度平均为8.50%，基质渗透率为0.10mD，孔喉直径为0.07～0.32μm。陕北地区长7段三角洲前缘相带发育的粉砂岩储层储集性能次之，渗透率多为0.08mD，基质孔隙度为5%～8%，孔喉直径为0.08～0.50μm，可动流体饱和度较高，为25%～50%；前三角洲、滨浅湖沉积环境发育的泥质粉砂岩、粉砂质泥岩储集性能较差，渗透率小于0.03mD，基质孔隙度低于5%，中值孔隙半径小于0.05μm，可动流体饱和度小于25%。陇东地区半深湖—深湖区的泥质岩渗透率主体为0.003mD，基质孔隙度为0.50%～4.00%，黑色页岩和暗色泥岩孔隙半径众数分别为88，

150nm。松辽盆地英台地区白垩系青山口组深湖相沉积岩相类型多样，黑色泥页岩内发育砂质块体搬运体、重力流砂体、浊积岩、底流砂等沉积砂体，呈互层分布；单个重力流沉积体面积为 0.2～15.0km^2 不等，累计面积为 161km^2；英 47 井青山口组一段（以下简称青一段）重力流砂体形成的源内页岩油，油浸砂岩 6.6m，试油 5.34t/d，勘探效果好。

内源（含火山沉积物）供给型页岩油储层以碳酸盐岩储集体为主，发育在宽缓斜坡和水下隆起区，准噶尔盆地和三塘湖盆地芦草沟组混积岩储层发育在半深湖斜坡区，孔隙度为 4%～14%，渗透率为 0.01～1.00mD，喉道半径为 0.01～1.00μm，具有较好的储集性能。沧东凹陷孔店组二段（以下简称孔二段）混积岩也是发育在半深湖—深湖区，页岩中碳酸盐矿物含量为 10.0%～58.0%，平均值为 32.6%，孔隙度为 2%～5%，密集发育纳米级晶间孔、有机质孔和微裂缝，孔喉直径一般为 450～1500nm，储集性能优越。

三、陆相致密油源储组合的复杂性与形成的差异

中国陆相盆地经历了多块体拼合与叠加，多期次、多旋回的复杂构造演化在陆源、内源以及火山作用多类型物源供给下形成了复杂的源储组合（图 1-2-10），赋存有丰富的液态石油以及尚未转化的各类有机物，属于典型的源内资源。

类型	水体	气候	物源	亚相	微相	示意图	成藏	实例
温湿陆源淡水—微咸水湖型	盐度 0.1% 矿化度 ≤1g/L 盐度 0.1% ~ 1% 矿化度 1 ~ 24.7g/L	温暖—潮湿气候	陆源为主	三角洲平原	分流河道		常规	鄂尔多斯 松辽
					分流间湾			
				三角洲前缘—滨浅湖	水下分流河道		近源	
					河口坝			
					沙滩（席状砂）			
					远沙坝			
					间湾（泥滩沼泽）			
				半深湖—深湖	碎屑流		源内	
					滑塌体			
					浊流	b a		
					富有机质纹层泥			
干旱内源咸水—半咸水湖型	盐度 0.1% ~ 1% 矿化度 1 ~ 35g/L 盐度 1% ~ 3.5% 矿化度 1 ~ 50g/L	干旱—炎热气候	内源为主	滨湖	沙滩（席状砂）		近源	柴达木 三塘湖 准噶尔
					泥滩			
					沙坝			
				浅湖	生屑滩		源内	
					台地相灰岩			
					台地相云岩			
					浅湖泥			
				半深湖—深湖	风暴岩		源内	
					滑塌重力流			
					浊流			
					纹层状混积岩			
					条带状泥质白云岩、泥质云灰岩			
					透镜或条带状硅质岩			
					富有机质纹层泥			
					膏盐岩			
火山源				湖泊	凝灰岩			

图 1-2-10　中国重点盆地陆相致密油形成环境与源储组合

按照源储接触关系，可分为两类三种岩相：

一类是源储界线不明显，频繁互层、生烃与储集能力相近，为源储一体型页岩油。以泥页岩和与之间互的泥质云岩、凝灰岩、致密碳酸盐岩为主，岩性复杂多样，岩性单层厚度薄、纹层发育，垂向频繁互层，均具有一定的生烃与成储能力，存在多个甜点段。但相比而言，泥页岩有机质丰度更佳，生烃能力更强，决定了页岩油的分布范围。泥质云岩、凝灰岩、致密碳酸盐岩、粉细砂岩等储集性能更优，决定了页岩油甜点段的富集程度。渤海湾断陷盆地沧东凹陷孔二段400多米高阻细粒沉积段识别出21个小层，白云岩类、细粒长英沉积岩、细粒混合沉积岩三大岩类互层频繁，垂向甜点发育，源储一体、整体含油，纵向分为7个优质甜点体。

二类是源储紧邻型页岩油，在坳陷湖盆中烃源岩与储层紧邻、源储界线明显，无生烃能力的粉细砂岩、碳酸盐岩等致密储层夹于大套泥页岩，存在页岩层系内短距离二次运移，有利甜点受供烃条件的限制，输导体和有利储层是富集的关键因素。如鄂尔多斯盆地长 7_1 亚段、长 7_2 亚段的粉细砂岩、松辽盆地青一段致密砂岩。

第三节　陆相致密油运移聚集机理

室内岩心驱替实验/物理模拟通过分析流体流量、流速、突破压力、流体饱和度等参数，反映油气充注过程。由于致密储层难充注、实验周期很长、成本高的原因，流体驱替实验相对较少，且大部分的驱替实验不能反映流体在岩石不同孔径中的分布情况，这制约了对致密油的充注和开采的研究。本次研究在核磁实验的基础上，结合驱替装置，自主研发了核磁—驱替联用技术，开展致密油充注/驱替实验，明确致密油运移聚集机理，提出了致密油充注/聚集模式。

一、致密油运移聚集物理模拟方法

为了反映不同类型致密油充注特征，本次选取不同岩性的致密储层进行模拟充注实验，包括高台子致密粉砂岩、条湖组火山岩、芦草沟组混积岩储层（表1-3-1）。另外，结合区域致密油分布特征，高台子油层选取了能够代表常规油藏（G708-B、G72-B）、复杂油藏（G93-A、J37-A、J44-B、G921-D）及致密油区（J392-C、J393-D、J191-E、T234-A、T234-B、L29-B、L23-B）的样品进行分析，条湖组选取沉凝灰岩（M56-3、M56H-4）、裂缝影响的沉凝灰岩（T25-1）、玄武岩（T25-1）以及混积岩（M56-6）为代表。由于芦草沟组混积岩复杂和含油性差异较大，在选取样品的时候，不仅考虑岩性（白云岩、粉砂岩以及硅质页岩），也考虑样品的含油性差异［饱含油（10-h、30-h、15-h）、油浸（12-h、2-h）、油斑（16、3-h）、荧光（13）］。

图1-3-1显示了不同岩性、物性的致密砂岩的原油充注特征。致密粉砂岩储层的驱替结果显示物性好的致密储层油优先充注在大孔中，核磁曲线向左偏移［图1-3-1（a_1）］，物性较差的储层，核磁曲线向下移动［图1-3-1（a_2）］，而三塘湖沉凝灰岩（M56-3和M56H-4）储层的核磁信号变化形态［图1-3-1（b_1）］与L23-B核磁信号变化相似，但

表 1-3-1 中国典型盆地致密储层核磁—驱替实验样品信息

地区	井号	样品号	深度 /m	层位	长度 / cm	岩性	直径 /cm	孔隙度 / %	渗透率 / mD	驱替实验
松辽盆地齐家—龙虎泡地区	G708	G708-B	1989.50	K_2qn_{2+3}	3.01	粉砂岩	2.5±0.02	13.66	0.04	①②
	G72	G72-B	2017.50	K_2qn_{2+3}	3.571	粉砂岩	2.5±0.02	18.03	15.858	①②
	G93	G93-A	2052.66	K_2qn_{2+3}	3.096	粉砂岩	2.5±0.02	10.48	0.0868	①②
	J37	J37-A	1852.61	K_2qn_{2+3}	4.15	粉砂岩	2.5±0.02	17	3.28	①②
	J44	J44-B	2147.75	K_2qn_{2+3}	2.54	粉砂岩	2.5±0.02	9.4	0.9114	①②
	G921	G921-D	1909.81	K_2qn_{2+3}	3.6	粉砂岩	2.5±0.02	10.95	1.1544	①②
	J392	J392-C	1824.7	K_2qn_{2+3}	3.681	粉砂岩	2.5±0.02	13.71	0.0602	①②
	J393	J393-D	1950.35	K_2qn_{2+3}	4.216	粉砂岩	2.5±0.02	4.4	0.0165	①②
	J191	J191-E	1838.11	K_2qn_{2+3}	3.24	粉砂岩	2.5±0.02	6.45	0.0225	①②
	T234	T234-A	1772.30	K_2qn_{2+3}	3.59	粉砂岩	2.5±0.02	16.26	1.83	①②
	T234	T234-B	1771.18	K_2qn_{2+3}	3.927	粉砂岩	2.5±0.02	11.88	0.2149	①②
	L29	L29-B	1918.92	K_2qn_{2+3}	3.05	粉砂岩	2.5±0.02	14.46	0.0666	①②
	L23	L23-B	1882.00	K_2qn_{2+3}	3.244	粉砂岩	2.5±0.02	9.41	0.0677	①②
三塘湖	马 56	M56-3	2142.8	条湖组	5.575	沉凝灰岩	2.5±0.02	27.62	0.1845	①
	马 56-12H	M56H-4	2130.82	条湖组	3.127	沉凝灰岩	2.5±0.02	14.74	0.1410	①
	马 702	M702-3	1818.8	条湖组	3.836	沉凝灰岩	2.5±0.02	9.25	13.190	①
	条 25	T25-1	1157.48	条湖组	2.24	玄武岩	2.5±0.02	9.11	0.0285	①
	马 56	M56-6	2668.5	芦草沟组	3.853	混积岩	2.5±0.02	4.54	0.0342	①
吉木萨尔	J10022	30-h	3469.9	芦草沟组	2.906	云质粉砂	2.5±0.02	16.22	0.0561	③
	J10016	15-h	3452.2	芦草沟组	3.078	细粉砂岩	2.5±0.02	9.39	0.0197	③
	J10016	12-h	3317.5	芦草沟组	2.941	白云岩	2.5±0.02	14.61	1.32	③
	J10016	2-h	3296.1	芦草沟组	3.238	粉砂岩	2.5±0.02	14.31	0.0833	③
	J10016	10-h	3316.9	芦草沟组	3.19	粉砂岩	2.5±0.02	13.69	0.2754	③
	J10016	3-h	3296.4	芦草沟组	3.479	泥质粉砂	2.5±0.02	14.68	0.0618	②③
	J32	33	3570.67	芦草沟组	2.898	硅质页岩	2.5±0.02	10.2	0.0257	②③
	J176	1	3026.61	芦草沟组	2.735	白云岩	2.5±0.02	7.9	0.0195	②③
	J37	13	2865.75	芦草沟组	3.057	粉砂岩	2.5±0.02	5.1	0.0119	③
	J33	16	3664.78	芦草沟组	3.685	白云岩	2.5±0.02	4.01	0.0077	③

注：① 油驱水实验；② 水驱油实验；③ 含束缚水储层的水驱油实验。

具有裂缝的沉凝灰岩核磁曲线形态变化明显不同［图 1-3-1（b_2）］，表现为只有裂缝部分核磁信号发生变化。对于三塘湖芦草沟组混积岩和条湖组玄武岩样品充注过程中核磁信号基本未发生变化［图 1-3-1（c）和（d）］。

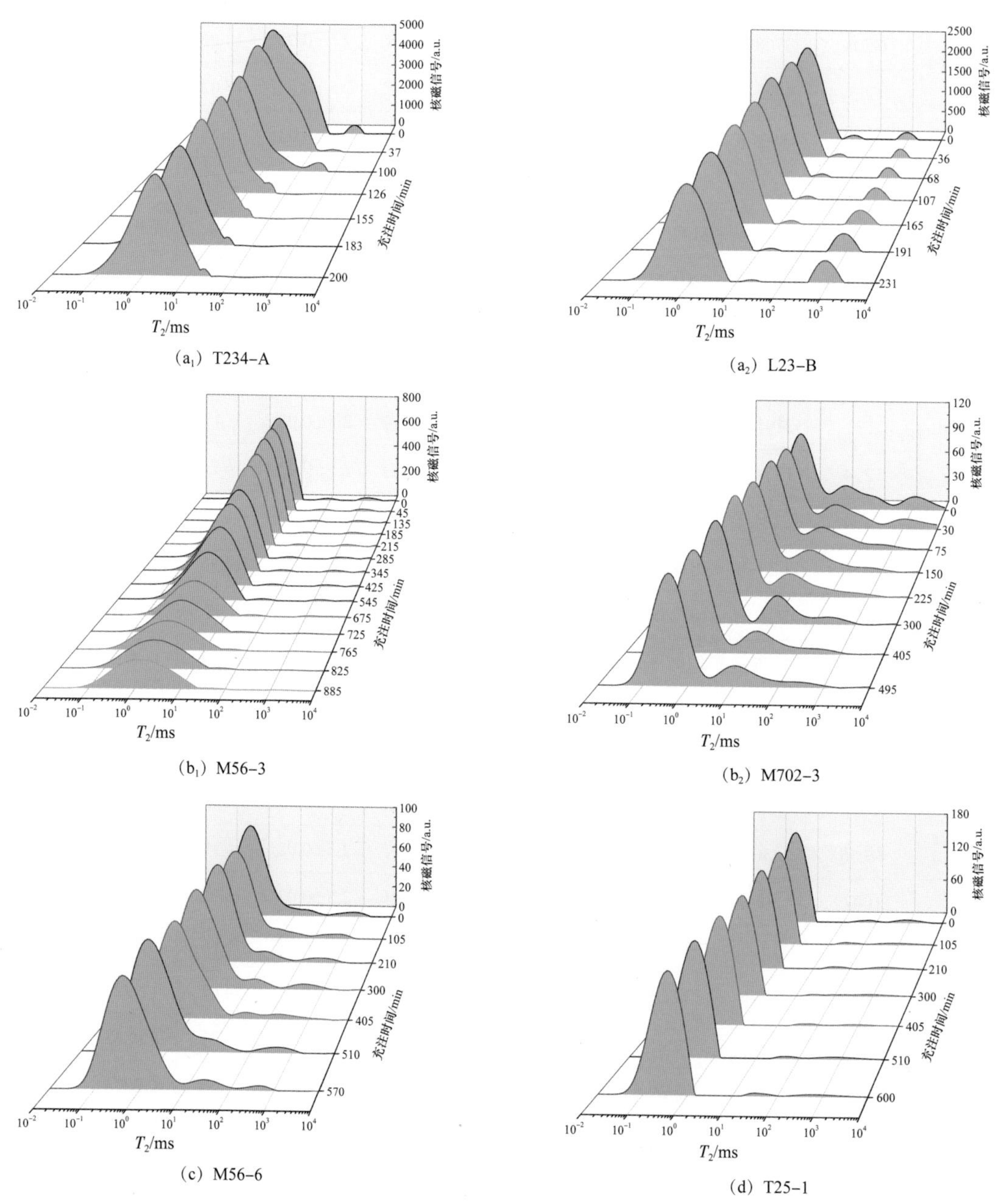

图 1-3-1 致密储层油驱水过程核磁信号变化图

压力梯度与含油饱和度变化图揭示了致密粉砂岩储层物性越好，原油开始充注和结束充注对应的压力梯度越低，最终充注的含油饱和度更高［图 1-3-2（a_1）和（a_2）］。沉凝灰岩发生油充注的压力梯度很低（不超过 0.25MPa/cm），但充注的含油饱和度较高

（>60%），M702-3 样品完成充注时对应的压力梯度较低（大约在 1.5MPa/cm），主要原因是贯通裂缝的高速导流使得油难以在更多孔隙中发生充注。混积岩［图 1-3-2（c）］和玄武岩［图 1-3-2（d）］的充注结果显示开始充注的压力梯度较低，但最终充注的含油饱和度较低，不高于 10%。充注结束后的油水分布显示物性较好的粉砂储层［图 1-3-3（a_1）］的油主要赋存大孔中，而物性较差的储层［图 1-3-3（a_2）］由于本身大孔的含量较少，充注的油主要赋存小孔中。裂缝不发育的沉凝灰岩［图 1-3-3（b_1）］显示大部分孔径中都有油的充注，且充注的效率较高，对比以裂缝为主要连通路径的沉凝灰岩［图 1-3-3（b_2）］可以看出裂缝起主导（>1ms）的致密油充注只经过裂缝孔隙空间，而基质孔隙空间（<1ms）在致密油充注完成后仍然以残余水为主。三塘湖玄武岩、混积岩储层最终油水分布显示只有少量的孔隙被油占据，大部分的孔隙仍然为水充填［图 1-3-3（c）、（d）］。

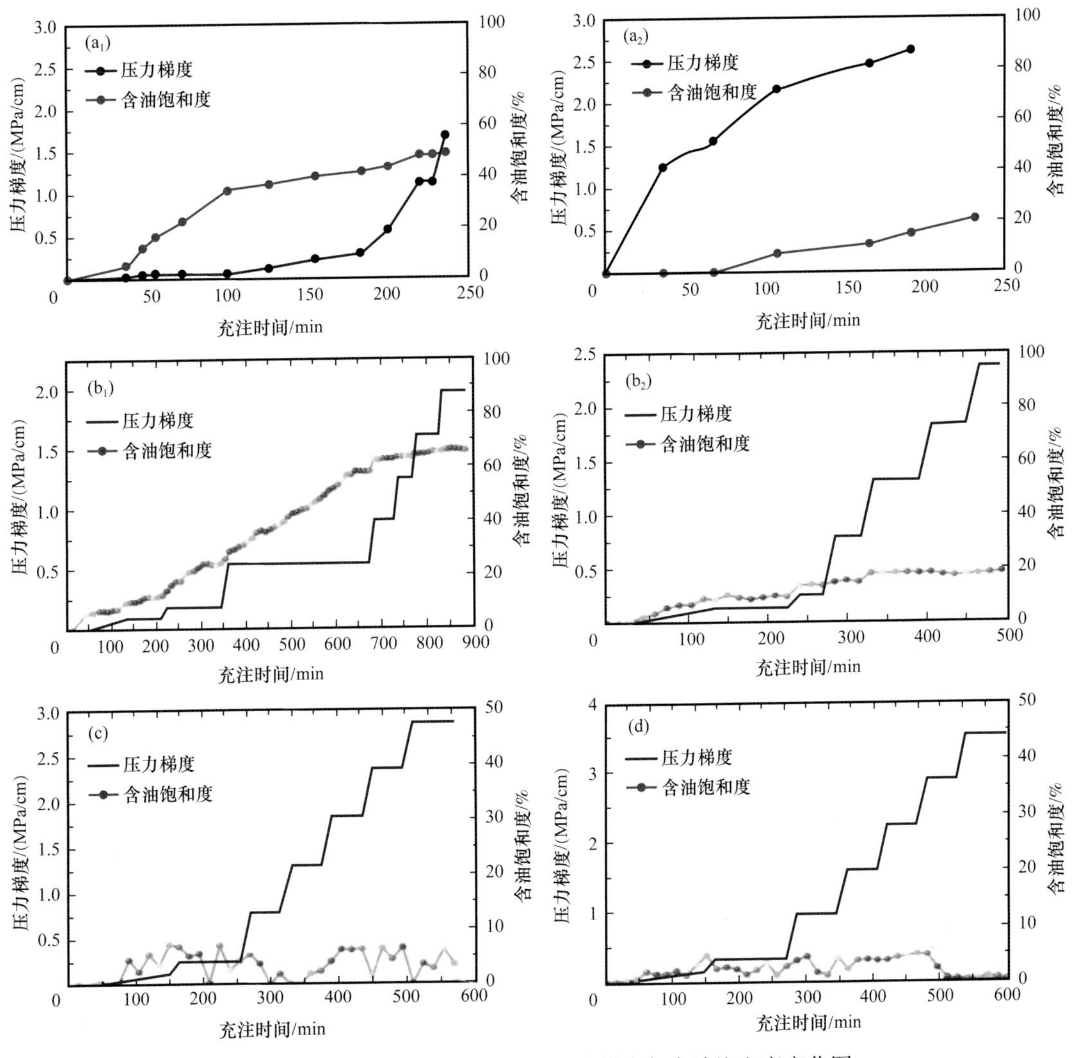

图 1-3-2 致密储层油驱水过程压力梯度与含油饱和度变化图

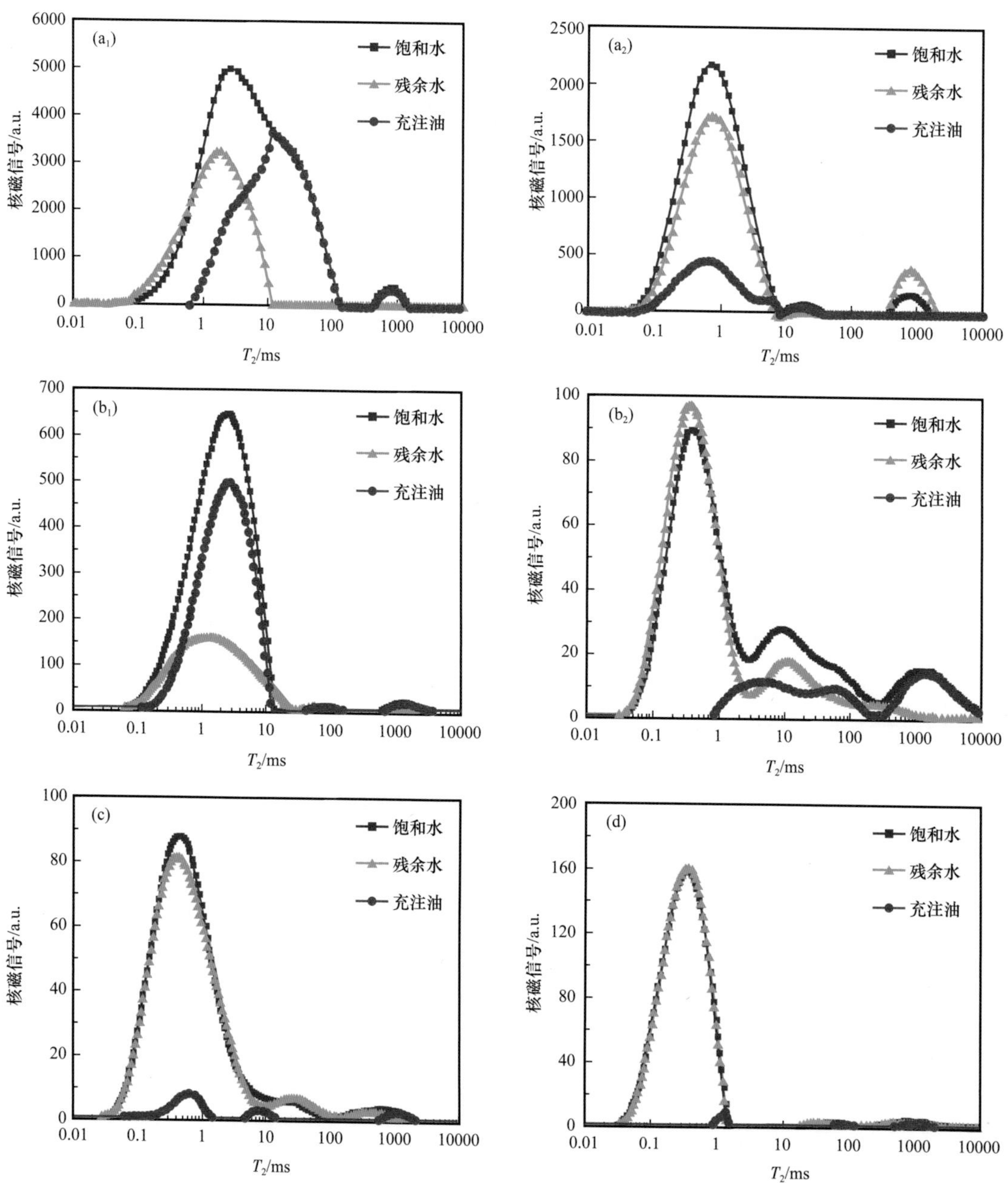

图 1-3-3　致密储层驱替结束后油水分布图

分析致密油充注油饱和度控制因素显示，孔隙度、渗透率越高，油充注饱和度越高［图 1-3-4（a）、（b）］。孔隙度与含油饱和度呈三段式分布：第一段，在孔隙度较低（＜7%）的情况下，充注的含油饱和度随着孔隙度的缓慢增长，稳点在 10% 左右；第二段，当孔隙度介于 7%～16% 的情况下，充注的含油饱和度随着孔隙度的增加急剧增加，最终含油饱和度在 10%～65% 之间；第三段，当孔隙度大于 16% 的情况下，充注的含油饱和度随着孔隙度的增加基本不再变化或者稍微增加，充注含油饱和度维持在 65% 左右。

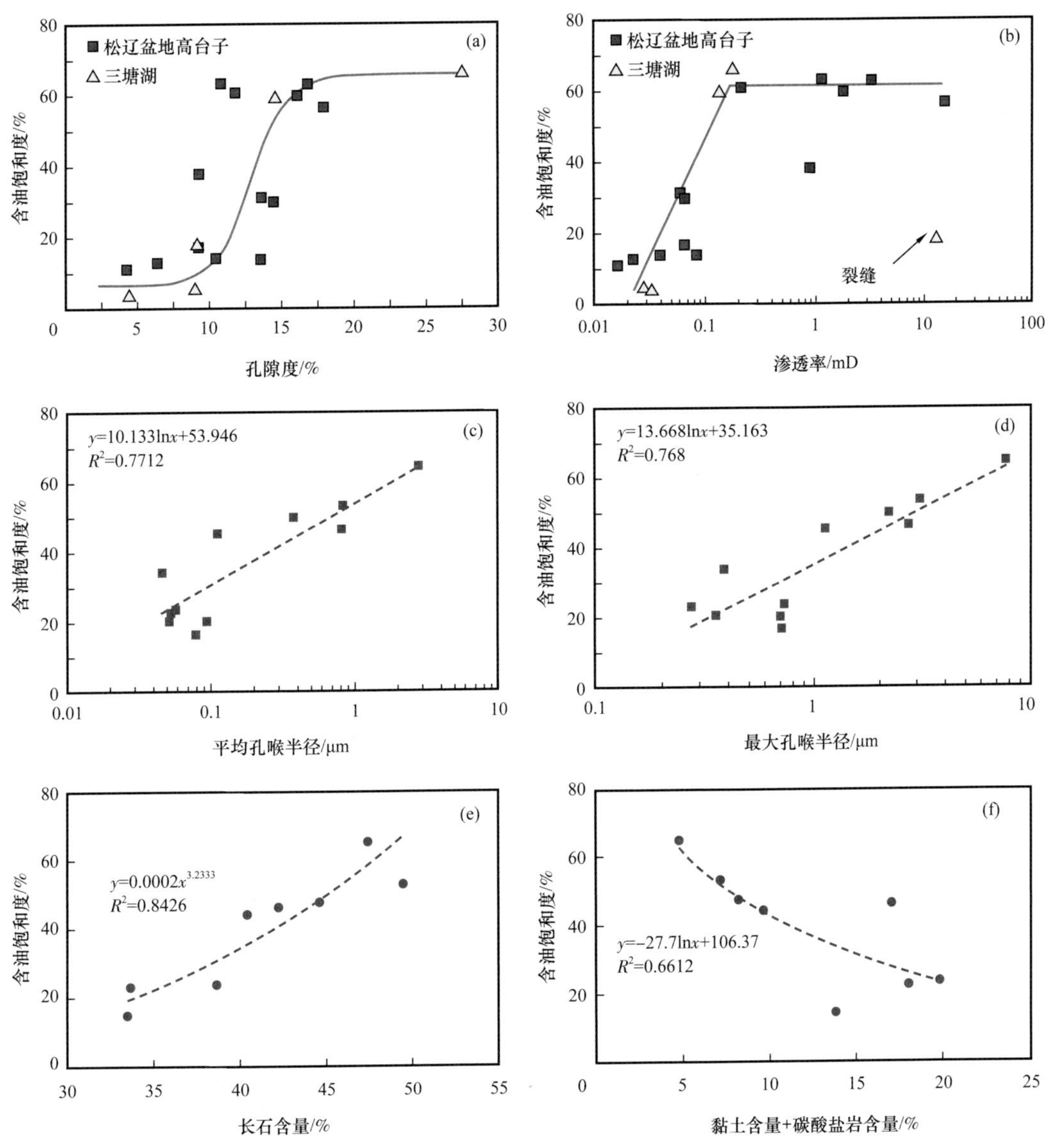

图 1-3-4 控制含油饱和度的储层内部因素

渗透率与含油饱和度相关关系明显优于饱和度与含油饱和度的关系，且渗透率和含油饱和度呈两段式分布。第一段，随着渗透率的增加（<0.2mD），含油饱和度急剧增加，说明渗透率是致密储层油充注饱和度的主要控制因素；第二段，当渗透率继续增大时，含油饱和度基本不再变化，说明对于常规储层来说，含油饱和度差异不大，渗透率不是储层油充注饱和度的控制因素。因此，将储层的充注类型分为四种：第一种：储层的物性较差，孔隙度小于 7%、渗透率小于 0.2mD，储层最终的充注的含油饱和度较低；第二种：储层的物性一般，孔隙度介于 7%～16%、渗透率小于 0.2mD，储层最终的充注的含油饱和度受控于渗透率大小；第三种：储层的物性好，孔隙度大于 16%、渗透率大于

0.2mD，储层最终的充注含油饱和度不受储层物性的影响；第四种：以裂缝为主要连通路径的储层，油在储层中的充注只会沿着裂缝系统进行，因此，基质的孔隙并不会充注油，最终的充注饱和度较低（该过程类似于断层沟通了油藏导致油气逸散，若裂缝只是沟通了部分孔隙空间，油先充注裂缝中，之后逐渐扩散到孔隙基质中，因此最终的含油饱和度可能受控于基质渗透率的大小）。

除了储层的物性外，孔隙结构也影响着储层的充注含油饱和度。孔喉半径越大，油越易沿着较粗喉进入较大孔中，最终含油饱和度越高［（图 1-3-4（c）、（d）］。除此之外，长石溶蚀使原有的孔喉系统扩张，致使渗透率升高，连通性变好，含油饱和度上升［图 1-3-4（e）］，而碳酸盐和黏土矿物一方面胶结孔隙，堵塞原有的孔喉系统，致使连通性变差、渗透率降低，致密程度加剧，油难以有效充注，另一方面原因是黏土矿物的亲水性使得束缚水饱和度变高，进而降低充注油饱和度［图 1-3-4（f）］。当然，含油饱和度还与充注动力有关，压力梯度越大，充注油饱和度越高。

除此之外，水驱油驱替实验结果显示与油驱水充注结果相似，此处就不一一介绍。而不同类型样品含油饱和度随压力梯度变化的曲线形态具有相似之处，含油饱和度 / 驱油效率随压力梯度升高呈先升高后平稳的特点。因此，笔者综合认为，原油充注和开发具有统一的模式，包括 4 个阶段（由 4 个特征曲线组成）：指数快速增长阶段、对数缓慢增长阶段、似线性缓慢增长阶段和似平稳阶段（图 1-3-5）。

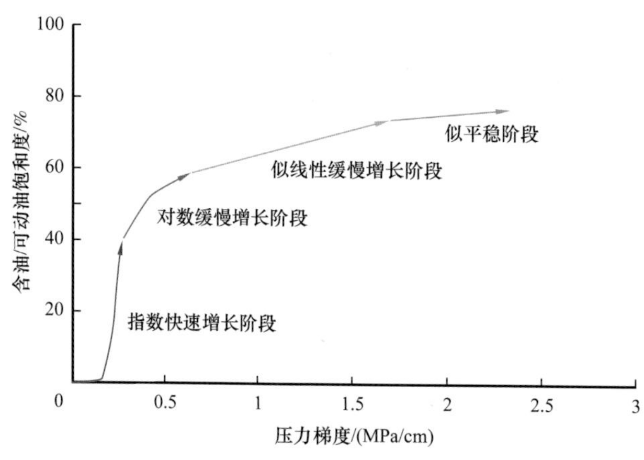

图 1-3-5　致密砂岩原油充注、驱替模式图

二、致密油运移聚集数值模拟方法

物理模拟展示不同类型致密油充注聚集的结果，揭示了致密油充注特征及控制因素，而数值模拟能进一步从机理上认识和揭示致密油充注聚集特征。本研究利用岩心三维表征实验，建立了代表性储层的数字岩心，结合格子玻尔兹曼模拟技术，进行双相流模拟，揭示了致密油充注和聚集机理。本次研究采用三维格子玻尔兹曼方法模拟三维数字岩心的岩石的驱替特性，选用流体连续的运动速度方向离散为三维空间中 27 个速度分量的 D3Q27 模型。在本次模拟实验中，共设置三个部分对照模型，分别为：储层类型对照模

型、充注参数对照模型与微裂缝发育对照模型，三个部分对照模型参数设置见表 1–3–2、表 1–3–3、表 1–3–4。

表 1–3–2 储层类型模型对照参数设置

所属工区	样品号	孔隙度 /%	渗透率 /mD	储层类型
齐家—龙虎泡	G72–C	22.501	77.08	常规储层
	T234–B	11.88	0.2149	致密储层
吉木萨尔	J251–9	12.46	0.0042	致密储层

表 1–3–3 充注参数模型对照参数设置

模型编号	A	B	C	D
充注速度 /（mm/s）	1	1.5	1	1.5
润湿角 /（°）	105	105	140	140

表 1–3–4 微裂缝发育模型对照参数设置

编号	裂缝方向	裂缝开度 /μm	裂缝长度 /μm	编号	裂缝方向	裂缝开度 /μm	裂缝长度 /μm
A1	无裂缝发育的对照组			D1	H	4	170
A3	无裂缝发育，但黏度是 A1 的 1.5 倍			E1	H	1	80
B1	H	2	170μm	F1	H	1	170
C1	V	2	80μm	G1	H	2	80

注：H—平行于充注方向，V—垂直于充注方向。

储层 LBM 模拟结果显示常规储层微观渗流通道个数少但连通程度高［图 1–3–6（a）］，致密储层微观渗流通道密集，但是窄小，呈团簇状分布，渗流团簇间连通程度差［图 1–3–6（b）、（c）］。致密储层的 LBM 模拟结果显示吉木萨尔储层团簇数量更多，说明在吉木萨尔储层中微小孔更发育，构建了更多微小孔连通的孔隙空间。充注模拟结果也显示常规储层充注压力较小，且含油饱和度快速达到稳定，而致密储层开始发生充注的压力大，且达到饱和状态需要更长的时间（图 1–3–7）。

在分析不同因素对致密油充注影响中，本部分共设置 A、B、C、D 四组对照模型（充注参数设置参见表 1–3–3）。模型 A、B、C、D 模拟充注过程如图 1–3–8 所示，分别表示了不同模型在不同时刻的充注状态。

模型 A、模型 B 的对比结果显示了充注速率对致密油充注结果的影响，结果显示充注速率越快，动态毛细管压力（DCP）上升越快，致密油开始充注的时间越早，充注的速率越高。但当动态毛细管压力达到最高开始降低时，致密油充注速率开始变慢，不同速率的致密油最终的充注含油饱和度相近。

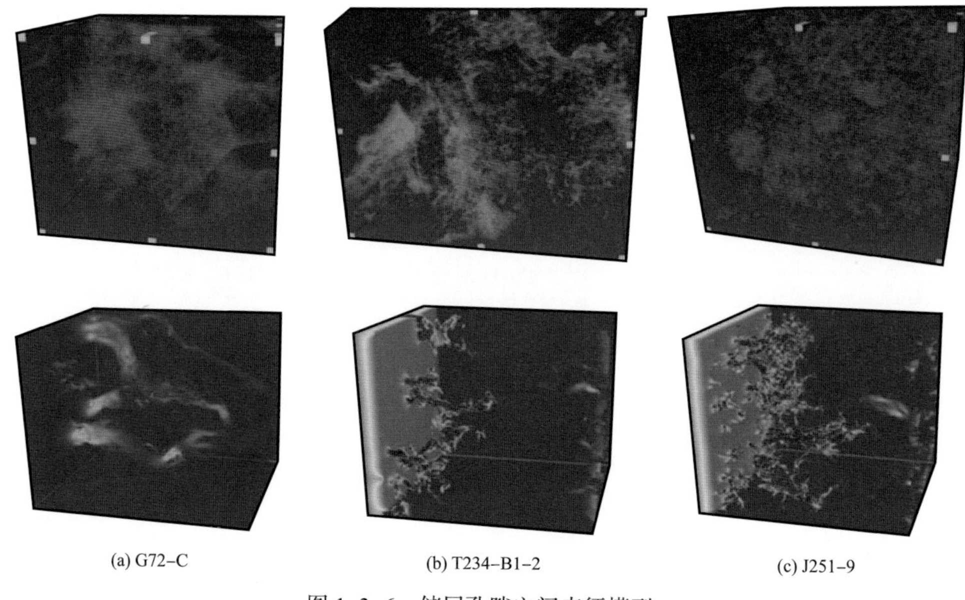

图 1-3-6 储层孔隙空间表征模型

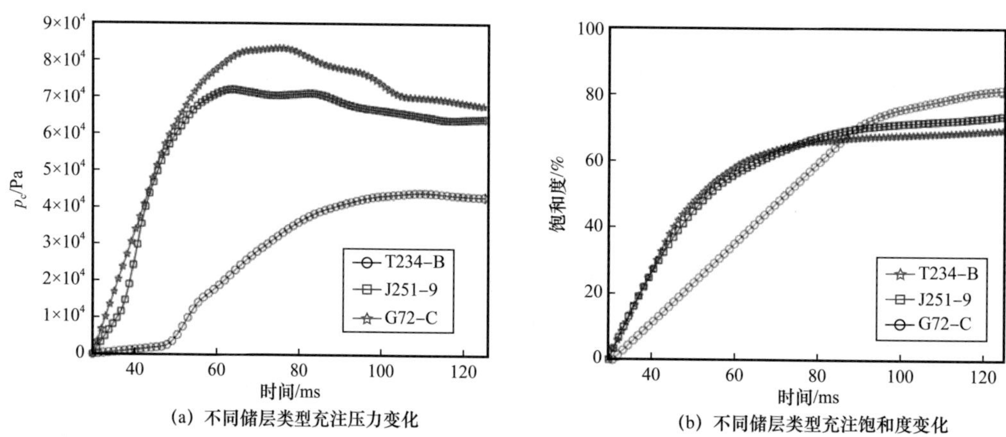

图 1-3-7 不同储层类型充注压力和充注饱和度的变化

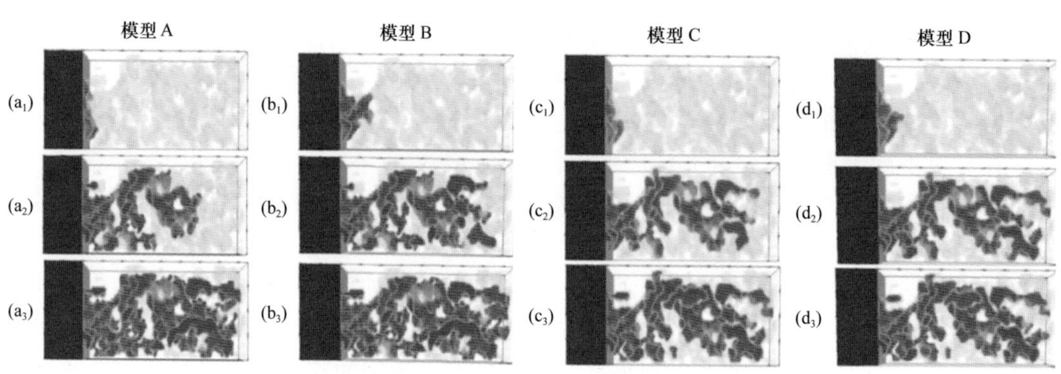

图 1-3-8 模型 A、B、C、D 模拟充注过程

红色表示驱替非润湿相，浅灰色代表充满润湿相的孔隙空间

模型A、模型C与模型B、模型D的动态毛细管压力、非润湿相面积和饱和度的变化曲线如图1-3-9、图1-3-10所示，可以看出，润湿性对毛细管压力的绝对值和饱和度分布也有影响。模型C、模型D（接触角为140°）的毛细管压力大于模型A、模型B的（接触角为105°），且模型C、模型D的饱和波动明显大于模型A、模型B的。表明储层润湿角越小，相同时间内，原油充注距离越远，最终充注含油饱和度越高。

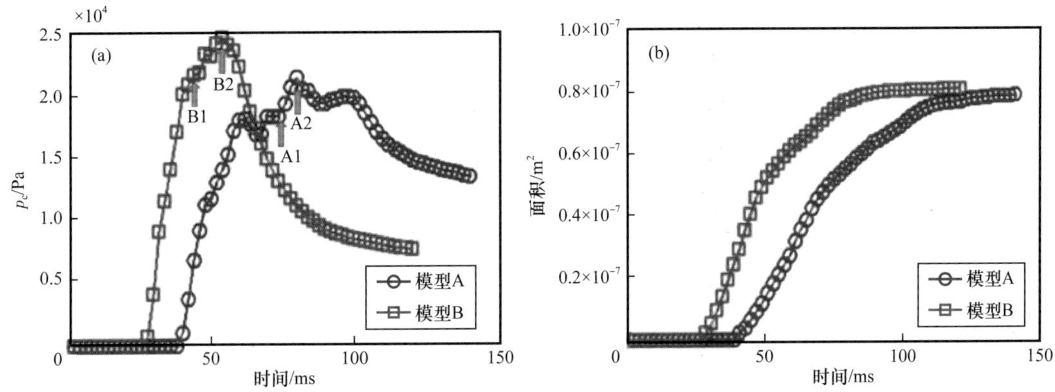

图1-3-9 模型A、模型B动态毛细管压力、非润湿相面积和饱和度的变化曲线

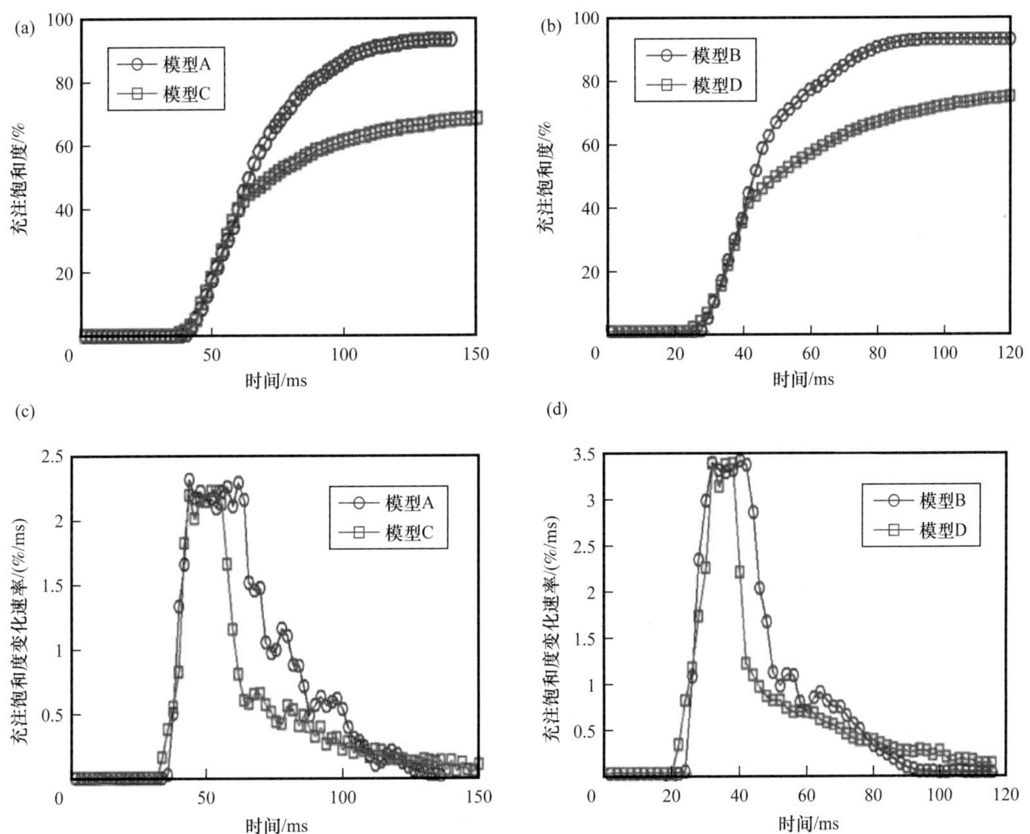

图1-3-10 模型A、模型C与模型B、模型D动态毛细管压力与饱和度的变化曲线

通过对比8组对照模型（参见表1-3-4）的模拟充注过程（图1-3-11）研究显示裂缝方向、开度和长度对致密油充注过程均存在影响，其中垂直于充注方向、开度较小、长度较短的裂缝对充注过程影响较小，但垂直裂缝对致密油充注过程有延迟效应，而平行于油气充注方向的裂缝，裂缝开度越大，毛细管压力越低，最终充注饱和度也越低（图1-3-12）。

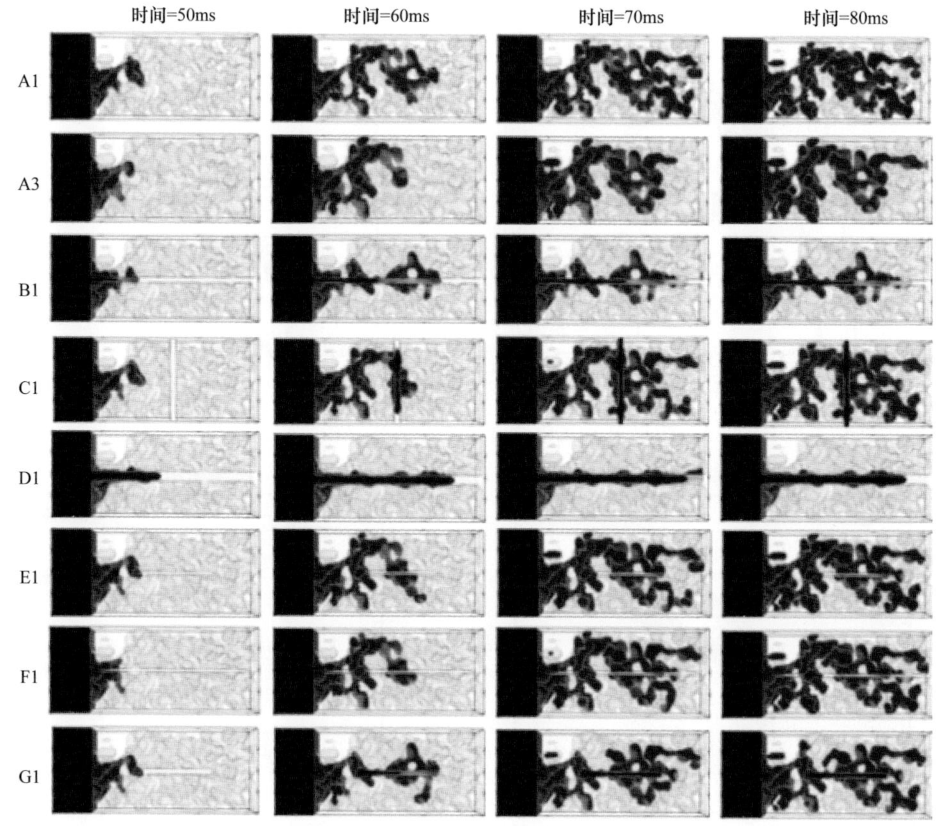

图1-3-11 不同微裂缝发育条件下的模拟充注过程

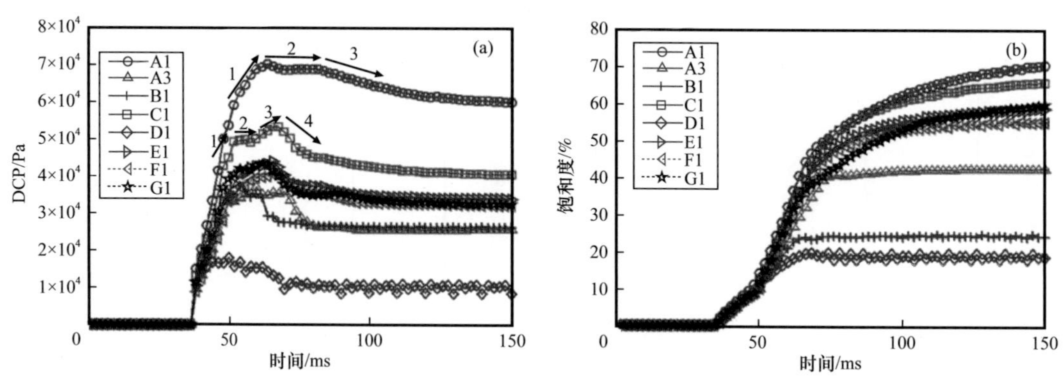

图1-3-12 不同微裂缝发育条件下（a）毛细管压力变化曲线（b）饱和度变化曲线

第四节 陆相致密油差异化的富集特征

一、陆相致密油生排烃的差异化特征

1. 高丰度有机质泥页岩是页岩油发生源内排烃的主体

以鄂尔多斯盆地长 7 段高丰度富有机质泥页岩为例，根据地层色层效应，饱和烃和芳香烃在源内的可移动性高于极性组分，长 7_3 亚段滞留烃中极性组分含量最高、饱和烃和芳香烃含量最低，而长 7_1 亚段和长 7_2 亚段滞留烃的组分含量则恰恰相反，表明有机质丰度更高的长 7_3 亚段生成的烃类物质有可能发生源内运移，聚集到有机质含量并不很高的长 7_1 亚段和长 7_2 亚段内。同时长 7_3 亚段平均有机碳含量 8.32%，滞留烃 S_1 平均 3.81mg/g，长 7_1 亚段和长 7_2 亚段有机质丰度平均分别为 2.62% 和 4.61% 的，滞留烃 S_1 平均 2.21mg/g 和 3.19mg/g，高有机质丰度的长 7_3 亚段与低有机质丰度长 7_2 亚段和长 7_1 亚段相当或更低，也表明了高丰度有机质是发生源内排烃的主体，有机质丰度含量偏低的泥质粉砂纹层、粉砂岩、泥质云岩、细砂岩、云质粉砂岩等均是富集的甜点。

2. 低丰度有机质混积岩或致密储层是源内页岩油富集的甜点

Jarvie 提出可以利用含油饱和度指标（OSI，S_1/TOC×100，mg/g）作为评价指标初步筛选页岩油潜在甜点段。当 OSI 指标超过 100 时，泥页岩内滞留烃含量将可能突破有机质复杂网络结构对烃类的吸附上限而被有效开发。可以看到，在 1740～1755m 以及 1780～1795m 层段泥岩的 OSI 指标超过 100，说明低有机质丰度的泥质粉砂纹层、粉砂岩、泥质云岩、细砂岩、云质粉砂岩具有更高的可动性和较好开发潜力，可以作为勘探主力目的层。

高丰度有机质泥页岩是页岩油发生源内排烃的主体。陆相中高成熟度烃源岩不仅向烃源岩内部的致密储层排烃，形成源储互层型页岩油，也在烃源岩自身滞留，构成了以纯泥页岩内为主的源储一体型页岩油。其中，高丰度有机质泥页岩是发生源内运聚的主体，有机质丰度含量偏低的泥质粉砂纹层、粉砂岩、泥质云岩、细砂岩、云质粉砂岩等均是富集的甜点。就 G135 井岩心样品而言，长 7_3 亚段为源储一体型页岩油以高有机质丰度的泥页岩为主，长 7_1 亚段和长 7_2 亚段以泥页岩内夹粉细砂岩、泥质粉砂岩为主，为源储互层型页岩油。

3. 陆相页岩油生排滞特征对富集的控制

从源储配置角度考虑，致密油储层包括源储一体（纯泥岩和混积岩）和夹在烃源岩内的致密储层两种类型。对于源储一体的致密油类型，源内滞留是其页岩油的主要聚集方式。而对于近源储层的页岩油类型，其资源储量包括两方面：源内滞留的液态烃以及发生了近距离运移、聚集到烃源岩夹杂的粉砂 / 砂层中的液态烃。并且，由于地层色层作用，发生了近距离运移的液态烃油品往往更优，对于中高成熟度页岩油来说更具高效开发潜力。

如前所述，烃源岩液态烃排到近源储层的效率越高，越有利于页岩油的有利聚集和高效开发。另外，纹层是影响泥页岩可压裂性的重要影响因素，控制着页岩压裂过程中的裂缝扩展规律。因此，纹层发育的烃源岩是理想的页岩油勘探领域。此外，烃源岩成熟度也是控制页岩油富集的另一重要因素。

总之，对于中—高成熟度页岩油，烃源岩 TOC 适中，滞留烃量大，是源内甜点段。淡水烃源岩的 TOC＞2.5% 页岩，滞留烃高，是源内甜点有利区，0.5%＜TOC＜2.5% 的为其次；咸化烃源岩的 2%＜TOC＜10% 凝灰质泥岩 / 泥晶云岩，滞留量高，是源内甜点有利区。

二、陆相致密油运聚过程的差异化特征

陆相页岩油发育湖盆中心或边缘地区，主体为泥页岩、粉细砂岩、云质岩、碳酸盐岩、凝灰岩等细粒沉积物或过渡岩性。其中生烃能力较强的泥页岩、泥质云岩等烃源岩与储集能力相对较好的粉细砂岩、碳酸盐岩、凝灰岩等组成有利源储系统，烃类运聚不仅受到源储特征的控制，也受到源储匹配的影响。

从烃源岩微观结构看，富有机质烃源岩纹层相对发育，有机质与无机矿物颗粒互层发育，导致了渗透率各向异性明显。鄂尔多斯盆地长 7_3 亚段纹层状粉砂质泥岩水平渗透率为 300nD，垂直方向仅为 100nD［图 1-4-1（a）］，渗透率值极低，顺层理启动压力梯度约 2.16MPa/cm，而垂直层理则高至 8.74MPa/cm［图 1-4-1（b）］，富有机质烃源岩生成液态烃，易于沿成岩纹层、层理等水平方向运移，在局部高角度断裂或相对粗粒岩性成为烃类垂向运移的通道，从宏观源储岩相看，烃类自高生烃能力泥页岩类沿水平层理运聚，富集于储集物性较好的粉细砂岩、碳酸盐岩、凝灰岩等岩性。不同源储组合的复杂性决定了成藏机制与富集规律的差异性，体现出页岩油源内与近源运聚机理特征。

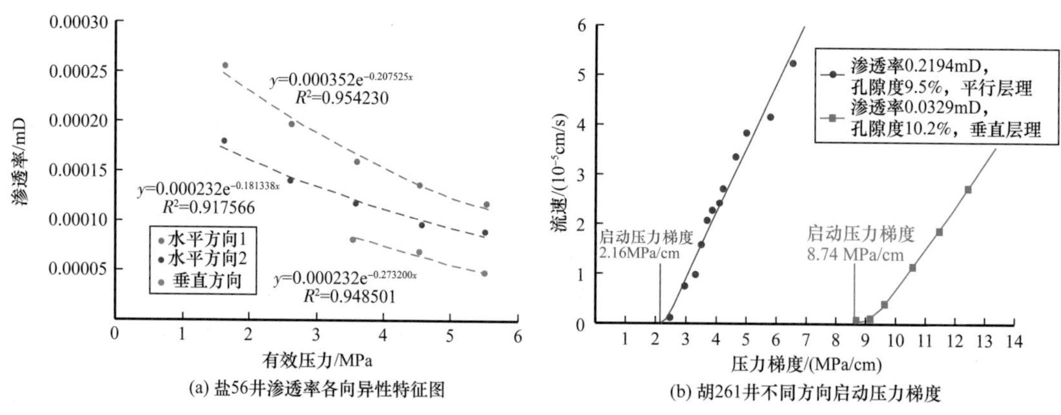

图 1-4-1 鄂尔多斯盆地长 7 段纹层状粉砂质泥岩渗透率各向异性特征

三、陆相致密油富集与分布的差异化特征

1. 储层类型多样，储集性能差异明显，是控制富集的关键因素

中国陆相致密油储层类型主要有碎屑岩、碳酸盐岩、混积岩、凝灰岩（表 1-4-1）。

不同类型储层主要形成于不同湖泊类型的半深湖—深湖环境，其次是于三角洲前缘或滨浅湖环境。致密油储层微相类型丰富，多与半深湖—深湖相的泥岩共生。与常规储层相比，其孔隙连通性差、孔喉直径小、储层物性差，储层非均质性强。基质渗透率低，一般空气渗透率不大于 2mD，孔隙度不大于 12%，孔喉半径小，微米—纳米级孔喉系统发育，主体直径 40～900nm，导致不同盆地致密油储层的分布与类型具有差异。

表 1-4-1 中国陆相致密油类型

<table>
<tr><th rowspan="2">类型</th><th rowspan="2">沉积环境</th><th rowspan="2">源储配置</th><th rowspan="2">成藏组合</th><th colspan="2">典型实例</th></tr>
<tr><th>盆地</th><th>地区 / 层位</th></tr>
<tr><td rowspan="5">碎屑岩型</td><td rowspan="5">三角洲前缘—湖泊</td><td rowspan="2">下源上储</td><td rowspan="2">近源</td><td>松辽</td><td>齐家地区青二段高台子油层</td></tr>
<tr><td>鄂尔多斯</td><td>延长组长 7 段</td></tr>
<tr><td rowspan="2">源储互层</td><td rowspan="2">源内</td><td>渤海湾</td><td>束鹿凹陷沙三段下部砾岩</td></tr>
<tr><td>柴达木</td><td>扎哈泉—乌南上干柴沟组</td></tr>
<tr><td>上源下储</td><td>近源</td><td>松辽</td><td>泉四段扶余油层</td></tr>
<tr><td rowspan="2">碳酸盐岩型</td><td rowspan="5">灰坪
云坪
湖泊</td><td rowspan="2">源储互层</td><td rowspan="2">源内</td><td>柴达木</td><td>红柳泉—跃进和
乌南下干柴沟组上段</td></tr>
<tr><td>四川</td><td>川中大安寨段</td></tr>
<tr><td rowspan="3">混积岩型</td><td rowspan="3">源储互层</td><td rowspan="3">源内</td><td rowspan="2">渤海湾</td><td>沧东凹陷孔二段</td></tr>
<tr><td>雷家沙四段</td></tr>
<tr><td>准噶尔
三塘湖</td><td>吉木萨尔、马朗凹陷芦草沟组</td></tr>
<tr><td>凝灰岩型</td><td>火山碎屑沉积</td><td>下源上储</td><td>近源</td><td>三塘湖</td><td>马朗凹陷条湖组</td></tr>
</table>

2. 原油品质好，赋存状态多样，油水分异差，聚集差异明显

陆相致密油位于生油岩成熟区（$0.6\% \leqslant R_o \leqslant 1.3\%$）气油比高，易高产。油质轻，地下流动状况较好，是获得工业流油的必要条件。鄂尔多斯盆地安塞油田三叠系长 6 段油层，储层平均孔隙度约 8%，渗透率小于 0.1mD，地面原油密度 0.83～0.85g/cm^3，黏度 1～55mPa·s。

同时，油水分异较差，同一构造油水产量与构造高低无明显关系，构造高部位也可能油水同出。例如四川盆地侏罗系油分布不受构造控制，相对高含水井与构造位置无关系，显示浮力失效引起的油水分布没有规律性。致密油聚集区多存在异常高压，主要是由于储层致密，导致生成的油气或者运移进来的油气难以散失，运移进来的油气驱替致密储层中的水，导致地层压力增大，使得储集空间内的压力难以释放，从而形成异常高压（表 1-4-2）。

表 1-4-2 国内外致密油聚集基本特征统计表

盆地	层位	干酪根类型	R_o/%	压力系数	原油密度 / g/cm^3	备注
威利斯顿	上泥盆统	Ⅰ—Ⅱ	0.6～0.9	1.35～1.56	0.81～0.82	巴肯
马弗里克	白垩系	Ⅰ—Ⅱ	0.6～1.4	约 1.5	0.82～0.87	鹰滩
渤海湾	沙河街组	Ⅰ	0.85～1.15	1.3～1.8	0.67	辽河坳陷
渤海湾	沙河街组	Ⅰ	0.77～1.32	1.53～1.8	0.68～0.78	济阳坳陷
渤海湾	沙河街组	Ⅰ—Ⅱ	0.9～1.12	约 1.85	0.66～0.69	东濮凹陷
松辽	青山口组	Ⅰ—Ⅱ	＞1.0	1.19～1.51	0.78	古龙凹陷
鄂尔多斯	延长组	Ⅰ—Ⅱ	0.7～1.1	0.99～1.24	0.85	伊陕斜坡
四川	大安寨组	Ⅰ—Ⅱ	0.6～1.2	1.46～1.55	0.60～0.67	川中
柴达木	古近系	Ⅱ	0.51～0.82	1.47	0.72	茫崖凹陷
准噶尔	三叠系	Ⅰ—Ⅱ	0.6～1.5	1.1～1.5	0.87～0.92	吉木萨尔凹陷

第五节　陆相致密油资源潜力与分布

一、致密油资源评价方法与关键参数

通过国内外对比，致密油资源评价方法主要为统计法、类比法两大类。其中国内主要采用统计法中的小面元容积法，类比法中的资源丰度类比法及 EUR 类比法。本次致密油资源评价主要采用小面元容积法计算致密油资源量，辅之以资源丰度类比法，对于勘探程度很低，各项参数取值较困难的地区则采用体积法 / 容积法计算资源量。对于可采资源量，采用 EUR 类比法求取相似刻度区可采系数，进而与地质资源量相乘得出。

1. 地质资源评价方法

1）小面元法

小面元法是用评价区边界点和已钻探井构建 PEBI 网格，包括有井控制的 PEBI 网格（简称井控网格）和无井控制的 PEBI 网格（简称无井控网格）两种。通过分析钻井资料得到井控网格的评价参数，通过对已知参数的空间插值得到无井控网格的评价参数；用排油强度推算 PEBI 网格理论上最大石油充满系数，用其作为约束条件校正空间插值得到的石油充满系数，然后估算无井控网格的地质资源量和资源丰度；用色标代表 PEBI 网格的地质资源丰度，将评价区所有 PEBI 网格涂色，形成可视化的致密油资源分布图。

2）资源丰度类比法

油气资源丰度类比法是一种由已知区资源丰度推测未知区资源丰度的方法，包括面积丰度类比法和体积丰度类比法两种。美国地质调查局（USGS）曾经借助全球主要盆地地质特征和油气资源数据库，以盆地为评价单元对常规油气资源进行评价。中国比较重视该方法，将该方法列为油气资源评价最重要的方法之一。在评价常规油气资源时，一般以区带或区块为评价单元；在评价致密油资源时，一般以区块（分层系）为评价单元。致密油资源丰度类比法与常规油气资源丰度类比法的原理基本相同，但在具体实施过程中存在很大差异。主要原因是致密油地质资源质量相差较大，这就要求评价者不仅要评价地质资源的总量，更要评价地质资源的质量。通过将评价区内部的各区块分级，即分为A类（相当于潜力区、核心区）、B类（相当于远景区、扩展区或非甜点区）和C类，然后再分别进行类比评价。这样既可评价致密油地质资源总量，又能评价致密油地质资源质量。

3）容积法

当评价区勘探程度很低，致密油地质及资源评价参数较难获取时，可以采用容积法进行，计算公式如下：

$$Q=100\cdot A\cdot H\cdot \phi\cdot S_{o}\cdot \rho_{o}/B_{oi}$$

式中 Q——致密油地质资源量，10^4t；

A——致密储层含油面积，km^2；

H——有效储层厚度，m；

ϕ——致密储层孔隙度，%；

S_o——含油饱和度，%；

ρ_o——地面油密度，t/m^3；

B_{oi}——原油体积系数，m^3/t。

在计算资源量时采用蒙特卡罗随机抽样方法。使用的计算参数一般用三个数（最大值、最小值和均值），参数多数采用三角分布模式进行抽样计算，资源量计算一般采用对数正态分布模型。

4）EUR类比法

EUR是指根据生产递减规律，评估得到的单井最终可采储量。根据EUR值估算可采资源量的思路如下：

第一步，通过相关资料分析，估算评价区开发平均每口井控制面积（井控面积）；

第二步，按平均井控面积计算评价区可钻井数；

第三步，根据评价区地质分析和风险评估，估算评价区今后成功的井数；

第四步，通过评价区与典型开发井的地质条件类比，得到评价区平均EUR；

第五步，将成功井数与平均EUR相乘，得到评价区可采储量。

2. 致密油资源评价关键参数

（1）储层有效厚度：致密储层有效厚度是指达到致密油资源量起算标准的厚度，是影响容积法计算资源量的关键评价参数之一，致密储层只有达到一定厚度才具备开发价值。据统计中国目前陆相致密油能够达到工业生产能力的有效储层厚度至少在4m以上。

（2）储层面积：储层面积是计算资源量的关键评价参数之一。从上述资源评价方法中可见，无论是类比法还是容积法，储层面积均对资源预测结果有重大影响。储层面积确定往往是利用地震、钻井、测井、录井、试油等资料与储层有效厚度下限结合来判定。

（3）含油饱和度：含油饱和度是有效孔隙中含有体积和岩石有效孔隙体积之比。是容积法计算致密油资源量的重要参数。中国陆相致密油储层含油饱和度变化较大，在40%～95%之间。源内形成的致密油含油饱和度相对较高，如渤海湾盆地沙河街组、松辽盆地高台子组达到60%～70%，鄂尔多斯盆地延长组在70%～90%之间，准噶尔盆地、三塘湖盆地二叠系最高可达95%。含油饱和度一般可用密闭取心法、压汞法、测井资料解释法等进行确定。

（4）有效孔隙度：有效孔隙度是指岩石中互相连通的孔隙体积与岩石体积之比，又可分为基质孔隙度和裂缝孔隙度。中国陆相致密油储层物性较差，以基质孔隙为主，多介于5%～8%，以纳米—微米空隙为主。

（5）资源丰度：资源丰度是指单位面积内致密油资源量的大小，是类比法常用参数，一般勘探程度较高的地区可以作为刻度区，通过解剖刻度区可求取该地区的地质资源丰度和可采资源丰度，评价区可通过与刻度区进行地质类比确定类比系数，进而求出资源量。

（6）可采系数：可采系数是致密油可采资源量与地质资源量的比值。可采系数除受地质因素影响外，开发技术水平会产生较大影响。一般只反映当前技术条件下资源的可采状况。

（7）EUR值：EUR值是可采资源量计算的关键参数。主要是在生产时间较长的地区，形成该井的产量递减曲线，根据产量递减的拟合，计算一定时限内该井累计产出的油气，即为现今技术条件下，该井最终可采资源量（EUR）。

（8）井控面积：EUR法可采资源计算关键参数。一般以储层研究为基础，利用动态开发数据和井网优化技术，确定合理井控范围。

（9）钻井成功率：钻井成功率是衡量油气资源富集程度和计算可采资源量的重要参数。该参数主要考虑已有开发井的钻探结果，只有钻探成功的井才计算可采资源。因此，钻探成功率也决定了评价区可采资源的高低。

二、陆相致密油资源分级评价标准

无论常规与非常规油气藏，油气资源是否富集均非单一因素决定，而是各项成藏条件综合控制结果。资源评价中最直观反映各项成藏条件综合作用结果的是资源量与资源丰度。尤其是资源丰度，可直接代表资源富集程度。前人曾用来作为富油凹陷的划分指标。因此，本次也以致密油资源丰度作为分级标准的主要指标。依据目前致密油资源主要的评价方法中关键参数的选取，致密油资源丰度主要受储层有效厚度、物性、含油性等影响。

1. 储层有效厚度

致密油赋存于储集空间中，储层厚度与物性决定了储集空间的大小。对于有效储层厚度不同油田尝试过对其进行判断。如长庆油田用厚度与石油产量的关系确定了长 7 段有效储层厚度为 10m 时，可达工业油流标准（4t/d），在 7～10m 时主要为低产，7m 以下基本无显示（图 1–5–1）。新疆油田针对吉木萨尔芦草沟组用经济极限产能法确定了有效厚度：首先确定 1200m 水平井产油 1.5×10^4t 才不亏损；单井压裂沟通平面面积 =1200m（水平段长度）×400m（压裂缝展布长度，半径 250～300m）=480000m^2；单位面积内采油 =15000t/480000m^2=0.03125t/m^2；每立方米储量 N_0=1（面积 /m^2）×1（厚度 /m）×0.10（孔隙度 /%）×0.85［原油密度 /（t/m^3）］×0.75（含油饱和度 /%）/1.1（体积系数）=0.05795t；每立方米可采油 =0.05795×0.08（采收率）=0.00463636t/m^3；单位面积采油（0.03125t/m^2）所需储层厚度 =0.03125/0.00463636=6.74m。所以，取最小厚度为 7m。当厚度在 10m 左右时，产量在 2×10^4t 以上，已取得一定经济效益。根据油田实际生产实践，确定储层最小有效厚度为 7m，小于此厚度即为Ⅲ级资源分布区，7～10m 为Ⅱ级资源分布区，大于 10m 为Ⅰ级资源分布区。

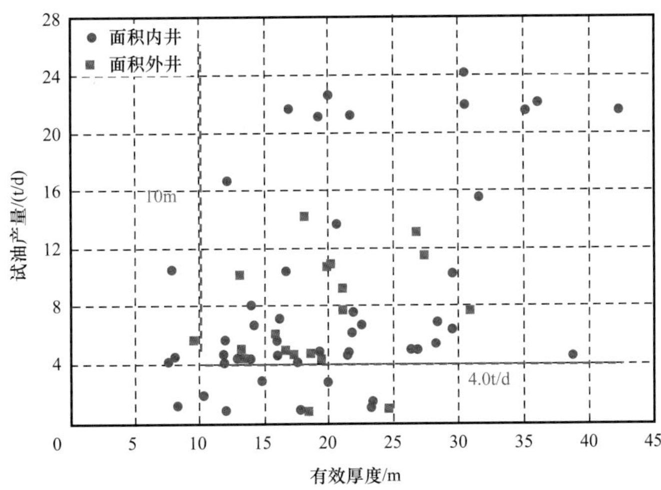

图 1–5–1 鄂尔多斯盆地长 7 段有效厚度与试油产量关系图

2. 储层孔隙度

通过实钻井含油性与储层物性关系，储层基本可按物性划分为三级，如吉木萨尔与三塘湖凹陷（图 1–5–2）Ⅰ级储层孔隙度大于 8%，Ⅱ级储层孔隙度为 5%～8%、Ⅲ级储层孔隙度小于 5%。不同盆地不同类型致密油差别较大，很难有统一标准。各油田考虑到生产实际建立了各自划分标准，如松辽扶余油层，鄂尔多斯长 7 段Ⅰ级储层孔隙度大于 10%，三塘湖凹陷条湖组凝灰岩致密油Ⅰ级储层孔隙度甚至在 18% 以上。但从致密油目前定义来看，一般孔隙度应在 10% 以下，且松辽、鄂尔多斯等盆地Ⅰ级储层含油级别达到了富含油，明显高于吉木萨尔与三塘湖的油浸。此外，除四川大安寨与束鹿泥灰岩外，孔隙度下限值多在 5% 左右。通过综合对比确定Ⅰ级资源孔隙度在 8% 以上，Ⅱ级储层孔隙度为 5%～8%、Ⅲ级储层孔隙度小于 5%。

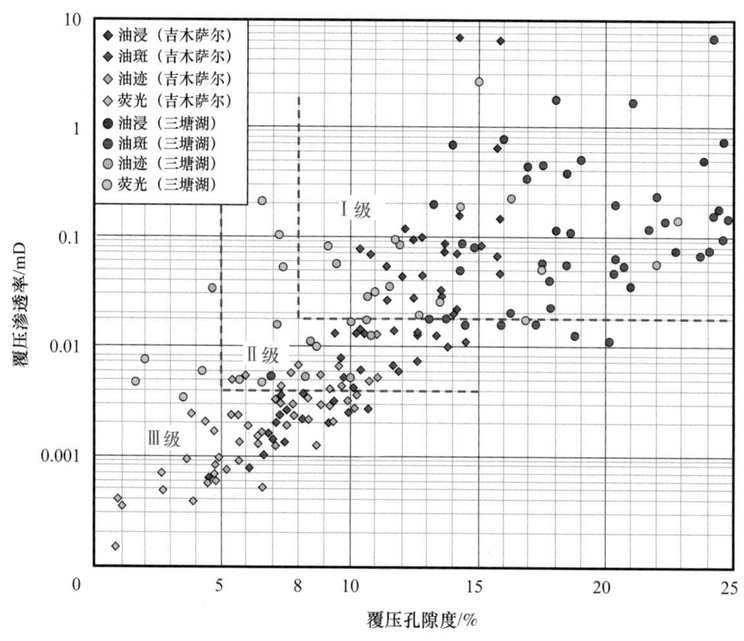

图 1-5-2　吉木萨尔、三塘湖致密油物性分级图版

3. 含油饱和度

含油饱和度是计算资源丰度的重要参数。通过岩心含油级别与含油饱和度对应关系可划分含油饱和度对应的储层级别。岩心实测含油饱和度在 30% 以下时，显示级别一般为荧光，当含油饱和度在 50% 以上时，对应的油气显示级别为油斑以上。含油饱和度在 30%～50% 之间，对应的显示级别为油迹。与上述物性划分时对应的显示级别有较好的一致性。因此，采用含油饱和度小于 30% 为Ⅲ级资源分布区，含油饱和度 30%～50% 为Ⅱ级资源分布区，含油饱和度大于 50% 为Ⅰ级资源分布区（表 1-5-1）。

表 1-5-1　致密油储层含油级别与含油饱和度对比表

岩心编号	含油级别	含油饱和度 /%	岩心编号	含油级别	含油饱和度 /%
H221-31	荧光	26.44	J68-10	油迹	43.15
H221-43	荧光	27.18	H221-35	油斑	51.90
H295-17	荧光	24.34	H221-36	油斑	58.28
J111-05	荧光	31.82	J45-20	油斑	74.00
H295-13	油迹	32.90	J89-04	油斑	48.33
H295-15	油迹	32.02	J114-02	油斑	50.20
H295-21	油迹	37.52	J46-06	油斑	57.23

根据上述影响致密油资源丰度的三项主要参数取值区间的划分，可得出致密油资源丰度下限在 10×10^4t/km^2 左右，在此丰度以下，资源少，品位差，以目前勘探开发技术，

基本无产能。资源丰度上限即Ⅰ级资源分布区资源丰度难以计算得出，但可以通过刻度区资源丰度分布状况进行判断，刻度区勘探程度高、认识程度高，探明储量高的地区，多为资源富集且已建产的Ⅰ级资源分布区。

对比国内外刻度区资源丰度（图 1-5-3、图 1-5-4），中国陆相致密油资源丰度值跨度较大，在 3.5×10^4～$144\times10^4t/km^2$ 之间，但除四川大安寨外，资源丰度均在 $15\times10^4t/km^2$ 以上；国外致密油刻度区资源丰度在 15×10^4～$95\times10^4t/km^2$ 之间。本次致密油Ⅰ级资源分布区资源丰度确定在 $155\times10^4t/km^2$。

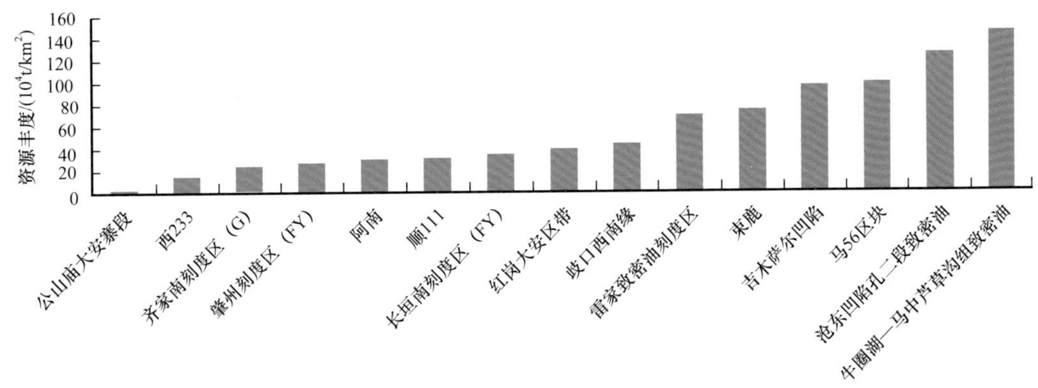

图 1-5-3 中国致密油刻度区资源丰度分布

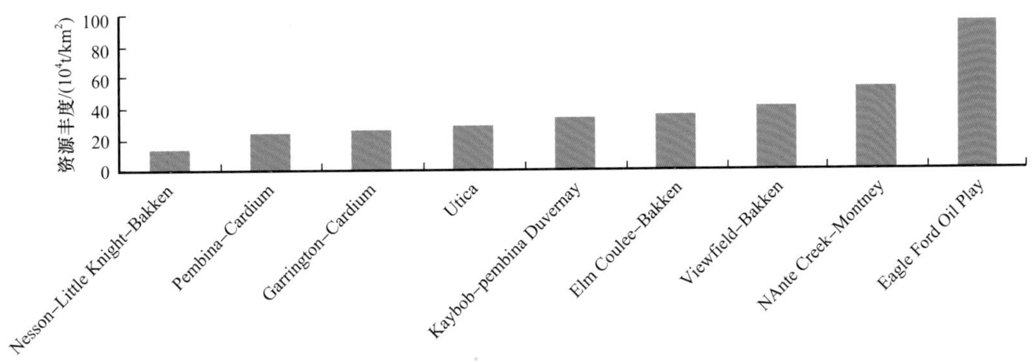

图 1-5-4 国外致密油刻度区资源丰度分布

通过上述依据，最终建立划分三级资源标准（表 1-5-2），由于中国陆相致密油起步较晚，研究程度相对较低，本标准仅是在目前资料基础上综合确定结果，各油田在实际应用时可根据生产实际情况进行调整使用。

三、重点盆地致密油资源潜力与分布

应用致密油主要资源评价方法，对 10 个重点盆地致密油资源开展了分级资源评价，评价结果为致密油总地质资源量 243.04×10^8t、技术可采资源量 18.06×10^8t。其中，Ⅰ级资源 82.05×10^8t，占总资源的 34%；Ⅱ级资源 64.41×10^8t，占总资源的 26%；Ⅲ级资源 96.57×10^8t，占总资源的 40%。

表 1-5-2 致密油资源分级标准

级别	分级标准				特征
	资源丰度/($10^4t/km^2$)	孔隙度/%	含油饱和度/%	储层厚度/m	资源含义
Ⅰ	>15	>8	>50	>10	富集区，品位好，易动用资源
Ⅱ	10～15	5～8	30～50	7～10	资源规模较大，品位较差，动用难度也较大的资源
Ⅲ	<10	<5	<30	<7	远景区，品位差，需要长期探索远景资源

1. 致密油地质资源量与分布

1）重点盆地致密油地质资源量与分布

致密油资源主要分布在鄂尔多斯、松辽、准噶尔与渤海湾盆地，总地质资源达到 199.22×10^8t，技术可采资源为 14.78×10^8t，占到重点盆地总资源的 82%。从分级资源分布来看，Ⅰ级资源与总资源分布特征相似，主要分布在鄂尔多斯、准噶尔、松辽与渤海湾盆地，地质资源量与技术可采资源量分别占Ⅰ级资源的 89% 和 90%。Ⅱ级资源除上述四个盆地外，四川盆地与柴达木盆地以Ⅱ级资源为主（表 1-5-3）。

表 1-5-3 重点盆地致密油资源计算结果

盆地	探区	探明储量/10^8t	地质资源量/10^8t				探明可采储量/10^8t	技术可采资源量/10^8t			
			总资源	Ⅰ级	Ⅱ级	Ⅲ级		总可采资源	Ⅰ级	Ⅱ级	Ⅲ级
松辽	大庆	1.49	50.84	9.52	11.91	29.41	0.19	3.02	0.76	0.79	1.47
	吉林	3.15	24.35	4.10	4.51	15.74	0.51	1.69	0.53	0.48	0.68
	小计	4.64	75.19	13.62	16.42	45.15	0.7	4.71	1.29	1.27	2.15
渤海湾	辽河	0.15	6.58	2.30	1.26	3.02	0.03	0.56	0.18	0.10	0.28
	大港	1.48	20.81	16.66	2.49	1.66	0.23	1.75	1.18	0.34	0.23
	华北	—	4.18	—	2.33	1.85	—	0.38	—	0.20	0.18
	冀东	—	6.83	—	—	6.83	—	0.32	—	—	0.32
	小计	1.63	38.4	18.96	6.08	13.36	0.26	3.01	1.36	0.64	1.01
鄂尔多斯	长庆	6.03	60.50	20.25	12.15	28.10	0.68	5.26	2.23	1.34	1.69
准噶尔	新疆	1.53	25.14	19.99	3.20	1.95	0.15	1.81	1.47	0.26	0.08
四川	西南	0.81	22.63	6.91	12.81	2.91	0.05	1.61	0.49	0.94	0.18
柴达木	青海	0.71	9.82	—	9.82	—	0.06	0.80	—	0.80	—

续表

盆地	探区	探明储量/10^8t	地质资源量/10^8t				探明可采储量/10^8t	技术可采资源量/10^8t			
			总资源	Ⅰ级	Ⅱ级	Ⅲ级		总可采资源	Ⅰ级	Ⅱ级	Ⅲ级
三塘湖	吐哈	0.41	5.37	1.14	2.16	2.07	0.02	0.28	0.06	0.11	0.11
酒泉	玉门	—	1.37	0.25	0.55	0.57	—	0.17	0.04	0.09	0.04
雅布赖		—	1.64	—	—	1.64	—	0.11	—	—	0.11
二连	华北	—	2.98	0.93	1.23	0.82	—	0.31	0.08	0.15	0.08
合计		15.76	243.04	82.05	64.42	96.57	1.92	18.07	7.02	5.6	5.45

2）层系致密油地质资源量与分布

中生界白垩系致密油资源最丰富，为 79.54×10^8t，占总资源的 33%；其次为三叠系、二叠系及古近系，占总资源的 55%。Ⅰ级资源主要分布在二叠系与三叠系，占到Ⅰ级总资源的 50%；Ⅱ级资源则主要分布在三叠系、侏罗系与白垩系，占Ⅱ级总资源的 67%（表 1–5–4）。

表 1–5–4 重点盆地层系致密油资源计算结果

层系	探明储量/10^8t	地质资源量/10^8t				探明可采储量/10^8t	技术可采资源量/10^8t			
		总资源	Ⅰ级	Ⅱ级	Ⅲ级		总可采资源	Ⅰ级	Ⅱ级	Ⅲ级
新近系	0.71	6.44	—	6.44	—	0.06	0.53	—	0.53	—
古近系	1.63	41.78	18.96	9.46	13.36	0.25	3.28	1.36	0.91	1.00
白垩系	4.64	79.54	14.8	18.19	46.54	0.7	5.18	1.41	1.51	2.28
侏罗系	0.81	24.27	6.91	12.81	4.55	0.05	1.73	0.49	0.94	0.29
三叠系	6.03	60.5	20.25	12.15	28.1	0.68	5.26	2.23	1.34	1.69
二叠系	1.94	30.51	21.13	5.36	4.01	0.18	2.09	1.53	0.37	0.19
合计	15.76	243.04	82.05	64.42	96.57	1.92	18.07	7.02	5.60	5.45

3）不同领域致密油资源量与分布

碎屑岩领域资源最富集，总资源为 178.36×10^8t，Ⅰ级资源也以碎屑岩最多，为 51.30×10^8t，分别占到总资源的 73% 和Ⅰ级总资源的 62%（表 1–5–5）。

2. 致密油剩余资源潜力与有利区

中国致密油勘探仍处于早期阶段，剩余资源潜力较大，10 个致密油发育的重点盆地剩余资源为 227.28×10^8t。尤其是鄂尔多斯、准噶尔、松辽与渤海湾盆地，剩余资源达到 185.40×10^8t，占到剩余资源总量的 82%。

表 1-5-5 重点盆地致密油不同领域资源计算结果

领域	探明储量 / 10^8t	地质资源量 /10^8t				探明可采储量 / 10^8t	技术可采资源量 /10^8t			
		总资源	Ⅰ级	Ⅱ级	Ⅲ级		总可采资源	Ⅰ级	Ⅱ级	Ⅲ级
碎屑岩	12.00	178.36	51.30	40.27	86.79	1.57	13.68	5.00	3.86	4.82
湖相碳酸盐岩	1.82	39.71	13.81	21.98	3.91	0.18	2.72	0.82	1.63	0.27
火山碎屑岩	0.38	1.43	0.37	0.51	0.55	0.02	0.08	0.02	0.03	0.03
混积岩	1.56	23.54	16.57	1.66	5.32	0.16	1.59	1.18	0.08	0.33
合计	15.76	243.04	82.05	64.42	96.57	1.92	18.07	7.02	5.60	5.45

从层系来看，致密油剩余资源主要分布在白垩系、三叠系与古近系，剩余资源为 169.52×10^8t，占剩余总资源的 75%；其次为二叠系与侏罗系，占剩余资源的 23%。从领域分布来看，致密油剩余资源主要分布在碎屑岩领域，剩余资源为 166.36×10^8t，占剩余资源的 73%。目前所发现的致密油主要分布在碎屑岩、湖湘碳酸盐岩、混积岩与火山碎屑岩四大领域中，根据剩余资源在各盆地主要发育区带分布特征，优选出以下资源富集区为下一步主攻勘探方向。

1）*碎屑岩领域*

碎屑岩领域是致密油最为发育的领域，剩余资源也最为丰富。根据重点盆地碎屑岩致密油分布特征，主要优选出鄂尔多斯盆地姬塬、陇东与志靖—安塞上三叠统延长组 7 段，渤海湾盆地歧北斜坡古近系沙河街组一段、沧东孔店组二段，松辽盆地北部长垣、三肇、龙虎泡阶地泉头组四段、齐家—古龙青山口组二段，松辽盆地南部红岗大安海坨子、新北、乾安、大情字井、余字井泉头组四段，准噶尔盆地风城地区与大井—帐北地区二叠系风城组以及柴西南新近系等 17 个有利区带（图 1-5-5）。剩余资源均在亿吨级以上，且以Ⅰ级资源占比较大。其中，鄂尔多斯盆地陇东、姬塬、志靖—安塞地区长 7 段合计剩余资源 38.42×10^8t。截至 2019 年 8 月，在安 83、庄 183、西 233 等开发试验区建产能 208×10^4t，完钻水平井 609 口，投产 553 口，前 3 个月平均单井日产油 9.7t。

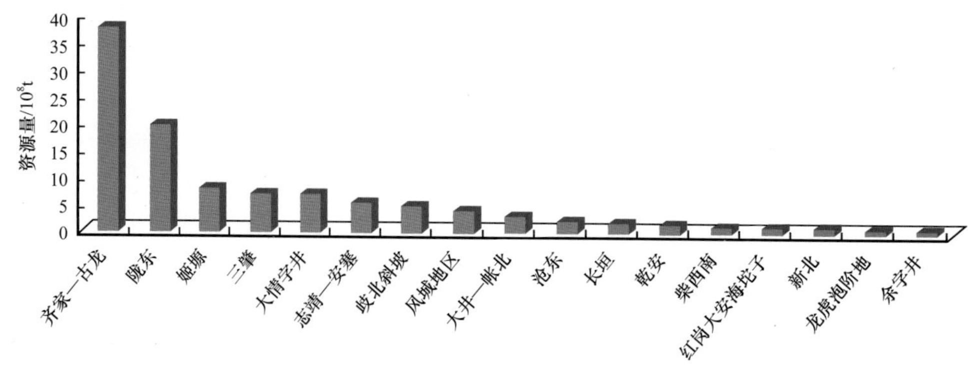

图 1-5-5 碎屑岩领域致密油剩余资源分布图

2）湖相碳酸盐岩领域

湖湘碳酸盐岩领域致密油剩余资源也较为丰富。根据重点盆地湖湘碳酸盐岩领域致密油分布特征，主要优选出四川盆地川中隆起带、川北坳陷带侏罗系大安寨段，柴达木盆地柴西北地区新近系油砂山组与上干柴沟组、柴西古近系下干柴沟组，渤海湾盆地歧口凹陷沙河街组一段、大民屯凹陷和西部凹陷北部古近系沙四段、束鹿凹陷沙河街组三段下部8个有利区带（图1-5-6）。剩余资源量均在两亿吨级以上，但整体以Ⅱ级资源占比较大。

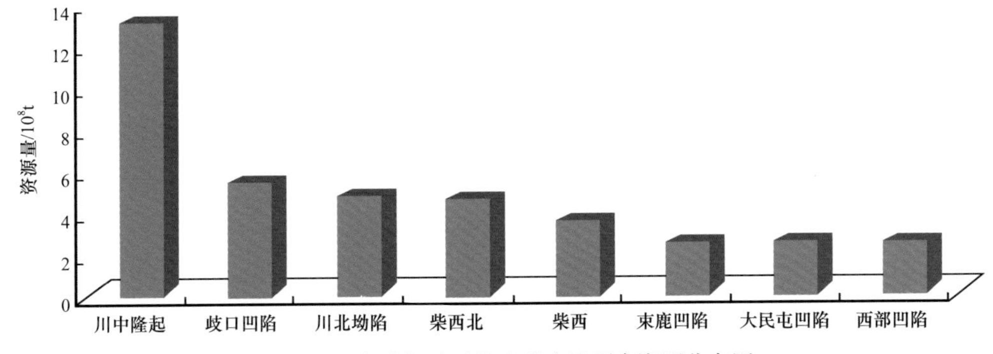

图1-5-6 湖泊相碳酸盐岩致密油剩余资源分布图

其中四川盆地川中隆起带与川北坳陷带、柴达木盆地柴西与柴西北地区潜力较大。四川盆地川中隆起带、川北坳陷带侏罗系大安寨致密油剩余资源量分别为5.05×10^8t和2.18×10^8t。川中隆起带目前除大安寨碳酸盐岩油藏外，还发育沙溪庙、凉高山碎屑岩油藏，区内侏罗系致密油专层井共36口，试油井44口，测试获工业油气井20口，致密油累计产量4.030×10^4t。柴达木盆地柴西北地区新近系油砂山组与上干柴沟组两套致密油层系剩余资源量为4.86×10^8t，柴西地区古近系下干柴沟组致密油剩余资源量为3.38×10^8t，均具备较大的勘探潜力。

3）混积岩领域

混积岩致密油主要发育在准噶尔盆地吉木萨尔凹陷、渤海湾盆地沧东凹陷、三塘湖盆地马朗凹陷与条湖凹陷。其中，吉木萨尔凹陷芦草沟组、马朗凹陷芦草沟组、沧东凹陷孔店组二段剩余资源量在2×10^8t以上，是下一步主要勘探目标区。并且，吉木萨尔凹陷与沧东孔店组二段以Ⅰ级资源为主，尤其是吉木萨尔凹陷芦草沟组油气显示广泛，斜坡构造特征明显，钻遇井普遍见到良好的油气显示。单井芦草沟组云质岩厚度大，横向连续性好，展布稳定，且口口探井见连续大跨度油气显示，目前仅对厚层中局部甜点进行试油，其他大段相对物性较差层段未试油。近期吉172井又获得了油流，进一步证实大面积含油。计算结果为致密油剩余资源量17.49×10^8t，是混积岩领域致密油勘探首选。

4）火山碎屑岩领域

火山碎屑岩领域致密油目前仅在三塘湖盆地条湖组有所发现。条湖组致密油分布在条湖组二段底部的凝灰岩中，为中高孔低渗、高饱和度致密油。其中，条湖凹陷凝灰岩致密油剩余资源2193.79×10^4t，马朗凹陷为8218.14×10^4t，可见马朗凹陷凝灰岩致密油勘探潜力较大。

第二章 致密油甜点评价技术

中国陆相盆地多凸多凹的构造格局，决定了陆相致密油烃源岩和储层分异性强，分布面积变化大。从构造稳定性来看，凹陷—斜坡区是陆相盆地内部相对稳定地区，坳陷盆地（如鄂尔多斯盆地上三叠统和准噶尔盆地二叠系）和裂陷盆地（如渤海湾盆地古近系）均是如此，目前勘探证实凹陷—斜坡区发育优质烃源岩和致密储层，是致密油资源主要分布区。以鄂尔多斯盆地为例，三叠系延长组湖盆发育于古生界克拉通基底之上，具有稳定的构造沉积背景，地层构造变形程度微弱，地层倾角 2°～5°，最大 5.5°，利于烃源岩、区域盖层和重力流砂体及深水席状砂体大面积叠置发育，烃源岩分布面积达 $10\times10^4km^2$，长 7 段砂体分布面积达 $2.5\times10^4km^2$，为规模致密油资源的形成提供了良好背景。致密油甜点是指在现有经济技术条件下，具有实际开发效益的致密油地质单元。在近年对致密油形成条件的基础上，结合勘探开发实践分析，认为致密油甜点的形成主要有以下三大地质要素：一是优质高效规模分布的烃源岩是形成致密油甜点区的基础；二是发育物性相对较好的致密储层是形成致密油甜点的核心；三是源储最优配置是形成致密油甜点的关键。上述三大地质要素是建立致密油甜点评价标准的基础。本章重点介绍了致密油甜点地质评价、测井评价关键技术、地震预测关键技术和甜点区的评价优选方法。

第一节 致密油甜点分级评价

致密油是指与生油岩层系共生并在各类致密储层聚集的石油，油气通过短距离运移，储层岩性主要有致密砂岩、致密油混积岩、致密碳酸盐岩、凝灰岩等。致密油勘探的重点是在储层有利区寻找甜点以及识别甜点。而所谓“甜点”即是烃源岩中相对物性较好的储层集中发育段。在明确致密油形成的主控因素基础上，聚焦致密油甜点形成的关键要素烃源岩和致密储层；结合中国陆相致密油勘探实际，对相关评价参数进行优选，建立评价指标体系。

一、致密油甜点评价参数分析

目前发现的致密油藏的烃源岩主要为海相或湖相泥页岩，海相沉积如北美巴肯组海相页岩，有机碳含量达到 10%～14%，分布范围广。中国陆相盆地广泛发育深湖—半深湖相沉积；其静水还原环境，常发育暗色泥岩、页岩以及泥页岩（即潜在的烃源岩）。深湖—半深湖相暗色泥页岩的广泛分布，为沉积盆地的油气资源奠定了雄厚的物质基础。沉积体系有机生物输入种类的不同，常与烃源岩类型密切相关；沉积体系中有机生物的输入量，决定了烃源岩有机质丰度。而烃源岩有机质类型的优劣及有机质丰度的高低直接决定烃源岩成烃能力。鄂尔多斯盆地延长组7段和准噶尔盆地吉木萨尔芦草沟组湖相泥页岩，有机碳含量为1%～10%，有效烃源岩分布范围大。与常规油气相比，致密油更强调大面积高丰度烃源岩源内或近源短距离供烃特征。在断陷盆地、凹陷盆地和前陆盆地的湖盆中烃源岩普遍发育，优质烃源岩主要发育在湖盆扩张期的凹陷—斜坡地区，以深湖—半深湖环境为主，岩性主要为暗色泥岩与泥页岩，具有烃源岩质量好、规模大、热演化适度与生烃总量大等特征，为各类储集体聚油成藏奠定了资源基础。例如，松辽盆地主要烃源岩发育在青山口组一段，是暗色泥岩，除在盆地边部如滨北地区砂岩含量较高外，在中央坳陷区几乎全区分布，烃源岩厚60～80m，有机碳含量平均为2.2%，有机质类型多以Ⅰ—Ⅱ型干酪根为主，有效烃源岩面积达$6.5\times10^4km^2$，占湖盆总面积的53%。由此可见，陆相沉积盆地中发育的优质湖相烃源岩，可为各类相关的致密储集体提供充足的油源。

国内外学者对烃源岩的评价主要有3个方面。（1）有机质丰度：有机质丰度主要取决于沉积盆地构造特征、水体环境、生源输入量；有机质丰度是决定油气资源的物质基础，与“油气的量”密切相关，主要评价参数有：TOC、氯仿沥青“A”、S_1、S_2。（2）有机质类型：有机质类型主要取决于不同类型生物的输入，有机质类型决定烃源岩的倾油、倾气特征，与“油气的质”密切相关，主要评价参数有HI、H/O—O/C、HI—OI、TOC—S_2。（3）热演化程度：热演化程度取决于区域构造热演化历史，热演化程度决定了有机质成烃演化阶段性，与“油气的质”和“油气的量”密切相关；主要评价参数有有机质成熟度（R_o）和T_{max}。

非常规储层评价主要集中在岩性、物性、厚度和裂缝发育程度4个方面。岩性主要受沉积环境的控制，包括岩性的类型、分布、规模等宏观特性，还包括微观上岩石颗粒大小、分选、结构及填隙物的成分和含量，不同沉积微相的储层具有不同物性特征。储层物性在低孔、低渗情况下，相对高孔、高渗发育带，是甜点储层主要分布区。储层（油层）要达到一定的厚度，并且大面积分布是甜点形成的关键。储层要通过水力压裂形成一定规模的改造体积，如果裂缝较为发育，通过压裂沟通原始裂缝，从而形成复杂缝网系统，提高改造体积范围，增加单井初期和累计产量。储层评价关键参数为孔隙度（%）、渗透率（mD）、含油饱和度（%）、储层厚度（m）。

储层工程参数对致密油水平井产量具有较明显的控制作用，因此亦是致密油甜点评价的重要参数。主要体现在储层的脆性、储层钻遇率和压裂参数等。其中，岩石脆性控制压裂改造形成的裂缝规模，从而影响致密油产量高低；水平段储层钻遇率高，产量较高；致密油井储层改造的段数、加砂强度、入井液量和排量等因素控制压裂改造规模，从而影响致密油产量高低。

经济性是评价某一个致密油甜点区的勘探开发活动是否经济有效的重要因素，直接反映出致密油甜点区的“甜度”，特别是从开发角度衡量该区块是否具有勘探的效益和开发的经济价值。致密油甜点区一定是能效益开发的地质单元，效益的高低取决于甜点区致密油单井初期产量、EUR 和内部收益率，可以作为致密油甜点评价的参数范围。

二、致密油甜点评价参数体系

致密油勘探开发模式不同于常规石油，甜点富集主控因素复杂，目前致密油甜点评价的关键问题是缺乏一套评价参数体系、方法和标准。致密油甜点评价参数仅考虑地质要素是不全面的。实际的致密油甜点评价，还应充分考虑致密油甜点与产量密切相关的其他因素。富集高产区即为致密油甜点区。因此，甜点评价的参数可以从影响致密油单井产量和最终可采储量的主控因素分析入手，运用统计法分析与致密油产量高低密切相关的地质、工程和经济等因素，从而明确不同致密油甜点区主要控制或影响因素，为致密油甜点评价参数的选取和参数体系的建立提供依据。

致密油甜点评价参数体系的建立，主要结合致密油甜点的主要控制因素，从地质、工程与经济三个角度出发，然后分别建立地质、工程与经济甜点下属的烃源岩、储层、油藏、工程和经济 5 个品质 15 项关键参数甜点评价参数体系，为致密油甜点评价方法研发奠定基础。其中，烃源岩品质参数包括有机碳含量（TOC）、有机质成熟度（R_o）和厚度等；储层品质参数包括物性、含油饱和度、压力系数和厚度等；油藏品质参数包括气油比、原油密度和黏度等；工程品质参数包括岩石脆性指数、两向应力差和裂缝发育程度；经济品质参数包括单井初期产量、EUR 和内部收益率等。

三、致密油甜点分级评价指标

下面围绕致密油甜点形成的烃源岩、致密储层关键要素，对中国陆相体系典型致密油产区不同类型（碎屑岩型、混积岩型、凝灰岩型、碳酸盐岩型）致密油甜点的特征地质评价参数做一个系统梳理，明确关键评价参数；结合致密油勘探开发成果，厘定其分类分级评价标准。

1. 碎屑岩型致密油甜点评价

碎屑岩型致密油主要在中国鄂尔多斯盆地延长组和松辽盆地白垩系发育，本研究以此为研究对象，开展碎屑岩型致密油甜点评价参数与标准研究。

1）烃源岩品质分级评价

烃源岩品质评价主要考虑烃源岩成熟度和有机碳含量。以松辽盆地青山口组烃源岩为例，样品实测统计结果显示（图 2-1-1），烃源岩镜质组反射率 R_o 为 0.75%～1.3%，优质烃源岩 HI 从 750mg/g 降到 200mg/g，排烃效率为 85%，与实验结论相符。根据拐点值将 R_o 划分为三类，即 1.0%～1.3% 为Ⅰ类烃源岩，0.75%～1.0% 为Ⅱ类烃源岩，0.5%～0.75% 为Ⅲ类烃源岩。最大排烃量与原始有机碳含量、生烃潜量存在正相关性（图 2-1-2）。当 TOC＞2.5%（TOC＞2%）、S_1+S_2＞10mg/g，排烃量急剧增大，对应烃源岩为Ⅰ类烃源岩；当 TOC 为 1%～2.5%（TOC 为 1%～2%）、S_1+S_2 为 4～10mg/g，排烃量缓慢增加，对应烃源岩为Ⅱ类烃源岩；TOC 在 1% 以下为Ⅲ类烃源岩。

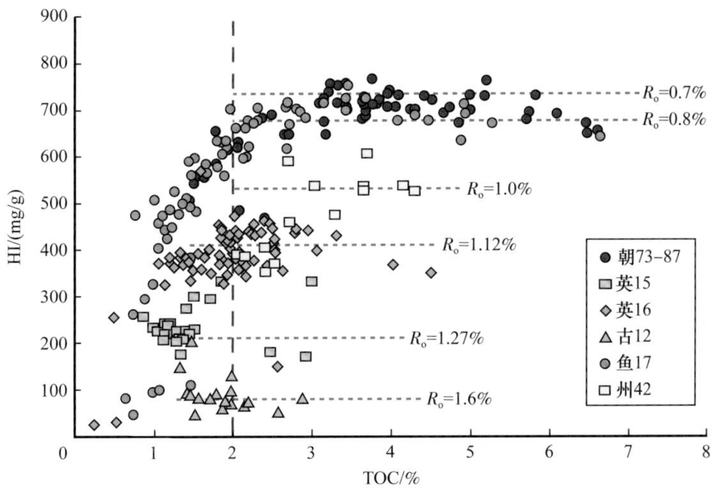

图 2-1-1 松辽盆地青山口组烃源岩 TOC 与 HI 关系图

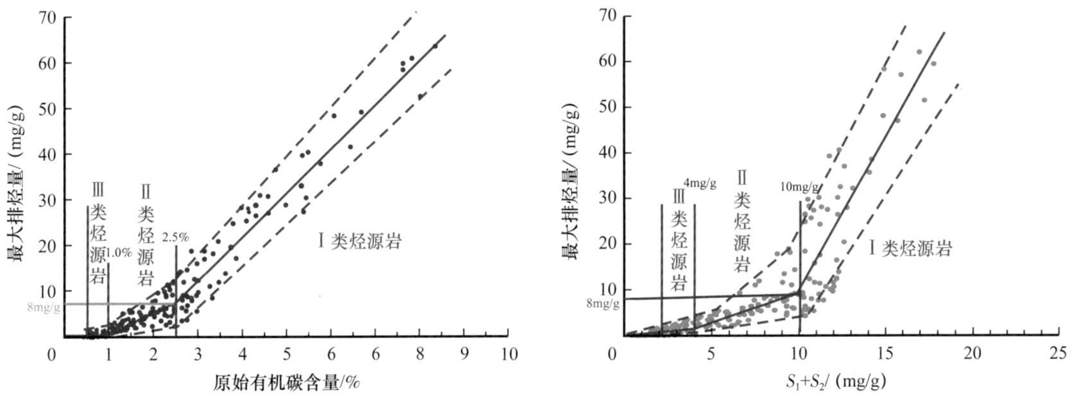

图 2-1-2 松辽盆地青山口组烃源岩最大排烃量与原始有机碳含量、生烃潜量关系图

2）储层品质分级评价

储层品质的评价主要考虑孔隙度、渗透率、含油饱和度和压力系数等。参数指标分级主要依据孔隙度、渗透率和含油产状、热解烃含量关系，以油斑作为油层含油性下限，建立物性评价参数标准。以松辽盆地为例，选取 40 口井扶余油层和高台子油层共 1396 个样点分析孔隙度、渗透率和含油产状的关系，以油斑作为油层含油性下限（图 2-1-3）。同时，进行鄂尔多斯盆地宁 22 等 4 口井的延长组 7 段致密油层热解烃含量与储层物性相关性分析（图 2-1-4），孔隙度和渗透率指标呈现出与松辽盆地相近的区间分布特征。含油饱和度指标分析以松辽盆地南部致密油储层为例，分析其孔隙度、含油饱和度关系，来确定含油饱和度标准。综合松辽盆地和鄂尔多斯盆地碎屑岩类致密油储层参数样品分析结果，根据其关系和拐点值将孔隙度高于 12% 划分为Ⅰ类，8%～12% 划分为Ⅱ类，5%～8% 划分为Ⅲ类；渗透率介于 0.5～1.0mD 划分为Ⅰ类，0.1～0.5mD 划分为Ⅱ类，0.02～0.1mD 划分为Ⅲ类；含油饱和度大于 60% 划分为Ⅰ类，40%～60% 划分为Ⅱ类，25%～40% 划分为Ⅲ类（图 2-1-5）。

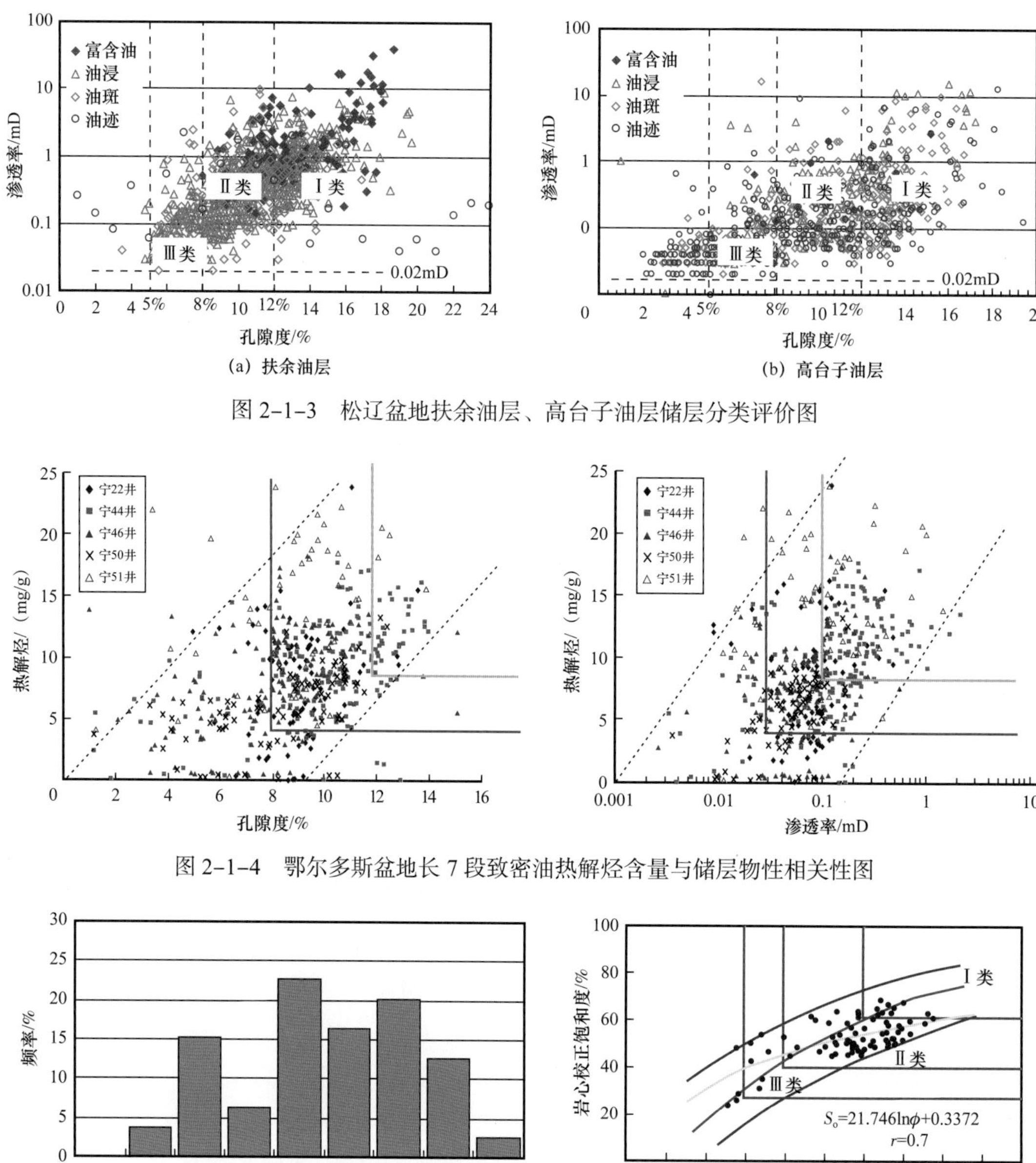

图 2-1-3 松辽盆地扶余油层、高台子油层储层分类评价图

图 2-1-4 鄂尔多斯盆地长 7 段致密油热解烃含量与储层物性相关性图

图 2-1-5 松辽盆地南部含油饱和度频率分布图与岩心回归饱和度图

3）油藏品质分级评价

油藏品质分级评价主要考虑致密油油层含油饱和度、气油比、原油密度和原油黏度参数来进行。气油比是反映致密油中溶解天然气能力的指标，气油比是指在地下油层条件下，原油中溶解有天然气的数量；天然气溶于石油中可以导致石油体积的膨胀，比重和黏度降低，降低流体液柱压力，使油井更易自喷，有利于石油开采。气油比和油层压力一样，是油井自喷能力的主要指标。气油比影响原油体积系数，是弹性能量的重要来源，依据原油体积系数与 GOR 关系可划分为低、中、高气油比原油，分界划分在 20m^3/m^3、

$100m^3/m^3$ 左右。例如鄂尔多斯盆地长 7 段致密油平均黏度 1.55mPa·s，原始气油比 60～$120m^3/t$，平面分布差异是控制甜点的重要因素。原油黏度和密度是反映致密油原油性质的重要指标。影响原油黏度的因素：原油成分、温度、溶解气体、压力等。考虑到致密油原油黏度的变化特征和现有的分类经验，确定分级标准为 10mPa·s、50mPa·s。一般情况下，原油的密度越小，所含轻组分越多，黏度也越小，反之亦然。总体上，致密油流体性质越好，越利于致密油甜点区的富集高产。因此，最后选取气油比和原油黏度作为油藏品质分级评价的重要参数，将气油比指标高于 $100m^3/m^3$ 划分为Ⅰ类，20～$100m^3/m^3$ 划分为Ⅱ类，小于 $20m^3/m^3$ 划分为Ⅲ类；原油黏度小于 10mPa·s 划分为Ⅰ类，10～50mPa·s 划分为Ⅱ类，大于 50mPa·s 划分为Ⅲ类。

4）工程品质分级评价

致密储层的压裂改造效果取决于两向应力差与储层的脆性和裂缝发育程度。据此确定岩石脆性指数、两向应力差和裂缝发育程度为工程品质分级评价的主要参数。储层脆性目前室内实验可以准确评价，但难于推广到施工现场。对于采用测井或者地震资料计算岩石力学参数，然后计算脆性，目前仅适用于页岩，其他储层也仅供借鉴。脆性指数大于 70% 易形成复杂人工裂缝网络，大于 40% 裂缝网络趋于简单。两向应力差在相同应力差条件下，不同岩性形成分支缝的几率相同，因此取值一样。水平应力差小于 3MPa 易形成复杂人工裂缝网络，大于 5MPa 裂缝网络趋于简单。本书开展的天然裂缝发育程度模拟实验结果显示，线密度越大，裂缝越复杂，越有利于增产。其中，碎屑岩型致密储层数值模拟表明，天然裂缝发育程度对产量呈现三个区，0.25 条 /m 以上产量较高，0.1 条 /m 以下产量较低，0.1～0.25 条 /m 处于过渡区。因此，最后将水平两向应力差指标低于 3 划分为Ⅰ类，3～5 划分为Ⅱ类，高于 5 划分为Ⅲ类；脆性指数高于 70% 划分为Ⅰ类，40%～70% 划分为Ⅱ类，低于 40% 划分为Ⅲ类；天然裂缝按发育程度分级，大于 0.25 条 /m 划分为Ⅰ类，0.1～0.25 条 /m 划分为Ⅱ类，低于 0.1 条 /m 划分为Ⅲ类。

5）经济品质分级评价

经济品质分级评价主要考虑单井初期产量、EUR 和内部收益率等主要参数，因为致密油甜点区一定是能效益开发的地质单元，效益的高低取决于甜点区致密油单井初期产量、EUR 和内部收益率。据此确定单井初期产量、EUR 和内部收益率为经济品质评价的重要参数。根据鄂尔多斯盆地和松辽盆地致密油区主要探井和生产井的生产特点分析结果，Ⅰ类经济品质的单井初期产量高于 $25m^3/d$、千米水平井的 EUR 取值大于 $3\times10^4m^3$；Ⅱ类经济品质的单井初期产量取值区间为 10～$25m^3/d$、千米水平井的 EUR 取值区间为 1×10^4～$3\times10^4m^3$；Ⅲ类经济品质的单井初期产量取值区间为 0.5～$10m^3/d$、千米水平井的 EUR 取值区间为 0.1×10^4～$1\times10^4m^3$。内部收益率取值可以根据不同致密油区的地质条件、作业成本水平等划定分级标准。

综上所述，考虑碎屑岩类致密油烃源岩、储层、油藏、工程和经济 5 个品质 15 项关键参数取值标准，确定碎屑岩类致密油甜点分级评价参数取值标准（表 2-1-1）。需要说明的是，表中 15 项参数是具体致密油区块的地质条件、甜点主控因素和已有的参数数据基础，可进一步删减，指标取值也可以略微优化，总体上以致密油甜点区能进行客观分级评价为目标导向。

表 2-1-1　碎屑岩型致密油甜点分级评价指标

评价参数			Ⅰ类	Ⅱ类	Ⅲ类
烃源岩品质	总有机碳（TOC）/%	泥岩	＞2.0	1.0～2.0	0.5～1.0
		页岩	＞7.0	2.5-7.0	＜2.5
	镜质组反射率（R_o）/%		1.3～1.0	0.75～1.0	0.5～0.75
	烃源岩厚度 /m		＞200	50～200	20～50
储层品质	孔隙度 /%		＞12	8～12	5～8
	渗透率 /mD		0.5～1.0	0.1～0.5	0.02～0.1
	含油饱和度 /%		＞60	40～60	25～40
	储层厚度 /m		＞15	10～15	5～10
油藏品质	压力系数		＞1.2	1.0～1.2	＜1.0
	黏度 /（mPa·s）		＜10	10～50	50
	气油比		100	20～100	＜20
工程品质	天然裂缝 /（条 /m）		＞0.25	0.1～0.25	＜0.1
	水平两向主应力差 /MPa		＜3	3～5	＞5
	岩石脆性指数 /%		＞70	40～70	＜40
经济品质	单井初期产量 /（m^3/d，IP90）		＞25	10～25	0.5～10
	千米水平段 EUR/10^4m^3		＞3	1～3	0.1～1

2. 混积岩型致密油甜点评价

混积岩型致密油主要在中国西部准噶尔盆地东部吉木萨尔凹陷二叠系发育，本书以此为研究对象，开展混积岩型致密油甜点评价参数与标准研究。

1）*烃源岩品质分级评价*

吉木萨尔凹陷石油地质条件优越，是盆地二叠系主要生烃凹陷之一，烃源条件极佳，二叠系芦草沟组有机碳含量为 5.16%、S_1+S_2 为 20.98mg/g，是盆地内品质最好的烃源岩之一，埋藏深度适中（1500～4500m），在芦草沟组二段和一段中各包含一套岩性主要为云质岩类的致密储层，这两段区域的生储盖组合良好，是致密油勘探有利层位。研究区域内致密油的特征是从垂向上看，发育有上、下两套甜点体；从横向上看，分布范围大。芦草沟组储集层段的各种岩性的渗透率普遍低于 1mD。存在甜点的岩性主要有四种，分别是砂屑云岩、粉细砂岩、云屑砂岩、云质粉砂岩，总体上芦草沟组致密油甜点区表现为中—低孔、低—特低渗的储集性特点。通过对取心资料分析可知，芦草沟组上部甜点体的覆压孔隙度平均值为 9.4%，覆压渗透率平均值为 0.0637mD；芦草沟组下部甜点体的孔隙度平均值为 9.34%，覆压渗透率平均值为 0.0231mD。上、下两套甜点体的覆压渗透率平均值均低于 0.1mD，具有典型致密油储层特征。

烃源岩品质评价主要考虑烃源岩有机碳含量和镜质组反射率。吉木萨尔凹陷芦草沟组在咸水—半咸水环境中发育的泥岩和藻云岩有机质丰度高，均为主力优质烃源岩。烃源岩总有机碳（TOC）值相对较稳定（图 2-1-6，1～17），可以作为本区建立烃源岩评价的基础，结合侯读杰等提出的国内优质烃源岩的划分标准，建立了本区优质烃源岩的评价标准。将 TOC＞8％，生油潜量＞80mg/g 的烃源岩定为有机质富集层；TOC 在 4％～8％之间，生油潜量为 40～80mg/g 的烃源岩定为优质烃源岩；TOC 在 1.8%～4% 之间，生油潜量在 10～40mg/g 之间为好烃源岩。将 TOC 下限值确定为有效烃源岩 TOC 最低含量 1.3%。另外，有机碳含量按五大类岩性分析，上、下甜点体及之间烃源岩有机碳含量较高（2％～10％）；在岩性上，白云岩及泥岩有机碳含量较高，粉细砂岩则有机碳含量很低（＜1.5％）。芦草沟组烃源岩 291 个样品的 TOC 与 S_1+S_2 关系图可以确定 S_1+S_2 为 20mg/g、6mg/g 时分别对应的 TOC 值为Ⅰ、Ⅱ类烃源岩 TOC 下限，选值为 4.5%、2.5%（图 2-1-7）；有效烃源岩 TOC 最低含量 1.3% 确定为 TOC 下限值（表 2-1-2）。

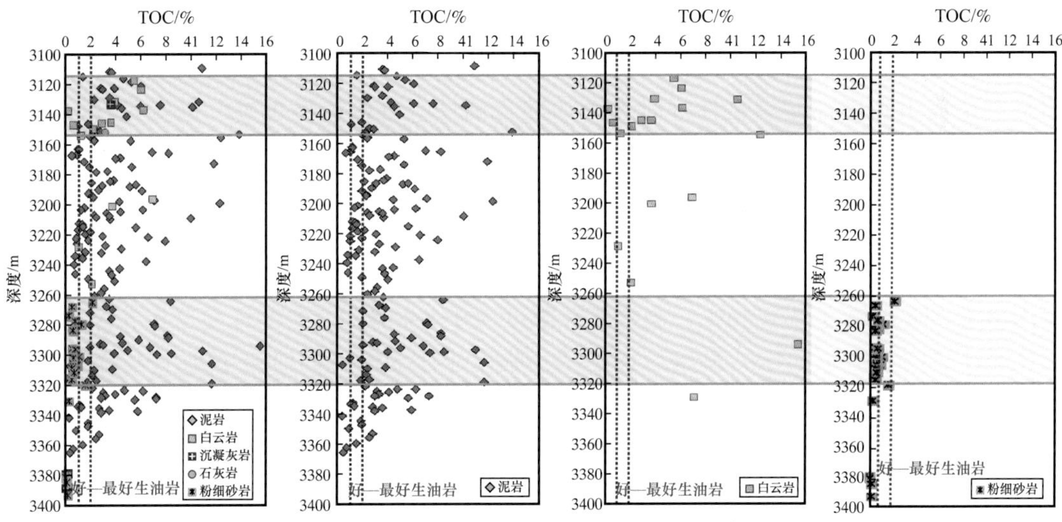

图 2-1-6　吉木萨尔凹陷 J174 井烃源岩 TOC—深度关系图（据新疆油田，2016）

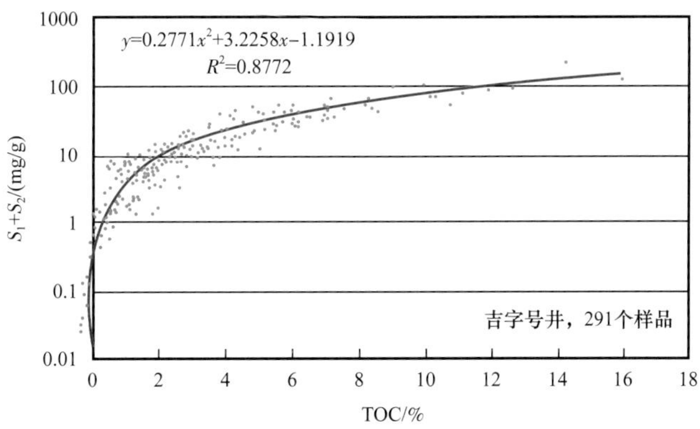

图 2-1-7　吉木萨尔凹陷芦草沟组烃源岩 TOC 与 S_1+S_2 关系图

表 2-1-2 不同岩性排烃 TOC 含量下限表

单位：%

岩性	氯仿沥青"A"/TOC 法	S_1/TOC 法	TOC 下限平均值
泥岩	2.70	2.30	2.50
粉砂质泥岩	3.30	2.30	2.80
灰质泥岩	1.60	1.30	1.45
云质泥岩	1.30	1.30	1.30

依据吉 5 井芦草沟组烃源岩热模拟分析结果显示，当有机碳生排烃总量为 500mg/g，镜质组反射率 R_o 为 1.01%，取 R_o>1% 划分为Ⅰ类；当有机碳生排烃总量为 350mg/g，R_o 为 0.88%，取 R_o 为 0.85%～1.0% 划分为Ⅱ类；R_o 为 0.5%～0.85% 划分为Ⅲ类，以此来确定烃源岩镜质组反射率 R_o 分级的标准。

2）储层品质分级评价

储层品质的评价主要考虑孔隙度、渗透率、含油饱和度和压力系数等。吉木萨尔凹陷芦草沟组致密油储层物性好时致密油的含油性、可改造性也好，也就是在同一地区，甜点物性越好，产量就会越高，且该区储层孔隙度与渗透率具有好的正相关性，因此，可将储层物性中的孔隙度作为储层分类的敏感参数。吉木萨尔凹陷芦草沟组致密油储层覆压孔隙度平均 10.8%、覆压渗透率为 0.001～0.6mD，孔隙度和渗透率具有较好正相关性（83%）。当常压孔隙度大于 12%时，覆压孔隙度减小幅度小于 5%，83% 的样品覆压渗透率减小幅度小于 50%；当常压孔隙度大于 8%时，91% 的样品覆压孔隙度减小幅度小于 10%，57% 的样品覆压渗透率减小幅度小于 50%。同时吉 174 井 91 个样品常压和覆压孔渗关系显示，分别对应于孔隙度 12%、8%，渗透率数值出现突变，综合考虑取孔隙度 12% 和 8% 分别作为Ⅰ类、Ⅱ类储层孔隙度的下限。致密油岩心样品在驱替洗油时，孔隙度大于 5% 的样品能在一定的驱替压力（最高 20MPa）下清洗出油，个别孔隙度 5% 左右的样品，孔喉结构较好，渗透率相对较大，也可以驱替出油。驱替洗油过程中驱替不动的样品，孔隙度都小于 5%，因此将孔隙度 5% 作为Ⅲ类储层孔隙度的下限值（张翔等，2016）。根据芦草沟组取心含油饱和度与孔隙度交会图（图 2-1-8），建立含油饱和度评价标准。含油饱和度与孔隙度交会图显示，甜点含油饱和度大，多在 60% 以上；泥岩也有较高的含油饱和度。根据上述分析方法和结果，将孔隙度高于 12% 划分为Ⅰ类，8%～12% 划分为Ⅱ类，5%～8% 划分为Ⅲ类；渗透率高于 0.1mD 划分为Ⅰ类，0.025～0.1mD 划分为Ⅱ类，0.007～0.025mD 划分为Ⅲ类。含油饱和度大于 70% 划分为Ⅰ类、50%～70% 划分为Ⅱ类和 30%～50% 划分为Ⅲ类（图 2-1-9）。

依据国内外勘探开发经验，致密油勘探开发成本较常规油气高，要实现经济勘探开发，需在考虑经济效益的基础上优选勘探甜点区。按照目前的成本测算，吉木萨尔地区 1200m 水平井极限经济产油量为 1.5×10^4t，在此经济前提条件控制下，计算各类甜点储层的经济厚度下限值，进而指导开展甜点体的储层区划分。根据目前的压裂监测资料，获取压裂缝宽值，计算单井压裂沟通平面泄油面积，确定单位面积内采油量下限。再依据

Ⅰ、Ⅱ、Ⅲ类甜点储层孔隙度的下限分别取值12%、8%和5%，确定Ⅰ、Ⅱ、Ⅲ类甜点储层单位面积采油所需储层厚度下限值分别为25m、10m和7m。

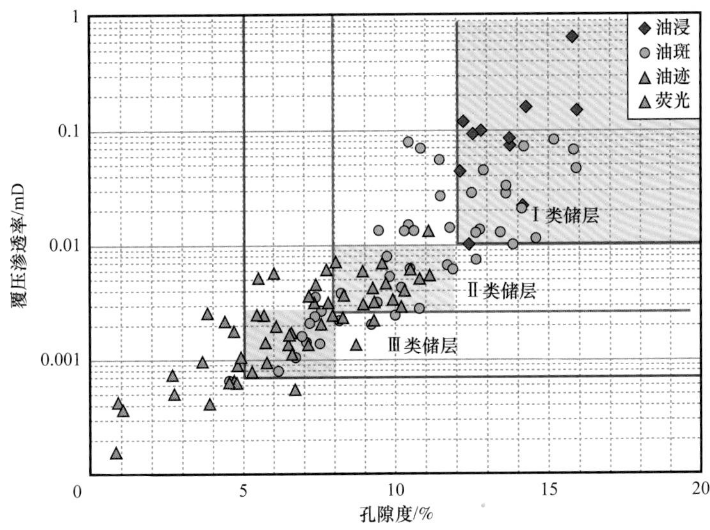

图2-1-8 芦草沟组岩心描述含油级别与覆压孔渗关系（据新疆油田，2019，略改）

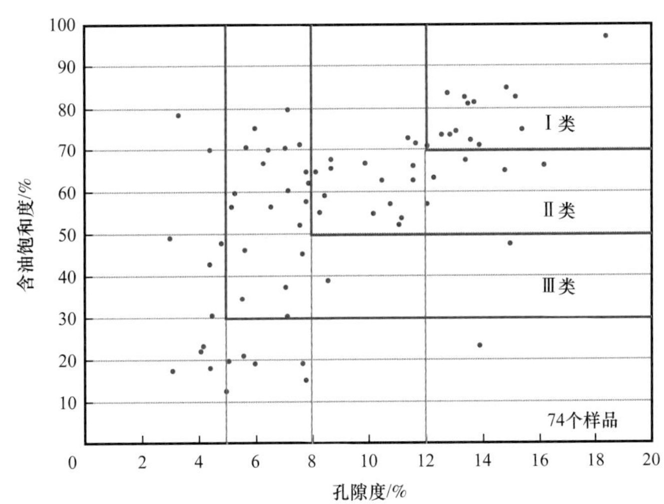

图2-1-9 吉木萨尔凹陷吉176井、吉34井取心含油饱和度与孔隙度交会图

3）油藏、工程、经济品质分级评价

油藏、工程和经济品质的分级评价可以借鉴碎屑岩类致密油甜点分级评价方法来确定分级标准。

最后，确定出混积岩型致密油甜点分级评价指标（表2-1-3）。

3. 凝灰岩型致密油甜点评价

凝灰岩型致密油主要在中国西部三塘湖盆地二叠系发育，本研究以此为研究对象，开展凝灰岩型致密油甜点评价参数与标准研究。

表 2-1-3　混积岩型致密油甜点分级评价指标

评价参数		Ⅰ类	Ⅱ类	Ⅲ类
烃源岩品质	总有机碳（TOC）/%	>4.5	2.5～4.5	1.3～2.5
	镜质组反射率（R_o）/%	1.3～1.0	0.85～1	0.5～0.85
	烃源岩厚度 /m	>150	50～150	<50
储层品质	孔隙度 /%	>12	8～12	5～8
	渗透率 /mD	>0.1	0.025～0.1	0.007～0.025
	含油饱和度 /%	>70	50～70	30～50
	储层厚度 /m	>25	10～25	7～10
	压力系数	>1.2	1.0～1.2	0.7～1.0
油藏品质	黏度 /（mPa·s）	<10	10～50	50
	气油比	100	20～100	<20
工程品质	天然裂缝 /（条 /m）	>0.25	0.125～0.25	<0.125
	水平两向主应力差 /MPa	>3	3～5	>5
	岩石脆性指数 /%	>70	40～70	<40
经济品质	单井初期产量 /（m^3/d，IP90）	>20	10～20	0.5～10
	千米水平段 EUR/10^4m^3	>2	1～2	0.1～1

1）烃源岩品质分级评价

三塘湖盆地二叠系主要发育条湖组和芦草沟组两套烃源岩，这两套烃源岩主要分布在条湖凹陷南缘斜坡带、马朗凹陷中央—北斜坡区。其中，条湖组烃源岩分布范围广，除盆地边缘的地层剥蚀较为严重外，在中央凹陷区几乎全区分布，厚度均大于50m，最大钻遇厚度为814m，有效烃源岩面积达3000km^2。条湖组烃源岩与下伏的高孔特低渗凝灰岩紧密叠置，为致密储层中的石油充注提供了良好条件，同时，该套泥岩作为下伏油藏的有效盖层（图2-4-9），为油藏的有效保存提供了保障（陈旋等，2018）。条湖组烃源岩为泥岩、沉凝灰岩，厚度为100～300m，母质类型为Ⅱ$_2$—Ⅲ型，有机碳含量为0.97%～2.62%，S_1+S_2平均为2.59mg/g，综合评价为中—差烃源岩，对致密油具有一定的贡献。凝灰岩型致密油的油源主要来自下伏芦草沟组。芦草沟组烃源岩厚度大、品质好，是致密油、页岩油的主要油源提供者；其烃源岩厚度介于100～600m，岩性以泥岩、凝灰岩泥岩、白云质泥岩为主，富含藻类，有机质呈纹层富集态分布；母质类型为Ⅰ—Ⅱ型，显微组分以腐泥组为主；有机碳含量为3.87%～7.96%，S_1+S_2为19.45～27.11mg/g，为一套优质烃源岩，处于低成熟—成熟阶段，R_o为0.5%～1.1%，以生成液态烃为主。综合分析，将油源品质划分为三类，即R_o为1.0%～1.3%、TOC大于4.5%划分为Ⅰ类；R_o为0.65%～1.0%、TOC介于2.5%～4.5%划分为Ⅱ类，R_o为0.5%～0.65%、TOC介于

1.3%～2.5% 划分为Ⅲ类。当 TOC＞2.5%（TOC＞2%）、S_1+S_2＞10mg/g，排烃量急剧增大，对应烃源岩为Ⅰ类烃源岩；当 TOC 为 1%～2.5%（TOC 为 1%～2%）、S_1+S_2 为 4～10mg/g，排烃量缓慢增加，对应烃源岩为Ⅱ类烃源岩；TOC 在 1% 以下为Ⅲ类烃源岩。

2）储层品质分级评价

条湖组二段储层储集空间以基质微孔、脱玻化晶间微孔、溶蚀微孔和微裂缝为主。据陈旋等（2014）对条湖组二段 5 口井 60 个孔隙度样品和 69 个渗透率样品进行统计分析，孔隙度为 5.5%～24.4%，普遍高于 10.0%，平均为 16.0%，渗透率小于 0.5mD 的样品占 90% 以上，平均为 0.24mD，储层具中高孔、特低渗特征。从大量实测的条湖组含沉积有机质凝灰岩的孔隙度和渗透率数据统计结果表明，凝灰岩储层具有高孔低渗的特点，孔隙度主要分布在 10%～25%之间。含沉积有机质凝灰岩的孔隙度明显大于其他类型致密储层的孔隙度，致密的粉细砂岩和碳酸盐岩的孔隙度一般为 10%～12%，空气渗透率大都小于 1.0mD，主要分布在 0.01～0.5mD 之间。基于地震、录井、测井、试采等资料，开展火山喷发期次、火山机构、储层沉积环境、岩石学特征、孔喉结构特征和成藏富集研究。马朗凹陷条湖组二段凝灰岩处于低成熟—成熟早期阶段，储集空间以基质微孔、脱玻化晶间微孔、溶蚀微孔和微缝等“四微”孔隙为主，存在少量有机孔，孔隙度平均 16.1%，渗透率平均 0.24mD，属中高孔、特低渗储层。根据综合分析结果，将凝灰岩类致密油储层品质分为三类，即将孔隙度高于 15%、渗透率介于 0.1～1mD 划分为Ⅰ类，孔隙度介于 8%～15%、渗透率介于 0.01～0.1mD 划分为Ⅱ类，孔隙度介于 5%～8%、渗透率小于 0.01mD 划分为Ⅲ类。

3）油藏品质分级评价

前人从沉积构造背景、源储形成机理等方面对马朗凹陷马中地区条湖组凝灰岩致密油的形成控制因素进行了分析。分析条湖组二段 5 口井 60 个孔隙度样品和 69 个渗透率样品，条湖组二段凝灰岩储层含油饱和度较高，主要为 50%～90%，平均为 67%，含油性极好（陈旋等，2014）。条湖组致密油层孔隙度与含油性呈正相关，油藏表现出高孔、特低渗和高含油饱和度特点，且 R^2 为 0.6547，相关度较高（图 2-1-10）。基于岩心分析、岩电实验及录井、测井资料相结合，建立储层饱和度计算模型，分别取值 50% 和 65%。油藏品质分三级，即含油饱和度高于 65% 为Ⅰ类、介于 50%～65% 为Ⅱ类、小于 50% 为Ⅲ类。

4）工程品质分级评价

目前三塘湖盆地二叠系致密油已发现工业油流和低产油流的井主要分布于条湖组二段玻屑晶屑凝灰岩中，应用地震、测井、录井和分析化验资料，采用 3 种方法，即基于岩石全应力—应变脆性评价、岩心全岩矿物衍射分析及测井 1-20 资料计算条湖组致密油储层脆性指数，3 种方法计算得到的脆性指数数值差异不大，为 31%～58%（表 2-1-4）。天然裂缝发育线密度越大，裂缝越复杂，越有利于增产。凝灰岩型致密储层数值模拟表明，天然裂缝发育程度在 0.33 条 /m 以上产量较高，0.2 条 /m 以下产量较低，0.2～0.33 条 /m 处于过渡区。最后，将脆性指数高于 50% 划分为Ⅰ类，30%～50% 划分为Ⅱ类，低于 30% 划分为Ⅲ类。天然裂缝按发育程度分级，大于 0.33 条 /m 为Ⅰ类，0.2～0.33 条 /m 为Ⅱ类，低于 0.2 条 /m 为Ⅲ类。

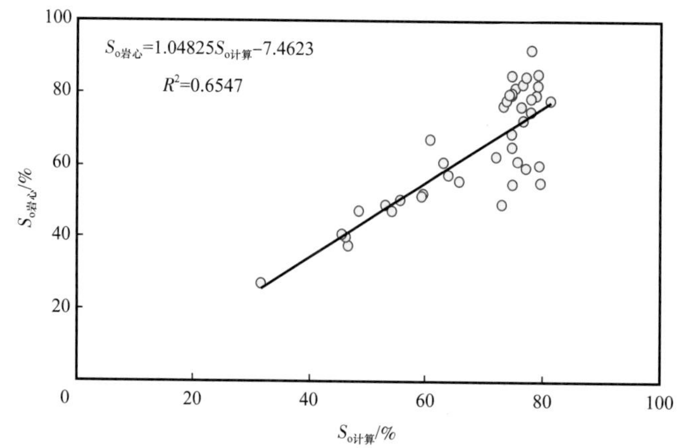

图 2-1-10 计算饱和度与岩心饱和度关系图

5）经济品质分级评价

经济品质分级评价指标参考碎屑岩类致密油甜点分级评价指标。

表 2-1-4 条湖组致密油储层脆性评价结果（据梁浩等，2014）

井名	脆性指数 /%		
	岩石应力法	全岩衍射法	测井评价法
M56	47	58.0	51
M55	31	41.0	54
Lu1	54	57.8	46

在明确凝灰岩型致密油形成的基本地质条件下，结合三塘湖盆地致密油勘探实际，建立了凝灰岩类致密油甜点分级评价指标（表 2-1-5）。

4. 碳酸盐岩型致密油甜点评价

碳酸盐岩型致密油主要在中国西部四川盆地侏罗系发育，本书以此为研究对象，开展碳酸盐岩型致密油甜点评价参数与标准研究。侏罗系沉积时期湖盆范围较大，湖平面波动频繁，半深湖—深湖烃源岩与碳酸盐岩或三角洲前缘席状砂互层，细粒沉积物在埋深加大过程中，由于压实作用和胶结作用，储层逐渐致密化。储层主要为源内或与烃源岩呈互层。储层呈席状，透镜状直接包裹于烃源岩中，构成源储一体（图 2-11）。

1）烃源岩品质分级评价

在测井和地震资料解释的基础上进行地震岩石物理分析及建模，确定页岩储层岩石物理特征，并建立甜点评价参数与敏感弹性参数间的定量关系，利用此定量关系进行井震结合全道集叠前弹性参数反演，从而预测 TOC 含量、储层厚度、地层压力、页岩脆性等评价参数的空间分布。预测结果显示，致密油甜点分布主要受富有机质烃源岩控制，与有效烃源岩厚度关系不密切。通过对川中地区 49 口井暗色泥页岩岩心样品的系统分析，结合致密油勘探开发成果，发现致密油甜点不受有效烃源岩厚度控制，而集中分布在烃源岩 TOC 高值区及其周边。凉高山组和大安寨段工业油井绝大多数都在 TOC 大于 1.2% 的富有机质烃源岩分布区内，大安寨段已发现的 5 个油田都在 TOC 大于 1.4% 的优质烃源岩分布区内及周缘。初步分析认为：虽然 TOC 大于 1% 的烃源岩都对致密油富集有贡献，但高有机质丰度烃源岩的贡献远大于低有机质丰度烃源岩（李登华等，2016）。

表 2-1-5　凝灰岩型致密油甜点分级评价指标

评价参数			Ⅰ	Ⅱ	Ⅲ
地质参数	烃源岩品质	有机质丰度（TOC）/%	＞4.5	2.5～4.5	1.3～2.5
		镜质组反射率（R_o）/%	1.3～1.0	0.65～1.0	0.5～0.65
		烃源岩厚度 /m	130～250	100～270	100～280
	储层品质	孔隙度 /%	＞15	8～15	5～8
		渗透率 /mD	0.1～1.0	0.01～0.1	＜0.01
		压力系数	＞1.2	1.0～1.2	0.7～1.0
		储层厚度 /m	10～30	5～25	5～25
	油藏品质	含油饱和度 /%	＞65	50～65	＜50
		气油比	＞100	20～100	＜20
		原油黏度 /（mPa·s）	＜10	10～50	50
工程参数	工程品质	天然裂缝 /（条 /m）	＞0.33	0.2～0.33	＜0.2
		水平应力差 /MPa	＜3	3～5	＞5
		岩石脆性指数 /%	＞50	30～50	＜30

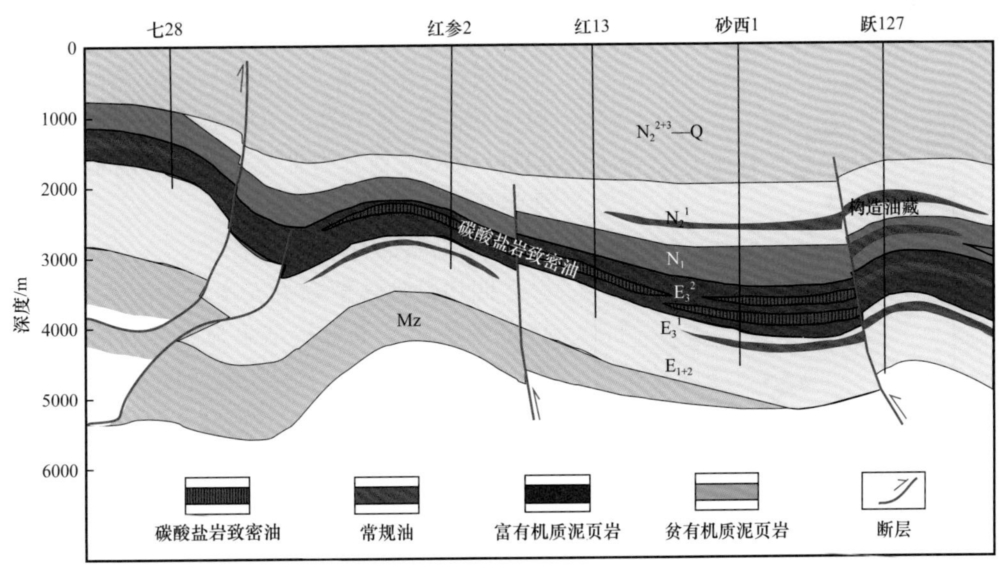

图 2-1-11　碳酸盐岩甜点形成模式图

通过系统分析四川盆地中部地区（川中地区）大安寨段致密油的基本地质特征，结合大量勘探开发数据，解剖致密油高产稳产主控因素，发现四川盆地侏罗系大安寨段为淡水湖相沉积，总有机碳含量（TOC）为 0.10%～4.27%，平均为 1.15%，为中—好烃源岩；烃源岩干酪根类型以腐泥型为主（杨光等，2017）。通过 TOC 与 S_1 分析表明，TOC >1.5% 后 S_1 稳定向好，处于富集阶段（图 2-1-12）。第一段 TOC<0.7%，S_1<1mg/g，随着 TOC 的增加 S_1 基本不变；第二段 0.7%<TOC<1.5%，1<S_1<2mg/g，随着 TOC 的增加 S_1 也随着增加；第三段 TOC>1.5%，S_1>2mg/g，随着 TOC 增加到 4%，S_1 稳定在高值段不变。

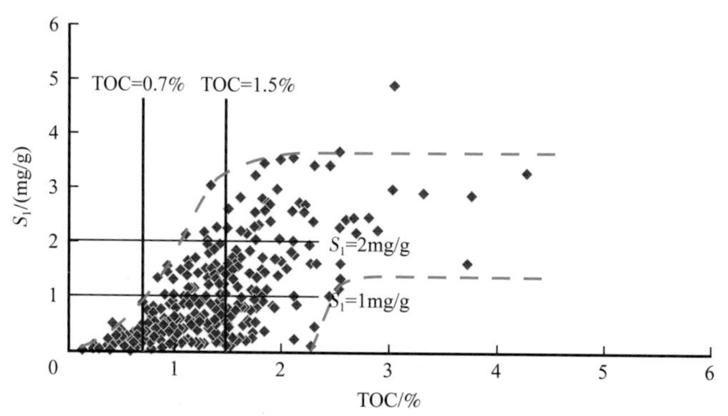

图 2-1-12 四川盆地侏罗系大安寨段页岩有机碳含量与 S_1 关系图

四川盆地侏罗系大安寨段为淡水湖相沉积，有机质镜质组反射率（R_o）为 0.8%～1.4%，自南向北随埋藏深度的增加大安寨段泥页岩有机质成熟度不断增加，绝大部分地区处于生油高峰期（杨光等，2017）。在前人研究的基础上对川中地区侏罗系大安寨段烃源岩埋深与热演化进行分析（图 2-1-13），表明 R_o 主要分布在 1.0%～1.5% 之间，处于成熟—高成熟阶段。按照镜质组反射率 R_o 为 0.95%～1.0% 将烃源岩划分为Ⅰ类，R_o 为 0.85%～0.95% 划分为Ⅱ类；R_o 为 0.5%～0.85% 划分为Ⅲ类，以此来确定烃源岩镜质组反射率 R_o 分级的标准。

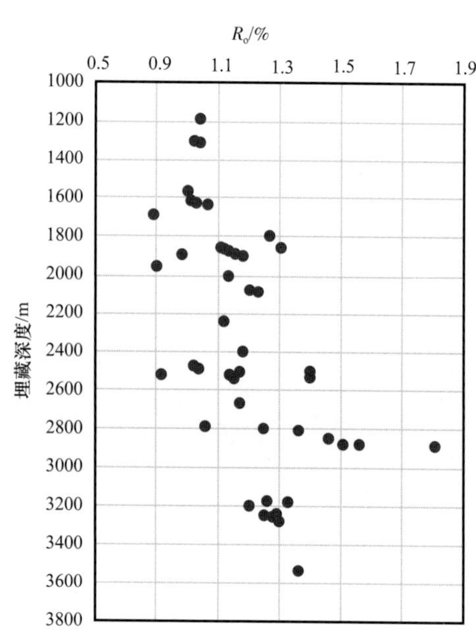

图 2-1-13 川中地区侏罗系大安寨段烃源岩埋深与热演化程度关系图

2）储层品质分级评价

四川盆地侏罗系大安寨段为淡水湖相沉积，1985 年殷建棠等分析结果显示，储层孔隙度一般为 0.5%～2.0%，平均孔隙度仅为 1.06%，渗透率多低于 0.1mD，储层致密化程度高，非均质性强，纵横向变化快，属于超低孔致密储层（杨光，2017）。根据川中介壳灰岩毛细管压力特征将其划分为 3 类储层。应用铸体薄片、气体吸附、压汞、扫描电镜及 CT 扫描等方法，2016 年王海生系统研究了雷家地区杜家台组三段湖相碳酸盐岩致密储层岩石学及储层微观特征，根据岩性、孔隙空间类型及孔喉结构特征，将致密油储层分为Ⅰ、Ⅱ、Ⅲ类储层。其中Ⅰ类储层毛细管压力曲线变化较大，孔缝相互连通，平均孔隙度为8.22%，平均渗透率为153.600mD。Ⅱ类储层毛细管压力曲线整体偏向右上方。在扫描电镜中可见被碳酸盐岩或方沸石完全充填的微裂缝，整体连通性较差，平均孔隙度为7.63%，平均渗透率为0.168mD。Ⅲ类储层，以亚微米级、纳米级孔喉系统为主，但纳米级孔喉含量有限，连通性非常差，平均孔隙度为2.50%，平均渗透率为0.122mD。2015年陈世加基于岩心观察、铸体薄片鉴定、储层荧光、油气地球化学特征以及测试资料分析，研究四川盆地中部侏罗系自流井组大安寨段致密油富集高产控制因素。发现整个大安寨段石灰岩储层致密，大量岩样分析结果表明，储层孔隙度为0.5%～1.5%，渗透率多低于0.1mD，为特低孔致密储层。

对比发现，大安寨段致密介壳灰岩储层具有特殊的孔喉结构，即有效喉道个数少，但半径大，渗透性好，揭示了大安寨段致密储层（孔隙度低）能产油，得益于发育的较大喉道（图2-1-14）。毛细管压力实验得到的孔隙结构参数随孔隙度增大具有良好的关系（图2-1-15）。离心实验分析束缚水饱和度和岩石比表面参数，石灰岩孔喉直径下限为32nm。将介壳灰岩32nm代入孔隙度与中值半径计算公式，即可得到致密灰岩储层孔隙度的下限值，经过计算，致密灰岩储层的下限为ϕ=1.3716%。按贾承造等对中国致密油分类标准看，四川盆地侏罗系储层属于最差的第三类，此次分类为了和上述分类标准统一，根据孔隙结构特征，大安寨段致密储层进一步划分为三类，达到在差中再优选相对较好储层目的。将孔隙度高于3%划分为Ⅰ类，1.5%～3%划分为Ⅱ类，小于1.5%划分为Ⅲ类。碳酸盐岩类致密储层裂缝发育，渗透率虽然与裂缝发育程度有关，但仍将渗透率高于0.1mD划分为Ⅰ类，0.01～0.1mD划分为Ⅱ类，小于0.01mD划分为Ⅲ类。含油饱和度参考碎屑岩评价指标，将含油饱和度大于70%划分为Ⅰ类、50%～70%划分为Ⅱ类及30%～50%划分为Ⅲ类。

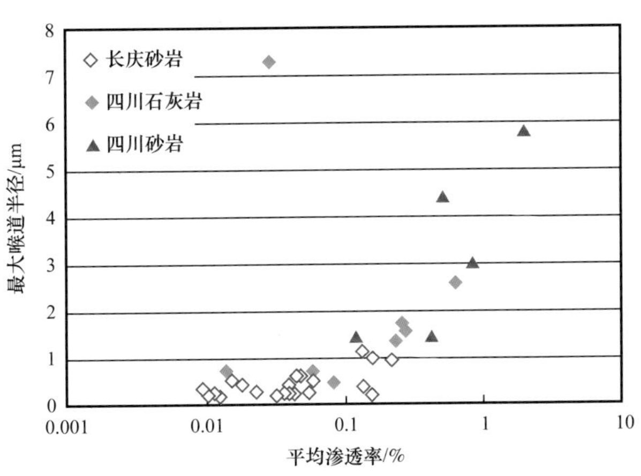

图2-1-14 鄂尔多斯盆地与四川盆地岩样平均渗透率与最大喉道半径对比图

3）油藏、工程品质分级评价

油藏和工程品质的分级评价可以借鉴碎屑岩类致密油甜点分级评价方法来确定分级标准。

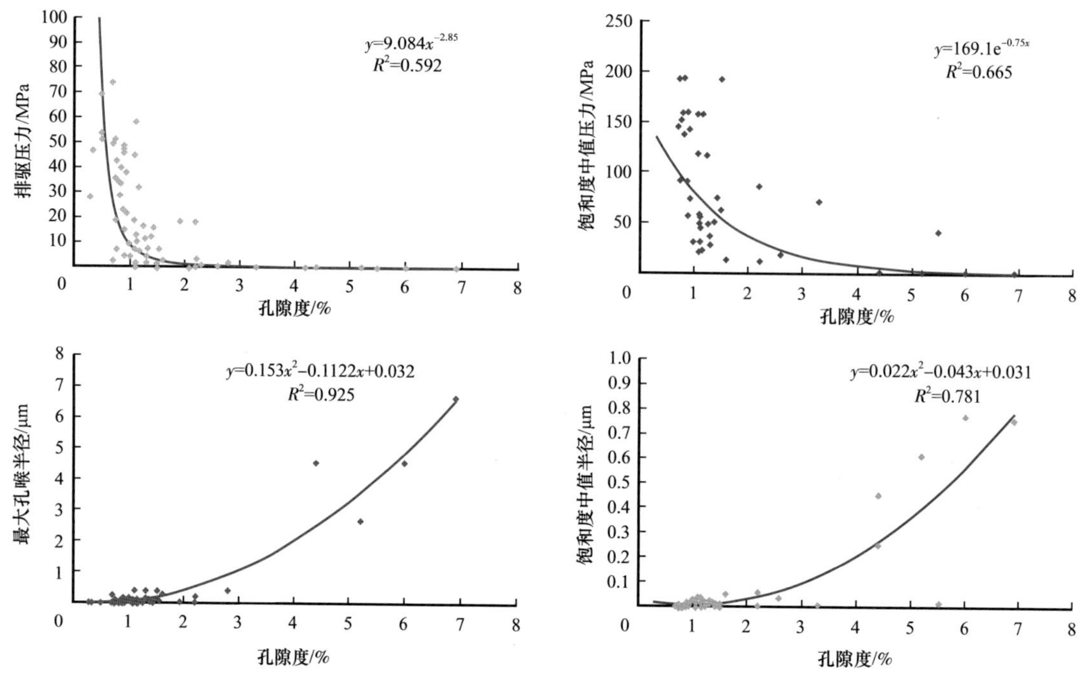

图 2-1-15 四川盆地侏罗系储层孔隙结构参数与孔隙度关系图

在明确碳酸盐岩型致密油形成的基本地质条件下，结合四川盆地致密油勘探实际，建立了该类致密油甜点分级评价指标（表 2-1-6）。

表 2-1-6 碳酸盐岩型致密油甜点分级评价指标

评价参数			Ⅰ	Ⅱ	Ⅲ
地质参数	烃源岩品质	有机质丰度（TOC）/%	>4	1.5～4	<1.5
		镜质组反射率（R_o）/%	0.95～1.0	0.85～0.95	0.5～0.85
		烃源岩厚度 /m	>40	20～40	10～20
	储层品质	孔隙度 /%	>3	1.5～3	<1.5
		渗透率 /mD	>0.1	0.01～0.1	<0.01
		压力系数	>1.2	1.0～1.2	0.7～1.0
		储层厚度 /m	>15	10～15	5～15
	油藏品质	含油饱和度 /%	>70	50～70	30～50
		气油比	>100	20～100	<20
		原油黏度 /（mPa·s）	<10	10～50	50
工程参数	工程品质	天然裂缝 /（条 /m）	>0.2	0.04～0.2	<0.04
		水平应力差 /MPa	<3	3～5	>5
		岩石脆性指数 /%	>70	40～70	25～40

第二节　致密油甜点测井评价技术

一、烃源岩品质测井评价方法

1. 总有机碳含量（TOC）评价方法

1）孔隙度—电阻率曲线叠加法

电阻率—孔隙度曲线叠加法是 Passey 在 1990 年提出的一种利用电阻率和孔隙度曲线对烃源岩总有机碳含量进行评价的方法，该方法优点是具有一定理论基础，并且操作简单，缺点是具有一定的适用条件（如在含有黄铁矿的情况下会导致计算结果出现较大的误差）。

富含有机质烃源岩的总有机碳含量 TOC 与 $\Delta\lg R$ 之间的经验公式为

$$\mathrm{TOC}=\Delta\lg R\times 10^{(2.297-0.1688\mathrm{LOM})} \qquad (2\text{-}2\text{-}1)$$

式中　LOM——有机质成熟度指数。

利用该方法计算 TOC 除了需要确定电阻率和声波时差的基线值外，还需要确定有机质的成熟度指数 LOM，通常采用 $\Delta\lg R$ 与 TOC 的交会图版确定。

2）自然伽马能谱铀曲线拟合法

根据岩心分析总有机碳含量所在深度读取测井铀曲线的数值，然后建立总有机碳含量与相应深度的铀元素数值交会图，并通过线性拟合得到总有机碳含量与铀之间的关系式。图 2-2-1 是利用 20 块岩心分析总有机碳数据建立了总有机碳含量与铀含量的交会图，总有机碳含量与测井铀元素含量呈线性关系。

$$\mathrm{TOC}=0.59\mathrm{U}+0.3805 \qquad (2\text{-}2\text{-}2)$$

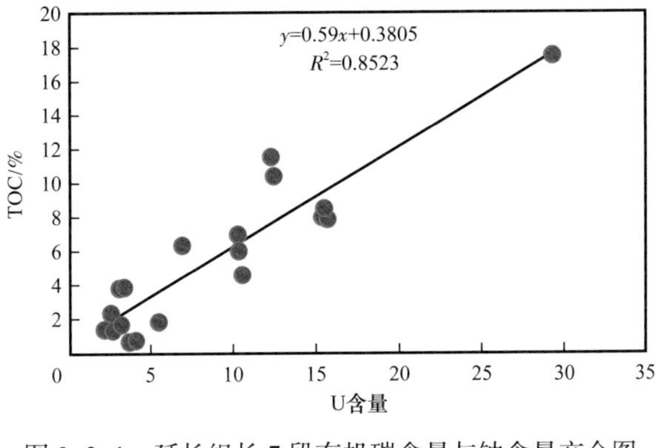

图 2-2-1　延长组长 7 段有机碳含量与铀含量交会图

3）铀曲线与 $\Delta\lg R$ 多元拟合法

利用铀曲线单独评价 TOC 有一些缺陷，因为 $\Delta\lg R$ 在不受黄铁矿影响下对有机质含量有比较好的指示效果，所以利用 U 曲线和 $\Delta\lg R$ 来对 TOC 进行拟合。

利用多元线性方程拟合得出了拟合公式其相关性达到了 0.88，公式如下：

$$TOC=0.48U+1.78\lg R+0.184 \tag{2-2-3}$$

从图 2-2-2 计算的结果可以看出其计算结果较只用 U 曲线计算结果相比有明显改善。故利用铀曲线与 ΔlgR 多元拟合法评价 TOC 效果最好。

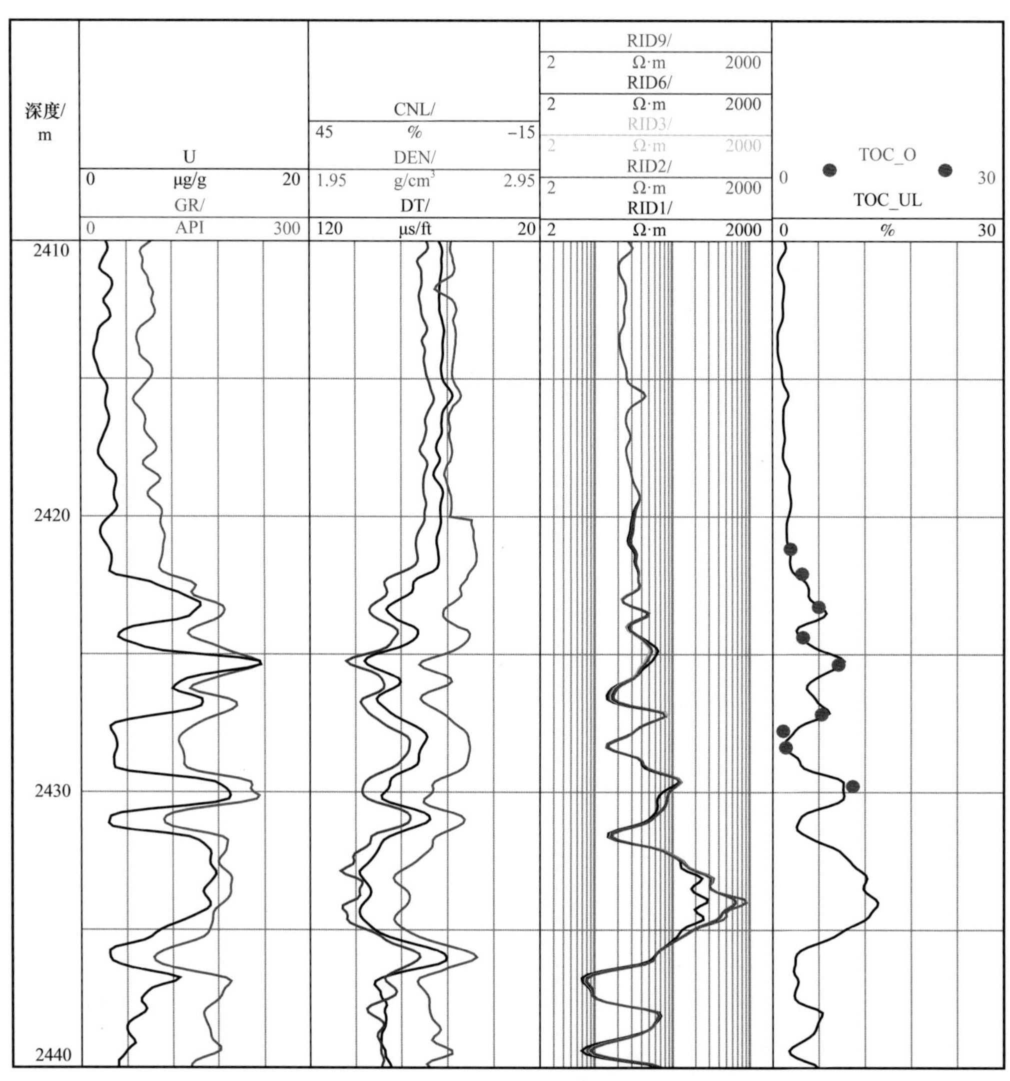

图 2-2-2　镇 58 井长 7 段烃源岩 TOC 多元拟合计算结果

由于电阻率—孔隙度曲线叠加法不适用于目标区内的高成熟度油页岩以及含有黄铁矿的层段，因此在进行总有机碳含量评价时采用铀曲线结合 ΔlgR 多元拟合法。

自然伽马能谱测井采集较少，因此，难以普遍应用 U 曲线联合 ΔlgR 法计算该区的 TOC 含量。根据研究区的测井资料采集实际情况，应用取心资料标定，分别建立了 ΔlgR 结合常规测井的 TOC 计算模型和基于常规测井的 TOC 计算模型（图 2-2-3、图 2-2-4），用于实际资料处理。

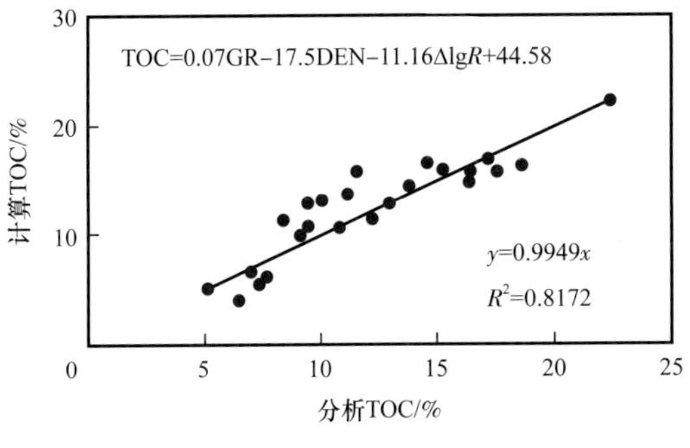

图 2-2-3 ΔlgR 结合常规测井 TOC 计算

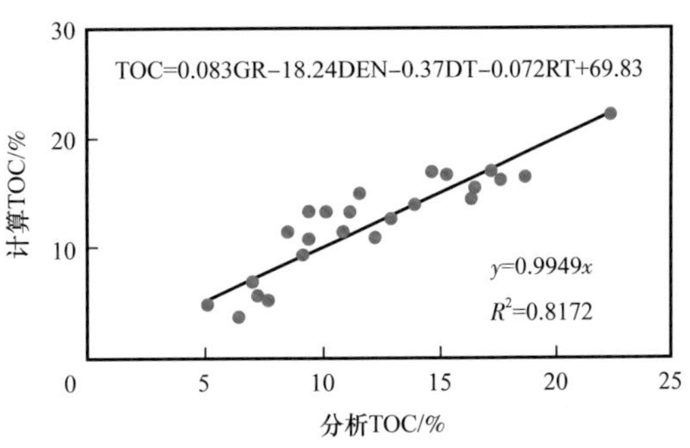

图 2-2-4 基于常规测井 TOC 计算

2. 生烃潜量（S_1+S_2）评价方法

总有机碳含量是致密砂岩储层评价的一个很重要的参数，它反映了烃源岩有机质含量的多少和生烃潜力大小。烃源岩生烃潜力，对于致密储层烃源岩特性的评价具有重大的意义。一般来说，通过实验分析资料建立生烃潜量与 TOC 的相关关系可较好地评价生烃潜量。以松辽盆地为例，游离烃 S_1 和热解烃 S_2 与有机碳含量的相关系数可达到 0.9，若根据前述介绍的方法利用测井资料定量评价出烃源岩有机碳含量，则可利用以下公式定量评价烃源岩游离烃 S_1 和热解烃 S_2。

$$S_1=2.0446\text{TOC}-0.2327,\ R^2=0.9291 \tag{2-2-4}$$

$$S_2=7.9554\text{TOC}+0.2327,\ R^2=0.995 \tag{2-2-5}$$

二、储层品质测井评价方法

1. 储层岩石组分精细解释

根据研究区的全岩分析结果，确定储层主要矿物类型，建立研究层段的岩石物理模型，在烃源岩段需要考虑干酪根的体积。

根据研究区的岩石物理模型，利用常规资料中的声波时差、中子、密度、自然伽马等常规测井数据，可以得到其测井响应方程组（2-2-6）以及目标函数（2-2-7）。

$$\begin{cases}\rho_b=\rho_1V_1+\rho_2V_2+\cdots+\rho_iV_i+\cdots\rho_mV_m\\ \Delta t=\Delta t_1V_1+\Delta t_2V_2+\cdots+\Delta t_iV_i+\cdots+\Delta t_mV_m\\ \Phi_{\text{CNL}}=\Phi_{\text{CNL}_1}V_1+\Phi_{\text{CNL}_2}V_2+\cdots+\Phi_{\text{CNL}_i}V_i+\cdots+\Phi_{\text{CNL}_m}V_m\\ \qquad\qquad\cdots\cdots\\ 1=V_1+V_2+\cdots+V_i+\cdots+V_m\end{cases} \tag{2-2-6}$$

式中 i——代表所选择的各种矿物，$i=1,\ 2,\ \cdots,\ m$；

ρ_i、Δt_i、Φ_{CNL_i}——各种矿物的密度、声波时差、中子测井响应值；

V_i——各种矿物的体积含量。对于方程组（2-2-6），可以采用最优化的方法来计算各种矿物体积含量，并通过目标函数［式（2-2-7）］来决定最优化解。

$$\varepsilon^2=\left(\frac{t_m-t'_m}{U_m}\right)^2 \tag{2-2-7}$$

式中 t_m——经过校正的接近实际地层的第 m 种矿物的测井测量值；

t'_m——相对应的通过测井响应方程计算的理论值；

U_m——第 m 种矿物测井响应方程的误差。

利用多矿物模型对鄂尔多斯盆地庄 230 井延长组进行了处理，并与 X 射线衍射结果（质量百分数）进行对比，结果表明二者符合较好。图 2-2-5 计算结果表明该模型中各矿物的参数选择是合理的，矿物计算结果是可靠的。

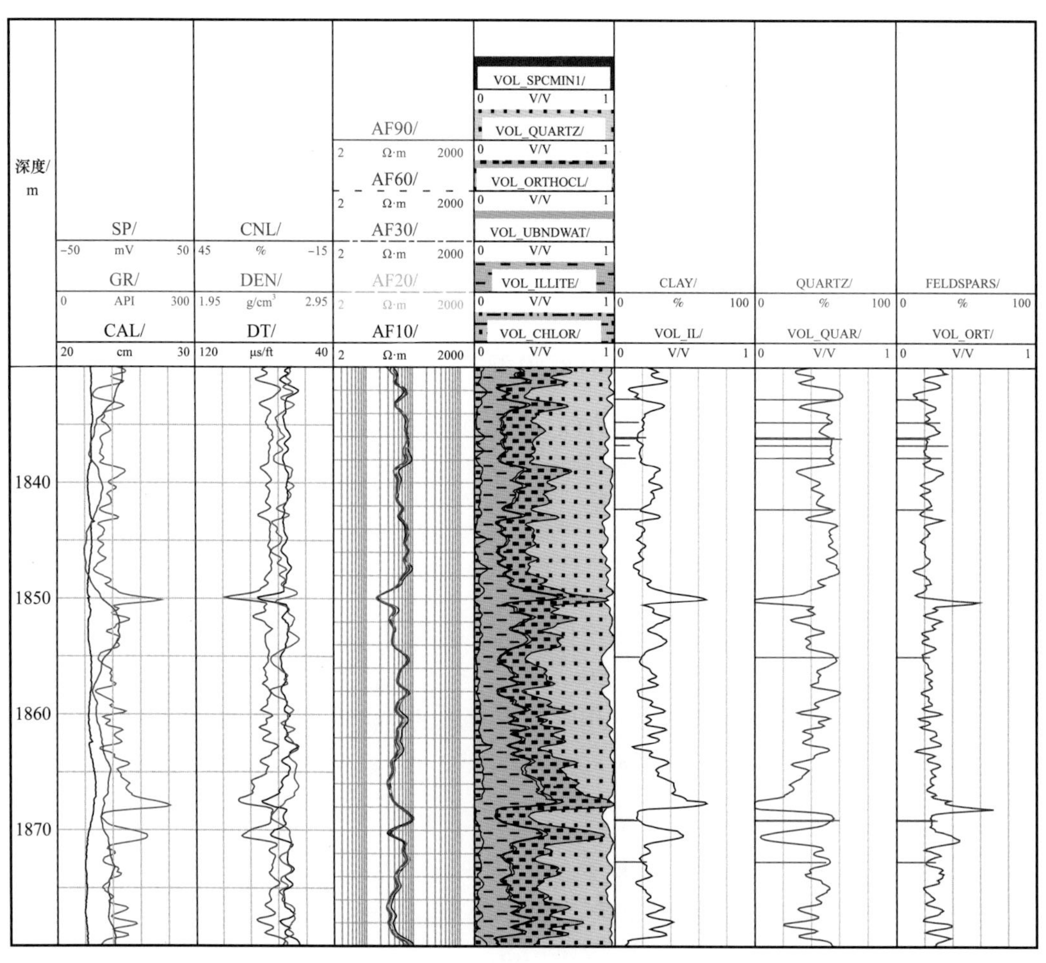

图 2-2-5 庄 230 井多矿物测井解释成果图

2. 核磁共振测井信噪比分析与降噪处理

与常规砂岩储层相比，致密砂岩储层岩心核磁共振实验和核磁共振测井信噪比均明显降低，降低了测井评价的精度。

对岩样饱和水和离心后核磁共振实验测量数据的信噪比进行计算，岩样饱和水测量的数据信噪比最低为13.10，最高为34.17，平均值为22.51；离心后测量的数据信噪比最低为2.32，最高为13.96，平均值为9.33。对比计算的数据信噪比与岩样核磁共振孔隙度数据可以发现：岩样的孔隙度越大，饱和水测量和离心后测量的数据信噪比越高。图2-2-6为岩样饱和水时测量数据信噪比与孔隙度关系图。

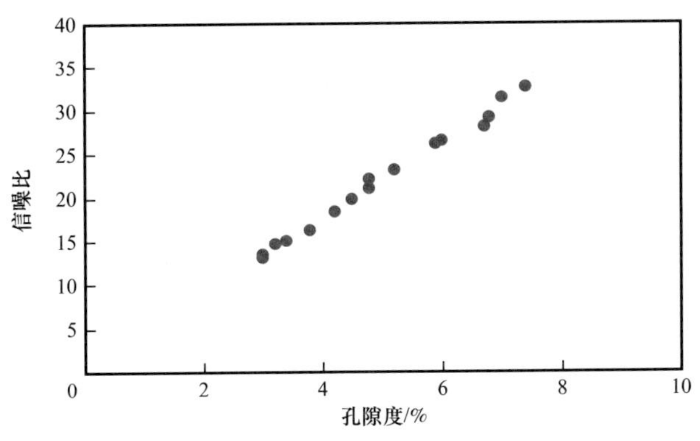

图2-2-6 信噪比关系图（NS=128）

图2-2-7为同一岩样（f=6.64%，K=0.73mD）变参数核磁共振 T_2 谱图。岩石物理实验结果表明，随着信噪比增加 T_2 谱峰值左移，增加信噪比会增加小孔隙信号的识别能力和测量精度。

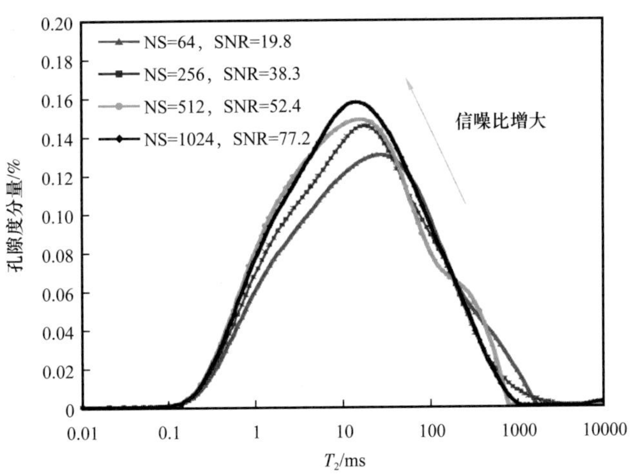

图2-2-7 变参数核磁共振 T_2 谱图

将不同信噪比条件下计算的孔隙度与气测孔隙度对比发现（图2-2-8），随信噪比提高，相对误差降低，核磁共振计算孔隙度越来越接近真值。当信噪比大于50时（对信噪比的具体要求与岩样孔隙度大小有关），核磁共振计算孔隙度与气测孔隙度基本一致。

为提高致密砂岩储层核磁共振测井信噪比，一般采用两种方式：一是降低现场测井速度，二是数据处理中采用时间域、深度域累加处理技术（累加 n 次，信噪比增加 $n^{1/2}$ 倍），小波变换和自适应滤波降噪在处理中具有较好的降噪效果。

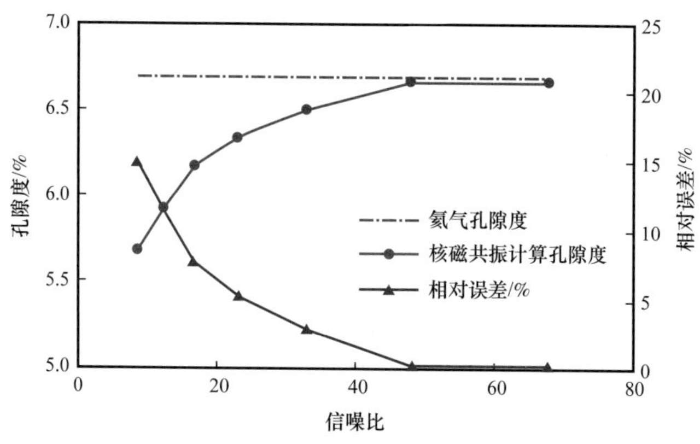

图 2-2-8 信噪比对孔隙度计算影响

选用孔隙度为 6.7% 的岩心（图 2-2-9）扫描 128 次的回波串信噪比为 19.8，扫描 1024 次的回波串信噪比为 56.7，对 NS=128 的回波串使用小波域自适应滤波方法降噪之后信噪比由原来的 19.8 提高到了 39.5。利用 NS=128 去噪前的回波串计算的岩心孔隙度为 6.23%，利用去噪后回波串计算的岩心孔隙度为 6.56%，更接近气测孔隙度 6.7%。

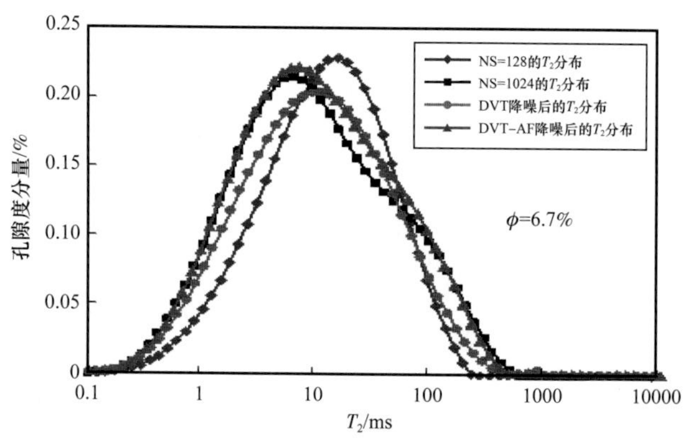

图 2-2-9 降噪前后结果对比

3. 储层品质测井评价

储层品质评价是致密油评价的核心内容之一，是油层测井解释分类和射孔层段选择的主要依据，其主要与其岩性、物性（孔隙度、渗透率和裂缝）、含油饱和度、宏观结构与各向异性、微观孔隙结构与非均质性以及等效厚度等因素有关。

岩性、物性和含油饱和度是储层品质评价的关键参数，以其为基础，可进一步开展储层品质评价，下面主要论述砂体宏观结构评价法和储层孔隙结构评价法等储层品质评价方法。

1）砂体宏观结构评价法

致密油储层纵向上具有宏观非均质性特征，在同一小层内部相对均质，可根据不同小层之间的储层岩性和物性变化关系，利用曲线幅度与形态、孔隙度和含油饱和度等参数描述储层宏观结构特征。

数学上常用变差方差根函数来描述曲线的光滑性，将该函数引入储层非均质性评价中可较好反映储层非均质性强弱，为致密油储层品质评价提供量化标准。以变差方差根GS反映曲线光滑程度，其计算公式如下：

$$GS = \sqrt{\gamma(1)+\gamma(2)+\cdots\gamma(h)+S^2} \tag{2-2-8}$$

式中 S^2——方差，反映深度段上曲线数据的整体波动性；

$\gamma(h)$——变差函数，反映曲线数据局部波动性。

GS反映储层的光滑程度，即表征储层的宏观结构。GS越小，则曲线越光滑，曲线波动性就越小，砂体就越接近块状；反之，GS越大，曲线越不光滑，曲线的波动性就越大，砂体形态就越接近砂泥互层。

考虑到自然伽马和泥质含量对储层岩性各向异性的敏感性强，密度测井对储层物性各向异性敏感性强，因此，可以GR曲线构建分别反映砂体的岩性及含油非均质程度的测井表征参数 P_{ss} 及 P_{pa}，定义如下：

$$P_{ss}=GS_{GR}\cdot V_{sh} \tag{2-2-9}$$

$$P_{pa}=\frac{\sum_{i=1}^{n}H_i\cdot\phi_i\cdot S_{oi}}{GS_{DEN}} \tag{2-2-10}$$

式中 H_i、ϕ_i、S_{oi}——分别为深度段内第 i 小层的厚度、孔隙度和含油饱和度；

V_{sh}——泥质含量；

GS_{GR} 和 GS_{DEN}——分别是自然伽马和密度曲线的变差方差根。

根据测井计算的储层砂体结构参数 P_{ss} 和含油非均质性参数 P_{pa} 可快速实现对致密油储层品质的分类评价。图2-2-10和图2-2-11分别为两口井的致密油储层段 P_{ss} 和 P_{pa} 测井计算结果，据此可快速判断出储层的砂体结构类型，分别为块状砂体和薄互层砂体，块状砂体储层品质好，含油性好，试油日产油13.09t，为高产工业油流；薄互层砂体储层品质相对较差，试油日产油4.42t。

2）储层孔隙结构评价法

储层微观结构评价是致密油储层品质评价的关键，也是测井评价的重点和难点。致密油储层整体上孔喉半径较小，以小微孔为主，孔隙结构复杂。单一的储层物性参数难以有效划分储层品质类型（表2-2-1），需要综合考虑储层孔渗条件、孔喉分布情况等建立储层微观结构表征参数。为此，构建了一个反映储层孔隙结构的综合评价指标PTI，即

$$PTI=\omega_1 f_1(R_{max})+\omega_2 f_2(R_{pt50})+\omega_3 f_3(\phi) \tag{2-2-11}$$

式中 R_{max}——最大孔喉半径，μm；

R_{pt50}——中值孔喉半径，μm；

ϕ——孔隙度，%；

ω_1、ω_2、ω_3——权系数；

f_1、f_2、f_3——最大孔喉半径、中值半径和孔隙度等参数的归一化函数。

应用配套的岩石物理实验，确定出每块岩心对应的孔隙结构参数，采用PTI计算结果结合毛细管压力曲线，可将储层品质清晰地分为四类，参数值不存在重叠区间，可较好地实现储层微观结构分类，规避了测井处理解释中的多解性问题。

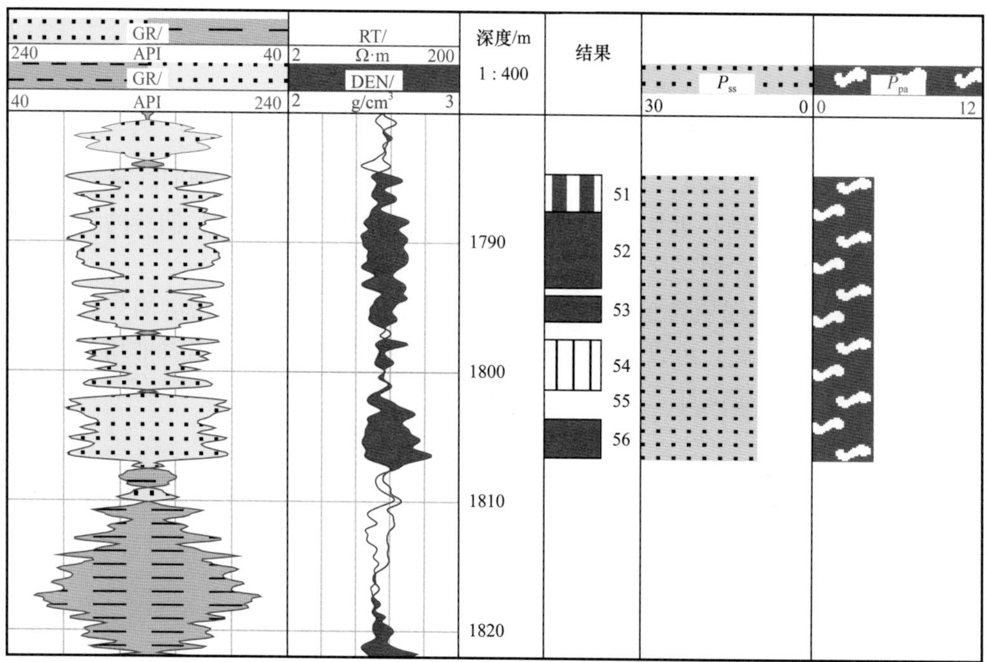

图2-2-10 块状砂体测井评价结果

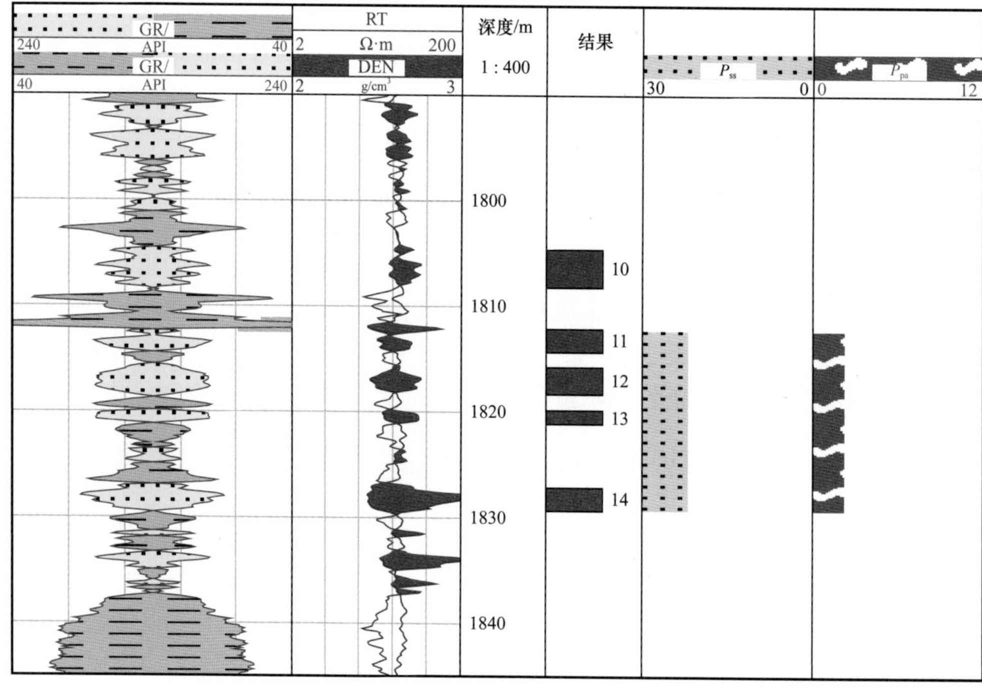

图2-2-11 薄互层砂体测井评价结果

表 2-2-1　基于孔隙结构参数的砂岩致密油储层品质评价标准

分类参数		储层品质分类			
		好	较好	中等	差
单参数	ϕ/%	＞12	10～12	8～11	6～9
	K/mD	＞0.12	0.08～0.12	0.05～0.09	0.03～0.07
	排驱压力 /MPa	＜1.5	1.5～2.5	2.0～3.5	＞3.5
	中值半径 /μm	＞0.15	0.06～0.15		＜0.1
综合参数（PTI）	孔喉结构指数	＞0.8	0.6～0.8	0.4～0.6	＜0.4

以核磁共振测井确定出式 2-2-11 中的储层微观参数（如最大孔喉半径和中值半径），为了提高计算精度，尤其是复杂岩性储层，也以核磁共振测井计算储层孔隙度。

图 2-2-12 为应用核磁共振测井计算的储层微观孔隙结构参数及应用式 2-2-11 计算的综合分类参数 PTI 结果，根据表 2-2-1 对储层分类结果见图 2-2-12 中第 9 道，对以Ⅰ、Ⅱ类储层为主的 104 号和 106 号层测井解释为油层，对以Ⅲ、Ⅳ类储层为主的 105 号层测井解释为差油层，104 号和 106 号层合试，日产油 13.35t，为高产工业油流。

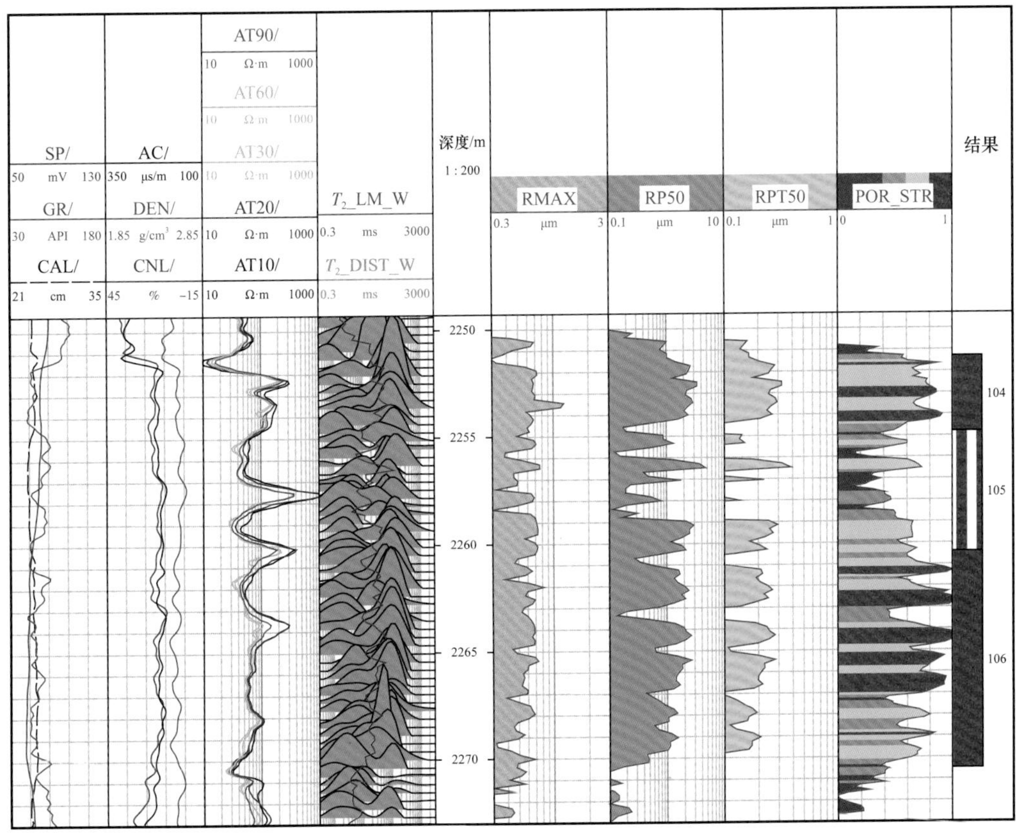

图 2-2-12　核磁共振测井计算储层孔隙结构参数与储层分类

三、工程品质测井评价方法

1. 岩石脆性测井评价

脆性指数计算方法一般有两种，即岩石组分计算法和岩石弹性参数计算法。

根据岩石力学实验分析结果，建立岩石矿物成分法计算脆性公式为

$$\mathrm{BI}=\frac{V_{石英}}{1-\phi}\times 100\% \tag{2-2-12}$$

式中 BI——脆性指数；

$V_{石英}$——石英含量；

ϕ——孔隙度。

岩石弹性参数计算法主要采用杨氏模量和泊松比，尽管杨氏模量和泊松比并非直接反映岩石脆性的参数，但定性认为，在岩石学范畴内，杨氏模量越大，泊松比越小，岩石脆性越好。因此，应用岩石弹性参数计算岩石脆性指数时通常采用如下公式：

$$\mathrm{BI}=\frac{\Delta E+\Delta \mathrm{PR}}{2}\times 100\% \tag{2-2-13}$$

式中 BI——脆性指数；

ΔE——杨氏模量归一化后相对值；

ΔPR——泊松比归一化后相对值。

实际资料处理结果表明，岩石力学法（杨氏模量和泊松比）和岩石矿物法（石英含量）计算的岩石脆性指数具有很好的相关性（图 2-2-13）。

2. 地应力测井评价

地应力包括垂直应力、最大水平应力、最小水平应力三种。垂直应力可通过上覆地层的全井眼密度测井值及其对深度的积分并考虑上覆地层的孔隙压力而确定。地应力评价主要是指最大水平应力和最小水平应力，其内容包括方位、大小以及各向异性，主要采用电成像测井和阵列声波测井计算得到。

σ_h 的计算方法主要分为各向同性和各向异性两种模型，目前常用的是多孔弹性模型，其各向同性和各向异性的最小水平地应力计算公式分别为：

$$\sigma_h-\alpha\sigma_p=\frac{\upsilon}{1-\upsilon}\left(\sigma_V-\alpha\sigma_p\right)+\frac{E}{1-\upsilon^2}\varepsilon_h+\frac{E\upsilon}{1-\upsilon^2}\varepsilon_H \tag{2-2-14}$$

$$\sigma_h-\alpha\sigma_p=\frac{E_h}{E_v}\frac{\upsilon_v}{1-\upsilon_h}\left(\sigma_V-\alpha\sigma_p\right)+\frac{E_h}{1-\upsilon_h^{\ 2}}\varepsilon_h+\frac{E_h\upsilon_h}{1-\upsilon_h^{\ 2}}\varepsilon_H \tag{2-2-15}$$

式中 σ_h——水平最小应力，MPa；

σ_p——地层孔隙压力，MPa；

α——Biot 系数；

υ——各向同性的泊松比；

E——各向同性的杨氏模量，GPa；

ε_h 和 ε_H——构造压力系数；

E_h 和 E_v——分别是各向异性水平和垂直方向上的杨氏模量，GPa；

υ_h 和 υ_v——分别是各向异性水平和垂直方向上的泊松比。

两个公式的差异主要是考虑到了水平和垂直方向上岩石弹性参数间的差异，如果地层各向异性特征不明显，则可简化应用各向同性模型计算。图 2-2-13 为应用各向同性模型计算的岩石力学参数、脆性指数和最大最小水平应力综合图。

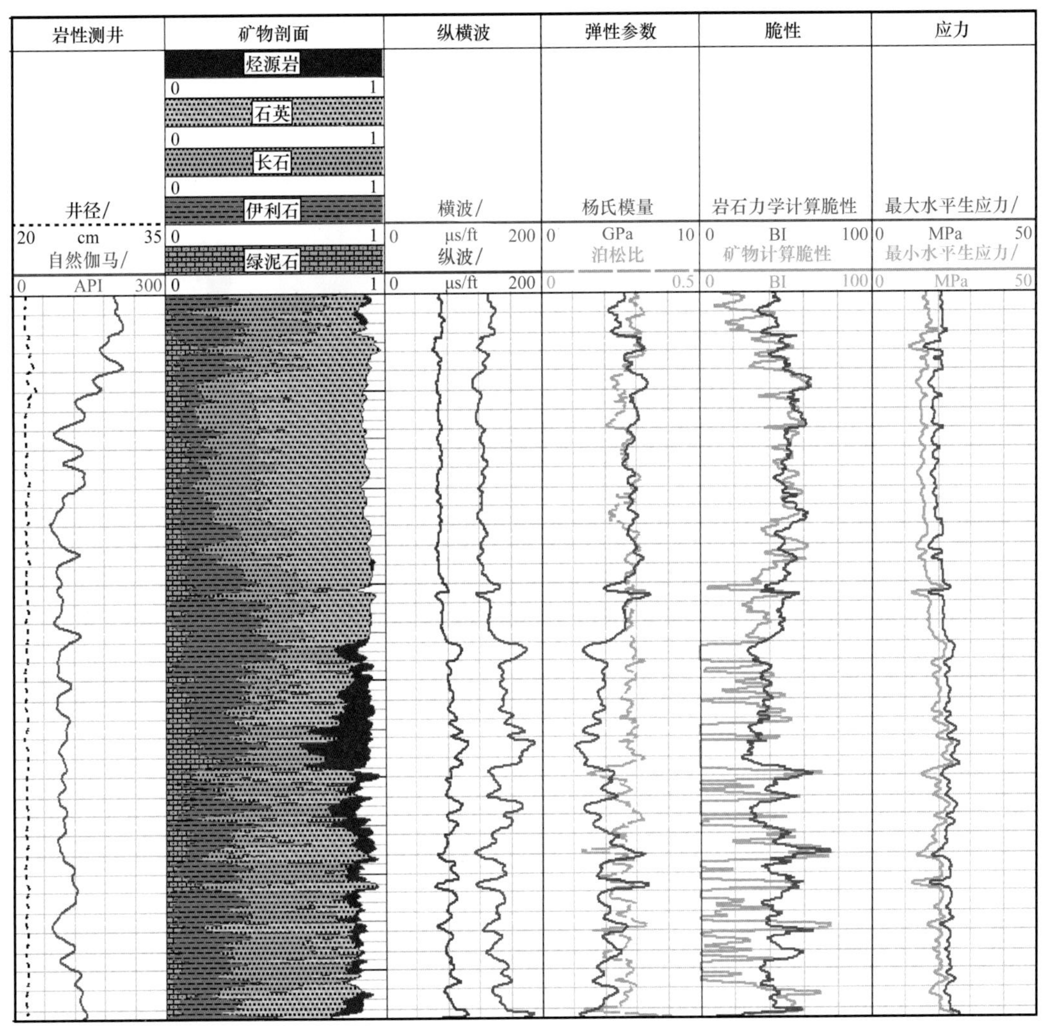

图 2-2-13 庄 233 井不同方法计算脆性指数对比图

四、甜点测井评价方法

以上述的“七性关系”和“三品质”评价成果为基础，以源储配置关系分析为重点，开展油气甜点测井评价，明确油气有利分布区域，掌握油气富集规律，优选致密油甜点区，为致密油储层参数计算、甜点预测、老井复查和水平井井位部署等提供关键技术支撑，提高致密油勘探开发效益。致密油的源储配置关系控制着甜点的分布，在甜点测井评价中，需要在源储匹配模式指导下，通过优选敏感参数建立相应的甜点测井评价方法，如油气富集指数法、三品质平面叠加对比法等，达到优选甜点和指导勘探开发部署的目的。

以鄂尔多斯盆地陇东地区为例，钻遇长7段致密油的井很多，因此，采用针对性的“七性关系”和“三品质”的评价方法以及甜点优选方法，在多井精细对比分析的基础上，可逐一制作出烃源岩品质（TOC×H）、储层品质（砂体结构）和工程品质（脆性指数）的类别平面分布图，对比分析这些图件，圈定出油气富聚区域，形成了多参数平面叠加法。

以庄230井区为例，“三品质”平面分布图如图2-2-14至图2-2-16所示，以这些图件为基础并考虑测井评价出的各井油气层分布和源储配置关系，确定出了致密油甜点分布区域（图2-2-17）。该图指出，一级甜点区位于庄230井、庄176井、庄188井和庄

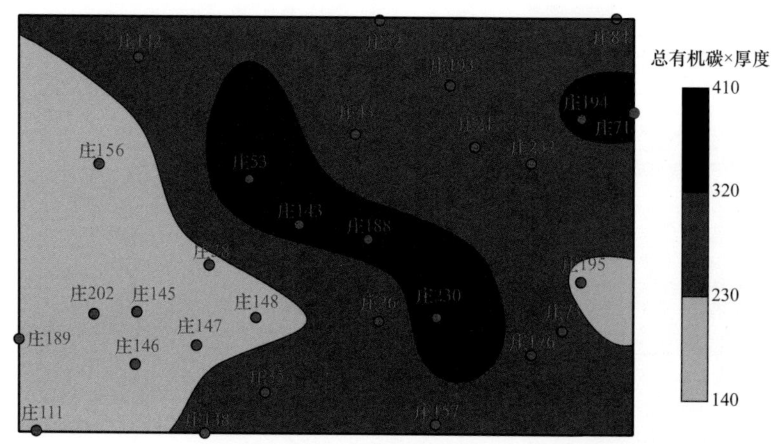

图2-2-14　烃源岩品质分布图

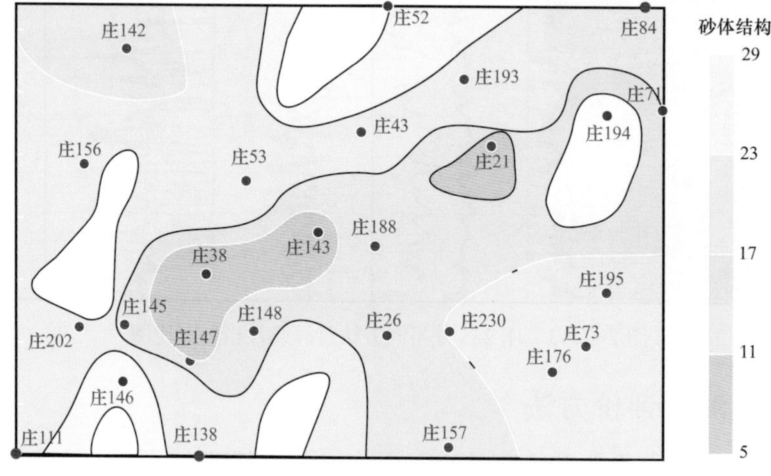

图2-2-15　储层品质（砂体结构）分布图

143 井控制的区域，二级的甜点区位于一级甜点的周边与以庄 146、庄 193、庄 53 和庄 73 等井控制边界间的环带。为此，基于甜点分布的认识，建立了致密油开发示范区，成功部署了 40 余口水平井，这些井的初期产油量均达 8～10t/d，开发效果很好。

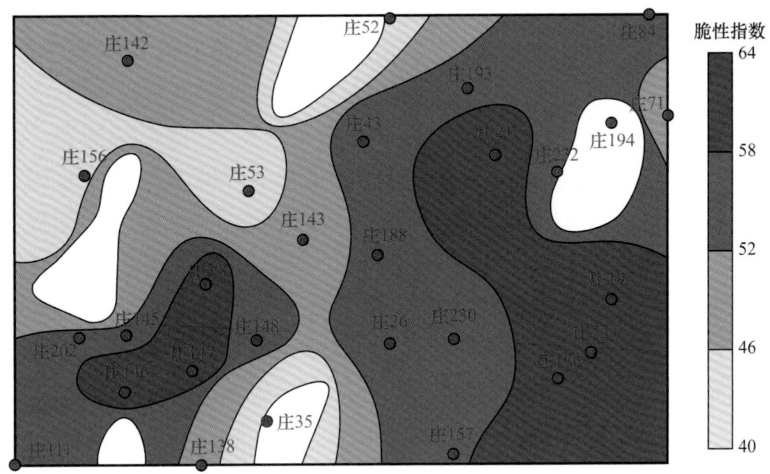

图 2-2-16　脆性指数分布图

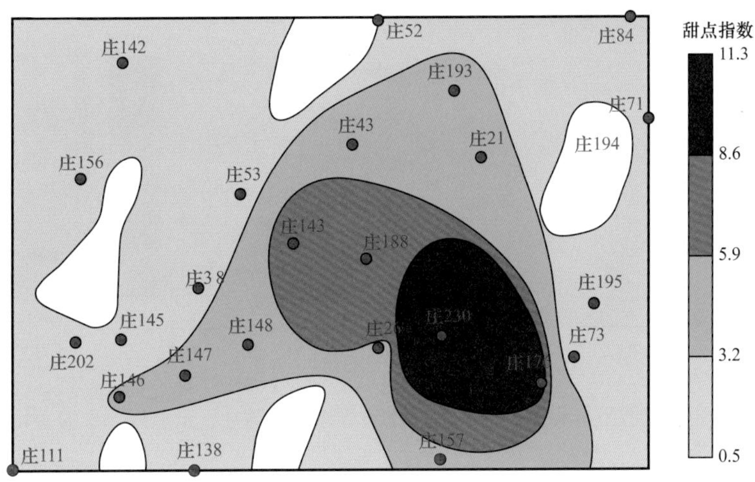

图 2-2-17　致密油甜点分布图

第三节　致密油甜点地震预测技术

一、陆相致密油样品地震岩石物理特征

基于岩石物理性质实验测量结果，建立储层参数（岩性、物性、流体、压力等）与地震属性（速度、阻抗、振幅、衰减等）之间的关系；在纵波阻抗和纵横波速度比交互的岩石物理模板上刻画出弹性性质随岩性、孔隙度、干酪根含量的变化趋势，为后续岩

石物理建模和甜点定量预测提供依据。

准噶尔盆地东南缘吉木萨尔凹陷芦草沟组发育有一套深湖相暗色泥岩（主力烃源岩区）与云质岩（致密油储层）混杂沉积。芦草沟组致密油甜点有两段，上甜点体岩性以碳酸盐岩为主，下甜点体岩性主要是细粒碎屑岩。基于 20 余块新疆吉木萨尔致密油样品超声波速度测量结果，图 2–3–1 给出了样品的超声波纵波阻抗和纵横波速度比随岩性、孔隙度、干酪根含量、含油气性的变化趋势。图中色标的变化表示 TOC 含量的变化，储层段样品用红色表示；烃源岩段岩样基本上 TOC 大于 4%，颜色从绿色、蓝色到灰色表示 TOC 含量逐渐增加；图中圆圈大小表示孔隙度大小，储层段孔隙度基本在 4%～8% 之间。从图中可以看出，岩性的变化在纵波阻抗和纵横波速度比交互图板上基本呈三角形，以砂岩为基准，白云质增加时，纵波阻抗增加，纵横波速度比略有增加；泥质含量增加时，纵波阻抗减小，纵横波速度比快速增加。储层段孔隙度增加时，纵波阻抗降低，纵横波波速比略有升高；烃源岩段 TOC 含量增加时，纵波阻抗和纵横波波速比都呈下降趋势；这些定性变化趋势的获得为后续岩石物理建模提供了客观且直观的检验依据（图 2–3–1）。

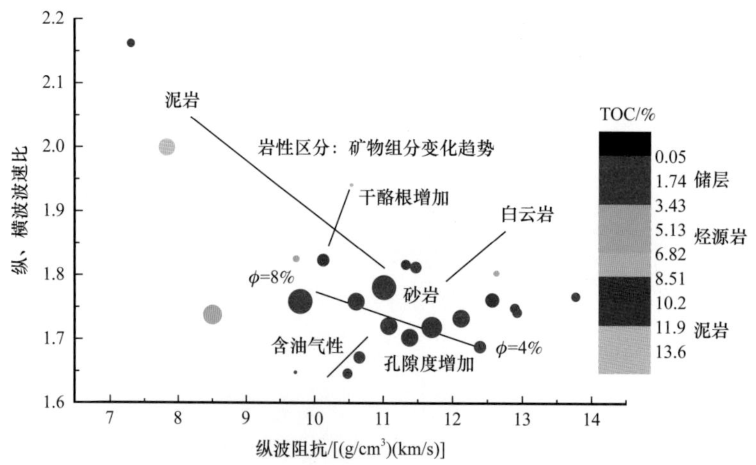

图 2–3–1　岩样纵波阻抗和纵、横波速度比随岩性、孔隙度、干酪根含量的变化趋势图

二、混积岩致密油甜点地震预测技术

针对混积型致密油储层岩性复杂，传统的地震反演技术难于预测岩性、孔隙度、烃源岩 TOC 含量，研发了混积岩岩性、孔隙度和烃源岩岩性、TOC 含量定量预测岩石物理模板技术，形成混积岩致密油甜点“六性”预测技术系列。

1. 面向储层预测的三维叠前保幅处理技术

研究区吉 17 井区三维地震满覆盖面积 237km^2，覆盖次数 48 次，工区地表主要为农田、草场、戈壁，地表条件复杂，环境噪声源较多，面波、脉冲干扰等各种干扰波发育，叠前保幅去噪困难；多次波较发育，在速度谱上多次波特征明显，严重影响速度分析、道集质量以及构造成像，针对以上处理难点，提出了三维叠前保幅处理技术流程，主要采用了三维折射波静校正处理技术、多域叠前去噪技术、地表一致性处理技术、叠前多次波衰减处理技术、叠前数据优化处理技术、叠前时间偏移处理技术，通过多轮次处理解释一体化结合，三维地震资料成像品质有很大改善。

2. 三组元岩性孔隙度预测岩石物理模板技术

对于混积岩致密油甜点区预测，储层岩性、孔隙度参数的预测很关键。声波阻抗—纵横波波速比是最常用的岩石物理模板（RPT），吉木萨尔芦草沟组储层岩性复杂，主要有云屑砂岩、砂屑云岩、微晶云岩、云质粉砂岩和泥质粉砂岩，图 2-3-2 为储层段测井数据的纵波阻抗和纵横波波速比交互，由于储层为硅质、白云质、泥质混合，岩性与物性的影响耦合在一起，传统的岩石物理模板难于实现储层定量预测。

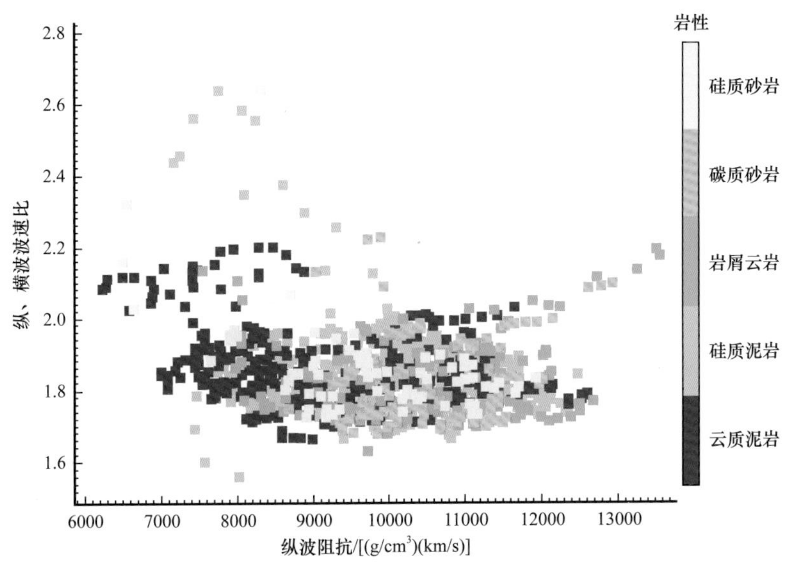

图 2-3-2 J174 井储层段测井数据纵波阻抗和速度比交互图

考虑到吉木萨尔致密油储层三种主要矿物组分为：云质、砂质、泥质，以这三种组分不同混合比例作为硬矿物骨架成分，孔隙度从 2% 变化到 16%，图 2-3-3 为纵波阻抗和纵横波波速比预测岩性和孔隙度的岩石物理模板。依据储层段黏土含量小于 10%，优质储层孔隙度高于 5%，纵横波波速比低于 1.85（纯白云岩），100% 砂岩随孔隙度变化线，阻抗大于 8 [（km/s）（g/cm^3）]，这 5 条红色界线可以将储层识别出来。将测井数据或地震反演数据投影到该模板上，可以定量确定矿物组分含量和孔隙度，完成储层岩性和物性的地震定量预测。图 2-3-4 为反演得到的过吉 174 井和吉 31 井的芦草沟组云质含量、孔隙度剖面。可以看到上、下两段甜点体边界清晰、储层分布特征明显，孔隙度均在 5% 以上，上甜点体优势岩性（高云质含量）和物性都优于下甜点体，预测结果与实际相符。图 2-3-5 是芦草沟组上甜点体预测孔隙度分布图，从图中可以看出，吉 31—吉 171—吉 17 井区孔隙度整体较高，吉 17 井以东孔隙度普遍较低。按照甜点划分标准，甜点体主要分布在吉 22 井以西，预测结果与实钻情况吻合度较高，证明了该方法用于孔隙度预测的有效性。

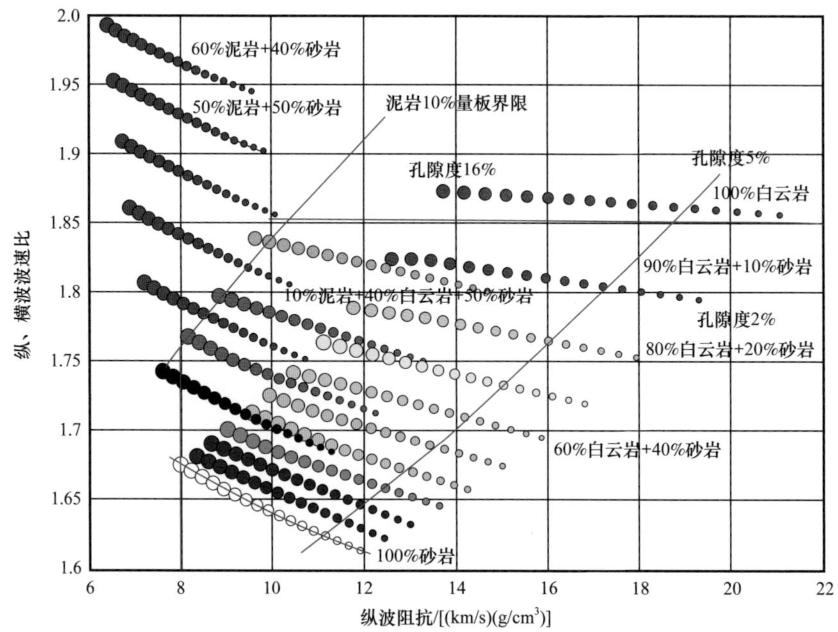

图 2-3-3　混积岩致密油储层岩性和孔隙度预测岩石物理模板

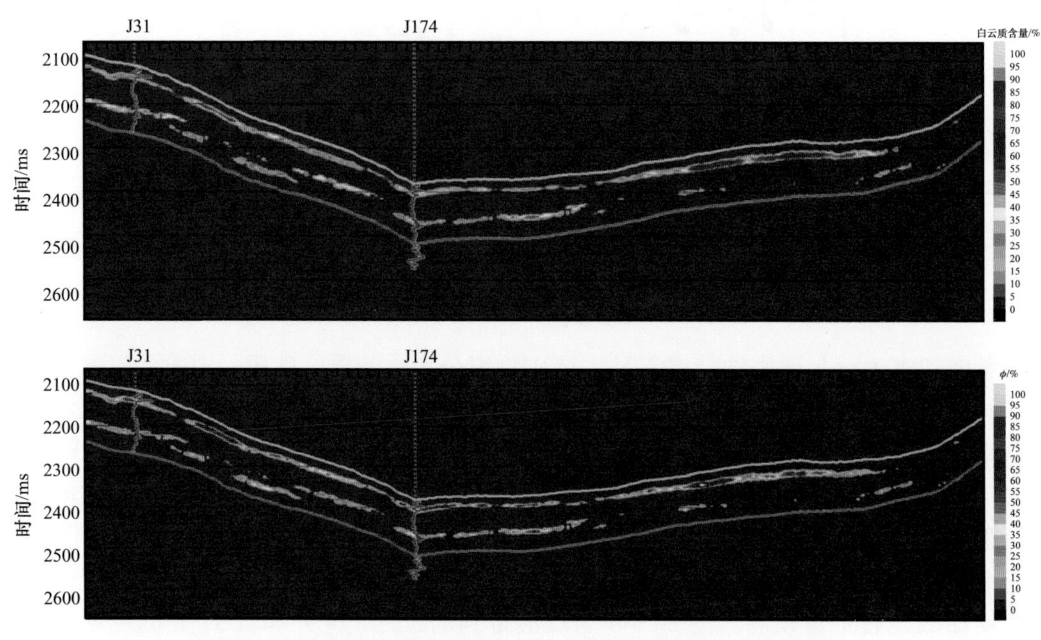

图 2-3-4　混积岩致密油储层岩性和孔隙度预测岩石物理模板

3. 三组元岩性 TOC 含量预测岩石物理模板技术

陆相湖盆中发育的优质烃源岩是形成规模致密油的物质基础，总有机碳含量（TOC）是评价烃源岩生烃能力和致密油甜点区品质的一个重要指标。吉木萨尔致密油主力烃源岩岩性为灰黑色泥岩、白云质泥岩，有机质类型以Ⅰ型与Ⅱ型为主，成熟度为

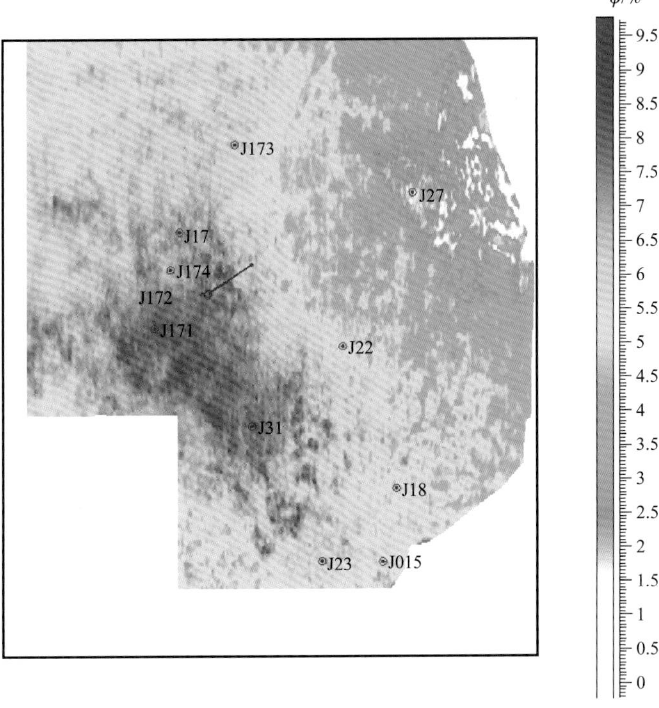

图 2-3-5 吉 17 工区上甜点体叠前反演孔隙度平面图

0.6%～1.6%。当烃源岩为混积岩时，岩性复杂造成的弹性性质与 TOC 之间的关系一般为非线性，为了获得烃源岩 TOC 的横向展布，采用与制作三组元岩性孔隙度预测岩石物理模板同样的步骤可以得到密度和泊松比交互预测烃源岩岩性和 TOC 含量的岩石物理模板（图 2-3-6），烃源岩也是由云质、砂质、泥质三种矿物组成，一般孔隙度小于 4%，模版上 TOC 从 2% 变化到 12%，将测井数据或地震反演数据投影到该模版上，可以定量确定矿物组分含量和 TOC 含量，完成烃源岩岩性和 TOC 含量的地震定量预测。图 2-3-7 为吉 17 工区上甜点体的 TOC 含量平面分布和烃源岩厚度图，TOC 含量整体在 4%～5% 之间，生烃潜力较好，吉 22 井区和吉 31 井区及西侧的 TOC 含量最高，从厚度上看，整体厚度大于 50m，烃源岩品质整体较高。

4. 混积岩致密油甜点区地震属性综合评价

对吉木萨尔吉 17 工区地震资料进行叠前反演，采用前述技术进行甜点区品质评价，最后综合岩石物理测量数据、测井数据和地震反演数据提出了吉木萨尔致密油甜点预测地球物理指标：（1）优势岩性：云质粉砂岩、长石岩屑粉砂岩、白云岩，（2）孔隙度大于 5%，（3）烃源岩 TOC 为 4%，（4）岩石脆性大于 0.7，（5）阻抗范围为 8.5～15 [（km/s）（g/cm^3）]，（6）纵横波波速比范围为 1.65～1.85，（7）杨氏模量大于 15GPa、泊松比小于 0.2。综合岩性、物性、烃源岩特性、脆性、裂缝和水平应力差分析，得到上甜点体平面分布及储层累计厚度图（图 2-3-8），甜点主要分布在吉 174 和吉 31 井区、吉 22 井区，甜点厚度整体大于 25m，展现了较好的勘探前景。

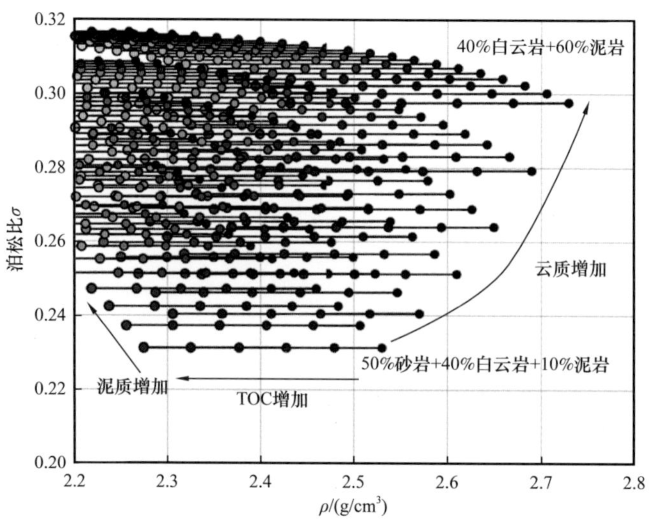

图 2-3-6 混积岩致密油烃源岩岩性和 TOC 预测岩石物理模板

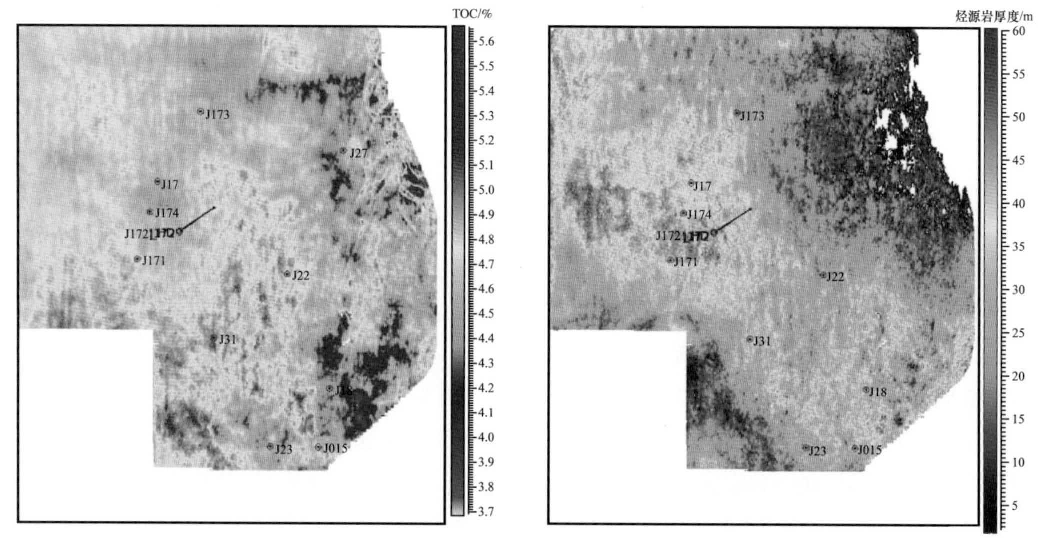

图 2-3-7 吉 17 工区上甜点体 TOC 含量平面分布和烃源岩厚度图

三、碎屑岩致密油甜点地震预测技术

针对碎屑岩致密油工区复杂地表、砂泥薄互层横向展布变化快、含油性检测困难等难点，形成以黄土塬区保幅保真处理、地质统计学和波形分类反演、多属性融合预测含油性、TOC 定量预测、基于弹性参数的脆性评价、多尺度裂缝预测、各向异性地应力预测、甜点区智能优选技术为核心的碎屑岩致密油地震预测技术系列，提高甜点区预测精度。

1. 黄土塬区保幅保真处理技术

研究区属典型的黄土山地地貌，黄土塬区地震资料处理难点在于静校正、去噪、衰减补偿、一致性处理等。针对以上难点，提出了黄土塬区处理技术流程，以保幅高分辨率为主线，立足黄土山地静校正技术攻关，强化井震一致性处理，综合叠前多域迭代去噪、近地表Q补偿和地表一致性反褶积、各向异性叠前时间偏移，实现高信噪比、高分辨率和高精度成像，提高地震资料品质。

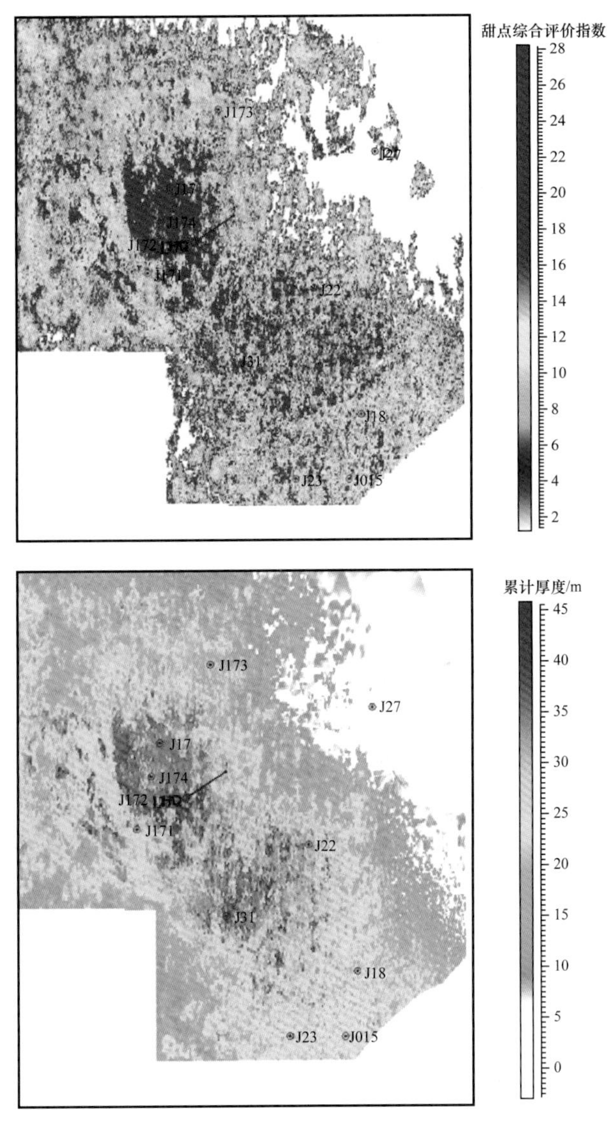

图 2-3-8 吉 17 Ⅰ区致密油储层上甜点体平面分布及储层累计厚度图

2. 地质统计学和波形分类反演技术

三叠系延长组是一套内陆河流—三角洲—湖泊相碎屑岩系，长 7 段沉积时期是湖盆最大的扩张期，沉积了一套以暗色泥岩、黑色页岩为主的，厚度达 100m 以上的生油岩系。长 7 段致密油富集的主控因素是砂体结构，根据砂泥岩的岩性、砂地比、连续的砂体厚度，可以把致密油分为四大类砂体结构，Ⅰ类厚层块状砂体和Ⅱ类厚砂薄泥是最有利的致密油砂体结构。在研究区选取 4 类典型井模型正演，依据地震波形变化反映薄砂体结构变化的特性，可以采用地质统计学反演、波形分类等解释技术预测砂体结构。图 2-3-9 所示连井剖面上可以看出反演的结果与实钻井的特征相吻合，里 180 井的长 7_1 亚段和长 7_2 亚段砂体结构属于Ⅰ类，试油结果 10.29t/d，属于高产井；里 80 井的长 7_1 亚段和长 7_2 亚段砂体结构属于Ⅱ类，试油结果 1.9t/d，属于低产井；悦 24 井的长 7_1 亚段和长 7_2 亚段砂体结构属于Ⅲ类，未达到试油标准。图 2-3-10 为研究区长 7_2 亚段砂体厚度与砂体结构平面图，预测结果表明长 7_2 亚段砂体较为发育，砂体厚度普遍大于 10m，中部和东北部砂体厚度局部大于 20m，采用地质统计学和波形分类技术实现了对砂体结构的定量刻画，进一步提高了有利储集体的预测精度。

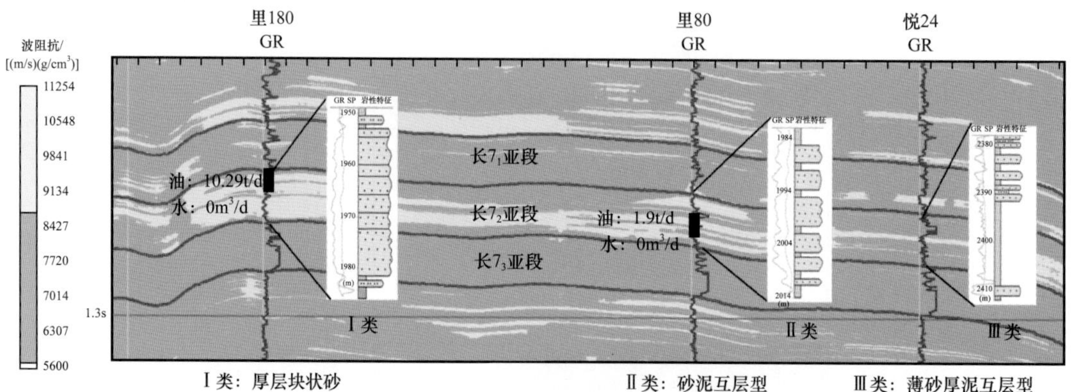

图 2-3-9　连井反演剖面预测砂体展布

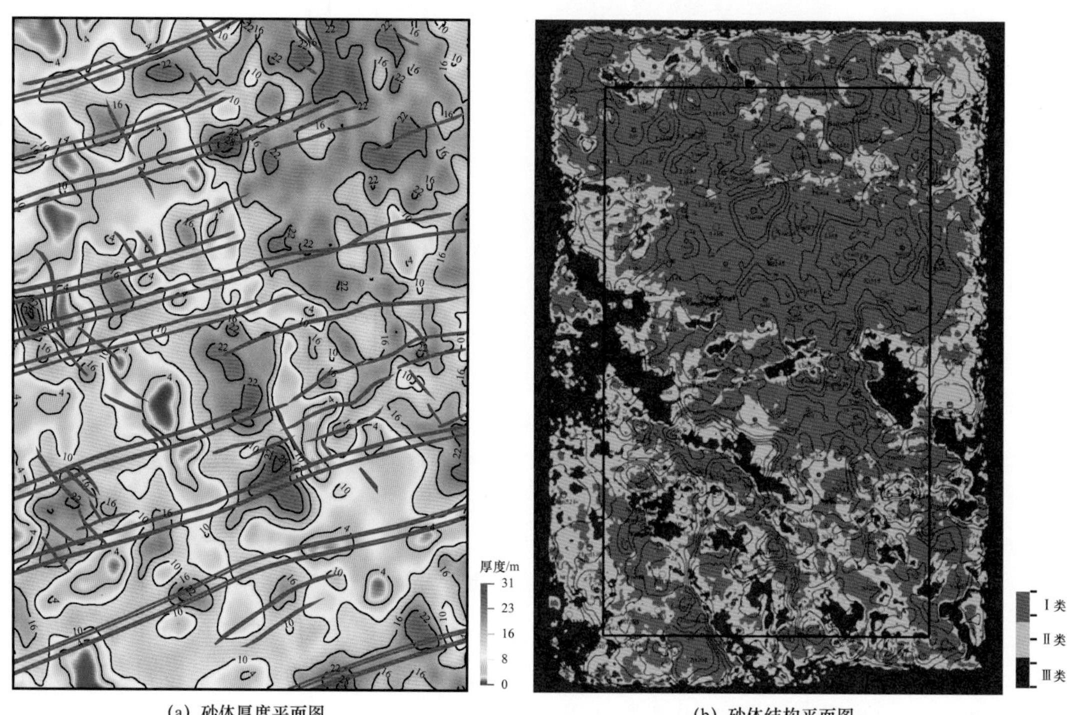

图 2-3-10　研究区长 7_2 亚段砂体厚度与砂体结构平面图

3. 多属性融合预测含油性

利用含油储层“高频衰减、低频增强”特点，依据岩石物理分析高产井的特征，提出分频多属性融合反演技术预测砂体含油性，初步解决致密油储油能力评价难题，从平面预测图上可以看出预测得甜点区与井的试油结果基本符合，高产油井分布与 I 类砂体结构分布高度重合，工区的北部高产井多于南部（图 2-3-11）。

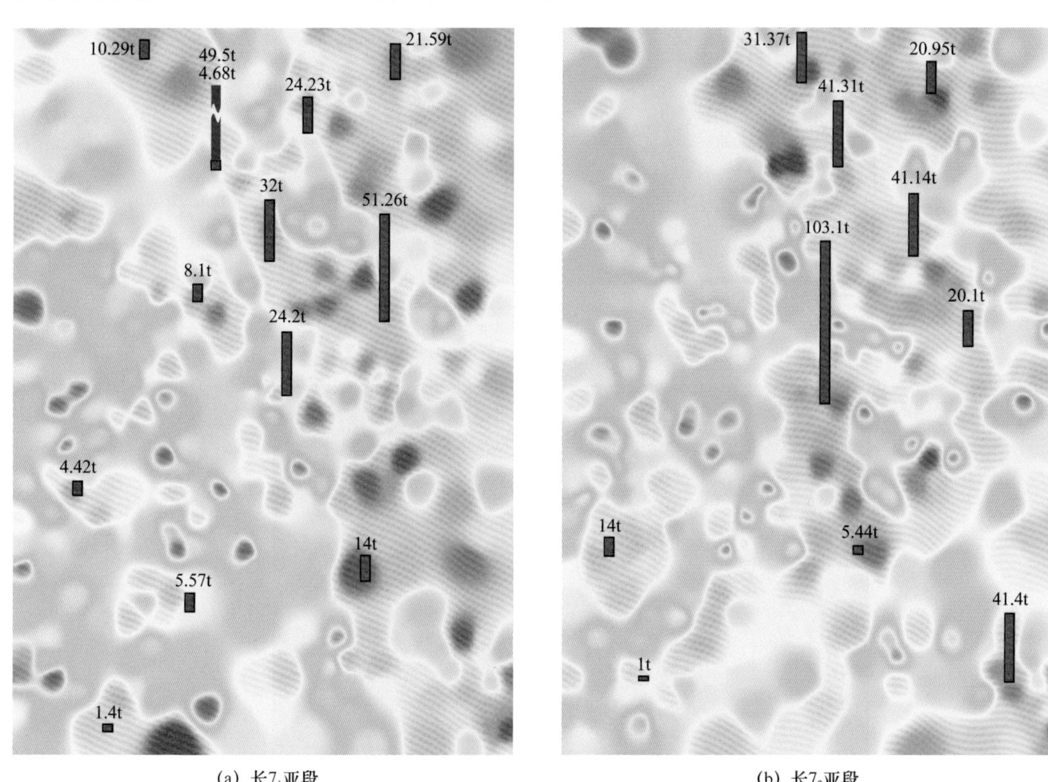

图 2-3-11　长 7_1 亚段和长 7_2 亚段含油性预测图

4. 多尺度裂缝预测技术

断层和裂缝的解释和精细刻画对于页岩油开发非常重要。采用多尺度裂缝预测技术，即精细断层解释预测宏观构造裂缝、倾角导向滤波和曲率相干属性预测中观尺度裂缝、方位 AVO 反演预测小尺度裂缝。

利用叠前地震数据检测裂缝，其原理为根据地震波在有裂缝的地层中不同方向其反射特征不一样，对不同方位的地震属性特征进行椭圆拟合，得到椭圆的长短之比可以表征裂缝发育的密度，长短轴的方向可以反映裂缝的方向。从平面分布上，可以明显看出在东西向主断裂附近有裂缝和微断层发育带，而在东南走向及近南北向的断层附近裂缝相对不发育（图 2-3-12）。对长 7 段进行裂缝方向统计，裂缝的优势方向为东西向，且以正东略偏北最多，正东偏南次之。结合工区内主要井的产能分布和裂缝分布进行分析，可以看出裂缝发育区域，产能更高。

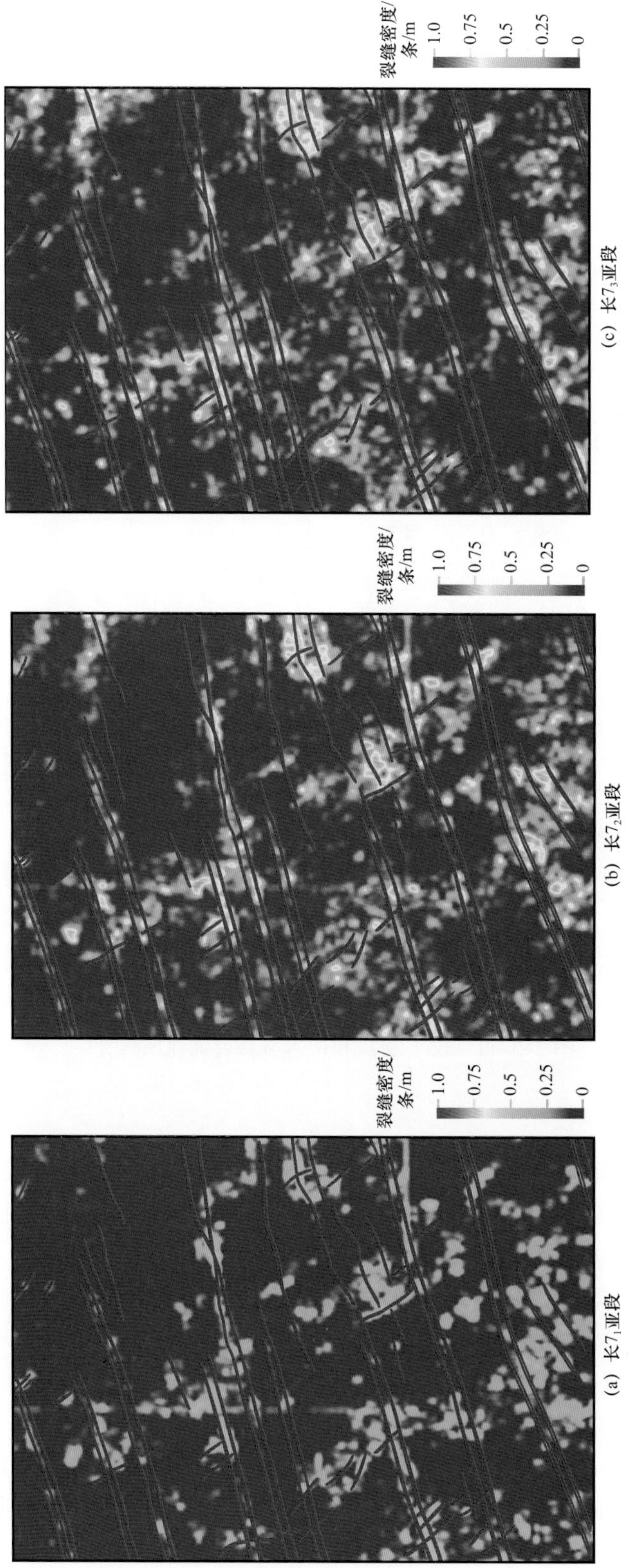

图 2-3-12　长 7_1、长 7_2、长 7_3 亚段裂缝密度图

5. 各向异性地应力预测技术

首先在井点处，利用测井及钻井数据进行上覆地层压力计算。然后对不同的孔隙压力计算模型进行系数回归和优选，结合有效应力模式计算的正常压实趋势线得到的孔隙压力在样点处基本吻合，图 2-3-13 为长 7_1 亚段的孔隙压力系数分布，计算结果和实测结果吻合。泥岩段对应孔隙压力梯度比砂岩孔隙压力梯度值高，为 0.8～0.95；页岩层内孔隙压力梯度值偏高，为 0.9～1.2；砂岩层内孔隙压力梯度为 0.75～0.85。利用叠前入射角道集进行同时反演获得弹性参数，结合方位角道集，计算各向异性参数 Zn。长 7_2 亚段的各向异性比长 7_1 亚段强，长 7_3 亚段由于页岩的各向异性强，其各向异性参数 Zn 比长 7_1 亚段、长 7_2 亚段大。长 7 段最大主应力方向为近东西向，区域内构造相对平坦，没有大的构造活动带，工区内应力方向基本一致，只在断层和构造起伏带略有变化（图 2-3-14）。

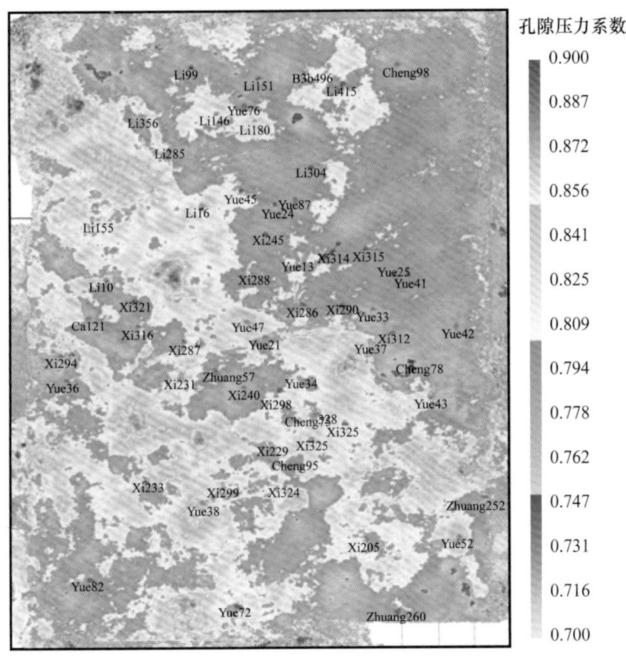

图 2-3-13 长 7_1 亚段孔隙压力系数

6. 甜点区智能优选技术

本次采用随机森林算法对工区进行甜点预测，将 TOC 预测结果、砂体厚度和结构预测结果、孔隙度预测结果、含油性预测结果、脆性预测结果、裂缝预测结果、孔隙压力预测的结果作为输入，采用随机森林模型，最后得出甜点的综合评价图，针对长 7_1 亚段提出 8 个甜点区，长 7_2 亚段提出 3 个甜点区，长 7_3 亚段提出 2 个甜点区（图 2-3-15）。

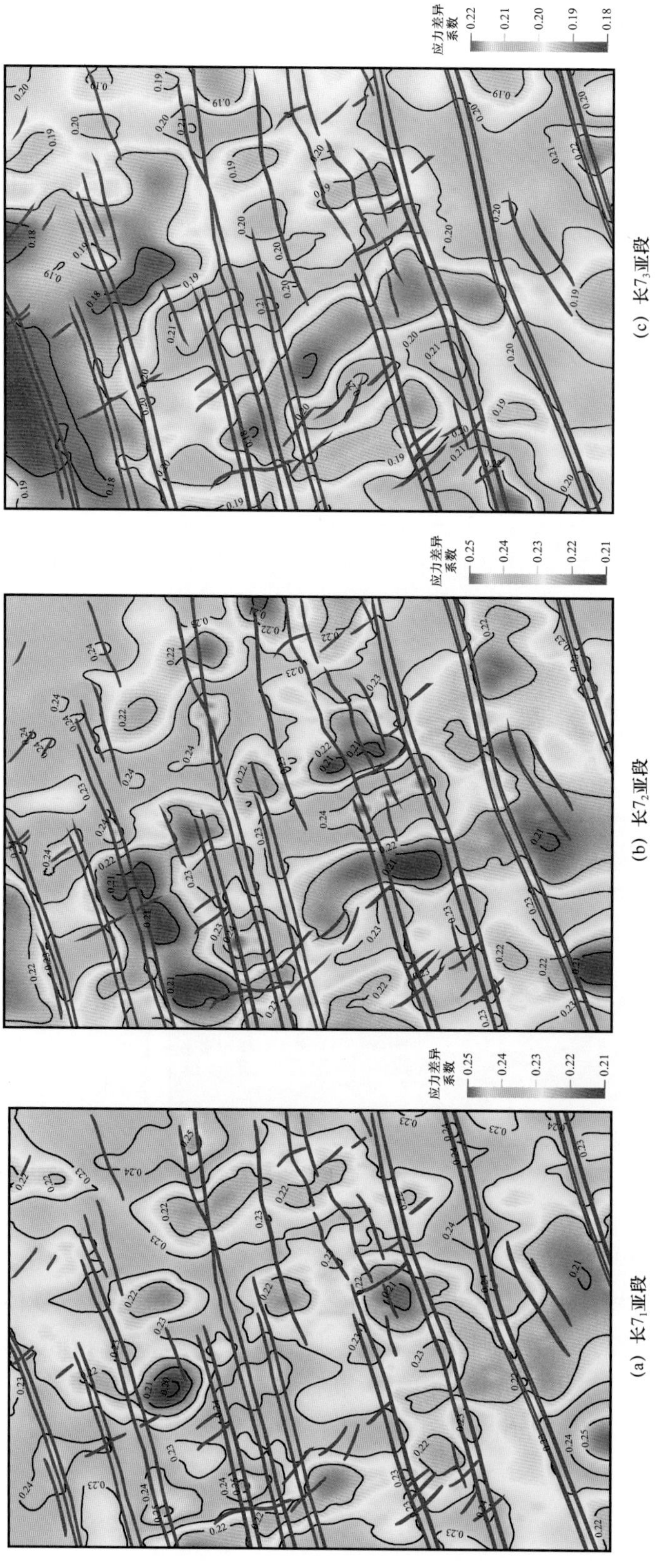

(a) 长7_1亚段

(b) 长7_2亚段

(c) 长7_3亚段

图 2-3-14 长 7_1、长 7_2、长 7_3 亚段应力差异系数

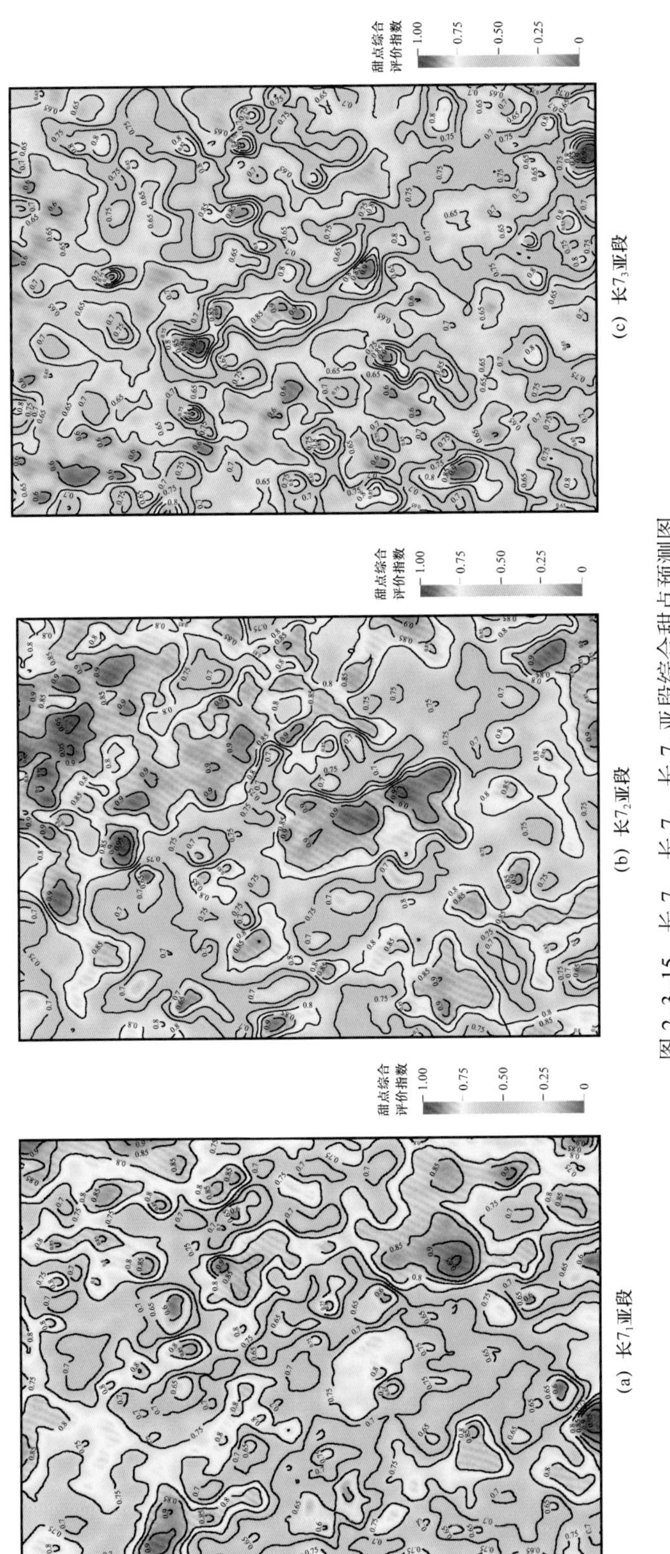

图 2-3-15　长 7_1、长 7_2、长 7_3 亚段综合甜点预测图

第四节 致密油甜点区评价优选方法

不同于常规油气的六大石油地质要素，致密油的“生”和“储”是最为重要的要素，并无“圈闭”的概念，与之相对应的为致密油甜点。“生”和“储”的相互配置才能形成致密油勘探开发的甜点，再加上水平井技术与储层体积改造技术，才能形成工业产能。因此，结合测井与地震预测技术，对致密油甜点区综合评价优选，是实现致密油效益勘探开发的关键环节。

一、致密油甜点区评价优选方法

1. 源储图版评价法

致密油运移动力主要来自生烃增压、运移距离较短，这两点决定了致密油甜点形成的两个基本条件是烃源岩优质高效规模分布，以及紧邻的致密储层物性相对较好。要形成有利的勘探甜点区，需要优质烃源岩与物性较好的储层在空间上相互叠置形成最佳匹配关系；低品质烃源岩与物性较好的储层叠置，或好品质烃源岩与物性较差的储层叠置，都不能形成优质甜点区。因此，源储图版评价法是通过源储品质配置关系，利用实验数据建立甜点评价标准，选取优质烃源岩与物性较好的储层分布区域，从而落实甜点区。

源储图版评价法的评价流程可分为四步：

第一步是确定研究区内烃源岩的总有机碳含量、镜质组反射率与单位长度增压量的关系曲线。

第二步是确定所述研究区内同一储层段不同孔隙度的各个岩心样品的毛细管压力值，并根据所述关系曲线和所述各个岩心样品的毛细管压力值确定烃源岩参数值，其中烃源岩参数值为总有机碳含量与镜质组反射率的乘积。

第三步是确定所述各个岩心样品的孔隙度值和含油饱和度值，并根据所述各个岩心样品的孔隙度值、含油饱和度值和烃源岩参数值构建源储配置图版；以吉木萨尔凹陷芦草沟组为例，参考研究区烃源岩有机质丰度、成熟度，储层孔隙度和含油饱和度评价标准，将直角坐标系中的指定区域划分为多个评价区（图 2-4-1）。

第四步是根据所述源储配置图版对所述研究区进行致密油甜点区评价。

2. 多参数地质综合评判法

致密油勘探开发区通常位于甜点区，但甜点区通常面积较大，产量主控因素较多，如何综合多参数定量综合优选致密油甜点是关键问题。多参数地质综合评判法将分级评价和权重参数结合，实现致密油甜点定量评价。

多参数地质综合评判法的评价流程可分为四步：

第一步：确定研究区内致密油层储层段孔隙度、厚度、脆性指数与烃源岩段总有机碳含量和烃源岩段厚度参数分级评价系数。

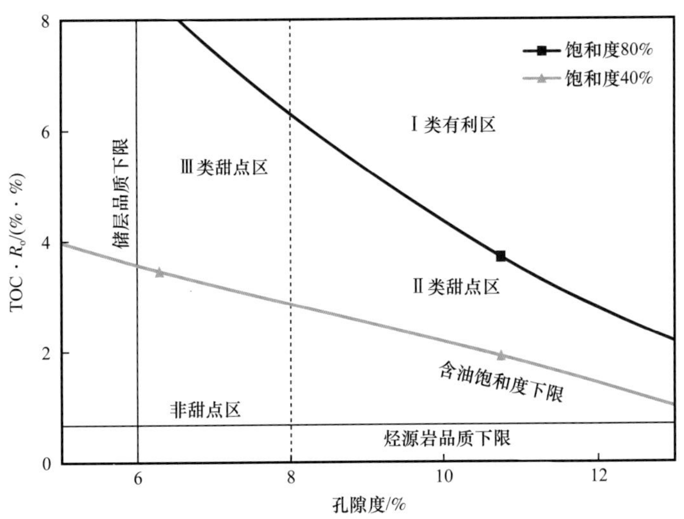

图 2-4-1　构建源储配置图版示意图

以吉木萨尔凹陷芦草沟组为例，分级评价系数见表 2-4-1：

表 2-4-1　储层和烃源岩分级评价系数表

等级	Ⅰ级	Ⅱ级	Ⅲ级	Ⅳ级
系数	1	0.6	0.3	0
储层孔隙度 /%	＞12	8～12	5～8	＜5
储层厚度 /m	＞10	5～10	2～5	＜2
储层脆性指数 /%	＞60	40～60	30～40	＜30
烃源岩总有机碳含量 /%	＞3.5	2.0～3.5	1.45～2.0	＜1.45
烃源岩厚度 /m	＞8	5～8	2～5	＜2

第二步：确定所述研究区内致密油层储层段孔隙度、厚度、脆性指数与烃源岩段总有机碳含量和烃源岩段厚度参数权重。

以吉木萨尔凹陷芦草沟组为例，参数权重表见表 2-4-2：

表 2-4-2　储层和烃源岩参数权重表

参数	皮尔逊相关系数	权重 /%
储层孔隙度 /%	0.648	31.92
储层厚度 /m	0.312	15.37
储层脆性指数 /%	0.519	25.57
烃源岩总有机碳含量 /%	0.387	19.06
烃源岩厚度 /m	0.164	8.08

第三步：根据所述参数分级评价系数和权重，计算所述研究区内致密油层平面综合分值。

第四步：根据所述平面综合分值，优选高分区域部署致密油井位。

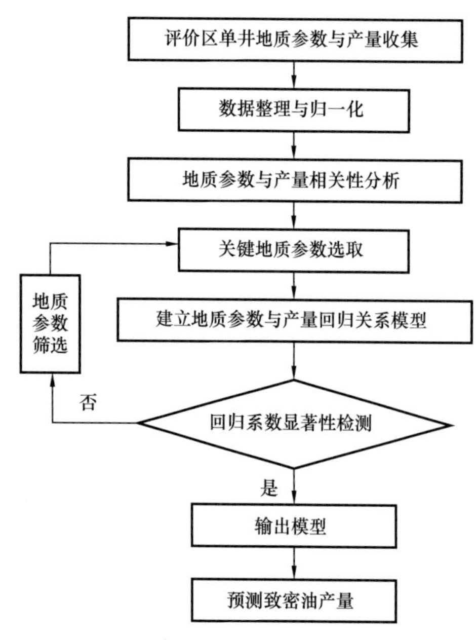

图 2–4–2 参数回归预测法流程示意图

3. 参数回归预测法

参数回归预测法是基于数学上的多元回归方法，基本原理就是通过拟合致密油甜点评价参数和产量的关系，多次迭代拟合相关系数，把评价参数定量转化为产量，从而实现致密油甜点评价。主要流程如下（图 2–4–2）：

首先收集评价区单井地质参数和产量，对收集的数据进行整理与归一化。其次进行地质参数与产量的相关性分析，优选出相关性高的敏感参数进行回归拟合，然后建立地质参数与产量回归关系模型，输出多元回归模型，进行产量预测工作，得到多元回归产量预测平面图，以此指导致密油甜点区评价优选。

4. 深度学习模型评价法

致密油甜点深度学习模型评价法的主要流程可分为两步，第一步为模型训练（图 2–4–3），第二步为模型预测（图 2–4–4）。在模型训练步骤中，当模型在训练组和检验组的计算产量和实际产量的误差均达到较小时，则模型完成训练。

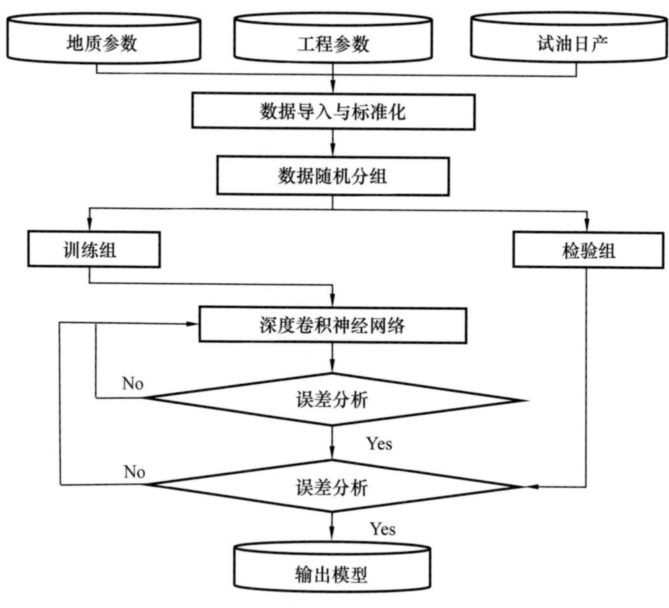

图 2–4–3 深度卷积神经网络模型训练流程图

主控因素分析			
烃源岩参数	储层参数	工程参数	工艺参数
原始+10%	原始	原始	原始
原始	原始+10%	原始	原始
原始	原始	原始+10%	原始

甜点评价预测			
烃源岩 平面图	储层 平面图	工程参数 平面图	工艺 平均值
TOC	ϕ	BI	水平段长度
R_o	K	…	压裂液量
烃源岩厚度	储层厚度	…	…

深度卷积神经网络模型

预测 日产油量	实际 日产油量	产量 变化率
?	原始	?
?	原始	?
?	原始	?
?	原始	?

甜点评价预测剖面图

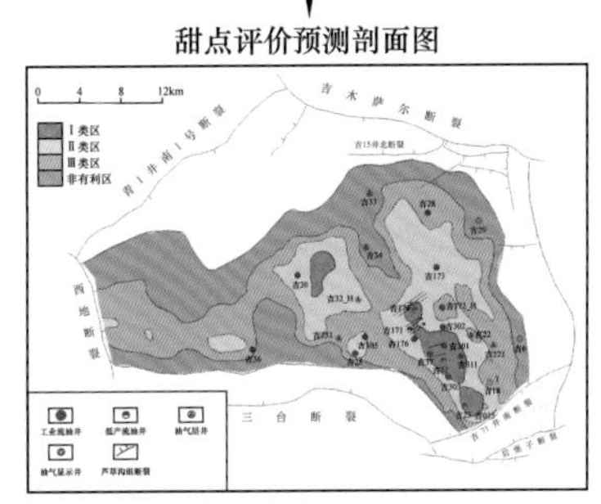

图 2-4-4 深度卷积神经网络模型预测流程图

模型预测步骤主要是将训练好的模型用于进行主控因素分析或产量预测工作。

二、典型致密油区甜点评价优选方法应用

1. 鄂尔多斯盆地长 7 段

长 7 段致密油主要发育于半深湖—深湖区，主要分布在湖盆中部与油页岩互层共生的重力流砂岩储层中，具有分布范围广、储层致密、孔喉结构复杂、物性差、含油饱和度高、原油性质好、油藏压力系数低等特点。长 7 段致密储层主要分布在长 7_1 亚段、长 7_2 亚段，具有“源储一体”“自生自储”的有利条件。

长 7 段致密油主控因素包括储层各类孔隙发育和优质源储匹配。根据鄂尔多斯盆地长 7 段致密油地质特征，主要采用源储配置图版法进行甜点区评价。其中烃源岩生烃强度和储层厚度关键参数平面图是主控因素，控制了甜点平面展布（图 2-4-5、图 2-4-6）。长 7_1 亚段和长 7_2 亚段的甜点评价结果与井吻合率分别达到 85.2% 和 81%。

2. 准噶尔盆地吉木萨尔凹陷

吉木萨尔凹陷芦草沟组致密油具有构造简单、地层稳定、甜点体分布广的特点。芦草沟组构造为东高西低的西倾单斜，主体部位地层倾角 3°～5°，断裂不发育，局部发育一些小型的鼻状构造，区内断裂不发育，$P_2l_2^2$（上甜点体）埋深 1600～4800m，海拔 -4200～-1000m，$P_2l_1^2$（下甜点体）埋深 600～5000m，海拔 -4400～-200m。地层发育稳定，呈南厚北薄、西厚东薄的趋势，地层厚度平均 220m；上、下两个甜点体主要发

育在 $P_2l_2^2$、$P_2l_1^2$。通过整体部署与钻探发现上下两套甜点体，满凹陷连续分布。上甜点体（$P_2l_2^2$）纵向三套储层，油层发育稳定。下甜点体（$P_2l_1^2$）油层发育较为稳定，油层内部为砂泥岩互层。上、下甜点体在地震上可识别，其中上甜点体厚度 0～45m，分布范围较小，面积 640km²，下甜点体厚度 0～65m，全凹陷均有分布，面积 1097km²。

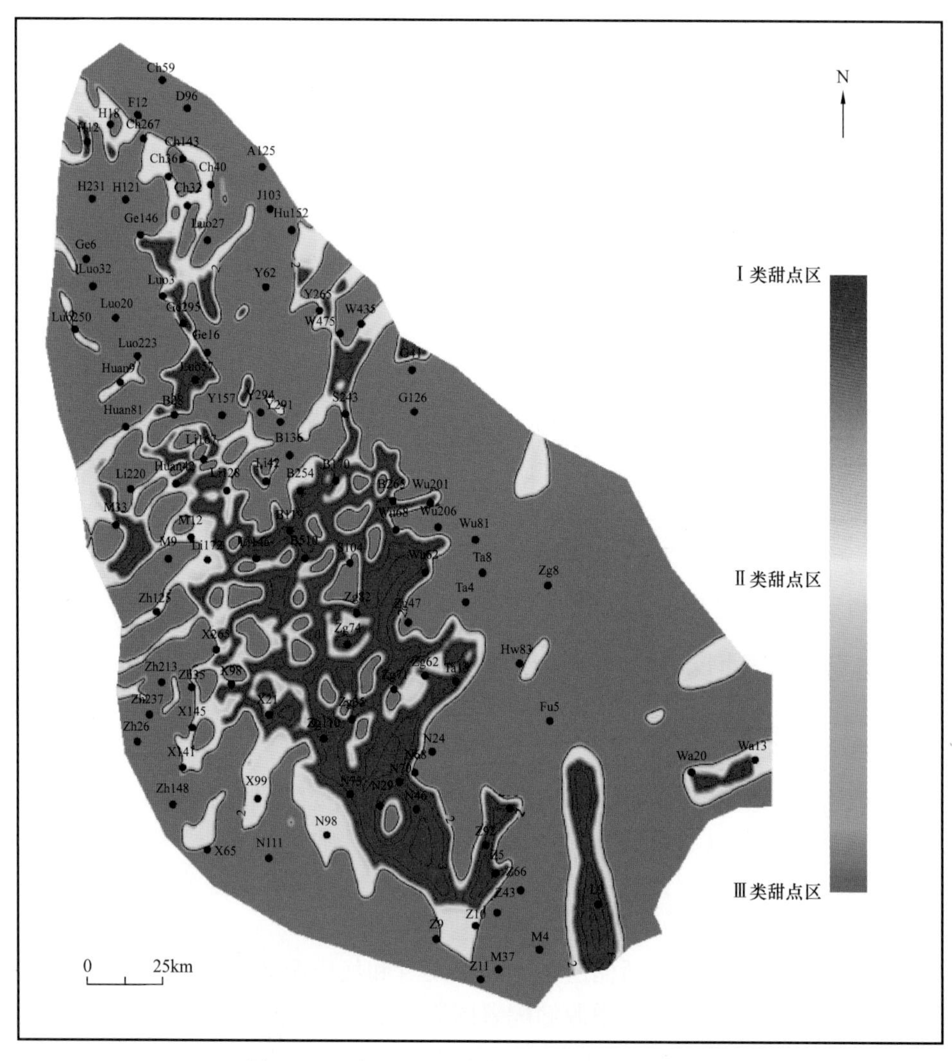

图 2-4-5　长 7_1 亚段致密油有利甜点区分布图

芦草沟组致密油：（1）岩性控制物性（云质粉细砂岩、砂屑云岩、岩屑长石粉细砂岩物性好）；（2）物性控制含油性（物性越好，含油级别越高）；（3）岩性控制脆性（储层的脆性好于围岩）；（4）岩性控制敏感性（碳酸盐岩含量越高，黏土含量越低，敏感性越弱）；（5）岩性控制烃源岩特性（储层本身具有生油能力，储层被烃源岩包裹，源储一体）；（6）储层的破裂压力低于泥岩，地层的闭合应力相对较高。

基于上述地质特征，4 种评价方法均适合用于本地区，通过 4 种评价方法测试，最后优选与井吻合最好的深度学习模型评价法为本区的致密油甜点区评价方法（图 2-4-7）。

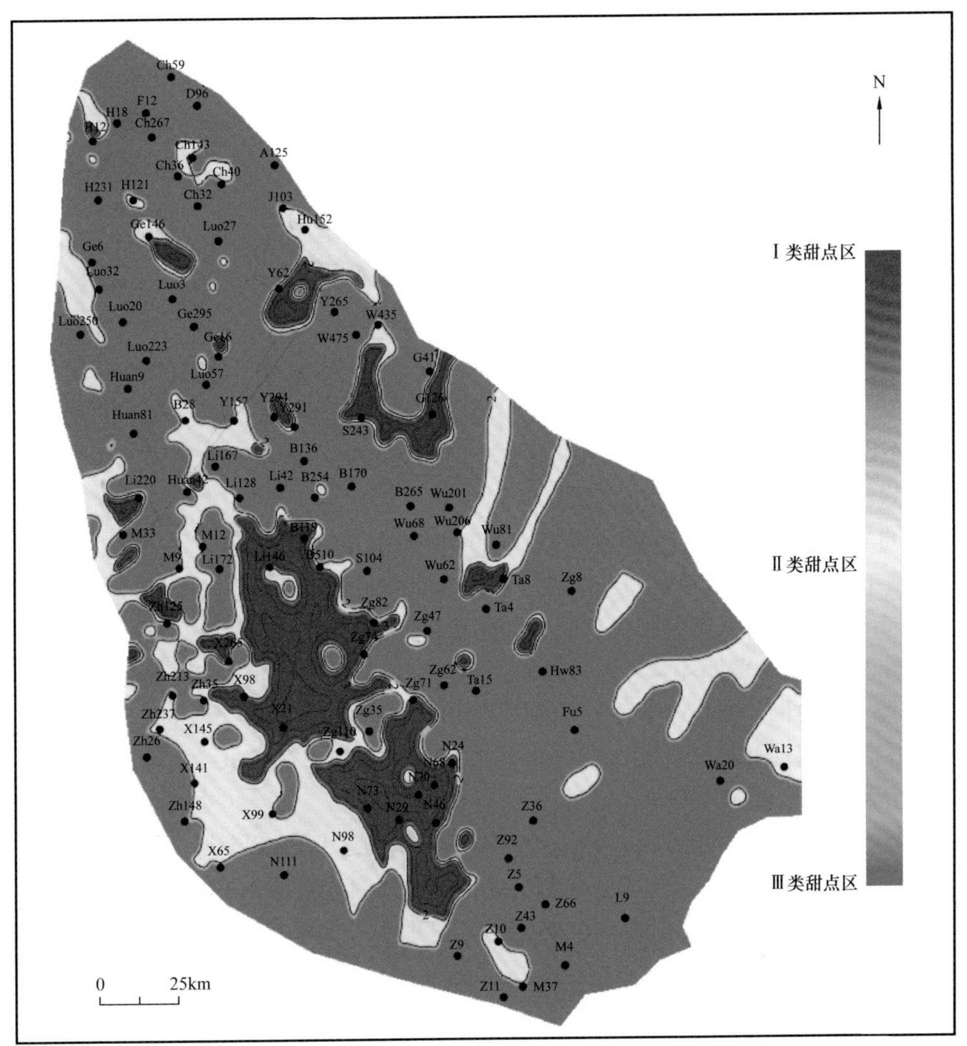

图 2-4-6 长 7_2 亚段致密油有利甜点区分布图

3. 松辽盆地扶余油层

在泉头组四段沉积早期，松辽盆地中央坳陷区主要以三角洲平原为主，多次分流河道侧积和垂向加积，沉积砂岩对下伏的沉积地层进行了强烈的冲刷，使各小层砂岩与下伏地层呈不同程度的冲刷接触。由于沉积物供应速率小于可容纳空间的扩展速率，基准面急剧上升，但在研究区湖水还基本没有被侵入，扶余油层形成了强烈退积、多期砂体垂向叠加的三角洲沉积平原体系；泉头组四段沉积中期，基准面缓慢上升，湖水进一步向南侵漫，可容纳空间继续增加；泉头组四段沉积后期，湖平面向最大湖平面方向演化，形成了退积三角洲前缘沉积体系（汪海燕，2009）。泉头组四段扶余油层的致密油分布主要受烃源岩分布、构造及沉积微相的控制。

根据松辽盆地扶余油层的地质特征与甜点主控因素，主要采用沉积微相约束下的源储配置图版法进行甜点区评价（图 2-4-8）。

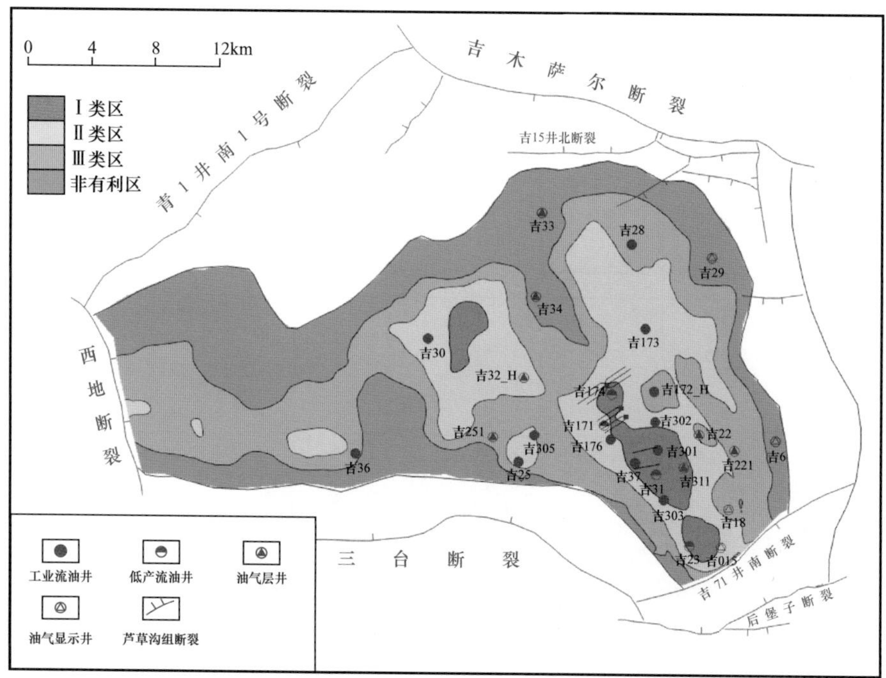

图 2-4-7 深度学习模型评价法甜点预测平面图

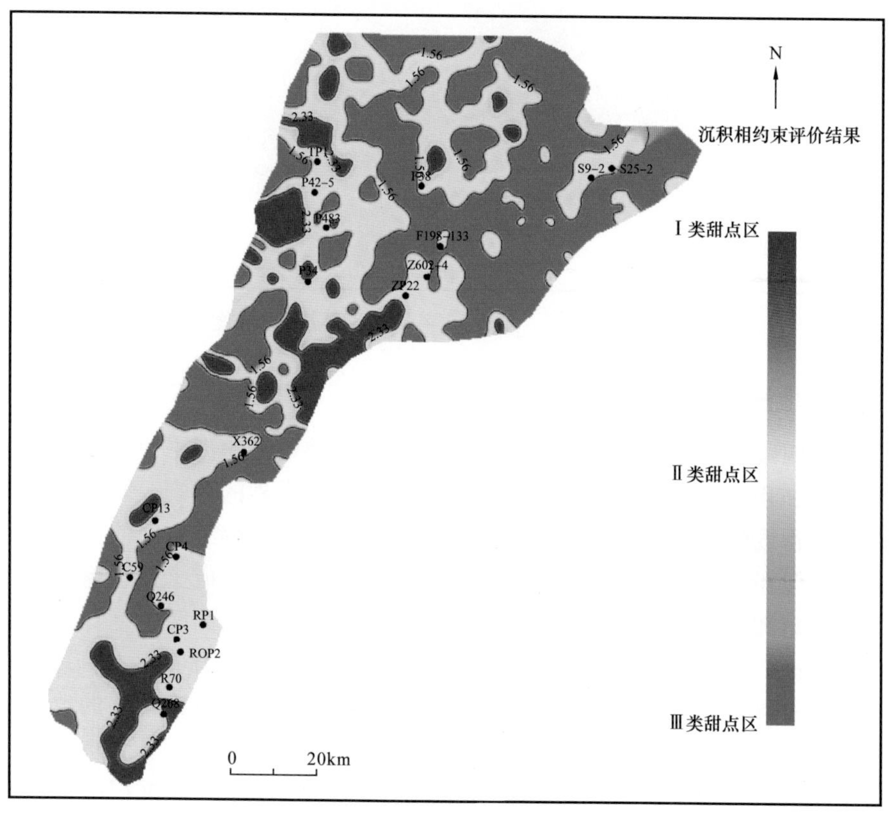

图 2-4-8 松辽盆地扶余油层甜点区评价图

第三章　致密油有效开发关键技术

第一节　致密油开发目标评价优选

大多数页岩盆地开采的非常规石油来自致密油甜点。以美国致密油开发实践为例，在过去的 15 年里，特别是 2011 年到 2014 年，油价连续三年高于每桶 90 美元，有力推动了美国致密油开发实现跨越式发展，致密油产量迅速提升，扭转了美国原油长期依赖进口的能源格局。美国致密油开发的兴起影响世界油气版图，也开启了致密油勘探开发的新热点。

在致密油储层中，可供高效开发的优质目标占比较低，例如，在北达科他州的巴肯（Bakken）地区，巴肯地区 16 个县中，有 4 个县石油产量占比 90%；这 4 个县的致密油油井初期产油量超过 1000bbl/d，而在这 4 个县之外，产量一般开始时不到 100bbl/d。致密油水平井压裂开发井通常在第三年生产结束时产油量减少 70%～90%，因此必须依赖快速钻进新油井以保持或增加区域产油量。在低油价、石油需求降低和美国三大页岩产油盆地巴肯、佩尔米安（Permian）和鹰滩（Eagle Ford）于甜点区完钻水平井已趋于饱和等多种不利因素作用下，美国致密油产量规模进一步提升的空间有限。美国致密油开发技术研究与认识可资中国陆相致密油开发技术研究借鉴。中国陆相致密油从规模、品位、产量上都较北美致密油相差较远，在致密油开发实践中，开发目标评价与优选工作尤其重要，与能否实现有效开发密切相关。

一、致密油开发目标区评价

致密油开发目标区评价是致密油开发目标优选的基础。在致密油开发目标区评价中，应坚持以开发经济效益为中心指标，以资源品质、开发技术为关键的评价原则。致密油资源品质评价方面重点关注有机质丰度、热演化程度（$R_o>0.7\%$）、储层物性（孔隙度、覆压基质渗透率、裂缝微裂缝发育状况）、含油饱和度、超压、气油比等，致密油开发技术是通过致密油开发先达到试验确定的具有较高区域适应性的水平井分级压裂技术，以单井初期产油量（IP）、单井累计最终采油量（EUR，Estimated Ultimate Recovery）统计分布为基础，结合油价和单井投资进行评价，确定出有利的致密油开发目标区。

美国已发现并投入开发的七大致密（页岩）油气区中，巴肯、佩尔米安和鹰滩为 3 个致密油主要产区，3 个致密油区致密油产量加起来占美国致密（页岩）油产量的 84%（图 3-1-1）。美国页岩油产量，实际上大部分不是来自页岩，而是来自需要压裂才能让石油和天然气流动的致密储层（致密油）。因此，2015 年，页岩油被美国能源信息署（EIA）重新命名为轻质致密油（LTO）。至今，页岩油与致密油概念混用，定义仍不尽统一，界定指标多样，被认为是颇具争议的非常规概念。在北美页岩油开发中，开发目标大都是指致密油。

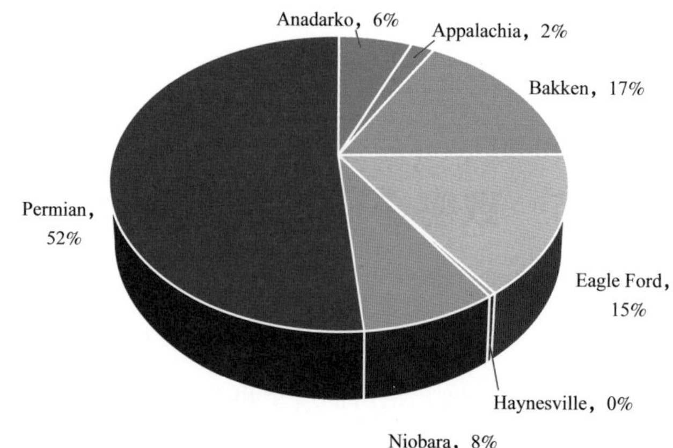

图 3-1-1 美国致密油产油量区域分布（据 EIA 钻井报告，2019）

北美致密油开发实践经验表明致密油水平井的井位置对致密油单井产量的影响至关重要，高产井相对集中区域具有相对高级别的开发效益，开发者称为核心区。在致密油勘探和评价阶段，核心区也常被称之为甜点区。致密油甜点区可以从致密油单井产能和效益上进行评价，具有单井累计产油量（EUR）高且经济效益好的区域为致密油甜点核心区，其面积相对局限，一般仅占致密油区域的 20% 或更少（J. David Hughes），致密油优质甜点发育区域是致密油开发目标区评价和优选的主要目标。

根据致密油水平井开发井单井 EUR 评估结果和单井投资可以确定每桶油收回投资需要的价格，图 3-1-2 为美国 Williston 盆地巴肯致密油不同油价条件下开发目标（商业区）评价结果，明确指出致密油每桶 50 美元和每桶 80 美元油价条件下的商业区域，为巴肯致密油开发提供了明确开发目标。

致密油开发目标是可实现效益开发的致密油甜点，其大小受单井综合成本、单井最终可采油量和市场油价综合控制。以北美致密油为例，当井口油价为 30 美元 /bbl 时，根据单井最终产油量（EUR）测算的巴肯致密油开发目标仅占技术可采面积的 1%，佩尔米安盆地致密油开发目标面积小于 2%，图 3-1-3 中绿色面积为对应油价下可效益开发的目标区域，蓝色为非效益开发目标区。随着油价的下降，致密油开发目标面积缩小，致密油水平井 EUR 评价结果用不同颜色表示可以给出不同品质的开发目标区。

二、致密油开发目标评价

致密油开发目标评价是在致密油勘探评价甜点的基础上，针对效益开发需求提出来的开发目标选择性评价，应从以下 7 个方面开展细致工作，进行综合评价。

（1）沉积储层条件：构造平缓，有利的沉积相带，储层厚度大、分布稳定、连续性好，与烃源岩配置关系好；

（2）储层储渗条件：物性相对较好，裂缝较为发育，储渗能力良好；

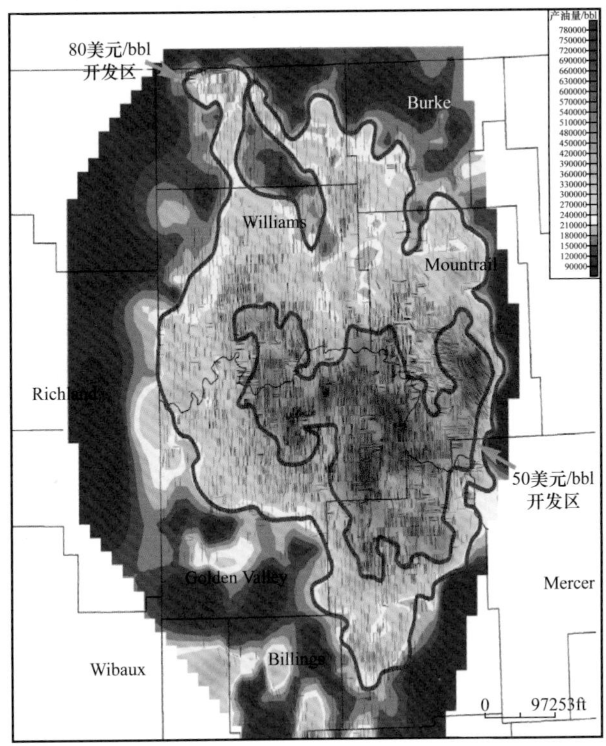

图 3-1-2 巴肯地区 50 美元 /bbl 和 80 美元 /bbl 的致密油开发区划分（来源：art berman.com）

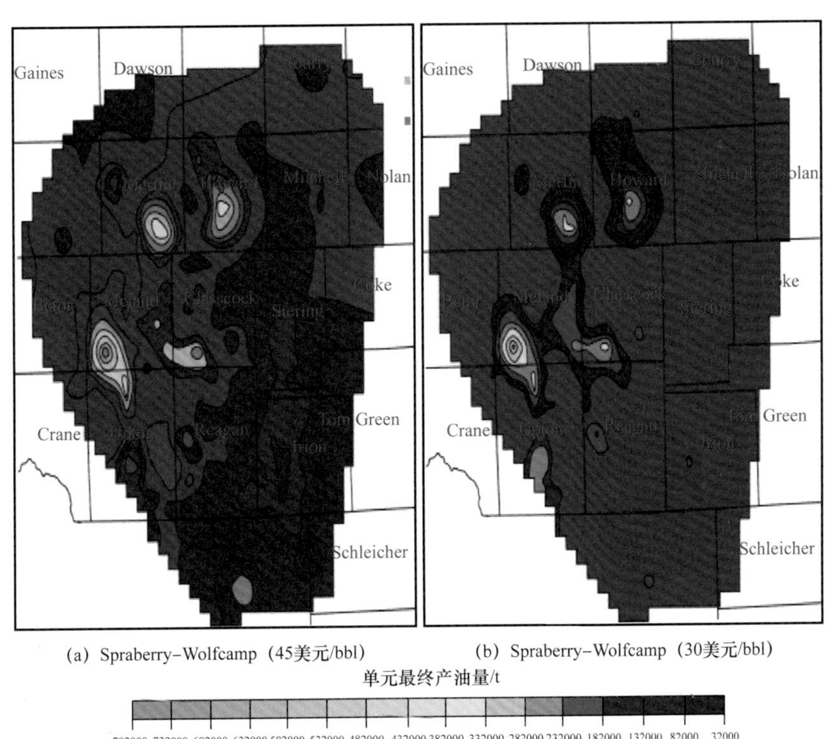

图 3-1-3 美国 Permian 盆地 EUR 与不同油价开发目标区

（3）含油性条件：高级别含油，一般开发目标应在油浸以上；
（4）可压性条件：储层脆性、应力条件满足储层改造要求；
（5）原油保存条件：封盖完善，原油性质及保存条件好，储层超压；
（6）产能条件：探评井试油，试采、初产、累计产油量的情况，EUR 评价；
（7）投资收益：投资开发期内油价、开发效益评价满足效益指标。

致密油开发技术是通过致密油开发先导试验确定的具有较高区域适应性的水平井分级压裂技术，以单井初期产油量（IP）、单井累计最终采油量（EUR）统计分布为基础，结合油价和单井投资进行评价，确定出有利的致密油开发目标区。致密油开发目标质量可用投资与 EUR 比值法简化分析，例如用“美元 /bbl”分析，再与现行油价和油价预期对比分析，综合确定开发目标的质量。开发目标的单井 EUR 评价成为致密油开发评价的关键。

北美致密油发育在海相沉积环境，整体上具有较高的 EUR，开发效益和累计产油量均处于世界领先位置。不同的致密油区在不同的油价下具有不同的开发效益，平均平衡油价可用于收回投资分析，即投资 /EUR 比值表征；从平衡油价的平均值分析（表 3-1-1），佩尔米安处于最优势，略高于巴肯，鹰滩较差。在 30 美元 /bbl 以上，加上销售、操作和运输等其他成本，获得收益需要更高的油价支持。在目前的市场油价（50 美元 /bbl）下，以美国为代表的北美致密油不能支持持续性效益开发。

表 3-1-1 美国主要致密油盆地水平井开发投资成本与 EUR 分析

致密油盆地	单井投资 /（10^6 美元 / 井）			EUR（平均）/ 10^3bbl/ 井	平衡油价 / 美元 /bbl
	最小	最大	平均		
Bakken	5	10.3	8.2	250	32.80
Eagle Ford	5.8	9.9	7.6	150	50.67
Permian	1.2	8.2	4.8	160	30.00

根据现有油井 EUR 评估，长 7 段致密油整体开发需要大约 75 美元 /bbl 油价的支持。低油价下，需选择优质开发目标，如长庆油田的阳平 6 井—阳平 9 井（共 4 口井），单井 EUR 可达 40000t 以上，实现低油价下效益开发。吉木萨尔二叠系芦草沟组致密油开发目标区水平井平均 EUR 为 25377t，若以 5000 万元 / 井投资评价，油价需在 2000 元 /t 以上方能平衡。

三、致密油开发目标优选

致密油开发目标优选是在勘探评价阶段致密油甜点评价基础上，以实现开发净现值最大化为优选依据，综合考虑单井或区块 EUR 及开发预期油价，开展致密油开发目标评价。通过对致密油开发目标评价结果进行开发效益排序，从中优选出可供不同经济技术条件下开发的致密油目标。

应用钻井、录井、测井、岩心描述、薄片鉴定、岩石物性分析、试油试采和生产资料，综合研究确定出芦草沟组致密油有效储层分类标准（表 3-1-2）。该标准共有 10 项指标将致密油储层分为四类，其中前三类含油在油斑级以上。Ⅰ类基本上为含油级别；Ⅱ类为油浸级别；Ⅲ类为油斑级别为主，压裂后具有产油能力，可作为致密油开发的目标；Ⅳ类含油以在油斑以下级别为主，储层含油但基本上不具有工业化产油能力，一般不作为致密油开发目标。

表 3-1-2　吉木萨尔凹陷芦草沟组致密油有效储层分类划分标准

储层分类	Ⅰ	Ⅱ	Ⅲ	Ⅳ
孔隙度 /%	>12	8～12	6～8	<6
渗透率 /mD	>0.2	0.1～0.2	0.03～0.1	<0.03
含油饱和度 /%	>75	65～75	55～65	<55
R_{10}/μm	>1	0.5～1	0.5～0.1	<0.1
排驱压力 /MPa	<0.5	0.5～1.0	1～5	>5
测井融合甜度	>0.8	0.7～0.8	0.6～0.7	<0.6
采油强度 /［t/（10^3m^3·m）］	>0.5	0.3～0.5	0.1～0.3	<0.1
前三年累计产油量 /t	>7500	3000～7500	600～3000	<600
有效厚度下限 /m	4	6	11	100
源—储配置关系	无夹层	无隔层	互层相邻	互层有间隔层

利用常规测井信息融合对致密油开发目标开展评价，下面以吉 37 井为例（图 3-1-4），成果图共分为 11 道，自左向右依次为深度、岩性、电阻率、物性、物性刻度、砂岩类融合（声电伽马）、砂岩甜点、砂岩甜点分类、白云岩类融合（声电伽马）、白云岩甜点、白云岩甜点体分析；岩屑长石粉细砂岩（红色框）砂岩岩性特征清晰，甜点较胖，含油性饱满，甜点品质甜度 0.82，属于Ⅰ类储层；上部泥岩盖层较胖，表明封盖能力好，储层压力测试结果显示压力系数 1.32，超压特征明显，该井区岩屑长石粉细砂岩具有潜在高产油条件；粉细砂岩上部的砂屑云岩（含少部分粉细砂岩）段含油性较好，充注饱满，也是潜在产油段，为优质开发目标。

吉 37 井，确定开发目标段 2830m～2849m，2013 年 8 月，经射孔试油获自喷日产油 6.6t；2015 年 5 月，压裂试油，获 4mm 油嘴自喷日产油 9.9t 投产后，至 2020 年 10 月，该井日产油 1t 左右，累计产油量 7460t。试油和实际开采资料证实了该区储层的良好产油能力。直井试油，储层可动用开发目标范围较小，产能所受到的干扰因素较少，有利于进行井眼附近致密油储层的产能评价。

采用主干剖面连井分析方法，落实上甜点体高级别含油井位及连片井区。按照产能刻度测井甜点的甜度和储层厚度标准确定出Ⅰ、Ⅱ、Ⅲ、Ⅳ类井。共确定出Ⅰ类井 10

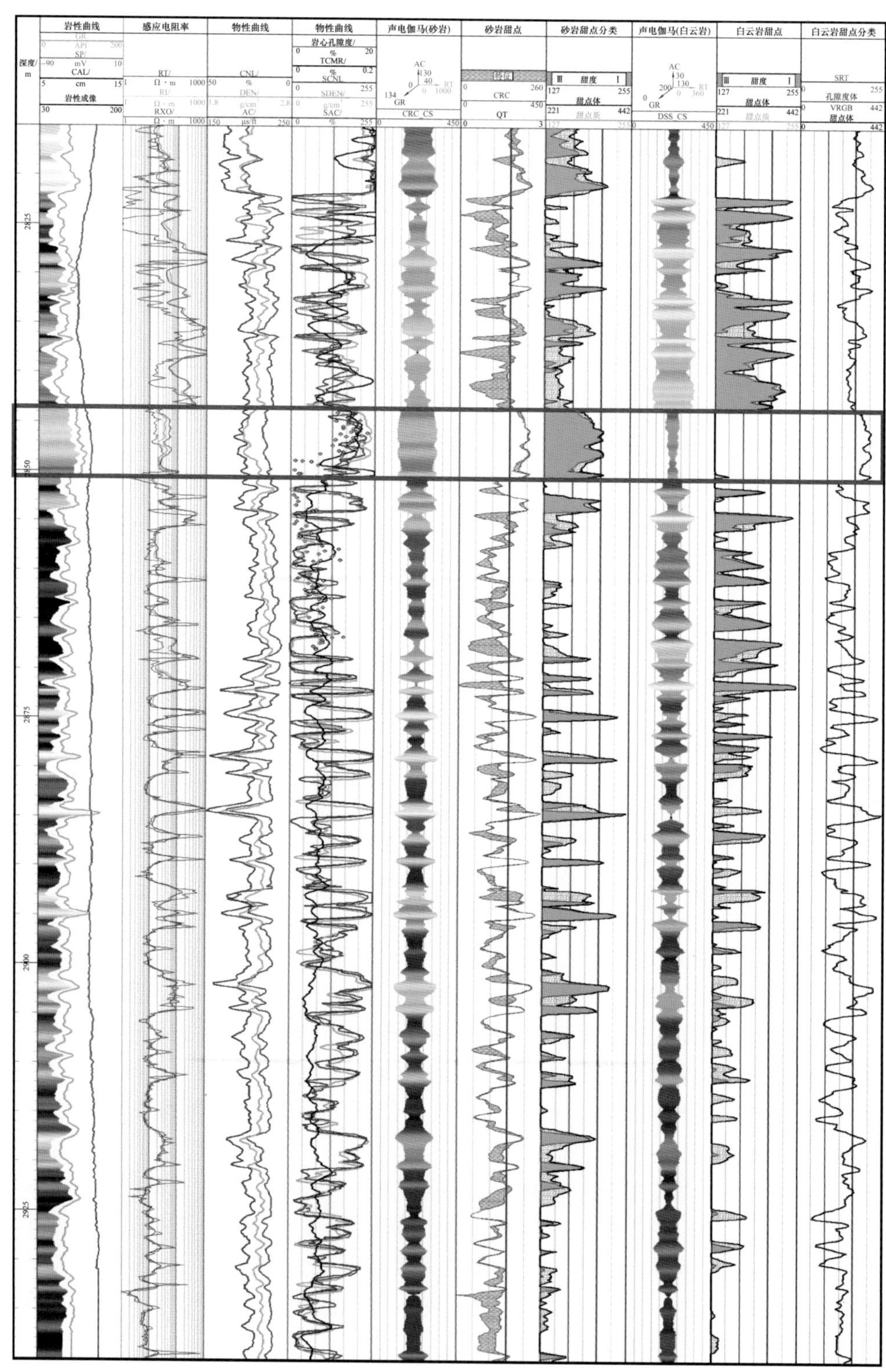

图 3-1-4 新疆吉木萨尔二叠系芦草沟组致密油典型井开发目标评价成果图（吉 37 井）

口，Ⅱ类井 23 口。依据直井开发目标分类，利用同类井连片法圈定出Ⅰ类开发目标区；零星分布的Ⅰ类井，无法实现连片的，暂时不能圈定为Ⅰ类开发目标区，可落入Ⅱ类开发目标区。按照岩性融合结果圈定出优势岩相岩屑长石粉细砂岩边界。与原来勘探评价阶段圈定的Ⅰ类甜点区对比，Ⅰ类开发目标区面积较小，仅为勘探评价阶段致密油Ⅰ类甜点区面积的四分之一左右，但Ⅱ类井开发目标向北扩展超出原来的Ⅰ类甜点范围，为上甜点体岩屑长石粉细砂致密油水平井指明了开发目标（图 3-1-5）。

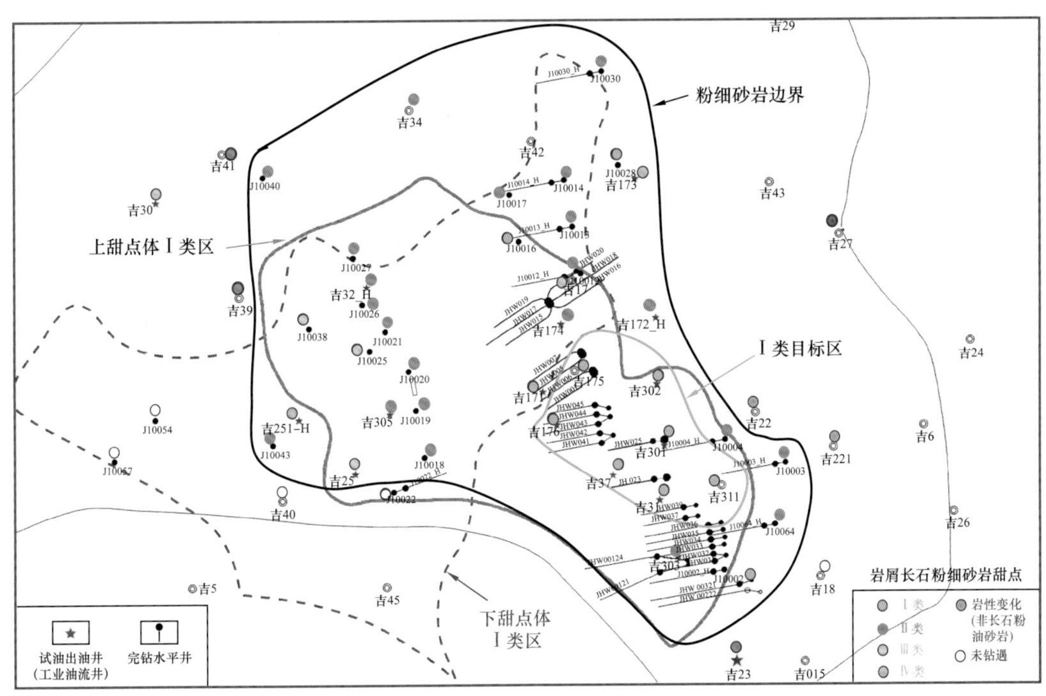

图 3-1-5 新疆吉木萨尔芦草沟组上甜点体开发目标区评价优选（岩屑长石粉细砂岩）

截至 2020 年 11 月，吉木萨尔致密（页岩）油共实施水平井 92 口，建产能 72.1×10^4t。投产水平井 90 口，开井 86 口，全区日产油 1547.8t，累计产油 63.4×10^4t（井口）。上甜点体共计投产水平井 74 口，开井 64 口，日产油 2.0～47t，平均 21t，含水率 19%～94%，平均 61%，已累计产油 49.2×10^4t。上甜点体是主要开发目标，下甜点体展示出较好的开发潜力。吉木萨尔芦草沟组致密油开发展示出良好发展态势，为吉庆油田 100×10^4t 致密油产能建设和开发奠定了坚实基础。

按照Ⅰ类目标区优先开发，探索提高Ⅱ类开发目标区产能的实施原则，在Ⅰ类开发目标区已完钻水平井 37 口（图 3-1-6），实际投产井产油表明上甜点体Ⅰ类开发目标区区压后开发效果整体提升，在改造段长、压裂规模以及地质条件相近的情况下，通过不断优化段簇，投产 90 天平均日产油由 19.1t 提升至 24.9t，高出上甜点体水平井平均产油水平，达到产率提升 1.3 倍。实际开发效果证实了致密油开发目标优选结果的准确性。

致密油开发目标评价优选技术成果在新疆吉木萨尔致密油开发中获得较好的应用效

果，开发目标选择结果已经为开发实践所证实，可进一步拓展应用到全区致密油全部储层的开发目标优选中。

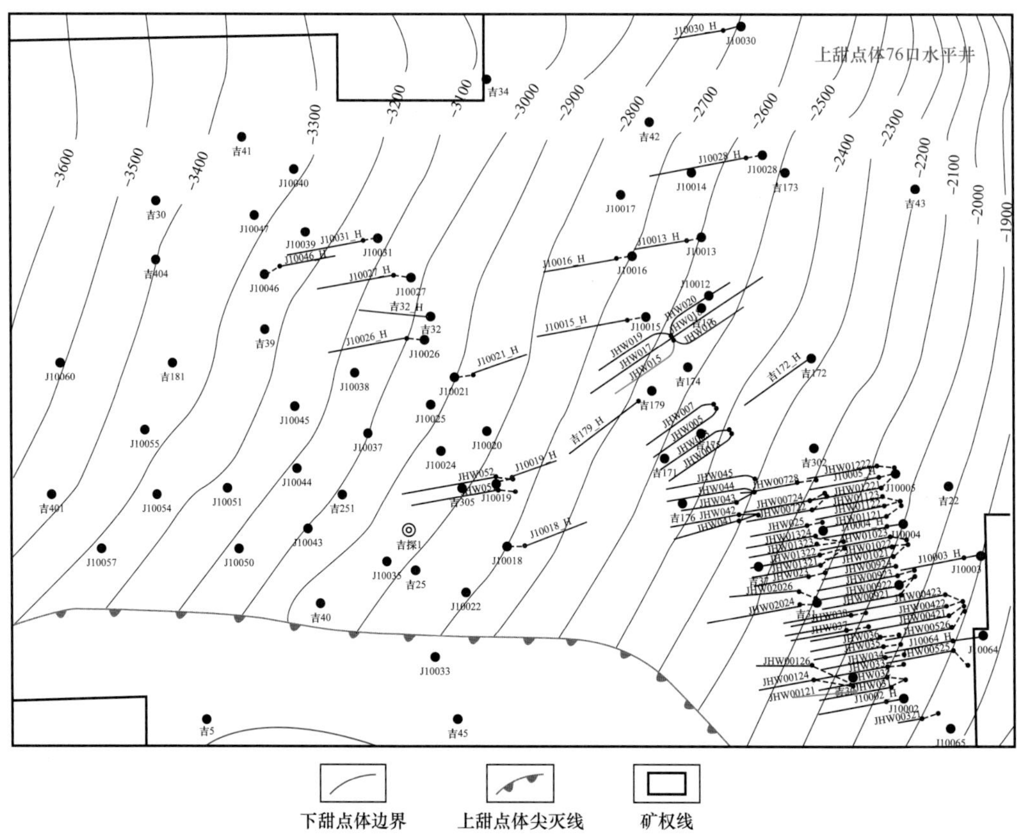

图 3-1-6 吉木萨尔二叠系芦草沟组上甜体开发井位及水平井位置（2020 年 11 月）

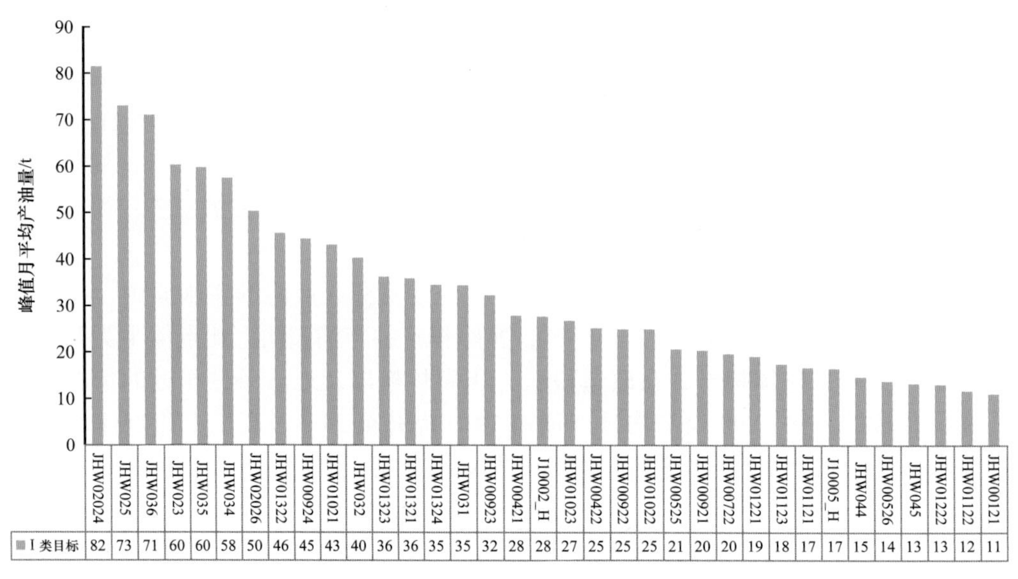

	JHW02024	JHW025	JHW036	JHW023	JHW035	JHW034	JHW02026	JHW01322	JHW00924	JHW01021	JHW032	JHW01323	JHW01321	JHW01324	JHW031	JHW00923	JHW00421	J10002_H
Ⅰ类目标	82	73	71	60	60	58	50	46	45	43	40	36	36	35	35	32	28	28

	JHW01023	JHW00422	JHW00922	JHW01022	JHW00525	JHW00921	JHW00722	JHW01221	JHW01123	JHW01121	J10005_H	JHW044	JHW00526	JHW045	JHW01222	JHW01122	JHW00121
Ⅰ类目标	27	25	25	25	21	20	20	19	18	17	17	15	14	13	13	12	11

图 3-1-7 吉木萨尔芦草沟组上甜点体Ⅰ类开发目标区水平井初期产油量

新疆吉木萨尔二叠系芦草沟组致密油上甜点体岩屑长石粉细砂岩段开发目标Ⅰ类区已实施投产开发。据开采数据分析，开发效果较好，按照达产指标分类，单井达产产油量超过25t/d为Ⅰ类井，10～25t/d为Ⅱ类井，小于10t/d为Ⅲ类井。据Ⅰ类开发目标区35口水平井产油量统计，产油量达到Ⅰ类井的有22口，占比63%，达到Ⅱ类井的有13口，占比37%。

第二节 致密油储层渗流与开发机理

致密油储层岩石孔隙结构复杂，孔隙喉道降至微纳米级别，致密油储层的渗流特性在很大程度取决于储层孔隙结构，特别是孔喉结构。如何表征孔隙结构对认识其渗流机理至关重要。为了研究致密油储层开采的机理和方法，首先从储集空间的孔隙度分布、比表面特征、裂缝特征、分布空间和有效孔隙度等维度进行致密油储层孔隙特征结构研究。在全直径长岩心物模实验关键技术支持下，建立了致密油油藏条件下衰竭开采储层渗流特征与开发机理。

一、致密油储层的孔喉体系及其渗透率贡献率

以新疆油田吉木萨尔芦草沟组致密油为例，建立了吉木萨尔致密油储层的孔喉体系。其主要特征表现为孔喉分布范围广，跨度大，纳米级孔喉广泛分布，运用全尺度孔喉测试与表征方法，建立全尺度孔喉分布和渗透率贡献率图谱（图3-2-1）。

不同岩性全尺度孔喉分布和渗透率贡献率图谱显示吉木萨尔芦草沟组致密油孔喉特征为：（1）毛细管半径跨度大（3个数量级）；（2）分布集中（100nm左右）；（3）渗透率贡献主要来自微米级至亚微米级喉道连通的孔隙。

从不同岩性不同尺度空间百分比含量、不同岩性不同尺度空间渗透率贡献率可以看出（图3-2-2、图3-2-3）：纳米级（0.1μm以下）孔喉是主要孔喉体系（55%～85%），但渗透率贡献小于10%；亚微米级（0.1～1μm）孔喉既有一定的含量（10%～45%），又是主要的渗透率贡献（20%～80%），应为优先动用的储层；微米级孔喉含量少（5%～10%），渗透率贡献高。

二、致密油储层启动压力梯度及可动流体饱和度

1. 启动压力梯度

根据高压压汞和核磁共振分析，致密油储层属于微纳米级孔喉控制的孔隙储层。根据边界层理论，在微纳米级孔隙储层中随孔喉半径减小，储层渗透能力急剧减弱，孔隙壁面固液相互作用对流体渗流的影响不能忽略。考虑固液相互作用的影响，固液边界层使孔喉有效渗流半径发生变化，进而影响了流速的变化规律。采用毛细管模型和边界层理论，可推导出微纳米级孔隙介质的流体渗流速度与压力梯度具有三次函数关系。因此，采用式3-2-1的三次函数形式对渗流速度与压力梯度关系的实验数据进行拟合。

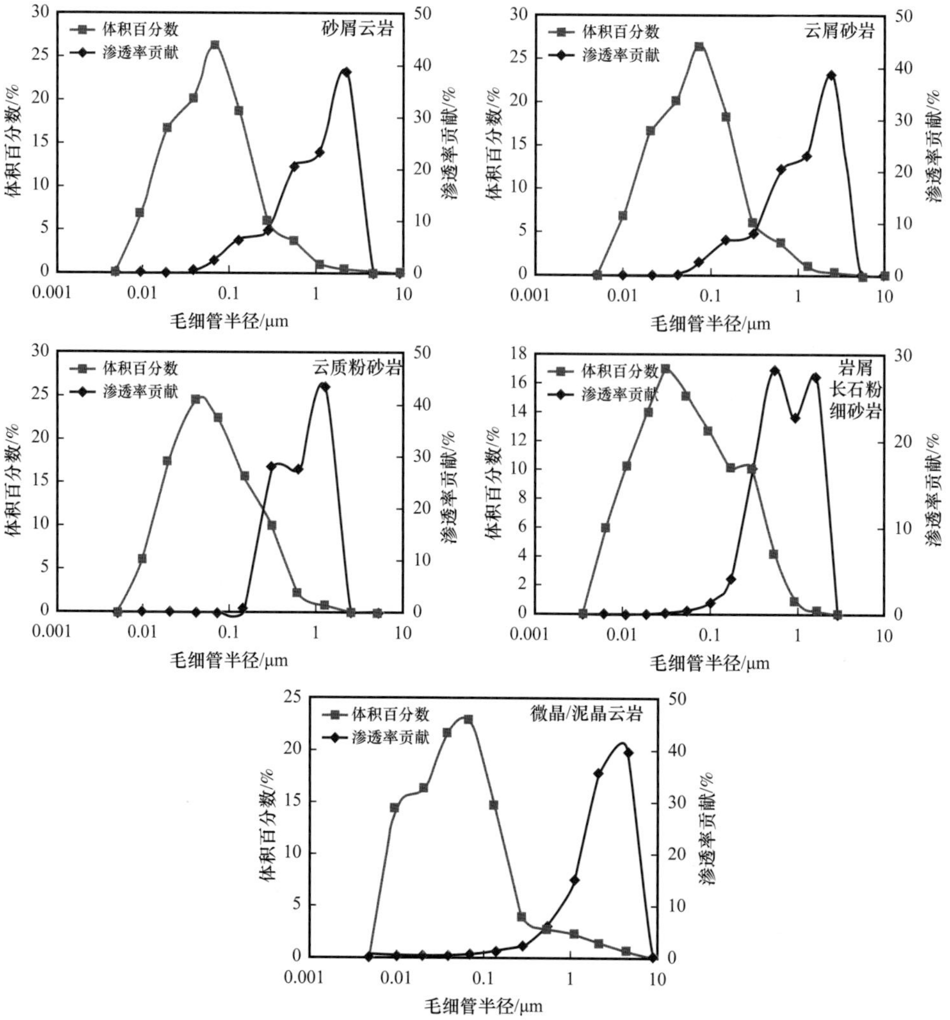

图 3-2-1　不同岩性全尺度孔喉分布和渗透率贡献率图谱

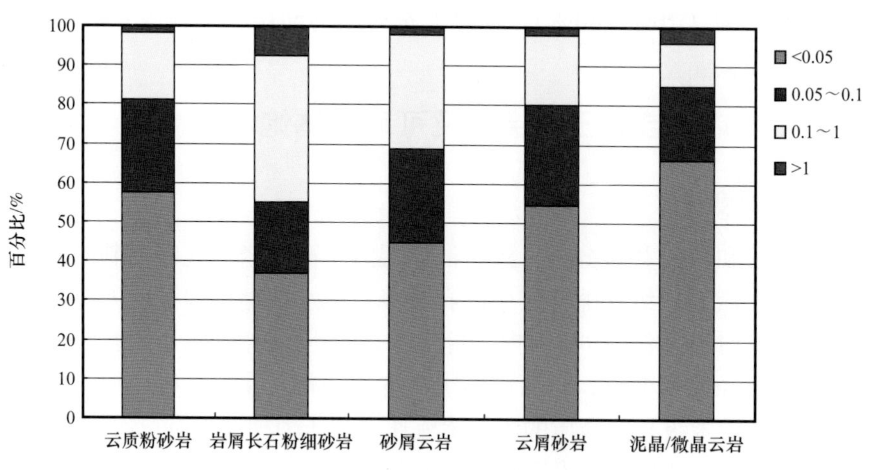

图 3-2-2　不同岩性不同尺度空间百分比含量

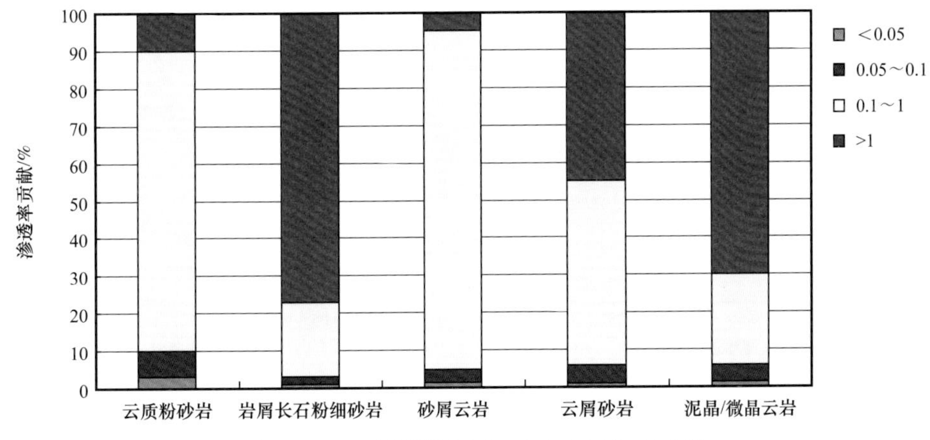

图 3-2-3 不同岩性不同尺度空间渗透率贡献

$$v = A\nabla P^3 + B\nabla P^2 + C\nabla P + D \tag{3-2-1}$$

式中 v——渗流速度，10^{-6}m/s；

∇P——压力梯度，MPa/m；

A、B、C、D——分别为拟合参数；

拟合函数关系式中三次项和二次项均表征边界层对渗流的影响，一次项表征黏滞阻力的影响，常数项表征启动压力梯度的影响。

拟合参数 A、B、C、D 与气测渗透率的关系如图 3-2-4 至图 3-2-8 所示。

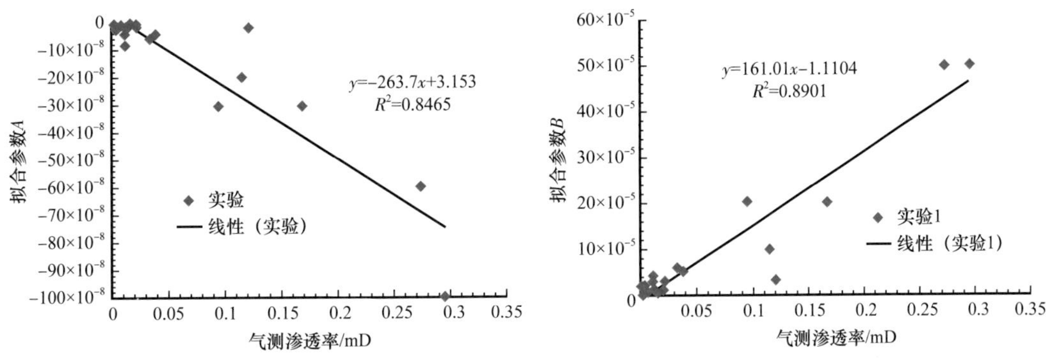

图 3-2-4 拟合参数 A 与气测渗透率的关系　　图 3-2-5 拟合参数 B 与气测渗透率的关系

拟合参数 A、B、D 可认为是与边界层厚度有关的渗流项，这 3 项构成了流体在致密油储层岩心中的非线性渗流特征，均反映了流体在微纳米级孔隙结构的致密油储层岩心渗流时边界层的影响。拟合参数 D 在全部 18 个样品的实验数据范围内与气测渗透率的相关性不明显，但在致密油渗透率小于 0.1mD 界限范围内有一定的相关性。拟合参数 D 与气测渗透率呈对数函数关系，岩心孔隙喉道半径越小，渗透率越小，拟合参数 D 越大，表明流体渗流的启动压力梯度越大。拟合参数 D 与气测渗透率的拟合公式为

$$D = 0.1058\ln K + 0.3147 \tag{3-2-2}$$

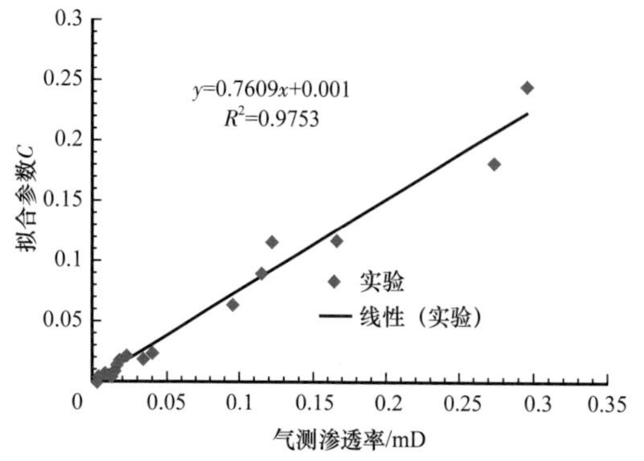

图 3-2-6　拟合参数 C 与气测渗透率的关系

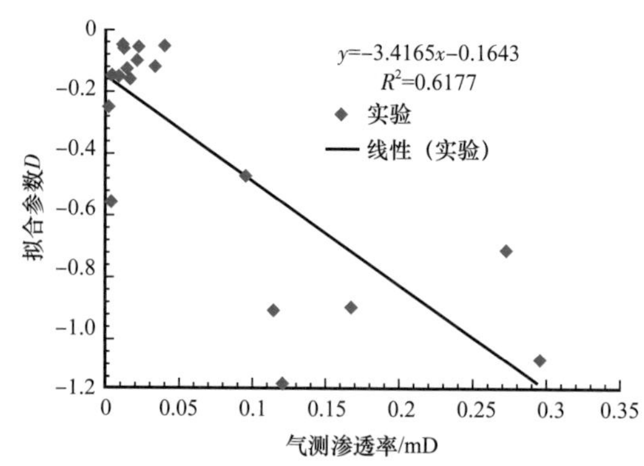

图 3-2-7　拟合参数 D 与气测渗透率的关系

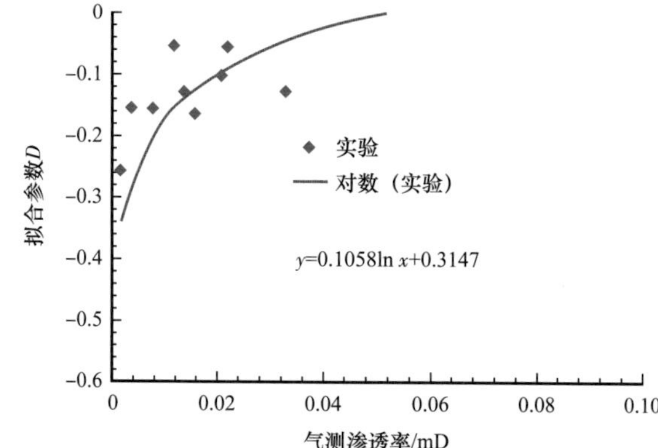

图 3-2-8　渗透率小于 0.1mD 拟合参数 D 与气测渗透率的关系

2. 致密油可动流体饱和度

致密油可动流体饱和度是认识致密油开采机理的关键性参数，按照北美致密油采收率统计，可以采出致密油流体量通常小于 10%，估计致密油宏观上可动油饱和度应以小于 10% 为主；在实验室条件下，由于测试岩心体积较小，受测试条件限制，多用可动水饱和度衡量致密油储层可动流体饱和度，测试结果通常偏高，致密油储层可动流体饱和度常达到 30%～60%。总之，目前致密油可动流体饱和度评价结果与油藏条件下可动油饱和度一致性不高。

按照核磁—离心法测量吉木萨尔致密储层典型井不同岩性代表性密闭取心样品 32 块。计算得出各岩心的可动流体饱和度见表 3-2-1，典型岩样 T_2 谱图及核磁孔隙度见图 3-2-9。

从表 3-2-1 中可以看出：岩性较好的粉砂岩 Ⅰ 类储层可动流体饱和度为 9%～42%，平均为 24.23%；岩性较差的非 Ⅰ 类储层可动流体饱和度为 8%～39%，平均为 23.51%，与 Ⅰ 类储层相差不大。总体来看，吉木萨尔致密储层由于源储一体、无长距离运移，孔隙度与渗透率较低，储层致密，可动流体饱和度普遍较低，平均可动流体饱和度为 24%，原油黏度大，流动能力差，这也意味着储层采出程度较低。

表 3-2-1 吉 174 井岩心可动流体饱和度

分类	岩性	深度 /m	孔隙度 /%	渗透率 /mD	可动流体饱和度 /%
I类储层	灰色灰质粉砂岩	3193.35	5.4	0.019	8.97
		3271.74	5.5	＜0.010	21.32
		3274.65	13.9	0.024	19.29
		3275.43	15.5	0.047	29.97
		3276.61	16.2	0.208	41.86
		3277.5	13.4	0.038	23.86
		3285.29	13.2	0.259	14.26
		3296.61	13.7	0.01	28.82
		3305.33	4.1	＜0.010	17.11
	灰色泥质粉砂岩	3290.44	8.2	＜0.010	19.39
	灰色泥灰岩	3282.14	15.1	0.108	40.19
	深灰色泥灰岩	3280.53	5.3	0.018	25.74
非I类储层	灰色灰质泥岩	3153.8	4.5	0.018	29.86
		3199.99	8	0.019	27.13
		3210.69	8.4	0.015	25.91
		3244.8	5.8	0.042	21.18
	灰色泥岩	3254.94	13.1	0.063	38.74
	深灰色灰质泥岩	3213.4	6.9	0.015	8.25
		3232.14	5.1	＜0.010	8.02
	深灰色泥岩	3269.74	9.2	0.014	26.74
		3297.45	11.3	0.123	25.74

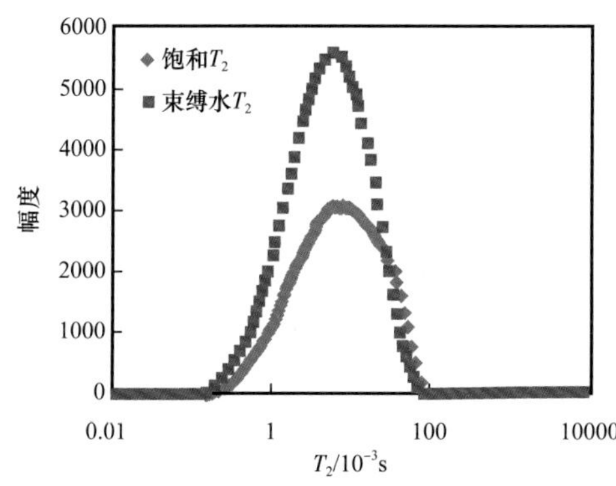

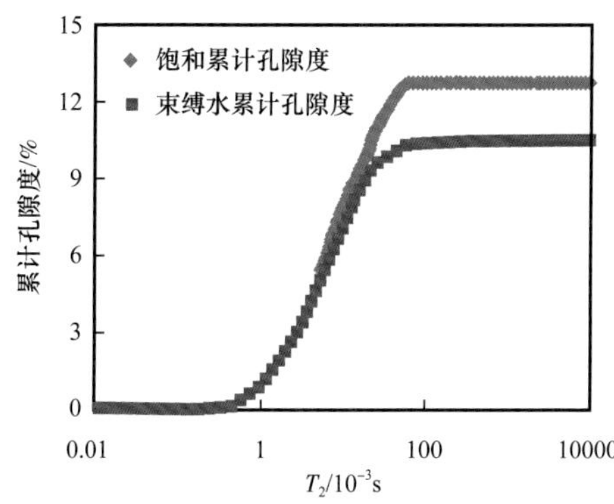

图 3-2-9 吉 174 井岩心 T_2 谱图及核磁孔隙度

采用流动实验法，模拟地层压力条件，在初始压差 30MPa 下（初始压力梯度 400MPa/m）进行衰竭式开采实验。实验条件下，衰竭式开采弹性采收率低于 14%（图 3-2-10），即衰竭式开采条件下，可动油饱和度低于 14%。

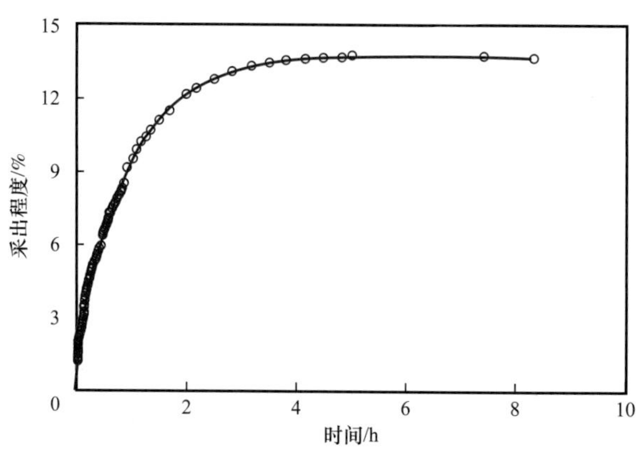

图 3-2-10 吉木萨尔典型岩心衰竭开采实验采出程度

三、致密油藏衰竭式开采机理研究

为研究致密储层的渗流机理和开采方式，使用长 7 段致密油储层对应的露头中沿水平层理方向钻取的全直径岩心建立油藏条件下的模拟实验平台，开展了室内试验，模拟了开发井中的水平流动，建立了一套致密油藏衰竭实验评价方法，模拟了油藏温度、上覆应力、流体压力、原油性质等因素下的衰竭开采采出程度。从实验的角度揭示了致密油衰竭开采机理，明确了致密油藏的衰竭开采采收率。

1. 实验材料及实验平台

岩心：为了有效表征储层中的流动特征，从长 7 段致密储层对应的露头中，沿水平层理方向钻取全直径长岩心，岩心参数见表 3-2-2：致密油储层岩心渗透率低、孔隙度小，常规直径 1in 岩心孔隙体积小于 8mL，计量误差大，使用 3 块全直径长岩心对接进行实验，增大实验岩心孔隙体积至 800mL，减小系统误差（图 3-2-11）。

表 3-2-2 岩心物性参数

编号	长度 /cm	直径 /cm	孔隙度 /%	孔隙体积 /mL	渗透率 /mD
A2	28.959	9.979	10.42	235.94	0.35
A3	29.264	9.975	10.67	234.9	0.32
AB1	30.06	9.906	13.18	305.16	0.30
合计	88.283			776	

岩心饱和方法：致密储层岩心的低渗透率不适宜使用常规岩心饱和油方法。在本实验中，将 3 块全直径岩心对接放入岩心夹持器之后，采用两台大功率离心泵分别从岩心

夹持器入口、出口端进行抽真空，之后进行饱和煤油，计量饱和煤油体积，此法煤油饱和程度大于96%。

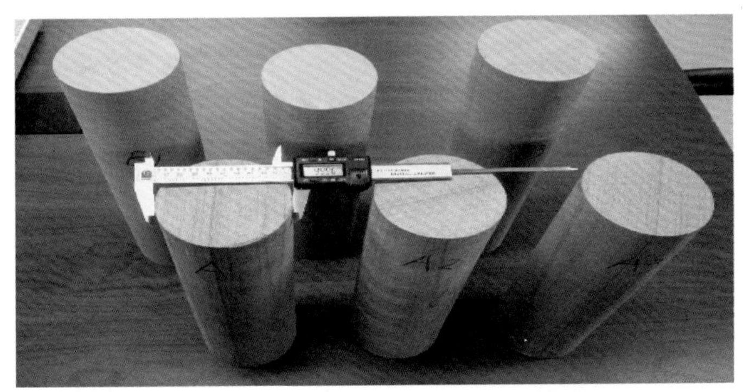

图 3-2-11 长7段致密油全直径岩心实物图

2. 不含溶解气致密油藏衰竭开采实验

1）压力系数为1

采用无溶解气的模拟油（死油），以实际储层深度为2000m，压力系数为1预估地层压力为20MPa。设定衰竭式开采实验条件为室温、压力系数为1，在全直径岩心上模拟了6种不同线性降压速度和三级阶梯降压衰竭开采实验。实验条件与衰竭过程见表3-2-3和表3-2-4。即是在同一储层压力下采用不同的降压方式来模拟实际油藏中的不同生产方式。

表 3-2-3 线性降压衰竭开采方式

序号	温度 /℃	地层压力 /MPa	降压压差 /MPa	降压时间 /min	降压速度 /（MPa/min）
1	20.1	20	15	10	1.5
2	20.1	20	15	20	0.75
3	20.1	20	15	30	0.5
4	20.1	20	15	40	0.375
5	20.1	20	15	50	0.3
6	20.1	20	15	60	0.25

表 3-2-4 三级阶梯降压衰竭开采方式

序号	温度 /℃	地层压力 /MPa	降压压差 /MPa	降压时间 /min
1	20.1	20	5	60
2	20.1	15	5	60
3	20.1	10	5	60
4	20.1	5	0	60

不含溶解气的模拟油几乎不具有可压缩性，利用地层压力进行衰竭式开采主要是表征岩石和流体的弹性能。降低地层压力时，引起流体膨胀、岩石孔隙缩小，岩石孔隙中流体的弹性能将会释放，从空隙中进入井筒中。压力从20MPa阶梯衰竭到5MPa的过程中，从采油速度和采出程度图上来看，降压速度越快，采油速度越快。主要是降压过程岩石弹性变形和流体弹性能释放速度，最终采出程度较低仅为2%左右，即是在相同的初始地层压力和最终衰竭压力条件下，使用不同的降压开采方式，弹性采出程度基本相同（图3-2-12至图3-2-17）。

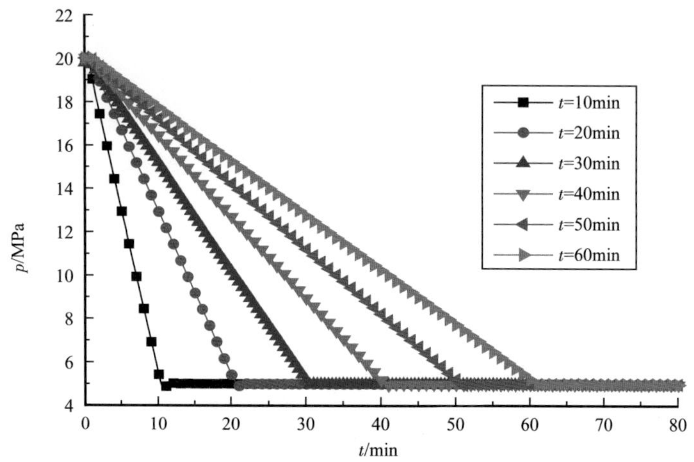

图3-2-12　线性降压衰竭开采实验压力曲线图

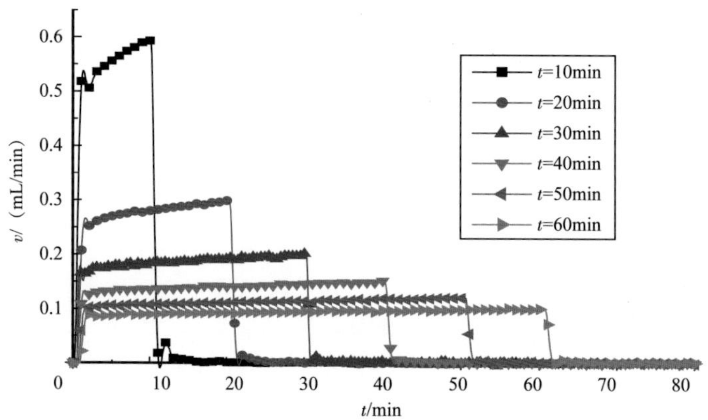

图3-2-13　线性降压衰竭开采实验采油速度曲线图

2）压力系数为1.5

采用无溶解气的模拟油，在室温、储层压力系数为1.5的条件下（储层压力为30MPa），在全直径长岩心上进行了9组线性降压衰竭式开采实验，详细的实验条件设置见表3-2-5。

9组衰竭式实验开采实验，在温度、地层压力系数和最终衰竭压力相同的条件下，即是岩石和流体所具有的弹性能完全相同，不同的降压开采方式其最终的采出程度相

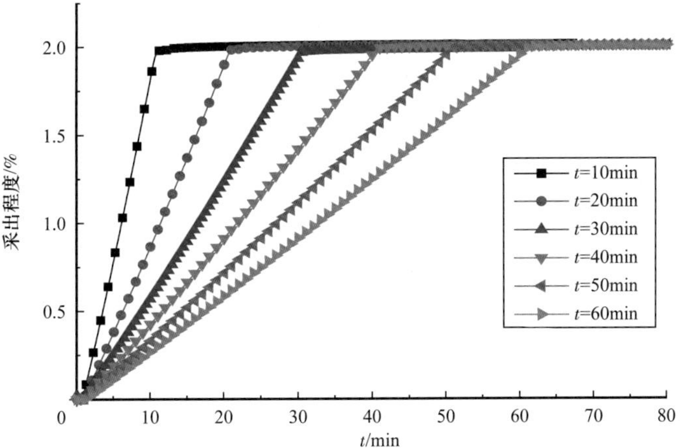

图 3-2-14　线性降压衰竭开采实验采出程度图

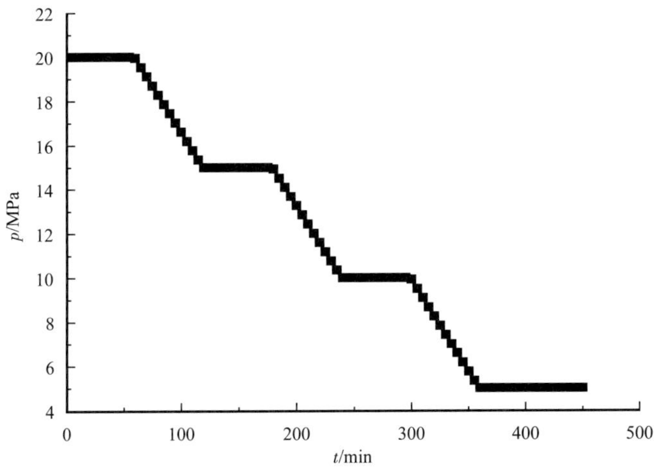

图 3-2-15　三级梯度降压衰竭开采实验压力曲线图

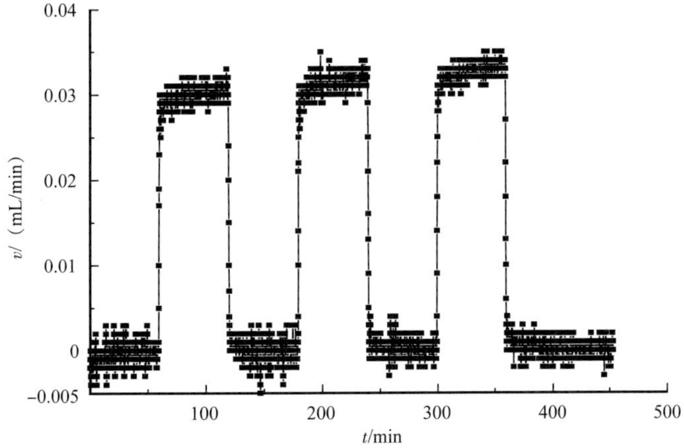

图 3-2-16　三级梯度降压衰竭开采实验采油速度曲线图

同，降压速度越快，采油速度越快。在不同的降压方式下，致密油储层衰竭式开采的最终采出程度均接近3%。再一次印证地层弹性能决定了最终采出程度（图3-2-18至图3-2-20）。

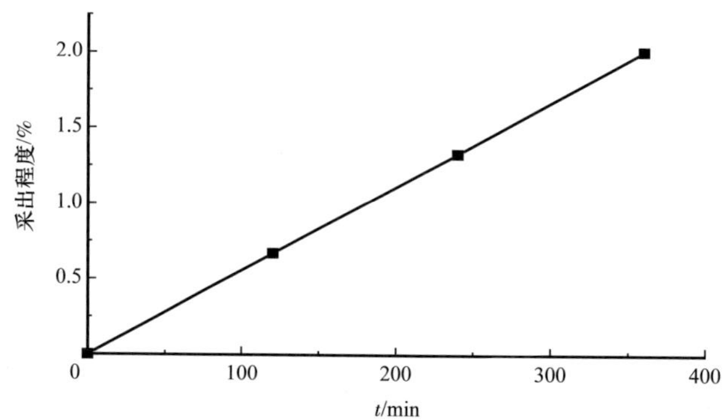

图3-2-17 三级梯度降压衰竭开采实验采出程度曲线图

表3-2-5 9组线性降压方式

序号	温度/℃	地层压力/MPa	降压压差/MPa	衰竭类型	降压时间/min	降压速度/（MPa/min）
1	20.1	30	25	线性降压	0	∞
2	20.1	30	25	线性降压	1	25.0
3	20.1	30	25	线性降压	5	5.0
4	20.1	30	25	线性降压	60	0.4
5	20.1	30	25	线性降压	120	0.2
6	20.1	30	25	线性降压	120	0.2
7	20.1	30	25	线性降压	180	0.1
8	20.1	30	25	线性降压	240	0.1
9	20.1	30	25	线性降压	480	0.1

对于弹性驱采收率的计算模型一般采用式（3-2-3），在不考虑溶解气驱的条件下，p_i越大，那么E_R越高，即是在不同的压力系数下，衰竭式开采采出程度与储层压力成正相关性，地层压力系数为1.5时其采出程度高于地层压力系数为1的采出程度。不同的压力系数下，储层的岩石和流体具有的弹性能不同，压力系数越大，弹性能越高，弹性能释放时，采出程度将会提高。

$$E_R=\frac{B_{oi}}{B_{ob}}\frac{\left\{C_f+\phi\left[C_o\left(1-S_{wc}\right)+C_wS_{wc}\right]\right\}}{\phi\left(1-S_{wc}\right)}\left(P_i-P_b\right) \tag{3-2-3}$$

式中 E_R——弹性采出程度，%；

B_{oi}——原始地层压力下原油体积系数；

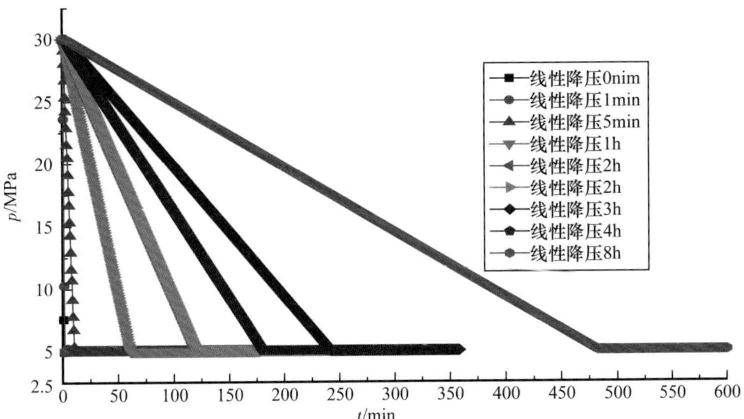

图 3-2-18　9 组线性降压衰竭开采实验压力曲线

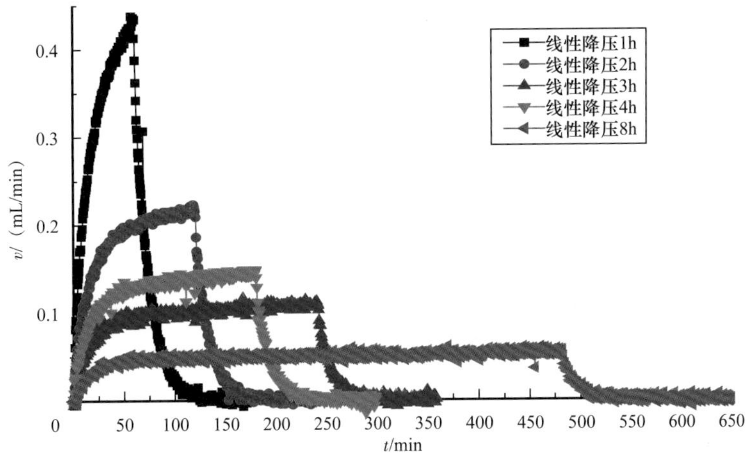

图 3-2-19　9 组线性降压衰竭开采实验采油速度

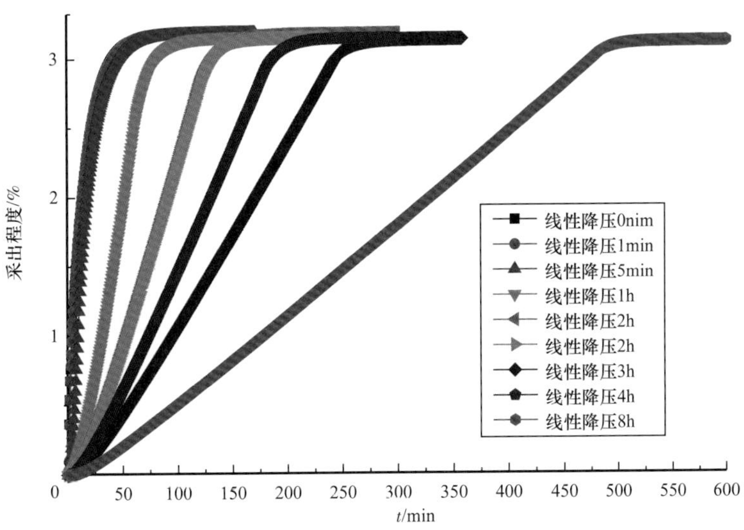

图 3-2-20　9 组线性降压衰竭开采实验采出程度

B_{ob}——饱和压力下原油体积系数；

C_f——岩石孔隙体积压缩系数，MPa^{-1}；

ϕ——孔隙度；

C_o——油的压缩系数，MPa^{-1}；

S_{wc}——束缚水饱和度；

C_w——水的压缩系数，MPa^{-1}；

P_i——原始地层压力，MPa；

P_b——饱和压力，MPa。

3）含溶解气致密油藏衰竭开采实验研究

在实际致密油开发中，常常是油、气、水两相或多相共存，在进行衰竭式开采实验时，采用与实际地层匹配的储层流体进行试验得到的结果更具有实际意义。因此，需要进行含有溶解气的模拟油（活油）进行衰竭式开采实验，采用依据现场气油比的数据进行了活油的配制。岩心取自长庆油田，溶解气类型为甲烷，饱和压力 8.85MPa，溶解气含量 54.1m^3/m^3。在常温下进行了含溶解气和不含溶解气的 4 组对比衰竭开采实验。实验参数设置见表 3-2-6。地层压力为 20MPa，采用线性降压方式，从 20MPa 降到 5MPa，4 组实验的实验条件均相同，唯一不同的是第 1 组不含溶解气。

表 3-2-6　含溶解气衰竭开采实验条件

序号	衰竭类型	溶解气比 / m^3/m^3	饱和压力 MPa	初始值→目标值（降压过程）/ MPa	降压时间 / min	降压速度 / MPa/min
1	线性降压	—	—	20→5	240	0.0625
2	线性降压	54.1	8.85	20→5	240	0.0625
3	线性降压	54.1	8.85	20→5	240	0.0625
4	线性降压	54.1	8.85	20→5	240	0.0625

从活油和死油压降与采出程度图来看，饱和压力是一个主要分界点，衰竭开采过程中，地层高于饱和压力时，4 组实验的采出程度曲线基本重合，低于饱和压力之后，活油 1 至活油 3 其采出程度陡然上升，而死油的采出程度上升趋势基本平稳。地层压力由 20MPa 降至 5MPa，死油组最终衰竭采出程度仅为 2%。而活油 1 至活油 3 这 3 组全直径岩心衰竭采出程度分别为 14.1%、11.9% 和 11.6%。因此，溶解气对致密油衰竭开采的采出程度具有显著地影响（图 3-2-21）。

衰竭式开采实验结果见表 3-2-7。从图 3-2-22 中可以明显看出，地层压力越高，其采出程度越高，即采出程度与地层压力成正相关性。这与前面分析的储层岩石与流体弹性能释放规律一致。

北美致密油获得较好开发效果，一个重要原因是储层普遍超压，压力系数常常在 1.5 以上，中国陆相致密油大多处于常压、低压，少部分超压。

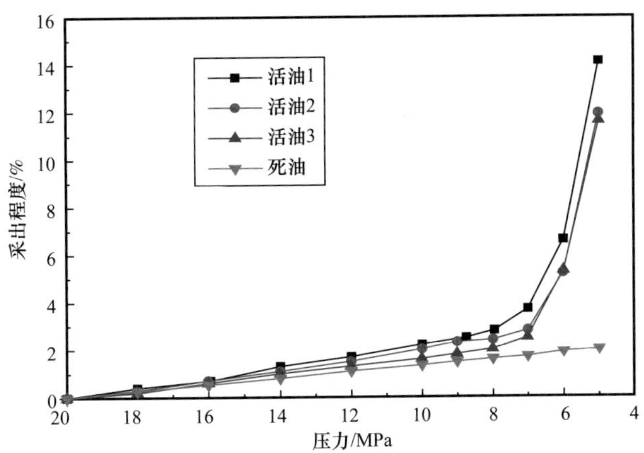

图 3-2-21 活油与死油衰竭开采采出程度对比

表 3-2-7 60℃条件下衰竭开采实验结果

类型	压力变化 /MPa	产气量 /mL	产油量 /mL	采出程度 /%
衰竭开采	30 → 5	11827.8	133.72	18.18
衰竭开采	25 → 6	5660.28	88.62	12.35
衰竭开采	16 → 6（活油 1）	5496.11	77.6	11.27
衰竭开采	16 → 6（活油 2）	6364.32	79.6	11.56
衰竭开采	16 → 6（活油 3）	5234.4	78.42	11.39

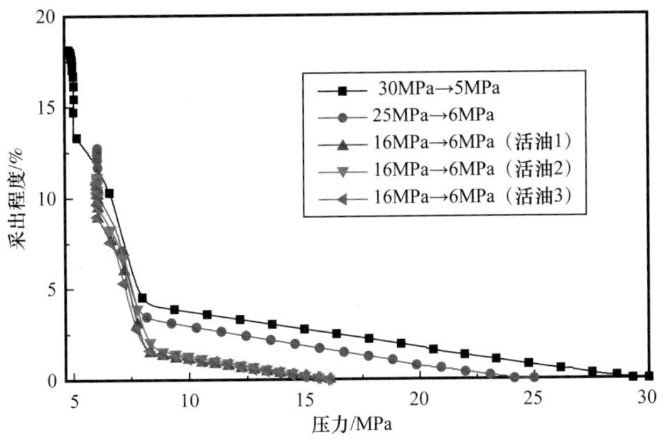

图 3-2-22 不同地层压力系数条件下活油衰竭开采采出程度

通过不同压力系数衰竭式开采实验来看（图 3-2-23），地层压力系数无论是否是 0.8、1.25、1.5，在储层压力高于饱和压力时，此时储层中只存在单 / 液相流，各个测压点的压降步调相同，低于饱和压力时，溶解气析出，形成气液两相流，此时压力传递存在滞后，形成类似溶解气驱过程，可提高储层的采出程度。这可以解释含溶解气衰竭式开采采出程度远远高于不含溶解气衰竭式开采采收率。

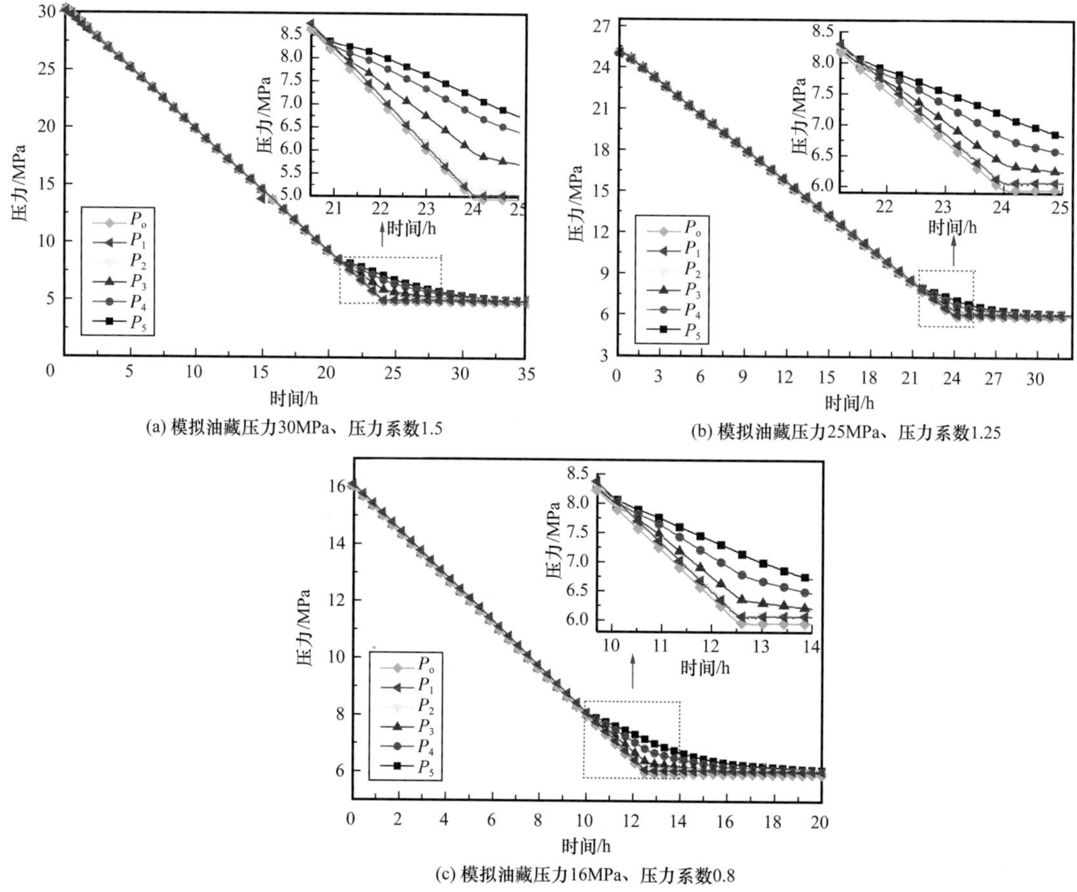

(a) 模拟油藏压力30MPa、压力系数1.5

(b) 模拟油藏压力25MPa、压力系数1.25

(c) 模拟油藏压力16MPa、压力系数0.8

图 3-2-23 不同压力系数衰竭开采压力传播图（模拟 2000m 井深）

四、致密油藏衰竭开采特征

尽管致密油储量巨大，但衰竭式开采采出程度仅 3%～10%。通过研究分析得出致密油衰竭开采采收率主要受以下因素影响。

（1）地层压力系数影响：不同的地层压力系数将会影响储层岩石和流体物理性质，主要体现在弹性能上。从弹性能方程上看，地层压力系数越高，那么岩石与流体具有的弹性能就越高，在衰竭开采的时，其采出程度自然也就越高。

（2）衰竭降压方式影响：在致密油藏衰竭开采时，可以使用的降压方式很多，在同一地层压力下，可以在不同的降压时间内降到不同的压力值。从实验结果来看，不同的降压方式只会影响采油速度，不会影响最终的采出程度。现场可根据生产需求、设备条件等条件决定降压方式。

（3）溶解气的影响：储层中是否含有溶解气对致密油衰竭式开采采出程度具有显著地影响。高于饱和压力时，气体完全溶解于油中，储层中流体为单向流动，这种情况下，死油与活油的流动特征、采出程度基本上是一致的。当储层压力低于饱和压力时，溶解气从油中分离、膨胀，形成气液两相流。将会大幅提高致密油采出程度。

第三节 致密油单井产能影响因素与评价

一、致密油产能问题

致密油产能是落实致密油开发方案，制定开发技术政策的重要依据，没有可靠的致密油产能评价，就无法实现致密油有效开发目标，因此，解决致密油产能评价问题是实现致密油有效开发的关键性技术。致密油产能受储层规模、物性、含油性、天然裂缝发育程度、压裂效果、生产工作制度等多因素的影响，产能评价和主控因素的确定难度大。同时，致密油具有多尺度、多介质、多流态耦合特征，不同尺度多重介质耦合开采机理复杂，常规油藏产能模型与方法多基于单一介质、稳态渗流，不能准确描述致密油复杂地质条件下非线性渗流机理，以及复杂结构井型、开采工艺条件下的生产动态特征，无法满足致密油开发产能评价与预测要求，导致致密油产能评价与预测难度大。因此，需要开展致密油产能评价和预测技术研究，搞清不同类型致密油产能影响因素和主控因素，建立考虑致密油多尺度、多介质、多流态耦合特征的全周期产能预测模型，发展产能评价与预测技术，研发致密油产能预测软件，解决致密油产能认识和预测的难题。

二、致密油产能影响因素研究

中国致密油类型多样，包括新疆低流度型、长庆低压型、吉林低饱和度型和四川低孔隙度型等，陆相致密油地质条件复杂，在水平井多级水力压裂模式下，产能差异大，产能影响因素多，产能主控因素难以确定。

1. 致密油产能影响因素分析方法

采用灰色关联度法、Pearson 相关系数法、影响因子分析方法，运用数据化与理论化分析相结合，揭示储层、流体、压裂效果、工作制度等对致密油产能的影响，基本搞清不同类型致密油产能主控因素，为不同类型致密油开发技术对策制定提供指导依据。

灰色关联度法在研究因素间的关联程度时，对样本容量和分布规律没有过分要求、原理简单、易于程序化等。这种方法具有极大的实际应用价值，并取得了较好的社会和经济效益。Pearson 相关系数法的优点在于原理简单，且不受两个变量的位置和尺度变化的影响，容易程序化。影响因子分析法是通过对比不同参数变化时目标参数的变化量来量化不同参数对目标参数的影响（表 3–3–1）。

表 3–3–1 致密油产能影响程度分类标准

影响因素分析方法	极强相关	强相关	中等程度相关	弱相关
灰色关联度法		>0.8	0.5～0.8	<0.5
Pearson 相关系数法	>0.8	0.6～0.8	0.4～0.6	<0.4
影响因子分析法		>0.6	0.3～0.6	<0.3

2. 致密油产能主要影响因素分析

中国致密油类型多样，地质条件复杂，体积压裂模式下产能影响因素多，产能差异大，产能主控因素难以确定。现场解剖和动态分析表明：致密油单井产量取决于各压裂段产量，而各压裂段产量主要受储层含油性、物性、流体性质及压裂效果的控制；优质储层钻遇率以及有效压裂段数的有机匹配是单井产能的主控因素。

1）地质因素对产能的影响

通过分析储层地质因素对产能的影响，得到不同类型致密油储层地质因素对产能的影响程度。生产初期，储层地质因素中钻遇油层长度（储层甜点）对产能影响最明显，随着生产时间的推进，储层物性的作用逐渐增加，即基质渗流作用逐渐增加，生产后期，储层物性、钻遇油层长度及天然裂缝的作用对产能影响明显。综合对比，储层地质因素对产能的影响程度为钻遇油层长度＞储层物性＞天然裂缝＞储层厚度＞孔隙度＞含油饱和度。揭示了新疆芦草沟、长庆长7段、大庆、吉林致密油储层地质因素的产能主控因素为优质储层钻遇率（图3-3-1）。为了提高油井产量，可以通过优选地质甜点、优质储层，采用水平井实时地质导向钻井，提高Ⅰ、Ⅱ类优质储层钻遇率。

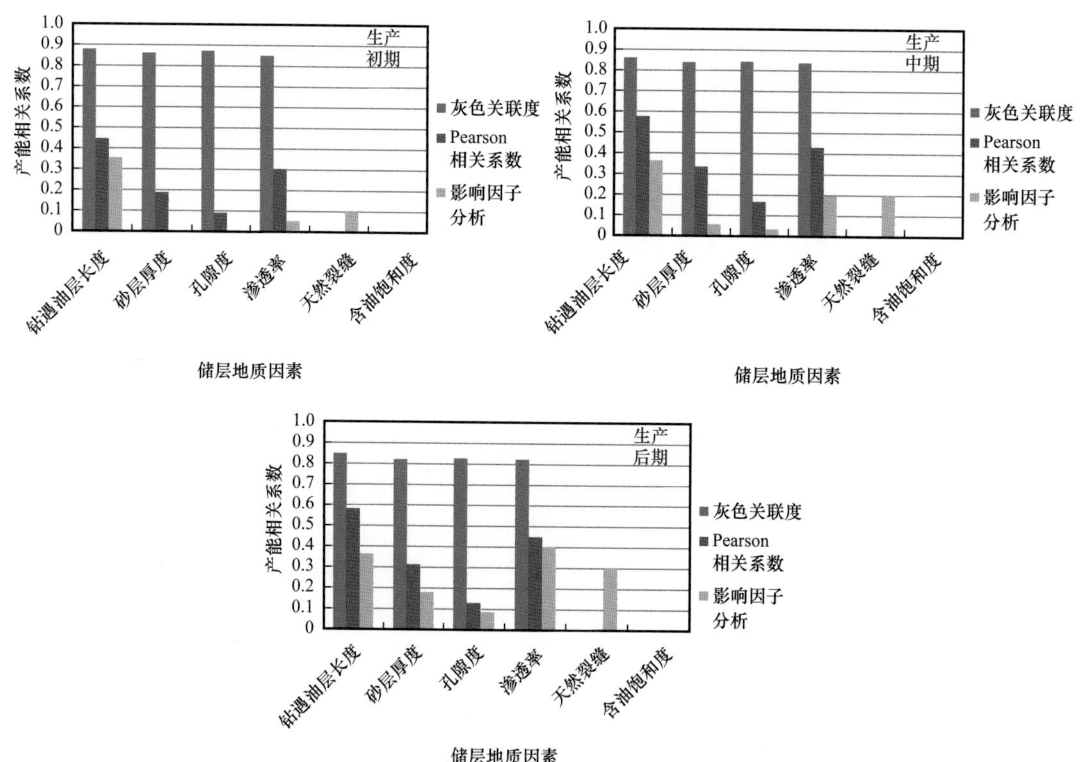

图3-3-1 长庆长7段致密油不同生产阶段储层地质因素对油井产能的影响

2）流体性质及流动性对产能的影响

针对致密油流体性质的特殊性及原油流动的复杂性，采用矿场资料、室内实验与数值模拟相结合的方法，分析致密油流体性质及流动性对产能的影响，搞清流体性质中的产能主控因素，为提高致密油单井产量及开发技术政策制定提供理论依据。

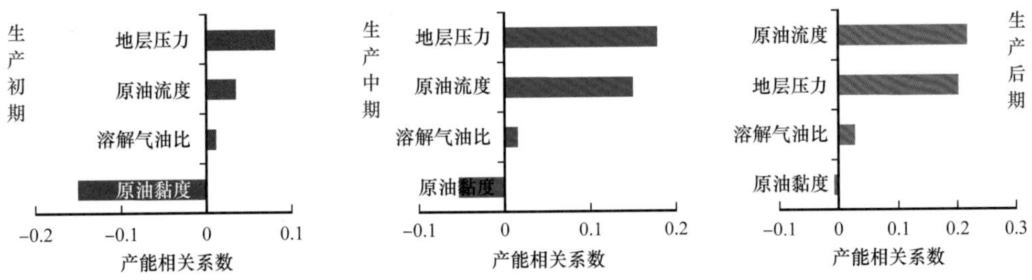

图 3-3-2 不同生产阶段流体性质对油井产能的影响

通过分析流体性质及流动性对产能的影响，得到致密油流体性质对产能的影响程度为：原油黏度＞地层压力＞原油流度＞溶解气油比（图 3-3-2），揭示了致密油流体性质的产能主控因素。芦草沟致密油流体性质中产能主控因素为原油黏度，长 7 段致密油流体性质中产能主控因素为地层压力，为了提高油井产量，可以通过注 CO_2 等降低原油黏度，提高流动性，补充地层能量，增加地层压力。

3）工程因素对产能的影响

致密油储层发育纳米级—微米级—毫米级多尺度孔缝介质，储层结构复杂，基质储层物性差，需采用长井段水平井、体积压裂等新方法提高单井产量。体积压裂后，储层渗流场发生很大变化，储渗模式由单一孔隙渗流转变为基质—裂缝耦合渗流，微尺度渗流机理和裂缝动态变化对产能影响大；同时水平井长度、分支数、压裂级数、裂缝间距、裂缝半长及压裂规模等因素对产能的影响较大。针对这些致密油开发面临的难题，搞清工程因素对产能的影响，揭示工程因素中的产能主控因素，为开发技术政策制定提供理论指导与依据。

通过分析工程因素对产能的影响，得到不同类型致密油工程因素对产能的影响程度。长庆长 7 段致密油工程因素对产能的影响大小排序为：水平井参数＞压裂裂缝参数＞生产制度（图 3-3-3）。揭示了新疆芦草沟致密油与长庆长 7 段致密油开发工艺技术因素的产能主控因素为压裂效果。为了提高油井产量，可以通过改善压裂效果，提高裂缝导流能力，缩短基质到裂缝的渗流距离，进而提高单井产量和动用程度。

通过开展油藏条件、工程因素对产能影响研究，分析了不同类型致密油产能控制因素，揭示了Ⅰ、Ⅱ类油层钻遇率、压裂效果的好坏、原油黏度是新疆昌吉致密油产能的主控因素；Ⅰ、Ⅱ类油层钻遇率、压裂效果的好坏是长庆长 7 段致密油产能的主控因素；压裂效果好坏和优质储层钻遇率是大庆扶余致密油产能主控因素；水平井长度、优质储层钻遇率、压裂效果及含油饱和度是吉林扶余致密油产能主控因素（图 3-3-4 至图 3-3-7）。针对不同类型致密油，提出了提高单井产量的相应技术对策。

对于新疆芦草沟致密油来说，其开发技术对策包括：（1）优选地质甜点、优质储层，采用水平井实时地质导向钻井，提高Ⅰ、Ⅱ类优质储层钻遇率；（2）降低原油黏度，提高流动性；（3）改善压裂效果，密切割，提高裂缝导流能力，缩短基质到裂缝的渗流距离，进而提高单井产量和动用程度。

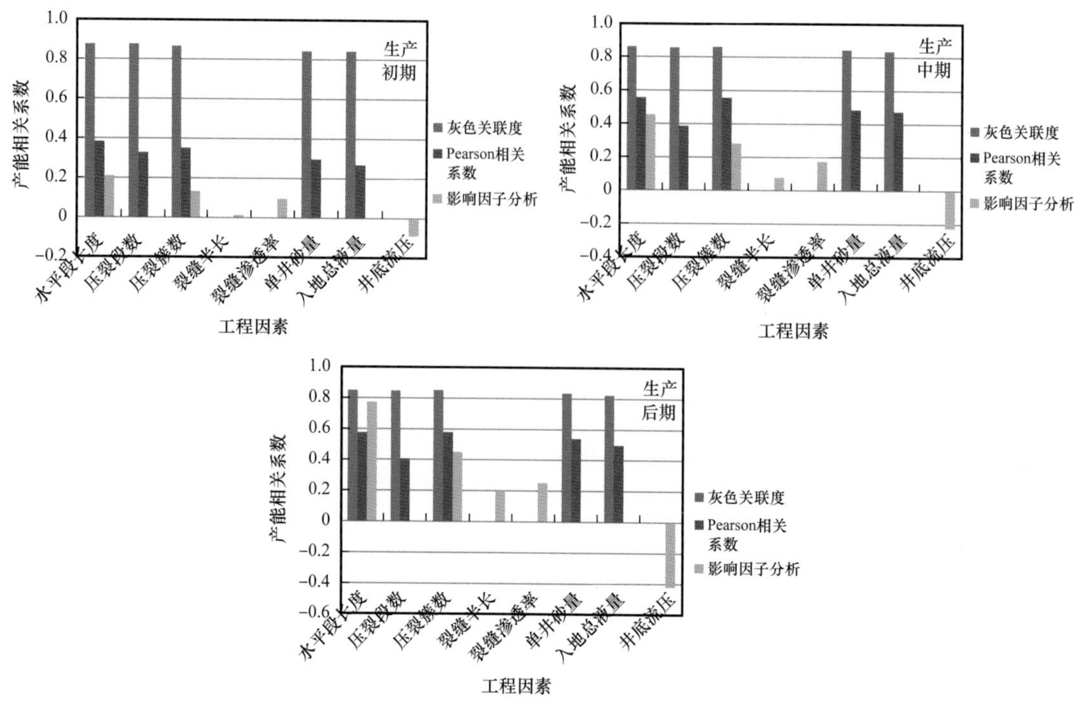

图 3-3-3 致密油工程因素对产能的影响

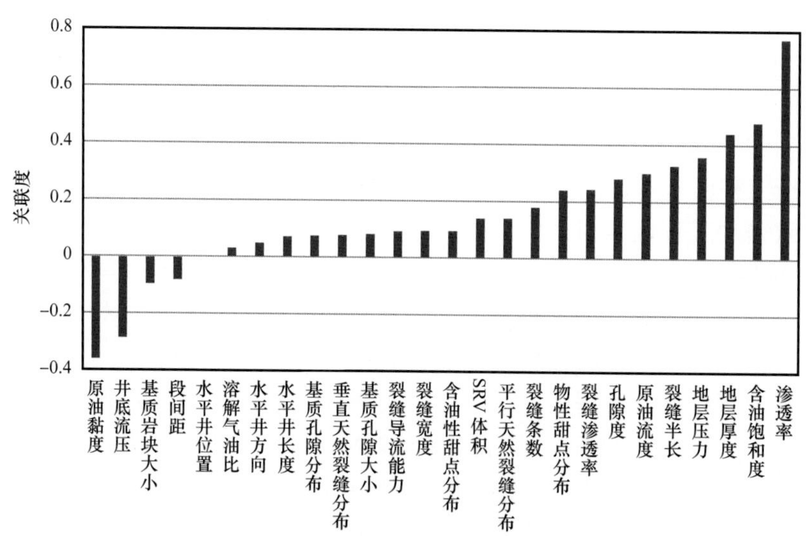

图 3-3-4 新疆芦草沟致密油产能控制因素

长庆长 7 段致密油的开发技术对策包括：（1）优选地质甜点、优质储层，采用水平井实时地质导向钻井，提高Ⅰ、Ⅱ类优质储层钻遇率；（2）改善压裂效果，提高裂缝导流能力，缩短基质到裂缝的渗流距离，进而提高单井产量和动用程度。

大庆扶余致密油的开发技术对策包括：（1）改善压裂效果；（2）提高优质储层钻遇率。

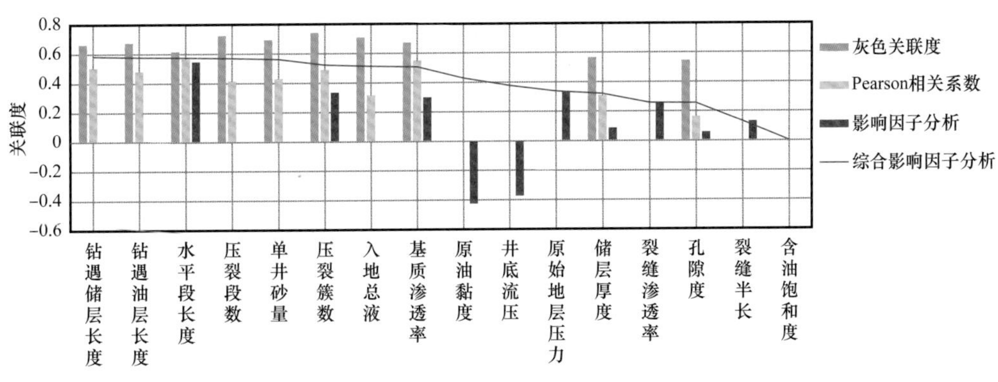

图 3-3-5 长庆长 7 段致密油产能控制因素

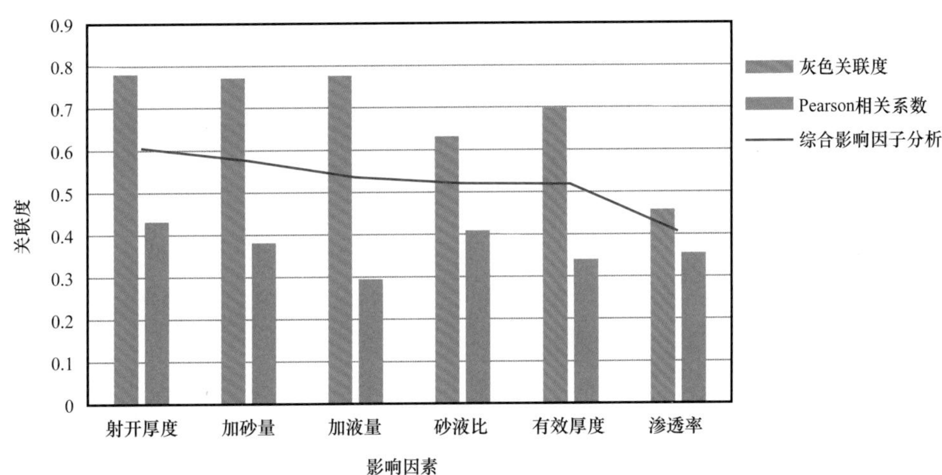

图 3-3-6 大庆扶余致密油产能控制因素

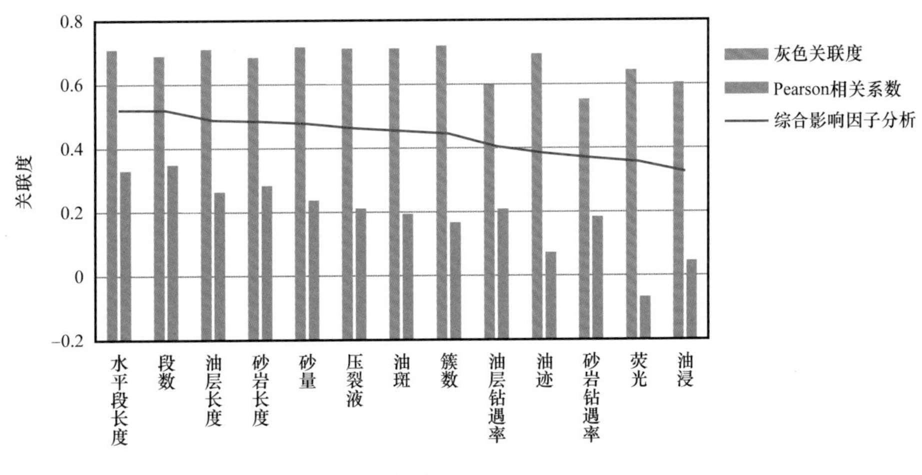

图 3-3-7 吉林扶余致密油产能控制因素

吉林扶余致密油的开发技术对策包括：（1）采用长水平井，扩大油层接触面积，提高控制储量；（2）提高优质储层钻遇率；（3）采用长水平井 + 密切割相结合的方式，缩短基质内流体流向裂缝的距离，提高储层动用程度。

3. 致密油产能评价与预测方法

我国致密油资源量丰富，开发潜力大，目前国内致密油开发整体处于试验攻关阶段。由于致密油储层发育纳米级—微米级—毫米级不同尺度的孔缝介质，长井段水平井、体积压裂开发模式下渗流机理复杂，不同地区致密油特点不同，如新疆致密油具有高黏度、低流度、薄互层等特点，产能受储层油藏条件、渗流机理、工艺技术等多因素影响，产能控制因素多，水平井产量差异大，产量递减快，产能变化规律认识不清。针对致密油开发面临的难题，分析新疆芦草沟致密油、长庆长 7 段致密油不同类型储层及工艺技术条件下单井生产动态及产量递减规律，建立致密油单井产能模式，考虑致密油多尺度、多介质、多流态耦合特征及复杂非线性渗流机理，建立致密油单井全生命周期产能预测模型，形成致密油产能评价与预测方法。

1）致密油不同类型储层及工艺技术条件下单井产能评价方法研究

（1）致密油单井生产动态及产能模式。

由于致密油产能受储层油藏条件、渗流机理、工艺技术等多因素影响，不同类型致密油生产特征存在较大的差异。研究表明，长庆长 7 段致密油的生产特征表现为产量较低，但较稳定，递减较慢；新疆芦草沟致密油的生产特征表现为产量较高，递减较快。

① 长庆长 7 段致密油单井产能模式：

通过对西 233、庄 183、庄 230 开发试验区 170 多口压裂水平井生产动态规律分析，考虑储层条件、不同压裂方式及工作制度差异，建立了长庆低压型致密油单井产能模式（表 3-3-2），为低压型致密油规模建产提供了理论指导与依据。

表 3-3-2　长庆低压型致密油单井产能模式

类型	产能模式	无因次产能模式图	储层条件及流体性质	压裂方式及工作制度
长庆低压型致密油	稳产型（控制压差）	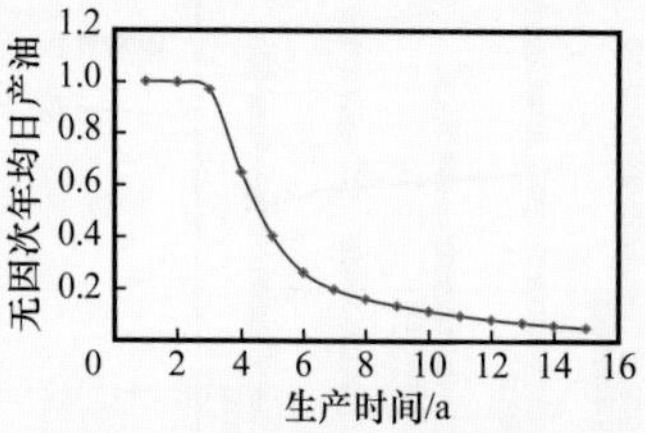 纵轴：无因次年均日产油（0～1.2）；横轴：生产时间/a（0～16）	储层连续性好、裂缝发育 含油饱和度高（70% 以上） 气油比较高（103m³/m³） 原油黏度低（1.04～1.27mPa·s） 压力系数低（0.7～0.85）	水平井大规模体积压裂 （速钻桥塞） 自喷投产 控制生产压差 生产压差小
	递减型（大压差生产）	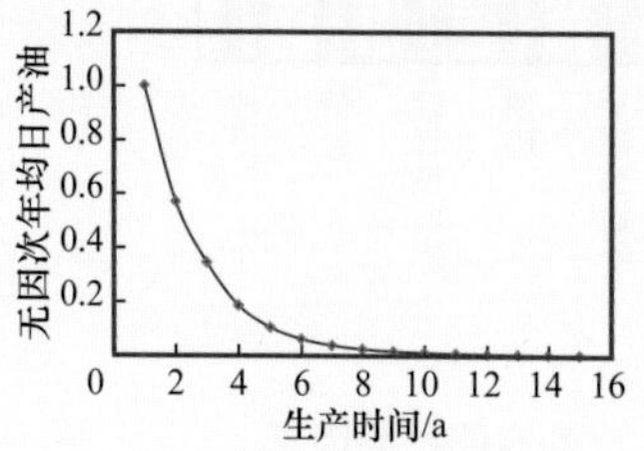 纵轴：无因次年均日产油（0～1.2）；横轴：生产时间/a（0～16）	储层连续性好、裂缝较发育 含有饱和度低（50%～60%） 气油比（103m³/m³） 原油黏度低（1.04～1.27mPa·s） 压力系数低（0.7～0.85）	水平井分段体积压裂 （裸眼滑套） 机抽投产 生产压差大

② 新疆芦草沟致密油单井产能模式：

通过对新疆吉木萨尔凹陷芦草沟组致密油不同压裂水平井生产动态规律分析，考虑储层条件、不同压裂方式及工作制度差异，建立了新疆低流度型致密油单井产能模式（表 3–3–3），为低流度型致密油规模建产提供了理论指导与依据。

表 3–3–3 新疆低流度型致密油单井产能模式

类型	产能模式	无因次产能模式图	储层条件及流体性质	压裂方式及工作制度
新疆低流度型致密油	基质孔隙型（块状储层）	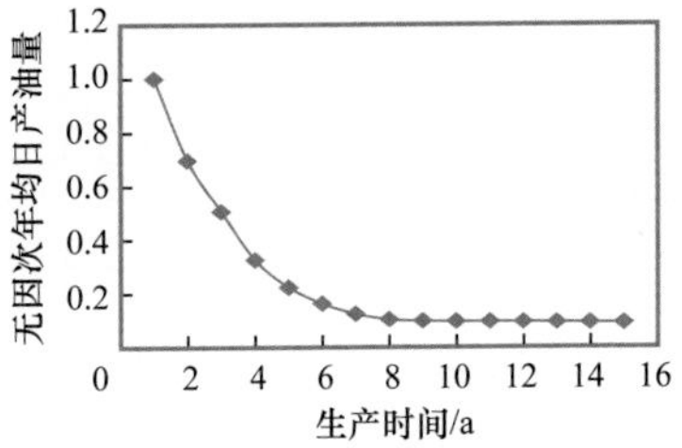 纵轴：无因次年均日产油量（0～1.2）；横轴：生产时间/a（0～16）	块状储层、物性好 含油饱和度高（90%） 原油黏度高（10.5mPa·s） 压力系数高（1.8）	水平井体积压裂（常规体积压裂） 初期自喷投产、后期机抽 生产压差较大
	裂缝—孔隙型（裂缝发育的块状储层、薄互层）	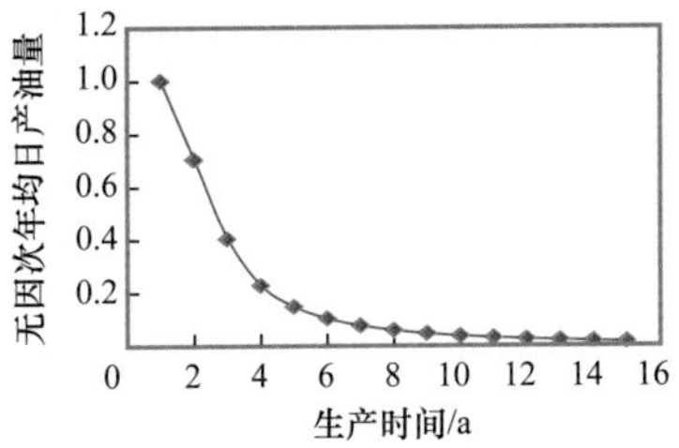 纵轴：无因次年均日产油量（0～1.2）；横轴：生产时间/a（0～16）	储层连续、薄互层储层 裂缝发育的块状储层 原油黏度高（10.5mPa·s） 压力系数较高（1.2～1.4）	水平井 Highway 压裂 机抽投产 生产压差大

（2）致密油单井产能递减规律。

致密油藏发育微纳米级基质孔隙，孔喉细小，储层物性差，采用“长井段水平井 + 体积压裂”开发模式，“毫米级—微米级—纳米级”孔隙与裂缝介质并存，导致致密油井生产动态整体表现为“初期高产、快速递减和后期低产稳产”的特征，不同阶段的渗流特点不同。根据致密油井生产动态特征，体积压裂模式下，致密油水平井的典型生产曲线可以将其生产划分为三个阶段，即初期阶段、过渡期阶段和后期阶段（表 3–3–4、图 3–3–8）。

初期阶段，生产特征表现为投产初期产量高，但递减快，高产期短；后期阶段表现为产量低，但递减慢，基本保持稳产，且稳产期长；过渡期阶段介于初期阶段和后期阶段之间，产量仍然递减，但递减较慢。

表 3–3–4 致密油压裂水平井各生产阶段的不同渗流机理对比表

阶段	流动介质	渗流区域	渗流机理	产能影响主因素	模型
早期阶段	裂缝	1 区	高速非达西流 裂缝应力敏感	压降 裂缝的应力敏感性 水平井参数：水平井长度 裂缝参数：缝间距、条数、长度、导流能力	产量模型 $Q1(p1)$ 压力模型 $p1(t)$ 物性模型 $k_F(p1)$

续表

阶段	流动介质	渗流区域	渗流机理	产能影响主因素	模型
中期阶段	裂缝、基质	1区、2区	达西流 裂缝应力敏感 低速非达西流 基质应力敏感	压降 基质与裂缝的应力敏感性、启动压力梯度 水平井参数：水平井长度 裂缝参数：缝间距、条数、长度、导流能力	产量模型 $Q2(p2)$ 压力模型 $p2(t)$ 物性模型 $k_m(p2)$、$k_F(p2)$
晚期阶段	基质	2区	低速非达西流 基质应力敏感	压降 基质的应力敏感性、启动压力梯度	产量模型 $Q3(p3)$ 压力模型 $p3(t)$ 物性模型 $k_m(p3)$

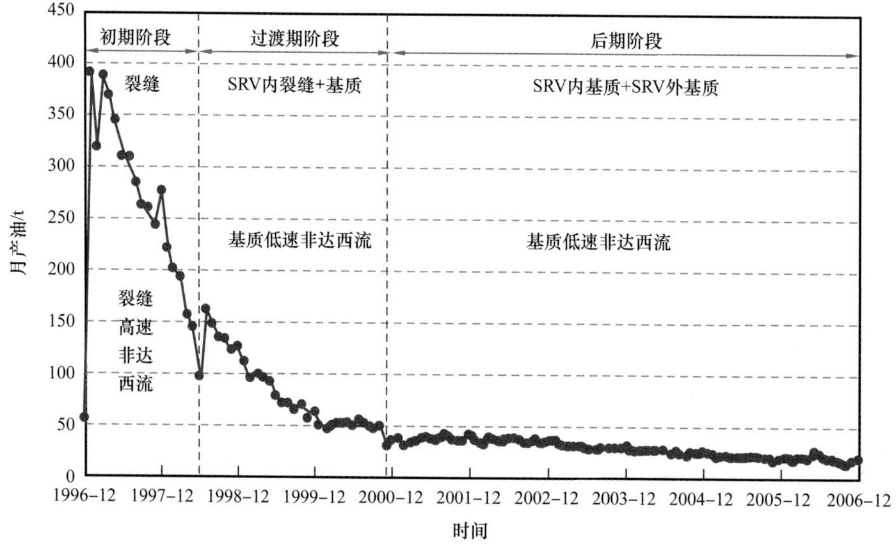

图 3-3-8　LC 油田 L45 井致密油开采曲线图

（3）致密油单井产能评价方法。

① 常规产能评价方法：

最常用的常规产量递减方法是 J.J.Arps 根据矿场实际资料的统计研究，提出的 Arps 产量递减分析方法。现在这种方法还非常流行，仍然是美国等西方国家常用预测产量的首选方法。Arps 递减方法最大的优点就是简单易用；它是一种经验方法，所以不需要知道有关油气藏和井的参数，只需要一个经验曲线拟合来预测未来的动态变化（图 3-3-9、图 3-3-10）。因此，这种方法可以应用于任何驱动机理的油气藏。

递减率定义为单位时间的产量变化率或单位时间内产量递减百分数。当油气田的产量进入递减阶段后，其递减率表示为

$$D = -\frac{1}{q_t}\frac{\mathrm{d}q_t}{\mathrm{d}t} \tag{3-3-1}$$

式中　q_t——油气田递减阶段 t 的产量，10^4t/mon 或 10^4t/a（油田），10^4m^3/mon 或 10^8m^3/a（气田）；

D——递减率，mon^{-1} 或 a^{-1}；

dq_t/dt——单位时间内的产量变化率。

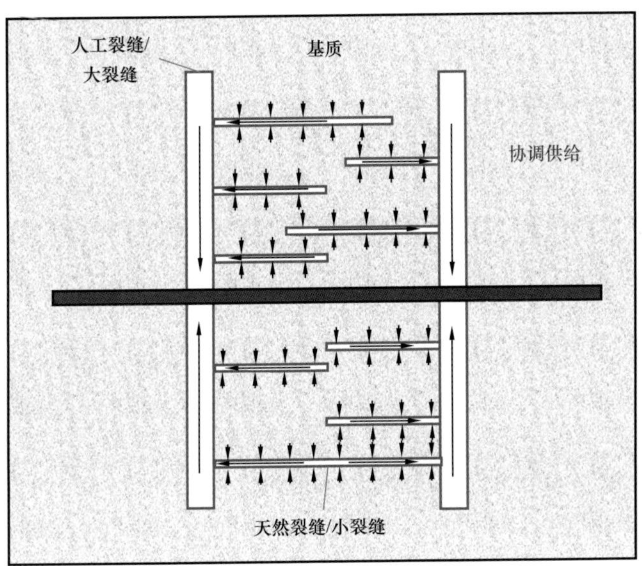

图 3-3-9　不同介质间协调供给示意图

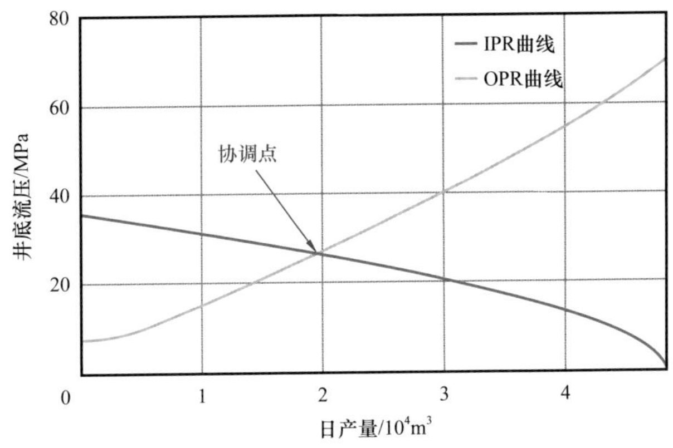

图 3-3-10　协调配产方法确定合理产能

Arps 给出的产量与递减率的关系为

$$\frac{D}{D_t}=\left(\frac{q_t}{q_\mathrm{i}}\right)^n \tag{3-3-2}$$

式中　D_i——初始递减率；

q_i——初始递减产量，10^4t/mon 或 10^4t/a（油田），10^4m^3/mon 或 10^8m^3/a（气田）；

n——递减指数。

递减指数是判断递减类型、确定递减规律的重要参数。

Arps 通过经验公式将递减规律分为三种：即指数递减、双曲递减和调和递减。在分析时要求气井生产时间足够长，能发现产量递减趋势，适用于定井底流压生产情况；国内油田（井）在主要生产期一般采用定产降压的方式，一般到中后期才能识别产量递减趋势。从严格的流动阶段来说，递减曲线代表的是边界控制流阶段，不能用于分析生产早期的不稳定流阶段。

② 致密油藏单井产能评价方法：

对于致密油藏，采用常规压裂技术单井产量增产效果不明显，需采用体积压裂改造模式，增大改造体积，有效提高单井产量。由于致密油体积压裂后，储层的介质转变为基质与天然裂缝（小裂缝）、复杂人工裂缝（大裂缝）。基质和天然裂缝中的流体通过复杂的人工裂缝流向井筒，复杂人工裂缝具有高导流能力，起到渗流通道的作用。不同生产阶段，致密油渗流特征不同。生产初期优先采出的是人工裂缝或大裂缝中的原油，基质中的流体通过天然裂缝或小裂缝不断向人工裂缝或大裂缝渗流供给（图 3-3-9），采用单井全周期产能预测模型进行产能评价。为了更多地采出基质与天然裂缝中的原油，通过优化配产提高不同介质的采出程度，以渗透率高的人工裂缝或大裂缝为节点，则基质向天然裂缝和人工裂缝中的渗流可视为流入曲线，相当于地层向井筒流动的 IPR 曲线；人工裂缝或大裂缝中流体向井筒的流动可视为流出曲线，相当于井筒底部向井口的 OPR 曲线，这两条曲线的交点即为微观渗流的协调点，如图 3-3-10 所示。该协调点对应的油井产能既满足裂缝产出，也满足基质补给，即基质补给的产量通过裂缝产出，二者相互协调，达到平衡，此时的产能就是致密油井合理产能。

为实现投产初期高产、1～2 年收回投资，后期产量递减与低产稳产阶段盈利，需要提高生产初期油井产能，降低产能递减率，增加生产后期油井产能。提高生产初期油井产能，可通过提高人工压裂裂缝规模实现，如增加裂缝条数、增大裂缝导流能力与裂缝长度；降低产能递减率，可通过缩小裂缝导流能力与地层导流能力之间的差异实现；增加生产后期油井产能，即抬高、延长油井产能特征曲线生产后期的尾巴，可通过增加基质孔隙度、提高基质渗透率来实现。

2）致密油不同类型储层及工艺技术条件下单井产能评价

通过对生产曲线形态特征分析，根据单井产能大小、递减特征对致密油单井产能进行分类，将生产井分为Ⅰ、Ⅱ、Ⅲ三大类（表 3-3-5、图 3-3-11、图 3-3-12）。

表 3-3-5　长 7 段致密油产能评价分类方案

类别	初期日产量 /t	产量递减率 /%	一年累计产量 /t
Ⅰ类井	＞12	＜15	＞3500
Ⅱ类井	6～12	15～30	2000～3500
Ⅲ类井	＜6	＞30	＜2000

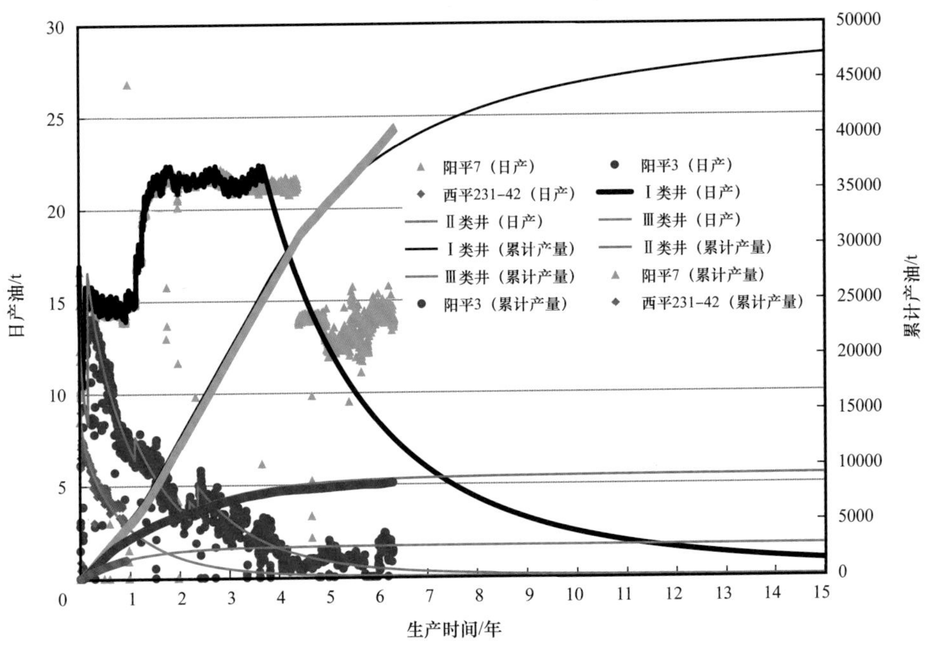

图 3-3-11　不同类型生产井特征曲线

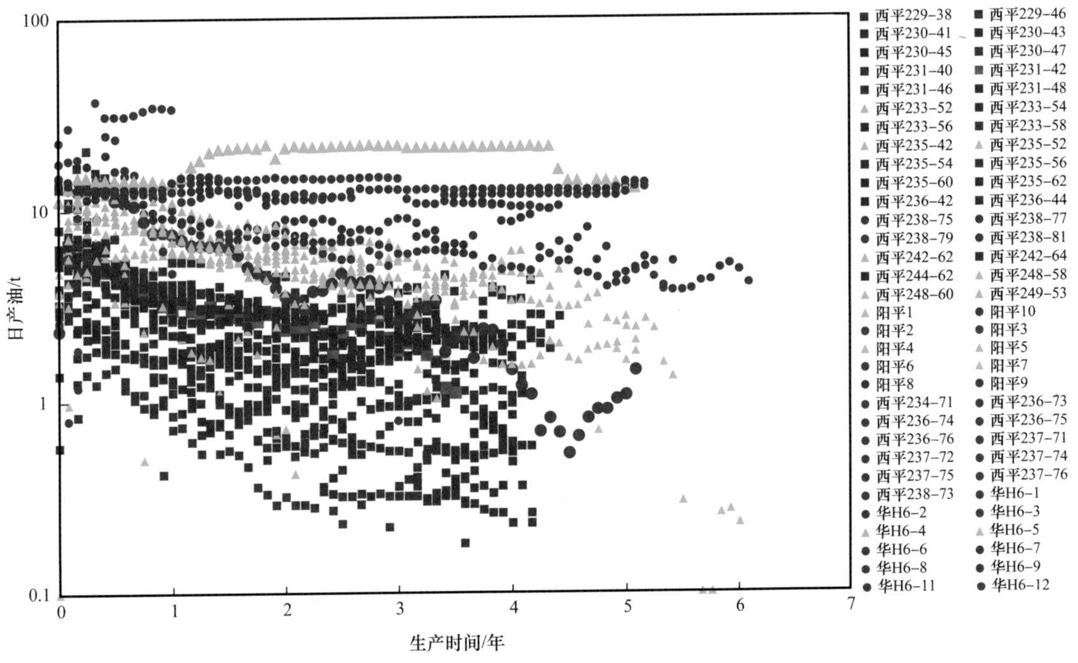

图 3-3-12　西 233 井区 64 口生产井特征曲线

分析不同类型生产井地质特征、可压性特征及产量变化规律，为致密油产能评价及规模建产提供依据（表 3-3-6）。

表 3-3-6　长 7 段致密油不同类型井特征分析

产能类型	典型井地质特征	典型井可压性特征	产量变化规律
Ⅰ类	典型井：合平 8 井 全烃含量高，Ⅰ类占 73.44% 物性：油层全为Ⅰ类，占 100%	典型井：合平 8 井 平均破裂压力 40.8MPa 可压性：Ⅱ类 91.7%、 Ⅲ类 8.3%	初期产量高（15t/d）， 基质孔隙供给能力强， 产量稳定，生产 610d， 累计产油 8593t
Ⅱ类	典型井：阳平 3 井 全烃以Ⅱ类为主，Ⅱ类占 69.1% 物性：以Ⅱ类为主、Ⅱ类 74.3%， Ⅲ类 25.7%	典型井：阳平 3 井 平均破裂压力 40MPa 可压性：Ⅰ类 36.4%、 Ⅱ类 45.5%、Ⅲ类 18.1%	初期产量较高，基质孔隙供给能力较强，递减较快，生产 920d，累计产油 6322.8t
Ⅲ类	典型井：西平 231-42 井 全烃以Ⅱ类为主，Ⅰ类占 7.2%， Ⅱ类占 54.5% 物性：以Ⅱ类为主、Ⅱ类 85.1%， Ⅲ类 14.9%	典型井：西平 231-42 井 平均破裂压力 48.3MPa 可压性：Ⅱ类 28.6%、Ⅲ类 71.4%	初期产量较低，基质孔隙供给能力较弱，产量快速递减，生产 341d，累计产油 1636.05t

3）致密油全生命周期产能预测方法研究

致密油藏发育纳米级孔喉，储层致密，流体流动难度大，往往通过体积压裂改造，形成裂缝网络，缩短流体从基质向裂缝的渗流距离，扩大接触面积，提高储层动用程度。体积压裂包括两种含义：一是提高储层纵向动用程度的分层压裂技术，以及增大储层渗流能力和储层泄油面积的水平井分段改造；二是通过压裂的方式将具有渗流能力的有效储集体“打碎”，形成裂缝网络，使裂缝壁面与储层基质的接触面积最大，使得油从任意方向基质向裂缝的渗流距离“最短”，极大地提高储层整体渗透率，实现对储层在长、宽、高三维方向的“立体改造”。体积压裂的开发模式使得致密储层存在基质微纳米级孔隙、复杂天然裂缝—人工裂缝网络等不同尺度介质，流体渗流、井筒与储层耦合流动机理更加复杂，如图 3-3-13 和图 3-3-14 所示。主要体现在以下几个方面：

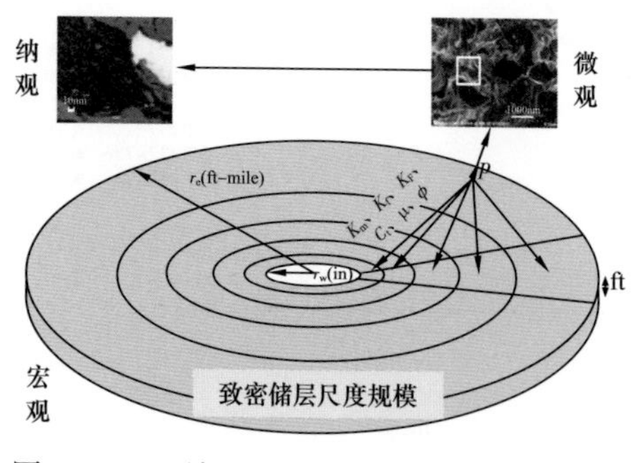

图 3-3-13　纳观—微观—宏观的多尺度耦合

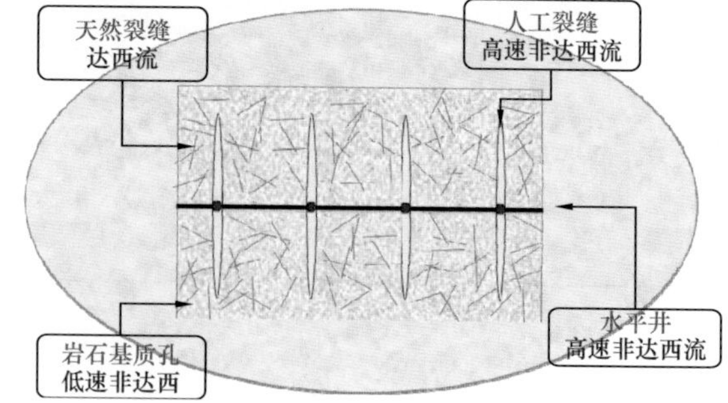

图 3-3-14　多介质—多流态耦合示意图

（1）介质的多样性：岩石基质孔、天然裂缝、人工裂缝共存；

（2）尺度的级差性：孔隙介质从纳米级到微米级，裂缝从微米级到米级；

（3）流态的复杂性：高速非达西流、达西流、低速非达西流共存；

（4）应力应变特性：基质孔隙存在变形、缩小，裂缝存在变形、闭合；

（5）耦合特性：介质的耦合、流态的耦合、尺度的耦合、渗流与应力的耦合等；

（6）渗流机理特征：不同时间、不同介质渗流机理会发生变化。

目前对体积压裂井流体渗流规律尚认识不清，无法准确评价油井产能。

由于致密油藏开发过程中存在的这些问题，常规基于单一介质、稳态渗流的模型和方法不适合致密油藏的产能预测与评价工作。因此，需要研究考虑致密油藏多尺度、多介质、多流态耦合的全生命周期产能预测模型与方法，以解决致密油藏产能预测与评价问题。

4）致密油单井全生命周期产能预测模型研究

针对致密油多尺度、多介质、多流态的特征，初步建立了致密油多重介质耦合流动模型，揭示了不同生产阶段多重介质间耦合的开采机理。

由图 3-3-15（a）所示，致密油气藏发育五重介质，其中两重裂缝介质，三重孔隙介质，致密油气开发过程中，不同介质发挥的作用不同（表 3-3-7），不同介质的耦合直接影响开发动态和产能的大小。

表 3-3-7　多重介质耦合开采机理

介质类型	介质组成	多重介质耦合开采机理
多重介质	大裂缝	（1）延伸远，控制范围大，井控储量大 （2）导流能力强，影响初产高低及产量规模
	微裂缝	延伸短，控制范围有限，连通基质与大裂缝，有效动用基质岩块
	小孔隙、微孔隙、纳米孔	（1）储量的基础，发挥补给作用 （2）不同级别孔隙对产能的贡献不同影响中后期产量水平

不同生产阶段，如图 3-3-15（b）所示，不同介质开采机理不同，建立了多重介质耦合流动模型，如图 3-3-16 所示：

（1）生产初期：

大裂缝为主力产油介质，影响初产高低及产量规模；微裂缝和小孔隙发挥作用，向大裂缝供油补给；生产初期产量较高。

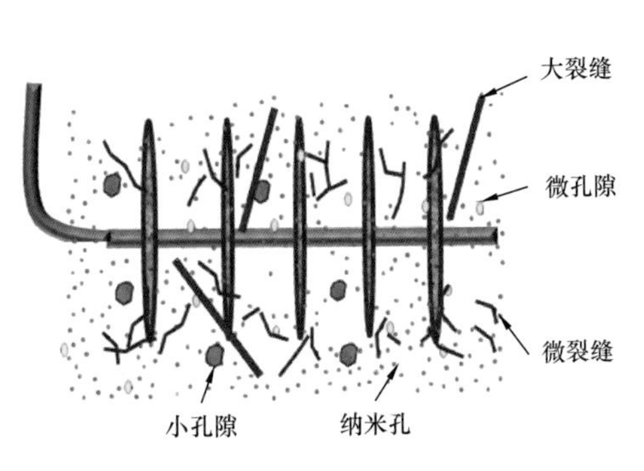

(a) 致密油气藏多重介质示意图

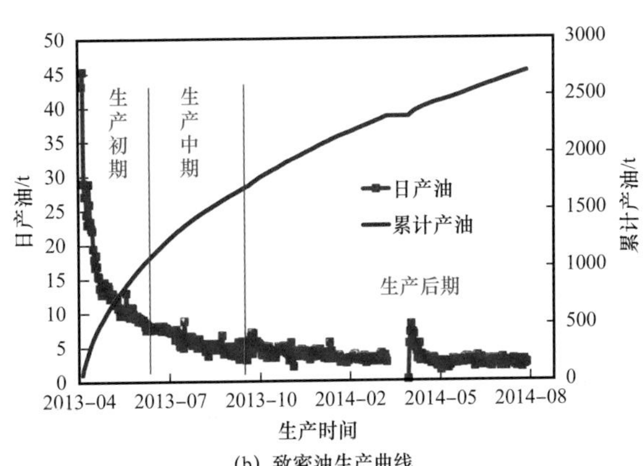

(b) 致密油生产曲线

图 3-3-15　致密油气藏多重介质示意图及生产曲线

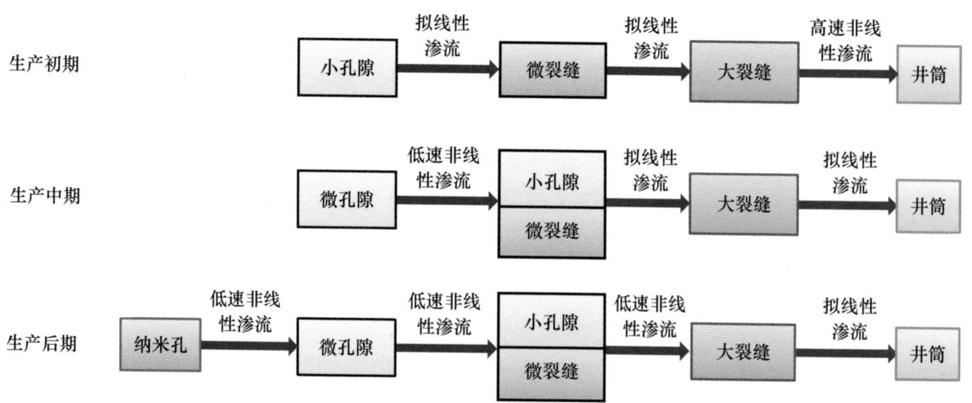

图 3-3-16 致密油多重介质耦合流动模型

（2）生产中期：

大裂缝转为主要渗流通道，小孔隙、微裂缝为主力产油介质，微孔隙开始向微裂缝补给；生产中期产量递减较快。

（3）生产后期：

纳米孔进一步向裂缝补给，为生产后期的主力产油介质，纳米孔的储油能力大小影响后期低产稳产水平；生产后期产量趋于稳定，累计产量高。

5）致密油藏渗流基本数学模型

致密油储层致密，发育微纳米级（残余）粒间孔、粒间溶孔、粒内溶孔和杂基内微孔等基质孔隙以及不同尺度成岩缝、构造缝和溶蚀缝等多种裂缝。孔隙结构复杂，储渗模式多样，不同尺度孔缝介质的孔喉半径差异大，流体渗流机理复杂（表 3-3-8）。

表 3-3-8 致密油基本渗流数学模型

流态	渗流机理	渗流介质	影响因素	数学模型
高速非达西	高速非达西渗流	孔喉半径大于 100μm 储层的近井筒区域、裂缝宽度大于 0.1mm	裂缝应力敏感 基质应力敏感	$\nabla p=\frac{\mu \vec{v}}{K_\alpha}+\beta_\alpha \rho\lvert v\rvert\vec{v}$
达西	达西渗流	孔喉半径大于 10μm 储层的远井筒区域、裂缝宽度小于 0.1mm	裂缝应力敏感 基质应力敏感	$\vec{v}=\frac{K_\alpha}{\mu}\nabla p$
低速非达西	低速非达西渗流	孔喉半径小于 10μm 储层	基质应力敏感 启动压力梯度	$\vec{v}=\frac{K_m}{\mu}(\nabla p-G)$

6）致密油单井全生命周期产能预测模型

致密储层发育微纳米级基质孔隙，孔喉细小，储层物性差，压力在致密储层内传播规律与常规储层传播规律不同。常规储层内，压力瞬时传播至边界，基质动用半径为一个定值。致密储层内，压力传播具有非瞬时效应的特点，随着传播时间的延长，基质动用半径逐渐增加。影响基质动用半径变化规律的因素主要是储层物性，储层物性越差，压力传播越慢，基质动用半径越小。

致密储层中的基质发育微米级—纳米级的孔喉，流体的渗流主要表现为低速非达西渗流规律，同时基质岩块存在一定的应力敏感性。因此，针对致密储层特征以及基质动用半径非瞬时传播的特点，考虑基质启动压力梯度与应力敏感等复杂非线性渗流机理，建立了致密油基质动用半径评价模型，形成了致密油基质动用半径评价方法，揭示了动用半径的变化规律，搞清了基质岩块动用范围（式 3–3–3）。

$$R(t)=\sqrt{\left. r_{\mathrm{w}}^{2}+\frac{4K_{\mathrm{m0}}t}{\mu C_{\mathrm{t}}} \middle/ \left\{\alpha_{\mathrm{m}}+\frac{2\alpha_{\mathrm{m}}e^{-\alpha_{\mathrm{m}}(p_{\mathrm{e}}-p)}\cdot G\cdot R(t)\cdot\ln\dfrac{R(t)}{r_{\mathrm{w}}}}{1-e^{-\alpha_{\mathrm{m}}(p_{\mathrm{e}}-p_{\mathrm{wf}})}-\alpha_{\mathrm{m}}e^{-\alpha_{\mathrm{m}}(p_{\mathrm{e}}-\bar{p})}\cdot G\cdot\left[R(t)-r_{\mathrm{w}}\right]}\right\}\right.} \tag{3-3-3}$$

式中 $R(t)$——t 时刻基质动用半径，m；

K_{m0}——原始条件下基质气测渗透率，mD；

$K_{\mathrm{m}i0}$——原始条件下第 i 小层的基质气测渗透率，mD；

α_{m}——基质渗透率应力敏感系数，1/MPa；

p_{e}——原始地层压力，MPa；

p——t 时刻任意点地层压力，MPa；

G——启动压力梯度，MPa/m；

C_{t}——综合压缩系数，Pa^{-1}；

μ——原油黏度，mPa · s；

r_{w}——井筒半径，m。

对于致密油藏，油井投产往往采用大规模的体积压裂，考虑的流动介质为基质、人工压裂裂缝；流体渗流机理需考虑裂缝内高速非达西、达西渗流，基质低速非达西渗流；考虑裂缝与基质的应力敏感性；渗流模式是流体从基质流入裂缝，再由裂缝流入井筒。建立了致密油单井全生命周期产能预测模型（表 3–3–9）。

表 3–3–9 致密油单井全生命周期产能预测模型

井型 / 压裂模式	产能预测模型
垂直压裂井（多层）	生产初期 $m(p_{\mathrm{e}})-m(p_{\mathrm{wf}})=\frac{q_i\mu}{2K_{\mathrm{F}i0}w_{\mathrm{F}i}h_i}+\frac{4.8\times10^{12}\rho q_i^2}{4K_{\mathrm{F}i0}^{1.176}e^{-0.176\alpha_{\mathrm{F}}(p_{\mathrm{e}}-p_{\mathrm{wf}})}w_{\mathrm{F}i}^2h_i^2x_{\mathrm{F}i}}+\frac{q_i\mu}{2\pi K_{\mathrm{m}i0}h_i}\ln\frac{a_i+\sqrt{a_i^2-x_{\mathrm{F}i}^2}}{x_{\mathrm{F}i}}$ 生产中后期 $m(p_{\mathrm{e}})-m(p_{\mathrm{wf}})=\frac{q_i\mu}{2K_{\mathrm{F}i0}w_{\mathrm{F}i}h_i}+\frac{q_i\mu}{2\pi K_{\mathrm{m}i0}h_i}\ln\frac{a_i+\sqrt{a_i^2-x_{\mathrm{F}i}^2}}{x_{\mathrm{F}i}}+\frac{2x_{\mathrm{F}i}}{\pi}G_{\mathrm{T}i}\left(\sinh\xi_{ei}-\sinh\xi_{\mathrm{F}i}\right)$ m 层压裂 $q=\sum_{i=1}^{m}q_i$

续表

井型 / 压裂模式	产能预测模型
多级压裂水平井	生产初期 $m(p_{\mathrm{e}})-m(p_{\mathrm{wfi}})=\frac{q_i\mu}{2\pi K_{\mathrm{F}i0}w_{\mathrm{F}i}}\ln\frac{h_i/2}{r_{\mathrm{w}}}+\frac{4.8\times10^{12}}{K_{\mathrm{F}i0}^{1.176}e^{-0.176\alpha_{\mathrm{F}}(p_{\mathrm{e}}-p_{\mathrm{wfi}})}4\pi^2w_{\mathrm{F}i}^2}\left(\frac{1}{r_{\mathrm{w}}}-\frac{2}{h_i}\right)+\frac{q_i\mu}{2K_{\mathrm{F}i0}w_{\mathrm{F}i}h_i}+\frac{4.8\times10^{12}\rho q_i^2}{K_{\mathrm{F}i0}^{1.176}e^{-0.176\alpha_{\mathrm{F}}(p_{\mathrm{e}}-p_{\mathrm{wf}})}4w_{\mathrm{F}i}^2h_i^2x_{\mathrm{F}i}}+\frac{q_i\mu}{2\pi K_{\mathrm{m}0}h_i}\ln\frac{a_i+\sqrt{a_i^2-x_{\mathrm{F}i}^2}}{x_{\mathrm{F}i}}$ 生产中后期 $m(p_{\mathrm{e}})-m(p_{\mathrm{wfi}})=\frac{q_i\mu}{2\pi K_{\mathrm{F}i0}w_{\mathrm{F}i}}\ln\frac{h_i/2}{r_{\mathrm{w}}}+\frac{q_i\mu}{2K_{\mathrm{F}i0}w_{\mathrm{F}i}h_i}+\frac{q_i\mu}{2\pi K_{\mathrm{m}0}h_i}\ln\frac{a_i+\sqrt{a_i^2-x_{\mathrm{F}i}^2}}{x_{\mathrm{F}i}}+\frac{2x_{\mathrm{F}i}}{\pi}G_{\mathrm{T}}(\sinh\xi_i-\sinh\xi_{\mathrm{F}i})$ $q=\sum_{i=1}^{n}q_i$
多级多簇压裂水平井	生产初期 $m(p_{\mathrm{e}})-m(p_{\mathrm{wfi}})=\frac{q_i\mu}{2\pi K_{\mathrm{F}i0}w_{\mathrm{F}i}}\ln\frac{h_i/2}{r_{\mathrm{w}}}+\frac{4.8\times10^{12}\rho q_i^2}{4\pi^2K_{\mathrm{F}i0}^{1.176}e^{-0.176\alpha_{\mathrm{F}}(p_{\mathrm{e}}-p_{\mathrm{wfi}})}w_{\mathrm{F}i}^2}\left(\frac{1}{r_{\mathrm{w}}}-\frac{2}{h_i}\right)+\frac{q_i\mu}{2K_{\mathrm{F}i0}w_{\mathrm{F}i}h_i}+\frac{4.8\times10^{12}\rho q_i^2}{4K_{\mathrm{F}i0}^{1.176}e^{-0.176\alpha_{\mathrm{F}}(p_{\mathrm{e}}-p_{\mathrm{wf}})}w_{\mathrm{F}i}^2h_i^2x_{\mathrm{F}i}}+\frac{q_i\mu}{2\pi K_{\mathrm{m}10}h_i}\ln\frac{a_{i1}+\sqrt{a_{i1}^2-x_{\mathrm{F}i}^2}}{x_{\mathrm{F}i}}$ 生产中后期 $m(p_{\mathrm{e}})-m(p_{\mathrm{wfi}})=\frac{q_i\mu}{2\pi K_{\mathrm{F}i0}w_{\mathrm{F}i}}\ln\frac{h_i/2}{r_{\mathrm{w}}}+\frac{q_i\mu}{2K_{\mathrm{F}i0}w_{\mathrm{F}i}h_i}+\frac{q_i\mu}{2\pi K_{\mathrm{m}10}h_i}\ln\frac{a_{i1}+\sqrt{a_{i1}^2-x_{\mathrm{F}i}^2}}{x_{\mathrm{F}i}}+\frac{2x_{\mathrm{F}i}}{\pi}G_{\mathrm{T}1}(\sinh\xi_{i1}-\sinh\xi_{\mathrm{F}i})+\frac{q_i\mu}{2\pi K_{\mathrm{m}20}h_i}\ln\frac{a_{i2}+\sqrt{a_{i2}^2-x_{\mathrm{F}i}^2}}{a_{i1}+\sqrt{a_{i1}^2-x_{\mathrm{F}i}^2}}+\frac{2x_{\mathrm{F}i}}{\pi}G_{\mathrm{T}2}(\sinh\xi_{i2}-\sinh\xi_{i1})$ $q=\sum_{j}^{m}\sum_{i=1}^{n_j}q_i$
缝网压裂水平井	生产初期 $m(p_{\mathrm{e}})-m(p_{\mathrm{wfi}})=\frac{q_i\mu}{2K_{\mathrm{F}i0}w_{\mathrm{F}i}h}+\frac{4.8\times10^{12}}{K_{\mathrm{F}i0}^{1.176}e^{-0.176\alpha_{\mathrm{F}}(p_{\mathrm{e}}-p_{\mathrm{wfi}})}}\frac{\rho q_i^2}{4w_{\mathrm{F}i}^2h^2x_{\mathrm{F}i}}+\frac{q_i\mu}{2\pi K_{\mathrm{F}i}w_{\mathrm{F}i}}\ln\frac{h/2}{r_{\mathrm{w}}}+\frac{4.8\times10^{12}}{K_{\mathrm{F}i0}^{1.176}e^{-0.176\alpha_{\mathrm{F}}(p_{\mathrm{e}}-p_{\mathrm{wfi}})}}\frac{\rho q_i^2}{4\pi^2w_{\mathrm{F}i}^2}\left(\frac{1}{r_{\mathrm{w}}}-\frac{2}{h}\right)+\frac{q_i\mu}{N\cdot4K_{\mathrm{f}j0}x_{\mathrm{f}j}w_{\mathrm{f}j}}$

续表

井型 / 压裂模式	产能预测模型
缝网压裂水平井	生产中后期 $$m(p_e)-m(p_{wfi})=\frac{q_i\mu}{2K_{Fi0}w_{Fi}h}+\frac{q_i\mu}{2\pi K_{Fi}w_{Fi}}\ln\frac{h/2}{r_w}+\frac{q_i\mu}{N\cdot 4K_{fj0}x_{fj}w_{fj}}+\frac{q_i\mu d_j}{N\cdot 4K_{m0}x_{fj}W_i}+\frac{G_Td_j}{2}+\frac{nq_i\mu}{2\pi K_{m0}h}\ln\frac{A+\sqrt{A^2-(L/2)^2}}{L/2}+\frac{L}{\pi}G_T\sinh\left(\ln\frac{A+\sqrt{A^2-(L/2)^2}}{L/2}\right)$$ $$q=\sum_{i=1}^{n}q_i$$

垂直压裂井（多层）：

式中 ξ_F——人工压裂裂缝尖端椭圆坐标；

ξ_e——椭圆渗流边界坐标；

G_T——考虑应力敏感的拟启动压力梯度函数，$G_T=e^{-\alpha_m(p_e-p)}G$，MPa/m；

a_i——第 i 小层人工裂缝泄流椭圆长半轴，m。

q_i——第 i 小层体积流量，m^3/d；

q——直井压裂多层体积流量，m^3/d；

h_i——第 i 小层的有效厚度，m；

K_{Fi}——第 i 小层裂缝渗透率，mD；

K_{Fi0}——第 i 小层裂缝初始渗透率，mD；

w_{Fi}——第 i 小层裂缝宽度，m；

x_{Fi}——第 i 小层裂缝半长，m；

p_{wfi}——第 i 小层井底流压，MPa；

ξ_i——第 i 小层裂缝泄流椭圆坐标；

m——直井体积压裂小层个数。

水平井压裂：

式中 i——表示第 i 条裂缝；

q_i——第 i 条裂缝体积流量，m^3/d；

q——压裂水平井体积流量，m^3/d；

h_i——第 i 条裂缝贯穿储层的有效厚度，m；

K_{Fi}——第 i 条裂缝渗透率，mD；

K_{Fi0}——第 i 条裂缝初始渗透率，mD；

w_{Fi}——第 i 条裂缝宽度，m；

x_{Fi}——第 i 条裂缝半长，m；

p_{wfi}——第 i 条裂缝井底流压，MPa；

ξ_i——第 i 条裂缝泄流椭圆坐标；

n——水平井压裂裂缝条数，$n=L/d+1$；

d——水平井压裂裂缝间距，m。

K_{fj}——第 j 条次级裂缝渗透率，mD；

K_{fj0}——第 j 条次级裂缝初始渗透率，mD；

w_{fj}——第 j 条次级裂缝宽度，m。

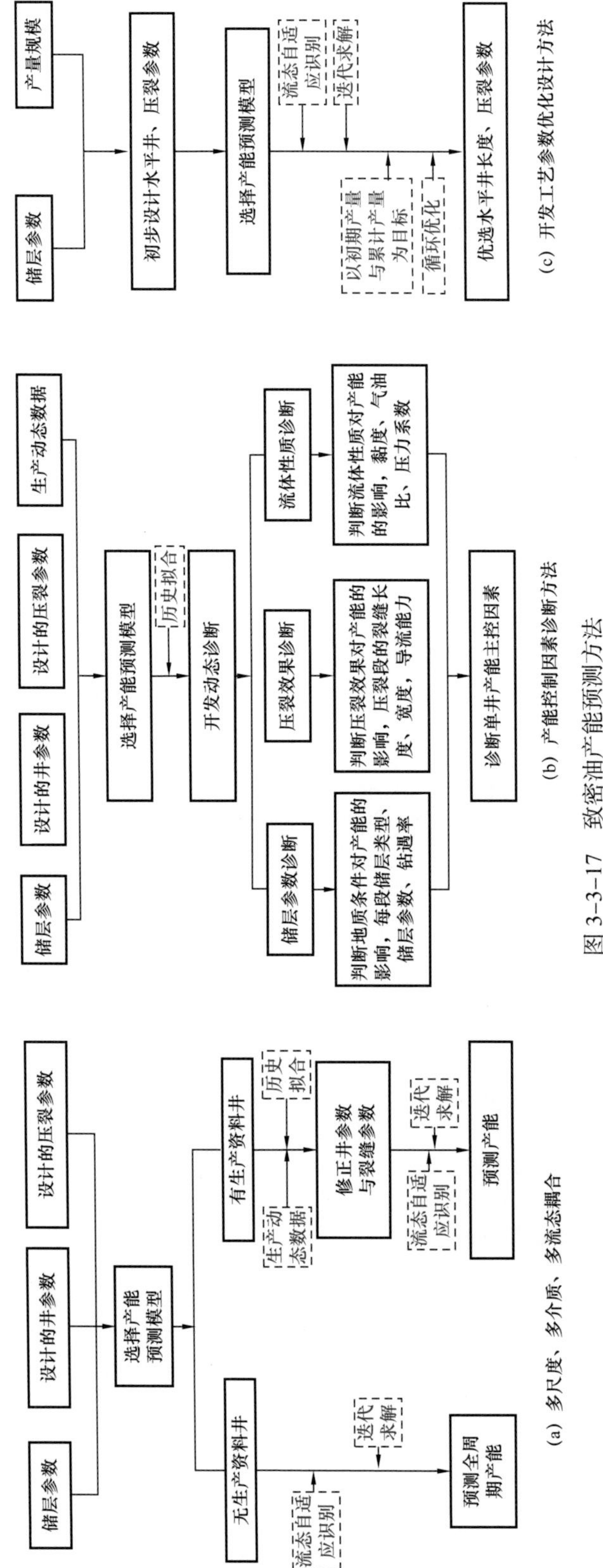

图 3-3-17 致密油产能预测方法

7）致密油产能预测方法研究

基于致密油多尺度、多介质、多流态耦合的产能预测模型，发展了致密油产能评价与预测方法（图 3-3-17），包括致密油多尺度、多介质、多流态耦合的全周期产能预测方法、致密油产能控制因素诊断方法、致密油开发工艺参数优化设计方法。可有效解决无生产资料新井、有生产资料老井的产能预测问题，有效诊断致密油气产能主控因素，以及在特定的储层条件下，如何优化设计水平井及压裂参数，达到期望的产量目标的问题。

三、致密油产能预测软件

1. 自主研发了致密油产能预测与开发优化软件

致密油发育纳米级—微米级—毫米级多尺度孔缝介质，不同尺度介质耦合的渗流机理复杂，传统的模型、方法及软件多基于单一介质、稳态渗流，致密油适应性差，使得动态储量、全周期产能评价与预测、开发工艺参数优化设计等面临极大挑战，亟须开展致密油产能评价与预测方法研究及软件研发。根据致密油产能评价和预测软件的研发需求，软件研发理念由常规油藏工程分析向非常规油藏开发动态预测转变，由创新理论、特色技术与方法向成果有形化方向转变。按照这样的研发理念，设计了致密油产能预测与开发优化软件的总体框架（图 3-3-18）。

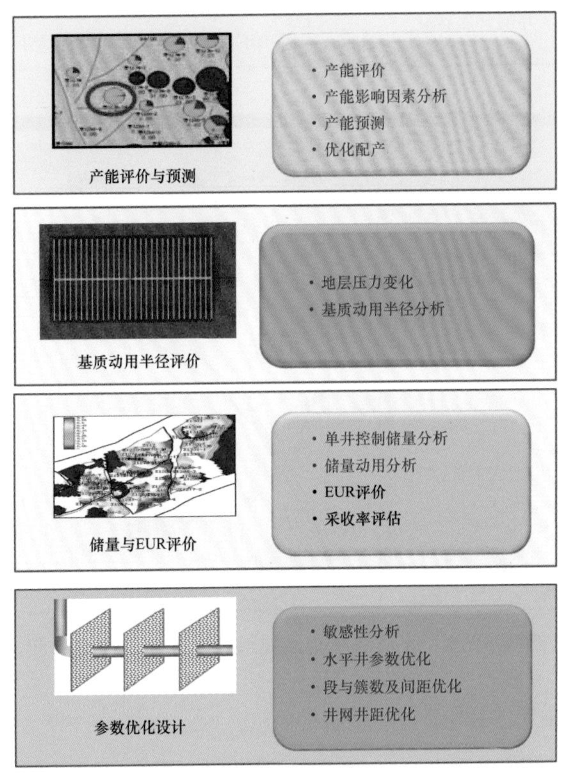

图 3-3-18 致密油产能预测与开发优化软件总体框架

致密油产能预测与开发优化软件具有基质动用半径评价、储量与 EUR 评价、产能评价与预测、参数优化设计四个功能模块（表 3-3-10、图 3-3-19）。

表 3-3-10　致密油产能预测与开发优化软件功能模块

序号	功能模块	功能描述	解决问题
1	基质动用半径评价模块	（1）地层压力变化规律分析 （2）基质动用半径变化规律分析	计算致密油藏不同类型储层基质动用半径变化规律，分析地层压力变化规律
2	储量与 EUR 评价模块	（1）控制储量评价 （2）储量动用评价 （3）EUR 评价 （4）采出程度评价	解决致密油藏体积压裂模式下不同井型复杂介质非达西渗流条件下不同生产阶段的控制储量评价、动态储量评价、EUR 评价及采出程度评价
3	产能评价与预测模块	（1）产能评价 （2）产能影响因素分析 （3）产能预测 （4）优化配产	解决产能主控因素分析问题，解决已有生产资料井的历史拟合、产能评价问题以及新井的产能预测问题，对已有井或新井进行优化配产
4	参数优化设计模块	（1）敏感性分析 （2）水平井参数优化 （3）段与簇数及间距优化 （4）井网井距优化	解决不同参数对基质动用半径、动态储量、产能的影响，以初期产量或累计产量为目标，解决不同类型井参数及压裂规模参数； 解决不同类型储层井网井距优化问题； 解决不同压裂规模下产能预测问题

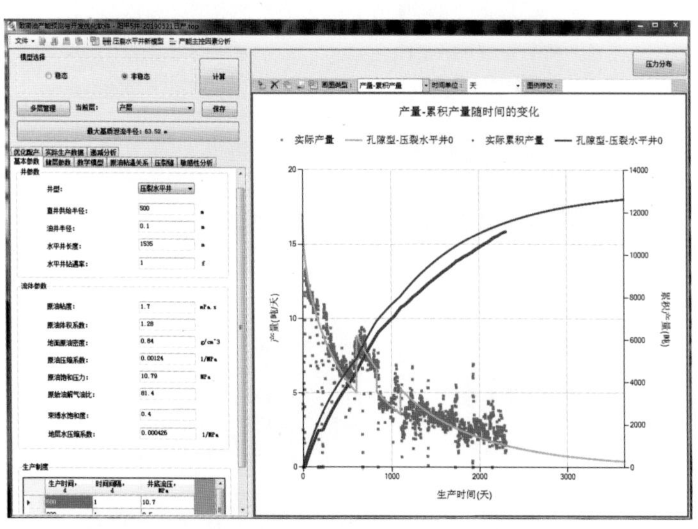

图 3-3-19　致密油产能预测与开发优化软件主界面

2. 开展了软件功能应用测试

采用新疆吉木萨尔致密油试验区压裂水平井生产数据对所研制的软件模块进行了应用测试。通过历史拟合，对典型井进行了产能评价与预测（图 3-3-20 至图 3-3-22）。

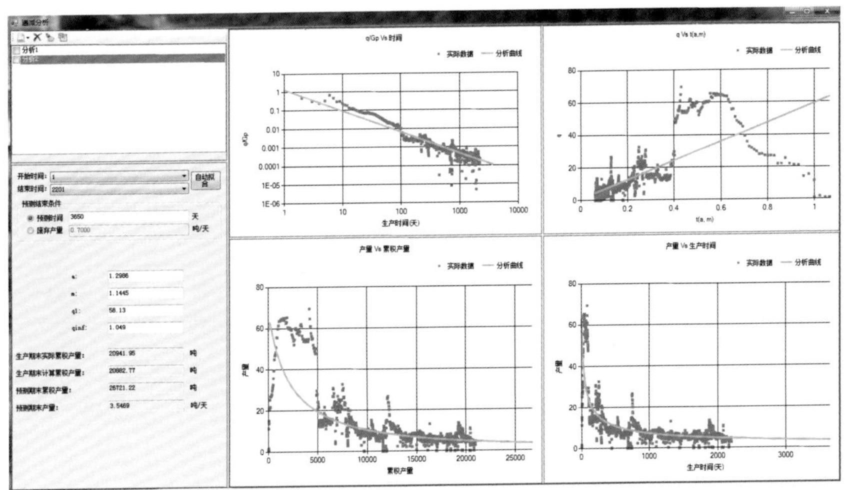

图 3-3-20　典型井产能评价分析软件界面

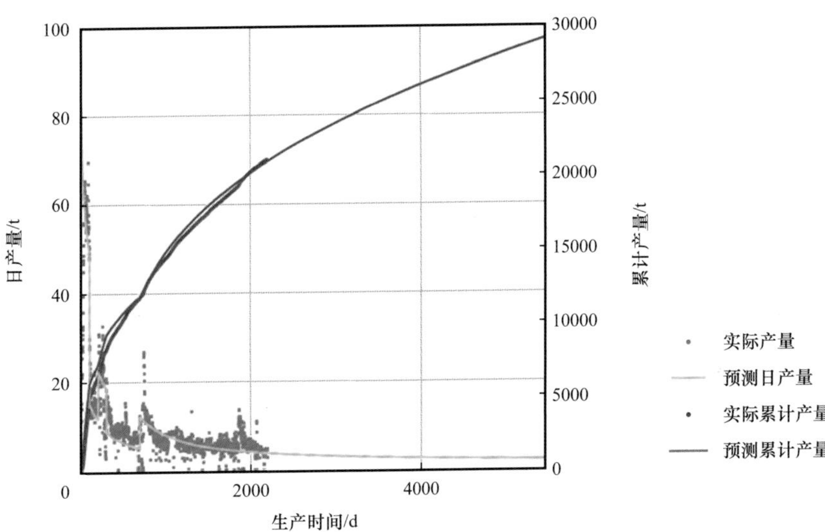

图 3-3-21　典型井历史拟合与产能预测分析

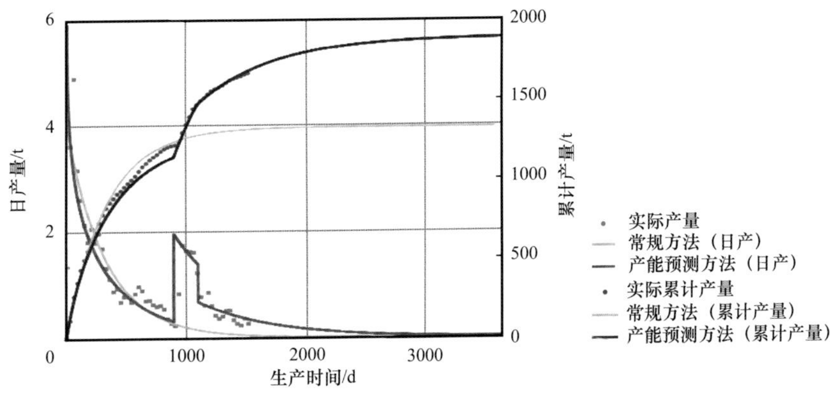

图 3-3-22　与常规产能评价方法对比

采用长庆长7段致密油典型区块西233井区42口压裂水平井生产数据对所研制的软件模块进行了应用测试。通过对单井产能评价与预测，预测3年累计产量6000t以上高产井21口，3年平均日产量6.9t/d，水平井产量符合率达83%以上（表3-3-11）。

表3-3-11 长7段西233井区致密油42口压裂水平井产能评价结果

实际井	统计井数／口	42
	3年平均累计产量/t	5553
	3年累计产量大于6000t井数／口	21
	3年累计产量范围/t	1118～20588
预测井	统计井数／口	42
	3年平均累计产量/t	6749
	3年累计产量大于6000t井数／口	21
	3年累计产量范围/t	1129～24690
平均预测符合率/%	83.15	

以长庆长7段致密油规模建产示范区华H6平台为重点研究对象，应用自主研发的致密油产能预测与开发优化软件，优化井距、水平段长度、压裂参数、裂缝分布、开发方式等关键指标（图3-3-23至图3-3-25），编制出华H6平台全生命周期产能优化方案（表3-3-12）。

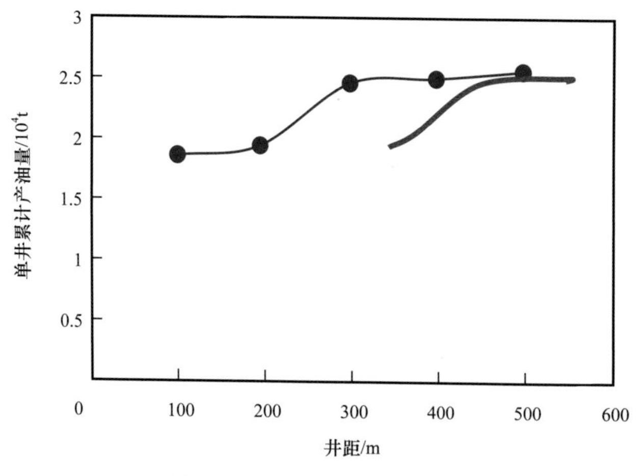

图3-3-23 井距优化示意图

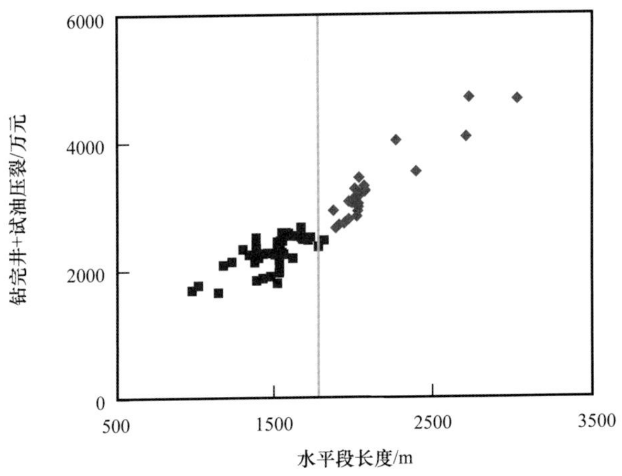

图 3-3-24 水平井长度优化

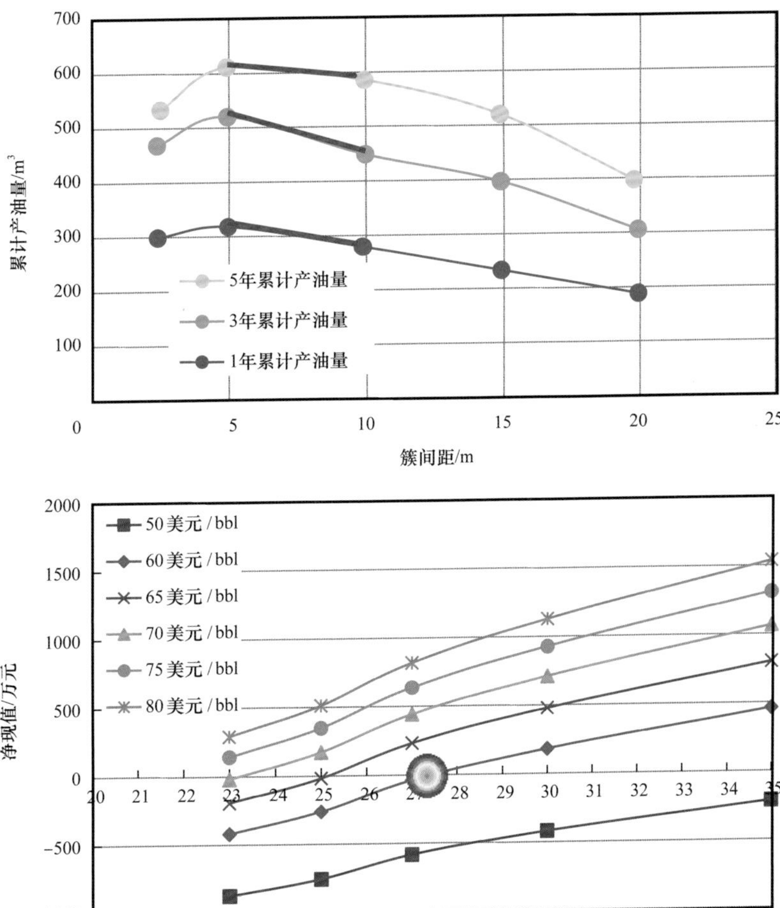

图 3-3-25　簇间距与压裂段数优化

表 3-3-12 华 H6 平台体积压裂方案设计表

内容		平台南区	平台北区
改造思路		按照长 7 段一套层系进行设计	按照 7_1 亚段、长 7_2 亚段两套层系设计
井距 /m		400	200
水平段长 /m		1500～2000	1500～2000
布缝方式		相邻井间交错布缝	同层相邻井间交错布缝
段间距 /m		30～40	
簇间距 /m		5～10	
改造强度	液量 /m^3	30000～40000	20000～30000
	砂量 /m^3	4000～5000	3000～4000
	排量 /（m^3/min）	10～14	10～14

第四节 致密油开发模式与方案优化

一、不同类型致密油开发方式的适应性评价

1. 北美致密油开发方式调研

北美致密油总体以水平井体积压裂衰竭式开发为主，是目前北美致密油的主体开发方式。由于油品性质好（API>40）、气油比高（>150m^3/m^3），北美致密油主要采用水平井体积压裂衰竭式开发，单井投产初期产量（IP30）20～50m^3/d，峰值产油 33～68m^3/d，第一年递减率 52%～73%，第二年递减率降 11%～27%，以后递减率逐年降低，稳定产量 5～16m^3/d 可保持较长生产时间，单井 EUR 为 5×10^4～$7\times10^4m^3$（50×10^4bbl 左右）。

针对致密油生产 6～7 年后人工裂缝失效闭合的问题，采用重复压裂使产量恢复到初期生产水平，生产 GOR 降低，重复压裂一次，30 天平均产量提高 2～4 倍，重复压裂使单井可采储量平均增加 32%。

巴肯开展了 5 个试验区 36 口井（注水井 17 口）200m、400m 井距注水提高采收率矿场试验；1 号试验区取得显著效果，产量较注水前提高 5 倍；其他 4 个试验区由于注水时间较短和注水量不够，生产井未表现出显著增产效果。

北美致密油还开展了致密油注 CO_2 补充能量及注表活剂开发方式的室内实验及数值模拟研究，取得初步成效。鹰滩循环注入 CO_2 吞吐实验研究表明：近混相压力注入补充能量开发方式能大幅度提高驱油效率；北美巴肯 CO_2 气驱先导试验：CO_2 气驱气

窜，产量大幅下降，气量急剧上升，气驱开发效果差；注表面活性剂室内实验及数值模拟结果表明：注表活剂可以大幅度提高驱油效率，注表面活性剂驱提高采收率预计可超过 20%。

2. 国内不同类型致密油的开发方式适应性评价

按照致密油主要地质特征与开发主要矛盾的特点，国内致密油主要分为低压、低充注、低流度和低孔 4 种类型。不同类型致密油的储层特征、开发特点、开发突出矛盾存在差异（表 3-4-1）。

表 3-4-1 国内致密油类型统计表

类型	典型盆地	典型层位	典型特点	开发特征	突出矛盾
低压型	鄂尔多斯盆地	三叠系延长组长 7 段	油层压力低，压力系数仅为 0.70～0.85，属低压异常	（1）初期产量中等：12.9t/d （2）月递减率低：12.3% （3）累计产量高：4139t（约 365 天）	衰竭式开发采收率低
低充注型	松辽盆地	白垩系泉头组扶杨油层	油水关系复杂，油井投产初期普遍产水（1.0～4.5t/d）	（1）初期产量较高：20.9t/d （2）月递减率低：12.3% （3）累计产量高：4116t（335 天）	储层含水高，油产量低
低流度型	准噶尔盆地	二叠系芦草沟组	原油密度大（0.87～0.92g/cm^3）、地层原油黏度高（11～22mPa·s）	（1）初期产量高：64.9t/d （2）月递减率高：20.8% （3）累计产量高：120902t（869 天）	流体流动性差，单井产量低、效益差
低孔型	四川盆地	侏罗系大安寨组、凉高山组	基质孔隙度低，仅为 0.2%～6.0%，但储层裂缝发育	（1）初期产量低：1.5～13t/d （2）月递减率较快：24% （3）累计产量高：120～1300t（265 天）	单井控制储量和单井产量低、经济效益差

长庆、大庆、新疆、吐哈、四川、吉林等油田均在积极探索适合本地区致密油的井型、井网及开发方式，并取得了一定的开发效果，但存在采收率低、有效驱替系统难以建立、经济效益差等突出问题。

水平井体积压裂衰竭式开发是目前不同类型致密油开发的主要方式，初期高产，在长庆、大庆、吉林等致密油实现了规模建产［目前最高单井累计产油 28321t（阳平 7 井）］。第一年递减率达 35.5%，后期产量大幅降低。衰竭式开发的采收率较低，长庆油田致密油平均采收率为 7%～8%。

通过调研及对比统计分析，适合低压型致密油的开发方式为液态 CO_2 压裂衰竭式开发、注水 /CO_2 吞吐开发和注水驱替；适合低充注型致密油的开发方式为液态 CO_2/N_2 泡沫压裂衰竭式开发、注气 /CO_2 吞吐开发；适合低流度型致密油的开发方式为水平井分段多簇液态 CO_2 压裂衰竭式开发、注 CO_2 吞吐开发、新型化学压裂液增能 / 电加热降黏开发；适合低孔型致密油的开发方式为水平井分段多簇压裂衰竭式开发。

二、致密油开发井型优选

陆相致密油储层类型多，砂体形态、规模、叠置关系复杂，需要选择不同井型以适应储层特点。对于连续性较好的单层致密油，以采用单分支长井段水平井为主；对于连续性较好的多层致密油，可采用多分支水平井实现纵向多层同时动用；对于较为分散的致密油，可采用复杂结构水平井，通过“一井多体”，实现多个有利砂体的有效动用；对于分散型或者断层发育、构造形态急剧变化等致密油，可采用高效直井或大斜度井以实现贯穿纵向及侧向多套油层的目的。

（1）单分支长井段水平井适用于国内鄂尔多斯盆地长7段、四川盆地侏罗系大安寨等储层相对集中、单层厚度较大、储层连续性好（通常大于2km）的致密油。通过单分支长井段水平井能钻遇较长的有效厚度并获得较高的储层钻遇率，同时，增大了储层基质的泄油面积，提高了井控储量和单井产量。

（2）单分支适度井段水平井适用于两种类型的致密油。第一类是以四川盆地沙溪庙组为代表的储层厚度较大，但砂体平面展布范围和连续性有限（0.5～2km不等）的致密油，通过控制水平段长度并优化水平井轨迹可确保大部分井段位于含油砂体中，降低无效井段的比例；第二类为松辽盆地扶余组和青山口组中储层非均质性较强，但砂体纵向上互层或邻近（纵向距离＜200m）的致密油，通过“穿层压裂”能沟通邻近含油砂体，从而实现多套油层的有效动用。

（3）多分支水平井适用于准噶尔盆地芦草沟组、渤海湾盆地沙河街组等纵向发育多套主力油层，但层间无法通过压裂缝沟通的致密油。通过多分支水平井可实现纵向上多套油层的同时动用，在提高单井产量和井控储量的同时减少钻井数量，节省钻井成本并减少用地面积。

（4）复杂结构水平井适用于松辽盆地扶余油层中储层非均质较强、甜点局部富集但又相对分散的致密油。由于储层形态、平面与纵向构造位置的变化，使得固定方向的水平井难以有效钻遇多个含油砂体，且会面临井网对储量控制程度低的问题。复杂结构水平井通过钻井轨迹在三维空间内的优化，能实现“一井多体”的目的，动用了多个分散的有利砂体，从而提高了井控储量和单井产量。

（5）高效直井、大斜度井适用于纵向跨度较大（＞200m）的薄互层、多层致密油，或者断层发育、构造形态急剧变化等复杂类型致密油。利用大斜度井和高效直井可同时钻遇多套油层，实现纵向上多层的有效动用，从而获得较大的井控储量和单井产量。

三、致密油开发井网井距优化

1. 致密油开发井网优选

为满足大规模钻井、压裂施工和地面设施建设的需要，以及减少井场用地，陆相致密油开发总体采用集中井口的平台式井网。鉴于储层条件的多样性和差异性，陆相致密油井网选择要遵循以下两条原则：一是对于储量丰度较高、分布稳定、连续性较好的致密油，可采用规则井网，实现对储量的有效控制；二是对于非均质性较强的非连续型，以及储层展布具有多方向性、条带状、多层状的致密油，宜采用不规则井网，实现对甜点的有效控制并提升井网效率。

针对致密油储层规模及连续性特点，主要考虑规则和不规则两种井网形式。

规则井网主要针对储量丰度较高、分布稳定、连续性较好的致密油。以准噶尔盆地吉木萨尔凹陷二叠系芦草沟组致密油为例，其目的层位为芦草沟组上甜点体砂屑云岩、岩屑长石粉细砂岩、云屑砂岩致密油，主力层为岩屑长石粉细砂岩储层，具有单层厚度相对较大（5～7m）、分布稳定、物性（孔隙度11%）和含油性（饱和度80%）较好等特点。同时，目标区天然裂缝和最大主应力方向稳定，均为北西—南东方向，有利于规则井网的部署和工厂化钻井、压裂作业。

不规则井网适用于非均质性较强的非连续型、储层展布具有多方向性、多层状致密油。以松辽盆地白垩系扶余组致密油为例，其主要储集岩为曲流河、分流河道砂体，具有单层厚度小、砂体横向不连续、单砂体规模有限等特点。统计结果表明，扶余组致密油单砂体规模小，展布范围仅为200～500m；储层孔隙度8%～12%，含油饱和度35%～55%，含油性较差；天然裂缝和最大主应力方向主要为近东西向；同时，区内断层发育，储层连续性及地应力等易受断层影响。因此，不利于规则井网的部署实施。

2. 致密油开发井距解析模型

在矿场上，通过分段多簇射孔、高排量、大液量、低黏液体，以及转向材料及相应技术的应用，能够在主裂缝的侧向强制形成次生裂缝，并在次生裂缝上继续分枝形成二级次生裂缝，以此类推，结果能够在近井地带让主裂缝与多级次生裂缝交织形成裂缝网络系统。

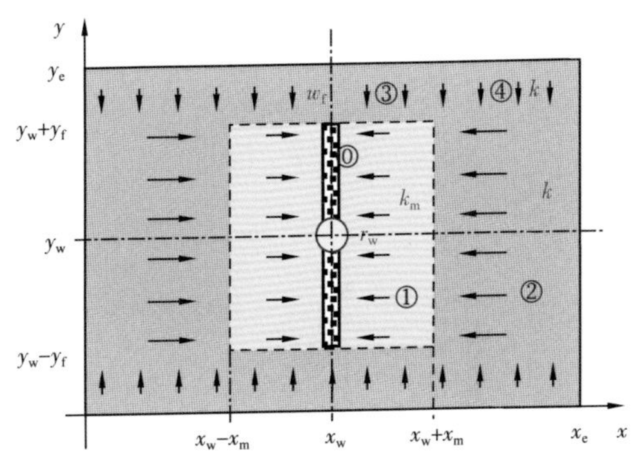

图 3-4-1 SRV 复合流渗流物理模型

采用四区域线性复合叠加导流能力影响函数的方法建立数学模型（图3-4-1），经过Laplace变换后的不稳定渗流控制方程组详述如下。

第④区（$x_w+x_m<x<x_e$，$y_w+y_f<y<y_e$）：

$$\frac{\partial^2 \tilde{p}_{4D}}{\partial y_D^2}=\frac{s}{\eta_{4D}}\tilde{p}_{4D},\ \eta_{jD}=\frac{\eta_j}{\eta_{ref}},\ \eta_j=\frac{K_4}{\left(\phi\mu_{gi}C_{ti}\right)_j},\ j=1,2,3,4 \tag{3-4-1}$$

$$\frac{\partial p_{4D}\left(y_{eD},t_{Df}\right)}{\partial y_D}=0 \tag{3-4-2}$$

$$p_{4D}\left(y_{wD}+1,t_{Df}\right)=p_{2D}\left(y_{wD}+1,x_D,t_{Df}\right) \tag{3-4-3}$$

$$\frac{\partial p_{4D}\left(y_{wD}+1,t_{Df}\right)}{\partial y_D}=\frac{k_2}{k_4}\frac{\partial p_{2D}\left(y_{wD}+1,x_D,t_{Df}\right)}{\partial y_D} \tag{3-4-4}$$

$$\tilde{p}_{4D}\left(y_D,s\right)=\frac{\cosh\left[\left(y_{eD}-y_D\right)\sqrt{s/\eta_{4D}}\right]}{\cosh\left[\left(y_{eD}-y_{wD}-1\right)\sqrt{s/\eta_{4D}}\right]}\tilde{p}_{2D}\left(x_D,s\right) \tag{3-4-5}$$

$$\frac{\partial\tilde{p}_{4D}\left(y_{wD}+1,s\right)}{\partial y_D}=-\sqrt{s/\eta_{4D}}\tanh\left[\left(y_{eD}-y_{wD}-1\right)\sqrt{s/\eta_{4D}}\right]\tilde{p}_{2D}\left(x_D,s\right) \tag{3-4-6}$$

第③区（$x_w+0.5w_f<x<x_w+x_m$，$y_w+y_f<y<y_e$）：

$$\frac{\partial^2\tilde{p}_{3D}}{\partial y_D^2}=\frac{s}{\eta_{3D}}\tilde{p}_{3D} \tag{3-4-7}$$

$$\frac{\partial p_{3D}\left(y_{eD},t_{Df}\right)}{\partial y_D}=0 \tag{3-4-8}$$

$$p_{3D}\left(y_{wD}+1,t_{Df}\right)=p_{1D}\left(y_{wD}+1,x_D,t_{Df}\right) \tag{3-4-9}$$

$$\frac{\partial p_{3D}\left(y_{wD}+1,t_{Df}\right)}{\partial y_D}=\frac{k_1}{k_3}\frac{\partial p_{1D}\left(y_{wD}+1,x_D,t_{Df}\right)}{\partial y_D} \tag{3-4-10}$$

$$\tilde{p}_{3D}\left(y_D,s\right)=\frac{\cosh\left[\left(y_{eD}-y_D\right)\sqrt{s/\eta_{3D}}\right]}{\cosh\left[\left(y_{eD}-y_{wD}-1\right)\sqrt{s/\eta_{3D}}\right]}\tilde{p}_{1D}\left(x_D,s\right) \tag{3-4-11}$$

$$\frac{\partial\tilde{p}_{3D}\left(y_{wD}+1,s\right)}{\partial y_D}=-\sqrt{s/\eta_{3D}}\tanh\left[\left(y_{eD}-y_{wD}-1\right)\sqrt{s/\eta_{3D}}\right]\tilde{p}_{1D}\left(x_D,s\right) \tag{3-4-12}$$

第②区（$x_w+x_m<x<x_e$，$y_w-y_f<y<y_w+y_f$）：

$$\frac{\partial^2\tilde{p}_{2D}}{\partial x_D^2}+\frac{k_4}{k_2}\frac{\partial\tilde{p}_{4D}\left(y_{wD}+1,s\right)}{\partial y_D}=\frac{s}{\eta_{2D}}\tilde{p}_{2D} \tag{3-4-13}$$

$$\frac{\partial p_{2D}\left(x_{eD},t_{Df}\right)}{\partial x_D}=0 \tag{3-4-14}$$

$$p_{2D}\left(x_{wD}+x_{mD},t_{Df}\right)=p_{1D}\left(x_{wD}+x_{mD},t_{Df}\right) \tag{3-4-15}$$

$$\frac{\partial p_{2D}\left(x_{wD}+x_{mD},t_{Df}\right)}{\partial x_D}=\frac{k_1}{k_2}\frac{\partial p_{1D}\left(x_{wD}+x_{mD},t_{Df}\right)}{\partial x_D} \tag{3-4-16}$$

$$\tilde{p}_{2D}\left(x_D,s\right)=A\cosh\left[\left(x_{eD}-x_D\right)\sqrt{C_1(s)}\right] \tag{3-4-17}$$

$$\frac{\partial\tilde{p}_{2D}\left(x_{wD}+x_{mD},s\right)}{\partial x_D}=-A\sqrt{C_1(s)}\sinh\left[\left(x_{eD}-x_{wD}-x_{mD}\right)\sqrt{C_1(s)}\right] \tag{3-4-18}$$

$$C_1(s)=\frac{s}{\eta_{2D}}+\frac{k_4}{k_2}\sqrt{\frac{s}{\eta_{4D}}}\tanh\left[\left(y_{eD}-y_{wD}-1\right)\sqrt{\frac{s}{\eta_{4D}}}\right]$$

第①区（$x_w<x<x_w+x_m$，$y_w-y_f<y<y_w+y_f$）：

$$\frac{\partial^2\tilde{p}_{1D}}{\partial x_D^2}+\frac{k_3}{k_m}\frac{\partial\tilde{p}_{3D}\left(y_{wD}+1,s\right)}{\partial y_D}=\frac{s}{\eta_{1D}}\tilde{p}_{1D} \tag{3-4-19}$$

$$\frac{\partial\tilde{p}_{1D}\left(x_{wD}+\frac{1}{2}w_{fD},s\right)}{\partial x_D}=-\frac{\pi}{2s} \tag{3-4-20}$$

$$\tilde{p}_{1D}\left(x_{wD}+x_{mD},s\right)=\tilde{p}_{2D}\left(x_{wD}+x_{mD},s\right) \tag{3-4-21}$$

$$\frac{\partial\tilde{p}_{1D}\left(x_{wD}+x_{mD},s\right)}{\partial x_D}=\frac{k_2}{k_1}\frac{\partial\tilde{p}_{2D}\left(x_{wD}+x_{mD},s\right)}{\partial x_D} \tag{3-4-22}$$

$$C_2=\frac{s}{\eta_{1D}}+\frac{k_3}{k_1}\sqrt{\frac{s}{\eta_{3D}}}\tanh\left[\left(y_{eD}-y_{wD}-1\right)\sqrt{\frac{s}{\eta_{3D}}},\ x_{ewmD}=x_{eD}-x_{wD}-x_{mD}\right]$$

$$s\tilde{p}_{wD}(s)=\frac{\pi}{2\sqrt{C_2(s)}}\frac{1+\frac{k_2}{k_1}\sqrt{\frac{C_1(s)}{C_2(s)}}\tanh\left[x_{mD}\sqrt{C_2(s)}\right]\cdot\tanh\left[x_{ewmD}\sqrt{C_1(s)}\right]}{\tanh\left[x_{mD}\sqrt{C_2(s)}\right]+\frac{k_2}{k_1}\sqrt{\frac{C_1(s)}{C_2(s)}}\tanh\left[x_{ewmD}\sqrt{C_1(s)}\right]} \tag{3-4-23}$$

其解析解为

$$s\tilde{p}_{wD}^{\inf}(s)=\frac{\pi}{2\sqrt{C_2(s)}}\frac{1+\lambda\sqrt{\frac{C_1(s)}{C_2(s)}}\tanh\left[x_{mD}\sqrt{C_2(s)}\right]\cdot\tanh\left[x_{ewmD}\sqrt{C_1(s)}\right]}{\tanh\left[x_{mD}\sqrt{C_2(s)}\right]+\lambda\sqrt{\frac{C_1(s)}{C_2(s)}}\tanh\left[x_{ewmD}\sqrt{C_1(s)}\right]} \tag{3-4-24}$$

$$C_1(s)=\frac{\omega s}{\lambda}+\sqrt{\frac{\omega s}{\lambda}}\tanh\left[\left(y_{eD}-y_{wD}-1\right)\sqrt{\frac{\omega s}{\lambda}}\right]$$

$$C_2(s)=s+\lambda\sqrt{\frac{\omega s}{\lambda}}\tanh\left[\left(y_{eD}-y_{wD}-1\right)\sqrt{\frac{\omega s}{\lambda}}\right]$$

第⓪区为水力裂缝内区域，可以通过叠加导流能力影响函数来包含水力裂缝有限导流的影响，此外还需叠加水力裂缝横切水平井筒所产生的聚流表皮因子 S_c，即

$$S_c=\frac{1}{c_{fD}}\frac{h}{y_f}\left(\ln\frac{h}{2r_w}-\frac{\pi}{2}\right),\ c_{fD}=\frac{k_f w_f}{k_1 y_f}$$

$$s\tilde{p}_{wD}(s)=s\tilde{p}_{wD}^{\inf}(s)+s\tilde{f}_{cD}(c_{fD})+S_c \tag{3-4-25}$$

式中 K——储层渗透率，mD；

p_i——初始静压，MPa；

C_t——系统压缩系数，1/MPa；

t——延续时间，d；

q——井的产量，m^3/d；

ϕ——储层孔隙度。

定流量无量纲拟压力（$w=2y_f$）：

$$p_{pD}=\frac{\alpha_p kh\left[(p_i-p)+\lambda x\right]}{q\mu B}=\frac{\alpha_p kh(p_i-p)}{q\mu B}+\frac{\alpha_p kh\lambda x}{q\mu B}=p_D+x_D\lambda_D$$

$$x_D=\frac{x}{w},\quad \lambda_D=\frac{\alpha_p khw}{q\mu B}\lambda$$

定流压无量纲拟压力：

$$p_{pD}=\frac{(p_i-p)+x\lambda}{p_i-p_0}=\frac{(p_i-p)}{p_i-p_0}+x_D\lambda_D=p_D+x_D\lambda_D$$

$$\lambda_D=\frac{w\lambda}{p_i-p_0}$$

其他无量纲量定义为

$$t_D=\frac{\alpha_t kt}{\phi\mu C_t w^2},\quad x_D=\frac{x}{w},\quad x_{fD}(t_D)=\frac{x_f(t)}{w}$$

p_{1D}、P_{2D}、P_{3D}、P_{4D}——分别为第①、②、③、④区无量纲压力；

y_D——油藏 y 方向无量纲长度。

通过 Stehfest 数值反演方法计算式（3-4-25）可以得到考虑 SRV 的无量纲井壁压力曲线。以式（3-4-25）为基础，利用褶积定理可以预测复合工作制度（定产 + 定流压）下的 SRV 井之生产动态，从而优化井距。

3. 致密油开发井距优选技术及应用

对于准自然能量和注采 / 吞吐等开发方式，研究结果表明基质极限动用半径受井型、裂缝半长或水平段长度、生产压差和启动压力梯度等参数的影响。根据致密油渗流具有启动压力梯度的特点，建立了基质最大动用半径模型，绘制了相应图版（图 3-4-2）。

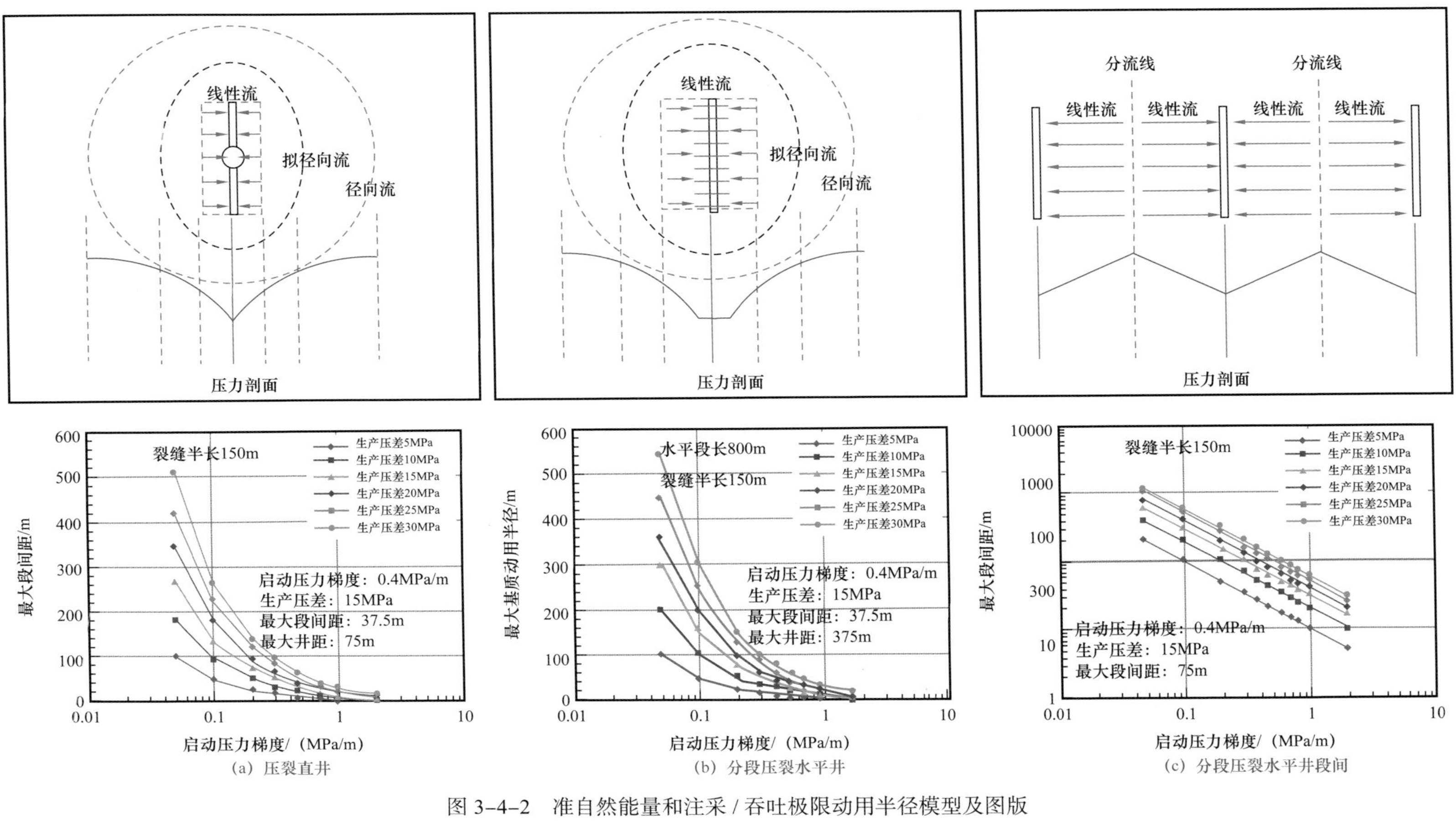

（a）压裂直井 （b）分段压裂水平井 （c）分段压裂水平井段间

图 3-4-2 准自然能量和注采 / 吞吐极限动用半径模型及图版

致密油井网井距优化设计技术在华H6平台设计中得到应用，采用解析模型和数值模型，优化设计井距200m，段间距30～50m，簇间距10～20m，为探索“长水平井、大井丛、多层系、小井距、密切割”开发模式奠定了基础。

四、致密油EUR评价及稳产对策研究

1. 致密油EUR评价物理模型

水平井大规模压裂是目前致密油藏开发的主要开发方式。水平井压裂大多以分段的方式来进行，沿着水平井选取压裂甜点，在一个压裂段内同时射开3～5个孔，进行大排量、大液量的压裂，微地震监测的结果清楚地显示，在一个压裂段内形成一个裂缝带。根据裂缝间距、裂缝条带的大小及井距，可以将致密油藏压裂水平井渗流模型简化为如下4种情形（图3-4-3）。

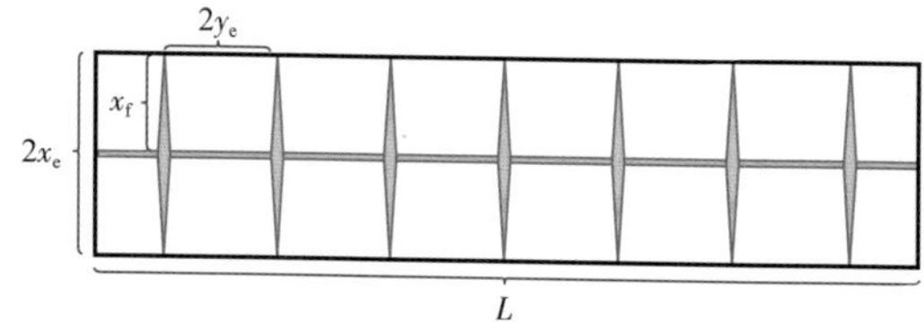

模型1：此模型认为压裂激活了所有的区域，整个地层都被压开，相邻压裂段的裂缝条带相接，相邻两口井的裂缝条带相接；此模型适用于小井距、多压裂段的情形，流体直接从压裂区域线性流向主裂缝，再由主裂缝流向井底

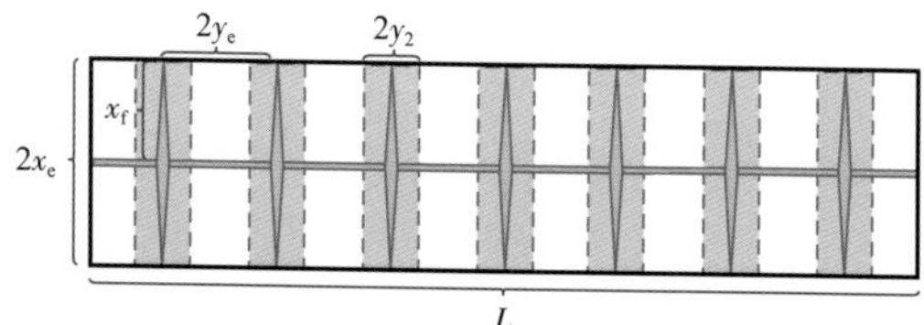

模型2：如果压裂段之间的距离较远，或者储层脆性较差，形成的裂缝条带宽度较小，在裂缝段之间还有未被压开的区域，而井距较小，相邻裂缝条带相连接；在此模型内，未被压开区域内的流体先流向被压开区域，再经被压开区域流向裂缝，进而到达井底

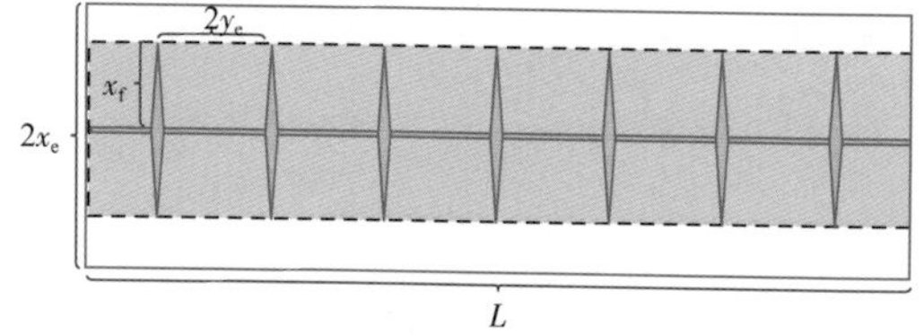

模型3：相邻裂缝之间的区域完成被压开，但井距较大，在相邻两口井之间还有未被压开的区域，形成模型3所示的渗流模型；未被压开区域需要先流向压开区域，再由被压开区域流向裂缝

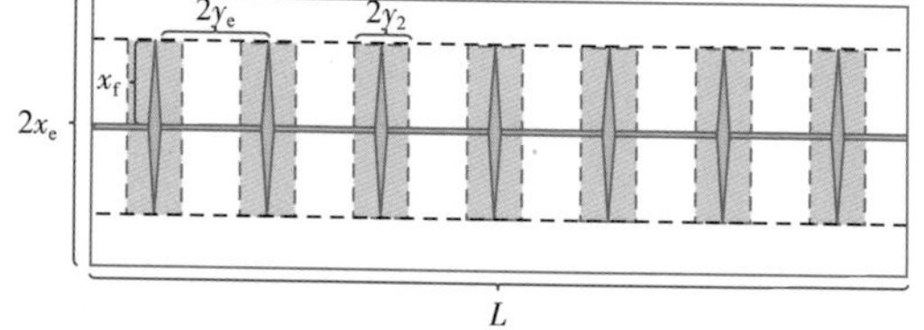

模型4：裂缝间距较大，储层脆性较差，压裂形成的条件较窄，同时，井距也较大，相邻井之间也有未被压开的区域；相邻井之间未被压开的区域内的流体可以流向裂缝段之间未被压开的区域，或者直接流向压开区域；裂缝段之间未被压开区域的流体直接流向被压开区域，再由被压开区域流向裂缝

图3-4-3 致密油EUR评价物理模型

2. 致密油EUR评价数学模型、方法及其应用

在致密油EUR评价物理模型的基础之上，分别建立了双线性流、组合双线性流、三线性流、五线性流非稳态渗流数学模型。这些非稳态渗流数学模型都为对空间与时间二阶偏微分方程，采用Laplace变换法求取无量纲解析解。由于篇幅问题，这里不再累述。通过引入物质平衡时间，得到了致密油藏压裂水平井多线性流模型的Blasingame曲线（图3-4-4）。

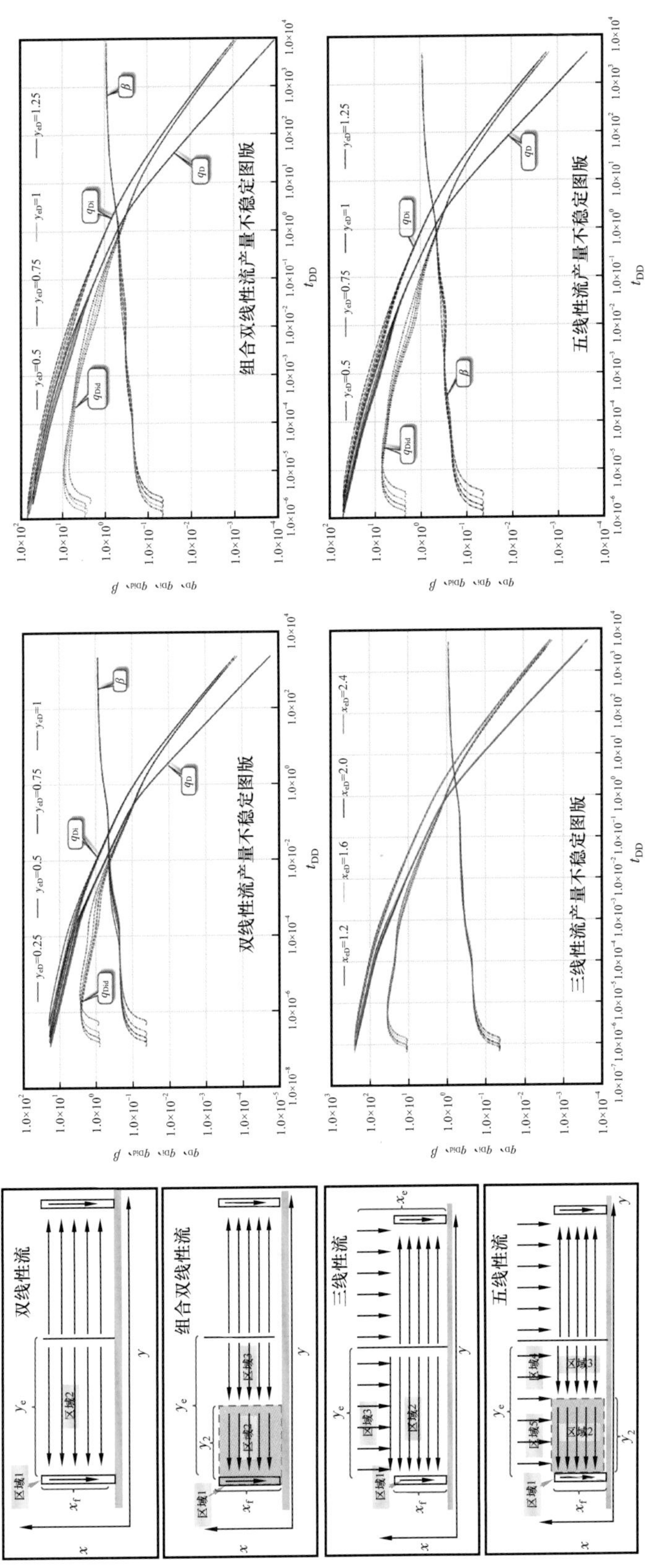

图 3-4-4 多段压裂水平井产量不稳定模型及解析解图版

采用多段压裂水平井产量不稳定模型及解析解图版，对长7段油层试验井生产动态进行分析，计算了单井控制储量，其中6口井的拟合与计算结果见表3–4–2。

表3–4–2 长庆油田阳平长7致密油储层单井EUR评价结果表

井号	模型	裂缝半长／m	基质渗透率／mD	x_e/m	y_e/m	控制储量／10^4m^3	EUR/10^4m^3
阳平1	双线性流	83	0.015	1584	165.8	21.27	1.91
阳平2	双线性流	100	0.12	1520	200	24.63	2.22
阳平3	双线性流	82	0.03	1496	164.2	19.905	1.79
阳平4	三线性流	80	0.07	1600	200	20.733	1.87
阳平5	组合双线性流	80	0.07	1601	160	20.752	1.87
阳平10	五线性流	100	0.1	1709	300	41.535	4.74

3. 不同类型致密油稳产对策

致密油初期产量较高，产量递减速度很快，但到中后期，特别是后期，产量下降非常缓慢。常规油藏的产量递减一般符合Arps递减规律，而致密油的递减规律较为复杂，常规的递减规律模型均不适用。

造成致密油初期产量递减率大后期递减缓慢的主要原因为以下几方面：第一，致密油开发一般采用水平井多级压裂。压裂规模与初期产能具有一定的正相关性。因此，致密油开发初期产能一般较高，主要是人工裂缝系统对产能的贡献占主导地位。但是，随着生产的不断进行，储层介质开始发挥作用。第二，由于储层介质致密、地层能量不足、地层系数小、控制储量小等原因，再加上致密储层启动压力梯度较大，致使地层供液能力不足，造成产量迅速下降。第三，产量下降到一定程度后，地层供液能力与产量以及相应的生产压差相匹配，此时产量就会下降缓慢。

对于不类型的致密油，产量递减的主要原因也各不相同。应该针对具体原因采取相应的稳产对策，以减缓产量衰竭程度。

低压型致密油，典型代表为鄂尔多斯盆地三叠系延长组长7段储层，主要原因是地层压力系数低，造成地层能力弱，再加上人工裂缝在较大的生产压差下，形成一定程度的闭合，也会造成产量下降。针对这种情况，在早期应该采取重复压裂方式，减小人工裂缝中的流动阻力；通过注水吞吐或CO_2吞吐，为地层补充一定的能量。进入中后期后，地层压力进一步下降，开发方式可以转化为井间注水/CO_2或同井注水/注CO_2，进一步补充地层能力，实现注入介质驱替，保持产量稳定。

低充注型致密油，松辽盆地的白垩系泉头组扶杨油层，由于发育薄互层，不适合打水平井，因此多采用直井多层压裂合采。油井普遍存在单井控制储量小，地层压力下降快；储层含油饱和度较低，存在油水两相流动，渗流阻力大，再加上人工裂缝随着生产时间的推移在逐渐闭合。鉴于这种状况，可以采用大规模重复压裂技术，以及注气 /CO_2 吞吐来补充地层能力。对于储层连通性较好的区域，可以采用井间注水的方式补充地层能力，延缓产量衰竭。

低流度型致密油，以准噶尔盆地二叠系芦草沟组为典型代表。产量递减快的主要原因是地下原油黏度大，造成地层流度低。短期内可以采用大型重复压裂和降黏措施，如 CO_2 吞吐，加热等。中后期可以进行开发方式转化，采用井间注 O_2，同井注 CO_2 等。

五、致密油开发成本、产量与油价关系研究

1. 致密油开发成本、产量与油价关系模型

致密油开发成本、产量与油价关系模型的建立是基于折现现金流理论，将净现值（NPV）和内部收益率（IRR）作为主要的评价指标而建立的经济评价模型。关系模型中的主要参数包括收入、投资、成本和税费参数，各参数的估算按照参数构成和前文所述的方法分别进行估算，并将各参数计算公式代入净现值和内部收益率的基本模型中，最后形成致密油开发成本、产量与油价关系模型（图 3-4-5）。

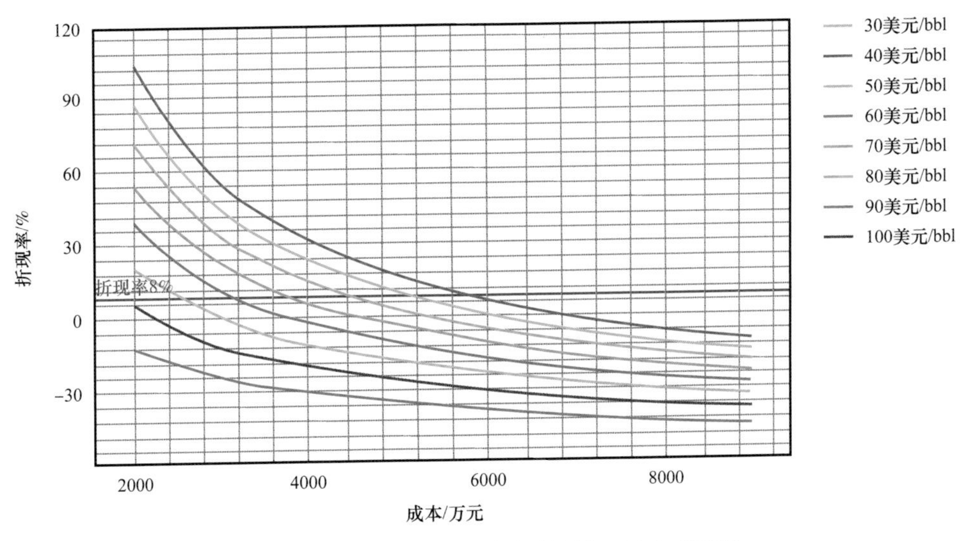

图 3-4-5 致密油开发成本与折现率、油价关系图

开发成本与油价关系模型如式（3-4-26）所示：

$$\sum_{t=1}^{n}\left(q_t \times f \times P - C_o - T\right)_t \left(1+\mathrm{IRR}\right)^{-t} - C_t = 0 \tag{3-4-26}$$

式中 q_t——t 年年产油量；

f——油气商品率；

P——原油价格；

C_0——原油操作成本；

T——税费；

C_t——单井总投资，包括钻井成本、压裂等完井成本以及地面投资。

获取每年产量数据的常规方法是首先确定第一年的年产油量，然后根据现场生产数据确定年递减率，按照这个固定的递减率计算每年的年产量。但是对于致密油来说，第一年的递减率很大，以后递减率会逐年减小，因此不能采用常规方法来计算年产量数据。这里根据致密油开发全生命周期产能预测模型来确定年产油量。致密油开发全生命周期产能预测模型及预测方法参见本章第三节致密油单井产能影响因素与评价的研究内容。

2. 开发技术政策经济界限评价模型、方法及其应用

经济极限累计产量的求解方法为：构建致密油开发项目经济评价模型，通过令内部收益率（IRR）为8%时求解产量剖面，所得每年产量之和即为经济极限累计产量。可以针对不同类型致密油，在油藏条件不变的情况下，分析不同致密油区块在不同油价下的经济极限累计产量数据。

$$\sum_{t=1}^{n}\left(q_t \times f \times P - C_\text{o} - T\right)_t \left(1+8\%\right)^{-t} - C_\text{t} = 0 \qquad (3-4-27)$$

从公式中可以看出，经济极限累计产量不能直接求出，需要进行不断迭代。方法如下：首先建立致密油开发全生命周期产能预测模型（详见本章第三节），预测每年年产量以及累计产量，计算对应的IRR值，如果IRR小于8%，说明累计产量小了，需要调整致密油开发全生命周期产能预测模型的参数，使累计产量增加；如果IRR大于8%，说明累计产量大了，需要调整致密油开发全生命周期产能预测模型的参数，使累计产量减小，最终达到IRR值等于8%，此时的累计产量就是要求的经济极限累计产量。经济极限初产的模型与评价方法与经济极限累计产量的思路是一样的，这里不再累述。

经济极限井距评价模型和评价方法的建立也是采用相同的思路：不同的井距对应不同的单井控制范围，因此建立不同的致密油开发全生命周期产能预测模型，对应的年产量及累计产量也不同，把这些不同模型预测的产量数据代入式（3-4-27）中，可以得到给定油价和折现率情况下，不同单井总成本与井距的关系，该井距即为极限井距。

六、不同类型致密油个性化开发模式

根据不同类型致密油的地质特征、流体物性、地层能量特征以及岩石力学特征，结合第三章第二节“致密油储层渗流与开发机理”、第三节“致密油单井产能影响因素与评价”、第五节“致密油提高采收率技术”研究成果，建立了四种类型致密油的个性化开发模式。

1. 低压型致密油开发模式

以长庆长7段致密油储层为典型代表。长7段主力油层发育范围较广，横向连续性较好，隔层厚度较大，分布较稳定。平均孔隙度8.7%、平均渗透率0.10mD。地层原油具有低密度、低黏度和高气油比的特点，水型以$CaCl_2$为主。油藏原始地层压力为15.8MPa，压力系数为0.77，天然能量以弹性溶解气驱为主，地层温度58.9℃。大部分

区域天然裂缝不发育，部分区域发育天然裂缝。根据长庆长7段致密油储层的地质特点、流体物性、地层能量特征以及岩石力学特征，建立了低压型致密油开发模式。

1）开发初期

（1）开发井型：压裂水平井；

（2）水平段长：水平段长度应在1200～1800m之间；

（3）布井模式：平台化立体式布井、工厂化作业，空间布井选择物性最优储层单层布井；

（4）压裂方式：细分密切割体积压裂方式，段间距100m左右，裂缝半长在100m左右；

（5）井网井距：水平井压裂缝呈交错式设计或拉链式，井距为150～300m。

2）开发中后期

（1）对于天然裂缝较为发育的井区，以重复压裂、注水吞吐、注CO_2吞吐为补充地层能量的方式；

（2）对于天然裂缝不发育的井区，择机转换开发方式，如井间注水/CO_2驱，同井段间注水/CO_2驱。

2. 低充注型致密油开发模式

松辽盆地白垩系泉头组扶杨油层发育致密油，以扶余油层为典型代表。扶余油层以三角洲分流平原沉积为主，发育分流河道、决口扇和泛滥平原等微相。储层以分流河道、决口扇沉积的砂体为主，单砂体薄，但局部存在多期分流河道、决口扇砂体叠合发育的特点。储层平面上呈条带状或片状分布。油层平面分布呈坨状、条带状；油层纵向分布呈叠合连片特征。有效孔隙度集中分布区间在9.0%～15%之间，平均为11.8%。空气渗透率集中分布区间在0.1～2mD之间，中值渗透率0.57mD。原始含油饱和度56%～62%。垂向油水分布关系遵循重力分异规律，主要以全段纯油为主，无统一的油水界面。地层原油密度平均为0.7680g/cm^3，地层原油黏度平均为2.53mPa·s，原始饱和压力平均为7.58MPa，体积系数平均为1.1529，原始气油比平均为31.45m^3/t。

考虑到松辽盆地白垩系泉头组扶杨油层致密油的纵向薄互层发育、平面连续性差、含油饱和度低等特点，建立了低充注型致密油开发模式。

1）开发初期

（1）开发井型：以压裂直井或定向井为主，在平面上储层连片集中发育的区域可以钻水平井；

（2）水平段长：水平段长度应在1200～1800m之间；

（3）布井模式：平台化布井、工厂化作业；

（4）压裂方式：直井采用分压合采，裂缝半长100～200m，水平井采用大规模多段压裂，段间距100m，裂缝半长100～200m；

（5）井网井距：直井，菱形或矩形井网250m×100m，水平井井距200～300m。

2）开发中后期

（1）大规模重复压裂；注气 /CO_2 吞吐；

（2）开发方式转化：连通性好的区域，转注水开发。

3. 低流度型致密油开发模式

以吉木萨尔芦草沟致密储层为典型代表。该储层源储一体，烃源岩品质优、厚度大；构造简单、油层非均质性强；岩性复杂、纵向变化快，呈薄互层状；甜点区孔隙度大、含油饱和度高；天然裂缝不发育、两向应力差大，不利于形成复杂缝网；脆性好、弱水敏，无边底水，有利于大规模压裂改造；地层压力高、地饱压差大，适合水平井大规模体积压裂开发。

综合吉木萨尔芦草沟致密储层的地质特点、流体物性、地层能量特征以及岩石力学特征，建立了低流度型致密油开发模式。

1）开发初期

（1）开发井型：压裂水平井；

（2）水平段长：水平段长度应在 1200～1800m 之间；

（3）布井模式：平台化布井、工厂化作业，空间布井选择物性最优储层单层布井；

（4）压裂方式：推荐细分密切割体积压裂方式，并尽可能提高加砂强度、压裂级数，合理控制加液强度；

（5）井网井距：井距为 200～300m，相邻水平井压裂缝呈交错状或拉链式设计。

2）开发中后期

（1）增产 / 增能措施：重复压裂、CO_2 吞吐、加热；

（2）开发方式转变：CO_2 驱（井间注 CO_2；同井段间注 CO_2）。

4. 低孔型致密油开发模式

以川中侏罗系致密油为典型代表。川中侏罗系自下而上发育珍珠冲段、东岳庙段、大安寨段、凉高山组和沙一段 5 套含油气层段。这 5 套含油层系具有源储一体的特点，其基质孔隙度普遍小于 4%，裂缝相对较发育，是国内乃至世界上重要的低孔型致密油类型，与国内外其他致密油在储层特征、生产动态和流体性质等方面有较大差异。

一是储层经历了复杂的“沉积→致密化→溶蚀或构造”作用过程，储集空间以微纳米孔为主，物性差、喉道细、非均质性强，是典型的微差储层，难以用常规手段系统、科学地认识该类储层。

二是储层基质孔隙度普遍小于 3%、渗透率小于 0.1mD，导致单井产能严重依赖天然裂缝，如何通过储层改造规模有效动用基质储量、提高单井产量和单井累计产量面临挑战。

三是侏罗系致密油先致密后成藏，储层含油性受油源、储层、源储关系及保存条件等影响，既表现出大面积满坡含油的普遍性特征，也表现为“有砂无油、无缝无油”的特殊性，含油性甜点识别和预测难度大。

四是致密砂岩石英含量高达70%、介壳灰岩方解石含量约80%，储层具有较好脆性特征；但较发育的泥岩、页岩夹层会影响粉细砂岩和薄层石灰岩压裂效果，较大的两向应力差（8～40MPa）导致难以形成有利的网状压裂缝。

五是侏罗系原油密度和黏度低、可流动性好，储层具有中等偏强的水敏、酸敏、碱敏和应力敏感性特征，地层压力系数0.8～1.72、变化大，由于孔喉细小，易受污染，钻完井和压裂改造过程中面临严峻的储层保护难题。

六是纵向上发育多套含油层系，油层跨度数十米至上百米；平面上呈多层系大面积叠置连片分布特征，但单层分布具有较强的分散性及非均质性；如何有效预测物性、脆性、裂缝及含油性甜点，发展适合的立体式开发模式，是规模、效益开发侏罗系致密油的关键和基础。

根据以上地质特点、流体物性、地层能量特征以及岩石力学特征，建立了低孔型致密油开发模式。

1）开发初期

（1）开发井型：压裂水平井；

（2）水平段长：水平段长度应在1200～2000m之间；

（3）布井模式：平台化布井、工厂化作业；

（4）压裂方式：大规模分段多簇压裂，裂缝半长200m左右；

（5）井网井距：平台两侧对称平行布井的井网方式；井距500m左右。

2）开发中后期

增产措施为重复压裂。

第五节 致密油提高采收率技术

致密油藏由于岩性致密、渗流阻力大、压力传导能力差，导致油井衰竭开采产量低，衰竭式开采采出程度仅3%～10%。如何提高致密油藏的采收率是当前国内外的研究热点。致密油藏由于其物性差，连通规模有限等因素，注水开发存在“注不进水、注入压力高”等问题。因此，在水平井水力压裂衰竭式开采基础上，分别研究不同的能量补充方式，重点对气体驱替和吞吐技术提高采收率的方法进行了研究。

一、致密储层开采中水驱与气驱压力传播研究

在岩心模拟方面，常规短岩心实验无法布置测压点，很难得到岩心内部的渗流规律。通过短岩心对接而成的长岩心，会存在多个对接端面，对中高渗透率模拟影响小，而对低渗透模拟而言，因对接产生的端面会产生毛细管突变而引起严重的端面效应，导致渗流规律失真。因此研发了1m长整体无对接露头岩心多测点模拟平台，克服了应用对接长岩心进行物理模拟实验所产生的端面效应。

实验装置主要由长岩心模拟系统、ISCO驱替泵、中间容器、回压装置、压力自动采集系统、恒温箱、采出液自动采集计量等装置组成，实验流程如图3-5-1所示。

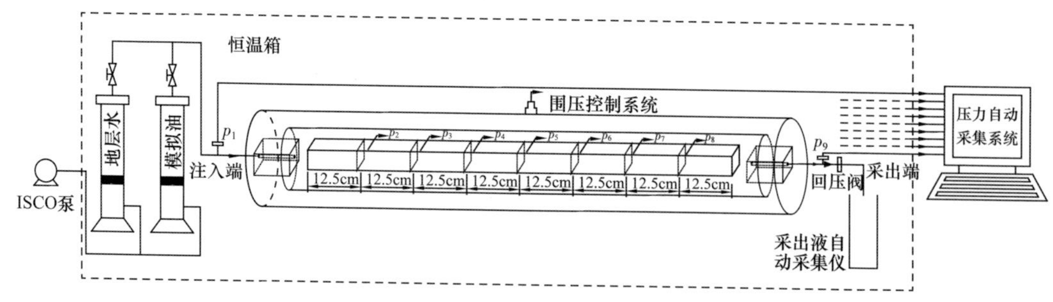

图 3-5-1 长岩心渗流过程压力传播测试流程

长岩心模拟系统采用规格为 4.5cm×4.5cm×100cm 的低渗透露头长岩心，岩心为整体切割、无对接。沿渗流方向均匀布置 9 个测压点，每两个测压点对应岩心长度 12.5cm，通过压力传感器、压力自动采集装置进行压力实时采集。本实验中设置采集压力数据周期为 10 点 /min。模拟系统进口压力（p_1）由 ISCO 泵控制，模拟油藏注水压力，出口压力（p_9）由回压阀控制，模拟开采过程中井底流动压力。实验围压由恒压泵控制，压力范围 5～30MPa，本实验水驱油围压设置为 32MPa。

通过实时对系统模拟过程中 9 个测压点的压力采集，实现了对低渗透长岩心渗流、驱油过程中内部沿程压力的动态监测，有效揭示了致密油藏渗流、驱油过程中内部压力变化特征及规律，为认识致密油藏提供了可靠的依据和基础。

1. 水驱油压力传播特征

1）水驱油实验方法

进行了长岩心水驱油实验研究，采用的露头长岩心气测渗透率为 1.96mD，孔隙度为 13.8%，平均孔隙半径为 1.234μm，孔隙分布形态与地层岩心相近，可以较好地模拟实际储层的孔隙结构特征。该实验模拟了长庆油田致密油藏注水特征，使用长庆油田模拟地层水和模拟油，地层水黏度为 1mPa·s，矿化度为 10000mg/L，模拟原油黏度为 1mPa·s，实验步骤如下：

（1）长岩心在 105℃恒温箱中烘干 48 小时；

（2）将岩心放入模型中，加围压 4MPa，测试岩心气测渗透率；

（3）将模型抽真空 24 小时至模型内岩心真空度达到 −0.1MPa；采用加压法将岩心缓慢饱和地层水，为减小应力敏感效应，饱和过程中岩心净有效应力不超过 3MPa；最终使地层水饱和压力达到 25MPa，再增加围压至 32MPa；

（4）使用模拟油造束缚水，恒压 7MPa，岩心出口回压 5MPa，且逐渐提高驱替压力至 25MPa，直到饱和油量达到 20 倍孔隙体积；

（5）进行水驱油，水驱压力 25MPa，采出端回压 5MPa，实时采集水驱油过程岩心不同位置各测压点压力动态变化，计量采出油水量。

2）水驱油过程压力分布特征

水驱过程中，岩心不同位置测压点压力动态变化如图 3-5-2 所示。

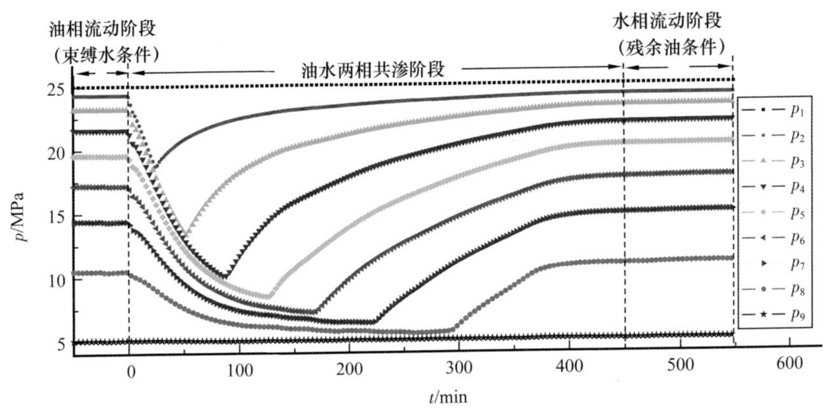

图 3-5-2 水驱油过程中压力动态变化

测试曲线分为三个阶段：(1) 束缚水条件下油相流动阶段；(2) 油水两相共渗阶段；(3) 残余油条件下水相流动阶段。

选择了水驱前缘推进到达不同测压点的时间（29.5min、54.5min、89min、127.5min、168min、224min、292.5min 和 380.5min）绘制长岩心压力沿程分布曲线，为了较好体现水驱压力动态变化特征又选取了与之相邻时间间隔为 5min 的 10 个时刻和 0min 原油流动时刻，绘制了长岩心压力沿驱替方向分布曲线（图 3-5-3）。

束缚水条件下油相流动阶段，长岩心沿渗流方向压力稳定且呈指数递减分布，主要是由于低渗透岩心沿渗流方向的有效应力变化而产生的渗透率敏感。测压点将 1m 长岩心平分为 8 段，每段长度 12.5cm，根据围压和孔隙流体压力分布得到对应的有效应力分别为 7.34MPa、8.24MPa、9.59MPa、11.39MPa、13.59MPa、16.19MPa、19.55MPa 和 24.23MPa。根据测试流速和相邻两测压点间的压差，得到长岩心这 8 段沿渗流方向渗透率依次为 0.83mD、0.5321mD、0.3674mD、0.2939mD、0.2450mD、0.2104mD、0.1505mD 和 0.1079mD。

低渗透岩心孔隙半径小，该岩心平均孔隙半径为 1.234μm，水驱过程中，油水两相共渗阶段需克服较大的毛细管阻力。图 3-5-3 中，水驱过程存在明显的油水前缘 A、B、C、D、E、F、G 和 H，是岩心沿程压力分布的突变点。油水前缘波及之处，岩心两相区压力先随之下降，当两相区水相占优势时，两相渗流阻力又随之减小，如图中箭头所示；前缘未波及位置的纯油流动区压力也随之下降。

由于致密油藏注水过程中油水两相区渗流阻力大，大部分能量都消耗在注水井周围，导致注水井吸水能力低，注水井附近地层压力损失大，注水压力不能有效地传播到生产井。所以生产井产液指数下降幅度大，产油量加速递减，采油井见注水效果程度差，不易建立有效驱替系统的实际生产特征。

当水驱前缘突破采出端后，水相渗流占主导地位，油水两相渗流阻力减小，油藏的能量又得到保持，此时注水井压力可有效传播到采油井，此种情况对应致密油藏注水开发末期。水驱前缘推进特征如图 3-5-4 所示。

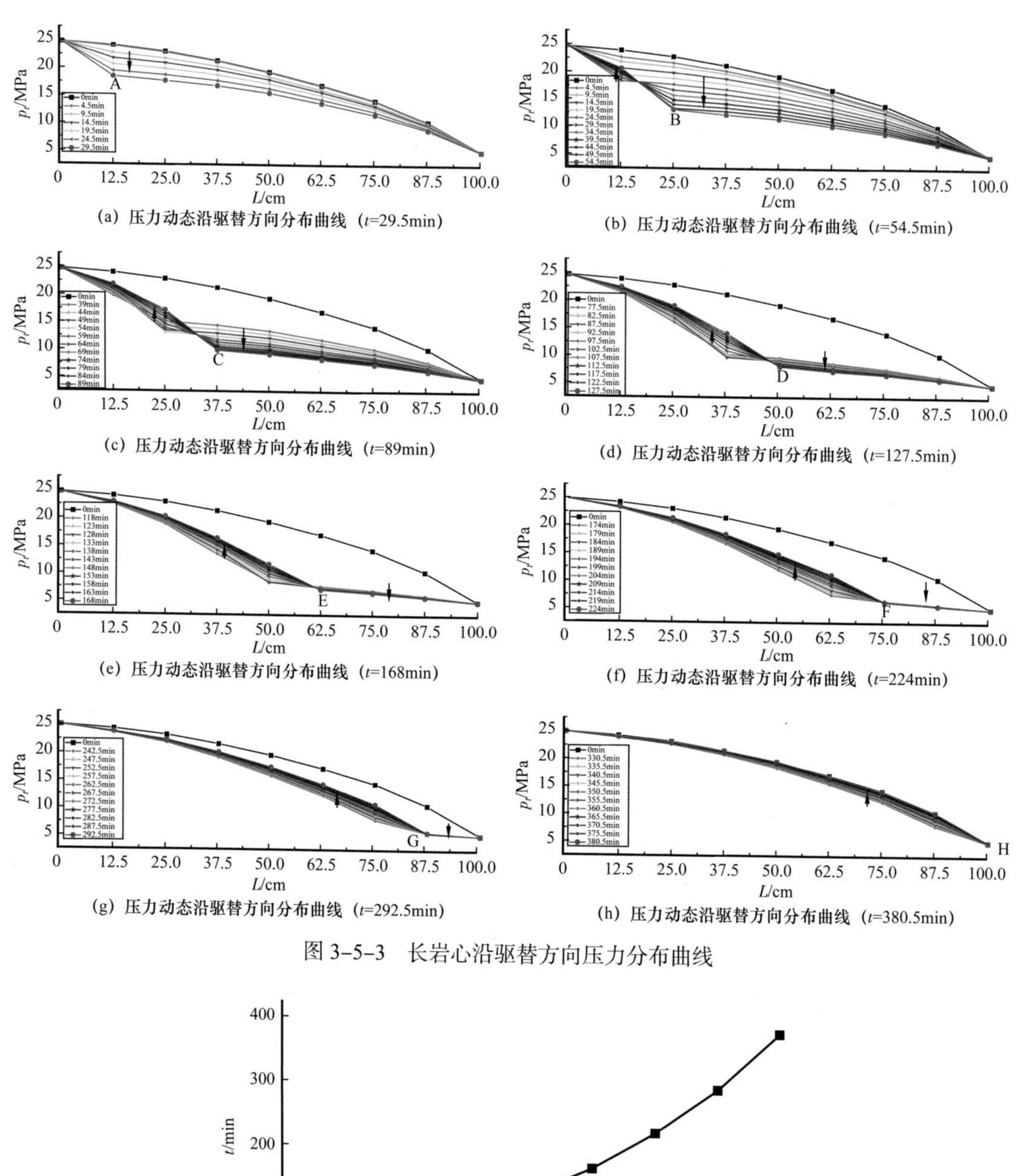

(a) 压力动态沿驱替方向分布曲线（t=29.5min）

(b) 压力动态沿驱替方向分布曲线（t=54.5min）

(c) 压力动态沿驱替方向分布曲线（t=89min）

(d) 压力动态沿驱替方向分布曲线（t=127.5min）

(e) 压力动态沿驱替方向分布曲线（t=168min）

(f) 压力动态沿驱替方向分布曲线（t=224min）

(g) 压力动态沿驱替方向分布曲线（t=292.5min）

(h) 压力动态沿驱替方向分布曲线（t=380.5min）

图 3-5-3 长岩心沿驱替方向压力分布曲线

图 3-5-4 油水前缘到达各测压点时间

低渗透长岩心水驱油过程中，压力前缘推进速度逐渐减小，推进时间随推进距离成指数上升趋势。这主要是由于水驱油过程中，岩心的有效驱替压力系数减小，由于应力敏感性引起孔隙渗透率减小，因而毛细管阻力随之增加，导致前缘推进速度逐渐减小。

（1）应用1m长露头岩心渗流模拟装置，研究了水驱油过程中压力动态传播特征，得到了低渗透岩心水驱油过程中油水前缘推进及压力动态变化特征。

（2）水驱过程中，油水两相共渗区需克服较大的毛细管阻力，油水前缘波及之处，岩心两相区压力先随之下降，当两相区水相占优势时，两相渗流阻力又随之减小，前缘未波及位置的纯油流动区压力也随之下降。

（3）由于低渗透岩心注水过程中油水两相区渗流阻力大，大部分能量都消耗在注入端附近，导致吸水能力低，层压力损失大，注水压力不能有效地传播到生产井，不易建立有效驱替系统。

（4）低渗透长岩心水驱油过程中，压力前缘推进速度逐渐减小，推进时间随推进距离成指数上升趋势。

2. N_2 非混相驱油压力传播特征

1）N_2 非混相驱油实验方法

采用的长庆油田长7段露头长岩心气测渗透率为1.96mD，孔隙度为13.8%，平均孔隙半径为1.234μm，孔隙分布形态与地层岩心相近，可以较好地模拟实际储层的孔隙结构特征。模拟了致密油藏注 N_2 特征，模拟长庆油田地层水和模拟油，地层水黏度为1mPa·s，矿化度为10000mg/L，模拟原油黏度为1mPa·s，实验步骤如下：

（1）长岩心在105℃恒温箱中烘干48小时；

（2）将岩心放入模型中，加围压4MPa，测试岩心气测渗透率；

（3）将模型抽真空24小时至模型内岩心真空度达到−0.1MPa；采用加压法将岩心缓慢饱和地层水，为减小应力敏感效应，饱和过程中岩心净有效应力不超过3MPa；最终使地层水饱和压力达到25MPa，再增加围压至32MPa；

（4）使用模拟油造束缚水，恒压7MPa，岩心出口回压5MPa，且逐渐提高驱替压力至25MPa，直到饱和油量达到20倍孔隙体积；

（5）进行 N_2 驱油，水驱压力25MPa，采出端回压5MPa，实时采集水驱油过程岩心不同位置各测压点压力动态变化，计量采出油气量。

2）N_2 非混相驱油过程压力分布特征

N_2 非混相驱过程中，岩心不同位置测压点压力动态变化如图3-5-5所示。

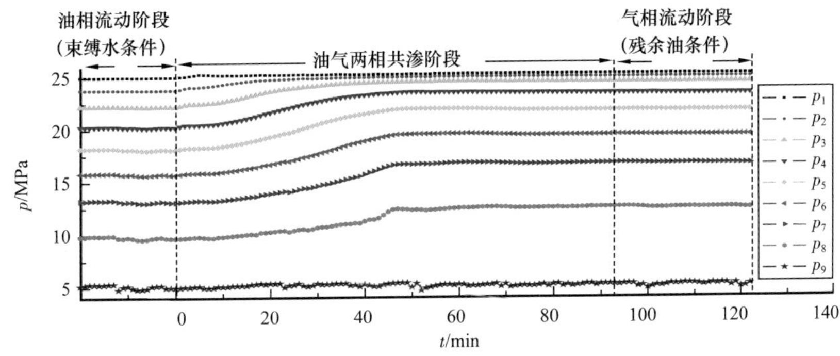

图3-5-5 水驱油过程中压力动态变化

测试曲线分为三个阶段：（1）束缚水条件下油相流动阶段；（2）油气两相共渗阶段；（3）残余油条件下气相流动阶段。绘制 N_2 驱油长岩心压力沿程分布曲线如图 3-5-6 所示。

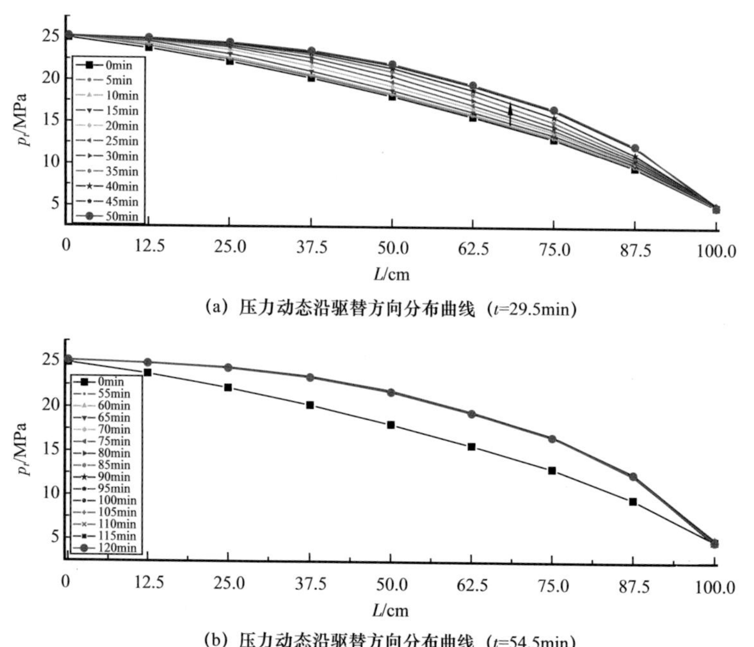

(a) 压力动态沿驱替方向分布曲线（t=29.5min）

(b) 压力动态沿驱替方向分布曲线（t=54.5min）

图 3-5-6 压力动态沿驱替方向分布曲线

N_2 非混相驱过程中，岩心压力单调增加，最终保持不变。N_2 驱降低地层油的密度和黏度，驱替阻力减小，增加地层的弹性能量。降低驱替相和被驱替相界面张力，提高地层油的流动性。

3. CO_2 混相驱油压力传播特征

1）CO_2 混相驱油实验方法

进行了长岩心 CO_2 驱油实验研究，采用的露头长岩心气测渗透率为 1.96mD，孔隙度为 13.8%，平均孔隙半径为 1.234μm，孔隙分布形态与地层岩心相近，可以较好地模拟实际储层的孔隙结构特征。该实验模拟了长庆油田致密油藏注水特征，使用长庆油田模拟地层水和模拟油，地层水黏度为 1mPa·s，矿化度为 10000mg/L，模拟原油黏度为 1mPa·s，实验步骤如下：

（1）长岩心在 105℃恒温箱中烘干 48 小时；

（2）将岩心放入模型中，加围压 4MPa，测试岩心气测渗透率；

（3）将模型抽真空 24 小时至模型内岩心真空度达到 −0.1MPa；采用加压法将岩心缓慢饱和地层水，为减小应力敏感效应，饱和过程中岩心净有效应力不超过 3MPa；最终使地层水饱和压力达到 25MPa，再增加围压至 32MPa；

（4）使用模拟油造束缚水，恒压 7MPa，岩心出口回压 5MPa，且逐渐提高驱替压力至 25MPa，直到饱和油量达到 20 倍孔隙体积；

（5）进行 CO_2 驱油，水驱压力 25MPa，采出端回压 5MPa，实时采集水驱油过程岩心不同位置各测压点压力动态变化，计量采出油气量。

2）CO_2 混相驱油过程压力分布特征

CO_2 混相驱过程中，岩心不同位置测压点压力动态变化如图 3-5-7 所示。

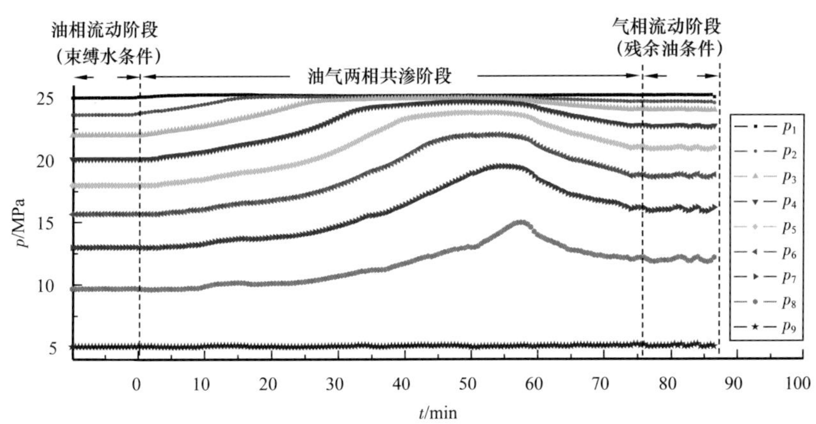

图 3-5-7　CO_2 混相驱油过程中压力动态变化

测试曲线分为三个阶段：（1）束缚水条件下油相流动阶段；（2）油水两相共渗阶段；（3）残余油条件下气相流动阶段。绘制了长岩心压力沿驱替方向分布曲线如图 3-5-8 所示。

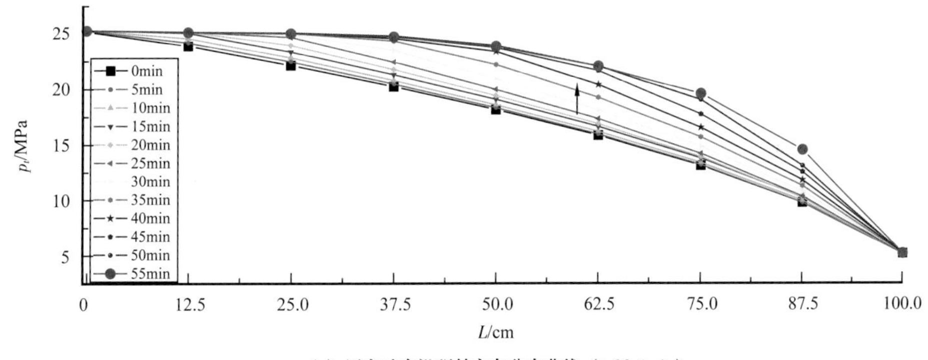

(a) 压力动态沿驱替方向分布曲线（t=29.5min）

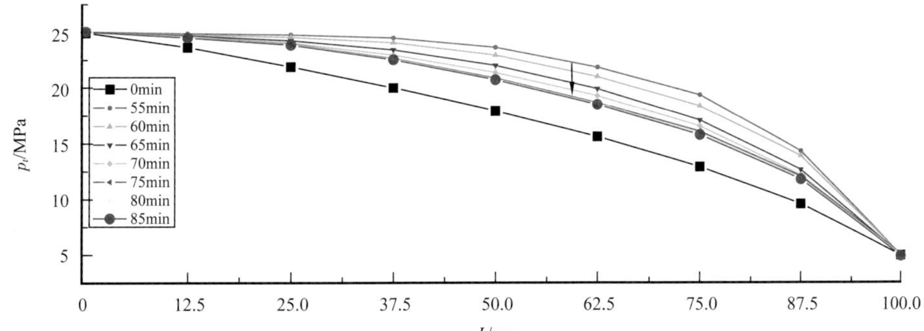

(b) 压力动态沿驱替方向分布曲线（t=54.5min）

图 3-5-8　压力动态沿驱替方向分布曲线

CO_2 混相驱显著降低原油的黏度和界面张力，流动阻力减小，油藏能量保持水平高。岩心内部压力先增加后下降，但最终压力保持水平仍大于初始值。

二、致密储层气体吞吐、驱替提高采收率研究

注气技术由于具有注入压力低、渗流阻力小、可使原油体积膨胀、黏度大幅降低等独特性，因而被国内外公认为一项高效的提高采收率技术。以上特点也决定了该项技术在致密油藏高效开发中具有尤为显著的应用效果，有望成为中国致密油藏高效开发中最有潜力的技术之一。

在前面衰竭式开采实验的基础上，继续探索气体的驱替和吞吐方法。实验中采用的气体是 CO_2 和 N_2。在实验条件和之前衰竭式开采相同的条件下，进行了五轮次 CO_2 吞吐、五轮次 N_2 吞吐、CO_2 驱替和 N_2 驱替，实验结果见图 3-5-9、表 3-5-1。

从最终的采收率实验结果分析，采收率从大到小的顺序为 CO_2 吞吐（68%）>CO_2 驱替（57%）>N_2 吞吐（19%）>N_2 驱替（7.6%）。CO_2 无论吞吐还是驱替的效果显著优于 N_2。且 CO_2 吞吐技术有效可达 4 轮，N_2 的有效轮次仅为 2 轮。因此，对于致密油衰竭开采溶解气弹性能得到充分发挥后，采用 CO_2 吞吐是最优选择。室内实验条件下经五轮次 CO_2 吞吐，原油采出程度可达 75.5%，提高采收率幅度达到 63.9%。

值得说明的是，选取的长 7 段致密油露头岩心，与实际地下致密油储层具有一定的区别，采用水平井分级压裂衰竭式开发方式后提高采收率面临更为复杂的孔缝流体特征，室内实验结果可作为定性依据，不能作为致密油实际提高采收率的标准。选用合理的提高采收率方法还需要经过矿场试验的检验，从中优选出技术上可行、经济上有效，安全可靠的提高采收率方法。

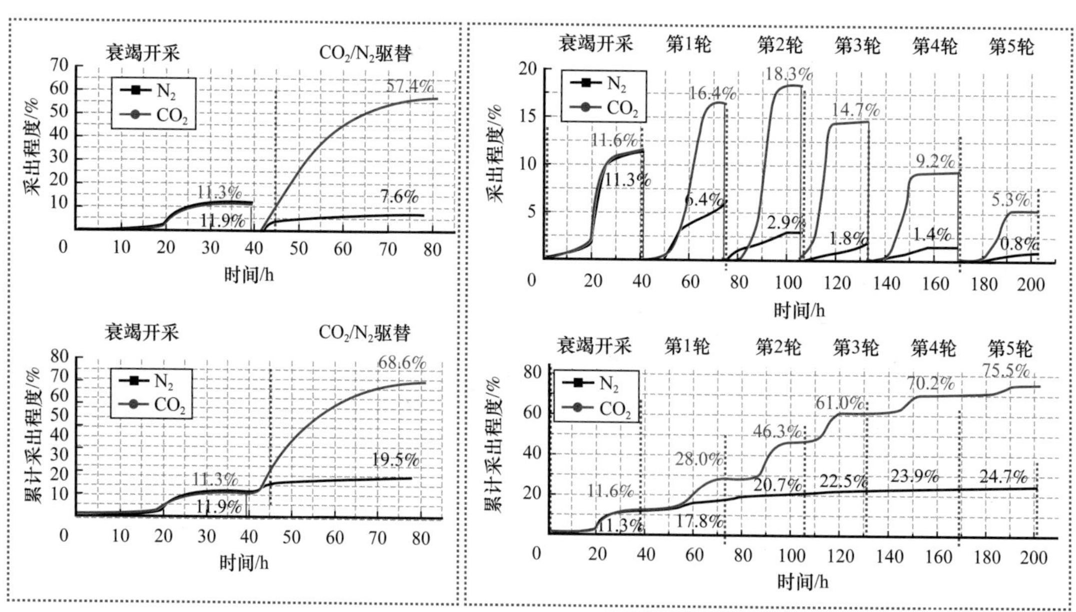

图 3-5-9 不同能量补充方式的开采特征与开发效果对比

表 3-5-1 气体吞吐、驱替实验结果对比表

序号	实验类型	实验细节	采出程度 /%	提高幅度 /%	衰竭压力 /MPa
1	CO_2 五轮次吞吐	衰竭开采	11.56	—	16→6
		第 1 轮次吞吐	27.96	16.40	16→6
		第 2 轮次吞吐	46.28	18.32	16→6
		第 3 轮次吞吐	60.96	14.68	16→6
		第 4 轮次吞吐	70.15	9.19	16→6
		第 5 轮次吞吐	75.5	5.29	16→6
2	N_2 五轮次吞吐	衰竭开采	11.39	—	16→6
		第 1 轮次吞吐	17.79	6.40	16→6
		第 2 轮次吞吐	20.73	2.94	16→6
		第 3 轮次吞吐	22.50	1.77	16→6
		第 4 轮次吞吐	23.90	1.40	16→6
		第 5 轮次吞吐	24.7	0.84	16→6
3	CO_2 驱替	衰竭开采	11.27	—	16→6
		CO_2 驱	68.6	57.37	16（驱替）
4	N_2 驱替	衰竭开采	11.87	—	16→6
		N_2 驱	19.48	7.61	16（驱替）

第四章　致密油储层高效体积改造技术

与北美相比，中国陆相致密油储层呈现非均质性强、应力差大、层理发育量大，天然裂缝发育程度低、压力系数低、流度低的地质特征，对改造有显著影响。不改造“没产量”、不高效改造“没效益”，国外经验可借鉴但不可“拷贝”。中国石油以鄂尔多斯、松辽和准噶尔等盆地为研究对象，通过室内攻关、现场试验，从改造机理研究、优化设计方法、分段压裂工艺、低成本施工材料和应用技术、压后效果评估等方面着手，采用攻关、应用“迭代”工作思路，最终形成了致密油储层高效体积改造与返排技术模式，应用于659口井，效果提高55%以上，施工效率提高30%以上。

第一节　致密油储层体积改造机理

一、人工裂缝垂向延伸规律

1. 层理的力学性质

中国致密油资源丰富且分布广泛，这类储层普遍具有层理面/天然裂缝发育、薄互层、层间物性差异大等特点，矿场试验也揭示了水力裂缝垂向延伸形态的复杂性。近年来中国的页岩气、致密气改造实践证实施工过程中存在裂缝高度延伸受限或过度延伸情况。影响缝高的三类地质主控因素分别是层间水平应力差、层理面强度和层间模量差异。层理发育是致密油储层的典型地质特征之一。

为了研究层理对人工裂缝垂向延伸的影响。开展了层理条件下的岩石力学各向异性实验，为揭示层理对岩石力学性质的影响，进一步了解对水力裂缝垂向扩展的影响程度提供了可靠的实验数据。

分别开展了不同倾角下三轴岩石力学测试实验，包括抗拉、断裂韧性和剪切测试，以及超声波测试，揭示层理条件下的岩石力学性能特点（图4-1-1、图4-1-2）。结果表明该类岩石抗拉强度普遍偏高，均大于10MPa，而岩石抗拉强度随着层理夹角增大而增大，垂直层理方向上测试值是平行方向的2.5倍；垂直于层理方向上的断裂韧性是平行于层理方向上的1.5～2.5倍；此外层理的存在显著降低了储层剪切力学性能，平行层理方向内聚力和内摩擦角都低于垂直层理方向（表4-1-1）。不难看出，致密油储层层理，对岩石力学各向异性影响显著。

2. 含层理储层的水力压裂物模实验及裂缝垂向延伸规律

大尺度压裂模拟实验技术。为了研究人工裂缝垂向延伸规律，研究采用大型全三维水力压裂物理模拟实验系统。该系统是大尺度（762mm×762mm×914mm）、高压（82MPa）、三层加压、三向应力加载的水力压裂物理模拟实验系统，配套微小枪身射孔、多级携砂泵注装置，能够开展大物理模拟声发射测试及解释方法，以及大尺度水力压裂物理模拟，即可以进行超大岩块的全三维应力加载水力压裂实验。

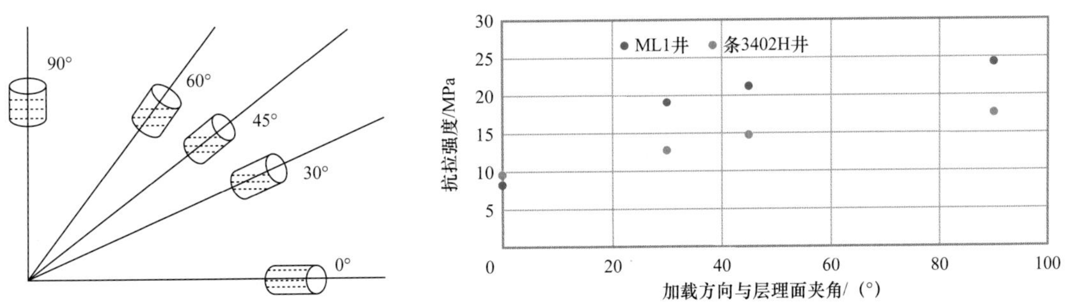

图 4-1-1　不同倾角取心方案及抗拉强度测试结果

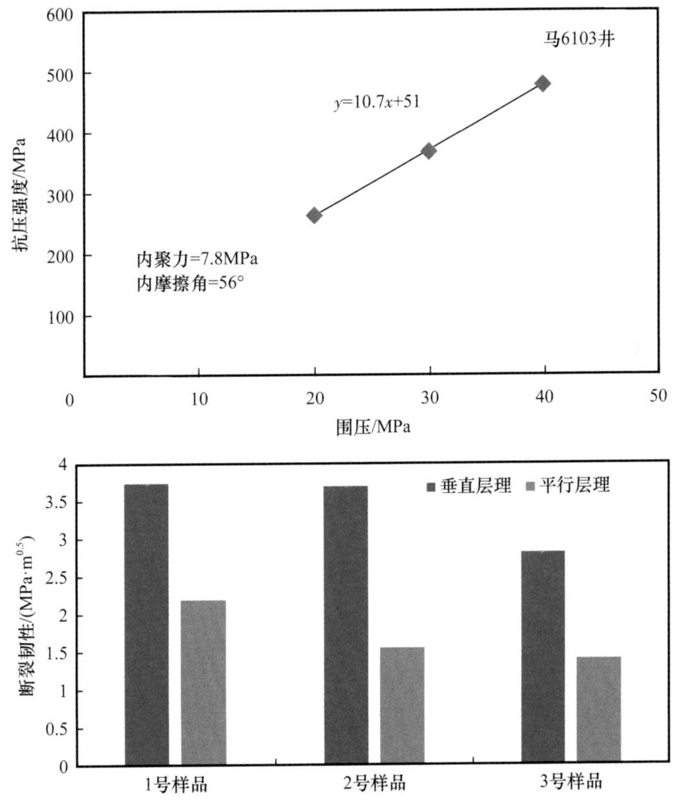

图 4-1-2　不同倾角条件下的断裂韧性和抗压强度测试结果

实验系统主要功能部件包括：应力加载框架、围压系统、井筒注入系统、数据采集及控制系统和声发射监测系统组成（图 4-1-3）。其中应力加载框架允许岩样的最大尺寸为 762mm（长）×762mm（宽）×914mm（高）。围压系统可对岩石样品实现三向主应力的独立加载，最高加载围压可达 69MPa。

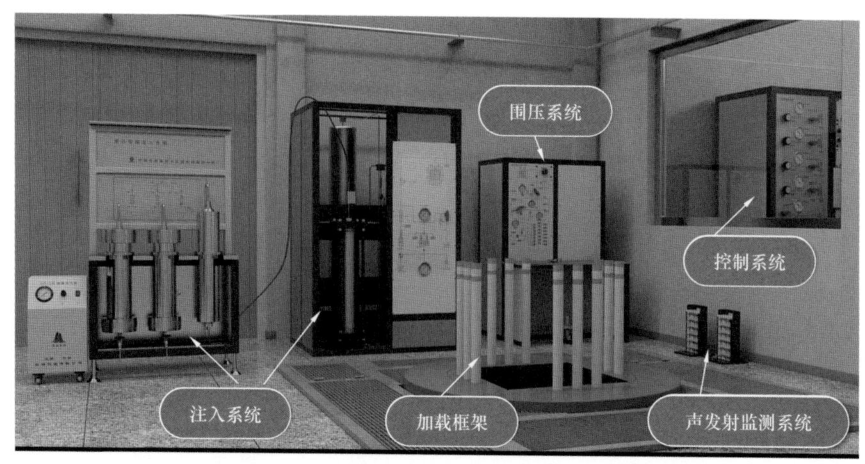

图 4-1-3　大型水力压裂物理模拟实验系统

为了考察层理对缝高延伸影响，采用了物性可控的人工样品开展水力压裂物理模拟实验研究。在人工样品制备过程中，通过剪切性能测试，优选玻璃纤维材质模拟天然水平层理，测试结果表明人工制备的水平层理性能与芦草沟组岩心接近（表 4-1-1），从而证实本样品制备方法是合理的。大尺度人工样品浇筑过程中，为了避免水平层理面预制的稳定形态，还特殊自主设计并研制了一套水泥自动均匀铺置设备。其技术方案主要包括预制水平层理的水泥浇筑框架单元、人工样品浇筑模具单元、人工样品（含井筒和水平层理）单元 3 个部分。其中预制水平层理的水泥浇筑框架单元包括带有可升降的龙门架移动推车 1 台和水泥均匀铺置漏箱 1 个；人工样品浇筑模具单元由 5 块高强度不锈钢平板拼接组成，底部中心留有井筒固定销；人工样品单元为高强度水泥、压裂井筒和模拟水平层理用玻璃纤维。本设备可用于水力压裂实验中含水平层理的人工样品的制备，特别地可以实现对不同真实储层水平层理胶结性能的模拟以及保障层理水平铺置形态的稳定性。此外，与水力压裂实验技术结合，可更清楚地展示水平层理条件下的水力裂缝垂向扩展形态，有助于科研人员深化水平层理条件下缝高延伸机理研究（图 4-1-4）。

表 4-1-1　水平层理岩心剪切性能测试

样品	剪切方向	内聚力 /MPa	内摩擦角 /（°）
芦草沟组岩心	平行层理	6.4	40.6
芦草沟组岩心	垂直层理	8.4	48.4
人工样品	平行层理	1.387	41.9

3. 人工裂缝垂向延伸的影响因素

通过水泥样品开展大物理模拟实验研究，主要分析垂向地应力差、液体排量 / 黏度、层理对缝高延伸的敏感性。

1）实验设计

三向地应力场方向设计参考实际正断层构造条件。即垂向应力为最大主应力；考察垂向应力差异和施工参数的影响，不考虑储隔层物性差异的影响，因此样品可选择完整均质的水泥样品；施工排量和流体参数依据相似理论进行设计，同时尽可能形成不同的缝高尺度，防止出现不穿层现象，同时也要防止缝高过度延伸出边界情况；应力差值和施工参数设计参考前人实验结果并进行充分的数值模拟计算；引入声发射监测技术对裂缝起裂及扩展进行监测。

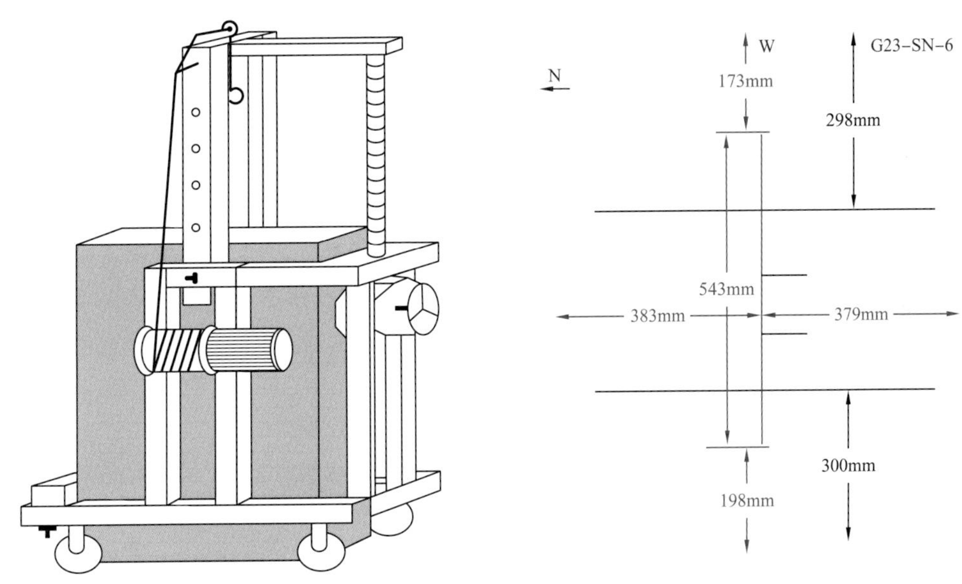

图 4–1–4　含水平层理人工样品制备装置及实际浇筑形态

2）实验相似性原则

为了提高对现场实施的可参考性，物模实验需要满足相似原则，水力压裂的相似原则具体涉及力学变形场、渗流场、温度场、化学场的多场相似。Pater 和 Liu Gonghui 建立了基于相似理论的无量纲分析方法来设计水力压裂实验参数。为了满足实验室尺度和现场尺度的几何尺度相似、岩石变形相似、流体流动相似和边界条件（断裂韧性、泄漏系数）相似，试样应具有极低的断裂韧性和低渗透率，同时采用高黏度流体或注入排量来降低岩石韧性的影响。然而，由于实验室设备容量的限制，在实际操作中很难严格达到上述标准。因此，Detournay 引入了特征数 K 来描述断裂扩展的相似性，其表达如式（4–1–1）所示。当特征数 K 小于 1 时，裂缝扩展的能量耗散主要由流体排量黏度主导，当特征数为 K 大于 4 时，裂缝扩展的能量耗散主要由岩石断裂韧性主导。当 $1<K<4$ 时，断裂扩展处于黏滞向韧性的过渡阶段。现场水力压裂一般处于黏度优势阶段，因此，为了反映现场工况条件下的水力裂缝扩展，室内实验应设置合理的注入参数，以保证裂缝扩展受流体黏度主导。表 4–1–2 为相似性设计的典型算例。

$$K = 4\left(\frac{2}{\pi}\right)^{\frac{1}{2}} K_{Ic}\left(\frac{t^2}{Q^3\left[E/\left(1-v^2\right)\right]^{13}\left(12\mu\right)^5}\right)^{\frac{1}{18}} \tag{4-1-1}$$

式中 K——应力强度因子，$Pa \cdot m^{1/2}$；

K_{Ic}——断裂韧性，$Pa \cdot m^{1/2}$；

t——时间，s；

Q——注入排量，m^3/s；

v——泊松比；

E——杨氏模量，Pa；

μ——压裂液黏度，$Pa \cdot s$。

表 4-1-2 实验与现场参数相似性设计

尺度	杨氏模量 /MPa	泊松比	储层厚度 /m	断裂韧性 /（$MPa \cdot m^{0.5}$）	排量 /（m^3/min）	黏度 /（$mPa \cdot s$）
实验	20000	0.2	0.3	0.5	60×10^{-6}	50
现场	20000	0.2	10	1	2	50

3）正交实验设计

由于大尺度压裂物模实验单次实验周期较长，本着高效、快速、经济的研究，本次系列实验采用正交设计的方法，以最少的试验次数达到与大量全面试验等效的结果。本次实验重点研究了层间水平应力差、层理性能、施工排量共 3 个因素对缝高延伸的敏感性，采用了“三因素三水平”的正交设计表格，每类因素的数值选取以现场尺度为基础进行相似性设计确定，具体 9 组实验方案参数设计如图 4-1-5、表 4-1-3 所示。

一般而言，地层三向主应力大小不同，且垂向上储隔层应力也会不同。因此本实验系统在具备三向应力模拟的同时，还需具备垂向三层应力的独立加载的功能，具体实现方法是在岩样的每个水平主应力方向上采用 3 套独立的加压板系统予以控制，分为上、中、下三层，达到真实模拟储层及上下隔层的目的，加载示意如图 4-1-5 所示。

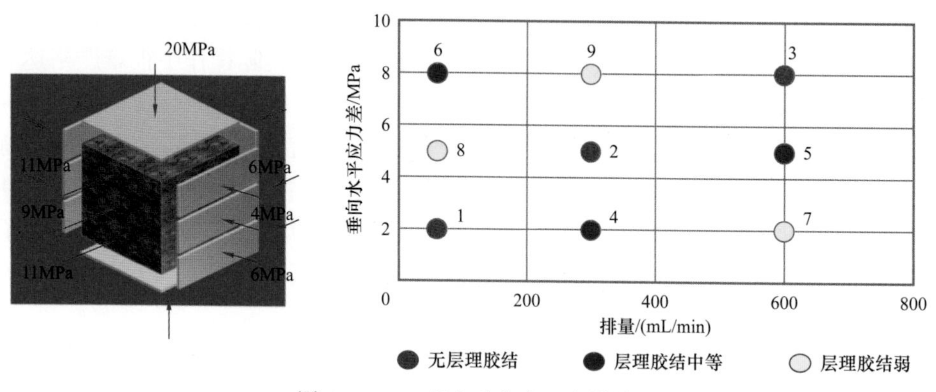

图 4-1-5 9 组实验方案正交设计

本研究共完成 10 组针对人工样品的大尺度压裂实验，前 9 组分别利用含 2 条水平层理的岩样开展正交设计实验，最后一组实验样品含有更多层理面（共计 8 条），且层理面具有一定的倾斜度。实验结束后在井筒两侧沿着最大水平主应力方向进行切片，可以对裂缝扩展高度进行直接测量，并利用三维激光扫描技术对切片裂缝拼接最终建立全三维数字模型。实验条件及结果见表 4–1–3。

表 4–1–3 实验条件及结果

实验编号	胶结强度	施工排量 /（mL/min）	层间水平应力差 /MPa	井筒附近缝高 /mm
1	强	60	2	520.00
2	强	300	5	540.00
3	强	600	8	553.50
4	中	300	2	535.30
5	中	600	5	527.75
6	中	60	8	523.25
7	弱	600	2	510.00
8	弱	60	5	480.90
9	弱	300	8	458.50
10	中	400	0	830.00

图 4–1–6 所示正交分析结果表明，当在正应力构造条件下，缝高与层理胶结强度、层间水平应力差成负相关关系，与施工排量为正相关；影响缝高的主次因素依次为层理胶结性能、施工排量、层间水平应力差，权重比为 63：26：11。需要指出的是本次实验条件设置的层间水平应力差范围是 0～8MPa，如果实际条件高于此范围，那么层间水平应力差的比重还会增加，甚至与施工排量参数持平，但总体而言，影响缝高的主控因素中层理胶结性能最为显著。图 4–1–7 展示在层理作用下的 3 种典型的裂缝垂向延伸结果形态：直接穿过、捕获、偏移。当层间水平应力差大，施工排量大、层理胶结强度大时，水力裂缝直接穿过水平层理；当层间水平应力差小，施工排量小，层理胶结强度小时则人工裂缝容易被水平层理捕获，发生水平层理的剪切或张开；此外实验还模拟了层理面处于非水平状态，如因构造运动发生褶皱等情况，实验表明水力裂缝扩展至层理面时易沿着层理面扩展，同时在褶皱最强烈处穿过层理继续扩展即发生偏移。

根据实验结果能够得到如下认识：

（1）层理作用下水力裂缝垂向扩展即存在层理剪切、层理张开、穿过 3 种单一作用形态，也可能存在层理张开 + 穿过、穿过 + 层理剪切、层理剪切 + 层理张开，甚至层理剪切 + 层理张开 + 穿过等多种复合作用形态。

（2）岩石力学测试表明页岩油层理面的存在对岩石力学各向异性影响显著；建立了全三维大尺度（762mm×762mm×914mm）多层理的水力裂缝压裂物模实验技术，实验结果揭示了当裂缝高度达到层理面时，存在的3种相互作用结果：穿过、止裂（层理剪切或张开）和偏移扩展；同时正交分析结果表明在正应力构造模式下，层理面胶结强度是影响缝高延伸的最重要因素。

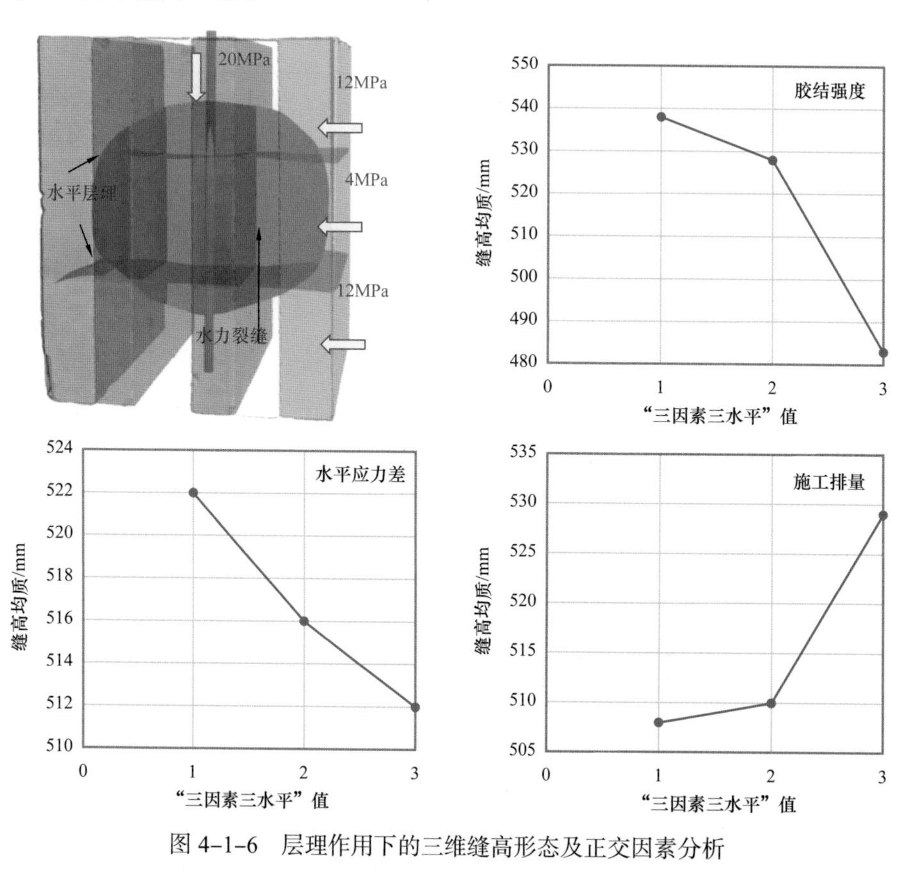

图4-1-6 层理作用下的三维缝高形态及正交因素分析

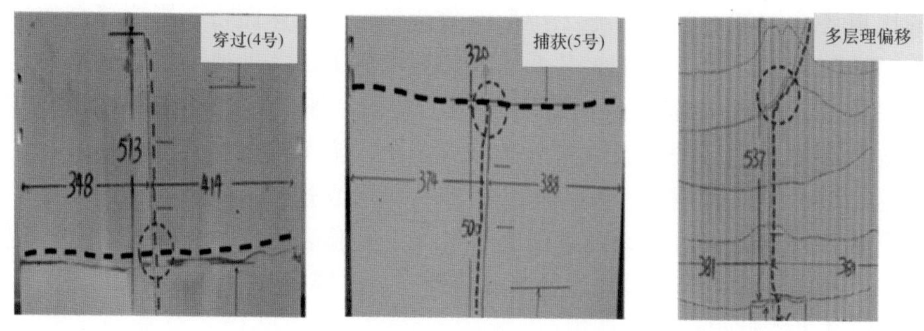

图4-1-7 层理作用下缝高延伸形态（剖视图）

（3）层理胶结强度和层间水平应力差对缝高影响为负相关关系，施工排量为正相关。实验条件下影响程度排序为层理胶结性能＞施工排量＞层间水平应力差。

二、人工裂缝横向延伸规律

1. 天然裂缝对人工裂缝横向延伸的影响

当人工裂缝与天然裂缝相交时，大体上产生两种结果。一种结果是直接穿过天然裂缝，即天然裂缝另一侧的岩石机制将会产生初始微裂纹，人工裂缝有可能穿过天然裂缝。另一种结果是天然裂缝剪切失稳，即当作用在天然裂缝上的剪应力足够大时，天然裂缝将会发生剪切滑移。

针对第一种情况，在人工裂缝与天然裂缝相交后，可能出现以下两种后续的延伸模式：（1）天然裂缝被穿透后仍然保持闭合，人工裂缝形成平直的穿过型延伸模式；（2）人工裂缝穿过后，天然裂缝膨胀张开，表现出交叉穿过型延伸模式。针对第二种情况，在人工裂缝于天然裂缝相交后，可能出现以下两种后续的延伸模式：（1）天然裂缝一侧或两侧张开，形成近似“L”形或者“T”形裂缝延伸；（2）当人工裂缝内的缝内净压力不足时人工裂缝的延伸被天然裂缝终止（图 4–1–8）。

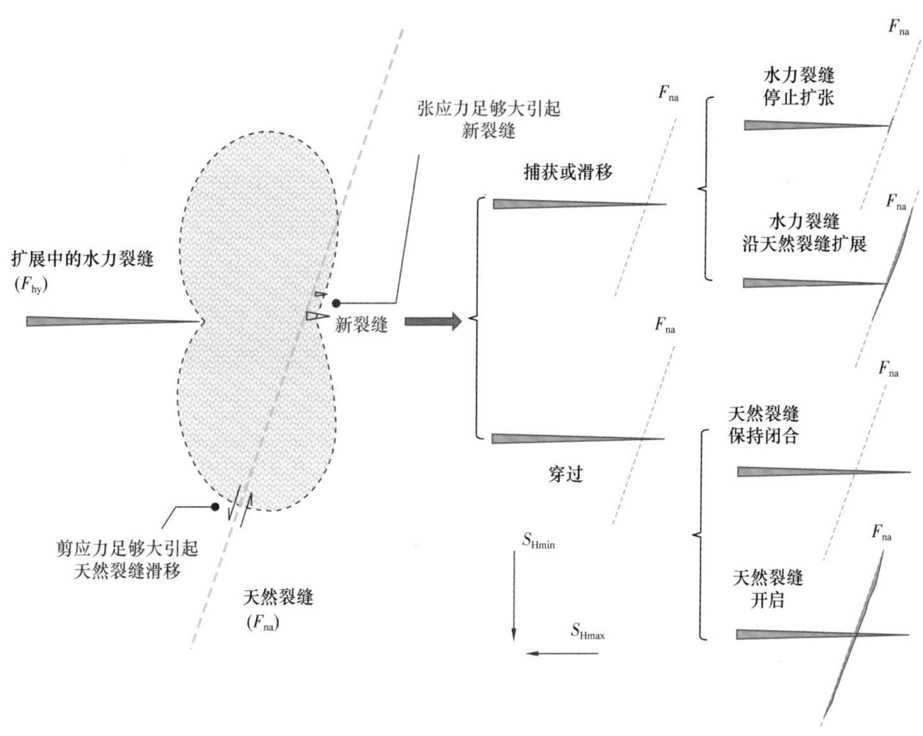

图 4–1–8 人工裂缝与天然裂缝相交后的延伸模型

2. 压裂裂缝转向延伸模拟实验

为了直观地呈现人工裂缝与天然裂缝相交后的延伸特征，进行了大物理模拟实验。实验首先模拟了人工裂缝从不同角度与天然裂缝相交之后的延伸形态，如图 4–1–9 所示。当人工裂缝以 90° /75°逼近天然裂缝时，人工裂缝穿过天然裂缝，并且天然裂缝发生轻微的张开。当人工裂缝以60°逼近天然裂缝时，人工裂缝在穿过天然裂缝的同时，会沿天然裂缝转向延伸一定距离，再形成分支裂缝。当人工裂缝以45°逼近天然裂缝时，人工裂缝无法再穿过天然裂缝，只能沿着天然裂缝转向延伸。

结合人工裂缝与天然裂缝相交之后的延伸图版，得到多个判定区域，人工裂缝的延伸模式。如图4-1-10所示，在多个判定区交界附近，复合型延伸模式最为复杂。

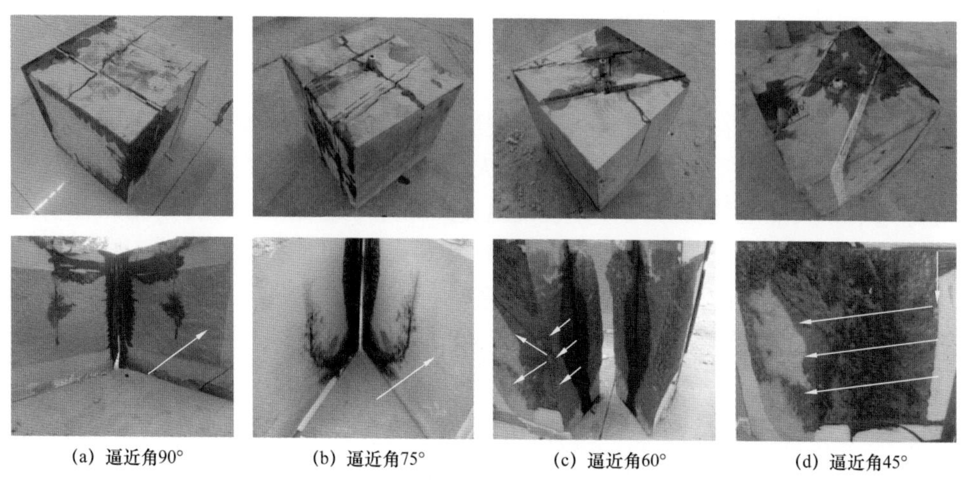

图4-1-9 不同逼近角下人工裂缝与天然裂缝相交后的延伸形态

其次，实验模拟了不同岩石脆性、不同注入排量、不同天然裂缝性质下的人工裂缝延伸形态。如图4-1-11至图4-1-13所示，高脆性的致密砂岩试样中，出现了分支形态的延伸裂缝。小排量以单一的平直裂缝为主，大排量条件下，近井口附近出现了多重分叉裂缝。天然裂缝越粗糙，黏聚力越强，人工裂缝越容易穿过天然裂缝。

同时，实验还模拟了在多条天然裂缝下，人工裂缝的延伸形态。如图4-1-14所示，在多裂缝条件下，人工裂缝的逼近角在90°附近时，以穿过天然裂缝为主，形态较为单一。人工裂缝的逼近角在45°附近时，以转向裂缝为主，形态略微复杂。人工裂缝的逼近角在60°附近时，裂缝间相互作用明显，形态最为复杂。

90°逼近角时压力曲线有小幅度锯齿形波动，对应双翼人工裂缝穿过天然裂缝同时促使其轻微张开，声发射响应集中且较少，如图4-1-15所示。60°逼近角时压力曲线有频繁的波动现象，对应裂缝穿过+剪切+张开现象的同时发生，声发射表现出大面积的断裂响应，如图4-1-16所示。45°逼近角时破裂压力跌落幅度小，压力曲线较为稳定，对应单一的剪切转向延伸，如图4-1-17所示。

3. 人工裂缝遇天然裂缝后的转向延伸判定模型

现有常规的压裂裂缝转向延伸判定模型，具有以下3个方面的不足：(1)假定人工裂缝为纯Ⅰ型裂缝，实际上压裂裂缝为Ⅰ—Ⅱ复合型裂缝；(2)建立在平面应力条件下，没有考虑储层厚度影响；(3)没有考虑岩石脆性，适用于常规储层。现有常规压裂裂缝转向延伸判定模型示意图如图4-1-18所示。

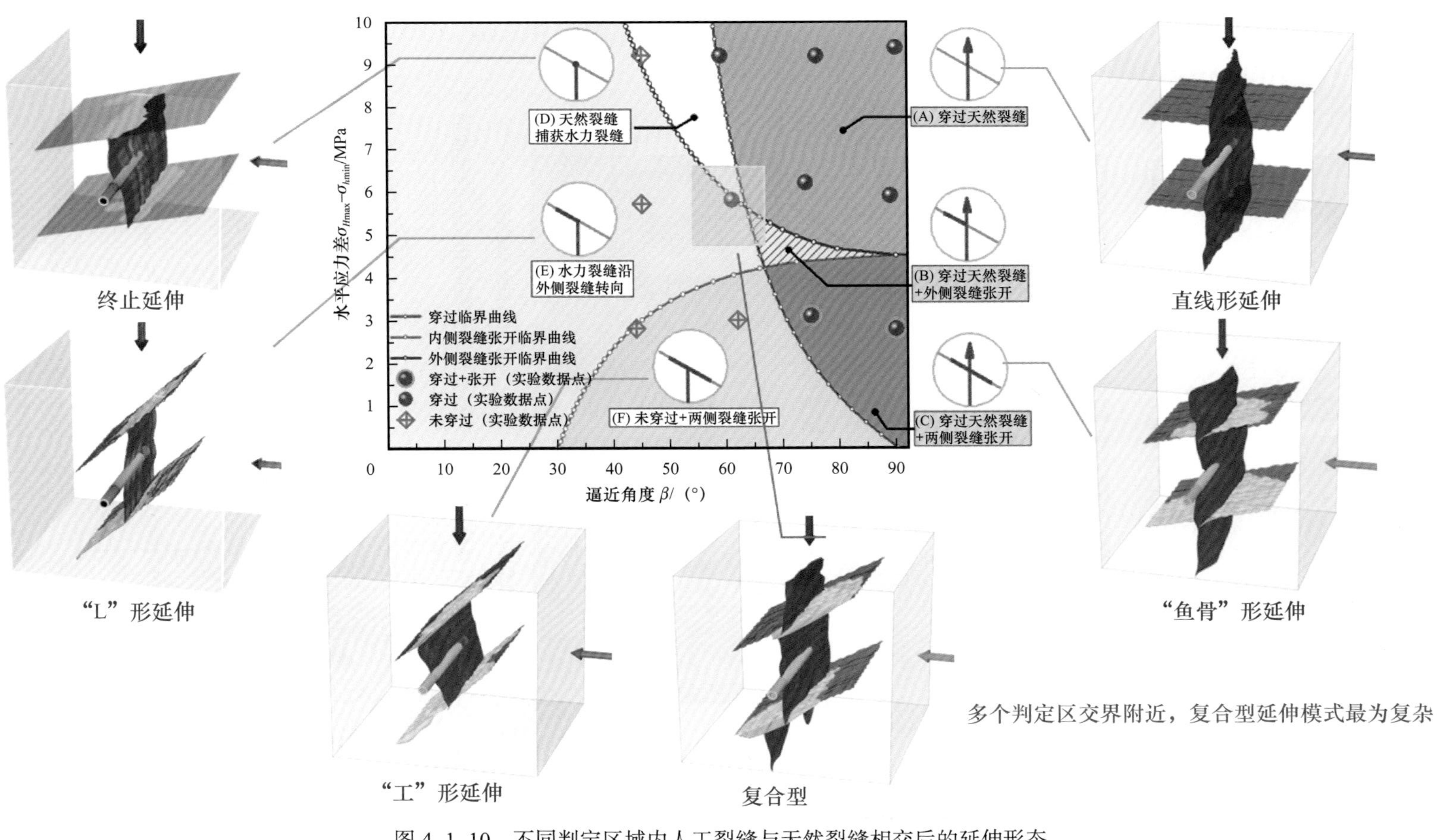

图 4-1-10　不同判定区域内人工裂缝与天然裂缝相交后的延伸形态

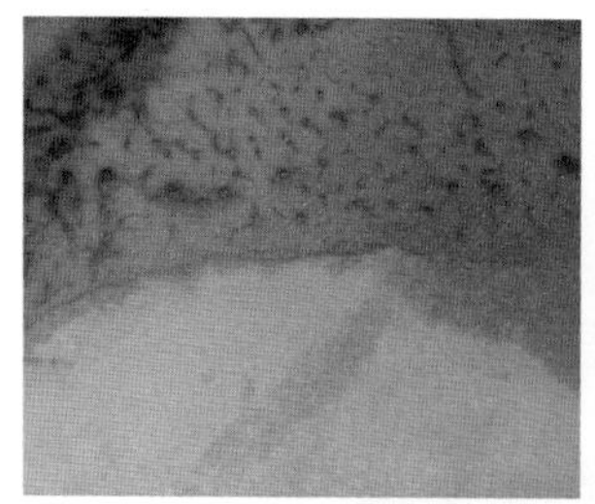

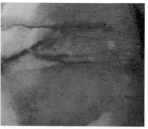

(a) 脆性指数0.2　　(b) 脆性指数3.3

图 4-1-11　不同脆性指数下人工裂缝与天然裂缝相交后的延伸形态

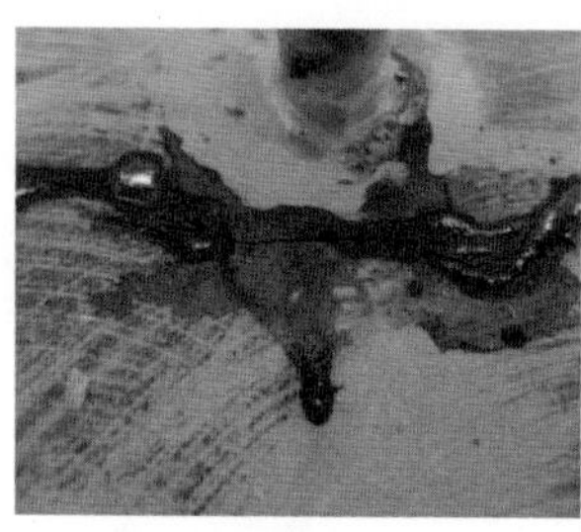

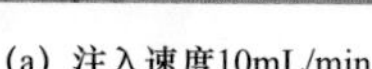

(a) 注入速度10mL/min　　(b) 注入速度40mL/min

图 4-1-12　不同注入速度下人工裂缝与天然裂缝相交后的延伸形态

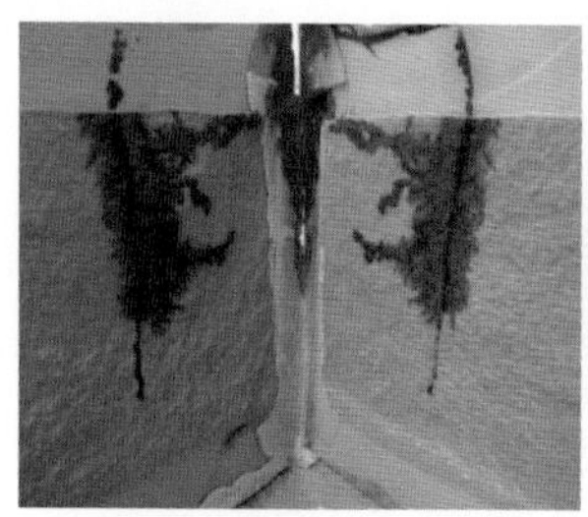

(a) 粗糙黏结天然裂缝　　(b) 平直闭合天然裂缝

图 4-1-13　不同天然裂缝性质下人工裂缝与天然裂缝相交后的延伸形态

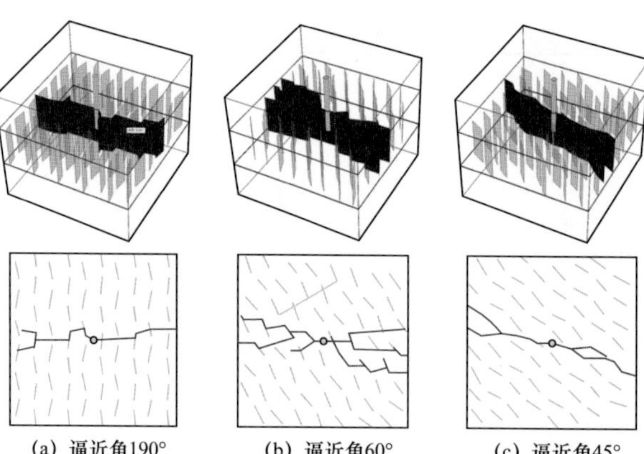

(a) 逼近角190°　　(b) 逼近角60°　　(c) 逼近角45°

图 4-1-14　多裂缝条件下不同逼近角的人工裂缝延伸形态

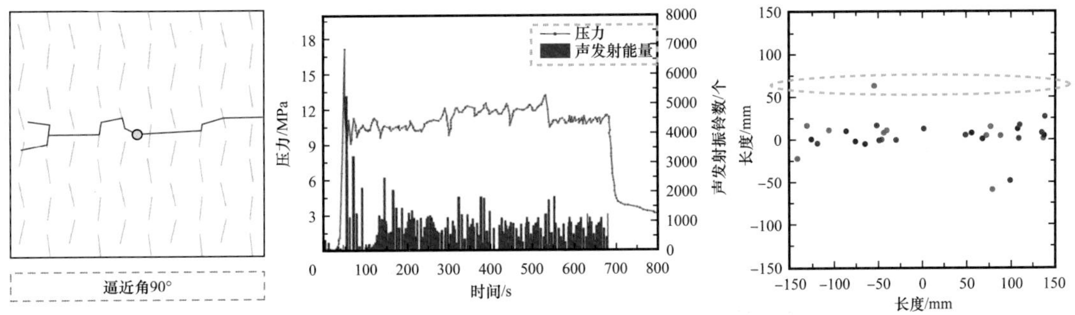

图 4-1-15 逼近角 90°时压力曲线及声发射曲线特征

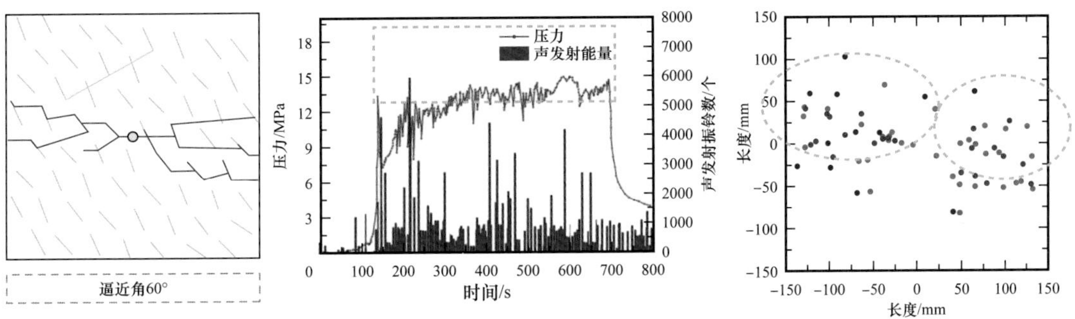

图 4-1-16 逼近角 60°时压力曲线及声发射曲线特征

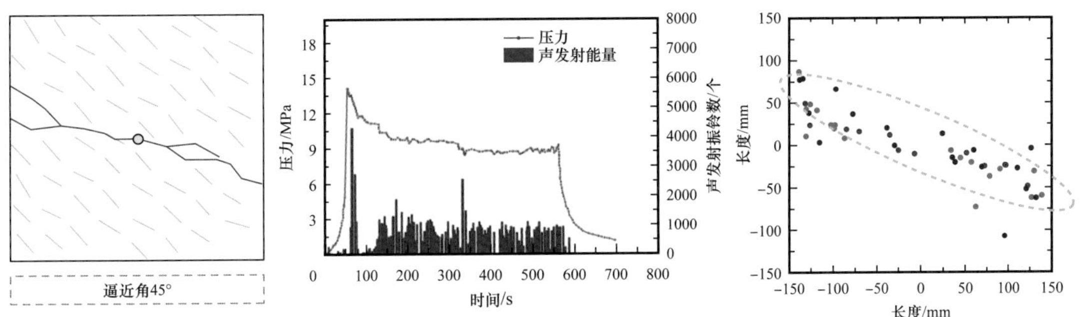

图 4-1-17 逼近角 45°时压力曲线及声发射曲线特征

为了更加适用于致密油储层的裂缝扩展，提出了新的压裂裂缝转向判定模型，新的模型具有如下 3 个特点：（1）考虑了压裂裂缝为Ⅰ—Ⅱ复合型裂缝；（2）考虑了储层厚度影响，更加符合实际情况；（3）考虑了储层岩石的脆性会影响裂缝尖端断裂过程区的应力分布。考虑了致密岩石的脆性特征、地应力分布、岩石以及天然裂缝的性质，基于断裂力学建立了Ⅰ—Ⅱ复合型人工裂缝转向延伸判别模型，能够对人工裂缝遇到天然裂缝后的延伸模式进行预测分析。新的压裂裂缝转向延伸判定模型如图 4-1-19 所示。

图 4-1-20 是模型的穿过判定条件示意图，式（4-1-2）是模型的穿过判定条件的数学表达。式中的 α 为脆性函数，能够反映岩石脆性对人工裂缝转向延伸的影响；b 为中间主应力系数，能够反映储层厚度对人工裂缝扩展延伸的影响。

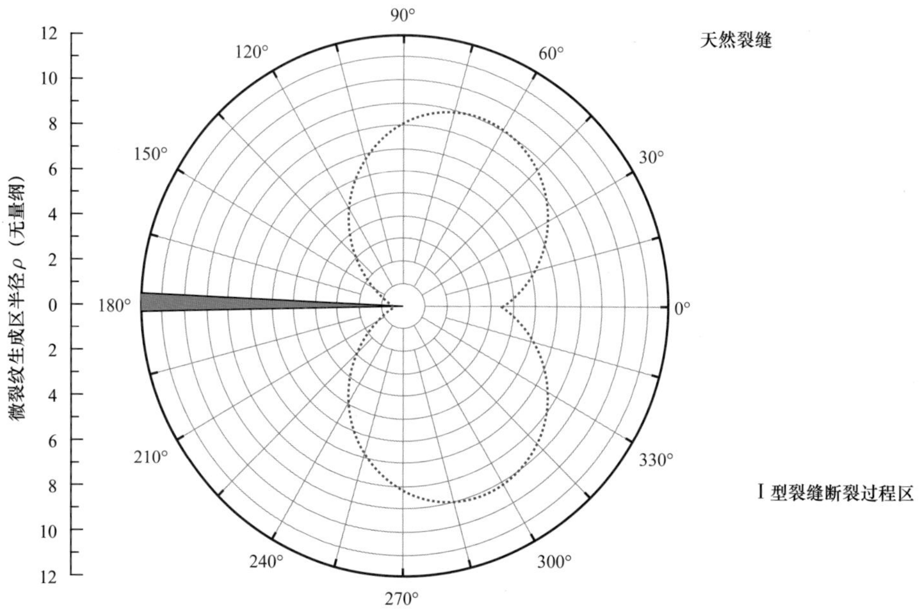

图 4-1-18 常规压裂裂缝转向延伸判定模型

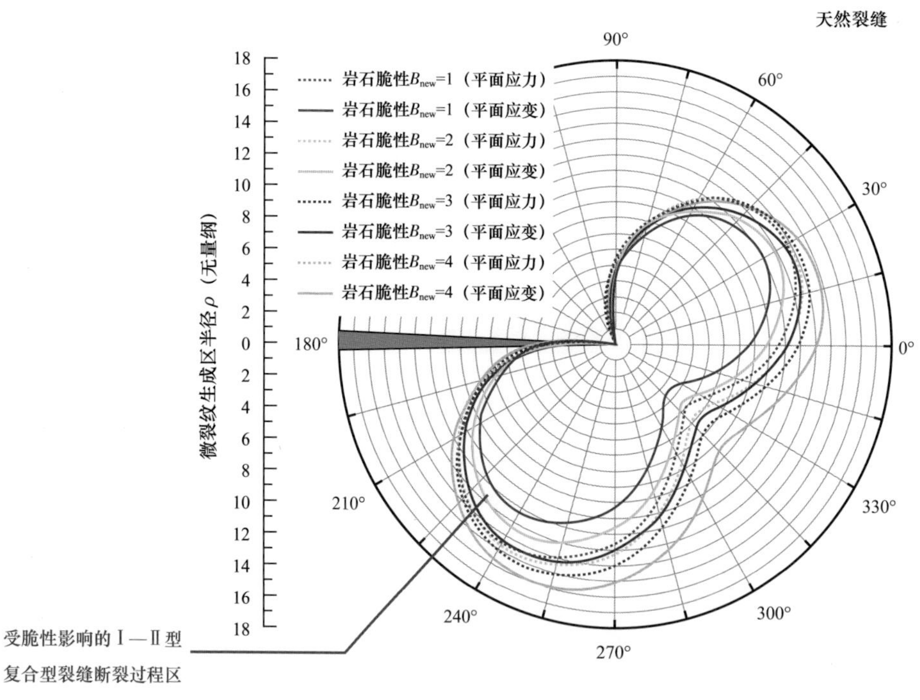

图 4-1-19 新的压裂裂缝转向延伸判定模型

图 4-1-21 是模型的剪切判定条件示意图，式（4-1-3）是模型的剪切判定条件的数学表达。式中的 $K_{\mathrm{I}}^{\mathrm{hf}}$、$K_{\mathrm{II}}^{\mathrm{hf}}$ 为Ⅰ—Ⅱ复合裂缝应力强度因子，能够反映人工裂缝转向过程的应力变化。

$$
\begin{aligned}
&R^2\left[\left(\frac{1+b+\alpha}{1+b}\right)^2\left(V^2+U^2\right)-\left(\frac{1+b-\alpha+2\alpha bv}{1+b}\right)^2W^2\right]\\
&+R\left[\begin{array}{l}\left(\frac{1+b+\alpha}{1+b}\right)^2\left(\sigma_{H\max}-\sigma_{h\min}\right)\left(\sin 2\psi\right)V-\left(\frac{1+b+\alpha}{1+b}\right)^2\left(\sigma_{H\max}-\sigma_{h\min}\right)\left(\cos 2\psi\right)U\\ -\left(\frac{1+b-\alpha-2abv}{1+b}\right)^2\left(\sigma_{H\max}+\sigma_{h\min}\right)W+2\left[\sigma_t\right]\left(\frac{1+b-\alpha-2\alpha bv}{1+b}\right)W\end{array}\right]\\
&+\left(\frac{1+b+\alpha}{1+b}\right)^2\left(\frac{\sigma_{H\max}-\sigma_{h\min}}{2}\sin 2\psi\right)^2+\left(\frac{1+b+\alpha}{1+b}\right)^2\left(\frac{\sigma_{H\max}-\sigma_{h\min}}{2}\cos 2\psi\right)\\
&-\left[\left[\sigma_t\right]-\left(\frac{1+b-\alpha-2abv}{1+b}\right)\left(\frac{\sigma_{H\max}+\sigma_{h\min}}{2}\right)\right]^2=0
\end{aligned}
\tag{4-1-2}
$$

式中　V、U、W、R——中间函数，无实际意义；

a——脆性函数；

b——中间主应力系数；

ψ——水力裂缝与最大水平主应力夹角，(°)；

v——泊松比；

$\sigma_{H\max}$——最大水平主应力，MPa；

$\sigma_{h\min}$——最小水平主应力，MPa;

$[\sigma_t]$——等效应力，MPa。

4. 人工裂缝遇天然裂缝后转向延伸的影响因素

利用新的压裂裂缝转向延伸判定模型研究了影响人工裂缝转向延伸的影响因素。如图 4-1-22 所示，与常规准则对比，曲线右侧表示人工裂缝穿越天然裂缝条件，常规模型过分简化，穿过区域较小。图 4-1-23 和图 4-1-24 显示了黏聚力与岩石抗拉强度对人工裂缝延伸的影响。相交角度较小时，人工裂缝易沿着天然裂缝转向延伸；天然裂缝摩擦系数以及内聚力越大，地层岩石抗拉强度越大，人工裂缝越不容易转向。

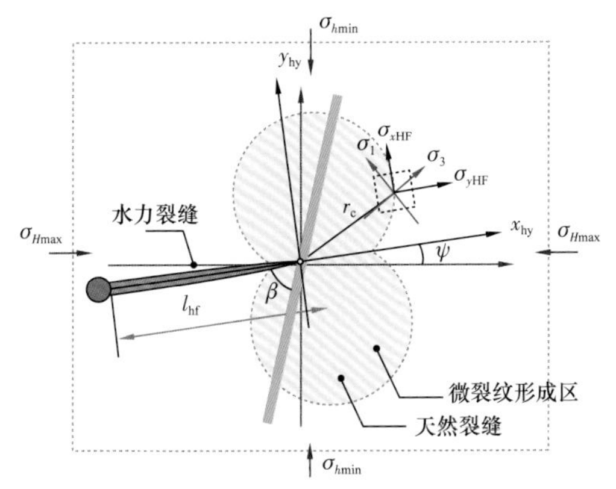

图 4-1-20　穿过判定条件示意图

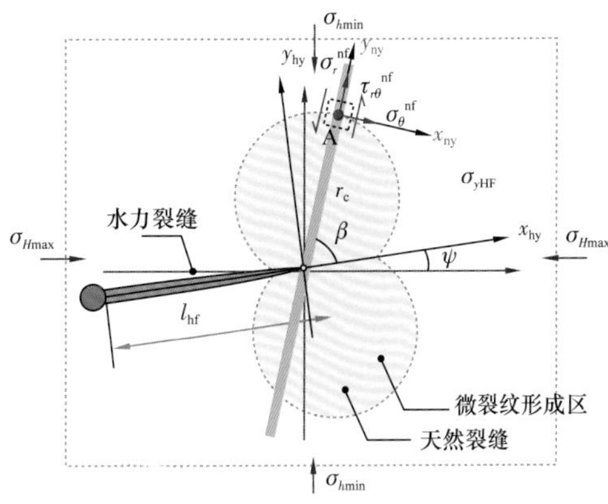

图 4-1-21　剪切判定条件示意图

$$\left|\frac{R}{2}\cos\frac{\beta}{2}\left[K_{\mathrm{I}}^{\mathrm{hf}}\sin\beta+K_{\mathrm{II}}^{\mathrm{hf}}\left(3\cos\beta-1\right)\right]-\left(\frac{\sigma_{H\max}-\sigma_{h\min}}{2}\right)\sin2\left(\beta+\psi\right)\right| < C_{\mathrm{nf}}-\mu_{\mathrm{nf}}\cdot\left\{\begin{array}{l}\frac{R}{2}\cos\frac{\beta}{2}\left[K_{\mathrm{I}}^{\mathrm{hf}}\left(1+\cos\beta\right)-3K_{\mathrm{II}}^{\mathrm{hf}}\sin\beta\right]\\+\left(\frac{\sigma_{H\max}+\sigma_{h\min}}{2}\right)-\left(\frac{\sigma_{H\max}-\sigma_{h\min}}{2}\right)\cos2\left(\beta+\psi\right)\end{array}\right\} \tag{4-1-3}$$

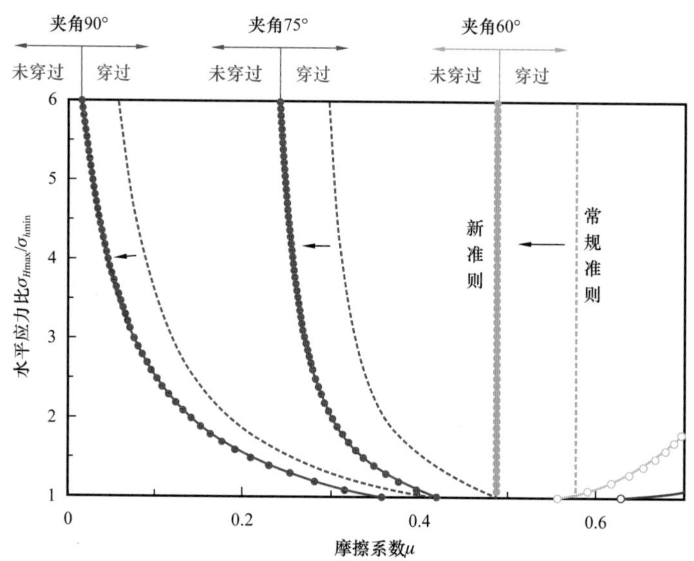

图 4-1-22 新判定模型与常规模型对比图

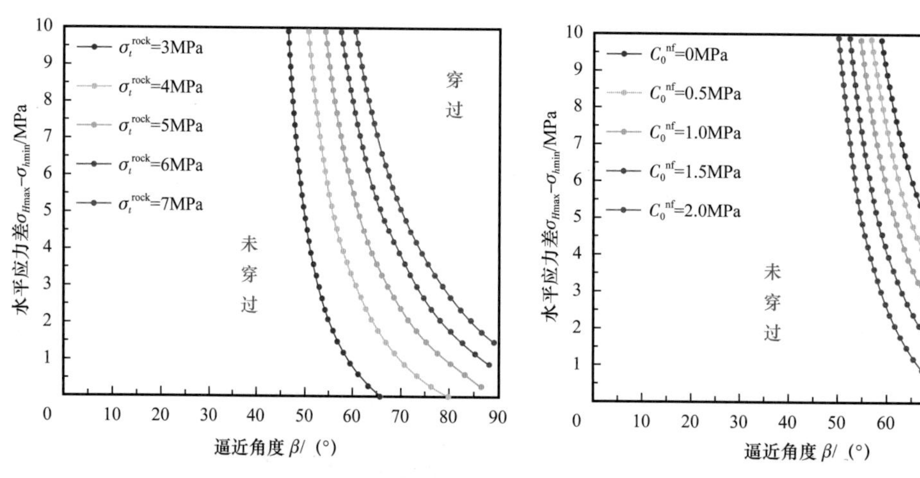

图 4-1-23 天然裂缝黏聚力对穿过准则的影响　　图 4-1-24 岩石抗拉强度对穿过准则的影响

随着人工裂缝逐渐偏离水平最大主应力，裂缝尖端Ⅱ型应力强度因子逐渐增大，穿过的临界范围逐渐减小，如图 4-1-25 所示。穿过范围随着泊松比和拉压强度比的增大显著增大，如图 4-1-26 所示。岩石拉压比的增大有利于人工裂缝沿着天然裂缝转向延伸，形成较为复杂的延伸扩展模式，如图 4-1-27 所示。岩石脆性对人工裂缝与天然裂缝交会扩展作用的影响存在一个临界值，当趋近于这个临界，即使岩石脆性再增大，也不会对裂缝的扩展产生影响，如图 4–1–28 所示。

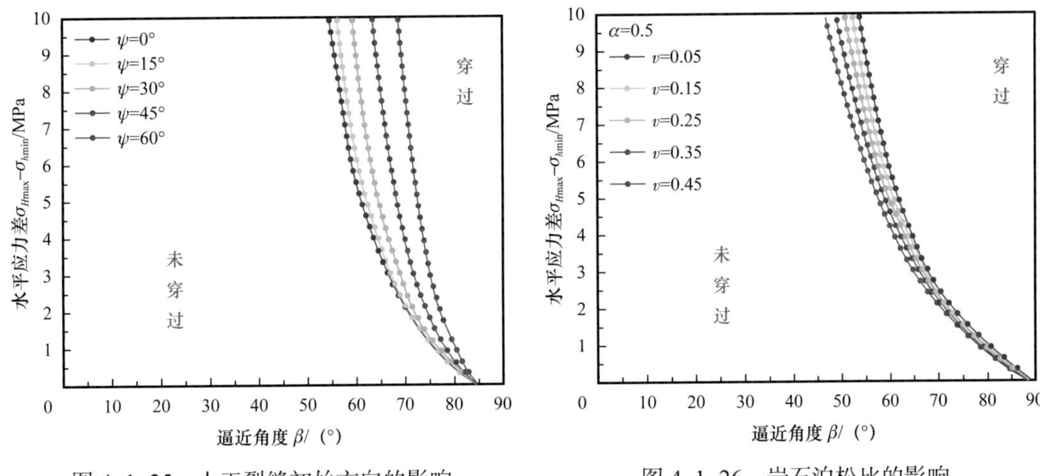

图 4–1–25　人工裂缝初始方向的影响　　　图 4–1–26　岩石泊松比的影响

结合天然裂缝情况，可以制作人工裂缝与天然裂缝相交之后的延伸图版，参见图 4–1–10 所示。各判定准则相交且将整个区域划分为 6 个范围：A 为直接穿过型；B 为人工裂缝穿过后，天然裂缝外侧张开；C 为人工裂缝穿过后，天然裂缝两侧张开；D 为人工裂缝在遇到天然裂缝后停止延伸；E 和 F 为沿着天然裂缝外侧或者两侧发生转向延伸。模型能够有效地预测人工裂缝和天然裂缝的交会扩展模式，揭示出复杂裂缝形成的最有利的应力差和逼近角条件。

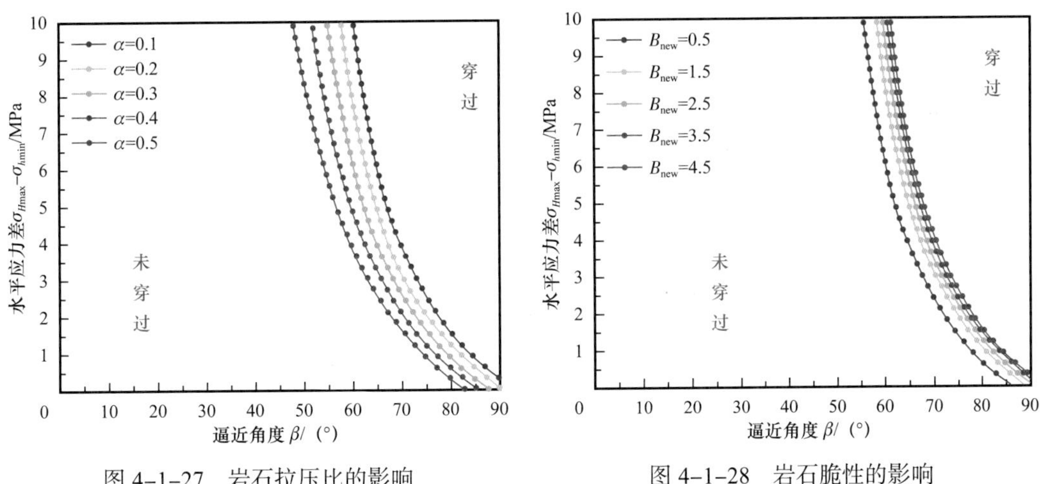

图 4–1–27　岩石拉压比的影响　　　图 4–1–28　岩石脆性的影响

三、人工裂缝扩展数值模拟

1. 压裂水平井射孔优化

基于有限元和离散元混合的方法，建立了致密储层水平井多段多簇压裂裂缝扩展模

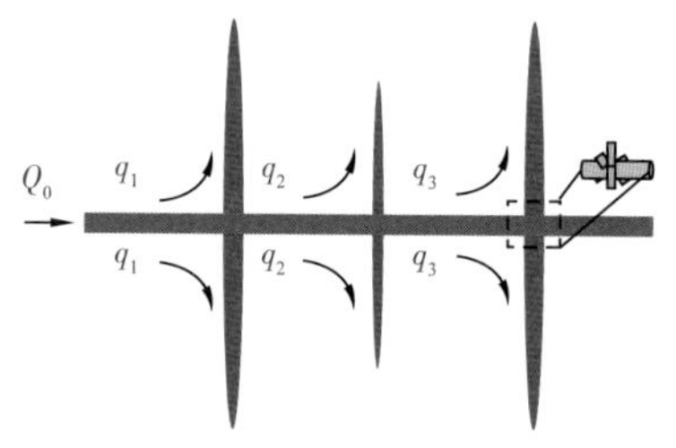

图 4-1-29 压裂水平井多簇射孔模型示意图

型。与以往模型相比，新模型考虑了射孔摩阻对流量分配的影响。模型由井筒流动方程、压裂液流动方程、岩石变形方程及裂缝扩展准则联立构成（图 4-1-29）。

利用新模型对起裂射孔簇进行了优化模拟。不同射孔数时各簇流量分配情况如图 4-1-30 所示，外侧缝所需流量大于中间缝，造成的结果是中间缝比外侧缝短。随着射孔数的减少，流量分配趋于均衡，意味着射孔数越少，所压裂缝长度越均匀。同时，模拟结果显示，如果增加射孔摩阻，中间缝的长度明显增加，意味着增大射孔摩阻，能够克服缝间的应力干扰，有利于各簇裂缝均衡进液，使得多簇裂缝均匀扩展。

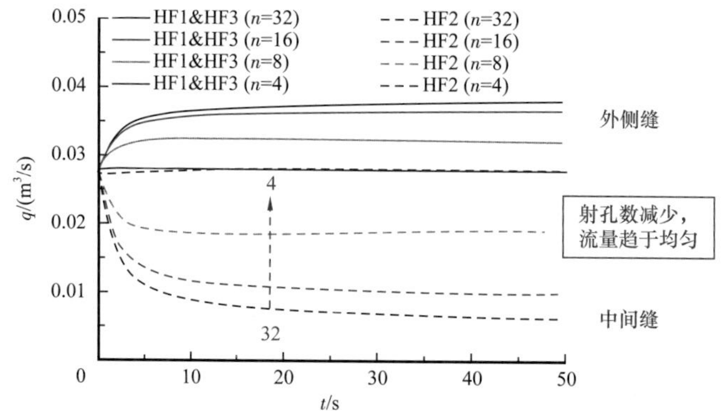

图 4-1-30 不同射孔数时的各簇流量分配（4～32 孔）

不同射孔数分布情况下各簇流量分配如图 4-1-31 所示，对应的内侧缝流量与外侧缝流量比值如图 4-1-32 所示。随着外侧缝射孔数量的减小，外侧缝进液量降低，而随着内测缝射孔数量的减小，内侧缝进液量增加。从模拟结果来看，减小外侧缝射孔数量，有利于各簇裂缝进液量均衡分配。同时，仅增大内侧缝射孔数量，各簇裂缝流量分配改变并不明显。因此，在压裂设计的过程中，采取非均匀射孔可实现多簇裂缝流量均衡分配。

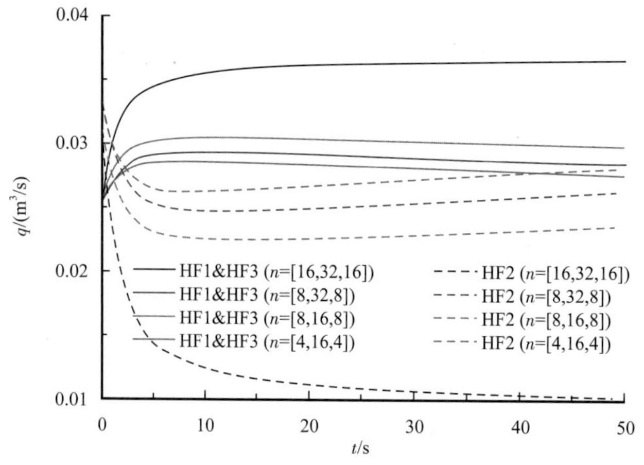

图 4-1-31 不同射孔数分布的各簇流量分配

此外，射孔的优化应该考虑天然裂缝分布的影响。结合天然裂缝分布测井解释结果，利用模型模拟了考虑天然裂缝分布影响下的射孔优化原则。以 4 簇缝为例，模拟了压裂水平井在均匀分布射孔和非均匀分布射孔两种情况下的改造面积，如图 4-1-33 所示。非均匀分布射孔的方式在天然裂缝发育段减少了射孔数，而在天然裂缝不发育段增加了射孔数。非均匀分布射孔的压后改造体积为 52776m^2，大于均匀分布射孔的 43047m^2。可见，天然裂缝发育段减少射孔数量，不发育段适当增加射孔数量有利于增大改造体积。

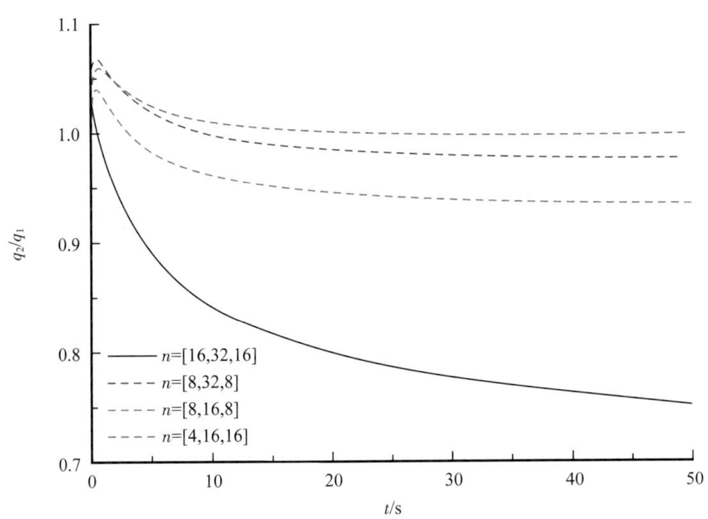

图 4-1-32 内侧缝流量与外侧缝流量比值

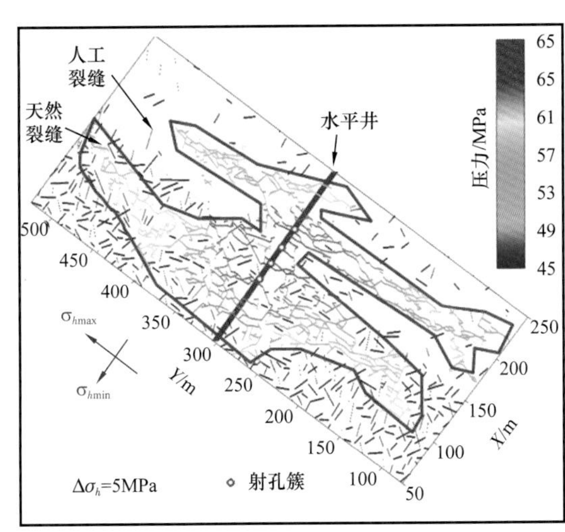

均匀布射孔簇SRA=43047m^2

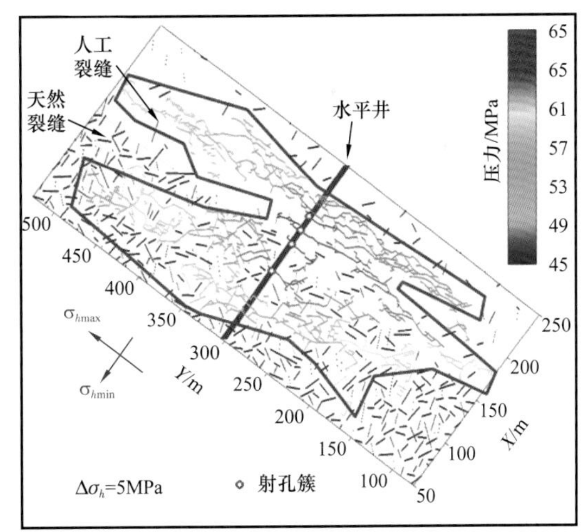

非均匀布射孔簇SRA=52776m^2

图 4-1-33 考虑天然裂缝分布下不同射孔方式对比

2. 压裂水平井缝网形成机制

“缝内暂堵压裂”和“密集切割压裂”是压后形成复杂缝网的主要工艺。除了施工工艺，复杂缝网形成的主控因素还是在于储层本身的性质，例如天然裂缝发育程度、水平应力差等。利用模型模拟了“缝内暂堵压裂”和“密集切割压裂”工艺下，不同储层性质对复杂缝网形成的影响。

天然裂缝发育及不发育情况下，进行“缝内暂堵”的模拟结果如图4-1-34、图4-1-35所示。在天然裂缝发育的情况下，进行“缝内暂堵”后，虽然裂缝延伸长度有所降低，但在近井地带形成了较为复杂的裂缝网络。即使是在天然裂缝不发育的情况下，进行“缝内暂堵”仍旧可以形成比较复杂的裂缝形态。可见，在天然裂缝发育的情况下，“缝内暂堵”可以形成复杂的缝网结构，大幅降低近井地带储层的流动阻力。同时明确了天然裂缝发育是能够形成复杂缝网结构的重要因素之一。

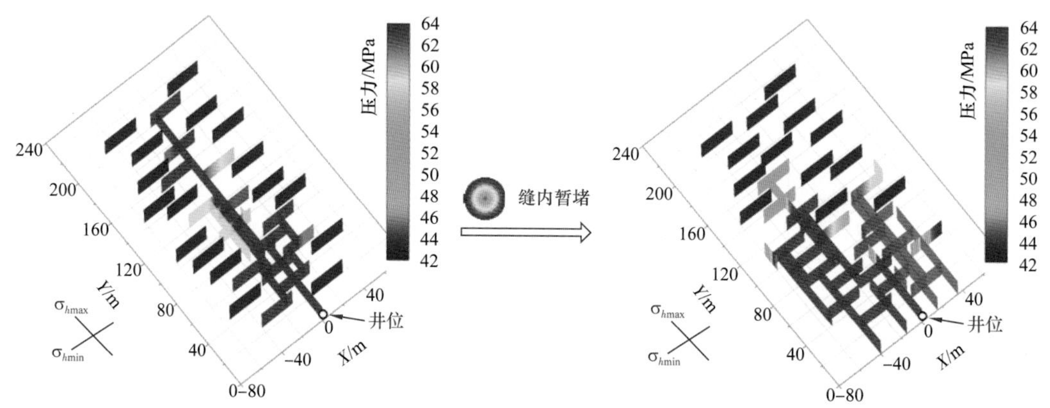

图4-1-34 天然裂缝发育情况下的“缝内暂堵”前后压裂效果

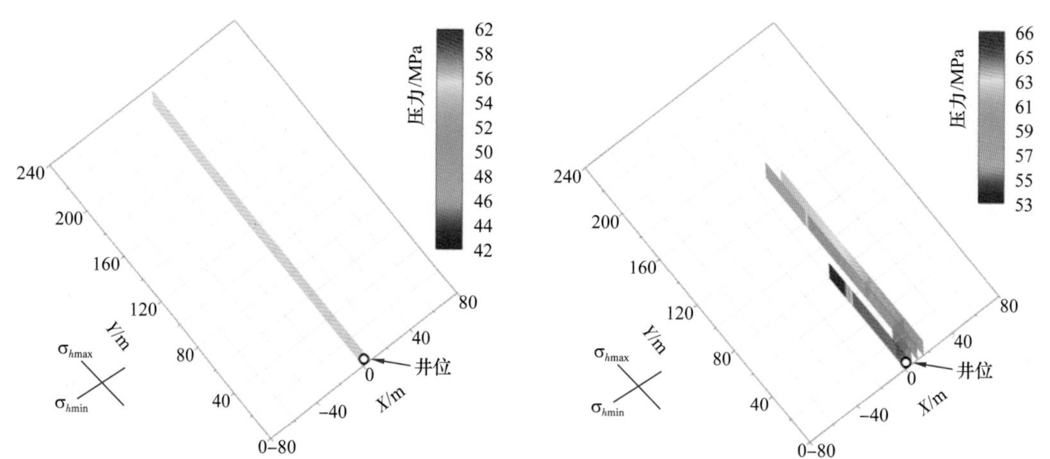

图4-1-35 天然裂缝不发育情况下的“缝内暂堵”前后压裂效果

在不同水平应力差情况下，进行“缝内暂堵”的模拟结果如图4-1-36、图4-1-37所示。明显在水平应力差较小的情况下，进行“缝内暂堵”后，形成了较为复杂的裂缝网络，同时人工裂缝的延伸长度增加。在水平应力差较大的情况下，进行“缝内暂堵”后，裂缝形态比较复杂。对比发现，当时水平应力差较小的时候，形成的裂缝网络更为复杂。可见，水平应力差是压后形成复杂裂缝网络的主要因素之一。“密切割压裂”也是压后形成复杂裂缝网络的工艺手段之一。

以吉 251 区块为例，模拟了“密切割压裂”在不同应力差下产生的裂缝形态。先导试验区的水平应力差为 7～12MPa，在这高水平应力差下进行“密切割压裂”的模拟结果如图 4-1-38 所示。“密切割压裂”前，段间距 70m，簇间距 15m，共压 5 段；“密切割压裂”后，段间距减小至 45m，簇间距减少至 10m，压裂段增加至 7 段。模拟结果显示，“密切割压裂”后，促进了分支裂缝的扩展，裂缝数量增加 50%。对比低应力差的情况（图 4-1-39），密集切割（缝间距 10m）时，缝间干扰严重，近井裂缝密度高，远井裂缝数量较少，在近井地带形成更为复杂的裂缝网络。

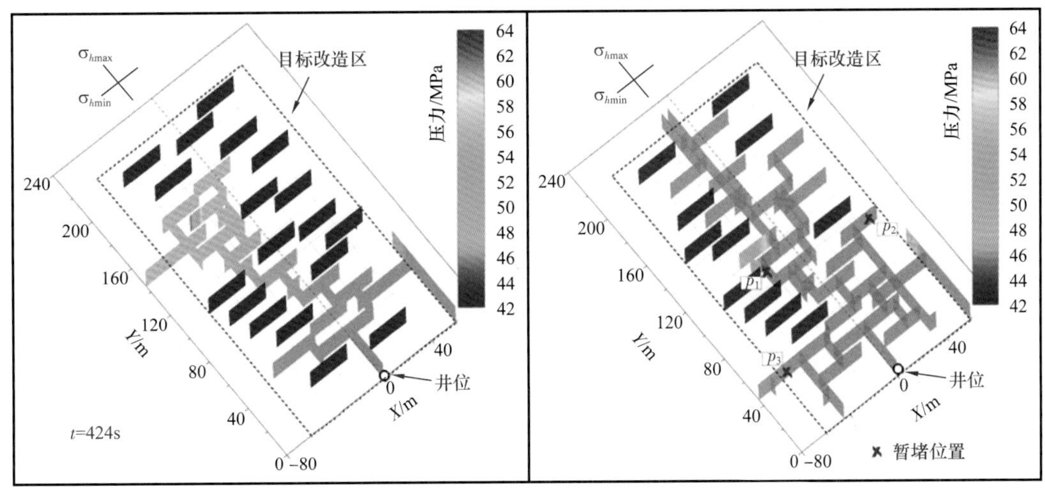

图 4-1-36 低水平应力差（4MPa）下的“缝内暂堵”前后压裂效果

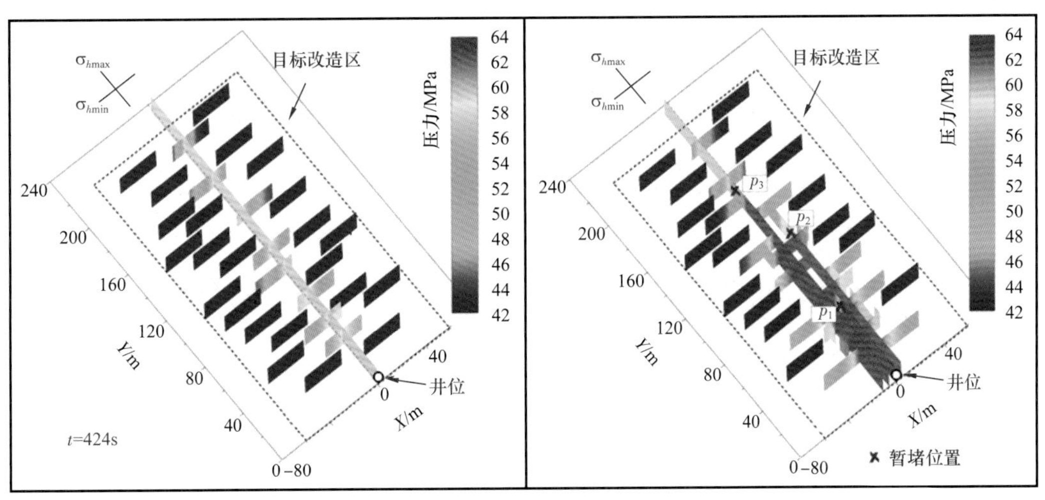

图 4-1-37 高水平应力差（12MPa）下的“缝内暂堵”前后压裂效果

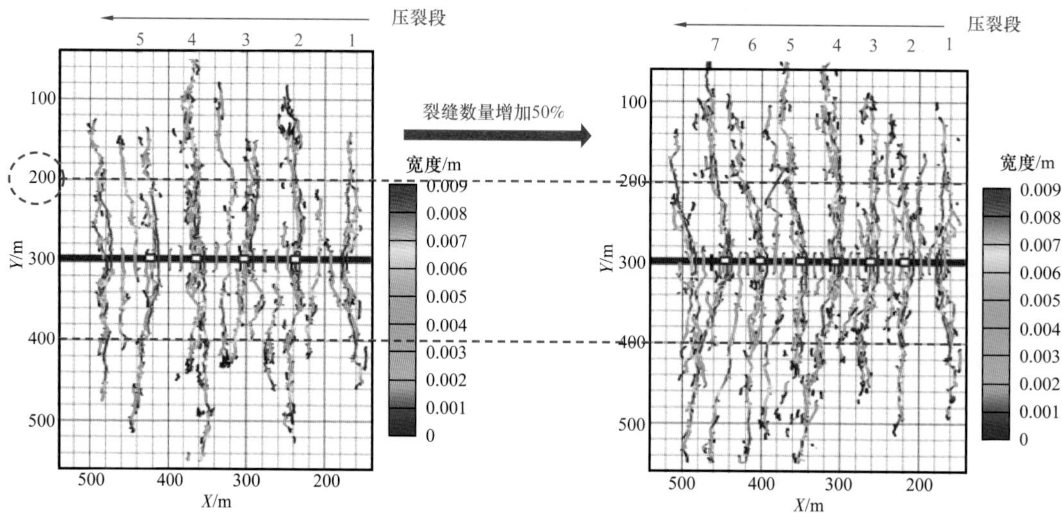

图 4-1-38 高水平应力差（12MPa）下的“密切割压裂”前后压裂效果

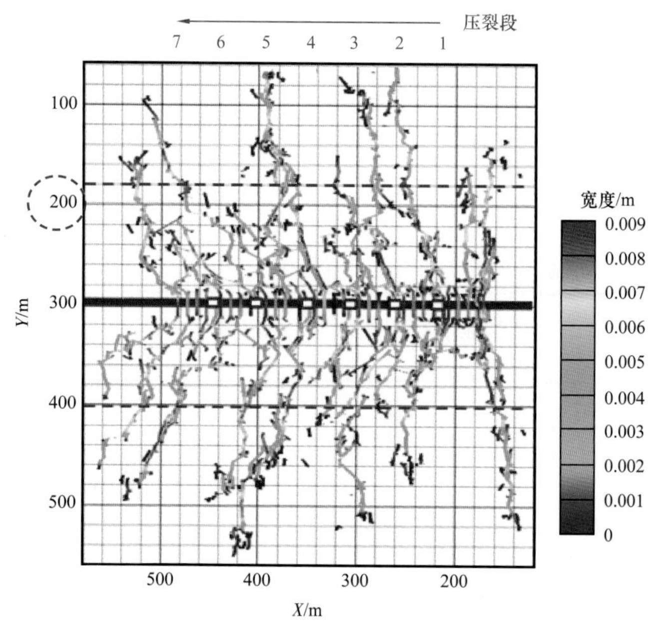

图 4-1-39 低水平应力差（4MPa）下的“密切割压裂”前后压裂效果

3. 重复暂堵压裂裂缝扩展机理

建立了重复暂堵压裂裂缝扩展模型，对重复暂堵压裂裂缝扩展机理进行研究，认清了初次压裂生产后地应力场变化规律，并揭示了重复压裂缝内暂堵裂缝转向规律与主控因素。

在初次压裂并生产之后，生产会导致裂缝附近 20～30m 之内水平应力差减小，但流体生产难以导致地应力场发生反转。因此，重复暂堵压裂后，裂缝沿初次裂缝扩展，封堵后发生转向，但最终仍然沿着水平最大主应力向扩展。封堵的目的是为了让重复压裂的裂缝转向，产生复杂裂缝结构，而裂缝的转向距离与水平应力差以及缝内净压力有关。如图 4-1-40 所示，根据模型模拟结果，水平应力差越大，裂缝转向距离越小，重复压裂越难以形成转向裂缝。同时值得注意的是，水平应力差对转向距离的影响并非线性的，如图 4-1-41 所示。当水平应力差小于 4MPa 时，随着水平应力差的增加，裂缝转向距离明显下降。当水平应力差大于 4MPa 时，随着水平应力差的增加，裂缝转向距离下降不明显。

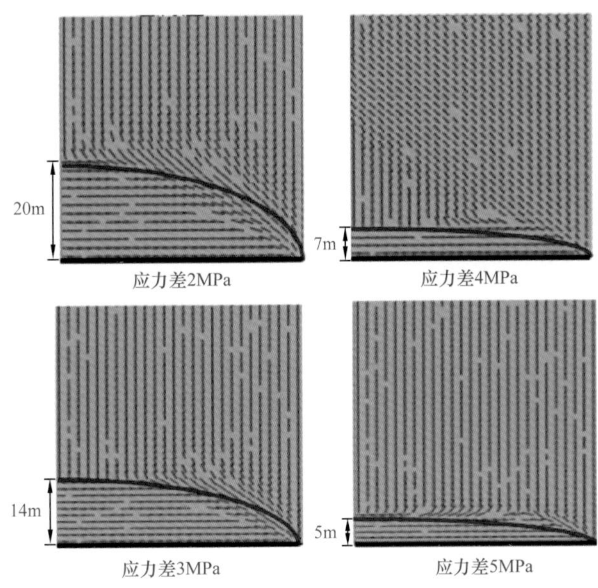

图 4-1-40 不同水平应力差下裂缝转向距离

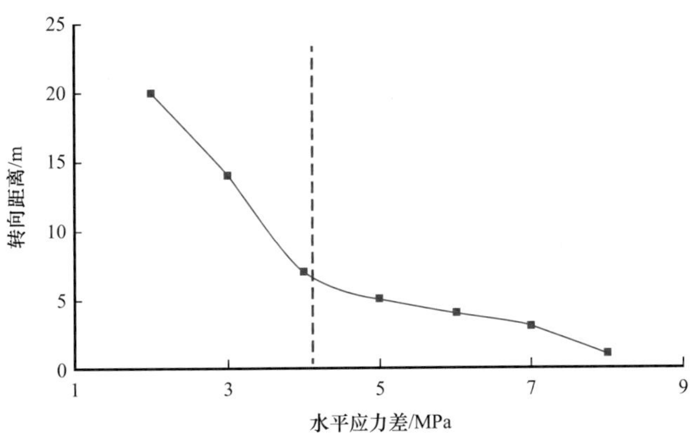

图 4-1-41 水平应力差对裂缝转向距离的影响

缝内净压力也是影响裂缝转向距离的一个因素。综合考虑水平应力差和缝内净压力，绘制了裂缝转向半径与水平应力差及净压力图版。如图 4-1-42 所示，转向半径随着净压力升高而增大，随着水平应力差的增加而降低。根据吉 251 区块新部署试验区为例，该区水平应力差为 4MPa，根据图版得到净压力优选范围是 8~15MPa。

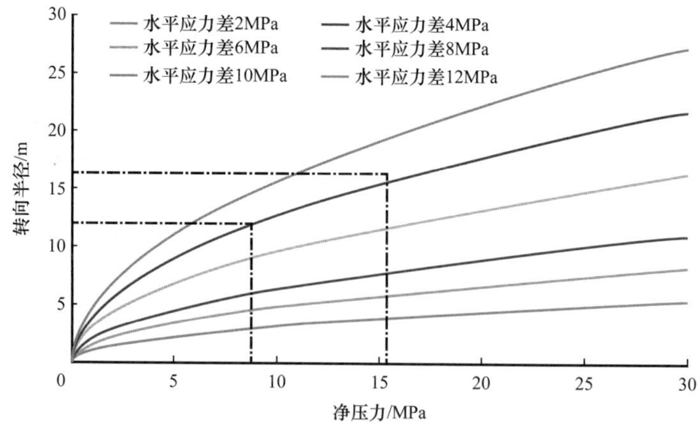

图 4-1-42 转向半径与净压力、水平应力差关系图版

四、支撑剂缝内分布规律

实际矿场中形成的裂缝是不光滑的，有的在近井筒出现严重的扭曲和分支化，这就对支撑剂空间运移和分布产生明显的影响，但目前商业化软件和科研中，尚未对这种影响进行量化分析。由于致密油储层裂缝复杂，对支撑剂运移可能产生严重的影响，因此为了研究这种影响，针对模拟中的难题进行了分析，认识到存在以下两个难题：（1）迂曲裂缝的模型构建和仿真；（2）迂曲缝中支撑剂运移和分布的模拟运移模型的建立和求解。

针对上面两个问题，提出了一种借助四参数随机生长模拟和正态分布随机函数构造复杂迂曲裂缝的方法，并在考虑支撑剂颗粒与携砂液和裂缝壁面相互作用的基础上，分析了支撑剂在各尺度复杂裂缝内的分布情况。

1. 三维迂曲水力裂缝的构建

三维迂曲水力裂缝的构建过程可分为三个步骤：裂缝布种、裂缝生长、几何放样。

利用所提出的迂曲裂缝构建方法，可以实现任意级数裂缝网络的构建。在该过程中各级裂缝的构建相互独立，即各条裂缝的裂缝长度、迂曲度、孔隙度和方位角等几何参数可以分别进行设置，各级裂缝之间连接关系可以通过在构造上级裂缝过程中指定次级裂缝的起始位置来实现。不同裂缝长度、角度和迂曲度条件下所构建的三级裂缝网络布种情况如图 4-1-43 所示。

(a) 二级裂缝与主裂缝夹角45°　(b)二级裂缝与主裂缝夹角90°　(c) 二级裂缝与主裂缝夹角135°

图 4-1-43 不同形态三级裂缝布种情况

上述裂缝种子在经过裂缝生长和几何放样之后便可得到模拟支撑剂运移所需要的三维多级裂缝实体，如图 4-1-44 所示。这里为了简化构建过程，各级裂缝缝高均相等。同时为了方便边界条件的设置，将各级裂缝顶点截断为平面。图 4-1-43 中分别展示了二级裂缝与主裂缝方向夹角为 45°、90°和 135°的裂缝网络形态，其中三级裂缝的方向与主裂缝方向一致。三种裂缝结构中主裂缝长度均为 10dm，二级裂缝长度为 2dm，三级裂缝长度为 2dm，主裂缝迂曲度分别为 1.23、1.05 和 1.16，二级裂缝迂曲度为 1.09，三级裂缝迂曲度为 1.06，平均裂缝宽度为 0.978cm。

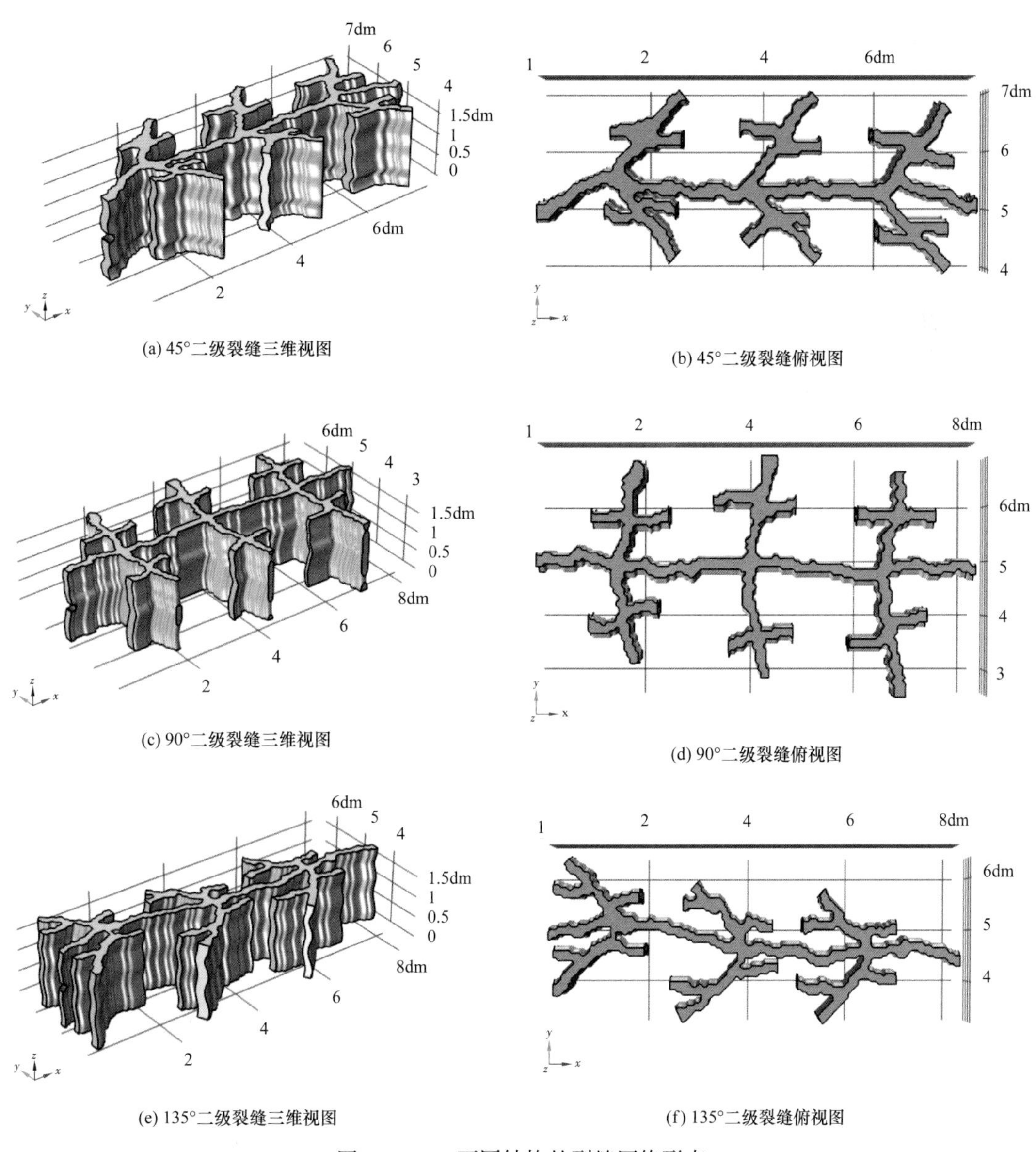

(a) 45°二级裂缝三维视图

(b) 45°二级裂缝俯视图

(c) 90°二级裂缝三维视图

(d) 90°二级裂缝俯视图

(e) 135°二级裂缝三维视图

(f) 135°二级裂缝俯视图

图 4-1-44 不同结构的裂缝网络形态

2. 裂缝与基质耦合流动模型

对于携砂液在迂曲裂缝中的流动模拟，为了在满足精度要求的前提下简化所要求解的模型，现作如下假设：（1）所取的研究区域足够大，忽略基质中孔隙结构的复杂性；（2）携砂液在裂缝中流动过程期间，裂缝不会扩展且缝宽不变；（3）携砂液为牛顿流体且微可压缩；（4）整个过程为等温过程；（5）不考虑基质的非均质性。

对于迂曲裂缝中的流体，其运动方程可以用 Navier–Stokes 方程表示如下：

$$\frac{\partial\left(v_{\mathrm{l}}\rho_{\mathrm{l}}\right)}{\partial t}+\rho_{\mathrm{l}}\left(v_{\mathrm{l}}\cdot\nabla\right)v_{\mathrm{l}}=\nabla\cdot\left[-p_{\mathrm{fl}}+\mu\left(\nabla v_{\mathrm{l}}+\left(\nabla v_{\mathrm{l}}\right)^{\mathrm{T}}\right)\right]+\rho_{\mathrm{l}}g \tag{4-1-4}$$

式中 ρ_{l}——流体密度，$\mathrm{kg/m^3}$；

v_{l}——流体流速，m/s；

t——时间变量，s；

p_{fl}——流体在裂缝内的压力，MPa；

μ——流体黏度，mPa·s；

g——重力加速度，$\mathrm{m/s^2}$。

对于基质中流体的流动，采用达西方程进行描述：

储层基质中流体渗流的控制方程为

$$\nabla g\rho_{\mathrm{l}}\left[-\frac{k}{\mu}\left(\nabla p_{\mathrm{ml}}+\rho_{\mathrm{l}}g\nabla H\right)\right]+\rho_{\mathrm{l}}S\frac{\partial p_{\mathrm{ml}}}{\partial t}=-\rho_{\mathrm{l}}\alpha_{\mathrm{B}}\frac{\partial\varepsilon_{\mathrm{vol}}}{\partial t} \tag{4-1-5}$$

式中 p_{ml}——基质中流体压力，MPa；

$\partial\varepsilon_{\mathrm{vol}}/\partial t$——基质体积应变的变化率。可以将式（4-1-5）等号右边项视为孔隙空间的扩张速率。随着 $\partial\varepsilon_{\mathrm{vol}}/\partial t$ 的增加，流体的体积分数也增加。裂缝内流体流动与基质中渗流通过裂缝壁面的流体压力进行双向耦合。

3. 支撑剂受力分析

支撑剂随携砂液的流动而在迂曲裂缝中运移，属于固液两相流动。这里采用牛顿第二定律对支撑剂颗粒在携砂液中的运动规律进行描述，即作用于单位质量颗粒上的外力之和等于颗粒质量与其加速度的乘积。固体颗粒运动表达式如下所示：

$$\frac{\mathrm{d}m_{\mathrm{p}}v_{\mathrm{p}}}{\mathrm{d}t}=F_{\mathrm{D}}+F_{\mathrm{g}}+F_{\mathrm{ext}} \tag{4-1-6}$$

式中 m_{p}——支撑剂颗粒质量，kg；

v_{p}——支撑剂颗粒速度，m/s；

t——时间变量，s；

F_{D}——携砂液对支撑剂颗粒的曳力，N；

F_{g}——支撑剂颗粒在携砂液中受到的重力和浮力的合力，N；

F_{ext}——支撑剂颗粒所受的其他外力，N。

通过分析可知，研究支撑剂运动和分布过程中需要考虑重力、浮力、曳力、压力梯度力和 Basset 力的影响。

1）重力与浮力

支撑剂浸没在携砂液中，除了受重力作用外，还有携砂液作用的浮力，二者方向相反且作用的合力可以表示为

$$F_g = m_p g\left(\frac{\rho_p - \rho_l}{\rho_p}\right) \tag{4-1-7}$$

式中 ρ_p——支撑剂密度，kg/m^3。

2）曳力

由于携砂液需要具有一定的黏度才能携带支撑剂，当支撑剂颗粒与携砂液出现相对运动时，液体的黏性会产生一个阻碍或者推动支撑剂颗粒的力，即曳力。对于单个支撑剂颗粒，其所受的曳力可以表示为

$$F_D = \frac{m_p}{\tau_p}\left(v_l - v_p\right) \tag{4-1-8}$$

式中 τ_p——支撑剂颗粒运动弛豫时间，s。支撑剂颗粒的运动弛豫时间可以定义为

$$\tau_p = \frac{4\rho_p {d_p}^2}{3\mu C_D Re_p} \tag{4-1-9}$$

式中 d_p——支撑剂等体积球体直径，mm；

C_D——阻力系数；

Re_p——颗粒雷诺数。对阻力系数的定义也需要引入颗粒雷诺数的概念，颗粒雷诺数的公式如下：

$$Re_p = \frac{\rho_l d_p \left\| v_l - v_p \right\|}{\mu} \tag{4-1-10}$$

实际情况下支撑剂颗粒为不规则的非球形颗粒，其阻力系数与颗粒的球度有关。在 Haider–Levenspiel 模型中，非球形颗粒的球度定义为与颗粒等体积球体的表面积与颗粒实际表面积之比：

$$0 < S_p = \frac{A_{sphere}}{A_{particle}} \leqslant 1 \tag{4-1-11}$$

式中 S_p——支撑剂球度；

A_{sphere}——与支撑剂颗粒等体积球体的表面积，mm^2；

$A_{particle}$——支撑剂颗粒实际表面积，mm^2。由此可以得到阻力系数为

$$C_D = \frac{24}{Re_{\rm p}}\left(1 + A\left(S_{\rm p}\right)Re_{\rm p}^{B\left(S_{\rm p}\right)}\right) + \frac{C\left(S_{\rm p}\right)}{1 + D\left(S_{\rm p}\right)/Re_{\rm p}} \tag{4-1-12}$$

其中，A、B、C 和 D 为经验参数，表示如下：

$$\begin{aligned} A\left(S_{\rm p}\right) &= \exp\left(2.3288 - 6.4581S_{\rm p} + 2.4486S_{\rm p}^{2}\right) \\ B\left(S_{\rm p}\right) &= 0.0964 + 0.5565S_{\rm p} \\ C\left(S_{\rm p}\right) &= \exp\left(4.905 - 13.8944S_{\rm p} + 18.4222S_{\rm p}^{2} - 10.2599S_{\rm p}^{3}\right) \\ D\left(S_{\rm p}\right) &= \exp\left(1.4681 + 12.2584S_{\rm p} - 20.7322S_{\rm p}^{2} + 15.8855S_{\rm p}^{3}\right) \end{aligned} \tag{4-1-13}$$

压力梯度力的定义为颗粒在有压力梯度的流体中，由于其表面不同位置所受的压力不同而形成的力。该力大小等于颗粒的体积与压强梯度的乘积，方向与压力梯度相反。对于支撑剂颗粒，如果沿携砂液流动方向的压力梯度已知，则作用在颗粒上的压力梯度力为

$$F_{\rm p} = -\frac{\pi d_{\rm p}^{3}}{6}\frac{\partial p_{\rm fl}}{\partial l} \tag{4-1-14}$$

式中 $F_{\rm p}$——压力梯度力，N；

l——裂缝弧长，cm。

3）Basset 力

在黏性流体中，颗粒在流场内作变加速运动而增加的阻力，这个力定义为 Basset 力，可以表示为

$$F_{\rm ba} = \frac{3}{2}d_{\rm p}^{2}\left(\pi\rho_{\rm l}\mu\right)^{0.5} \times \int_{t_0}^{t'}\left(t' - t\right)^{-0.5}\frac{\rm d}{{\rm d}t}\left(v_{\rm l} - v_{\rm p}\right){\rm d}t \tag{4-1-15}$$

式中 $F_{\rm ba}$——Basset 力，N；

t_0——支撑剂运动起始时刻，s；

t'——运动终止时刻，s。

支撑剂颗粒不是刚体，在运动过程中会相互碰撞，颗粒之间相互作用可以用线弹性模型表示：

$$F_i = -k_s\sum_{j=1;i\neq j}^{N}\left(\left|r_i - r_j\right| - r_0\right)\frac{r_i - r_j}{\left|r_i - r_j\right|} \tag{4-1-16}$$

式中 k_s——弹簧常数，N/m；

r_i——第 i 个颗粒的位置矢量；

r_j——第 j 个颗粒的位置矢量；

r_0——颗粒之间的平衡距离，mm。

当支撑剂颗粒与裂缝壁面接触时由于壁面的粗糙性和颗粒的不规则性，颗粒在与壁面碰撞后不是完全的镜面反射，因此模拟过程中采用 Knudsen 余弦散射定律，即颗粒飞

离裂缝壁面的方向与原入射方向无关，并按与表面法线方向成角度 θ 的余弦进行分布。那么，处于立体角度 dα 范围内支撑剂颗粒的分布几率为：

$$\mathrm{d}\psi = \frac{\mathrm{d}\alpha}{\pi}\cos\theta \tag{4-1-17}$$

这样携砂液携带支撑剂在迂曲裂缝中运动时，支撑剂与携砂液之间，支撑剂与裂缝壁面之间以及支撑剂颗粒之间的相互作用均在模拟过程中得到考虑。

4. 支撑剂在迂曲裂缝中分布模拟及规律分析

结合所得到的携砂液流速特征，进一步分析支撑剂在迂曲裂缝中分布情况，模拟中采用黏度为 10mPa·s 的携砂液在入口流速为 0.25m/s 的条件下携带粒径为 0.3mm 密度为 2400kg/m^3 的支撑剂进入迂曲裂缝，其中支撑剂在带 45°垂直二级裂缝的迂曲缝网中的铺置情况如图 4-1-45 所示。首先，上述条件下支撑剂在迂曲裂缝主裂缝中的输送距离较短。同时由于裂缝壁面的粗糙性以及裂缝轨迹的迂曲性，支撑剂在裂缝中的整体分布不均匀，支撑剂出现类似通道压裂中片状聚集的现象。在上述条件下，支撑剂只能填充第一道二级裂缝，同时进入对应三级裂缝的两侧而不是规则裂缝中与二级裂缝夹角较小的一侧。除此之外的裂缝其他部分均没有支撑剂填充，裂缝整体填充效果较差。

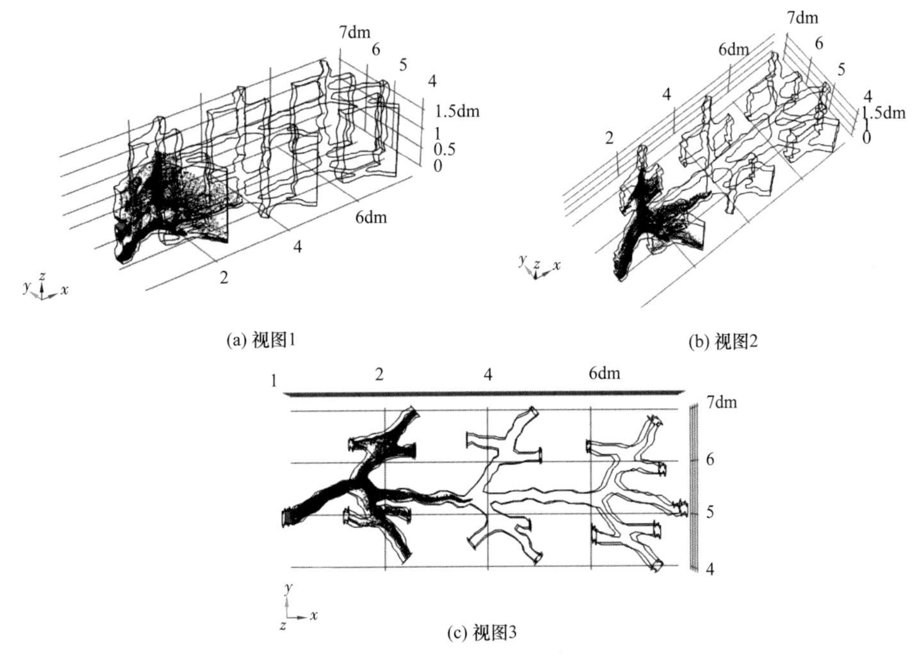

图 4-1-45 带 45°垂直二级裂缝的迂曲缝网中支撑剂分布

在相同物性和施工参数条件下，支撑剂在带 90°垂直二级裂缝的迂曲缝网中分布如图 4-1-46 所示。结果显示该类型缝网的主裂缝中支撑剂的输送距离较带 45°垂直二级裂缝的迂曲缝网更长，已经达到第二道二级裂缝并填充了该二级裂缝的部分空间，这是由于带 90°垂直二级裂缝迂曲缝网的主裂缝内携砂液流速更大。但是支撑剂对该类缝网中第一道二级裂缝及其三级裂缝的填充程度没有带45°垂直二级裂缝的迂曲缝网的情况理想，支撑剂并没有完全填充第一道二级裂缝及其对应的三级裂缝空间。

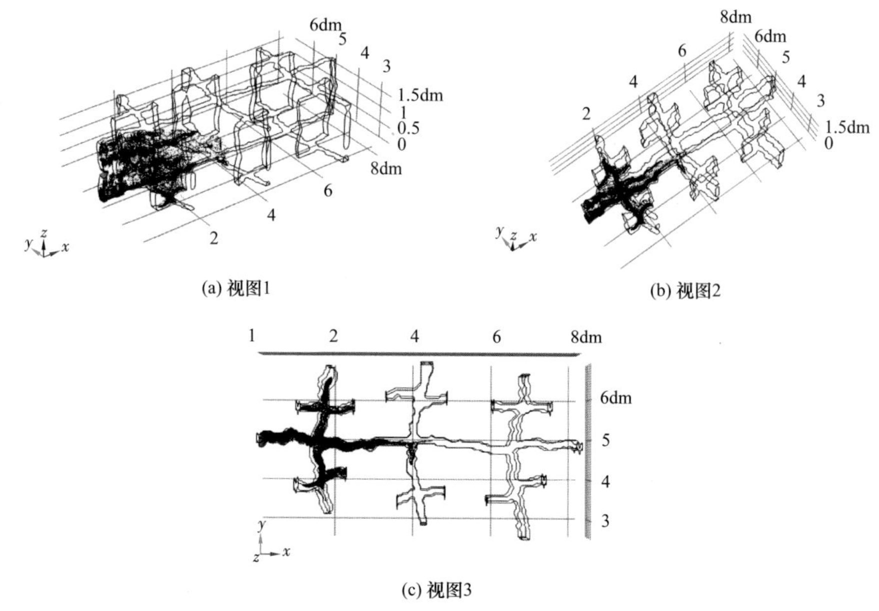

图 4-1-46　带 90°垂直二级裂缝的迂曲缝网中支撑剂分布

对于带135°垂直二级裂缝的迂曲裂缝网络，支撑剂在其中的分布状态如图 4-1-47 所示。可以看出，其整体的铺置情况与上述两种缝网类似。支撑剂在主裂缝的输送距离有限，无法到达第二道二级裂缝。同时由于主裂缝在入口附近区域的迂曲程度较大，其内部流体

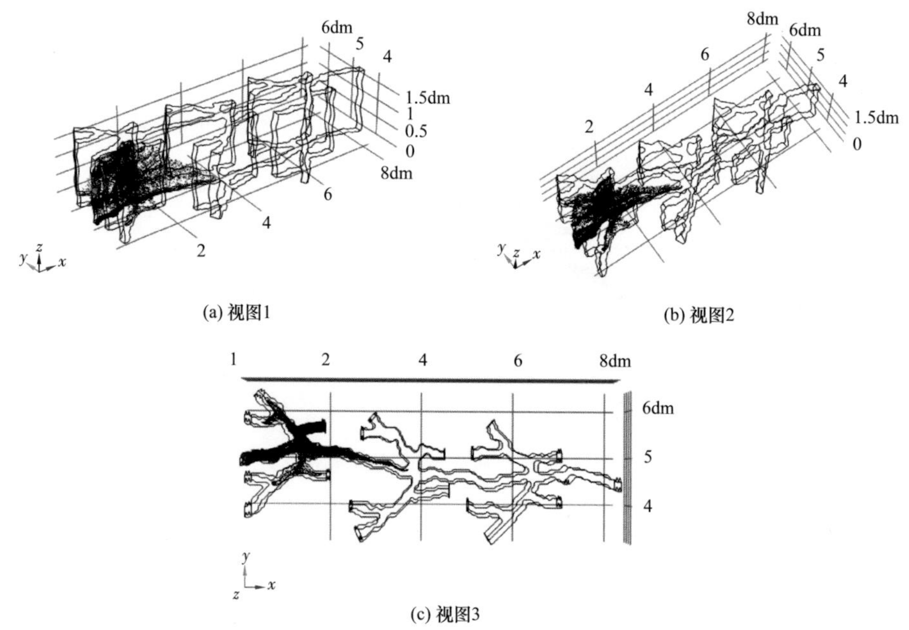

图 4-1-47　带 135°垂直二级裂缝的迂曲缝网中支撑剂分布

更容易进入第一道二级裂缝一侧，造成该类型缝网中第一道二级裂缝的填充情况较前两种缝网更差。支撑剂只能较好地填充第一道二级裂缝的一侧，另一侧裂缝的铺置情况较差，仅能输送到该侧二级裂缝缝长一半的距离，对应的三级裂缝中几乎没有支撑剂填充。

第二节 致密油储层高效体积改造材料与工艺

一、密切割压裂工艺优化技术方法

密切割压裂技术关键在于改造甜点识别，在改造甜点识别的基础上进行缩短段间距和簇间距的压裂措施。矿场实践表明，致密油单井产量与优质储层的改造程度之间呈正相关关系。产液剖面测试结果表明，水平井不同改造层段的产能贡献与储层岩性、物性、含油性、可压性存在较强的相关性。因此，改造甜点判识从单因素（声波时差、自然伽马）向多因素（物性、含油性、脆性、地应力）转变。在厘定分类阈值的基础上，建立了水平段综合品质分级评价标准（表 4-2-1）。

表 4-2-1 致密油工程地质一体化分级评价九宫格

综合品质		储层品质 I	储层品质 II	储层品质 III
工程品质	A	$\phi_e \geq 5\%$ $S_o \geq 70\%$ $\sigma_h \leq 30MPa$ BI≥50%	$3\% \leq \phi_e < 5\%$ $50\% \leq S_o < 70\%$ $\sigma_h \leq 30MPa$ BI≥50%	$\phi_e < 3\%$ $S_o < 50\%$ $\sigma_h \leq 30MPa$ BI≥50%
工程品质	B	$\phi_e \geq 5\%$ $S_o \geq 70\%$ $30MPa < \sigma_h \leq 34MPa$ 40MPa≤BI<50MPa	$3\% \leq \phi_e < 5\%$ $50\% \leq S_o < 70\%$ $30MPa < \sigma_h \leq 34MPa$ 40MPa≤BI<50MPa	$\phi_e < 3\%$ $S_o < 50\%$ $30MPa < \sigma_h \leq 34MPa$ 40MPa≤BI<50MPa
工程品质	C	$\phi_e \geq 5\%$ $S_o \geq 70\%$ $\sigma_h > 34MPa$ BI<40MPa	$3\% \leq \phi_e < 5\%$ $50\% \leq S_o < 70\%$ $\sigma_h > 34MPa$ BI<40MPa	$\phi_e < 3\%$ $S_o < 50\%$ $\sigma_h > 34MPa$ BI<40MPa
		综合品质好	综合品质中等	综合品质差

注：ϕ_e 为有效孔隙度，S_o 为含油性，σ_h 为最小水平主应力，BI 为脆性指数。

由于改造甜点识别率不断提高，长庆油田 2018 年致密油示范区 50 口井压裂 1200 余段全部压开，一次压开成功率达到 92.9%。

结合改造甜点进行密切割压裂需注意到一个问题，即需进行差异化密切割设计。所谓差异化密切割设计，就是根据甜点的分布特征——连续发育、不连续发育、点状分散、泥页岩周围分布，采取不同的布缝策略，设计不同的裂缝间距进行压裂，始终以“接触面积最大、渗流距离最短、累计产量最高”为目标（表 4-2-2）。

表 4-2-2　不同类型甜点非均匀多簇裂缝设计

甜点分布特征	甜点分布形态	改造思路	裂缝间距 / m	加砂强度 / t/m	进液强度 / m^3/m
连续发育	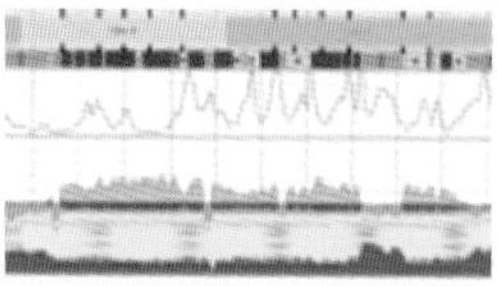	均质甜点密集布缝	5～10	5～6	20～25
不连续发育	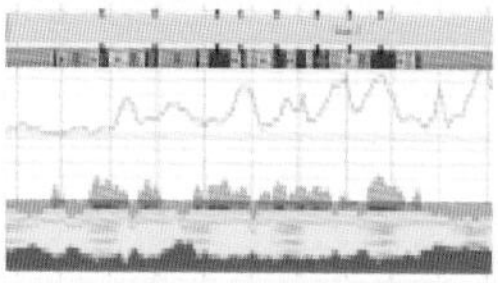	相近甜点均衡布缝	10～15	4～5	15～20
点状分散	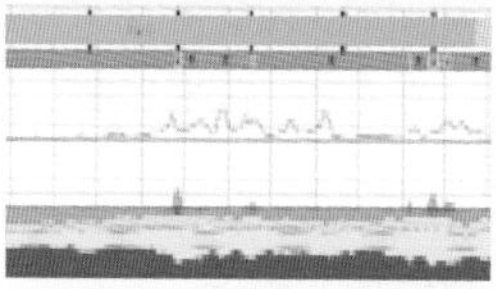	最优甜点精准布缝	15～20	3～4	12～15
泥页岩周围分布	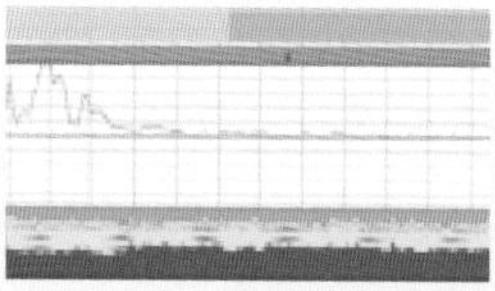	低应力点穿层布缝	20～30	2～3	10～12

长庆油田在基于优质储层充分动用保证单井产量的基础上，考虑降低压裂作业成本需求，开展差异化布缝和改造强度优化，与前期相比，段内簇数由 2～3 簇增加到 4～6 簇，裂缝密度增加到 80%，压后评价裂缝控制程度达到 92.0%。同时，密切割技术在长庆油田现场应用显著。采用密切割压裂的井，初产由 9.6t/d 上升到 18.1t/d，第一年累计产油 4850t，提高 2020t，第一年递减率由前期 42.5% 下降到 27.8%。在井距由 600m 下降至 400m 条件下，预测 1500m 水平段最终产量为 29660t，提高 10200t，EUR 提高 3%～5%。

新疆油田密切割体积改造效果显著，玛湖地区总计投产 208 口水平井，已建成产能 196.8×10^4t，目前，日产油水平达到 4468t，占新疆油田日产的 1/9。目前已涌现出 5 口最高日产百吨水平井，累计产油均超过 3×10^4t。吉木萨尔地区共压裂水平井投产 36 口。2017 年，JHW023/025 井应用高密度裂缝切割体积改造技术，有效动用瓶颈取得突破。2018 年，全区水平井日产油上升至 330～350t。

二、新滑溜水压裂液体系

针对体积压裂混合压裂液不利于重复利用等问题，研发了可循环缔合压裂液体系，即“低伤害、低黏度、低摩阻、高携砂、可回收、低成本”特征明显的 EM30S 全程携砂滑溜水压裂液。通过实时调整稠化剂使用浓度，即可实现滑溜水、基液和携砂液的功能转变。在 EM30S 体系中降低稠化剂的使用浓度即可获得滑溜水的功能，而增加稠化剂的浓度即可制备成基液，当加入助剂之后能具有携砂液的功能。

从降阻性能来看，EM30S 新型滑溜水压裂液体系的减阻性能比 EM30 滑溜水有所提高，减阻率最高可达 70% 以上，与国外公司成熟产品性能相当，达到较高的技术水平（图 4-2-1）。从耐盐、溶解性能来看，EM30S 溶解性有所提升，在 20000mg/L 矿化度条件下，溶解 3min 黏度达到稳定值 90% 以上，利于连续混配（图 4-2-2）。

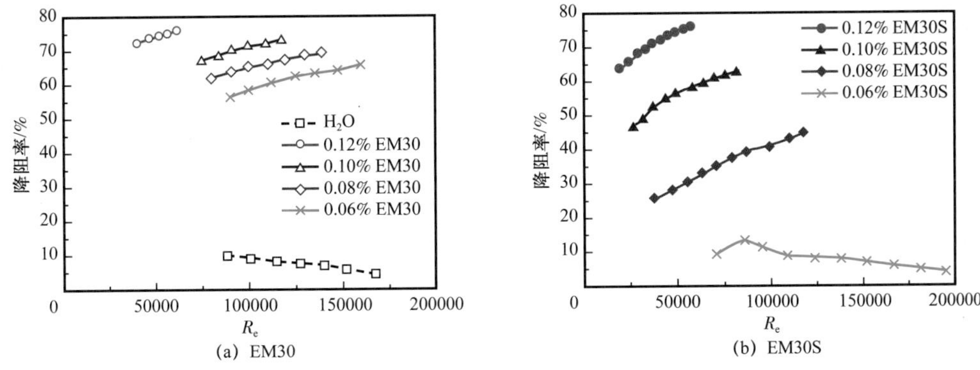

图 4-2-1 EM30S 和 EM30 溶液降阻率对比

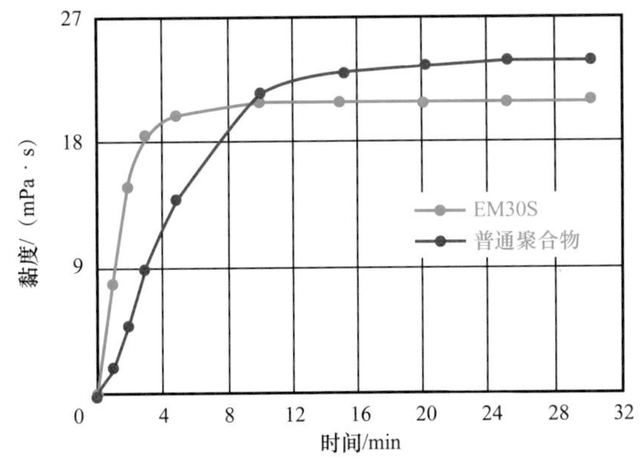

图 4-2-2 EM30S 溶解性能对比

图 4-2-3 直观显示了 EM30S 的携砂能力和重复利用能力，分别使用清水和破胶液配液，对比悬砂状态可知，该体系携砂和重复利用性能优良。图 4-2-4 直观显示了 EM30S 对岩心的伤害能力，EM30S 对致密储层岩心渗透率伤害率 14.2%，岩心端面无残胶滤饼生成，利于减小裂缝壁面堵塞伤害。

EM30S 在致密油区成功试验。首先，实现了单一体系的全程低黏低阻加砂。EM30S 体系添加剂由 8 种大幅简化至 3 种，2016 年在陇东示范区试验成功，降阻明显，现场携砂稳定，最高砂浓度 650kg/m^3，实现了单一体系的全程低黏低阻加砂（图 4-2-5）。其次，实现了规模应用和循环利用。在长庆油田，EM30S 在致密油全面应用，并拓展至低渗透油藏扩大应用，共计完试 628 口 1911 层 / 段（水平井 103 口），总用液量达 81.3×10^{4}m^3，回收利用约 20×10^{4}m^3（图 4-2-6）。

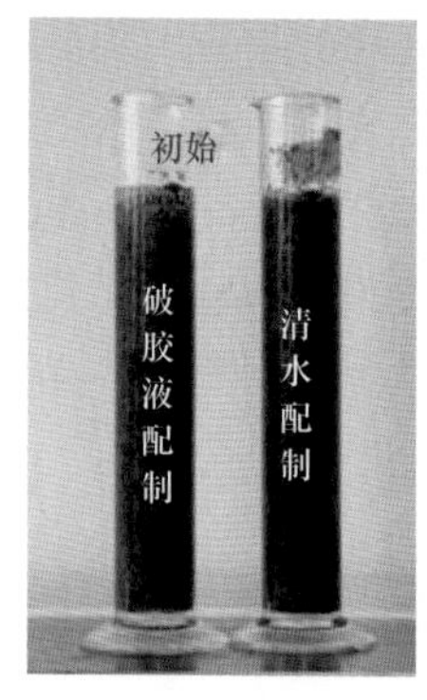

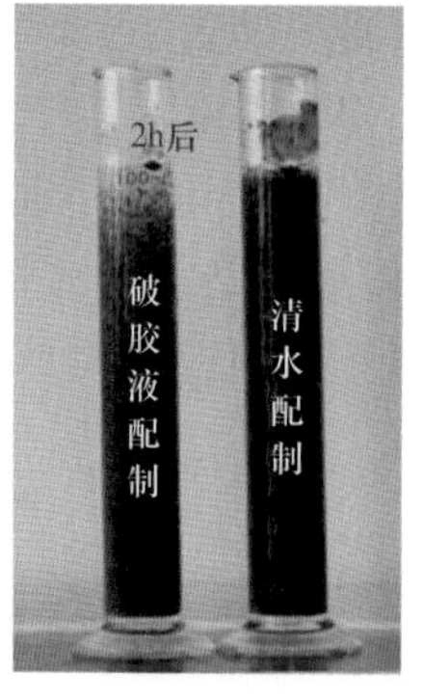

图 4-2-3 EM30S 携砂 / 重复利用性能观测

图 4-2-4 岩心伤害实验滤饼对比

图 4-2-5 EM30S 携砂液照片

图 4-2-6 压裂返排液快速回收处理装置现场照片

三、渗吸改善剂体系

为了提高压裂液除造缝外，进入储层后的“增油”附加功能，提出了在压裂液中添加渗吸改善剂，提高油水的置换速度。

在致密储层中毛细管力（p_c）是液体渗吸的主要动因，通过开展不同特性的流体介质对致密油天然岩心的渗吸实验，得出以下认识：砂岩的亲水越强，油水的渗吸置换效率越高；界面张力值（IFT）决定毛细管力大小，对渗吸效率影响显著（图 4-2-7、图 4-2-8）。以提升砂岩亲水性、增大毛细管压力为目标，提高油水置换速度，研发了渗吸改善剂。

利用创新油滴接触角、质量法岩心渗等测试方法结合 CT、NMR、SEM 等先进渗流成像手段对压裂液体系的渗吸性能进行评价。从图 4-2-9 可以看出，研发的渗吸改善剂，渗吸效率性能大幅提升，体系润湿改善速度、驱油效率、有效时间明显提升。渗吸置换效率由 10% 提升至 37%，渗吸有效时间从 20 天提升至 60 天，同时驱油效率起效时间从 300s 降低至 95s。

现场试验表明，改善剂有效地提高了油水置换速度。在西 233、庄 183 等区块累计应用 31 口 276 层 / 段，其中水平井 10 口，累计液量达到 61000m^3。相同返排率下，试验井氯离子较高，表明油水置换较快，试验井氯离子稳定时间7～10d，较常规缩短50%，表明渗吸效率高（图4-2-10、图4-2-11）。投产效果明显，在相同改造参数下，试验井较对比井初期产量提高2.3t/d、含水下降12%，且生产动态表明试验井含水下降快、产量总体较稳定（图4-2-12、图4-2-13）。

平均水湿指数:
0.19 0.79
平均自吸效率:
6.1% 18.9%
自吸效率/%
不同岩心的水湿指数

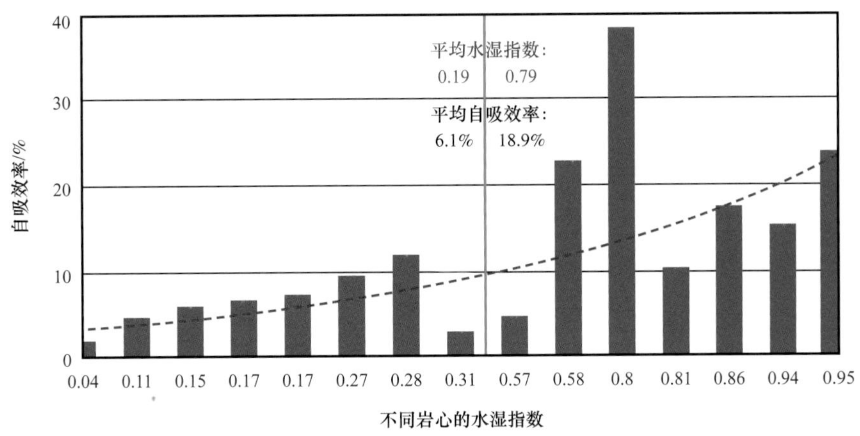

图4-2-7 岩心润湿性对自吸影响（60块岩心样品）

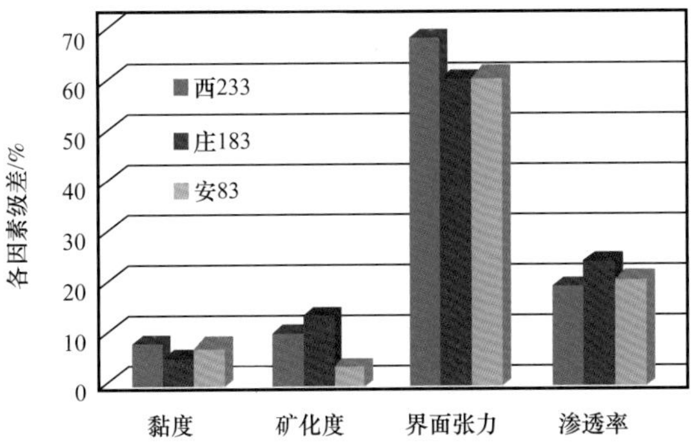

西233
庄183
安83
各因素级差/%
黏度
矿化度
界面张力
渗透率

图4-2-8 渗吸影响因素对比（60块岩心样品）

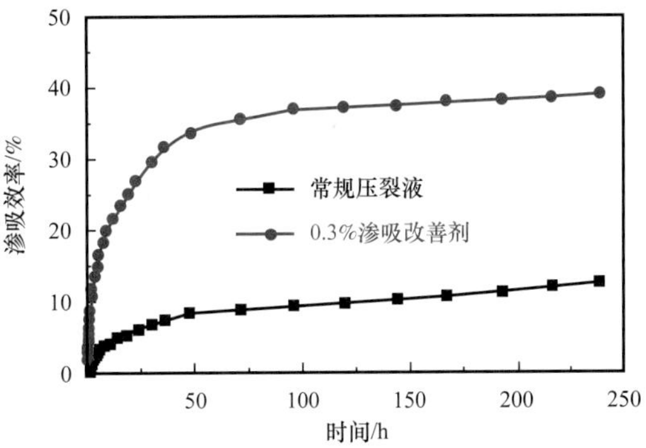

常规压裂液
0.3%渗吸改善剂
渗吸效率/%
时间/h

图4-2-9 改善剂体系渗吸置换率对比图

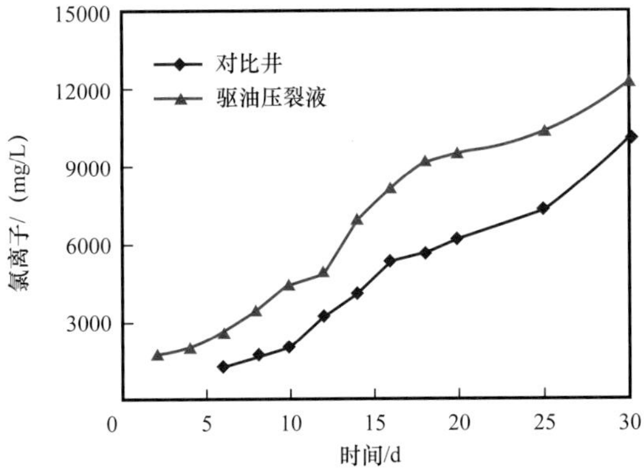

对比井
驱油压裂液
氯离子/（mg/L）
时间/d

图4-2-10 驱油压裂液渗吸置换快

对比井
试验井
氯离子/（mg/L）
时间/d

图4-2-11 渗吸平衡时间对比

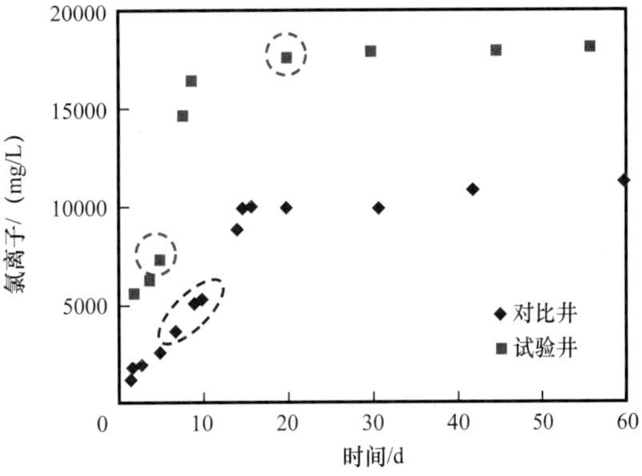

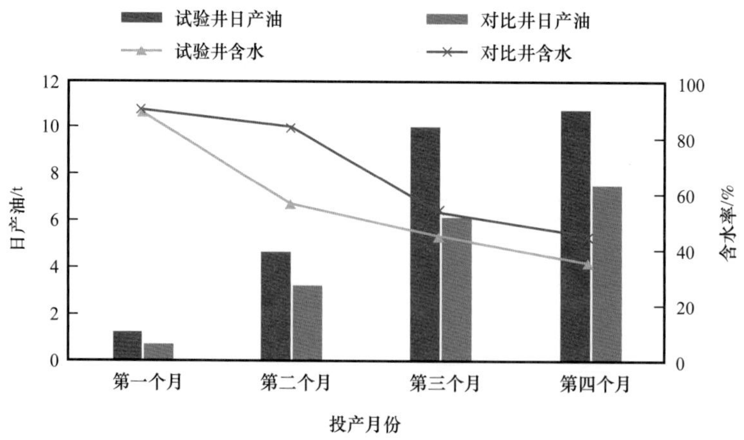

图 4-2-12　庄 183 区块驱油压裂液试验井投产效果对比

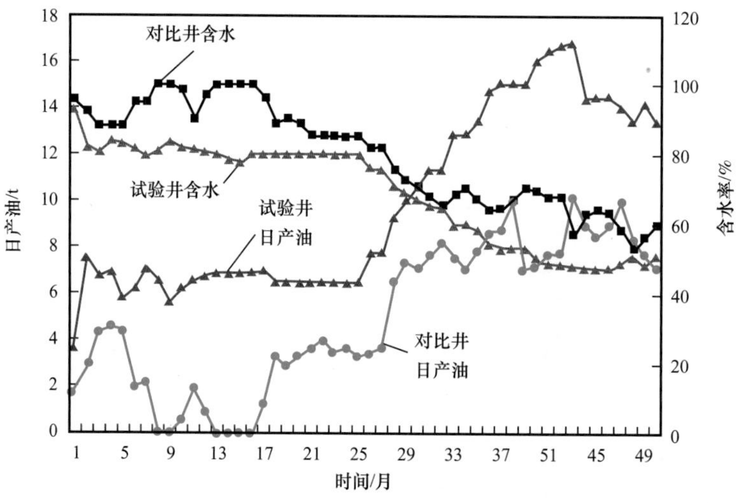

图 4-2-13　典型试验井生产动态效果对比图

四、低成本改造工艺

1. 高效低成本压裂液

在现场应用上采用不断降低瓜尔胶浓度，提高滑溜水比例的措施，以降低压裂液成本，效果显著。以新疆油田为例，吉木萨尔瓜尔胶浓度从先导试验的 0.4%～0.45% 优化调整为 0.3%，在满足造缝、携砂的同时，降低液体成本，破胶残渣含量下降 53%，降低储层伤害。2017 年，玛湖地区风南 4、玛 131 井区水平井试验滑溜水比例逐级提高，8 月份以后实现滑溜水段塞式加砂 11 口井，平均滑溜水比例提高至 63.5%，等砂量加砂情况下压裂液成本相比 2016 年累计降低 705.9 万元（图 4-2-14）。2018 年瓜尔胶浓度进一步降低到 0.26%，滑溜水高比例达到 70%，但相同砂量情况下液量增加，压裂成本与 2017 年 50% 的滑溜水比例基本持平；若要推广高比例滑溜水实现降本，需进一步降低滑溜水成本。

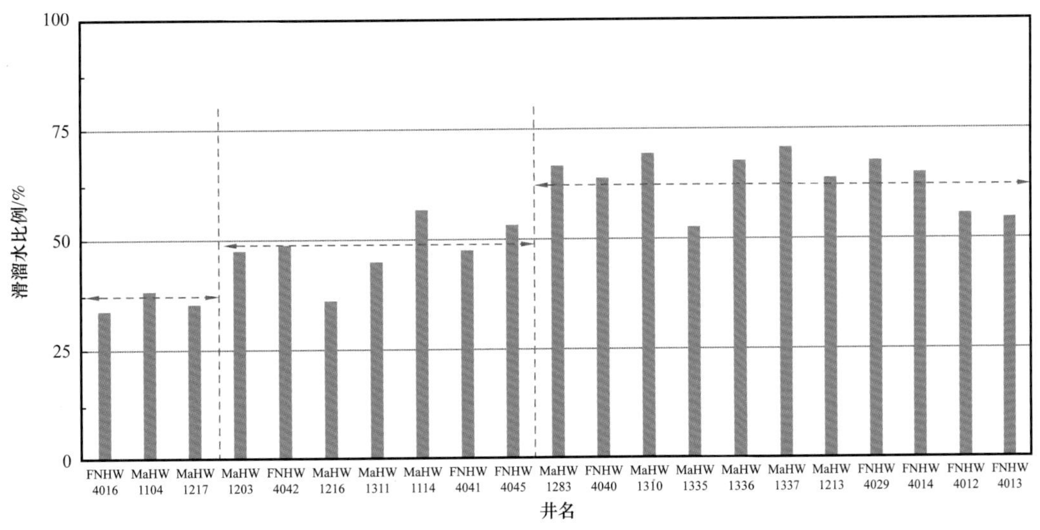

图 4-2-14 风南 4、玛 131 井区 2017 年压裂水平井滑溜水比例统计

以吉林油田为例，瓜尔胶浓度由 0.4% 降至 0.35%，防膨剂浓度由 0.3% 降至 0.15%，性能指标满足行业标准要求。2018 年推广应用 29 口水平井，压裂成功率 97%，投产 21 口井，平均日产液 48m^3，日产油 8.6m^3，累计使用瓜尔胶 177409m^3，合计节约压裂液成本 181 万元。

2. 石英砂替代陶粒

石英砂替代陶粒能够有效降低压裂成本，为了验证该工艺在现场的可行性，首先要进行室内实验分析。

在实验室内，针对致密油储层条件（垂深 2000～2400m、闭合压力 35～40MPa），开展了不同类型石英砂、不同复配方式下导流能力测试，以期优选替代用石英砂类型及复配方式。表 4-2-3 列出了不同粒径石英砂与陶粒复配方式及其对应的导流能力。从实验结果看出，闭合压力在 35MPa 时，不同目数下的导流能力大小排序为 30～50 目>20～40 目>40～70 目>70～140 目。闭合压力在 40MPa 时，不同目数下的导流能力大小排序为 30～50 目>40～70 目>20～40 目>70～140 目（图 4-2-15、图 4-2-16）。

表 4-2-3 不同粒径石英砂与陶粒复配导流能力测试结果表 单位：D·cm

目数	闭合压力 / MPa	陶粒	石英砂：陶粒 =1：2	石英砂：陶粒 =1：1	石英砂：陶粒 =2：1	石英砂
20～40 目	35	15.85	12.44	10.36	9.67	8.52
	40	10.53	7.85	6.77	6.38	6.07
30～50 目	35	16.53	14.22	12.25	11.98	9.7
	40	13.38	11.98	9.88	9.81	8.02
40～70 目	35	13.95	11.61	10.21	9.43	7.17

续表

目数	闭合压力/MPa	陶粒	石英砂：陶粒=1：2	石英砂：陶粒=1：1	石英砂：陶粒=2：1	石英砂
40～70目	40	11.7	9.33	8.01	7.05	4.72
70～140目	35	10.55	8.96	7.72	7.12	5.6
	40	9.41	7.36	6.26	5.54	3.65

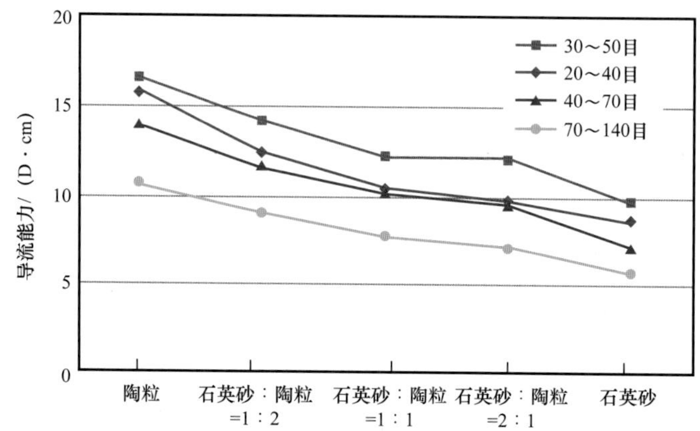

图4-2-15　闭合应力35MPa下不同目数支撑剂导流能力

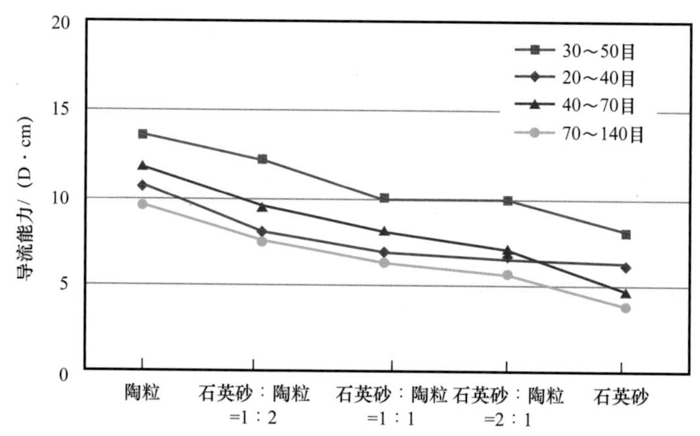

图4-2-16　闭合应力40MPa下不同目数支撑剂导流能力

根据实验结果和不同粒径支撑剂作用，优选70～140目+40～70目+30～50目石英砂做为替代陶粒用支撑剂。

从现场应用来看，以吉林油田为例，典型井例1——乾246F平5-1井，采取单倍替代措施。压裂及投产情况：15段，总砂量675m^3，总液量21373m^3，自喷生产260d，油嘴2～5mm，油压12～4.5MPa，平均日产液77.6m^3，日产油9.2m^3，累计产液20271m^3，累产油2712m^3。压后自喷生产，产量与周边陶粒井相当。

典型井例2——查平3-3井，采取多倍替代措施，多倍替代实施参数见表4-2-4。

根据示踪剂产液剖面测试，两段产能贡献相当，第8段产水略多于第9段，产油略少于第9段（图4-2-17）。根据光纤产液剖面测试，投产10个月后（压力2.5MPa），第9段（1.5倍石英砂）产液能力明显优于第8段（陶粒）及邻段可对比段，说明加倍石英砂替代有进一步提产空间（图4-2-18）。

表4-2-4 查平3-3井石英砂替代陶粒试验参数表

位置	支撑剂类型	设计砂量/m³	设计液量/m³	实际砂量/m³	实际液量/m³
第8段	40/70目+20/40目陶粒	42	1092.7	27.6	1087.3
第9段	70/140目+20/40目石英砂	42	1092.2	42	1121

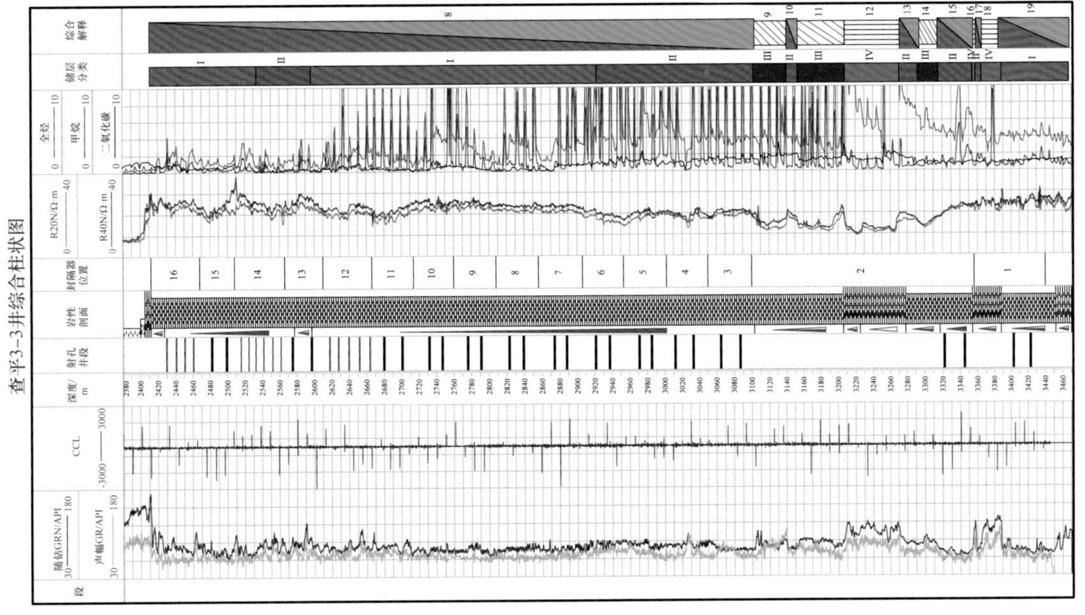

图4-2-17 查平3-3井示踪剂测试结果（投产7个月）

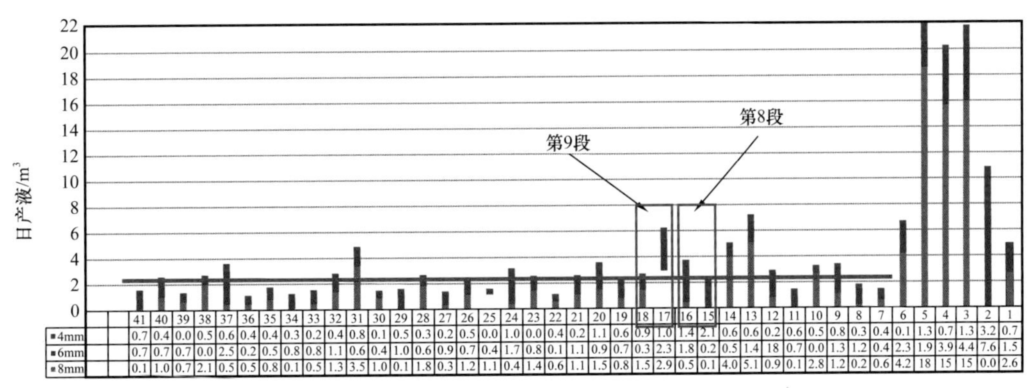

图4-2-18 查平3-3井光纤产液剖面测试结果（投产10个月后）

3. 高效低成本密切割

为平衡裂缝密度与作业成本之间的矛盾，集成极限分簇射孔和缝口动态暂堵转向技术，提高多簇裂缝有效性，达到“少段多簇”压裂的目的。极限分簇射孔的技术原理为减少孔眼数量提高井底压力，具体措施为降低单簇孔数，定点射孔，射孔相位交错 180°。动态暂堵转向的技术原理为多粒径架桥封堵缝口，暂堵材料为 4 种不同粒径 DA-1 级配，材料性能达到抗压 70MPa，并在地层中 4 天降解，采用的加注工艺为单段动态 1～2 级不停泵加注。

极限分簇射孔典型井例为长庆油田华 H6-11 井。其第 6 段非均匀极限射孔 12 簇，单簇 2 孔，簇间距 5～14m，主压裂曲线显示多裂缝起裂特征明显，阶梯降排量测试分析孔眼有效率达 82.3%，较常规射孔提高 15% 以上，效果见表 4-2-5。

表 4-2-5 华 H6-11 第 6、第 7 段拟合多簇有效性对比表

段序	簇数	射孔技术	单簇孔眼数 / 个	孔眼总数 / 个	有效孔眼数 / 个	孔眼有效率 /%	有效裂缝簇数
6	12	极限射孔	2	24	21	82.3	10
7	5	定面射孔	6	30	20	66.7	3

动态暂堵转向典型井例为长庆油田华 H3-2 井。按照全程增大净压力提高多缝改造程度的思路，在华 H3-2 全井开展 27 段 30 级试验，通过持续优化堵剂加量、加注时机和施工工艺，压力分析表明多簇有效性达到 80% 以上。

长庆油田采用该项技术，在西 233 示范区规模应用 32 口井 312 段，综合评价表明多簇有效性达到 70% 以上，大幅度提高了裂缝复杂程度。按照 1500m 水平段长测算，采用“少段多簇”压裂模式，单井作业费用较常规压裂可降低 275 万元，作业效率可提高 50%，作业费用对比见表 4-2-6。

表 4-2-6 “少段多簇”压裂方式与常规方式作业费用对比

压裂模式	水平段长 /m	裂缝簇数	单段簇数	压裂段数	单井压裂费用 / 万元	单井压裂周期 /d
常规分簇	1500	100	2～3	40	1905	20
少段多簇	1500	100	4～6	20	1630	10

第三节 致密油储层体积改造方案优化

一、“缝控储量”改造优化设计技术及应用

1. “缝控储量”改造优化设计技术理论内涵

中国非常规油气虽然大面积连续分布，但资源丰度低且渗流能力差，几乎无自然产

能，目前以改造后衰竭开发为主，部分致密油层开展了注水补充能量试验，但未见到明显效果。以长庆油田某致密油井区为例，采用注水开发的长 7 段储层与衰竭开发的长 6、长 8 段储层相比递减趋势相近，首年产量递减率都达到 40% 以上（图 4-3-1）。另外，吐哈三塘湖、新疆玛湖等致密油区块首年产量递减率为 50%～70%。因此中国致密油普遍表现为甜点区初始产量高，但递减快、采收率低、成本高；而非甜点区单井产量低，根本无法实现商业化开发。数值模拟结果表明，致密油储层由于物性差，当人工裂缝密度较低时，初次改造后缝间存在大量剩余油无法有效动用，但目前缺乏低成本的井筒重构技术，重复压裂工具管柱尺寸受限，尚无法在水平井中实现大排量、大砂量、大液量的体积改造重复压裂；而当裂缝密度较高时，初次改造的剩余油区域变小（图 4-3-2）。基于上述原因，提出了“缝控储量”改造优化设计技术概念，即通过优化形成与甜点区和非甜点区匹配程度高的裂缝体系，实现非常规油气资源的立体动用和经济高效开发。

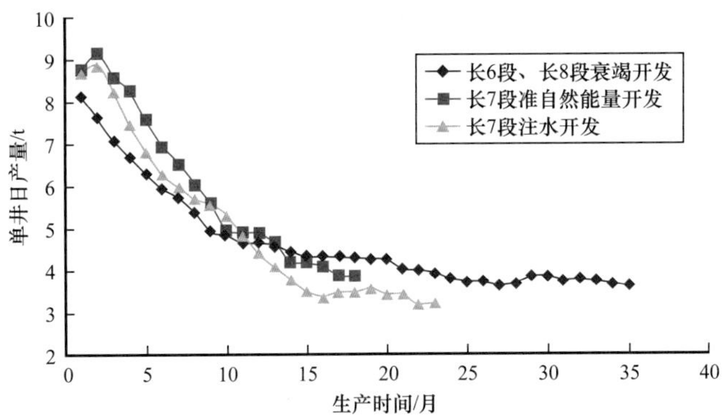

图 4-3-1 长庆油田典型致密油区块单井日产量

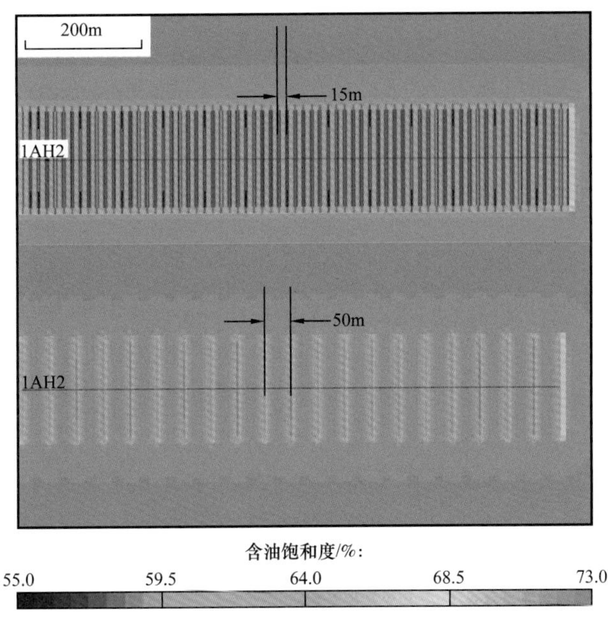

图 4-3-2 缝间距为 15m 和 50m 时含油饱和度分布

"缝控储量"改造优化设计技术以油气区块整体为研究对象，以一次性最大化动用并采出整个油气藏油气为目标，通过优化井网、钻井轨迹、完井方式、裂缝分布和形态、补能模式和排采方式，构建与储层匹配的井网、裂缝系统和驱替系统，实现注入与采出一体化，最终改变渗流场和油气的流动性，提高一次油气采收率和净现值，实现油气资源规模有效开发和全动用。其技术关键是形成与储层匹配的裂缝和能量补充系统，实现初次压裂后裂缝对周围区域的储量动用和原油的最大产出量，保证缝间和井间剩余油气最小化。

目前应用的常规储层体积改造技术强调平面和纵向上甜点区的优选和改造，而"缝控储量"改造优化设计技术强调的是对甜点区和非甜点区的立体动用和最大化一次改造后的油气储量动用程度，采用"勘探—开发—工程一体化"的技术理念，优化井网、裂缝体系和补能方式，一次性构建完善的裂缝系统。

"缝控储量"改造优化设计技术内涵包括 3 个方面：研究对象为整个区块，涵盖甜点区与非甜点区；研究目标从以井为主体的井控储量计算和开发模式，转变为以裂缝为主体的储量动用模式，每条裂缝会因所在单元物性不同呈现个性化状态；强调一次性储量的动用和采出，重复压裂是为了恢复老缝的渗透率，而非以造新缝为目的。

为了量化储层改造技术应用效果，根据"缝控储量"改造技术概念，对目标函数进行了定义：

$$M=\sum_{i=1}^{n}\sum_{j=1}^{m}\frac{V_{\mathrm{P},j}(t)}{V_{\mathrm{M},i}} \tag{4-3-1}$$

$$S=\frac{V_{\mathrm{P}}(t)}{V_{\mathrm{F}}} \tag{4-3-2}$$

式中 M——控藏系数；

S——改造系数；

$V_{\mathrm{P},j}$——单井产量，m^3；

$V_{\mathrm{M},i}$——井控储量，m^3；

V_{P}——单缝产量，m^3；

V_{F}——缝控储量，m^3。

勘探或开发过程中，将油藏分成 n 个独立区域，每个区域部署一口井，将这个区域定义为井控目标区域（图 4-3-3a、b），而区域内的油气储量即为该井的井控目标储量。将某一井控目标区域划分成 m 个单元，每个单元部署 1 组单一裂缝或 1 组相互连通的复杂裂缝，通过这组裂缝（网）控制和采出该单元内的油气储量即缝控目标储量（VF），如图 4-3-3c 至 f 所示。

井控目标储量和单井控制储量的区别在于单井控制储量是指采油井开采过程中油气供给区域内的地质储量（图 4-3-4），即井能控制的实际区域。而提出的井控目标储量是开发方案中分配给井的"责任田"，即需要该井开发的区域内储量，其有效控制由储层的物性和开发过程中的开采参数决定。

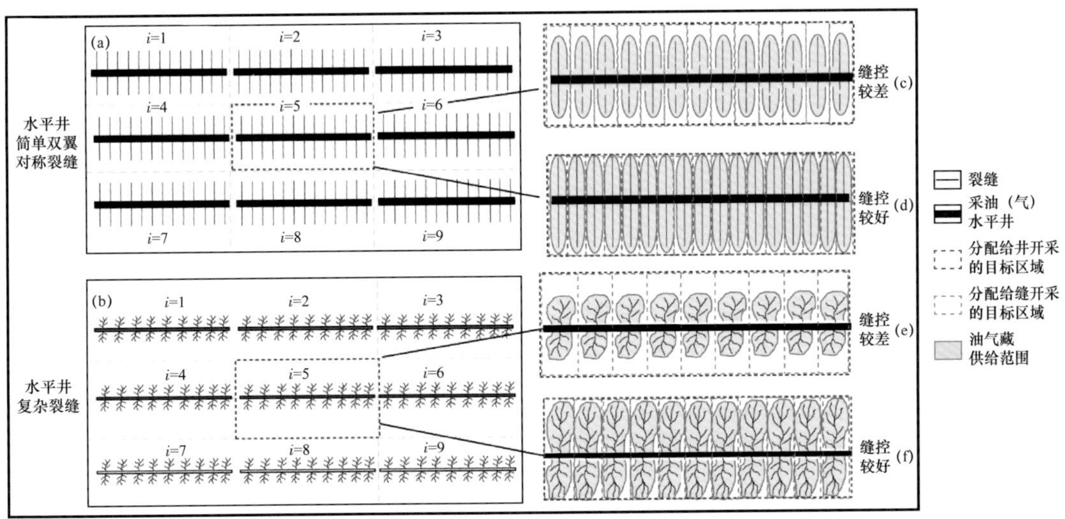

图 4-3-3 水平井“缝控储量”改造优化设计技术应用目标示意图

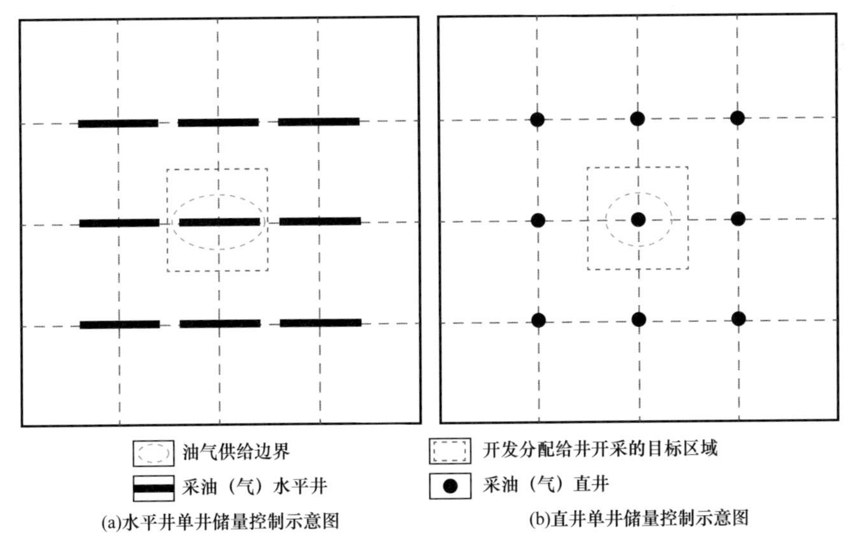

图 4-3-4 单井控制储量和井控目标储量对比示意图

提高改造系数是提高致密储层井控目标区域内最终采收率的关键；而提高控藏系数可以提高整个油气藏的最终采收率。“缝控储量”改造优化设计技术的终极目标是改造后改造系数和控藏系数都趋近于 1。

2. “缝控储量”改造优化设计技术方案实现途径

为了实现“缝控储量”改造优化设计技术目标，采用“三优化、三控制”的技术路线，即通过优化井间距实现对砂体范围的控制，优化裂缝系统实现对地质储量的控制，优化能量补充方式实现对单井递减的控制。其核心技术方法包括：大平台作业模式下的井间距优化、以改造系数最大化为原则的裂缝参数优化、以补能增效为目标的注入流体优化。其中裂缝系统优化技术是核心技术，具体包括以下 4 种方案。

1）"4段式控缝"精准裂缝布放技术方案

裂缝的布放是系统工程，需要从源头进行控制，因此提出了"4段式控缝"精准裂缝布放技术，即在布井、完井、压裂、返排4个关键环节对裂缝进行控制。在方案部署阶段通过井距、水平井段长度、井眼方位及井眼轨迹的设计，控制裂缝纵向和平面的分布，形成与砂体匹配的裂缝系统；在完井阶段通过射孔或裸眼方式优化裂缝起裂位置和数量，控制裂缝间距和缝间储量；在设计和实施阶段控制裂缝质量，主要利用液体性能、施工排量、泵砂程序等优化，结合微地震监测结果对参数进行适当调整从而控制人工裂缝的形态；在返排阶段通过优化焖井时间和油嘴尺寸控制返排速度，实现地层不出砂及近井裂缝高导流，保证压后改造效果，控制支撑裂缝形态。

2）人工裂缝精细改造技术方案

目前已形成两种人工裂缝精细改造技术：（1）以"快钻桥塞组合分簇射孔"为主，主要针对不利于形成复杂裂缝的致密油储层，通过分段多簇压裂，实现细分切割储层改造；（2）复杂裂缝压裂改造方式，主要针对天然裂缝发育的脆性储层，采用大排量、暂堵转向等方式，通过水平井裂缝间距优化形成复杂裂缝系统，在不同特征储层的缝端、缝内、缝口加入多种储层改造智能材料体系，改变储层岩石润湿性，实现定点位置的人工裂缝转向。

3）低成本分压技术工艺方案

为了进一步提高"缝控储量"，国外非常规油气开发中逐步缩小分段压裂的段间距，以Utica油田为例，2014年的段间距为61～76m，2016年3月Purple Hayes平台水平井压裂段间距为46m，同年6月Wheeler平台水平井压裂段间距缩短到34m，最小簇间距仅为4.5m。石油公司在Permian盆地也针对密集布井和密集布缝开展了压裂试验。致密储层渗透率低，启动压力高，在一定的开发周期内，井控范围几乎等同于人工裂缝的控制区域。国内致密油储层的室内物模实验和现场实践都证明储层难以"打碎"，采用目前现有的桥塞分段分簇射孔的水平井体积改造技术无法实现理想的复杂裂缝网络（现国内常用的水平井压裂段长60～80m，每段2～3簇，每簇10～16孔）。为增加人工裂缝密度并控制储层储量，同时降低施工成本，国外采用极限分簇限流射孔技术缩小段（簇）间距。即在确保段内每簇可压开的前提下，最大限度地增加每段的簇数，利用总的孔眼数来实现对每簇节流阻力的控制，从而形成缝控基质单元，大幅度增加单位面积可动用储量，将传统井控储量模式发展成缝控可采储量模式，提高采收率。

4）交错布缝工艺方案

在两口平行的水平井段上交错布缝（图4-3-5），增加了裂缝穿透比，并利用两条缝间的诱导应力改变原有天然裂缝形态，产生次生裂缝，形成复杂缝网结构，增加地层内裂缝的复杂程度，从而扩大裂缝控制面积，避免了对称布缝时因增加裂缝穿透比导致两口井连通的不利情况。

3. 非常规油气补能机理及控制技术

致密油在没有能量补充的条件下，仅依靠流体和岩石的弹性能，采用水平井多段压裂技术衰竭方式开采，一次采收率仅为5%～10%。国外致密油气有效补能的技术方法仍处于探索中。在文献调研、现场实践和理论分析的基础上，提出了前期大规模压裂液注入蓄能、中后期多轮次注水能量补充、后期采出气再注入补能技术。目前大规模压裂液注入蓄能方案应用较为广泛。

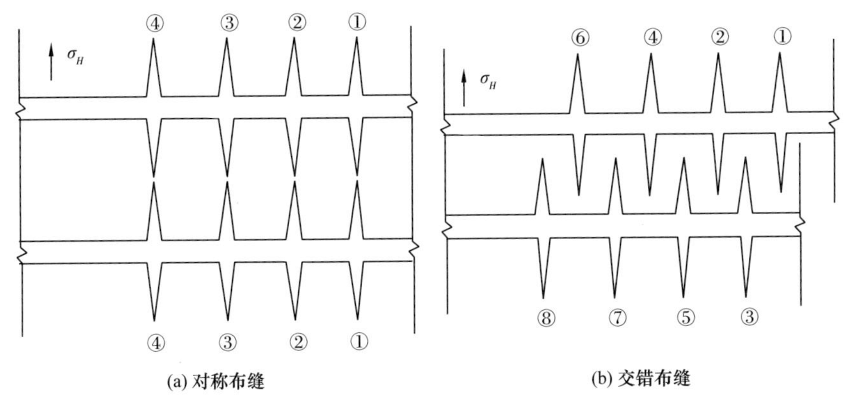

图 4-3-5 对称布缝与交错布缝示意图

（σ_H为最大水平主应力，序号代表施工次序）

致密油具有低孔、超低渗特征，单井之间不具备储层连通效应，即单井控制储量范围可看作一个独立的封闭性储集体，能有效保证地层能量不向外界扩散。储层改造高速注入大规模液量，一方面可提高人工裂缝的复杂程度和改造体积以及裂缝的比表面积，增加液体的滞留时间和体积，从而加强能量补充效果；另一方面不同位置人工裂缝或裂缝分支存在非均匀压力系统，可形成缝间驱替（图 4-3-6）。该方法与吞吐注入和衰竭式开采相比，可明显提高地层能量和累计产量。

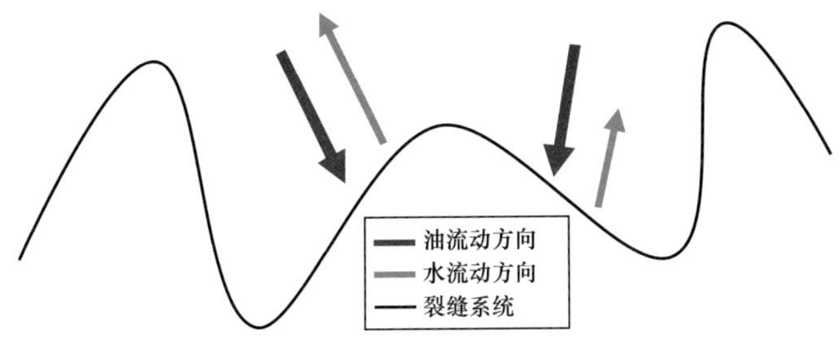

图 4-3-6 缝间压力驱替示意图

油藏数值模拟结果表明，体积为$8\times10^6m^3$的油藏通过水力压裂快速注入$1\times10^4m^3$压裂液，平均地层压力可上升2.14MPa，能量得到补充，产量也随之提升。从矿场试验看，新疆玛湖地区致密油水力压裂单位长度井段的注液量由$8.5m^3$提升至$15.0m^3$（其中MAB-H水平井段注入液量为$8.5m^3/m$，其他井水平井段注入液量为$15m^3/m$），300d后压裂液的返排率由65%降至20%，压降速率降低40%～46%（图 4-3-7），可见大量液体注入有利于提高地层能量。

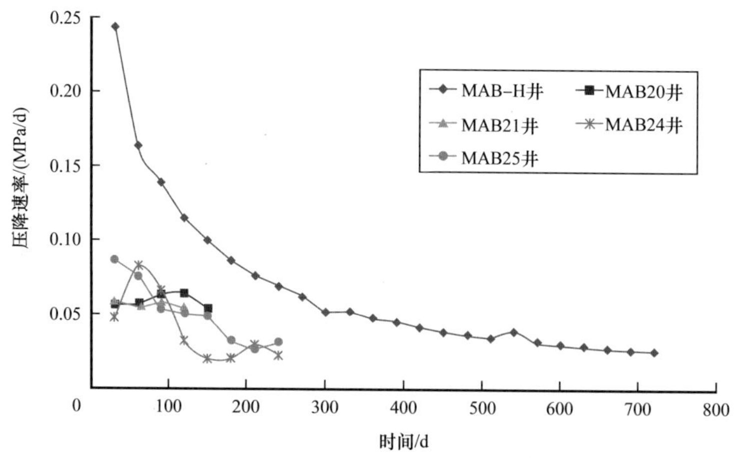

图 4-3-7 “缝控储量”改造蓄能作用矿场试验压降速率对比图

以长庆某井为例，对压裂蓄能方法进行说明。该井油层深度 2288m，油层厚度 16.46m，压力系数 0.72，基质渗透率 0.17mD，孔隙度 7.9%，水平段长 800m，压裂分 10 段，段间距 48～67m，半缝长 211m，导流能力 30D·cm。设置 3 种不同方案并对比产油效果：(1) 无能量补充衰竭方式开采；(2) 5 次吞吐循环，即油井生产 3 年后在 1 个月时间内，分别注入采出量 80%、100%、120%、150% 的水，焖井 1 个月，继续生产 3 年，再在 1 个月时间内，分别注入相同体积的水，并焖井 1 个月，依次类推共注入及采出 5 个循环；(3) 蓄能压裂注入，即压裂时一次性注入等量活性水，注入量为方式 (2) 5 个循环的总量，对比结果显示，蓄能压裂能够明显提高单井累计产量（图 4-3-8）。

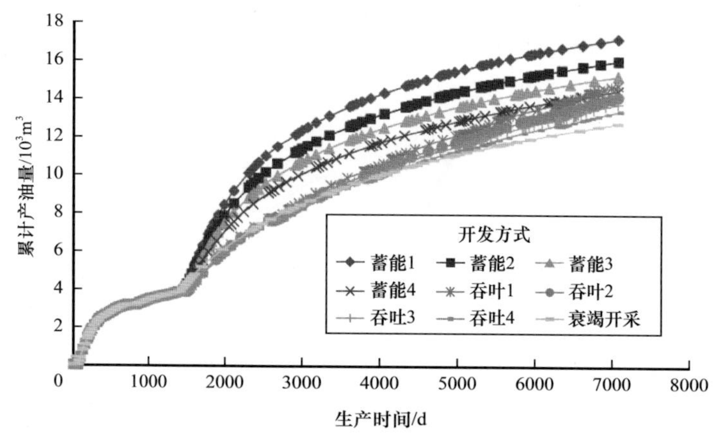

图 4-3-8 蓄能压裂、吞吐循环和衰竭开采的累计产量对比图

二、致密油缝控全耦合压裂优化设计方法

随着页岩气，致密油等非常规油气的规模上产，体积改造压裂技术已经成为储层有效动用的关键技术。在目前的体积改造压裂设计中，普遍存在两种设计方式，一种是利用 Eclipse、CMG 等油藏数值模拟软件建立均质模型，利用局部网格加密方法，将人工裂

缝预置在储层中，用压力场反应波及范围，不考虑储层非均质性；另一种是利用 FracPT、Mayer 等压裂设计软件，输入测井曲线考虑纵向层间差异，建立纵向非均质的三维模型模拟裂缝扩展，再将裂缝参数导入油藏数值模拟软件中进行产能模拟计算。然而，无论哪种方法，均无法考虑储层平面非均质性对裂缝扩展的影响。然而，面对非常规油气藏，其储层的非均质性正成为制约快速提产、高产稳产的重要影响因素。因此，急需提出一种新的优化设计方法，综合考虑储层的非均质性及应力场的影响，实现人工裂缝扩展过程中裂缝基质渗流全耦合模拟。

以 CMG 油藏数值模拟软件为基础，提出一种基于地质力学和油藏流动的压裂优化设计方法。应用地质模型，考虑孔渗饱非均质性，建立岩石形变模型，优化施工参数和施工规模，评估施工后的有效改造体积。

该方法的技术流程为：第一步，搜集地质资料建立地质模型；第二步，建立井群模型进行储层模拟；第三步，建立单井子模型；第四步，也就是研究的核心，建立地质力学模型，实现与油藏流动的全耦合；最后，在复杂水力压裂模型的基础上进行参数优化。

以大港油田致密油 G1701H 井体积压裂设计为例。首先搜集地震、测井等资料，利用 Prtrel 软件中的克里金插值法，建立三维地质模型，此外，利用岩石力学参数，建立地质力学模型，实现地质力学和油藏的流固耦合。综合孔隙压力变化条件下的岩石渗透率应力敏感性分析结果，建立岩石形变模型。由于孔隙度和渗透率都与压力相关，这里以孔隙度变化为例。随着压裂液的注入，地层压力从原始地层压力开始逐渐增大，岩石发生弹性变形。若压力继续增大，孔隙度将沿着膨胀曲线进行增大。如果压力从膨胀曲线上的某一点开始下降，则岩石将发生可逆的弹性压实，孔隙度也随之减小。若压力降低到再压实的临界压力后，则孔隙度会继续减小，且不可逆。最终的孔隙度增大程度取决于残余扩张系数，每一个网格在压裂的过程中，其孔隙度、渗透率都会发生扩张再压实的过程。因此，模拟有效应力的变化引起裂缝渗透率的变化，以及裂缝的开启和形成过程。

利用 CMG 的 STARS 模拟器，在地质模型的基础上，利用区块岩石物性，流体参数等数据，建立官 1701H 水平井分段压裂数值模拟模型，本井水平段压裂目的层孔 21，分 4 小层，水平段 1453.49m（表 4-3-1、表 4-3-2、图 4-3-9）。

表 4-3-1 模型参数表

层序	顶深/m	底深/m	层厚/m	渗透率/mD	孔隙度/%	含水饱和度/%	含油饱和度/%
Ek21SQ ⑨—④	4091.25	4103.75	12.5	0.25412871	6.8238416	97.9664158	2.033584
Ek21SQ ⑨—③	4103.75	4114.95	11.2	0.79607865	6.638618	88.167618	11.83238
Ek21SQ ⑨—②	4114.95	4135.76	20.81	2.59013772	7.5759042	83.9417186	16.05828
Ek21SQ ⑨—①	4135.76	4162.05	26.29	2.1365782	7.0928057	83.2233981	16.7766

表 4-3-2 基础物性表

储层参数	地层压力系数	地层原油黏度 /（mPa·s）	储层温度 /℃
	0.96～1.46	19.3（80℃）	140
地质力学参数	杨氏模量 /MPa	泊松比	水平应力差 /MPa
	22071	0.1438	3～6
压裂参数	簇间距 /m	排量 /（m^3/min）	单段液量 /m^3
	30	2、4、6、8、12、14	100

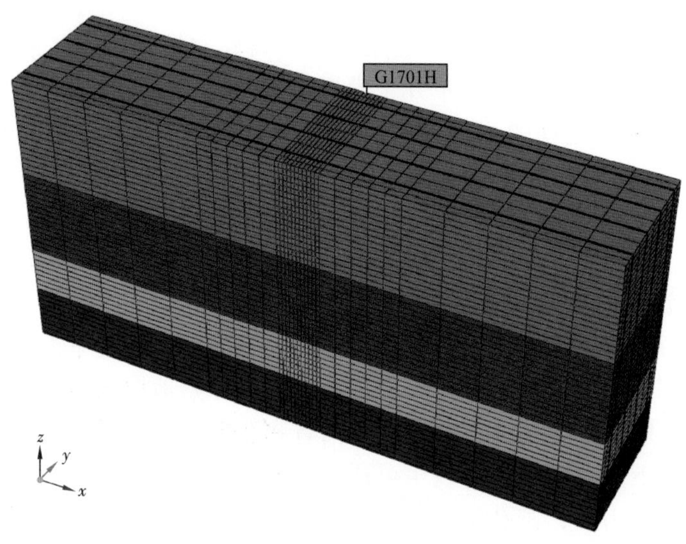

图 4-3-9 模型示意图

设计计算注入排量为 $2m^3$/min、$4m^3$/min、$6m^3$/min、$8m^3$/min、$12m^3$/min、$14m^3$/min 时，形成的裂缝如图 4-3-10 至图 4-3-15 所示：

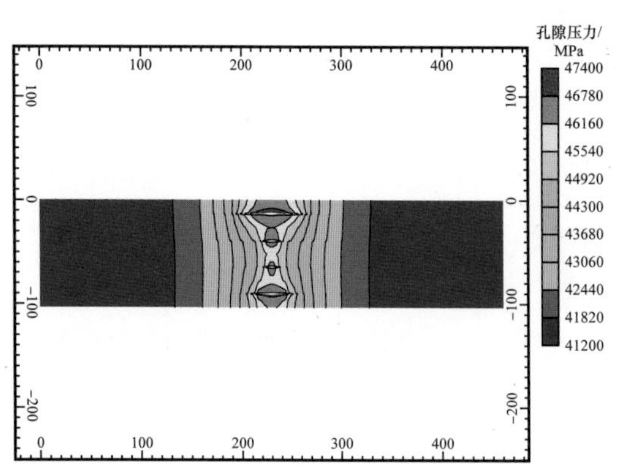

图 4-3-10 排量为 $2m^3$/min 时压后储层压力分布图

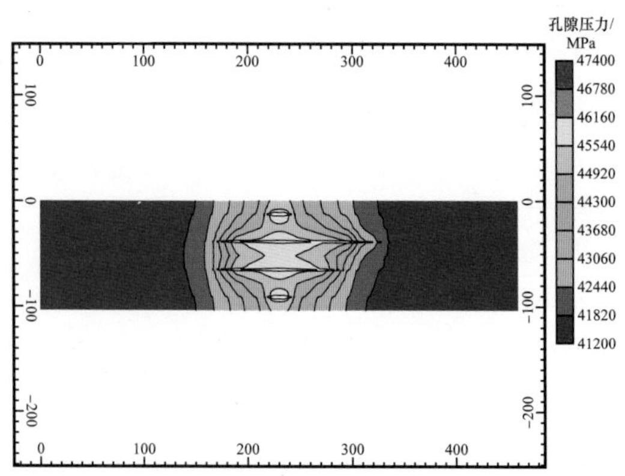

图 4-3-11 排量为 $4m^3$/min 时压后储层压力分布图

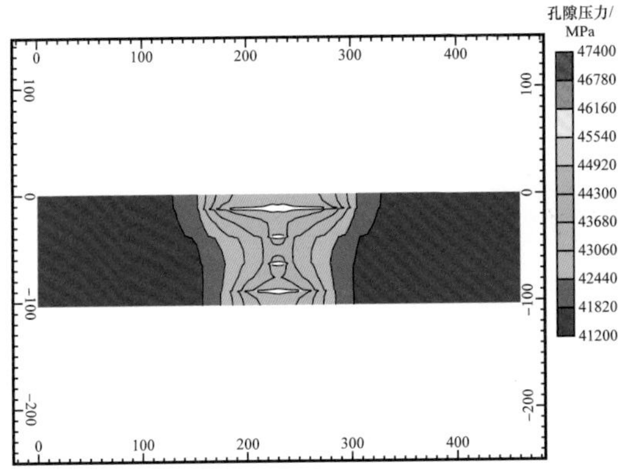

图 4-3-12 排量为 $6m^3/min$ 时压后储层压力分布图

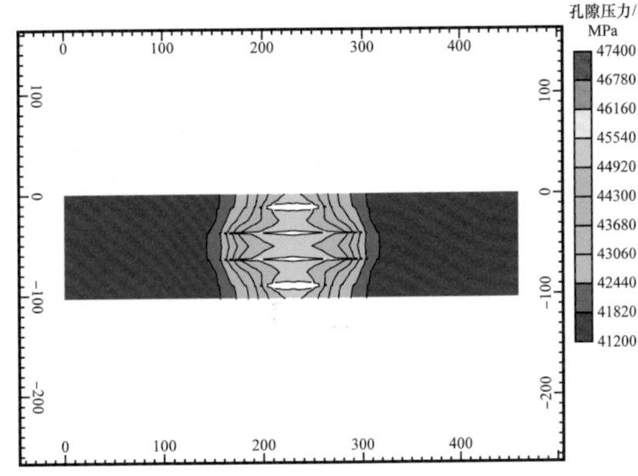

图 4-3-13 排量为 $8m^3/min$ 时压后储层压力分布图

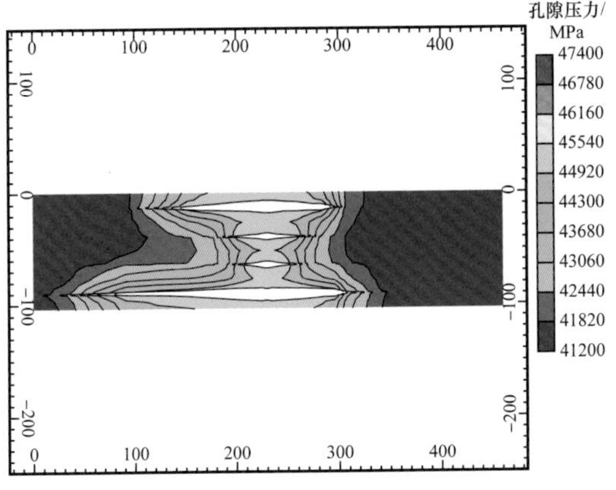

图 4-3-14 排量为 $12m^3/min$ 时压后储层压力分布图

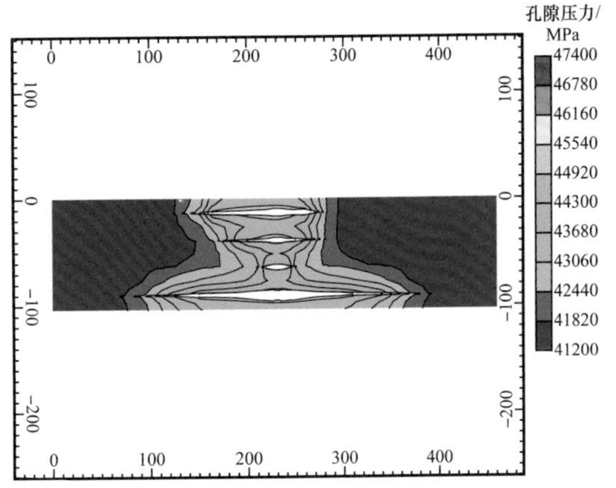

图 4-3-15 排量为 $14m^3/min$ 时压后储层压力分布图

从压后储层压力分布及压裂过程中井底压裂变化可以看出，当 4 簇同时开启时，产生了缝间干扰，裂缝扩展程度不同。排量小于 $6m^3/min$ 时，有 2 簇裂缝几乎没有顺利扩展，长度不超过 15m，而当排量大于 $6m^3/min$ 时，改造体积明显增大，但当排量大于 $12m^3/min$ 时，改造范围相似。同时，就保压性而言，排量小于 $4m^3/min$ 时，压力增大最明显，但是这是由于裂缝没有顺利扩展导致的，而当排量为 $14m^3/min$ 时，压后井底压力最小，不利于后期返排和生产，因此合适的排量应为 $12m^3/min$。

当排量为 $12m^3/min$ 时，形成 4 条主缝，缝长分别为 175m、84m、58m 和 248m，缝宽分别为 3.6mm、2.4mm、2.52mm 和 4.48mm，缝高分别为 7m，6m、5.5m 和 7.5m，致密油 G1701H 设计方案得到了大港油田采纳，指导了工程实践（图 4-3-16）。

三、致密储层改造数据库软件

为了达到优化选井选层目的，编制了致密储层改造数据库软件。数据库由数据采集、基础数据管理、数据统计分析、文件管理、系统管理模块构成，其组织关系图如图 4-3-17 所示。

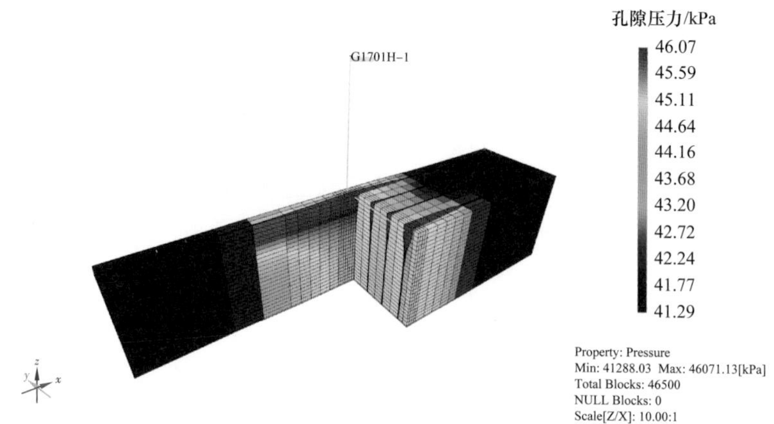

图 4-3-16 排量为 $12m^3$ 时形成的裂缝示意图

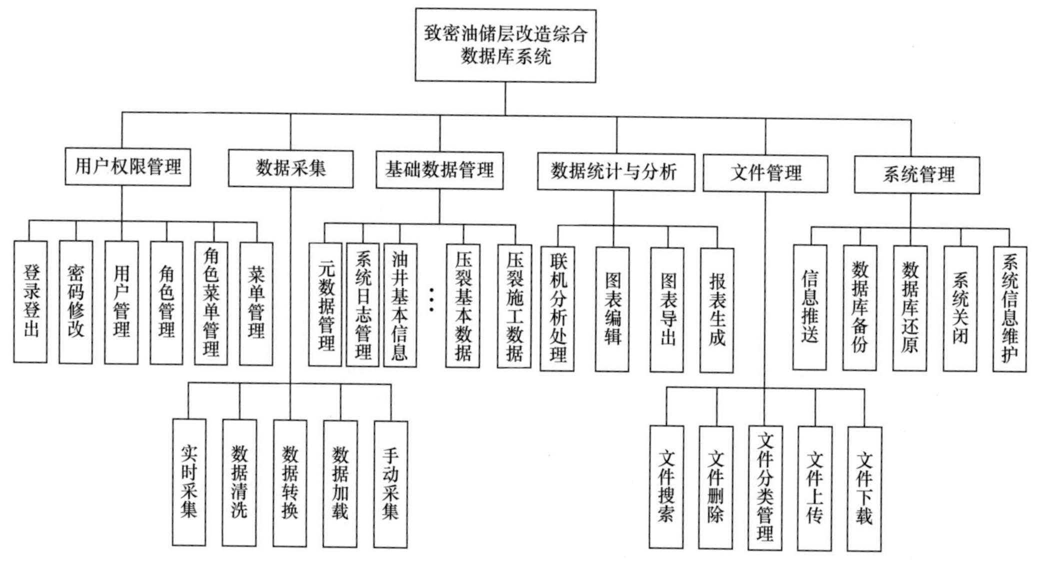

图 4-3-17 致密油储层改造软件功能模块图

系统综合使用 JAVA 开发领域先进而成熟的三大 WEB 开发框架 Spring、SpringMVC 和 MyBatis，即 SSM 框架模式，整合流程图如图 4-3-18 所示。

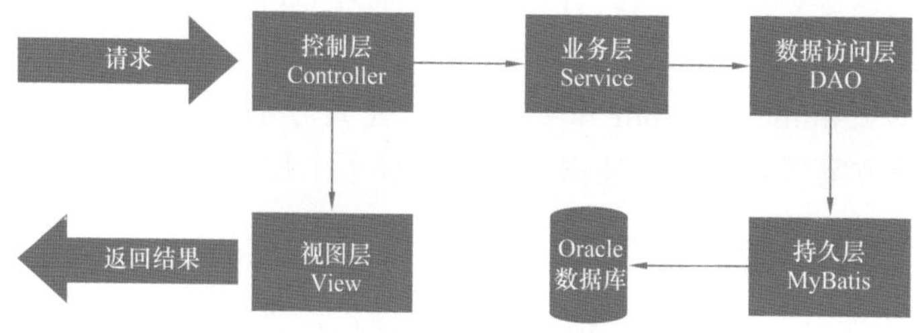

图 4-3-18 SSM 整合流程图

根据系统需求，结合中国石油勘探开发数据库及各专业库，将本数据库系统数据归为以下 6 类：基本实体、油气生产、测井、试井、储层改造、试油试采。从井层数据、测试数据、储层改造、生产数据 4 个方面建立了 29 个数据表；在软件开发方面完成了基于以上需求功能的 B/S（浏览器 / 服务器）网页模式和客户端软件。

第四节 致密油储层改造返排优化

压后返排关系到地层压力的保持水平、裂缝和支撑剂最终的空间分布等，是压裂工程中的最后一个环节，也是一个需要有合理控制方案的一个重要环节。以往缺乏致密油返排参数优化技术手段，经过攻关建立了相应的返排模型、编写了软件，并进行了实例验证，形成了致密油返排优化设计技术。

一、压后返排模型及优化设计软件

1. 压后返排模型

考虑致密储层水平井“压裂—返排—生产”过程中，不同阶段、不同裂缝类型的动态特征差异，模拟压裂液在地层中的分布和滞留规律，建立了三重介质压后返排模型，模型示意如图 4-4-1 所示。

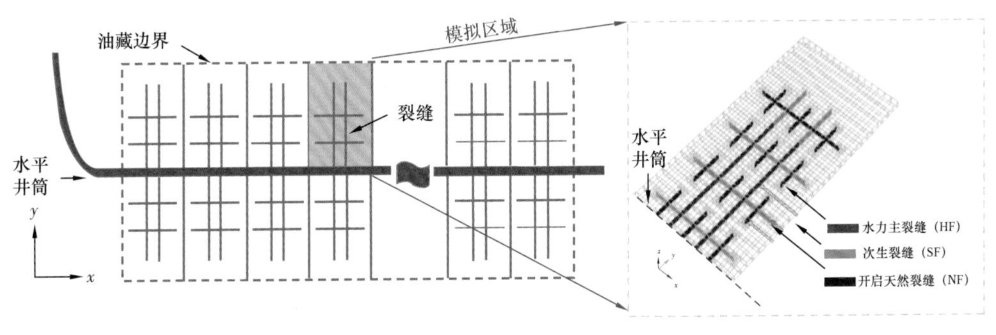

图 4-4-1 SSM 整合流程图

2. 压后返排影响因素

人工裂缝开启和闭合过程中，孔隙度、渗透率的变化并不一致，在返排模型建立的过程中应该考虑这一个特性，更符合实际情况。整个压裂排采分为 3 个阶段。（1）压裂阶段：此时流体注入储层，孔隙度和渗透率处于一个上升阶段，同样具有应力敏感特性，考虑孔隙度和渗透率的应力敏感性，模型所模拟的压力曲线更符合现场实际。（2）返排初期：裂缝闭合过程中具有储集效应，井底压力初期下降缓慢。（3）排采阶段：孔隙度和渗透率的应力敏感性导致累计产油量和返排率较低，见油较晚。

所产生的人工裂缝的复杂程度，也是影响返排效率的因素之一。通过模拟可知，裂缝复杂程度越高，压裂液返排率越低，即使在弱水湿的情况下，返排率也低于 50%，见油越早，初期产油峰值越高（图 4-4-2）。

同时裂缝的支撑模式也影响着压后返排的效率。如图 4-4-3 和图 4-4-4 所示，主缝铺砂浓度对返排影响较小，但与累计产油呈正相关。次生裂缝有支撑剂时，累计产量与返排率显著增加。支撑剂嵌入对返排无明显影响，但对累计产量影响显著。

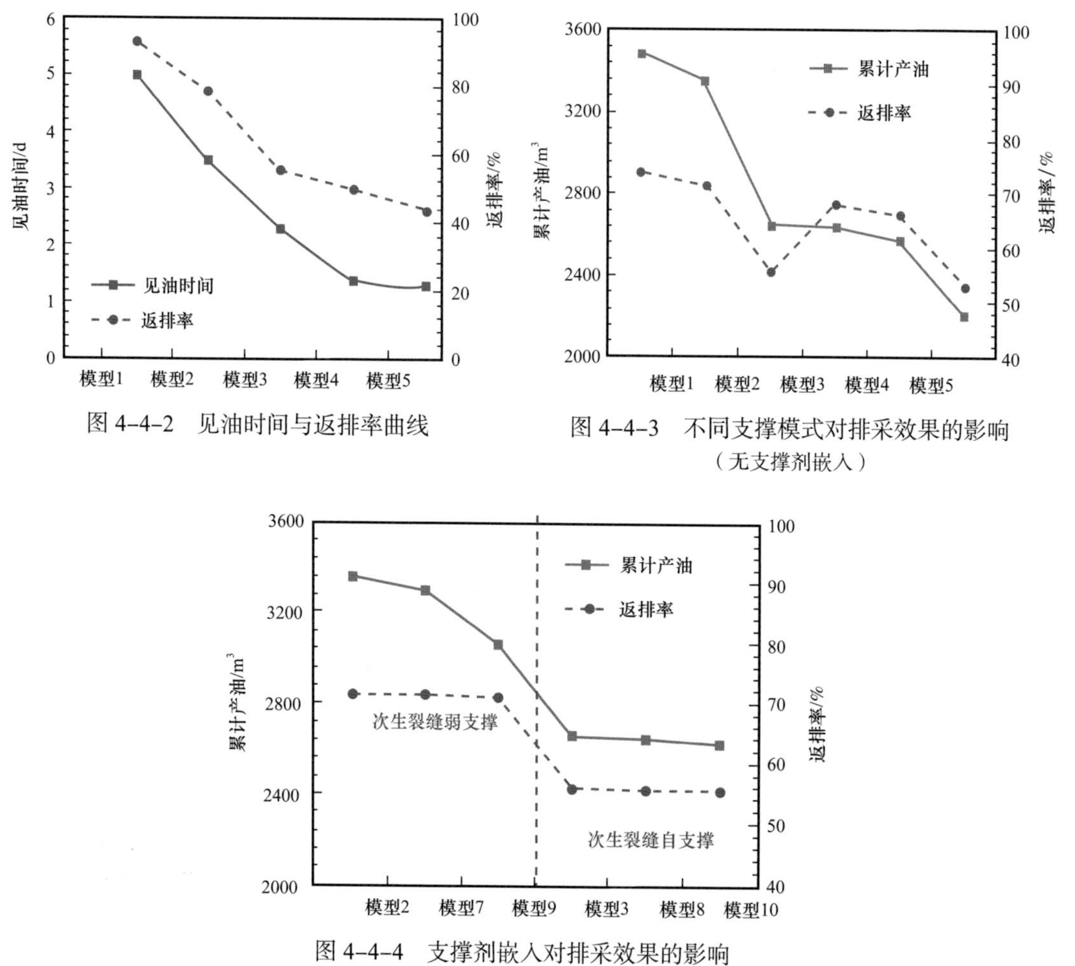

图 4-4-2 见油时间与返排率曲线

图 4-4-3 不同支撑模式对排采效果的影响（无支撑剂嵌入）

图 4-4-4 支撑剂嵌入对排采效果的影响

3. 压后返排优化软件

根据模型编制了一款压后返排优化软件，软件界面包含主界面、毛细管力压力参数输入界面、地层与井参数输入界面、相渗参数输入界面，如图 4-4-5 所示。

利用软件模拟了返排最优时机。关井期间，压裂液由裂缝内向近缝基质自发渗吸，形成一个 1/4 类椭圆状的动液面界面，压力波的传播也呈相似的形式传播，如图 4-4-6、图 4-4-7 所示。随着压裂液向基质深处不断滤失，裂缝内能量逐步降低，当渗吸达到平衡时，为开井返排最优时机。

返排初期，裂缝闭合是主要的驱动机理，表现为压裂液单相流动；随着缝内压力降低，闭合程度增加，近缝地层中的流体开始流入裂缝，表现为油水两相流，且含水率随着返排的进行不断降低（图 4-4-8、图 4-4-9）。

（a）软件主界面

（b）地层与井参数输入界面

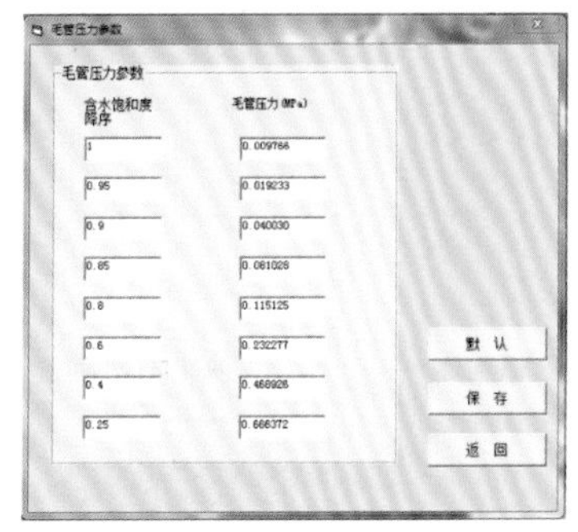

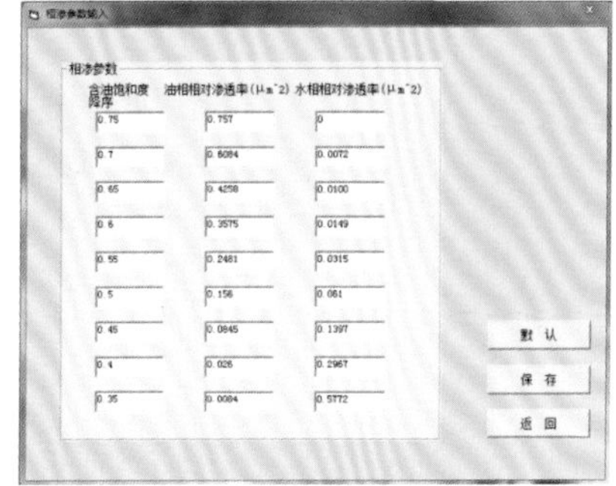

（c）毛细管压力参数输入界面

（d）相渗参数输入界面

图 4-4-5　压后返排软件界面

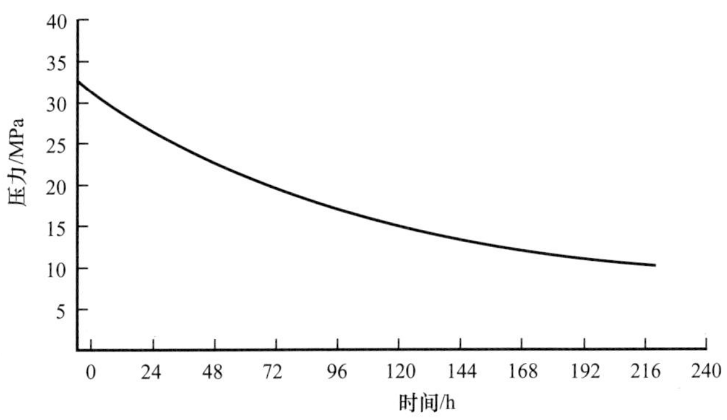

图 4-4-6　关井期间井口压力

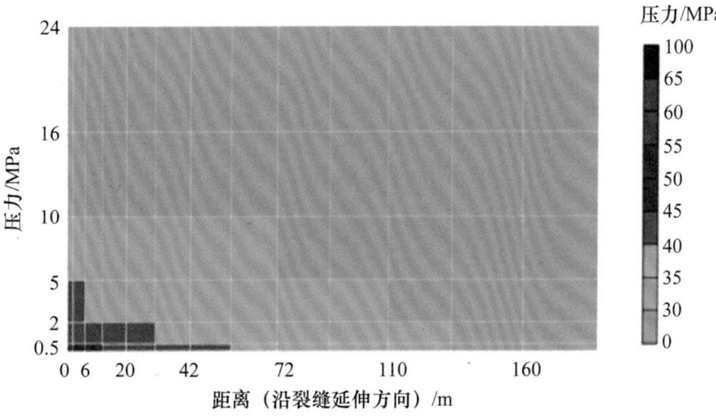

图 4-4-7　关井期间压力分布

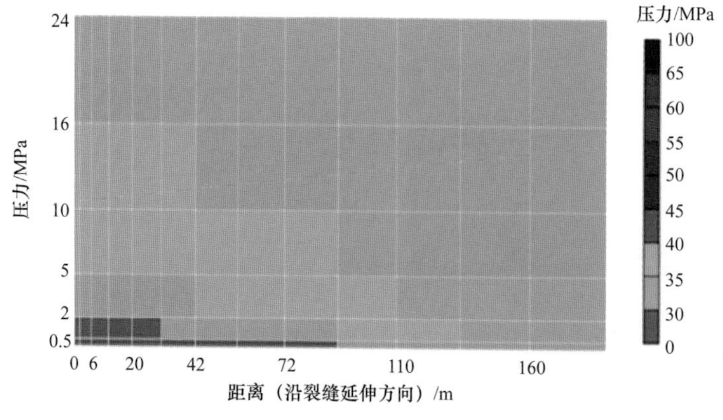

图 4-4-8 返排期间压力分布

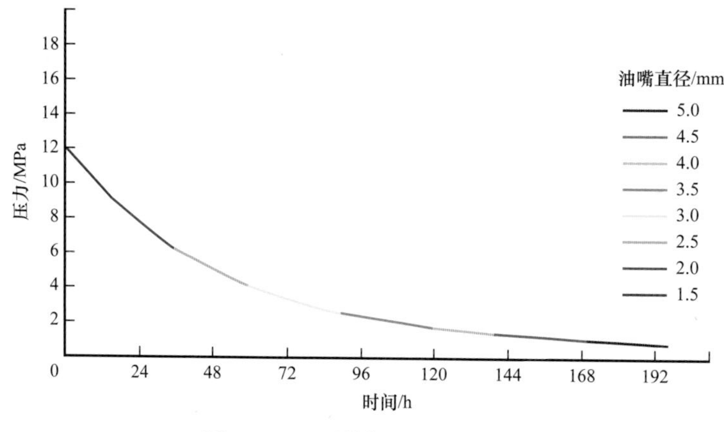

图 4-4-9 返排期间饱合度分布

二、返排软件现场应用情况

新疆准噶尔盆地玛 18 井区，位于新疆维吾尔自治区和布克赛尔蒙古自治县，其东南为玛纳斯湖，距克拉玛依市乌尔禾区 29km，油藏整体渗透率低，孔隙结构复杂，孔隙度小于 10%。以玛 18 井区其中的 12 口水平井压后返排生产进行拟合模拟。图 4-4-10 至图 4-4-21 分别为水平井 MaHW6131、MaHW6137、MaHW6009、MaHW6111、MaHW6014、MaHW6134、MaHW6010、MaHW6103、MaHW6104、MaHW6105、MaHW6107 和 MaHW6112 压裂后返排生产拟合情况。

以 12 口井的油藏参数和裂缝参数为基础，用水平井压裂返排预测与制度优选软件分别计算得到的优化返排制度。即油嘴尺寸动态优选结果，将油嘴尺寸动态优选结果与现场施工结果进行对比可以发现，初期油嘴尺寸均选择 1.5mm，且以 0.5mm 的大小逐级增加至 2.5mm 的油嘴尺寸后进行生产，油嘴更换时机和日产液量均有良好的拟合效果。即软件计算得到的返排制度与现场的 12 口井的返排数据拟合效果较好，在此基础上，现场 12 口井在返排结束后均可以进行长期稳定生产，说明该返排软件对于返排制度的优化具有合理性和可行性。

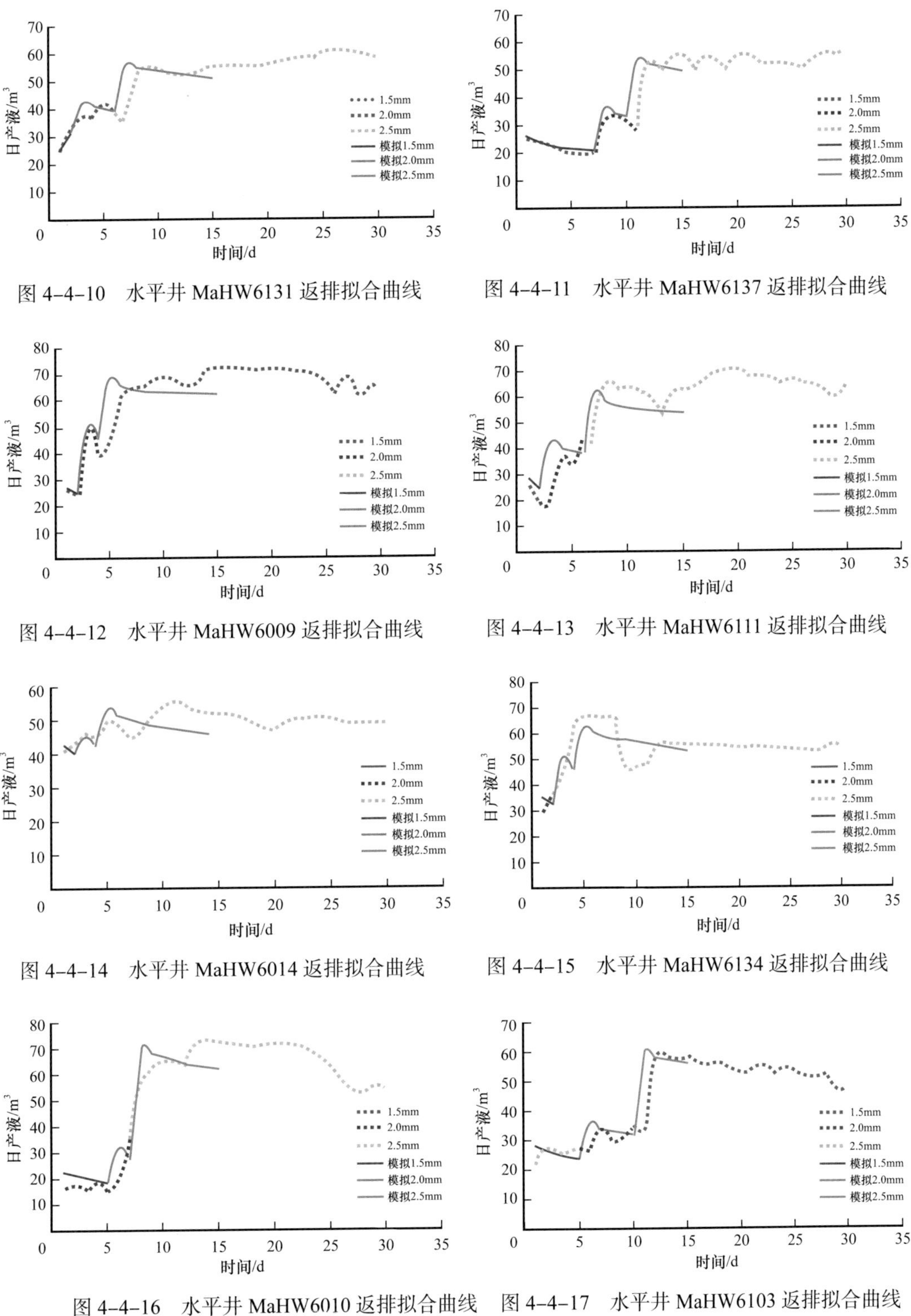

图 4-4-10 水平井 MaHW6131 返排拟合曲线

图 4-4-11 水平井 MaHW6137 返排拟合曲线

图 4-4-12 水平井 MaHW6009 返排拟合曲线

图 4-4-13 水平井 MaHW6111 返排拟合曲线

图 4-4-14 水平井 MaHW6014 返排拟合曲线

图 4-4-15 水平井 MaHW6134 返排拟合曲线

图 4-4-16 水平井 MaHW6010 返排拟合曲线

图 4-4-17 水平井 MaHW6103 返排拟合曲线

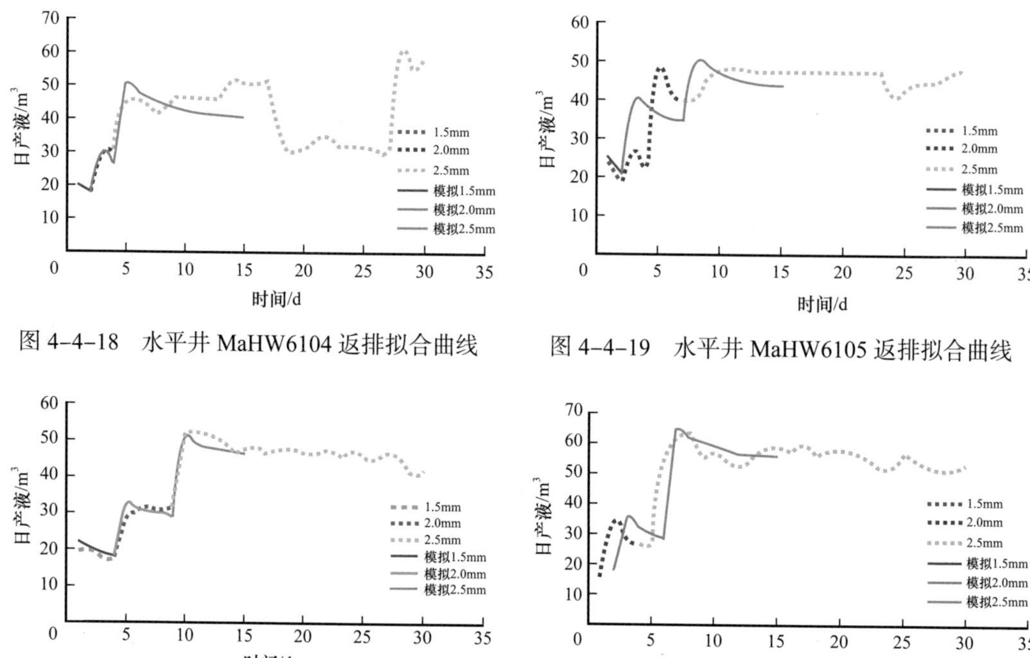

图 4-4-18　水平井 MaHW6104 返排拟合曲线

图 4-4-19　水平井 MaHW6105 返排拟合曲线

图 4-4-20　水平井 MaHW6107 返排拟合曲线

图 4-4-21　水平井 MaHW6112 返排拟合曲线

第五节　致密油储层压裂裂缝监测与压后效果评估

一、压裂裂缝监测

由于致密油储层地质条件复杂，形成的人工裂缝形态多呈现多裂缝状态，因此裂缝监测无法用简单的方法进行测试评估。目前常用的方法仍然是国际上流行的微地震监测，结合施工曲线分析等综合手段进行评估。

1. 长庆油田压裂裂缝监测认识

根据矿场反映的压裂实际情况发现，对于某些储层，天然裂缝不发育、水平两向主应力差值大，体积压裂难以形成网状缝，总体仍呈条带状两翼对称缝，如图 4-5-1 所示。长 7 段致密油 24 口水平井 188 段井下微地震监测结果表明，裂缝半带长 200～450m，带宽 60～120m，复杂因子普遍小于 0.4。同时，根据 Gutenberg-Richter 地震频度—震级关系经验公式，分析长庆长 7 段体积压裂微地震事件，b 值整体在 1.5 以上。而天然裂缝 / 微断层对微地震整体事件的影响程度越大，b 值越小，表明裂缝系统以人工主裂缝为主，天然裂缝开启程度较低，如图 4-5-2 所示。此外，对位于微地震监测事件区域内的取心检查井进行取心观察发现，全井段取心未发现明显裂缝波及特征。从矿场试验反映情况分析，某些盆地致密油裂缝复杂程度远没有井下微地震测试结果展示的复杂。盆地致密砂岩体积压裂难以形成网状缝，总体仍呈条带状复杂缝。

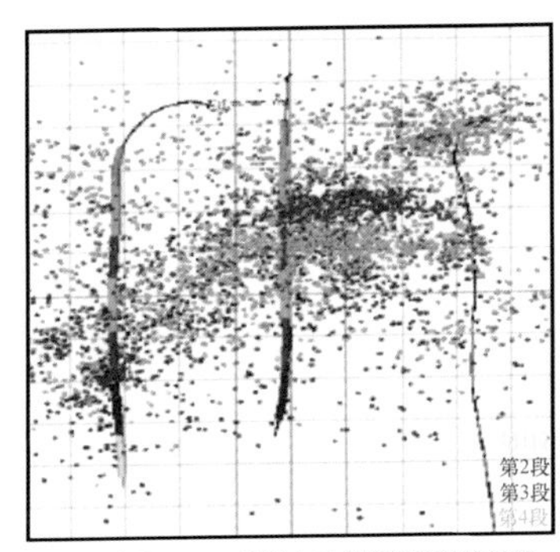

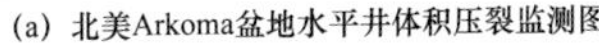
(a) 北美Arkoma盆地水平井体积压裂监测图

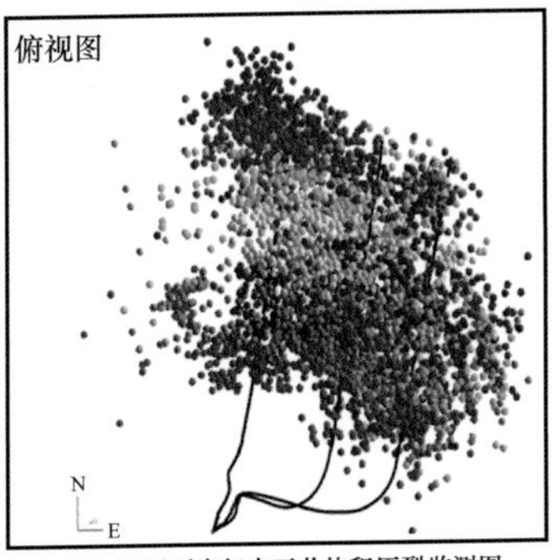

(b) 四川页岩气水平井体积压裂监测图
（长宁H3-1井、长宁H3-2井、长宁H3-3井）

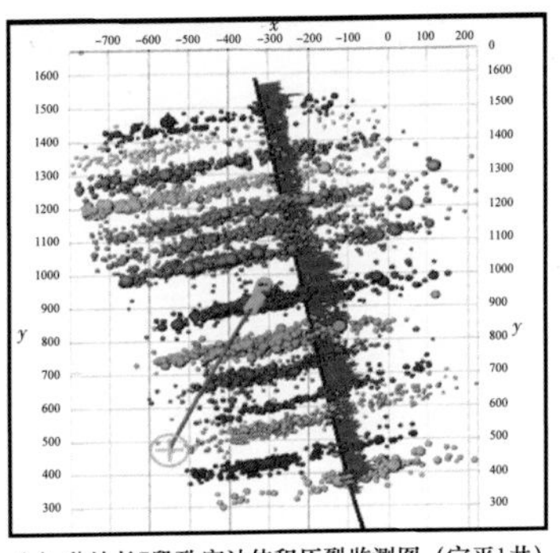

(c) 盆地长7段致密油体积压裂监测图（宁平1井）

图 4-5-1 不同储层压裂微地震监测图

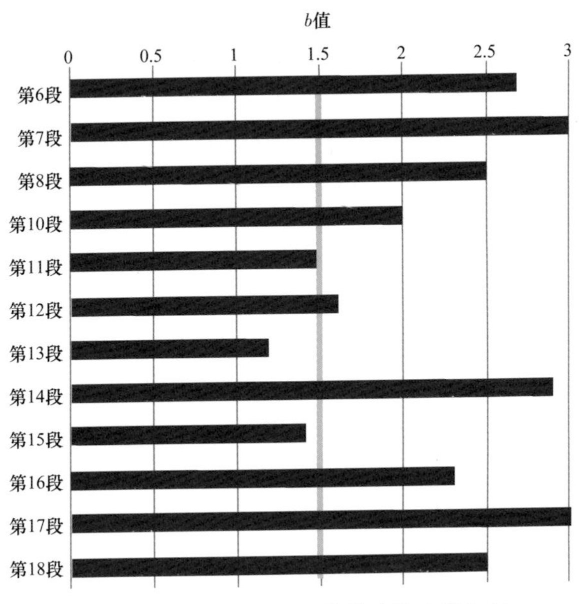

图 4-5-2 西平 237-71 井微地震 b 值分布

2. 新疆油田压裂裂缝监测认识

根据新疆油田玛湖、吉木萨尔区块裂缝监测结果，总体上得出该区为天然裂缝发育区，对裂缝形态、方向、事件震级影响严重，裂缝参数变化范围大，与压裂规模相关性差，且缝长、缝高大于模拟数值；在无天然裂缝发育区域，影响裂缝长宽高裂缝形态参数的主要因素为各段施工规模，且正相关性较强。地层最小应力差系数对裂缝复杂程度有一定影响，系数越小裂缝越复杂。从 JHW023（24）、JHW025（17）两口井的压裂裂缝监测结果认识到，井的前两段受天然裂缝影响，裂缝长度较大，且由于南翼地层埋深较浅，南翼缝长略大于北翼；裂缝宽度 51～110m，略大于段间距，各段微地震事件有一定重叠，但主要集中在射孔段位置，采用大排量冻胶起缝有利于近井地带多簇主缝开启。同时，规模的增大并不能带来更大的裂缝参数，说明规模达到一定程度后裂缝延伸范围受储层条件控制，单井不同段对比也发现，改造规模与裂缝参数无明显相关关系。

二、压后效果评估

1. 产液剖面测试

吉林油田借由压后产液剖面测试，明确了压裂缝各簇开启的情况，证明了吉林油田在体积改造压裂技术方面压裂关键参数设计的合理性。

让58-9-1井排量12m^3/min，总进液量25358m^3，总砂量820.4m^3，人工裂缝16段48簇。压后初产、稳产压后初产、稳产能力强，自喷平均日产液60m^3，日产油9.1m^3，井口压力11～3.5MPa。高排量，保障了段内各簇有效开启；高用液强度，保障了蓄能提压效果，相同返排率条件下，压力系数与乾246区、让70区相当，证明了高排量、高用液强度设计的合理性。

让58-10-22井、让58-10-24井，井间微地震事件大面积交互叠加，实现井间裂缝全覆盖，压后效果与乾246、让70致密油水平井相当。查平3-3井，光纤产液剖面结果显示，密切割试验段各簇均有效开启，且在不同油嘴生产制度下的产液贡献率是邻段的2～4倍。验证了吉林油田“甜点＋密切割”压裂理念，即段间距越小、改造规模越大，压后产液强度越大，且绝大多数产能来自甜点段贡献。

2. 主控因素分析

新疆油田以玛131井区为目标，利用压后评估结果进行了改造效果的主控因素分析，并从经济效益的角度给出了新疆油田玛131井区，水平井的合理长度。在收集6类38种地质参数，8类35种工程参数，并同时对31口水平井674级的10年生产周期进行分析之后得出影响压后效果的因素及其影响程度占比为：

（1）工程主控因素包括水平段长（23.88%）、总液量（23.19%）、携砂液排量（12.64%）、总砂量（11.46%）；

（2）地质主控因素包括孔隙压力系数（26.62%）、含油饱和度（22.56%）、油层厚度（20.18%）、孔隙度（7.42%）。

总体来看，主控因素工程参数占比44.09%，地质参数占比55.91%，如图4-5-3所示。因此提出建议为：地质甜点是核心因素；在工程极限条件下，需要更长水平段、更大液量、排量、砂量。

根据上述主控因素分析，对于该区水平段长度，认为在综合考虑经济效益，依据玛131井区实际产量与成本数据分析，水平井段长度大于1800m，随水平井段长度增加，在目前技术水平和油价下，低效或无效压裂井增多。在此基础上评价该区10年期经济效益，认为水平井平均单井累计产油量达到2.4×10^4t。税后财务收益率9.40%；收益率大于8%的井占63.63%，投资回收期5.78年。

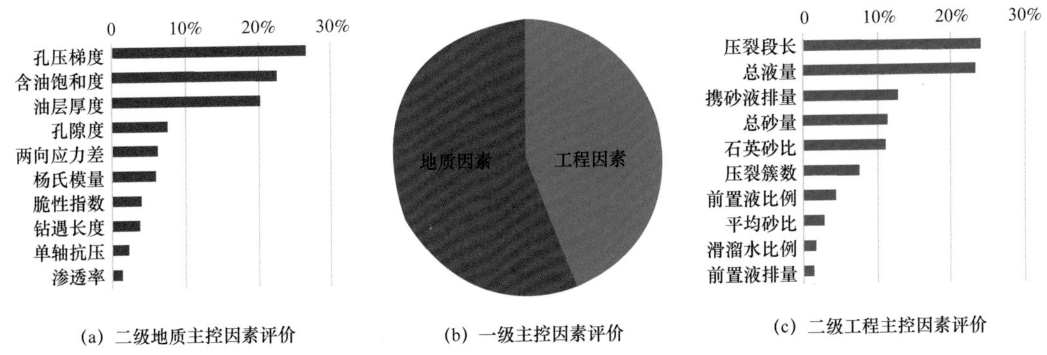

(a) 二级地质主控因素评价　(b) 一级主控因素评价　(c) 二级工程主控因素评价

图 4-5-3　玛 131 井区水平井单级压裂 10 年累计产量分级主控因素评价

第五章 鄂尔多斯盆地致密油富集规律及勘探开发技术

第一节 有机相、沉积相及岩相组合特征

鄂尔多斯盆地延长组长 7 段致密油具分布范围广、含油饱和度高和储量规模大的显著特点（付金华等，2015，2018；杨华等，2017），分析长 7 段致密油形成的地质条件、探讨成藏的机理、明确大规模富集的主控因素，对推进和扩大鄂尔多斯盆地及中国陆相致密油的勘探成效具有重要的意义。

一、有机相特征

1. 长 7 烃源岩外观特征

鄂尔多斯盆地长 7 段烃源岩的沉积构造特征在岩心和地质露头上差异明显，发育纹层状和块状两种，其中纹层状页理发育（图 5-1-1）。薄片显微特征表明，纹层状可细分为两类，一类以有机质纹层为主，含藻类化石、陆源泥与少量粉砂；另一类为粉砂质泥岩与有机质纹层互层状，其中粉砂多顺层分布。块状烃源岩中陆源泥与粉砂含量增高，有机质在泥岩中呈分散分布特征（图 5-1-2）。

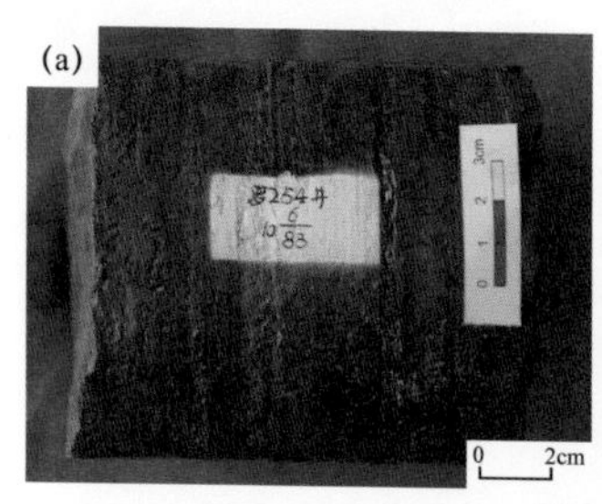

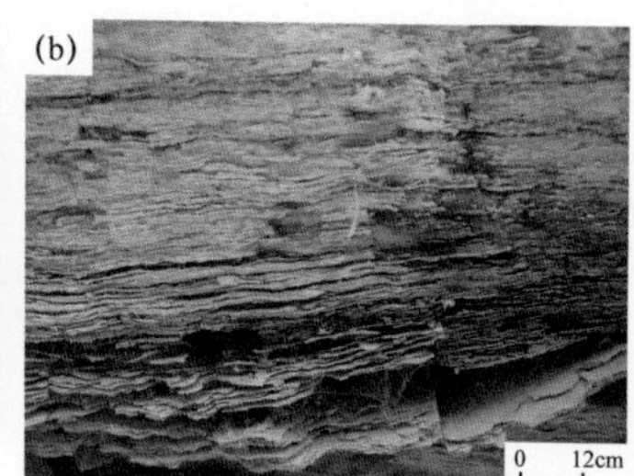

图 5-1-1 延长组长 7 段烃源岩岩心及露头照片

（a）罗 254 井，2583.28m，纹层状黑色页岩，自然伽马 260API，密度 2.35g/cm^3；（b）铜川何家坊剖面，黑色页岩风化后页理状特征；（c）罗 254 井，2541.63m，块状暗色泥岩，自然伽马 156API，密度 2.42g/cm^3

2. 长 7 段有机质特征

1）有机质丰度

有机质丰度是用来表征有机质数量的多少，衡量和评价烃源岩的生烃潜力。衡量指标有：总有机碳（TOC）、氯仿沥青“A”、总烃（氯仿沥青“A”中的饱和烃和芳香烃）和生烃势（S_1+S_2）。本质上讲，氯仿沥青“A”与总烃含量作为残留在烃源岩中的指

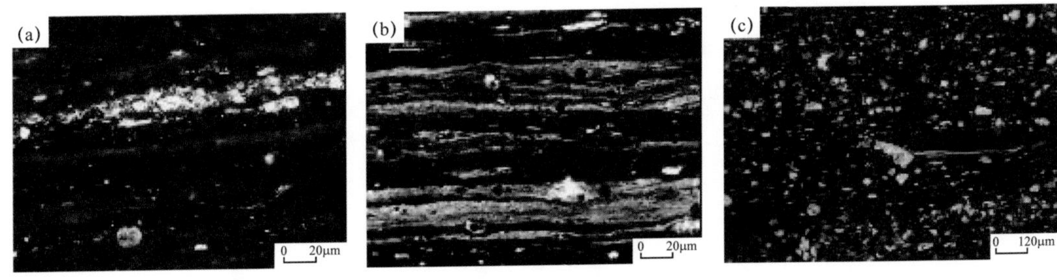

图 5-1-2　延长组长 7 段烃源岩显微特征

（a）张 22 井，1565.1m，有机质纹层为主，自然伽马 288API，密度 2.32g/cm³；（b）铜川地区霸王庄剖面，粉砂质、泥岩与有机质纹层互层分布；（c）里 231 井，2541.07m，有机质分散分布，自然伽马 200API，密度 2.47g/cm³

标，数值高反而可能代表了较差的排烃能力，因此在实际应用中，常采用 TOC 和 S_1+S_2 为主要评价参数，以其他指标作为辅助参考。采用中国陆相烃源岩有机质丰度评价标准（表 5-1-1）对鄂尔多斯盆地长 7 段烃源岩机质丰度进行评价。

表 5-1-1　陆相烃源岩有机质丰度评价标准（SY/T 3735—1995）

指标	非生油岩	生油岩			
		差	中等	好	很好
TOC/%	<0.4	0.4～0.6	0.6～1.0	1.0～2.0	>2.0
氯仿沥青“A”/%	<0.01	0.01～0.06	0.06～0.12	0.12～0.2	>0.2
HC/（μg/g）	<100	100～200	200～500	500～1000	>1000
S_1+S_2/（mg/g）	<0.5	0.5～2	2～6	6～20	>20

鄂尔多斯盆地长 7 段烃源岩有机碳丰度分布主要分布在 1%～30% 之间（图 5-1-3、图 5-1-4）可以看到，主要发育好—很好的烃源岩。从 TOC 和 S_1+S_2 关系图中可以看到二者呈明显的线性相关性，完全可以利用二者参数进行烃源岩丰度评价。

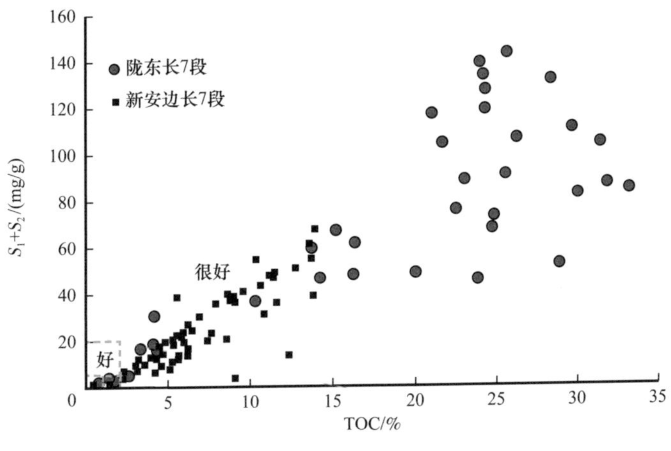

图 5-1-3　长 7 段 TOC 与 S_1+S_2 关系图

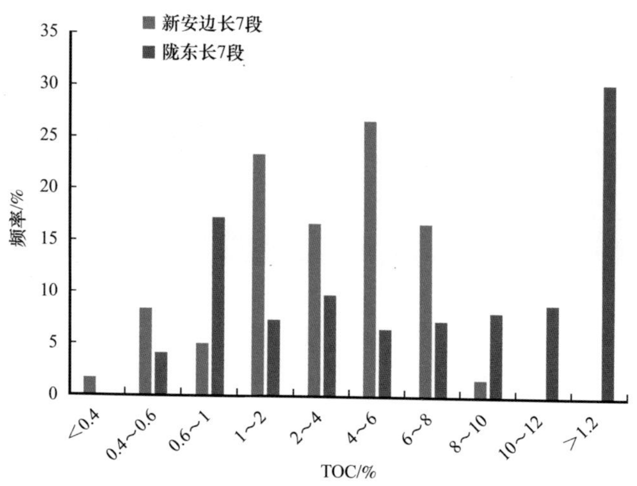

图 5-1-4 鄂尔多斯盆地长 7 段 TOC 频率分布对比图

研究表明，长 7 段烃源岩有机质丰度明显较延长组其他含油层组更高。长 7 段生油岩质量好，有机碳含量较高，其中，黑色页岩有机质丰度最高。从层位看，长 7_3 亚段烃源岩丰度最好，从地区看，陇东地区长 7 段烃源岩丰度较新安边地区好（表 5-1-2）。

表 5-1-2 陇东地区和新安边地区烃源岩丰度地球化学参数表

层位	陇东地区		新安边地区	
	TOC/%	氯仿沥青“A”/%	TOC/%	氯仿沥青“A”/%
长 7_1 亚段	0.52～7.80 1.987（32）	0.02～0.87 0.38（13）	0.76～5.58 1.6（5）	0.05～0.08 0.06（2）
长 7_2 亚段	0.74～24.86 5.598（83）	0.02～1.50 0.59（27）	1.2～8.39 3.4（17）	0.15～1.1 0.53（7）
长 7_3 亚段	0.38～35.85 13.90（121）	0.01～1.68 0.85（23）	0.62～7.7 3.8（12）	0.02～1.1 0.68（4）

注：表中数据表示 $\frac{\text{最小值～最大值}}{\text{平均值（样品数）}}$。

2）有机质类型

不同来源不同地区的烃源岩的生烃能力有很大区别，有机质的丰度只决定烃源岩含有有机质数量的多少，而不能决定它的生烃能力如何。所以，对烃源岩的类型研究也至关重要。通常运用干酪根显微组分、H/C—O/C 等方法对烃源岩的有机质类型进行研究和评价。其中，干酪根显微组分划分有机质类型是生油岩研究中很常用的一种方法。参照石油工业部部标准（SY 5126—86）“透射光下干酪根显微组分鉴定及类型划分方法”。该分类方法是以煤岩显微组分分类命名方法为基础，结合生油岩中有机质显微组分特征确定了干酪根显微组分的分类命名。

采用镜质组、惰质组、腐泥组＋壳质组的三角图表示的显微组分组成能客观描述显微组成的数值分布（图 5-1-5）。研究表明长 7 段干酪根类型主要为腐泥型，生烃能力较强。显微组分照片能直观的反映出烃源岩的干酪根类型，干酪根显微照片中含有大量的藻类体，也显示研究区其为腐泥型（图 5-1-6）。

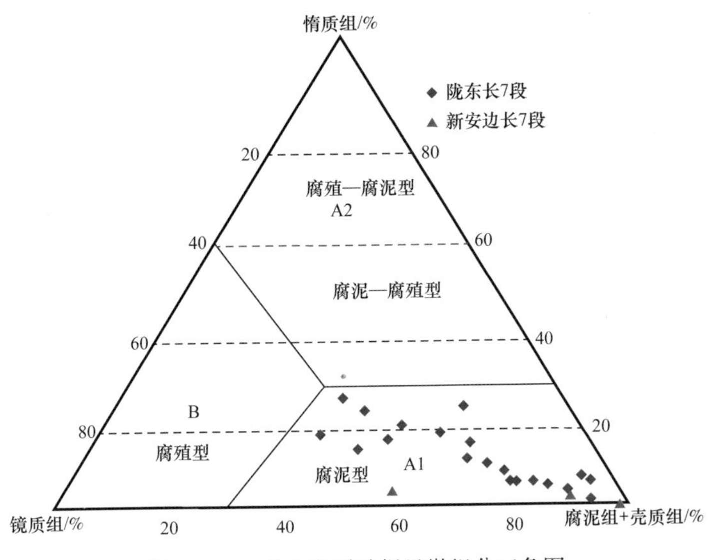

图 5-1-5　长 7 段干酪根显微组分三角图

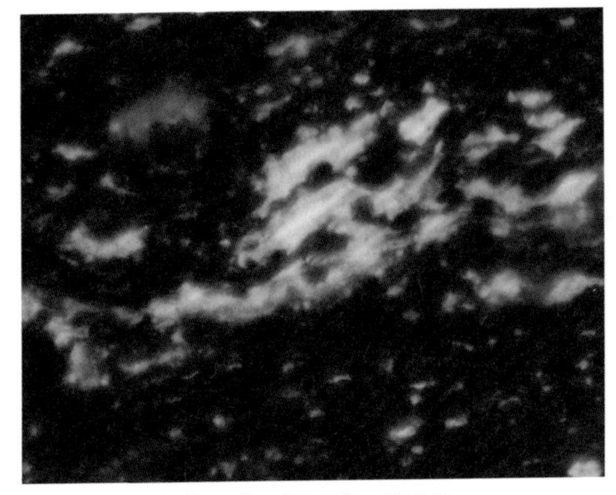

(a) 耿252井，长7_3亚段，2557.51m，黑色油页岩，藻类体，荧光

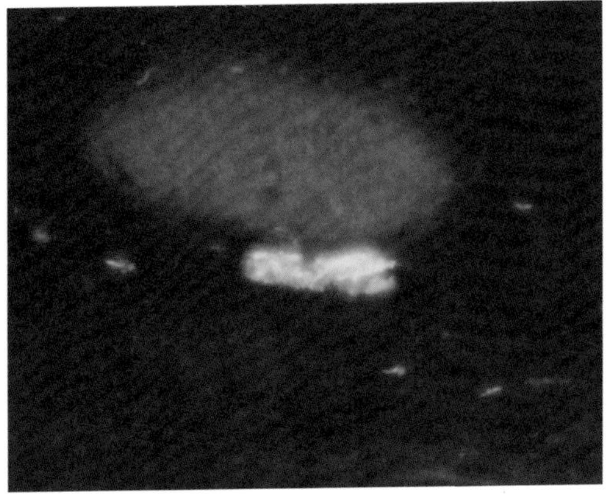

(b) 耿252井，长7_3亚段，2564.66m，黑色油页岩，树脂体、藻类体，荧光

图 5-1-6　志丹地区长 7 段干酪根照片

3）热成熟特征

勘探实践证明，只有在成熟生油岩分布区才有较高的油气勘探成功率，成熟度表示沉积有机质向石油转化的热演化程度，是评价一个地区或某一烃源岩系生烃量及资源前景的重要依据。为了判断有机质是否达到成熟阶段，是否开始大量生成石油，各国石油地质学家提出了许多衡量有机质成熟作用的指标，如镜质组反射率（R_o）、岩石热解最高峰温度（T_{max}）、正构烷烃分布特征、有机质的热变指数和生物标志物组成特征等，这些指标均可以用来判断有机质向石油转化的热演化程度。以长 7 段为目的层位，讨论其烃

源岩成熟演化特征。因鄂尔多斯盆地长7段烃源岩分布面积大，资料程度参差不齐，因此目前主要根据所取样品的实验分析结果，结合前人研究成果对目的层位进行分析。有机质演化的光学标志是在显微组分鉴定的基础上，测定能反映有机质化学结构和化学成分变化的光性特征。其中镜质组反射率（R_o）是反映有机质热演化程度的最主要的光性标志之一。在古地温和地层受热时间正常演化的情况下，R_o的变化主要取决于烃源岩的埋藏深度，随埋藏深度增加，R_o值有规律的增大。因此，可以按照镜质组反射率（R_o）对有机质的演化及烃类形成阶段进行划分（表5-1-3）。

表5-1-3 陆相烃源岩有机质成熟度评价标准

演化阶段	R_o/%	T_{max}/℃
未成熟	<0.5	<435
低成熟	0.5～0.7	435～440
成熟	0.7～1.3	440～450
高成熟	1.3～2.0	450～580
过成熟	>2.0	>580

新安边长7段烃源岩R_o主要位于0.7%～0.8%之间，陇东地区长7段烃源岩R_o主要位于0.7%～0.9%，有机质普遍处于低熟—成熟阶段（图5-1-7、表5-1-3），随深度的增加，R_o也增加，但不同地区R_o随地层埋深增加而增大的速率存在一定的差别（图5-1-7）。新安边地区烃源岩在1700m进入生油门限深度，主要生油阶段在1700～2800m，2800m之后进入高成熟阶段；陇东地区在1500m进入生油门限深度，主要生油阶段在1500～2800m，2800m之后进入高成熟阶段。

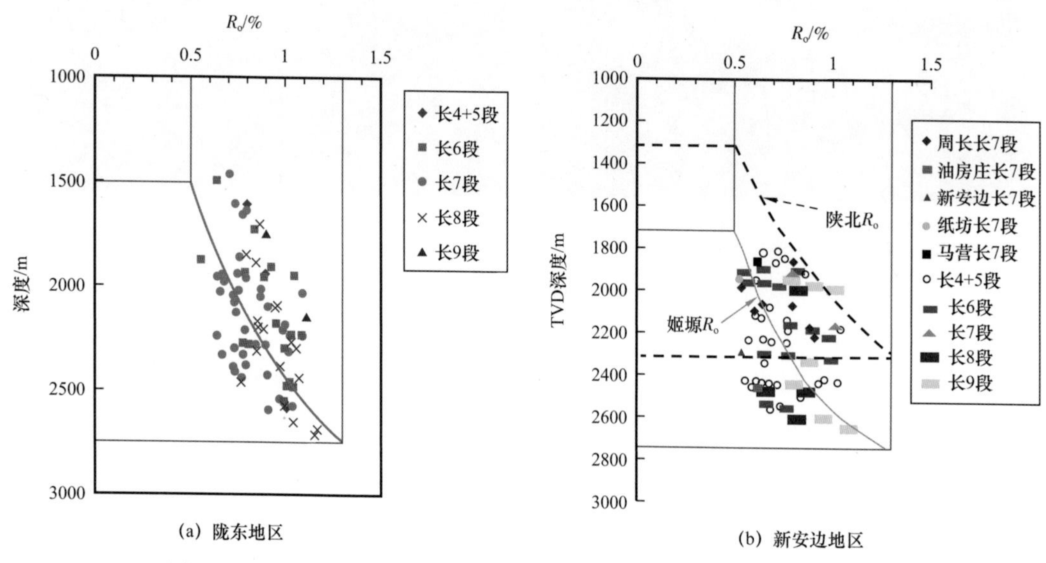

图5-1-7 陇东与新安边地区延长组烃源岩镜质组反射率与深度关系图

3. 有机相划分

根据烃源岩岩性、岩相特征、有机质类型、显微组分、TOC 含量，Pr/Ph 比值、有机碳同位素特征，并结合测井参数，将长 7 段烃源岩沉积有机相划分为四类，分别是：藻源页岩相、藻源泥岩相、植源藻源粉砂质泥岩相、植源藻源泥质粉砂岩相，对应于不同的沉积环境（表 5–1–4）。

表 5–1–4　鄂尔多斯盆地延长组长 7 段烃源岩沉积有机相划分方案表

有机相	沉积环境	有机质类型	显微组分 / %	TOC/ %	S_1+S_2/ mg/g	Pr/Ph	$\delta^{13}C$/‰	测井参数特征
藻源页岩相	半深湖—深湖	$Ⅱ_1$—Ⅰ	腐泥组 + 壳质组>80 镜质组<20	>6	>20	<0.7	<−29.5	GR：>275API DEN：<2.5g/cm^3 AC：>250μs/m RT：>25Ω·m
藻源泥岩相	浅湖—半深湖	Ⅰ—Ⅱ	腐泥组 + 壳质组 65～90 镜质组 10～35	2～6	7～20	0.7～1.6	−28～−29.5	GR：100～275API DEN：2.5～2.7g/cm^3 AC：235～250μs/m RT：>12.5Ω·m
植源藻源粉砂质泥岩相	浅湖—三角洲前缘	Ⅱ	腐泥组 + 壳质组 25～65 镜质组 35～75	0.5～2	2～7	1.6～3.0	−26～−28	GR：100～180API DEN：2.5～2.7g/cm^3 AC：210～240μs/m RT：20～100Ω·m
植源藻源泥质粉砂岩相	浅湖—三角洲前缘	Ⅱ—Ⅲ	腐泥组 + 壳质组<25 镜质组>75	<0.5	<2	>3.0	>−26	GR：90～120API DEN：2.5～2.7g/cm^3 AC：210～235μs/m RT：20～60Ω·m

以西 318 井为例，在纵向上精细刻画了有机相的分布特征（图 5–1–8）。

二、沉积相类型

1. 长 7 段沉积类型

通过剖面及岩心沉积学特征及原生沉积构造解析，明确了盆地长 7 段主要存在以下沉积类型。

1）*深水重力流沉积*

沉积物重力流是一种在重力作用下发生流动的弥散有大量沉积物的高密度流体。它的发生地点主要是海底或湖底的斜坡地带。根据其沉积物支撑机制可分为颗粒流、沉积物液化流、碎屑流与浊流。浊积岩只是浊流沉积的产物。浊流是一种紊流支撑的悬浮搬运，其沉积物表现为沉积颗粒的顺序排列，即粒序层理。鲍马序列 A 段的下部。A 段的

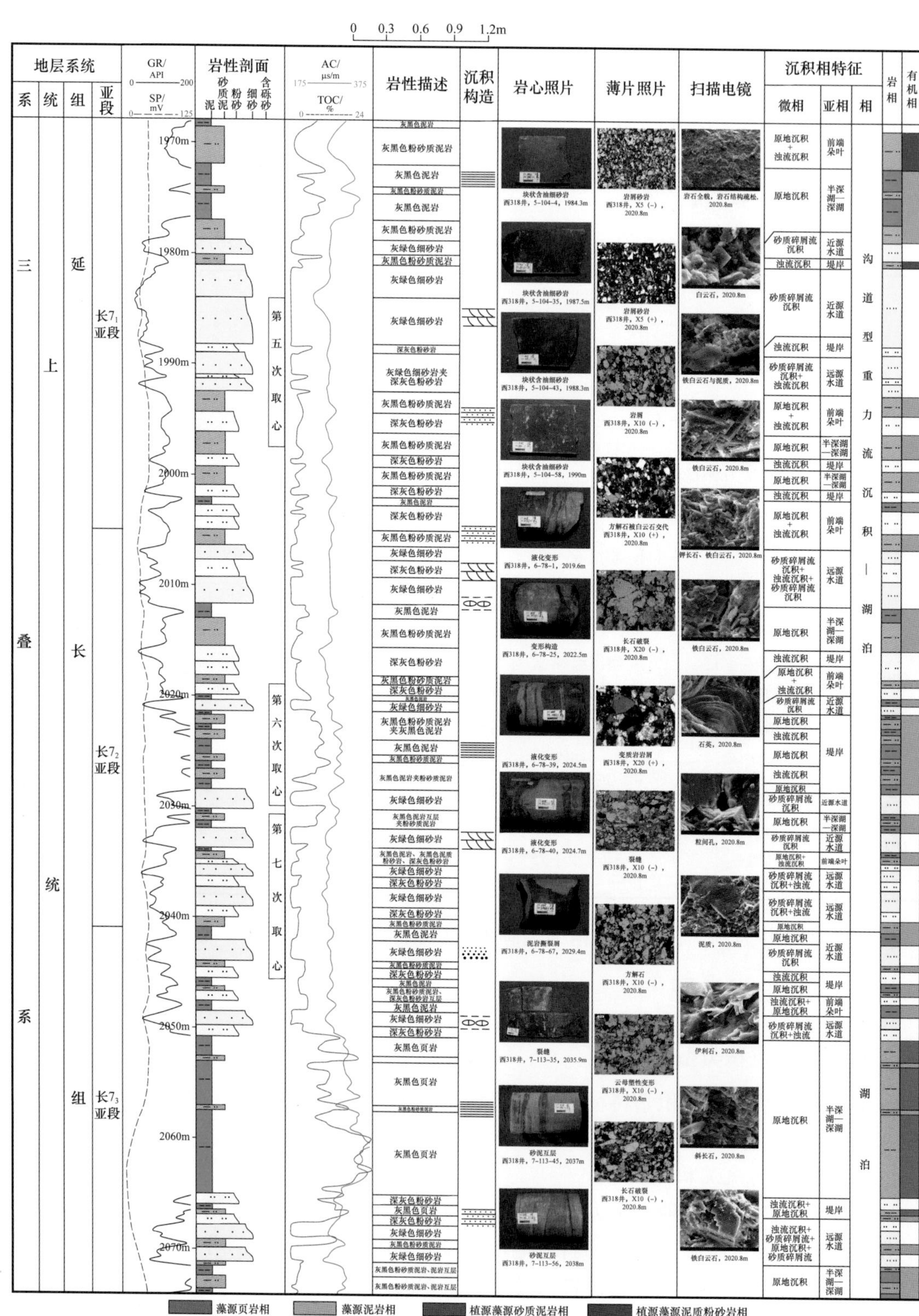

图 5-1-8 鄂尔多斯盆地西 318 井长 7 段岩相—沉积相—有机相综合图

上部块状层理被解释为砂质碎屑流沉积，而B、C、D段则被解释为深水底流沉积或者牵引流的产物。在浊流理论逐渐更新的过程中建立的砂质碎屑流概念是对重力流理论的部分否定与补充，浊流与砂质碎屑流理论共同解释深水沉积物会更加准确和完善。在沉积盆地中，浊流可以延伸盆地平原，砂质碎屑流往往在盆地斜坡部位沉积下来。

在野外剖面及岩心观察基础上，通过沉积构造及测井曲线的分析，结合借鉴前人对相邻地区的研究成果，认为研究区发育滑动岩、滑塌岩、砂质碎屑流沉积、泥质碎屑流沉积及浊流沉积等深水重力流沉积类型。

（1）滑动岩：滑动岩是在一定的外界条件触发下，块体沿着剪切面向下滑动形成的沉积。滑动岩最主要的特征是无明显的内部形变，保留原始的层理和构造特征，外来特征明显。研究区滑动岩数量较少，岩性以灰色粉细砂岩、泥质粉砂岩为主，具二次滑动面、上接触面突变、底部发育剪切面、底部剪切带、砂质注入体等，在重力流演化过程中很快转化为滑塌岩等（图5–1–9）。

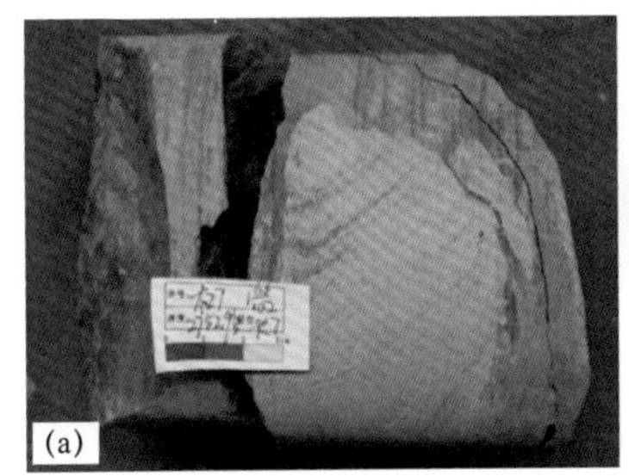

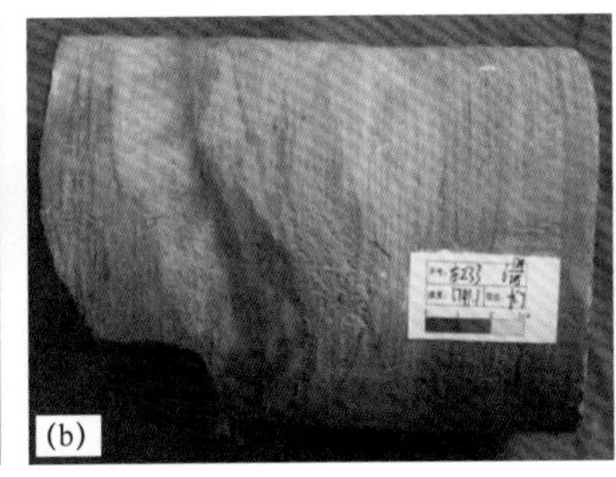

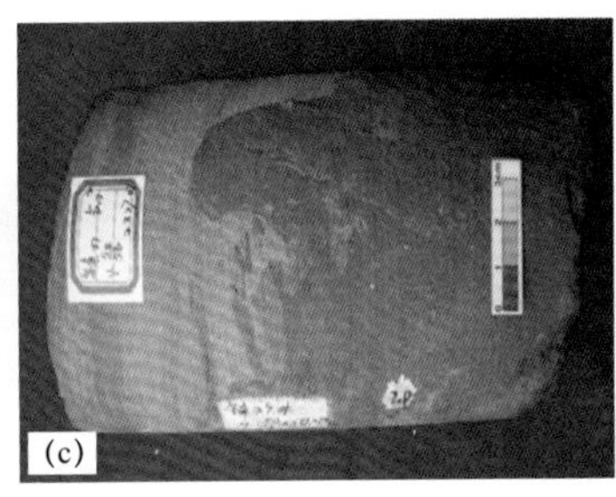

图5–1–9 鄂尔多斯盆地延长组长7段滑动岩发育特征

（a）木27井，长7段砂岩中的滑动岩中保留浅水区的沉积构造特征，具有强烈的旋转，内部无变形；（b）庄233井，长7段上接触面突变及二次滑动面；（c）镇77井，长7段砂质注入体

（2）滑塌岩：滑塌岩是指块体沿着滑动面运移，经历旋转变形或崩塌掉入正在沉积的异地沉积物中的重力流沉积。滑塌岩内部发育强烈的同沉积形变，常具有包卷层理和滑塌变形构造等。研究区滑塌岩多分布在坡折带的中下部，岩性主要包括灰色细砂岩、粉砂岩、粉砂质泥岩等，可见砂质褶皱、球枕构造、搅混砂岩夹杂变形碎屑、砂质注入体以及底面重荷模等构造（图5–1–10）。

（3）砂质碎屑流沉积：研究区发育大范围砂质碎屑流沉积，岩性主要为块状细砂岩、粉砂岩和富含不规则泥岩撕裂屑的细砂岩。沉积特征：① 发育块状构造，并常见厚层块状砂岩叠置；② 块状砂岩底部具剪切面，指示流体运动过程中对下伏沉积物的剪切作用；③ 块状砂岩内部富含不规则泥岩撕裂屑，泥岩撕裂屑与周围泥岩颜色相同，是内源泥岩碎屑，由流体在半深湖—深湖区搬运时侵蚀下伏泥岩而成，呈漂浮状分散在细砂岩中，分选差，说明搬运距离短；④ 块状砂岩顶部存在泥岩漂砾；⑤ 与上覆岩层多呈突变接触（图5–1–11）。

（4）泥质碎屑流沉积：泥质碎屑流的形成机理与砂质碎屑流基本相同，只不过泥质碎屑流是一种以泥质为主（泥质含量大于75%），混杂有少量砂质团块、不规则泥砾和粉

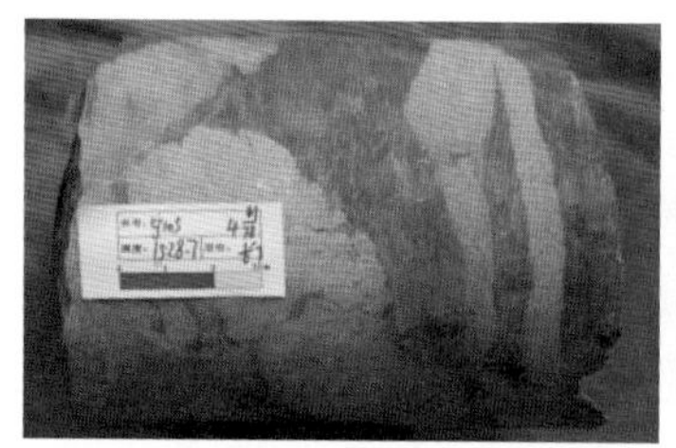
滑塌变形构造
宁105井，1528.7m，长7段

液化变形构造
里338井，2275.15m，长7段

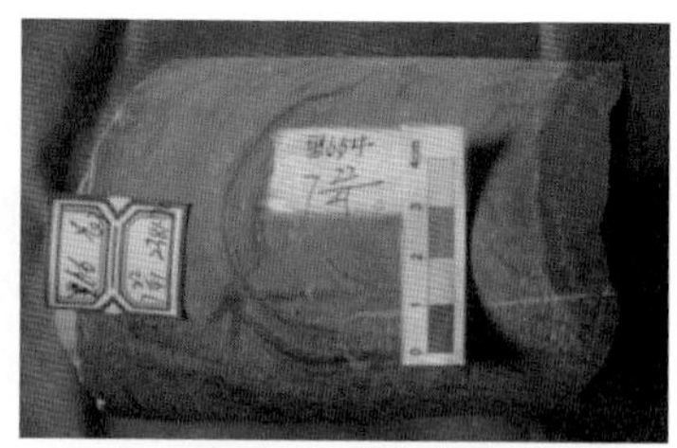
变形构造，同生断裂
里66井，2381.7m，长7段

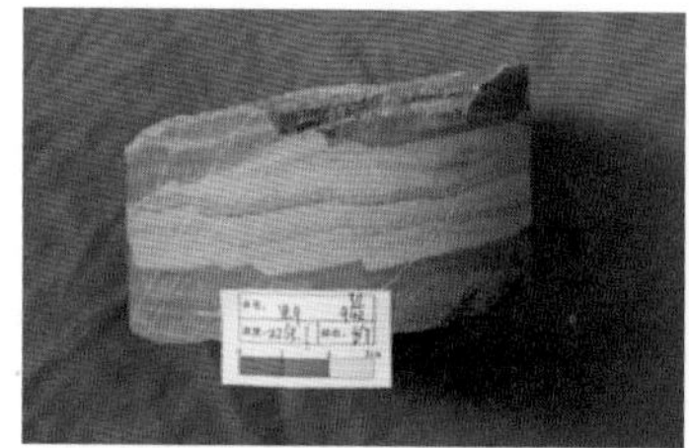
同生断裂
里9井，2263.1m，长7段

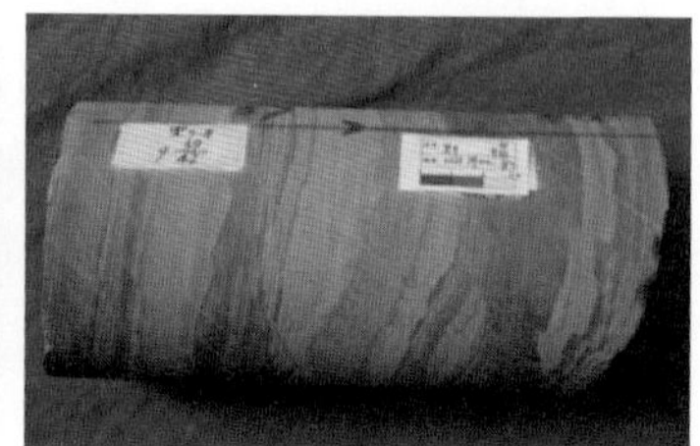
同生断裂
里9井，2264.29m，长7段

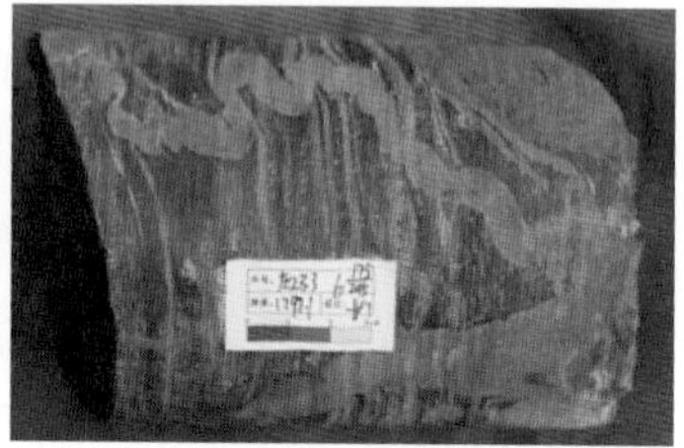
液化砂岩脉
庄233井，1791.1m，长7段

图 5-1-10 鄂尔多斯盆地延长组长 7 段滑塌岩发育特征

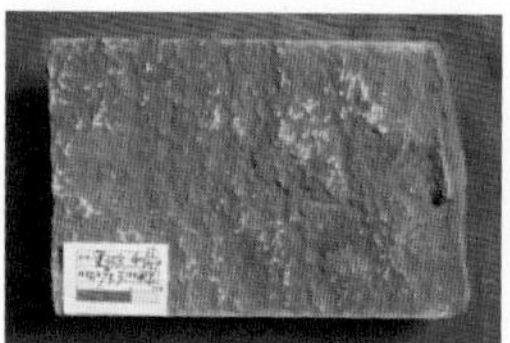
块状构造含油砂岩
里338井，2293.3m，长7段

块状构造含油砂岩
白442井，2151.45m，长7段

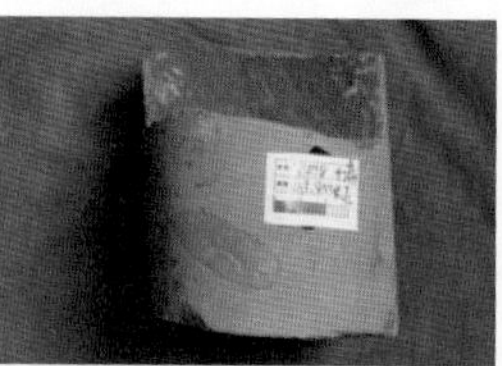
泥岩漂砾
里338井，2291.8m，长7段

块状层理砂岩，上下突变接触
白442井，2176.1m，长7段

泥岩撕裂屑
白442井，2146.5m，长7段

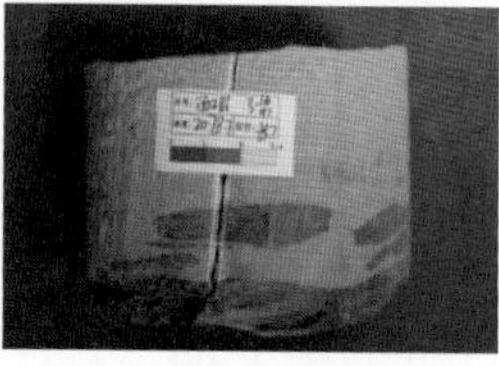
板条状泥屑
西288井，2078.7m，长7段

不规则泥岩撕裂屑
西288井，2001.6m，长7段

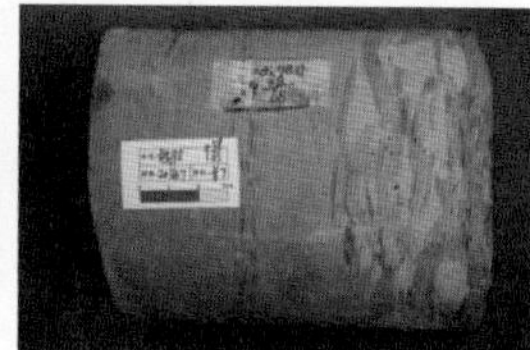
板条状泥屑
城98井，2034.7m，长7段

图 5-1-11 鄂尔多斯盆地延长组长 7 段砂质碎屑流发育特征

砂质泥岩的塑性流体。研究区泥质碎屑流沉积不太发育，可分为以下两种：整体为泥岩或粉砂质泥岩，内部富含黑色质纯泥岩撕裂屑，呈块状，反映整体冻结沉积；整体为粉砂质泥岩或泥质粉砂岩，内部具不规则的砂质团块，而团块含泥质较多，以泥质粉砂岩为主，多呈不规则状，整体塑性较强（图 5-1-12）。

（5）浊流沉积：浊流是具有牛顿流体性质的沉积物流，颗粒被湍流支撑且悬浮沉降。可靠标志是正递变层理，反映浊流悬浮搬运和递变沉积的特点。单期浊积砂岩沉积厚度通常小于 0.6m，最薄甚至小于 0.1m，但浊流发育期次多，呈多期叠覆，具不完整的鲍马序列；火焰状构造；存在岩性突变面，常见清晰的重荷模、槽模、沟模等底模构造（图 5-1-13）。

粉砂质泥岩中含黑色的泥岩撕裂屑
西318井，2022.5m，长7段

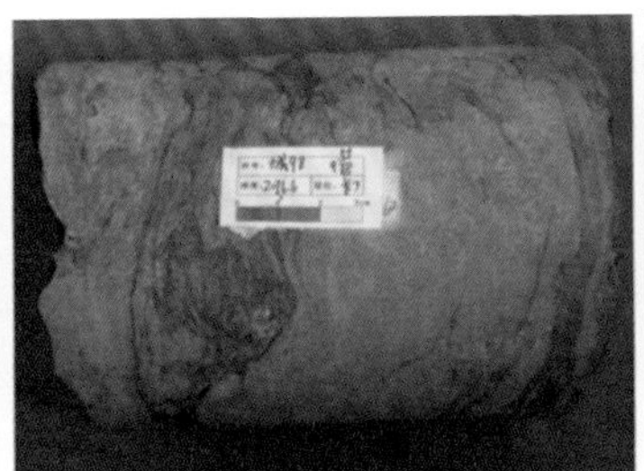
粉砂质泥岩中含黑色的泥岩撕裂屑
城98井，2076.6m，长7段

泥岩中富变形的粉砂岩团块
庄233井，1744.8m，长7段

图 5–1–12 鄂尔多斯盆地延长组长 7 段泥质碎屑流发育特征

砂泥互层，泥火焰、鲍马序列
庄255井，1786.3m，长7段

岩性突变，泥火焰
庄255井，1741.2m，长7段

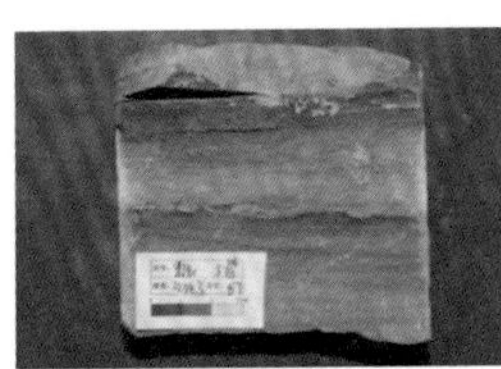
鲍马序列
里190井，2254.3m，长7段

鲍马序列
白424井，2090.38m，长7段

鲍马序列
木22井，2307.98m，长7段

槽模
西62井，1828.7m，长7段

槽模
里190井，2260.9m，长7段

重荷模
里9井，2226.7m，长7段

图 5–1–13 鄂尔多斯盆地延长组长 7 段浊流发育特征

2）三角洲前缘沉积

在野外剖面及岩心观察基础上，通过沉积构造及测井曲线的分析，认为研究区东北部长 7 段致密油主要为三角洲前缘，其沉积类型主要包括水下分流河道及河口坝。三角洲前缘分流河道为三角洲平原分流河道在前缘水下环境中的短距离延伸，延伸范围有限。在水流逐渐撒开的过程中，沉积水体的水动力沿水道延伸正前方向水道侧缘方向逐渐降低，导致水体携沉积物在分流河道水下延伸区的侧缘堆积，最终形成河口坝沉积。水下分流河道垂向上呈孤立式或切割叠置；平面上呈条带状或连片状展布。河口坝在垂向上呈底平顶凸的透镜状，在平面上，由于多条河流向湖推进，可形成侧向和垂向上连片的河口坝复合体。

2. 沉积微相划分

通过岩心及野外剖面观察，在三角洲及深水重力流类型识别的基础上，对研究区沉积体系类型进行了划分，盆地西南陡坡带以沟道型重力流沉积为主，发育近源水道、远源水道、堤岸沉积、前缘朵体及半身湖—深湖等亚相类型；研究区东北缓坡带以三角洲—扇型重力流沉积为主，包括若干亚相及微相类型（表 5–1–5）。

表 5-1-5 鄂尔多斯盆地三叠系长 7 段重力流沉积体系划分方案

<table>
<tr><th>沉积相</th><th colspan="2">亚相—微相</th><th>发育位置</th><th>沉积单元</th><th>平面分布</th></tr>
<tr><td rowspan="5">沟道型重力流沉积—深水沉积</td><td colspan="2">近源水道</td><td>坡折带上</td><td>砂质碎屑流沉积 + 滑塌沉积</td><td rowspan="5">西南陡坡带</td></tr>
<tr><td colspan="2">远源水道</td><td>坡折带—深湖</td><td>砂质碎屑流沉积 + 浊流沉积</td></tr>
<tr><td colspan="2">堤岸沉积</td><td>坡折带—深湖</td><td>浊流沉积</td></tr>
<tr><td colspan="2">前缘朵体</td><td>深水盆地边缘</td><td>浊流沉积 + 深水原地沉积</td></tr>
<tr><td colspan="2">半深湖—深湖</td><td>深水湖盆</td><td>深水原地沉积</td></tr>
<tr><td rowspan="4">湖盆三角洲—深水沉积</td><td rowspan="2">三角洲前缘</td><td>水下分流河道</td><td>坡折带上</td><td>水下分流河道为主</td><td rowspan="4">东北缓坡带深水区</td></tr>
<tr><td>河口坝</td><td>坡折带—斜坡末端</td><td>河口坝、远沙坝</td></tr>
<tr><td>浊积扇</td><td>斜坡末端—深水盆地</td><td>浊流</td><td>浊积扇</td></tr>
<tr><td>深湖泥</td><td>深水湖盆</td><td>深水原地沉积</td><td>深湖泥</td></tr>
</table>

3. 沉积模式及沉积相分布

综合沉积类型及沉积相研究的基础上，提出以下沉积模式（图 5-1-14）。三叠系鄂尔多斯盆地为大型内陆坳陷湖盆，盆地周缘发育众多水系汇入盆地内，具有多物源控制、湖平面进退交替频繁、沉积类型复杂、砂体叠合分布的沉积特征。长 7 段沉积期间，致密油储层主要发育的沉积环境为盆地西南部重力流沉积及东北部三角洲前缘沉积（图 5-1-15）。

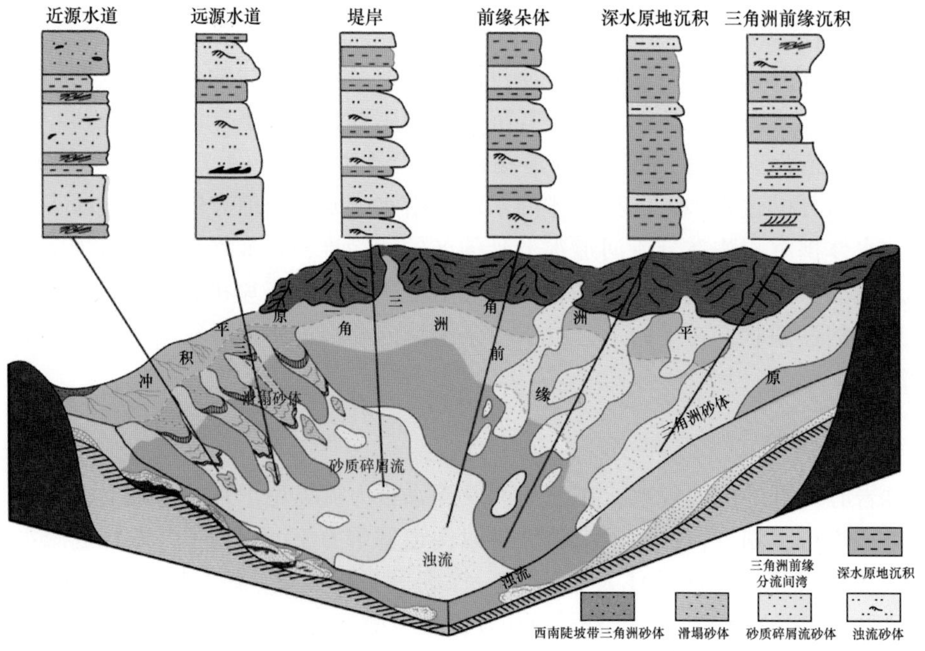

图 5-1-14 鄂尔多斯盆地三叠系延长组长 7 段致密油沉积模式图

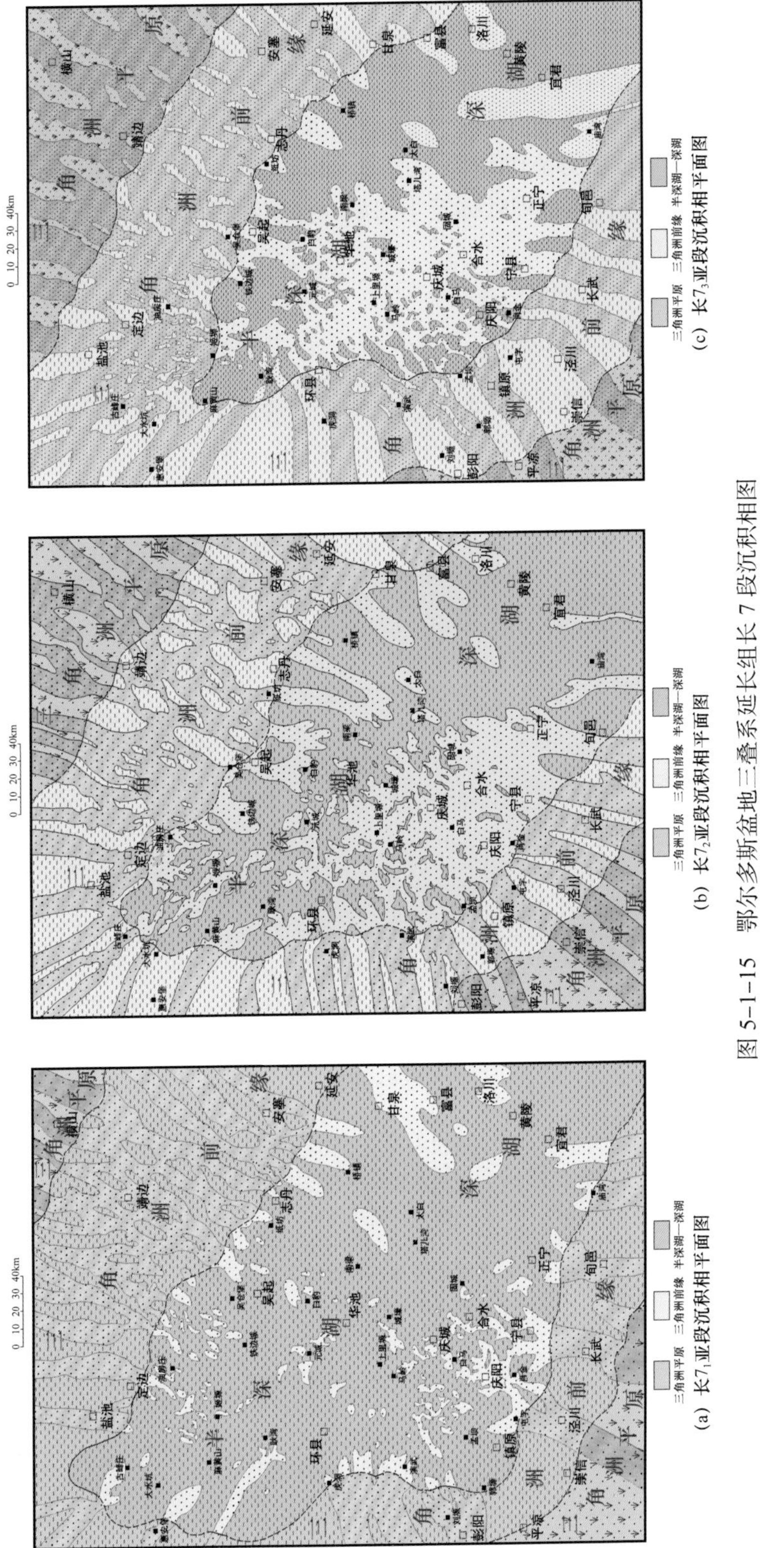

(a) 长7_1亚段沉积相平面图

(b) 长7_2亚段沉积相平面图

(c) 长7_3亚段沉积相平面图

图 5-1-15　鄂尔多斯盆地三叠系延长组长 7 段沉积相图

该时期西南部三角洲前缘砂体在水流及一定外力作用下沿斜坡下滑动、滑塌，形成砂质碎屑流与浊流。由于砂质碎屑流流体密度较大，砂质碎屑流沉积物主要集中在滑塌的根部，即斜坡带下部及靠近斜坡带的半深湖区，而浊流沉积较少；至半深湖—深湖区，水流强度逐渐减弱，浊流沉积比重增加，但碎屑流沉积仍为主体。结合区域地质特征等综合研究，认为该区长7段重力流沉积为沟道型（非扇型）重力流沉积；东北部主要发育三角洲前缘水下分流河道、河口坝砂体及半深湖—深湖浊积扇砂体。

三、岩相特征

1. 岩相类型划分

通过分析将长7段岩相划分为9种岩相（表5-1-6）：块状层理细砂岩相、滑塌构造细砂岩相、鲍马序列粉—细砂岩相、水平层理泥岩相、泥质粉砂岩—粉砂质泥岩相、块状层理泥岩相、水平层理页岩相、凝灰岩相、交错层理细砂岩相。

表5-1-6 鄂尔多斯盆地长7段岩相类型特征

岩相类型	岩性	沉积构造	沉积特征
块状层理细砂岩相	灰色、褐灰色细砂岩	块状构造，见次棱角在泥砾、泥岩撕裂屑或“泥包砾”，局部出现平行层理	整体搬运特征，砂质碎屑流，部分稀释转变为牵引流
滑塌构造细砂岩相	灰色细砂岩为主，含粉砂岩、泥质粉砂岩	包卷层理、褶皱变形构造	砂泥混杂，滑塌沉积
鲍马序列粉—细砂岩相	深灰色细砂岩、粉砂岩、泥质粉砂岩	常发育鲍马序列、底模构造	悬浮搬运沉降，浊流沉积
水平层理泥岩相	深灰色、灰黑色泥岩、粉砂质泥岩	水平层理，层面富含云母、植物碎屑，常见介形虫化石	安静水体下悬浮沉积，深水原地沉积
泥质粉砂岩—粉砂质泥岩相	灰黑色粉砂质泥岩—泥质粉砂岩	波状层理、水平层理发育	相对安静或水动力较弱环境中沉积
块状层理泥岩相	深灰色、灰黑色泥岩	块状构造，水平纹层不发育，常沉积在鲍马序列粉砂岩之上，动植物化石碎片少见	以悬浮状态在重力作用下流动方式形成，为浊流沉积产物
水平层理页岩相	灰黑色、黑色页岩	页理发育，有机质含量较高，含暗色斑点黄铁矿	安静深水环境下悬浮沉积，深水原地沉积
凝灰岩相	黄灰色、灰黑色条带状凝灰岩	层状凝灰岩、块状凝灰岩	空携型凝灰岩、水携型凝灰岩
交错层理细砂岩相	灰色细砂岩	具板状、楔状及槽状交错层理	推移搬运

并且对 9 种岩相的岩性、沉积构造、沉积特征等进行了详细分析，总结出各种岩相的沉积特征（表 5-1-6）。

根据现场岩心观察和薄片观察，通过岩石学特征、沉积构造和测井曲线的分析：三叠系长 7 段沉积时期岩性主要为一套灰绿色细粒砂岩沉积。长 7 段西南部岩石类型以岩屑长石砂岩、长石岩屑砂岩为主；其中，石英含量分布于 30.71%～39.74% 之间，长石含量分布于 21.32%～24.40% 之间，岩屑含量分布于 15.71%～16.45% 之间。且西南部发育大量的滑动岩、滑塌岩、砂质碎屑流沉积、泥质碎屑流沉积及浊流沉积等深水重力流沉积类型。

长 7 段东北部岩石类型以长石砂岩和岩屑长石砂岩为主；石英含量为 23.49%～38%，长石含量为 24.33%～37.8%，岩屑含量高达 15.25%～24.68%；在东北部主体发育三角洲前缘水下分流河道与河口坝，进入深湖区后主要以浊流沉积为主。

2. 岩相特征

1）块状层理细砂岩相

主要发育在长 7_1 亚段和长 7_2 亚段的上部，岩性主要是灰、褐灰色的细砂岩，发育块状层理。砂岩内部常见次棱角泥砾、泥岩撕裂屑或“泥包砾”砾石；砂岩顶底部常含大量植物碎屑，呈杂乱分布；上下岩层接触的位置呈岩性突变特征。砂体发育面积较大，厚度一般大于 0.5m，总体反映块体搬运的重力流沉积产物（图 5-1-16）。

块状含油细砂岩
庄230井，1723.95m

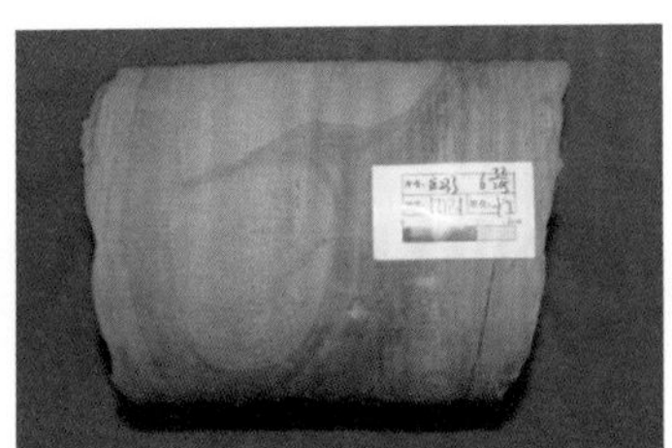

包卷层理
庄233井，1778.1m

沙球构造
里9井，2227.84m

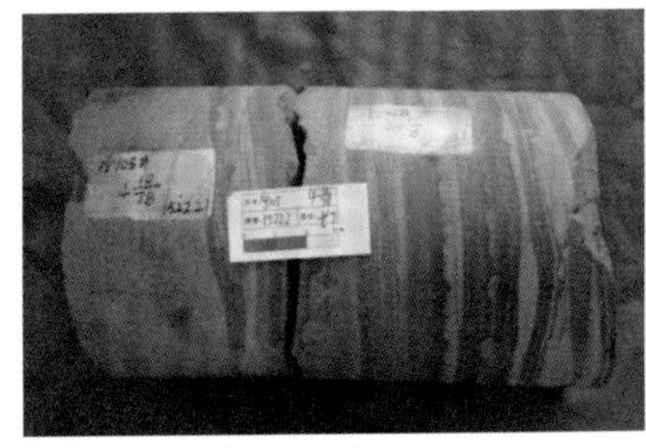

变形沙纹泥火焰
宁105井，1522.2m

沟模
里190井，2252.3m

泥岩撕裂屑
城96井，2043.4m

图 5-1-16　鄂尔多斯盆地长 7 段岩相标志（一）

2）滑塌构造细砂岩相

主要发育在长 7_1 亚段、长 7_2 亚段，岩性类型以灰色细砂岩为主，且含有少数粒度更细的粉砂岩、泥质粉砂岩，整体呈均匀块状。可见包卷层理、液化砂岩脉和形状大小不同的泥砾，底部可以见到滑塌构造形成的滑动面，接触面岩性种类变化较大（图 5-1-16）。

3）鲍马序列粉—细砂岩相

主要发育在长 7_1 亚段、长 7_2 亚段，以深灰色粉砂岩为主，且发育较多薄层的砂泥互层形成的韵律层。在横向上的展布比较稳定稳定，砂体厚度变化不大，每一期浊积岩砂体厚度一般小于 0.6m，可以看到平行层理、沙纹层理等沉积构造；纵向上，可以看到浊积砂体会被深湖相的泥岩隔开，导致形成的鲍马序列发育不完整；在岩层底部可见到沟模、槽模等构造以及火焰状构造（图 5-1-16）。

4）水平层理泥岩相

该岩相在整个长 7 段均有发育，其岩性主要为深灰、灰黑色粉砂质泥岩和泥岩，水平层理发育较好，可以看到少量的云母和植物化石碎屑，泥岩中常见动物遗体化石，如介形虫，部分地区可以看到遗迹化石，如虫孔；可以反映出当时的沉积环境与沉积方式属于水动力较弱的悬浮沉积，属于深水原地沉积的产物（图 5-1-17）。

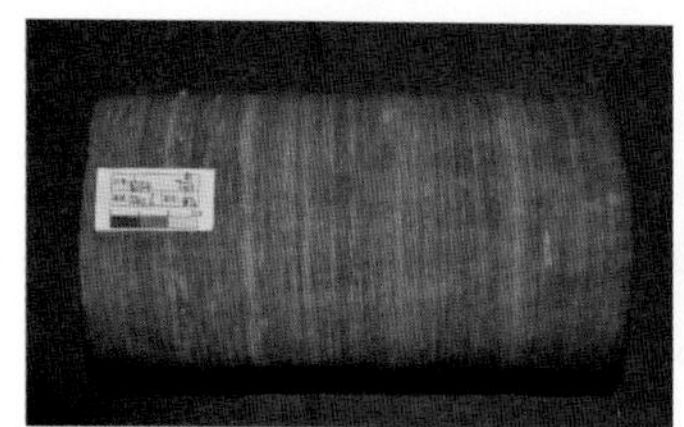
水平层理泥岩
安134井，2142.6m

水平层理泥岩
西62井，1838.3m

粉砂质泥岩
庄255井，1784.6m

泥质粉砂岩
庄255井，1784.6m

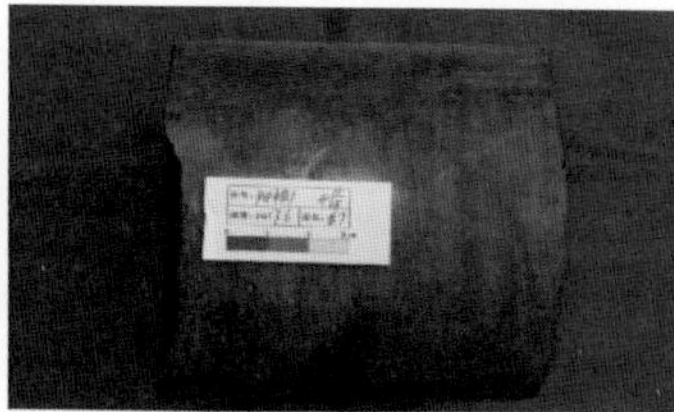
黑色泥岩
阳检1井，2017.6m

黑色泥岩
城96井，1990.6m

图 5-1-17　鄂尔多斯盆地长 7 段岩相标志（二）

5）泥质粉砂岩—粉砂质泥岩相

在研究区长 7 段均有发育，主要为灰色泥质粉砂岩和深灰色粉砂质泥岩。该岩相沉积物颗粒较细，可见到的沙纹层理、平行层理和水平层理，既有重力流成因，也有牵引流成因（图 5-1-17）。

6）块状层理泥岩相

主要发育在长 7_1 亚段和长 7_2 亚段的上部，岩性是深灰、灰黑色泥岩，主要呈块状层理发育，其中没有见到有植物化石碎屑和动物化石，可以表明形成时沉积物在悬浮状态下受到重力作用而发生流动沉积下来，为浊流沉积产物（图 5-1-17）。

7）水平层理页岩相

在整个长 7 段均有发育，但相对来说长 7_1 亚段发育较少，主要是黑色页岩，页理非常发育，横向连续性好，且在页岩中可见到自生矿物黄铁矿，有机质含量极为丰富，可以反映出当时的沉积环境与沉积方式是在水动力较弱的水体中悬浮沉积，属于深水原地沉积产物（图 5–1–17）。

8）凝灰岩相

主要发育在长 7_3 亚段，研究区内可以发现两类沉积类型的凝灰岩相：一种类型是在火山喷发时火山灰在空中飘浮，在空气中被搬运，随着搬运力度变小而沉积下来，这种凝灰岩被称为空携型凝灰岩；另一种类型则是在空气中被搬运后，又受到水动力改造沉积下来形成的凝灰岩，这种凝灰岩也被称为水携型凝灰岩（图 5–1–18）。

水平层理页岩
里285井，2167.85m

褐黄色凝灰岩
城96井，2079.9m

板状交错层理
安83井，2195.2m

板状交错层理
安292井，2204.1m

图 5–1–18 鄂尔多斯盆地长 7 段岩相标志（三）

9）交错层理细砂岩相

主要发育于安 83 井区长 7 段的各小层，岩性主要为灰色细砂岩，楔状交错层理、槽状交错层理及沙纹交错层理较为发育，横向连续性好，为三角洲前缘坡折带附近由相对较强水动力环境下沉积形成（图 5–1–18）。

四、三相空间展布特征

通过有机相、沉积相及岩相空间展布的综合分析研究，建立了长 7 段有机相、沉积相、岩相“三相组合”模式图（图 5–1–19）。

盆地中心藻源页岩相、藻源泥岩相—砂质碎屑流、浊流亚相—块状细砂岩相、鲍马序列粉—细砂岩相的组合为最有利的“三相”组合，盆地东北部藻源泥岩相—三角洲前缘亚相—交错层理细砂岩相的组合为次有利“三相”组合，是鄂尔多斯盆地长 7 段致密油的有利勘探目标区。“三相”组合分布规律及其模式的建立，明确了平面及纵向上有利源储组合的发育区，在有利生烃范围内，进一步聚焦有利的勘探目标。

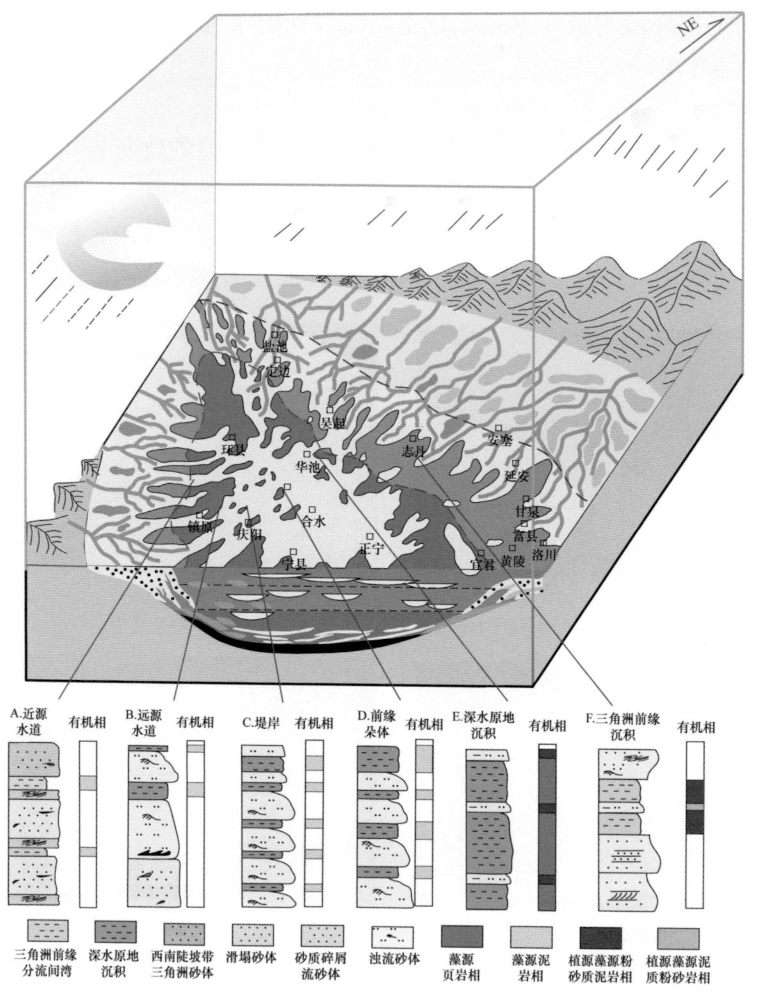

图 5-1-19 长 7 段有机相、沉积相、岩相“三相组合”模式图

第二节 致密油成藏机理及富集规律

鄂尔多斯盆地延长组长 7 段致密油具有分布范围广、含油饱和度高和储量规模大的显著特点（付金华等，2015，2018；杨华等，2017），分析长 7 段致密油形成的地质条件、探讨成藏的机理、明确大规模富集的主控因素，对推进和扩大鄂尔多斯盆地及中国陆相致密油的勘探成效具有重要的意义。

一、长 7 段大致密油区形成的地质条件

1. 大型坳陷、湖盆底形和地质事件有利于细粒沉积岩大面积发育

秦岭广泛发育的碰撞型花岗岩（主要年代为 245—211Ma）（张国伟等，2001）和盆地内部长 7 段页岩层系内极发育的凝灰岩夹层（年代为 241—239Ma）（邓胜徽等，2018）

的形成时限，集中反映延长组沉积时期鄂尔多斯湖盆的形成演化与秦岭造山带的时空耦合响应（刘池洋等，2020），在华北—扬子两大陆印支期全面俯冲碰撞造山的构造动力环境下，华北地块南部在来自秦岭造山带一侧的增强挤压作用下沉降幅度于长 7 段沉积时期急剧增大，形成了大型坳陷湖盆。另外，对长 7 段孢粉组合特征研究发现，孢粉组合为 *Asseretospora–Walchiites*，裸子植物花粉占优势，含量占 56.4%，孢粉组合特征反映长 7 段沉积时期为温暖湿润的气候环境。综合因素控制下，长 7 段沉积时期发生最大湖侵，半深湖—深湖相带面积达 $6.5\times10^4km^2$。通过 U/Th 等微量元素特征值及氧化还原环境与古水深的关系分析，长 7 段沉积时期湖区水深达 60～120m。由此可见，长 7 段沉积时期湖大、水深的沉积环境有利于广覆式分布的优质烃源岩形成。

在盆地范围内选取长 7 段底至长 3 段顶地层保存齐全的 191 口钻井资料，剔除地层剥蚀厚度的影响，采用印模法恢复长 7 段沉积期湖盆底形特征。结果显示长 7 段沉积时期湖盆差异沉降明显，为一个北西—南东向展布的大型坳陷，东北部底形宽缓（地形坡度 2.0°～2.5°），西南部底形相对陡窄（地形坡度 3.5°～5.5°）。对长 7 段页岩层系内火山灰、震积岩、滑塌岩、浊积岩、砂质碎屑流和热液沉积等构造事件沉积的识别，结合前人对秦岭造山带广泛分布的印支期岩浆活动期次分析，说明长 7 段沉积时期处于多期次、多类型地质事件的强烈构造活动背景（付金华等，2015）。因而，盆地北部以及东部受坡度小、物源区远等地质条件控制，形成了大面积的三角洲沉积体系砂体；而盆地西部、西南部由于坡度陡、近物源，以及火山事件、地震事件的触发影响，控制湖盆中部发育形成大规模重力流沉积体系砂体。

2. 广覆式分布的优质烃源岩为致密油提供充足油源

湖盆鼎盛期广覆式烃源岩体是大规模致密油形成的基础。致密油与烃源岩互层共生或紧邻烃源岩发育的特征说明，烃源岩对致密油的重要性较常规油藏更为突出（付金华等，2015）。长 7 段优质烃源岩广覆式分布是形成大规模致密油的基础。长 7 段烃源岩母质类型以腐泥—混合型为主，已达生油高峰阶段，具有高产烃率和高排烃效率（张文正等，2006）。

根据岩石微观组成、有机地球化学指标及测井参数，长 7 段烃源岩可分为黑色页岩优质生油岩和暗色泥岩生油岩两种，其中黑色页岩是最主要的生油岩，主导了油源供应和油气分布。长 7 段黑色页岩总有机碳（TOC）平均含量高达 18.5%，可溶烃含量（S_1）平均为 5.24mg/g，热解烃含量（S_2）平均为 58.63mg/g，各项参数均为暗色泥岩的 5 倍以上。黑色页岩叠合面积高达 $3.25\times10^4km^2$，平均生烃强度 $235.4\times10^4t/km^2$，生烃量 1012.2×10^8t，生烃强度高值区位于姬塬—华池—正宁一带，分布面积较广，与暗色泥岩共同为鄂尔多斯盆地大油区的形成提供了充沛油源。

3. 大规模沉积砂体为致密油提供储集条件

深湖区大型重力流复合砂体是致密油近源聚集重要的储集体。长 7 段沉积时期湖盆中部的深湖区发育大型重力流复合沉积砂体，在空间展布上具有横向上连片、纵向上叠加厚度大的特点，为致密油大油区的形成提供了重要的储集体。在西南物源控制下的盆地中部，大面积分布的长 7 段砂质碎屑流沉积形成致密油的储集体，并与烃源岩紧密接触形成最为有利的致密油聚集条件，这是湖盆中部成为致密油分布核心区的根本原因。缓坡砂体厚度 15～30m，深水坡折线处砂体厚度 5～10m，坡折线以下坡脚附近砂体厚度 20～35m，到湖盆中部华池—合水地区厚度可达 50m。

4. 盆地稳定的沉积及构造演化为致密油提供良好保存条件

盆地稳定的沉积及构造演化条件导致致密油源储共生、近源运聚。由于鄂尔多斯盆地沉积及构造演化的稳定性，源储一体的烃源岩及规模砂体均处于伊陕斜坡稳定构造单元之内，没有大型区域性不整合面及垂向上大的断层切割。沉积及构造的稳定性确保了致密油运移以垂向和近距离侧向运移为主，在源储一体的封闭成藏体系内，致密油的分布与烃源岩的展布具有密切关系，致密油分布具有“源控性”典型特征。由于沉积、构造演化过程的稳定性，长 7 段致密油未遭受地层剥蚀及断层切割的影响，良好的保存条件保障了致密油没有被破坏散失，有利于致密油形成源储共生、近源运聚。

二、成藏机理

1. 原油成因类型与来源

对长 7 段致密油原油物性、族组成、色谱—质谱、生物标志化合物的综合研究发现，长 7 段致密油原油的差异性主要体现在重排藿烷的相对含量上，同时，不同小层原油样品之间新藿烷、三环萜烷、重排甾烷与孕甾烷的相对含量也有差异。因此，重排藿烷的相对含量为长 7 致密油原油成因类型最为有效的地球化学指标。根据重排藿烷类化合物的相对丰度差异结合三环萜烷、孕甾烷与重排甾烷化合物含量将盆地长 7 段致密油原油成因类型划分为 A、B、C 三类（表 5-2-1）。

表 5-2-1　不同类型原油地球化学特征与有效烃源岩表

原油类型	A	B	C
母质来源	还原	居中	弱还原
C_{30} 重排藿烷	最低	较低	较高
C_{29}Ts 藿烷	最低	较低	较高
C_{30} 重排藿烷 /C_{29} 藿烷	＜0.5	0.5～1.0	＞1.0
C_{30} 重排藿烷 /C_{30} 藿烷	＜0.4	0.2～0.4	＞0.5
Ts/C_{30} 藿烷	＜0.6	0.3～0.6	＞0.6
烃源岩	黑色页岩	暗色泥岩或混源	暗色泥岩

油源对比结果表明 A 类原油来源于长 7 段黑色页岩，具 C_{30} 重排藿烷丰度低的特征，C_{29}Ts 与 C_{30} 重排藿烷含量明显低于 C_{29} 藿烷，C_{29} 藿烷≫C_{29}Ts＞C_{30} 重排藿烷。C 类原油来源于暗色泥岩，呈 C_{29}Ts 与 C_{30} 重排藿烷含量高，C_{29} 藿烷、C_{29}Ts 与 C_{30} 重排藿烷呈不对称“V”形分布。B 类原油的 C_{29}Ts 与 C_{30} 重排藿烷含量高，C_{29} 藿烷、C_{29}Ts 与 C_{30} 重排

藿烷呈“L”形分布，与暗色泥岩的相关性强；另外，一些生标物特征介于A类与C类之间，因此，B类油可直接来自长7段暗色泥岩，也可能为黑色页岩和暗色泥岩的混合成因所致。

2. 长7段优质烃源岩生烃增压特征

烃源岩在生烃演化过程之中，固体干酪根转化为气态和液态烃类的过程会产生体积上的数倍膨胀，膨胀会在烃源岩有限的孔隙之中产生异常高压。长7段烃源岩有超高的机质丰度、倾油的干酪根类型以及生油窗演化阶段会使固态干酪根向烃类产物的转化这一过程可能更为强烈，从而产生更强的压力，是油气向致密储层运移和充注的主要动力。为了再现长7段优质烃源岩的生烃增压特征，选取了长7段黑色页岩开展了热压生烃模拟实验，基于烃类与固体干酪根的密度差异、体积变化和热模拟生烃量进行生烃增压计算。

为模拟地下生烃环境，采用生烃封闭实验装置进行加水热模拟实验。实验用的高压釜装置的釜体容积为150mL，可承受最大压力为40MPa，可加热最高温度为500℃，采用程序控制升温。实验用的黑色页岩样品TOC为8.3%，T_{max}为448℃。本次模拟了7种不同温度下（270℃、290℃、300℃、320℃、340℃、360℃、370℃）的生烃特征。

实验结果发现，随着实验温度的升高，样品生成气体的总体积不断增加（表5-2-2）。其中，烃类气体（C_1，C_{2+}）的体积不断增加，二氧化碳与氢气的体积不断减少，氮气的体积大体保持不变。液态烃的产量呈现出先上升后下降的趋势（表5-2-3）。另外，通过对不同加热温度下的黑色页岩样品开展氩离子抛光后，采用场发射扫描电镜观察发现，随加热温度上升，有机质孔隙越来越发育。270℃时，有机质孔隙不明显；290℃时，微小孔隙则开始零星发育；300℃时，开始偶尔出现大孔隙，并伴随小孔隙出现；320℃时，单个孔隙开始广泛发育；340℃时，单个孔隙逐渐变大，数量增多，孔隙呈“串珠”状，局部有机质孔隙相互串联，形成更大的孔隙；360℃时，孔隙数量持续增多，孔隙变大，孔隙串联合并成为大孔隙的现象更为明显；370℃时，绝大多数孔隙串联合并成为一个或者两个大孔隙，孔隙数量整体减少，但是有机质孔隙占有的面积比率整体上升（图5-2-1）。

表5-2-2 高压釜加热泥岩所得烃类随温度变化表

实验温度/℃	样品质量/g	产气量/mL	热解气各组分体积含量/%					气态烃产率/m^3/t	液态烃产率/kg/t
			C_1	C_{2+}	CO_2	N_2	H_2		
270	30.004	172	12.33	15.03	47.67	1.22	23.75	68.98	114.11
290	30.003	382	19.94	23.16	37.77	2.73	16.4	85.03	194.99
300	29.967	516	25.42	26.5	34.08	1.02	12.98	207.21	236.05
320	30.003	618	32.22	33.39	21.45	1.47	11.47	247.87	235.65
340	30.004	683	34.39	35.8	17.81	1.31	10.69	273.93	214.15
360	30.002	764	36.64	36.78	14.8	1.94	9.84	306.44	160.88
370	30.012	787	37.35	36.92	13.85	2.38	9.5	315.56	133.25

表 5-2-3 高压釜加热泥岩所得液态烃产量和组成

实验温度 /℃	样品质量 /g	液态烃产率 /kg/t	族组分 /%			
			沥青质	饱和烃	芳香烃	非烃
270	27.44	114.11	67.21	15.94	14.99	1.86
290	29	194.99	63.38	17.49	17.58	1.55
300	28.56	236.05	52.12	28.62	15.66	3.59
320	27.94	235.63	37.63	41.86	14.11	6.4
340	29.42	214.15	37.38	45.79	11.39	5.45
360	28.59	160.88	28.57	54.29	13.14	4
370	26.52	133.25	25.24	56.5	10.78	7.48

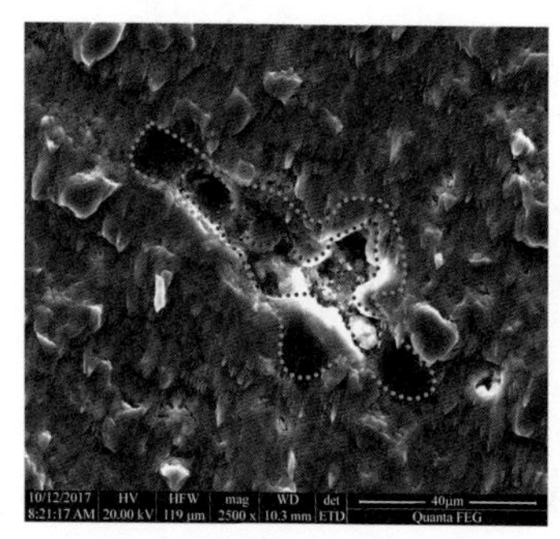
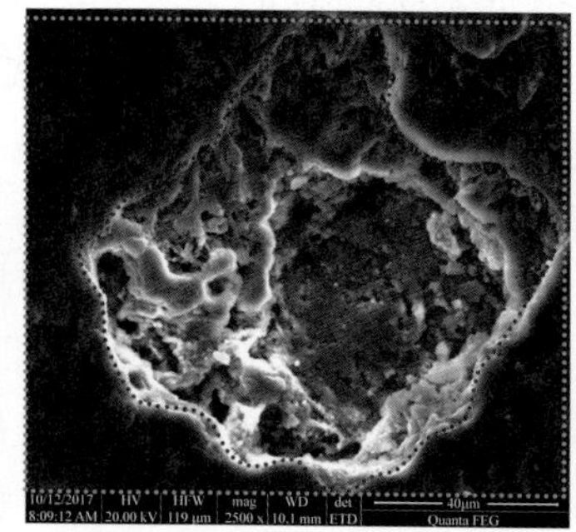
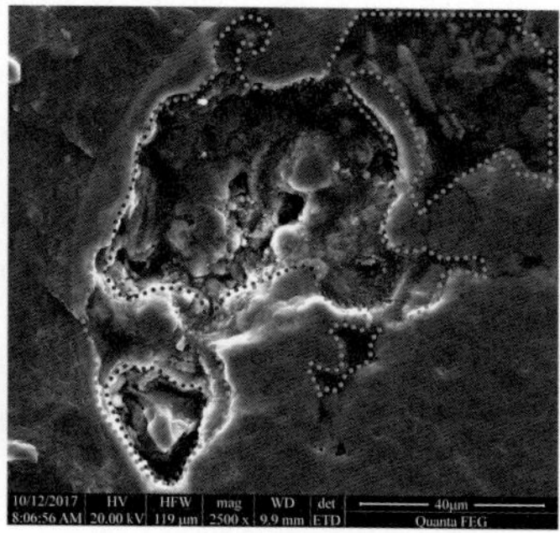

图 5-2-1 生烃热模拟实验

黑色页岩在加热 370℃后样品孔隙由小孔演化成大孔，蓝色虚线内为有机质，红色虚线内为有机质孔隙

由高压釜生烃热模拟实验以及有机质孔的热演化特征分析表明，长 7 段烃源岩因有机质丰度高、类型好、生烃量大，在有机质向烃类的转变过程中容易引起流体的体积增加，在生烃过程中可以产生巨大的压力。基于干酪根转化后总体积不变的原理，采用郭小文等（2011）建立的生烃增压方程，计算长 7 段烃源岩生烃增压值。长 7 段烃源岩以Ⅰ型和$Ⅱ_1$型为主，其生烃转化率较高（张文正等，2006），本次选取盆地范围内典型井以烃源岩达到最大转化率时计算生烃增压值，现烃源岩可产生 0.13～46.07MPa 的超压，平均值 16.07MPa。

3. 致密油成藏模拟实验

根据原油类型、来源、储层特征与源储组合关系分析，长 7 段致密油属于典型的自生自储式油气聚集模式。其成藏的关键是油气能否注入致密储层。为了揭示致密油的成藏过程及机理，开展了充注过程与充注动力模拟实验。

1）致密储层油气充注过程物理模拟实验

实验应用中国石油大学（北京）油气资源与探测国家重点实验室的石油运移和聚集

物理模拟实验装置（图 5-2-2），装置主要由充油泵和物理模型两部分构成。实验物理模型根据长 7 段源储组合特征（杨华等，2017）制作，最底部由粒径为 0.6～0.7mm 的沙充填，充注油后模拟烃源岩；中、上部用粒径为 0.05～0.1mm 的沙充填，模拟致密储层；底部与中部、中部与上部用泥岩带隔开，模拟隔层。实验用的油密度为 0.77g/mL。实验分为有裂缝输导、存在两套烃源岩和侧向运移不同地质条件下的 3 组模拟。

图 5-2-2　长 7 段致密油油气充注过程物理模拟实验装置

存在裂缝条件下，在充注开始 2 小时后，底部开始有油显示，代表烃源岩的生烃作用是一个逐渐的过程，随着烃源岩逐渐成熟，有机质开始向油气转化，但由于刚开始的时候生烃量较少，还难以排出，只能在烃源岩中滞留；4 小时后，油开始沿着大的裂缝向储层中运移，该过程代表随着烃源岩的演化，生烃产生的压力突破泥岩的破裂极限产生微裂缝，或由于构造作用产生的天然裂缝，油气沿着裂缝由烃源岩向储层中运移；10 小时后随着油的充注，油开始向细沙中运移，代表随着烃源岩生烃量的逐渐增加，油气开始沿着裂缝向储层中扩散运移；随着充注持续进行，油通过裂缝运移至储层，24 小时后，细沙几乎被油充满；停止充注，静置 12 小时，发现油通过浮力和扩散作用持续运移，砂体充满度更高（图 5-2-3）。模拟底部和上部分别发育黑色页岩、暗色泥岩两套烃源岩条件下，实验首先对上部模拟暗色泥岩的充填砂层注油，6 小时后停止注油，静止 2 小时，发现油会向周围砂体中扩散；8 小时后开始在底部注油，模拟黑色页岩生烃过程，由于存在一条沟通烃源岩和上部储层的裂缝，油会沿着该条裂缝运移形成一条优势运移通道，而影响油向其他储层的运移，最后导致石油充注发生不均质的现象（图 5-2-4）。侧向运移模拟结果表现为，随着充注时间的增加，油逐渐充满整个模型（图 5-2-5）。

上述 3 组物理模拟实验表明，在致密储层中，裂缝是油气纵向运移的优势通道；优势运移通道会影响油气充注，在动力不起作用的致密储层中，附近烃源岩生成油气产生扩散排烃作用，形成分布不均一的油气聚集形态；侧向运移模式中，油气会在浮力作用下顺着优势运移通道先向上运移，然后在源储压差作用下油气发生侧向运移。

2）致密储层岩心充注模拟实验

长 7 段致密储层新鲜岩心及荧光薄片含油性分析表明，湖盆中部的长 7 段致密储层含油性好，且不同孔径的储层中均有油气赋存（牛小兵等，2013）。如此致密的储层能形成高含油饱和度（付金华等，2015），其油气充注的动力来源是否主要是流体压力？本实

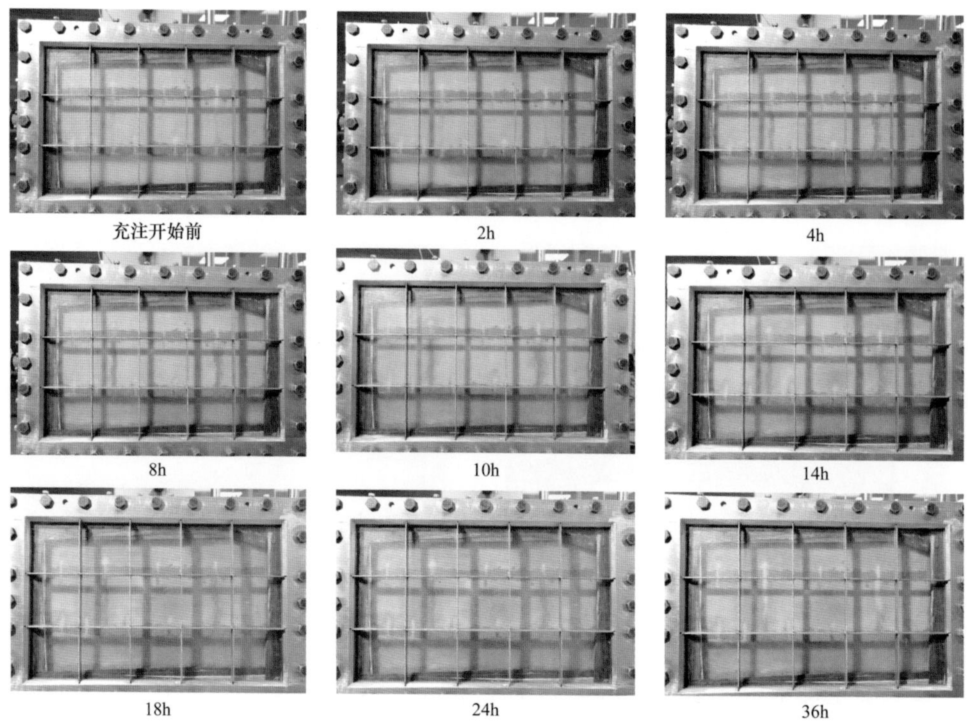

图 5-2-3 裂缝输导下长 7 段致密储层油气充注过程模拟结果

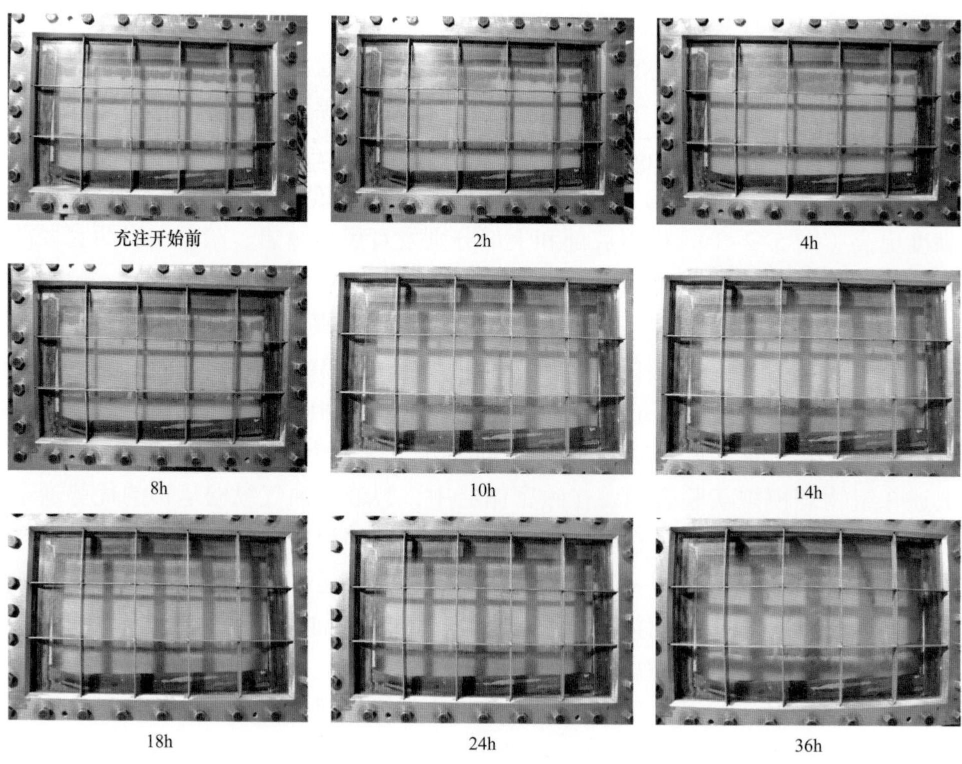

图 5-2-4 存在两套烃源岩下长 7 段致密储层油气充注过程模拟结果

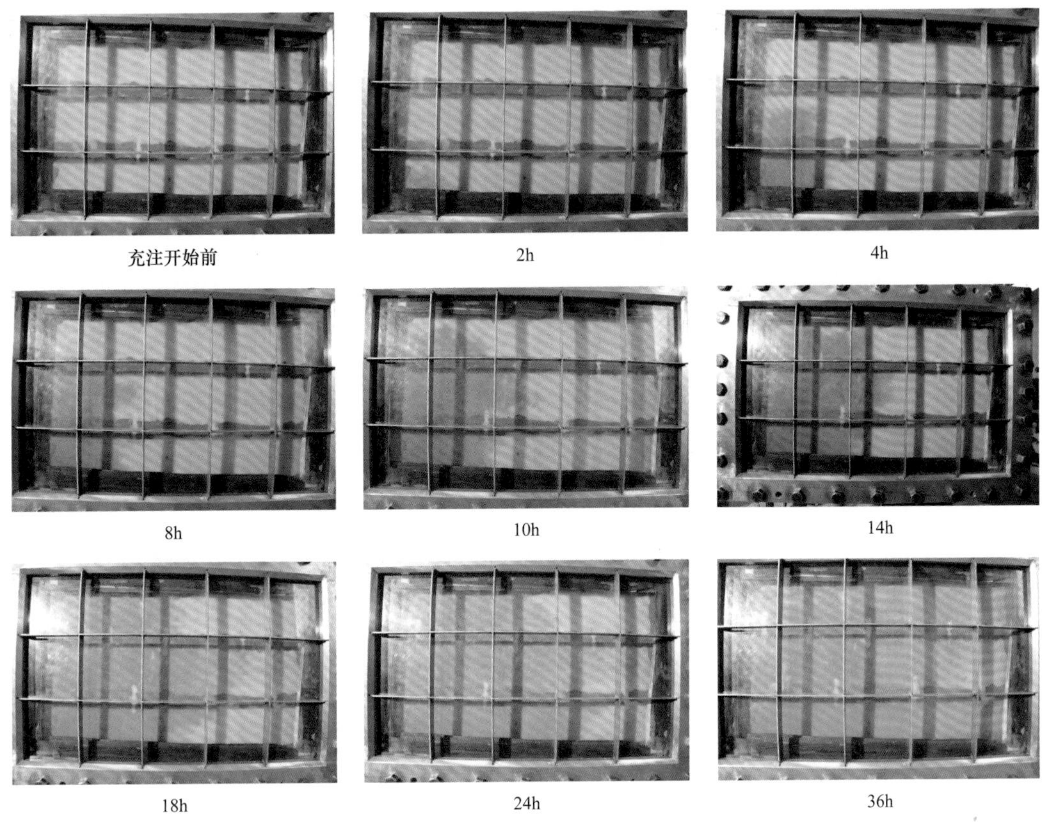

图 5-2-5　侧向运移条件下长 7 段致密储层油气充注过程模拟结果

验采用不同物性的岩心模拟不同压力条件下的石油充注特征，探讨致密储层成藏动力作用特征。

实验装置如图 5-2-6 所示，为了模拟实际地层压力状态，给岩心施加横向的轴压（相当于地层的侧向压力）和垂向的围压（相当于地层的垂向上覆负荷），样品在夹持器中的受力情况如图 5-2-7 所示。同一岩心，在不同的轴压和围压下，流体的注入压力不同。实验采用的岩样圆柱塞直径 2.5cm，长度为 4～6cm，样品相关参数见表 5-2-4。通过向圆柱塞样内部注入石油来模拟地层中石油的充注过程。实验充注时间设置为 60 小时。

实验结果发现，2 号样品根据充注压力变化曲线可以将整个充注过程分为 3 个阶段，第一阶段为压力调试阶段，此阶段无油气的充注；第二阶段为油气充注阶段，此阶段随压力的逐渐升高，含油饱和度快速增加；第三阶段为充注完成阶段，此阶段压力有轻微下降是因为出口端压力降低所致，含油饱和度随时间变化趋于平稳（图 5-2-8）。1 号和 3 号样品由于岩样物性太差，在持续的加压过程中油气仍未进入，含油饱和度一直为 0。实验结果说明源储压差是中性亲油储层的成藏动力，而对于较致密的储层，在源储压差作用下油气很难进入，这揭示除了流体压力作为油气运移的动力以外，油气运聚可能存在其他方式。

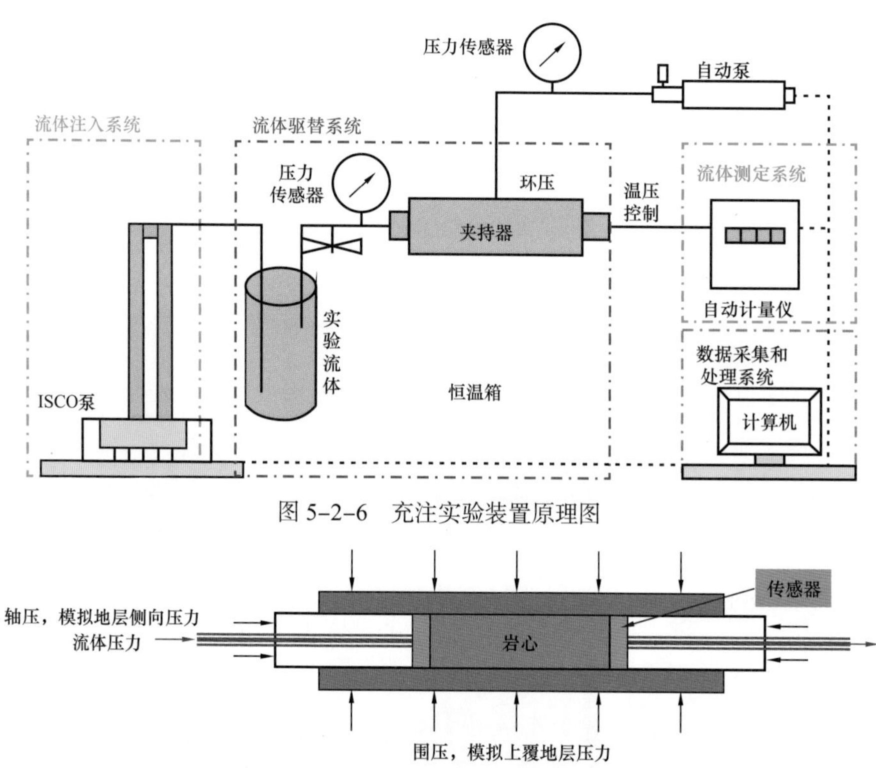

图 5-2-6 充注实验装置原理图

图 5-2-7 石油充注模拟实验中岩心在夹持器内受力示意图

表 5-2-4 石油充注模拟实验样品清单

样品号	井号	深度 /m	层位	孔隙度 /%	渗透率 /mD	原始含油饱和度 /%	润湿性
1	里 235	2210.00	长 7_1 亚段	4.29	0.017	55	中性偏亲水
2	西 233	1950.92	长 7_2 亚段	12.96	0.408	77	亲油
3	庄 255	1793.18	长 7_2 亚段	5.24	0.023	45	中性

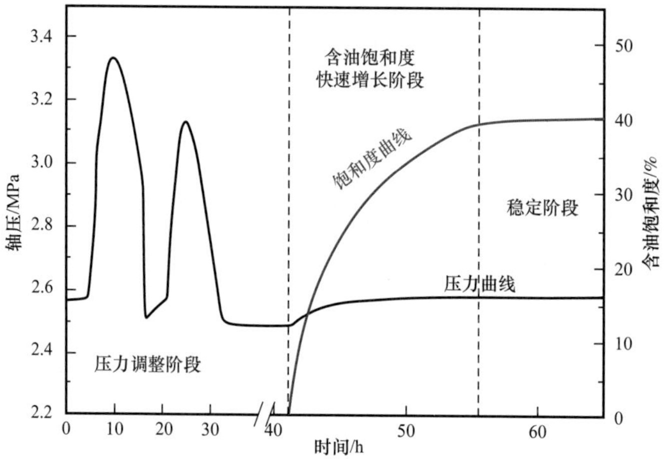

图 5-2-8 2 号样品充注压力及含油饱和度随时间的变化关系曲线

4. 不同润湿性致密储层石油聚集机理

岩石的润湿性决定了原油进入储层的难易程度，从而影响流体在储层空间的分布状态，同时也影响储层含油饱和度的大小（公言杰等，2015）。盆地长 7 段储层润湿性分析表明，储层多为中性—弱亲水，部分储层呈亲油润湿性特征（付金华等，2015），可见，长 7 段致密油具有复杂的分子作用力。

1）亲油性致密储层石油聚集机理

储层中的长石，特别是绿泥石矿物一般具亲油性。盆地长 7 段致密砂岩岩石类型以岩屑长石砂岩为主，其次为长石岩屑砂岩和长石砂岩；填隙物组成中普遍含有绿泥石薄膜胶结物。另外，含有绿泥石碎屑组分，但是其含量在不同物源沉积区或不同沉积类型中差异较大（付金华，2018）。一些绿泥石矿物含量相对较高的储层呈亲油润湿性。对于亲油性储层，则油与孔隙壁之间的分子引力就会大于水分子与孔隙壁之间的引力，从而油会力图占据孔隙空间驱替走地层水（图 5-2-9）。这种驱替机理对于致密储层来说，可能是重要的原油运移、注入机理。在致密储层中，水动力弱，毛细管阻力高，原油的浮力难以克服毛细管阻力，但由于油分子与孔隙壁之间的分子引力大于水分子与孔隙壁之间的分子引力，因而油在生烃增压作用力下初次运移到储层后，油气二次运移时油分子就会沿着孔隙壁缓慢的亲润岩石颗粒表面，而水分子逐渐缓慢脱离矿物颗粒表面。通过二次运聚过程，储层的孔隙壁或矿物颗粒表面由原来束缚状态的水膜变为油膜，一旦孔隙壁出现油膜，油膜的油分子就会对凹面部位的油分子形成引力，致使油滴持续运移。虽然这种运移过程时间很慢，但由于地质时间的累积效应，最终致密储层的孔隙中含油饱满。

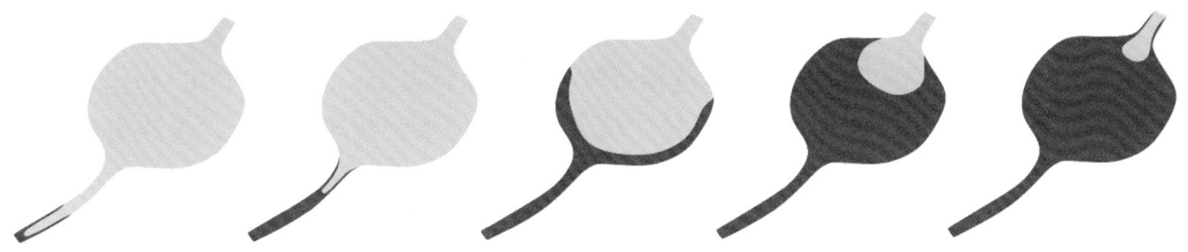

图 5-2-9　亲油润湿性储层油驱水运移机理示意图

2）亲水性致密储层石油聚集机理

湖盆中部重力流沉积是盆地长 7 段致密油主力区，受沉积物源及沉积类型影响，该类致密油砂岩储层中岩石组分以石英为主，填隙物以水云母杂基为主。储层的这种岩石矿物组成特征决定了长 7 致密储层多呈中性—弱亲水的润湿性特征。可见，对于长 7 段重力流沉积类型储集体，储层中水分子与孔隙壁之间的分子引力大于油与孔隙壁之间的分子引力，因此，以分子作用力的方式油难以驱替走地层水。长 7 致密储层中，水动力弱，浮力难以克服毛细管阻力。且对于亲水储层，油滴与岩石颗粒表面之间存在一层束缚状态的水膜（图 5-2-10），油滴在运移过程中要克服毛细管力、水的界面张力和与水膜之间的吸附力。因而，对于亲水性储层，生烃增压形成的高源储压差是重要的油气运移动力和运移方式。

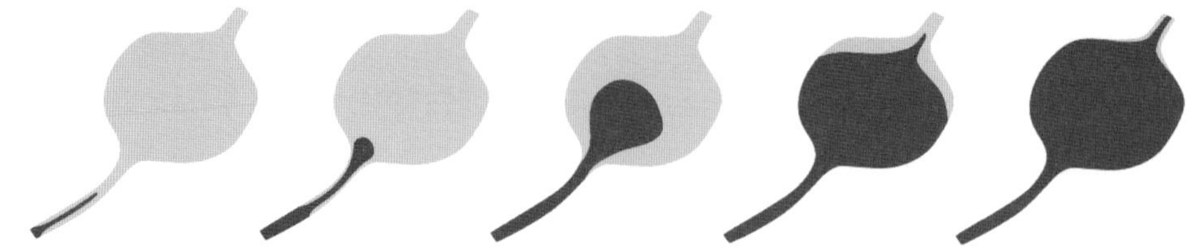

图 5-2-10 亲水润湿性储层油驱水运移机理示意图

3）长 7 段致密油成藏模式

鄂尔多斯盆地长 7 段致密油具有垂向运移明显、侧向运移弱的特点，油藏分布明显受生烃中心控制。试油产量与有效烃源岩叠合图分析结果表明，试油产量较高的井主要分布在黑色页岩厚度较大的地区，即黑色页岩厚度大的地区石油富集程度高且分布面积广。暗色泥岩对长 7 段致密油的富集也具有贡献，但由于有机质丰度和生排烃能力较黑色页岩低，因此其对致密油的富集的控制作用相对较弱。

长 7 段重力流沉积区与三角洲沉积区在黑色页岩与暗色泥岩有效烃源岩发育程度、储盖组合类型、油气运移特征等方面具有较大的差异，因此，长 7 段致密油成藏模式可划分为重力流沉积区的强充注成藏和三角洲沉积区的弱充注成藏两种模式。前一种成藏模式中，油气主要来自黑色页岩，其次为暗色页岩。暗色页岩生成的油气主要运移到邻近的砂层中聚集，主要为近距离运移；黑色页岩生成的油气可以聚集在邻近及其上部的不同砂层中，即可近距离运移，也可长距离运移（图 5-2-11），形成了含油面积大、连片性好、含油饱和度高的致密油。后一种成藏模式中，油气主要来自暗色页岩，其次为侧向上分布的黑色页岩。暗色页岩生成的油气主要运移到邻近的砂层中聚集，主要为近距离运移；黑色页岩生成的油气主要经过相对较长距离运移聚集（图 5-2-12）。相比重力流沉积区，三角洲沉积区油源不充沛，充注动力弱，致使致密油连片性差，含油饱和度相对低。

三、长 7 段致密油大规模富集主控因素

1. 有效源储配置和强充注是致密油形成的关键因素

长 7 段致密油储层孔喉细小，油气非浮力运聚，而是以烃源岩生烃增压产生的排烃压力为聚集主动力。因此，只有源储共生或紧邻，生烃产生较大生烃增压，才能形成有效运移动力，所以有效的源储配置和持续充注是致密油富集的核心因素。根据烃源岩与致密砂岩储层的组合关系，长 7 段致密油主力区主要以Ⅰ型（简称多生厚层夹储型）、Ⅱ型（简称底生多层串联型）、Ⅲ型（简称底生夹薄层型）3 种类型为主（杨华等，2017）。通常Ⅰ、Ⅱ型组合烃源岩厚度较大且与较厚的储层近距离紧密接触，是最有利的源储配置，为强充注型成藏模式，主要分布于盆地中部的庆城—合水一带地区，致密油面积大、连片性好、含油饱和度高，是目前致密油最有利勘探重点区域。

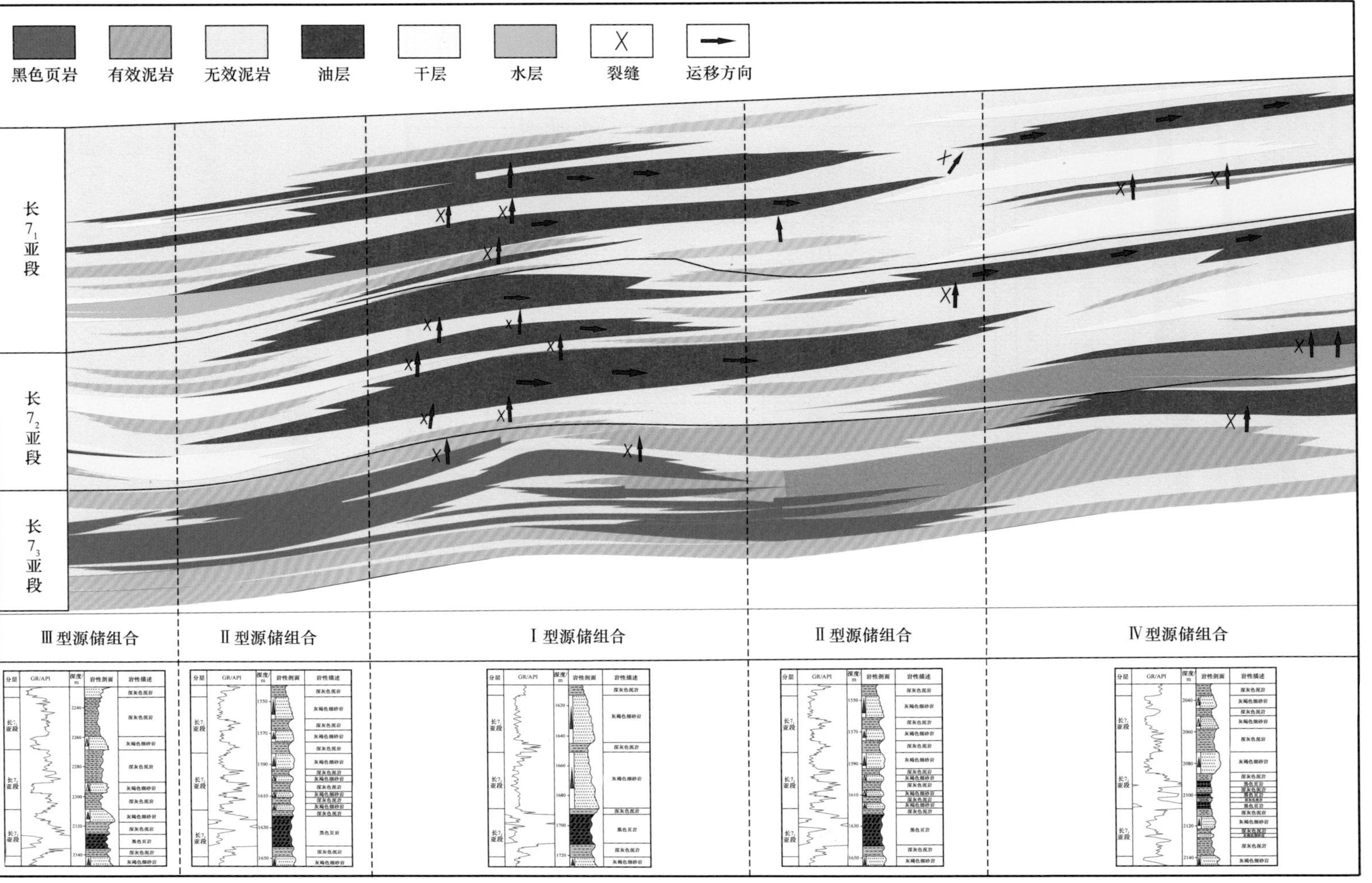

图 5-2-11　鄂尔多斯盆地长 7 段重力流沉积区强充注致密油成藏模式

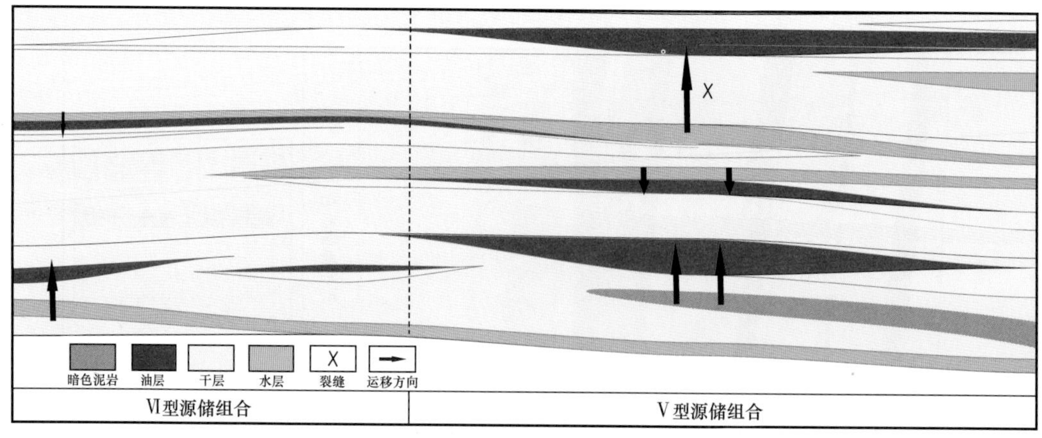

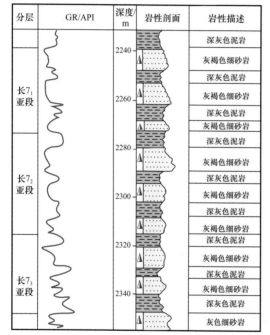

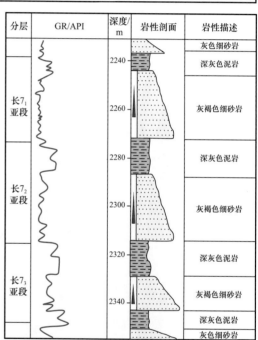

图 5-2-12 鄂尔多斯盆地长 7 段重力流沉积区强充注致密油成藏模式

2. 储层密集发育的微小孔隙是致密油富集的前提

密集发育的微小孔隙是致密油富集的主要空间类型。由于致密储层大孔隙不发育，因此小孔隙的发育程度是致密油富集的关键（付金华等，2015）。利用微米 CT 扫描并结合数字岩心算法对长 7 段致密砂岩样品进行定量表征，发现 2～8μm 的小孔隙是鄂尔多斯盆地致密储层的主要储集空间，其平均体积占样品总孔隙体积的 66%。将长 8 段低渗透储层和长 7 段致密砂岩储层相同体积（$2.11mm^3$）的样品进行不同尺度孔隙对储集空间贡献率对比，研究发现致密储层主要储集空间由直径 2～8m 的小孔隙构成，而低渗透储层主要储集空间由直径大于 8m 的孔隙构成；致密储层的孔隙数量是低渗透储层的 3～5 倍。虽然长 7 段致密储层渗透率极低，但由于数量众多、数倍于低渗透储层的小孔隙普遍发育，使其孔隙度值（分布范围 7.5%～12.0%）与低渗透储层（分布范围 8.0%～14.0%）相近，具有与低渗透储层相当的储集空间，构成了致密油大规模富集的主要空间类型。

3. 发育的裂缝为致密油运聚富集提供了有利通道

致密储层中剪切裂缝的密集发育是致密油有利的运聚条件。长 7 段致密储层中天然构造缝及微裂缝均较为发育，有利于提高储层的渗流能力，为致密油聚集形成了有利运移通道，同时增加储集空间，形成致密油富集的甜点区。长 7 段致密砂岩中石英、长石等脆性矿物含量高达 65%，有利于裂缝的形成（付金华等，2015）。通过盆地周缘露头并结合 107 口井的岩心及镜下观察发现，长 7 段构造裂缝以高角度剪切裂缝为主，裂缝产状稳定，可见剪切裂缝派生的次级张裂缝，走向以北东东和北西西为主；微裂缝主要为张裂缝或张剪复合型裂缝，可与宏观剪切裂缝及基质孔喉系统连通。裂缝发育同时受到岩性的控制，构造裂缝平均面密度具有粉砂岩大于细砂岩、细砂岩大于中砂岩的变化规律，在岩性相近的条件下砂岩厚度越薄裂缝越发育（赵文韬等，2015）。

采用破裂值及应变能“二元”法（丁中一等，1998）对盆地致密砂岩构造裂缝进行定量预测，结果显示长 7 段致密储层裂缝发育程度为较低—中等级别（牛小兵等，2014），在平面上显示盆地东南部裂缝相对较发育。在致密油最为富集的湖盆中部，长 7_1 亚段、长 7_2 亚段规模砂体中构造裂缝普遍发育，长 7_2 亚段裂缝更为发育（图 5-2-13）。

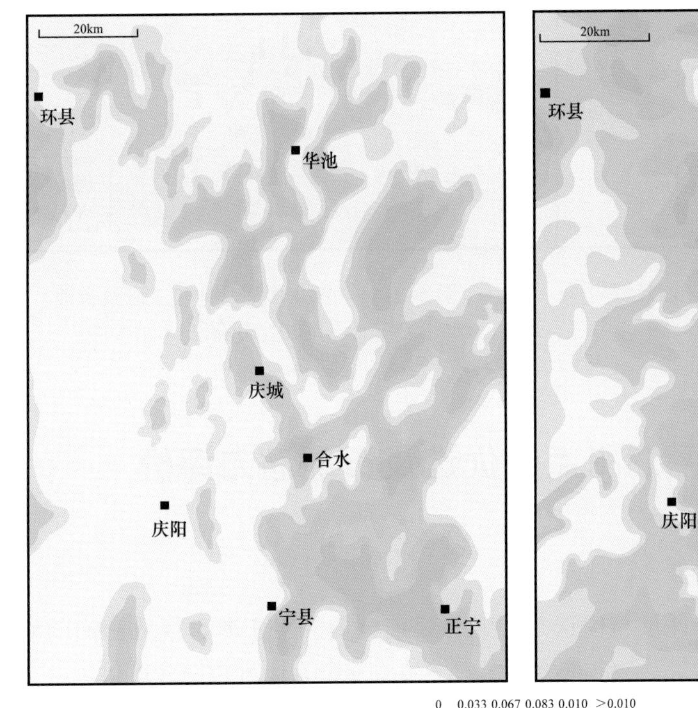

(a) 长7_1亚段

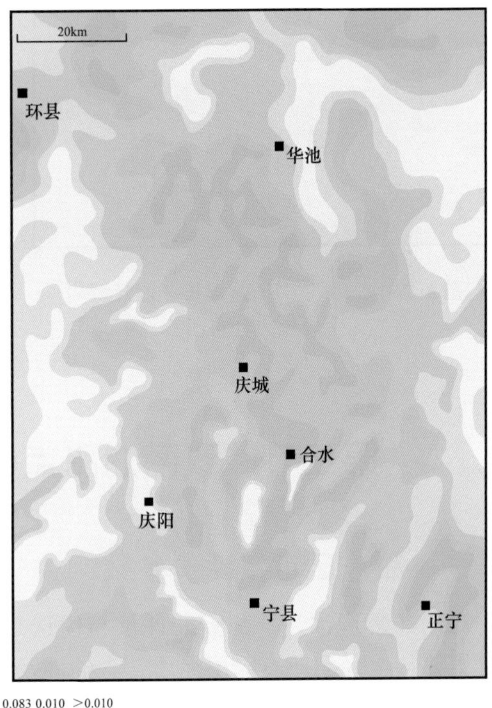

(b) 长7_2亚段

图 5-2-13　湖盆中部长 7 段致密储层裂缝密度分布图

4. 高生烃压力与高气油比控制形成了致密油“甜点”富集区

盆地长7段烃源岩生烃压力力平面分布图显示（图5-2-14），湖盆中部致密油主力区生烃压力大于24MPa，生烃压力高，为致密油强充注提供了充足的动力，其分布范围与长7段致密油含油饱和度分布区一致。另外，长7段致密油原油中溶解气含量较高，气油比达65～123m^3/t。中、高值区分布面积大（图5-2-15），主要分布于华池—庆城—合水地区，与生烃压力高值区叠合，为致密油甜点区，是目前盆地长7段致密油主要开发目标区。

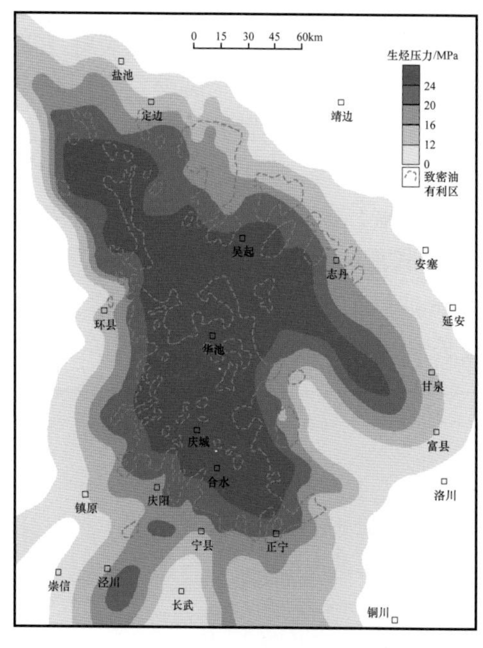

图5-2-14 鄂尔多斯盆地长7段烃源岩生烃压力分布图

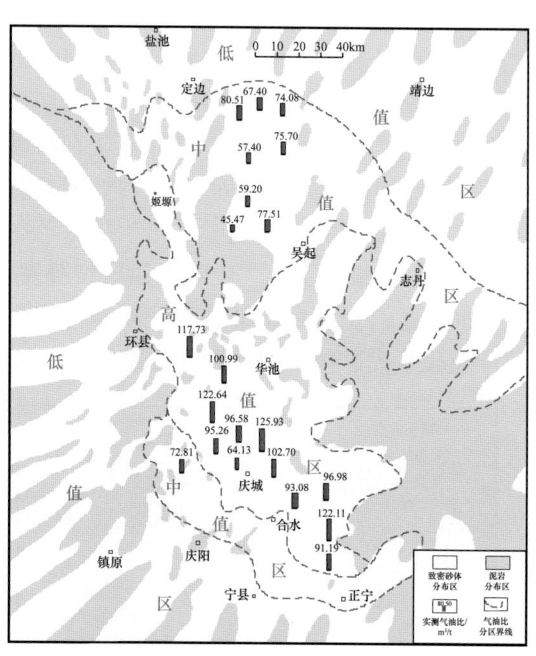

图5-2-15 鄂尔多斯盆地长7段致密油气油比分布图

第三节 致密油甜点区优选及资源潜力评价

一、甜点区定量评价参数

对于非常规油气，甜点的评价与优选是关键。目前国内外对于非常规致密油的甜点评价主要从生烃品质、储层品质、含油性及工程力学品质4个方面进行综合评价。

1. 生烃品质

长7段为盆地中生界石油主力烃源岩发育层系，烃源岩具有分布面积广、厚度大、品质优的特点。烃源岩分为黑色页岩和暗色泥岩两类。黑色页岩有机质类型主要为II_1型和Ⅰ型，暗色泥岩有机质类型主要为$Ⅱ_1$型和$Ⅱ_2$型；黑色页岩TOC平均13.81%，暗色泥岩TOC平均3.75%，两类烃源岩均为优质烃源岩。黑色页岩面积达$4.3 \times 10^4 km^2$，平均厚度达16m，最厚可达60m；暗色泥岩面积达$6.2 \times 10^4 km^2$，平均厚度达17m，最厚可达124m。广覆式烃源岩为长7段源内规模成藏提供了良好的生烃物质基础。

鄂尔多斯盆地长7段烃源岩发育区的绝大部分地区均已达到了成熟—高成熟早期，R_o分布于0.9%～1.2%，处于生油高峰的成熟阶段。基于生烃模拟实验，对黑色页岩和暗色泥岩的生烃强度进行评价，结果表明：黑色页岩平均生烃强度$235.4 \times 10^4 t/km^2$、生烃量$1012.2 \times 10^8 t$，暗色泥岩平均生烃强度$34.8 \times 10^4 t/km^2$、生烃量$216.4 \times 10^8 t$，合计$1228.6 \times 10^8 t$。

2. 储层品质

鄂尔多斯盆地长7段主要发育东北、西南两大沉积体系。东北发育三角洲沉积，西南发育辫状河三角洲沉积，湖盆中部深水区发育重力流沉积，具有“满盆富砂”特征。同时，多期三角洲前缘水下分流河道砂体积多期重力流砂体的叠置，纵向可以形成累计厚度达10m以上的厚砂体，为致密油成藏提供了有利储集体。

长7段砂岩绝大多数为细砂岩，孔隙类型主要有粒间孔、长石溶孔、岩屑溶孔，另外还有少量的粒间溶孔、晶间孔和微裂隙。储层孔喉尺度小，孔隙半径主要集中在2～8μm之间，喉道为20～150nm，但小尺度孔隙数量众多，提高了孔隙度，具有与低渗透储层相当的储集能力。

长7段储层孔隙度主要分布在6.0%～12.0%之间，平均值8.2%，中值8.2%；渗透率主要分布在0.03～0.50mD之间，平均值0.09mD，中值0.06mD。平面上，在东北三角洲前缘及湖盆中部深水区发育大面积物性相对甜点区，为致密油的成藏提供了有利的储集空间（图5-3-1）。

3. 含油性

长7段致密砂岩储层含油饱和度高，含油饱和度主要分布于70%～80%（图5-3-2），且含油饱和度与物性关系不明显，表明物性不是控制含油性的最重要条件，在源内有利成藏条件下，即使更为致密的储层，在地质历史时期长时间充注条件下，也能有很好的成藏。

4. 工程力学品质

对于非常规致密油，影响岩石工程力学品质的主要因素为脆性和地应力等。

1）脆性

致密油主要采用水平井体积压裂技术进行开发，体积压裂效果是决定了致密油的开发效果。岩石的脆性是长7段致密油“体积压裂”改造需要考虑的重要岩石力学特征之一。基于岩石力学实验获取的杨氏模量和泊松比等相关参数（图5-3-3），开展了脆性指数计算，结果显示，长7段油藏砂岩储层脆性指数总体在48%～62%之间（图5-3-4），平均值为52.27%，显示储层脆性指数较高，具有良好的可压性。

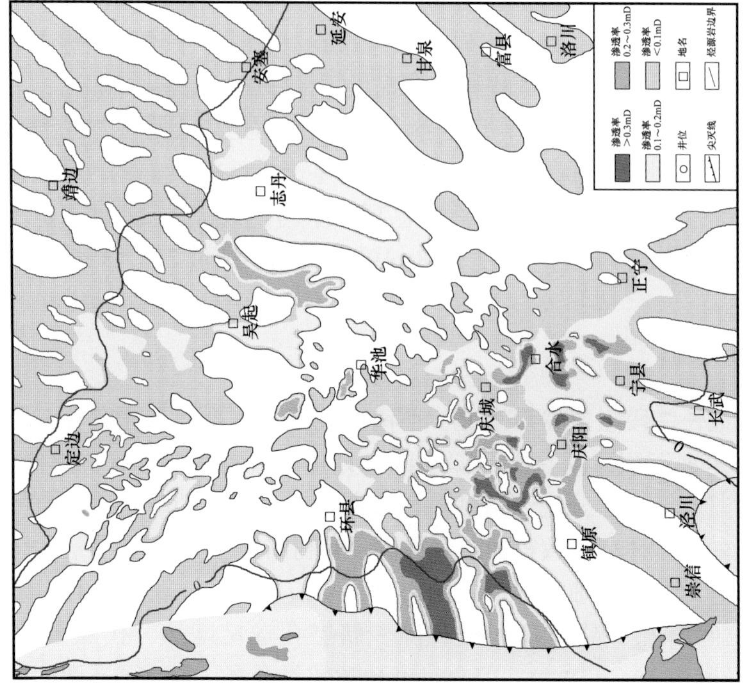

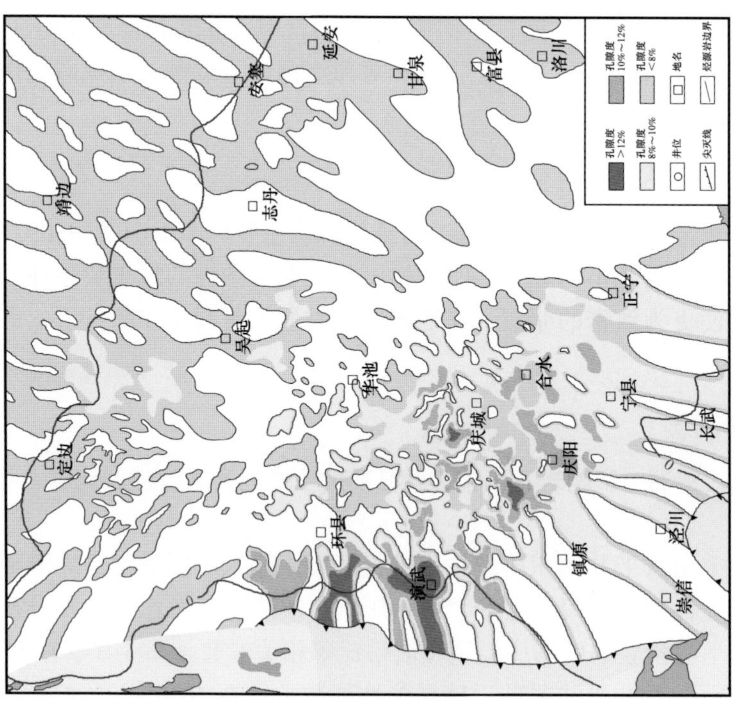

图 5-3-1 鄂尔多斯盆地延长组长 7_2 亚段孔隙度、渗透率等值线图

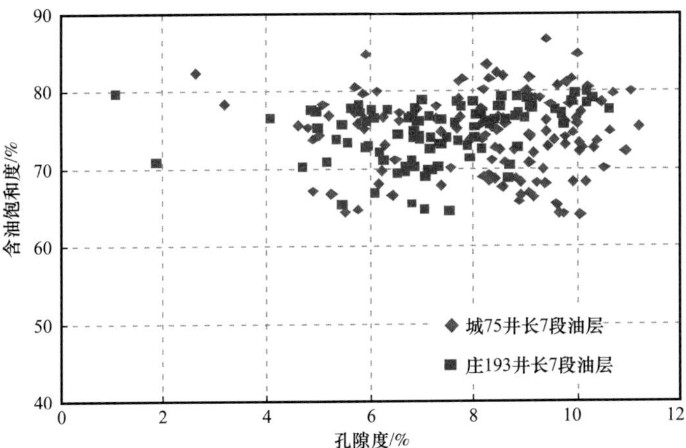

图 5-3-2　长 7 段砂岩孔隙度与含油饱和度关系图（密闭取心）

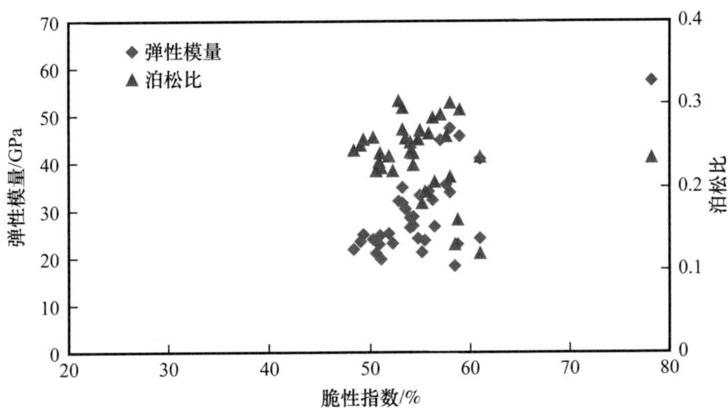

图 5-3-3　长 7 储层岩石脆性指数与弹性模量、泊松比关系图

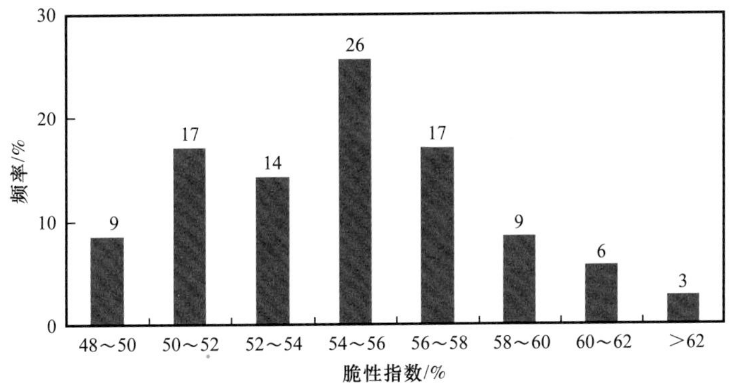

图 5-3-4　长 7 段储层岩石脆性指数频率分布图

依据长 7 段砂岩储层 1210 余块岩石薄片样品分析资料结合 X 射线衍射全岩分析等分析化验数据，应用岩石矿物分析方法，计算砂石脆性指数。其结果显示，长 7 段油藏砂岩储层脆性指数处于 40%～70% 之间，平均值为 53.12%（图 5-3-5）。

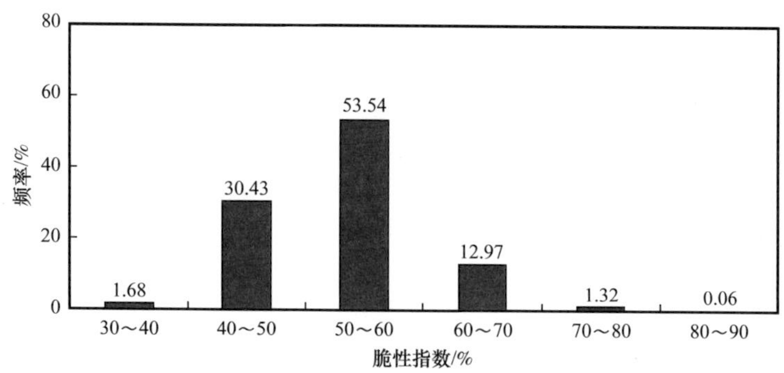

图 5-3-5 长 7 段油藏砂岩储层脆性指数分布柱状图

分析表明：长 7 段油藏脆性指数较高，表明储层具有较强的可压性，在大规模体积压裂条件下，易于开裂形成人工裂缝，有利于致密油的体积压裂开发。

2）地应力

地应力是影响长 7 段致密油“体积压裂”改造的又一重要因素，综合研究及矿场实践表明，两向应力差越小，越有利于体积压裂形成复杂缝网，从而有利于致密油的开发。

基于阵列声波与电成像测井，通过井眼崩落、诱导缝及快慢横波判断地应力方位，盆地长 7 段最大主应力方位为北东东—南西西向（图 5-3-6）。

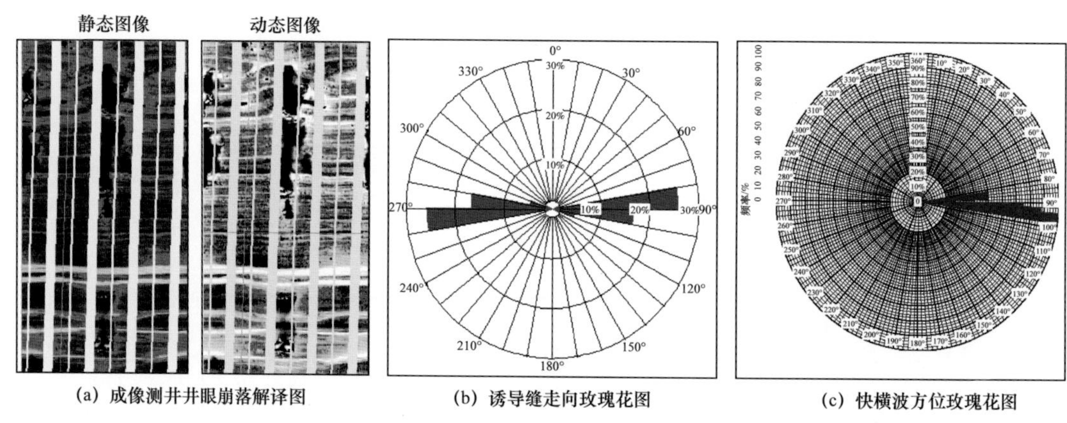

图 5-3-6 长 7 段最大主应力方位为北东东—南西西向

同时，通过建立地应力测井评价解释方法，计算最大、最小地应力，进而评价长 7_1 亚段、长 7_2 亚段两层两向应力差平面分布。长 7 段油藏砂岩储层两向应力差较小，平均为 7.64MPa，总体小于 10MPa，反映该套储层在体积压裂条件下更易形成复杂缝网，提高储层压裂效果。其中，长 7_1 亚段砂岩两向应力差通常在 6.2～8.8MPa 之间，平均值为 7.54MPa；长 7_2 亚段砂岩两向应力差通常在 6.1～9.1MPa 之间，平均值为 7.75MPa。

在平面上，由于受埋深影响，两向应力差具有从东南向西北随埋深而增大的趋势。

二、甜点区评价标准及甜点分布

1. 评价标准

优选反映致密油生烃品质、储层品质、含油性及工程品质的多种参数，建立了盆地长 7 段甜点区分类评价标准（表 5–3–1），依据该标准对长 7_1、长 7_2、长 7_3 各亚段开展了甜点区评价与预测。

表 5–3–1　延长组长 7 致密油甜点评价标准表

参数	甜点区分类	
	Ⅰ类	Ⅱ类
烃源岩厚度 /m	＞15	10～15
砂体结构	多期砂叠置型	厚砂、薄泥互层型
ϕ/%	＞8	6～8
K/mD	＞0.05	0.03～0.05
非均质性	非均质性弱	非均质性中等
填隙物含量 /%	＜11	11～13
油层厚度 /m	＞6	4～6
原始含油饱和度 /%	＞50	
气油比 /%	＞90	70～90
裂缝密度 /m^{-1}	＞0.10	0.05～0.10
隔层厚度 /m	＞12	6～12
水平两向应力差 /MPa	≤8	＞8
脆性指数 /%	≥50	＜50

2. 甜点分布

在截至 2020 年底长 7 段致密油已提交石油三级储量面积外，评价预测了长 7 各亚段甜点区分布（图 5–3–7 至图 5–3–9）。长 7_1 亚段、长 7_2 亚段油藏Ⅰ类甜点区主要分布于研究区中部的上里塬—庆城—合水一线以，分布范围较广，区内重力流砂体发育、分布范围广，同时邻近优质烃源岩，烃源岩厚度较大，源内成藏，源储一体，成藏条件优越。同时在北部的定边—吴起—志丹一线也有较广泛分分布，整体规模较陇东地区小，但长 7_2 亚段层在新安边地区甜点分布面积广，已经发现了亿吨级的新安边安 83 长 7 段规模整装致密油。同时，Ⅱ类甜点区与Ⅰ类甜点区相邻分布，是下一步持续勘探及储量扩边的重要潜力区。

长 7_3 亚段整体受砂体分布的控制，甜点区数量及范围很小，但在吴起—志丹地区有较大范围的分布（图 5–3–9）。

三、致密油资源潜力评价

根据盆地长 7 段特征及致密油分布规律，通过深化含油面积、含油面积系数、储层有效临界厚度、含油饱和度、原油物性、原油体积系数、资源丰度以及 EUR 等资源评价

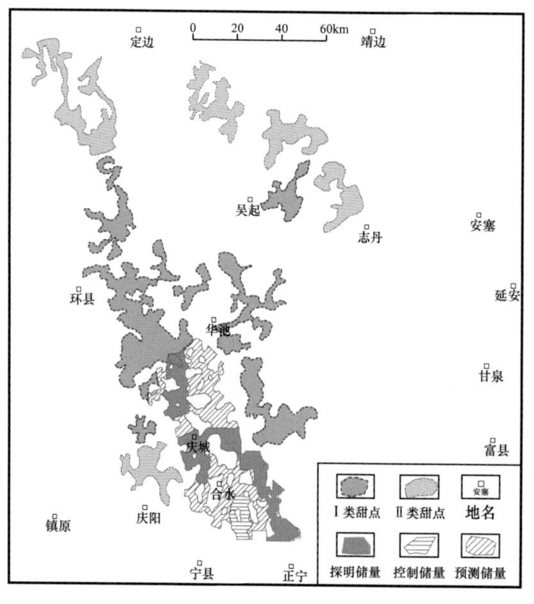

图 5-3-7 鄂尔多斯盆地长 7_1 亚段致密油甜点区平面分布图

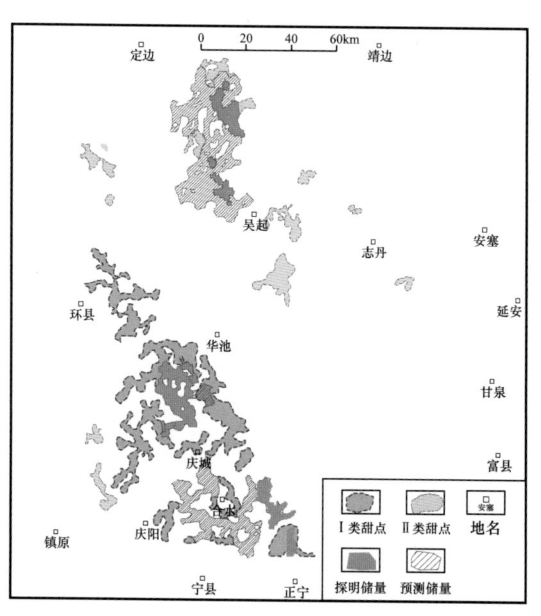

图 5-3-8 鄂尔多斯盆地长 7_2 亚段致密油甜点区平面分布图

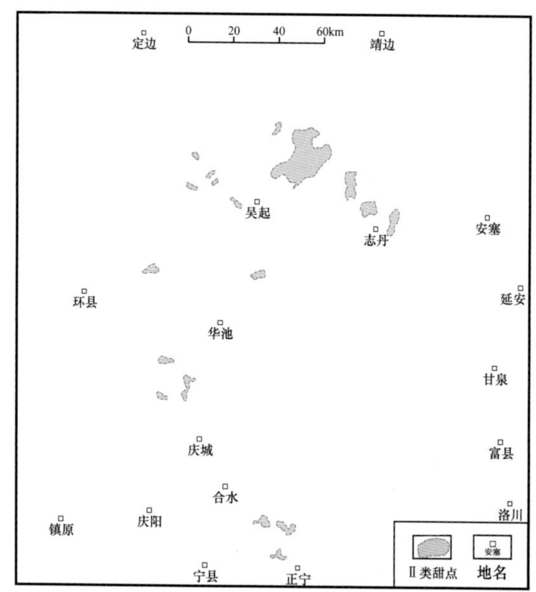

图 5-3-9 鄂尔多斯盆地长 7_3 亚段致密油甜点区平面分布图

关键参数评价研究，结合钻探油气显示进行评价，优选体积法、EUR 类比法和资源丰度类比法 3 种方法开展致密油资源潜力评价，明确鄂尔多斯盆地致密油资源潜力和储量规模以及分布规律。

通过体积法、EUR 类比法和资源丰度类比法，分别求取了鄂尔多斯盆地延长组致密油的资源量。考虑这 3 种方法的可靠性，对这 3 种方法取权重系数，并计算鄂尔多斯盆地的致密油资源量（表 5-3-2），鄂尔多斯盆地延长组致密油的资源量为 40.5×10^8t（图 5-3-10）。

表 5-3-2　资源评价方法权重系数表

方法	体积法	EUR 类比法	资源丰度类比法
权重系数	0.4	0.3	0.3
资源量 /10^8t	41.52	36.58	43.17
计算资源量 /10^8t	40.5		

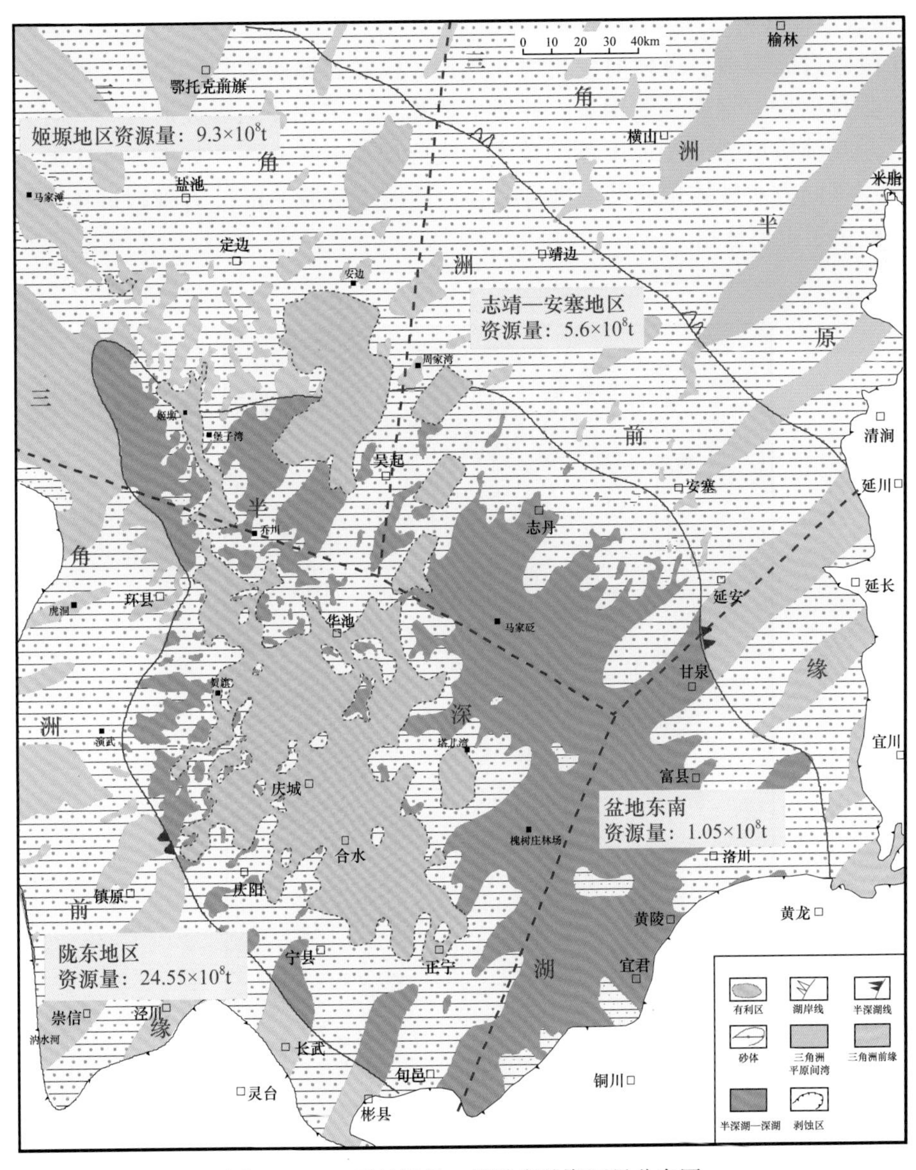

图 5-3-10　延长组长 7 段致密油资源量分布图

鄂尔多斯盆地中生界最新的石油地质资源量评价为 169×10^8t，致密油资源量占到总资源量的 24%，致密油资源基础雄厚，勘探潜力巨大。

第四节　致密油勘探开发关键技术

一、勘探技术

1. 三维地震技术

1）储层厚度预测

长 7 段砂岩储层薄、纵横向变化快，且长 7 段砂岩储层紧邻烃源岩，地震反射信息被淹没在强反射中，地震预测困难。针对上述难点，采用了地震波形分类、时频分析及地质统计学反演等砂岩储层厚度预测技术，实际应用效果较好。如图 5-4-1 所示，通过对三维地震不同方法砂体预测结果进行综合，预测了庆城油田长 7_1 亚段砂体展布，为水平井部署提供了重要依据。

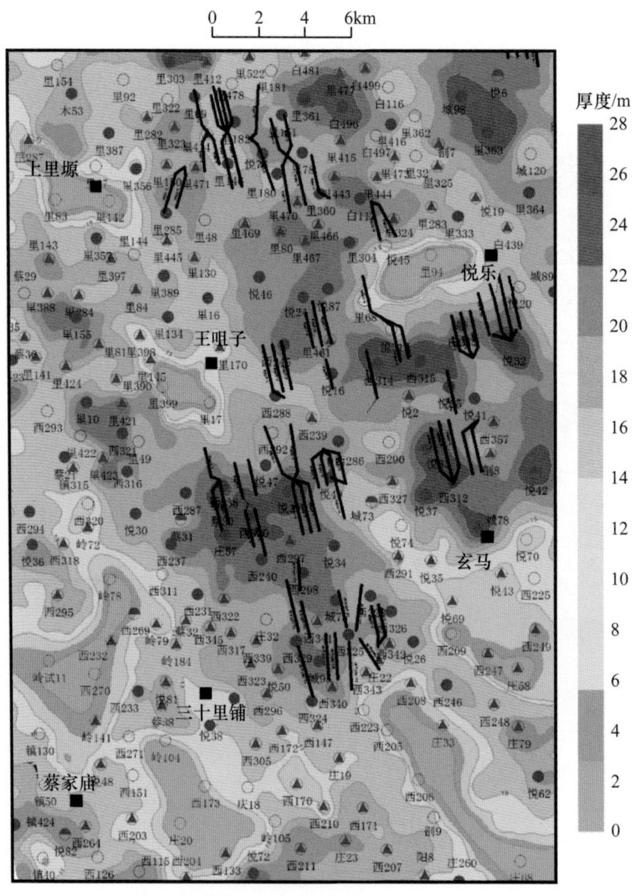

图 5-4-1　庆城油田地震预测长 7_1 亚段砂体厚度图

2）含油性预测技术

油气检测的核心是采用地震信息分解原理从原始地震信息中筛选与含油气性相关的参数来预测储层含油气性。本次研究叠后采用吸收衰减和叠前采用高亮体及泊松比反演对含油储层进行预测。

以吸收衰减法为例。地震波在地下岩层介质中传播时，子波形态的变化主要取决于地下岩层的吸收作用，不同岩性对地震波具有不同的吸收程度。地层含油后，地层对高频成分吸收增强、低频成分变化不大。因此，针对目的层做吸收衰减分析，可以进行含油砂体预测。图 5-4-2 为庆城北三维地震区过水平井华 H25-2 吸收衰减剖面，从图上可以看出，水平段吸收衰减明显，说明含油性好，该井实钻水平段长度 1413m，油层钻遇率为 87.1%。

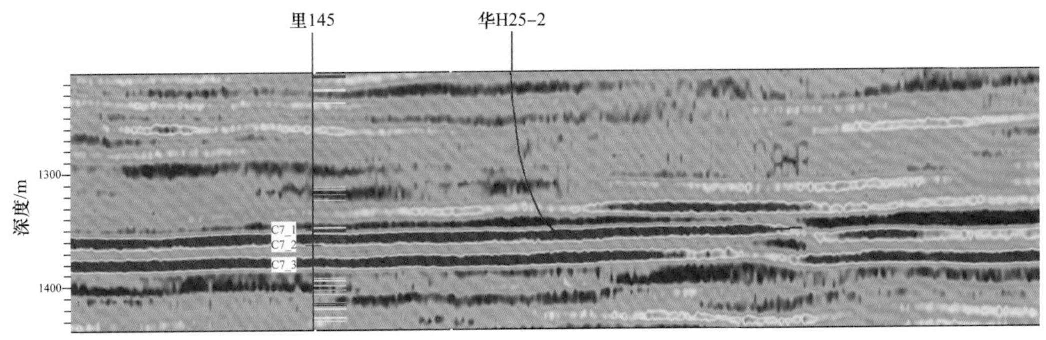

图 5-4-2 庆城北三维地震区过华 H25-2 水平井吸收衰减剖面

3）脆性指数预测

脆性指数是反映了岩石受力后破坏变形的难易程度。目前，对于岩石脆性指数的计算，主要是通过岩石矿物分析法和岩石力学法。岩石力学法主要是利用实验数据回归关系，总结出脆性指数和杨氏模量及泊松比关系，一般情况下随泊松比的增大，脆性指数明显降低；随杨氏模量的增大，脆性指数呈增大趋势。基于脆性指数与杨氏模量和泊松比的定量关系，利用三维三偏移距地震资料，反演得到泊松比及杨氏模量，预测储层脆性指数，为工程施工提供依据。脆性指数高的地方，石英等脆性矿物发育，岩性纯，物性更好，更容易压裂（图 5-4-3）。

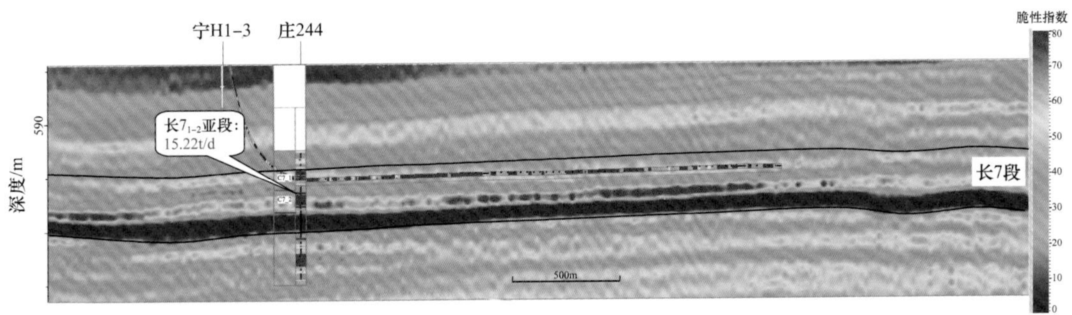

图 5-4-3 盘克三维地震区过宁 H1-3 水平井叠加及脆性指数剖面

4）三维地震甜点区优选

在三维地震砂体、含油性、脆性等评价基础上，综合多因素，进行了甜点区优选。在合水地区优选长 7_1 亚段地质甜点 116.4km^2，长 7_2 亚段地质甜点 76.5km^2；庆城北三维地震区优选长 7_1 亚段地质甜点 626km^2、工程甜点 501km^2（图 5-4-4、图 5-4-5），长 7_2 亚段地质甜点 678km^2、工程甜点 539km^2。

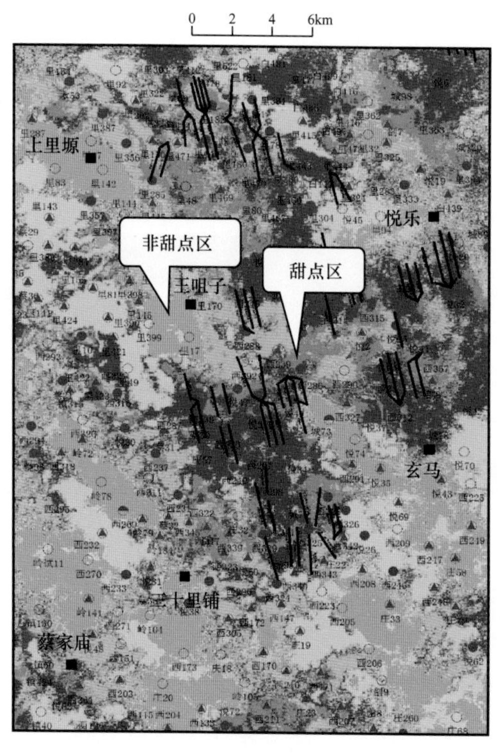

图 5-4-4 庆城北三维地震区长 7_1 亚段地质甜点区分布图

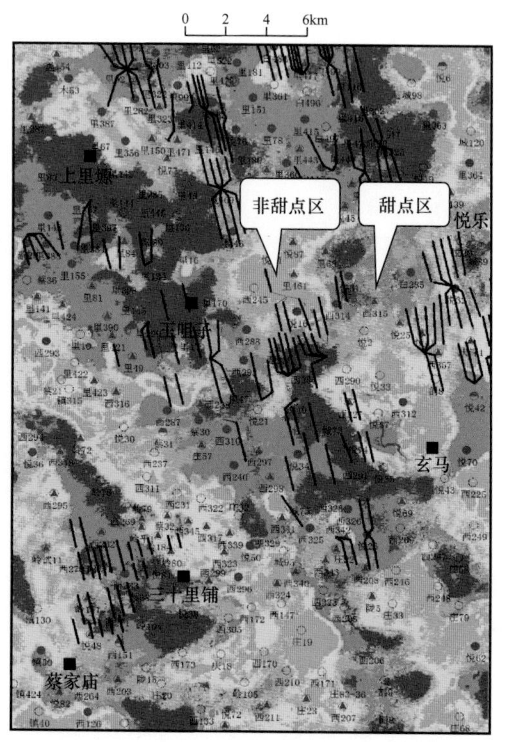

图 5-4-5 庆城北三维地震区长 7_1 亚段工程甜点区分布图

三维地震甜点区预测成果，有效指导了水平井的部署及轨迹导向。为合水地区提供完钻水平 11 口，庆城地区提供完钻水平井 43 口，庄 8 井三维地震区提供完钻水平井 1 口，平均有效储层钻遇率为 81.4%，较以往提高了 15%。

2. 致密油测井三原色（RGB）图像融合法水平段分级评价技术

井信息融合的目的是为了提高多元信息的利用率，解决油藏地质问题。为了实现信息融合可视化，满足地质研究和认识的需要，选择不同标准化并进行聚焦变换后的井信息构建 RGB 三基色模型，简称为三原色模型。

测井曲线标准化为 RGB 值后，利用融合可视化技术可以显示直观纵向融合剖面图，图 5-4-6 给出了自然伽马、声波时差、电阻率三曲线的分类剖面，第 5 道为自然伽马的颜色剖面，第 6 道为声波时差的颜色剖面，第 7 道为电阻率的分类剖面。在分类分级信息融合基础上，可以对单井所有信息进行融合分析，例如进行岩性、物性、电性分析，进一步再提取各融合特征。信息的基础上再进一步融合，即可实现全井所有井信息的融合显示，如图中第 8 道所示。多信息融合能较好地反映储层的非均质性，从而能够更好地进行储层分类评价，尤其是利用构建测井指数及多信息融合技术（RGB）开展水平井分段分级评价，能够为水平井射孔压裂提供有力的技术支持。

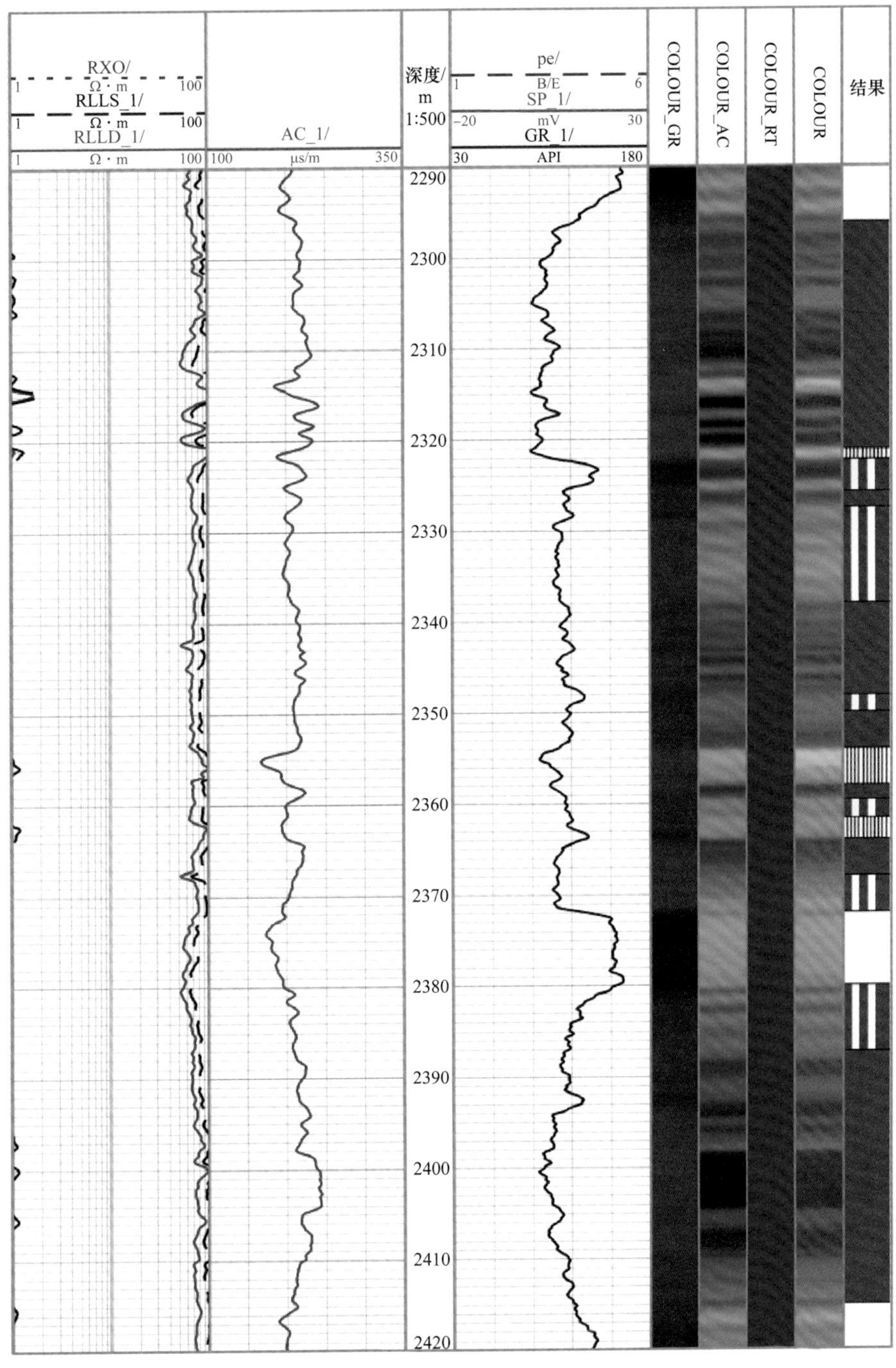

图 5-4-6　固平 41-65 井长 7 段取心段多信息融合成果图

3. 长水平段细分切割体积压裂技术

1）水平段长度优化

水平段长度直接影响着油井的初期单井产能和累计产油量。确定合理的水平段长度，需要在综合考虑地质、工程、技术及经济等多种因素。

受储层非均质性影响，水平段小于2000m水平井油层钻遇率较高，水平段2500m以上水平井钻遇率72.6%，随着有效储层段减少，百米日产油较低。根据油层钻遇率和百米日产油，优化水平段1500～2000m（图5-4-7、图5-4-8）。

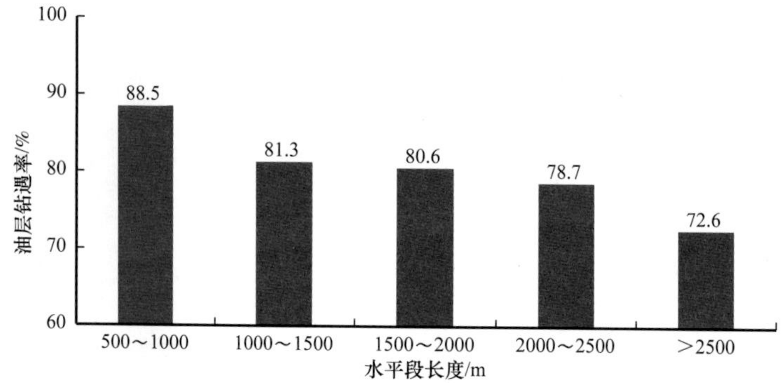

图5-4-7 长7段储层不同水平段水平井油层钻遇率图

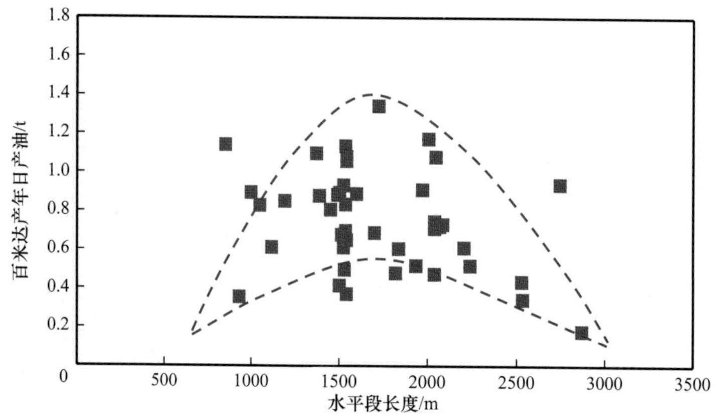

图5-4-8 长7段不同水平段水平井百米达产年日产油图

现有钻井能力下，主要以一趟钻、两趟钻为主（占比87%），水平段大于2200m以三趟钻为主，钻井周期大幅提升；当前钻井技术及组织模式下，超过2000m后，单水平井钻井、钻井试油费用上升趋势较大（图5-4-9）。

综合数值模拟、矿场实践，油藏特征和钻井工程等地质、技术经济因素，目前优化水平段长度以1500～2000m为主。

2）高密度细分切割布缝

针对储层压力系数和脆性指数低、裂缝呈条带状等特征，以提升产量、控降递减为目标，创新形成了高密度细分切割布缝技术。

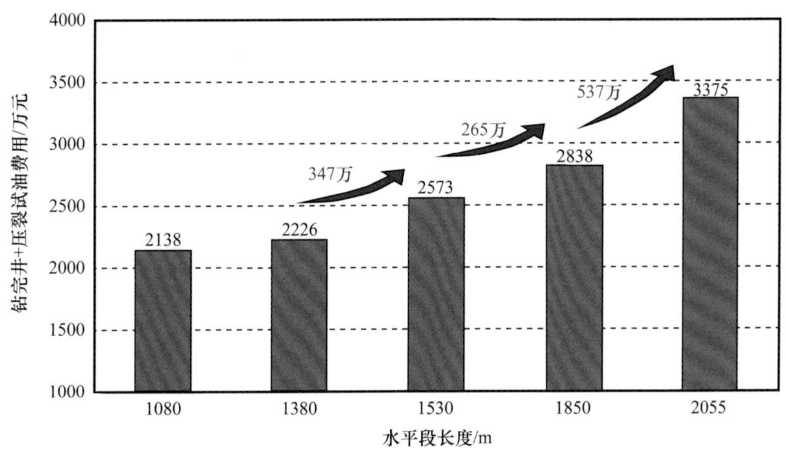

图 5-4-9 庆城油田 21 口不同水平水平井钻井 + 试油费用

（1）以“接触面积最大”为目标，优化裂缝间距。

通过非常规储层水平井多簇裂缝扩展模拟，表明多簇裂缝间距 10～20m 时，缝间产生应力干扰可形成复杂裂缝网络，间距越小，干扰越明显（图 5-4-10、图 5-4-11）。

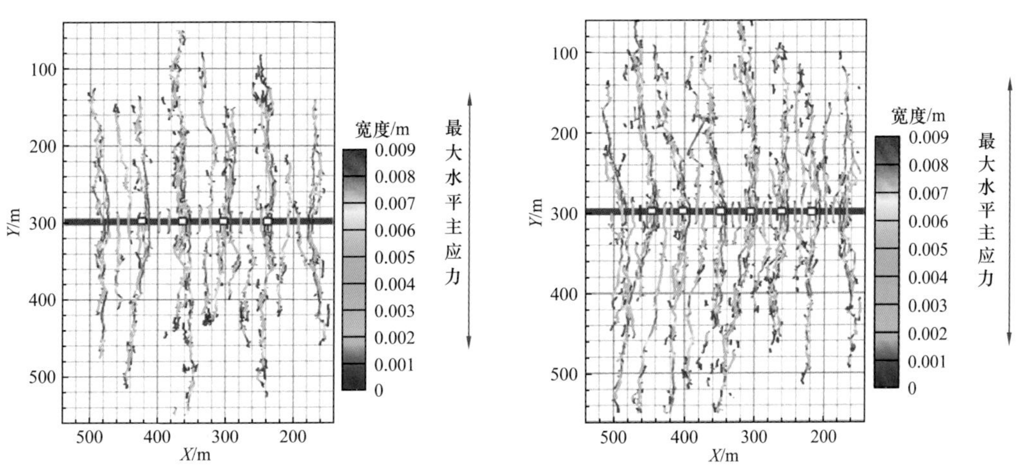

图 5-4-10 簇间距 20m 多簇裂缝扩展模拟图　　图 5-4-11 簇间距 10m 多簇裂缝扩展模拟图

（2）以“累计产量最高”为目标，优化裂缝间距。

利用 Mangrove 压裂软件建立多簇压裂复杂缝网模型，模拟水平段在一定段长条件下，不同裂缝间距对产量的影响。模拟结果表明，当裂缝间距在 5～10m 时累计产量最高，可实现致密储层的充分改造（模拟条件：段长 80m，簇间距分别为 2.5m、5.0m、10m、15m、20m）（图 5-4-12）。

（3）以“技术经济最优”为目标，优化裂缝间距。

综合水平段与百米有效水平段半年累计产油关系、裂缝密度与产油增幅关系，可以看出裂缝密度超过 10 条 /100m，产量增幅小于 10%（图 5-4-13）。表明裂缝缝间距在

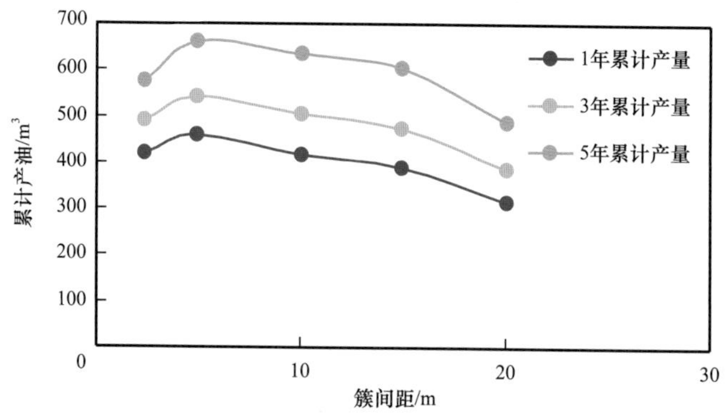

图 5-4-12　80m 水平段不同裂缝间距下累计产油变化曲线

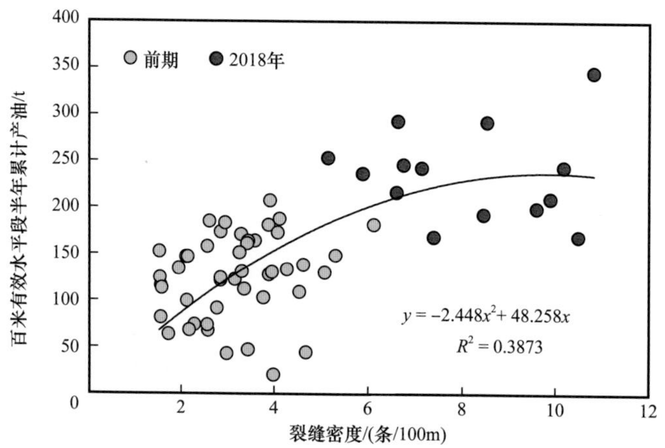

图 5-4-13　水平井裂缝密度与百米有效水平段半年累计产油关系图

10m 左右最为有效。

综合多种方法对水平井压裂裂缝间距评价结果，结合几年来矿场实践，最终确定致密油水平井裂缝间距为 5～15m。

3）长水平段细分切割体积压裂技术

长庆油田自 2011 年开始致密油攻关以来，随着认识的深化和技术的进步，水平井体积压裂技术经历了早期分段压裂、后期分段多簇压裂及目前细分切割体积压裂 3 个阶段，水平井体积压裂技术在压裂工具、液体、段数、裂缝间距等方面不断进步，单井产量不断提高，单井压裂成本不断降低（表 5-4-1）。

相比之前，长水平段细分切割体积压裂裂缝覆盖程度由前期 60% 提高至 90%，单井 EUR 由前期 1.8×10^4t 万吨提高至 2.8×10^4t，取得了良好效果。

二、开发技术

1. 渗吸置换超前补能的准自然能量开发方式

通过大量岩心渗吸实验及核磁共振表征，结合矿场实践，明确了致密油存在渗吸和驱替两种渗流机理，随着渗透率降低，渗吸作用增强。体积压裂后焖井过程，为压裂液与基质孔隙间油水渗吸置换过程渗吸作用。致密油储层孔喉半径小，毛细管力作用强；储层以中—弱性亲水为主；油藏原始含油饱和度较高，这为致密储层体积压裂后焖井过程中发生压裂液与基质孔隙间油水渗吸置换作用奠定了基础。水平井进行大规模体积压裂，大液量提高了地层压力水平（图 5-4-14），利于缝网与基质间的油水渗吸置换。通过矿场实践的优化，形成了致密储层渗吸置换超前补能的准自然能量开发的方式，即致密储层通过采用水平井大规模体积压裂与压后焖井开发方式，实现了地层能量补充及压裂液与基质孔隙间油水渗吸置换，在焖井一段时间后准自然能量开发，开发效果好。

表 5-4-1　致密油水平井开发不同压裂方式压裂参数、产量及成本对比表

压裂技术	分段压裂	分段多簇压裂	细分切割体积压裂
时间	2011—2013 年	2014—2017 年	2018 年至今
压裂液	交联瓜尔胶压裂液	EM30S 滑溜水压裂液	多功能驱油滑溜水压裂液
段数、簇数	1500m 水平段压裂 11～14 段	1500m 水平段压裂 15～18 段 /45～54 簇	1500m 水平段压裂 17～19 段 /105～117 簇
缝间距 /m	110～130	30～40	5～15
单井初期日产量 /t	5.2	9.6	18
单井试油压裂成本 / 万元	2500	1850	1620

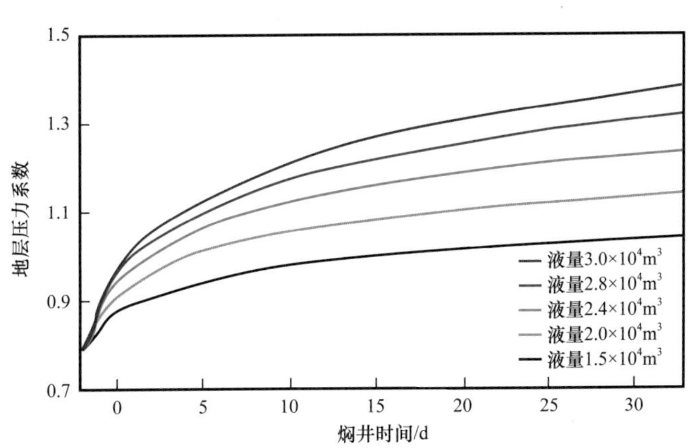

图 5-4-14　1500m 水平段 400m 井距不同入地液量下地层能量补充图

2. 长水平井、小井距、大井丛开发技术

根据致密油砂体展布特征，结合油藏数值模拟、钻井工程技、经济性及矿场实践，通过多种方法综合分析，确定合理的水平段长度选取综合数值模拟、矿场实践，油藏特征和钻井工程等地质、技术经济因素，优化确定水平段长度以 1500～2000m 为主

（图 5-4-15）。综合考虑长 7 段压裂缝半长、开发效果、经济效益及大井丛布井要求，优化确定长 7 段致密油合理井距为 300～400m。

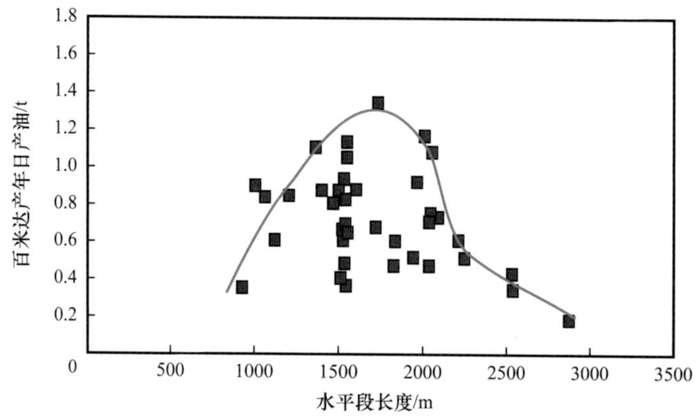

图 5-4-15 长 7 段不同水平段长度与产量关系图

以“提产、提效、降本”为目标，针对长庆油田特有的地貌特征和生态环境，水平井布井考虑根据油层分布特征，创新了黄土塬大井丛、多层系立体式布井技术。

结合黄土塬地貌特征及油藏叠合发育特征，最终形成了 3 种多层系、立体式、大井丛、工厂化布井模式，单平台以部署 4～8 口水平井为主（图 5-4-16、图 5-4-17），最大平台（华 H60、华 H40）布井数达 20 口，节约了土地资源，实现了纵向上多个小层的全部动用。

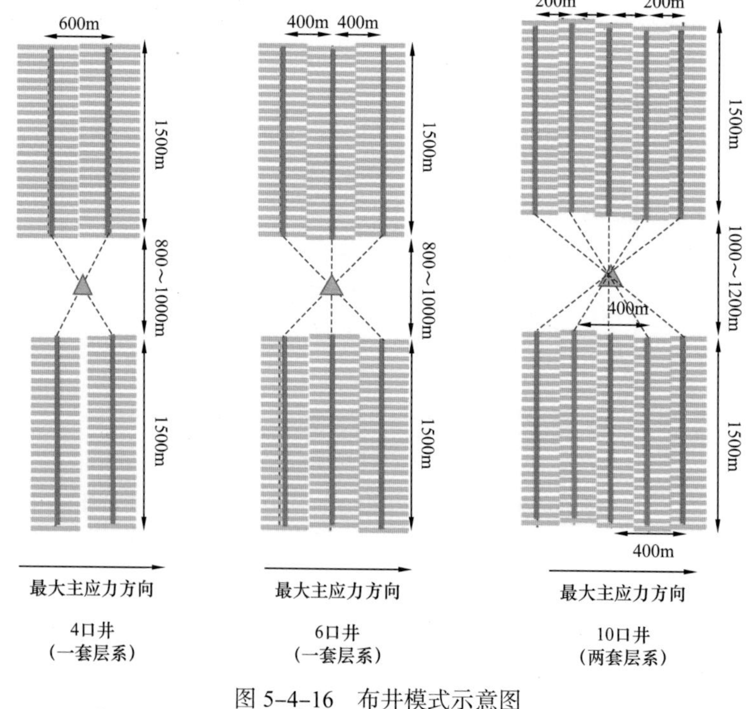

图 5-4-16 布井模式示意图

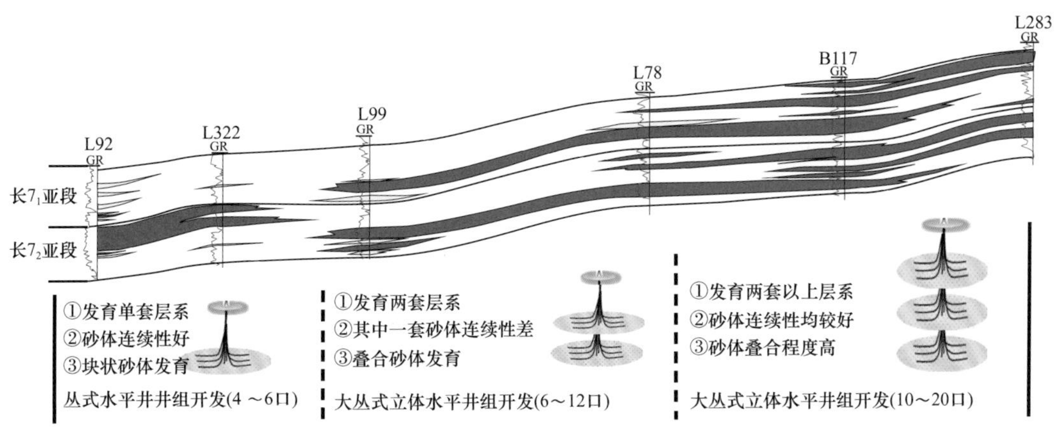

图 5-4-17　西 233 区 L92 井—L283 井长 7 段油藏剖面图

以庆城油田西 233 区华 H60 平台为例，该平台采用立体开发、小井距、长水平井井网共部署水平井 20 口（图 5-4-18），纵向上剖面（图 5-4-19）可以看出小层全部动用可采用 3 套小层布井，设计水平井水平段长 1500～2000m，单层井距 300～400m。预计单井日产油可达 16.0～20.0t，一次储量动用程度可达 85% 左右，初期采油速度达到 1.8%。该技术在保障单井产量的同时，有效实现了叠合区多个小层储量的充分动用。

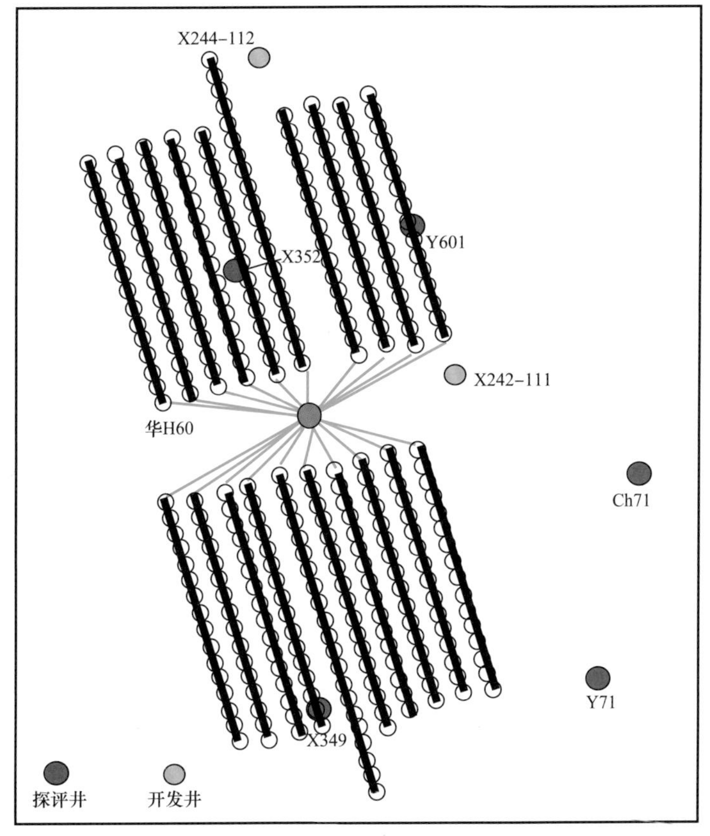

图 5-4-18　西 233 区块华 H60 平台井位部署图

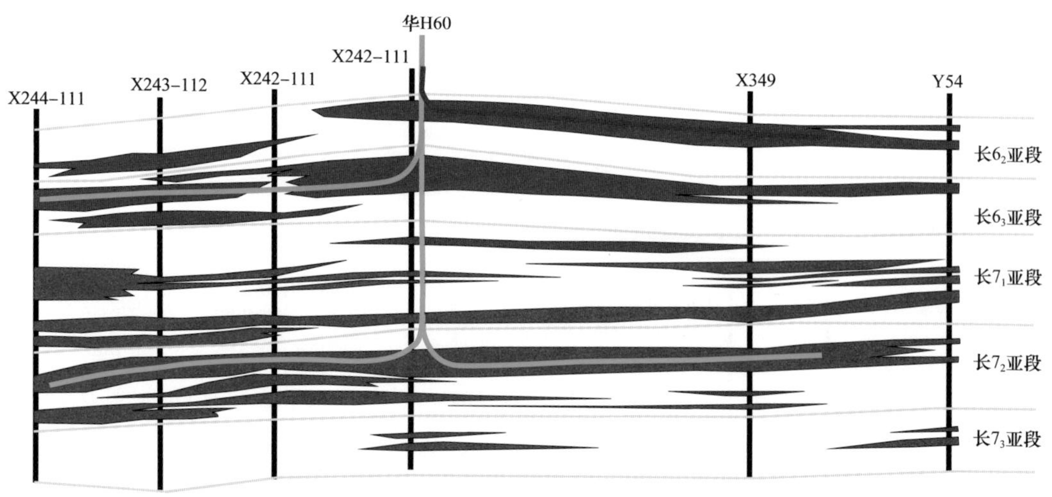

图 5-4-19 西 233 区块华 H60 平台油藏剖面图

3. 水平井合理生产制度

针对目前长 7 段致密油中水平段长度 1500～2000m、井距 300～400m、采用大规模加砂蓄能压裂下的水平井，初步制定出各生产阶段的合理生产参数如图 5-4-20 所示。

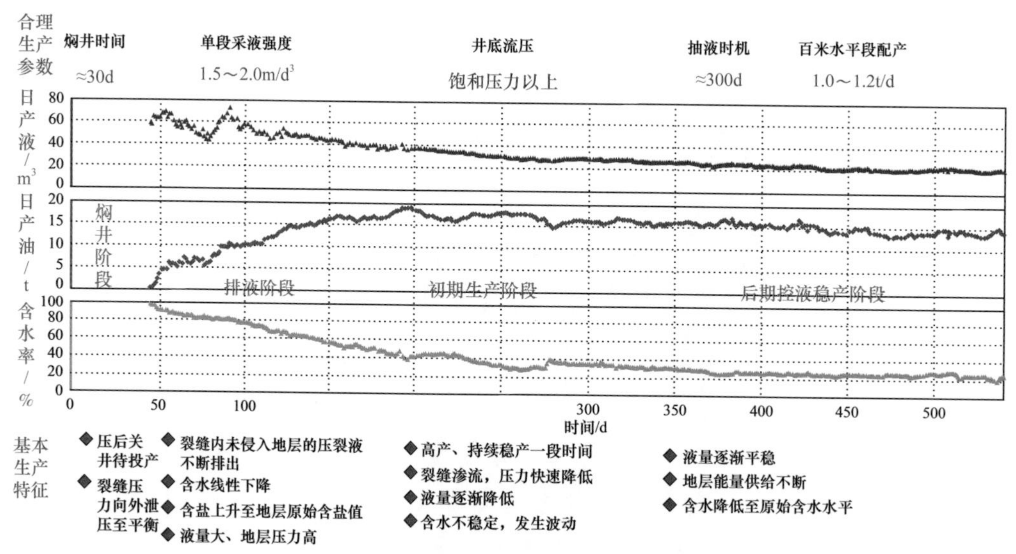

图 5-4-20 各生产阶段的合理生产参数

通过开发技术攻关，长 7 段致密油开发取得重大成果，在陇东庆城地区建成了年产百万吨国家级致密油规模开发示范基地（图 5-4-21）。陇东地区部署产能 200×10^4t，完钻水平井 430 口（示范区 251 口、压裂 185 口），平均水平段 1700m，油层钻遇率 78.7%；投产 291 口（示范区 140 口，平均单井 22 段 109 簇，入地液量 $2.81\times10^4m^3$，砂量 $3108m^3$）；投产 140 口，初期单井日产油 18.6t。2020 年产油量达 104×10^4t，建成地面系统独立（岭二联 + 西 233 中心站）的百万吨级整装示范区。

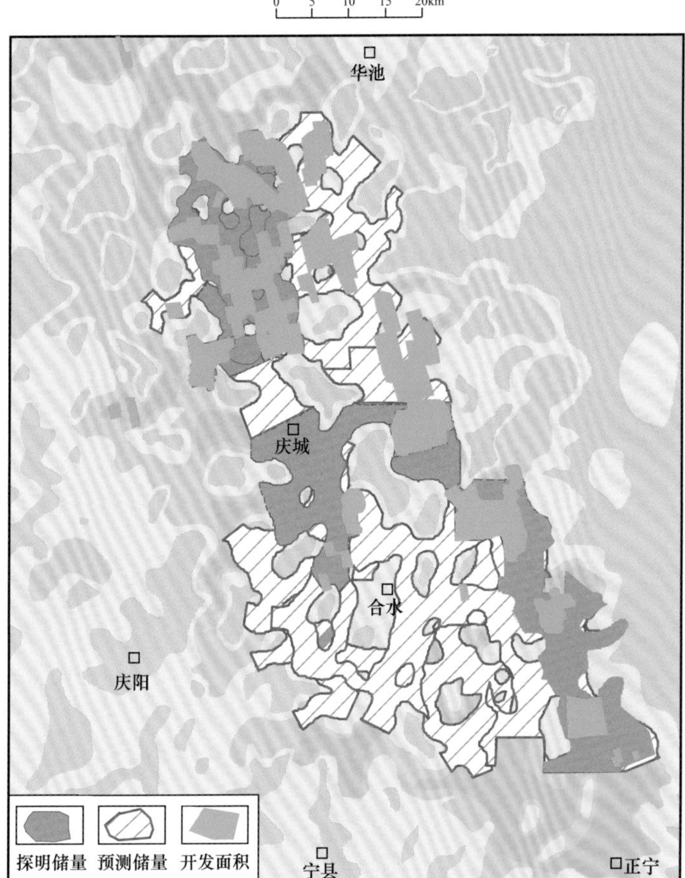

图 5-4-21 鄂尔多斯盆地陇东庆城油田长 7 段致密油勘探开发成果图

三、勘探开发成效

通过鄂尔多斯盆地致密油成藏地质理论与勘探开发关键技术的持续攻关，取得一系列理论与技术创新成果。揭示了长 7 段富有机质泥页岩形成机理与发育规律，丰富了陆相大型坳陷淡水湖盆深水重力流沉积理论，明确了长 7 段致密油“超富有机质供烃、细粒砂岩有效成储、源储一体高压持续充注大面积成藏”的成藏机理，创建了鄂尔多斯盆地大型陆相淡水湖盆致密油成藏地质理论，建立致密油储层及甜点评价方法与标准，创新黄土塬三维地震及全要素测井致密油多因素评价技术，地质、地震及测井综合评价落实 20×10^8t 以上规模甜点区，多方法综合评价长 7 段致密油资源潜力 40.5×10^8t。积极加强致密油规模勘探评价，落实致密油规模储量。截至目前，在鄂尔多斯盆地长庆探区长 7 段致密油提交石油三级储量共 18.38×10^8t，其中探明储量 11.53×10^8t，控制储量 0.56×10^8t，预测储量 6.93×10^8t。发现了我国首个亿吨级新安边致密油田和国内规模最大庆城油田（探明石油地质储量 10.52×10^8t），勘探成效显著（图 5-4-22）。

创新水平井优快钻完井、水平井注驱采一体化细分切割体积压裂、渗吸置换超前补能的准自然能量开发及大井丛开发等关键技术，致密油水平井钻井；压裂周期不断缩短、单井产量不断提高，水平井钻试成本不断降低，多项指标达到国际国内先进，创造了国内陆上最大的立体水平井平台、水平井最长水平段等记录。在开展技术攻关同时，不断加大致密油水平井规模开发力度，成效显著。截至 2020 年，盆地长 7 段年产油 144×10^4t，其中 2018 年开始建设的庆城致密油水平井规模开发示范区年产油达 93.1×10^4t，快速建成了国家级百万吨整装致密油水平井开发示范区，创建了中国石油产建新模式。同时大力实施低成本战略，革新生产组织人力资源模式，加大无人值守智能装备及技术应用，百万吨原油产量用工控制在 300 人以内，大大降低人员成本，实现了致密油的规模效益开发。

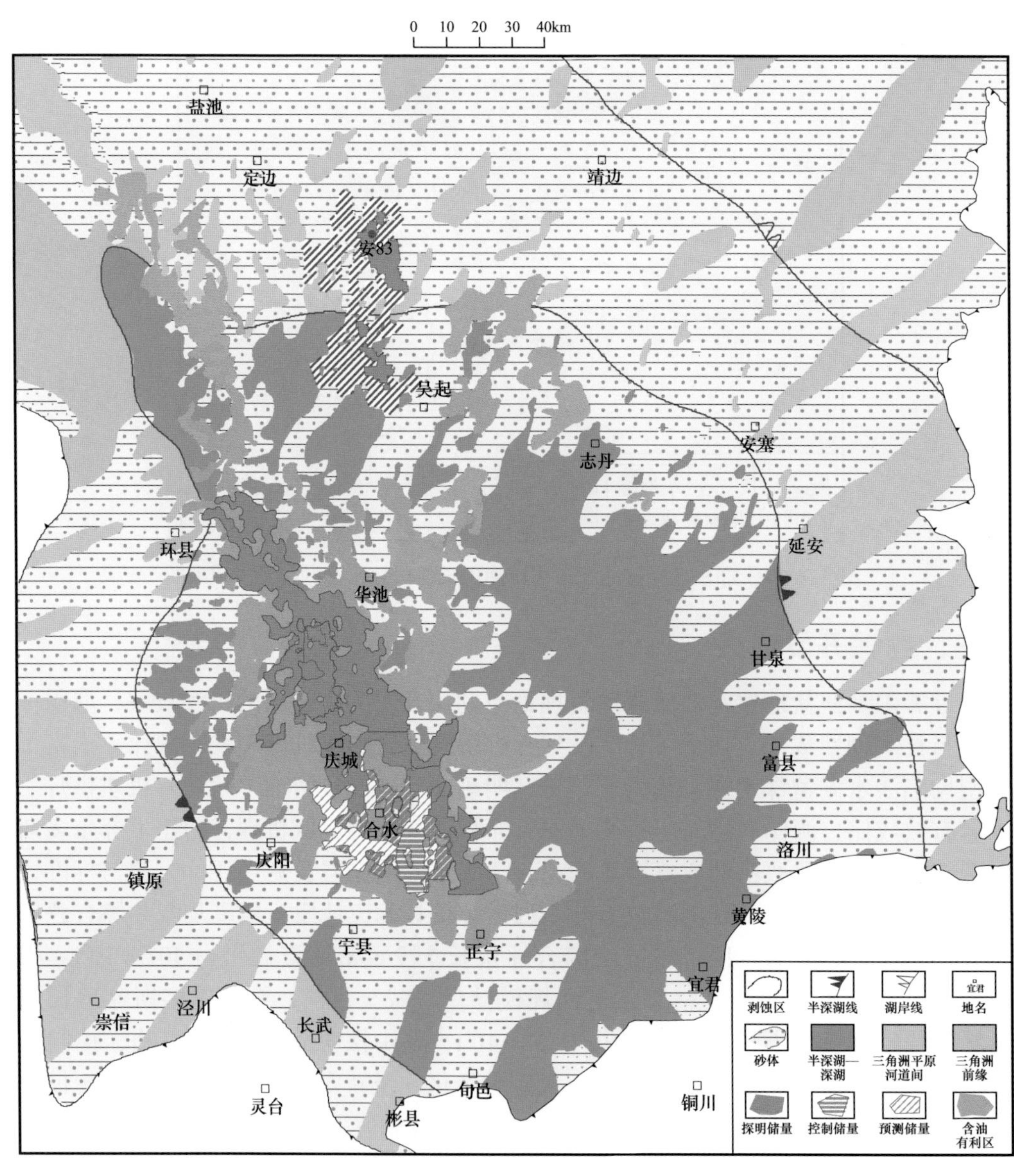

图 5-4-22 鄂尔多斯盆地陇东庆城油田长 7 段致密油勘探成果图

第六章 重点盆地致密油富集规律及勘探开发技术

“十三五”（2016—2020年）期间，在国家科技重大专项课题“重点盆地致密油资源潜力、甜点区预测与关键技术应用”的研究目标导向下，依托国家能源致密油气研发中心等国家重点实验室分析测试以及中国石油大庆、吉林、新疆、吐哈、青海、华北、西南等油气田分公司工业试验，分析总结了中国陆相致密油资源形成条件和富集规律，评价预测了资源潜力和“甜点区”分布，创新提出了中国陆相致密油“进（近）源找油”和“地质工程一体化”内涵，系统集成了勘探开发关键技术，为致密碎屑岩、混积岩—沉凝灰岩、碳酸盐岩、泥页岩等多种类型致密油区的发现和发展提供了科学依据和技术支持，有力支撑了中国陆相致密油理论技术创新和工业生产应用。

第一节 地质特征与形成条件

一、地质特征

中国陆相致密油主要赋存于湖相盆地中，主要分布在鄂尔多斯、松辽、准噶尔、三塘湖、渤海湾、柴达木、四川等盆地；以中新生界层系为主，涵盖三叠系延长组、白垩系扶余油层、二叠系芦草沟组、二叠系条湖组、古近系沙河街组、古近系下干柴沟组、侏罗系大安寨段等层系，目的层段储层包括致密砂岩、混积岩、沉凝灰岩、碳酸盐岩等多种岩性。中国陆相致密油是一种非常规石油资源，具有“源区控油、近源富集”特点，陆相层系热演化成熟度多介于0.5%～1.1%之间，地层非均质性强、地层压力多变、流体品质多变，需要针对性开展深入的源储地质特征剖析与石油富集规律研究。

中国陆相和北美海相致密油地质特征有明显区别。（1）中国致密油以陆相沉积为主，储层非均质性强，横向变化大，孔隙度相对较低；北美致密油以海相为主，分布较稳定，页岩层系孔隙度相对较高。（2）中国致密油主要分布于凹陷区及斜坡带，分布面积、规模相对较小，可动液态烃部分相对较低；北美致密油分布范围较大，可动液态烃部分相对较高。（3）中国经历较强烈晚期构造运动，压力系数变化大；北美构造稳定，页岩层系以超压为主。（4）中国致密油油质相对较重，气油比较低；北美致密油油质较轻，气油比高。（5）中国致密油开发刚起步，主要出于先导试验阶段；北美致密油已实现规模开发，单井产量一般较高。

二、形成条件

1. 致密油烃源条件

烃源岩品质、纹层结构与黏土矿物控制排烃效率，纹层状富有机质页岩排烃能力强，是致密油主力烃源岩。陆相湖盆发育富有机质烃源岩，为致密油大面积整体含油提供物质基础（图 6-1-1、图 6-1-2）。以鄂尔多斯盆地为例，黑色页岩叠合面积为 $4.3\times10^4km^2$，平均厚度为 16m，最厚可达 60m。鄂尔多斯盆地长 7 段黑色页岩以腐泥组为主，页岩 TOC 在 4%～12% 之间，成熟度值多介于 0.7%～1.1% 之间，生烃强度为 $3\times10^6t/km^2$，排烃量大于 200mg/g。纹层状富有机质页岩排烃量最大，TOC 大于 5%，排烃效率大于 50%；其次是准纹层状有机质页岩，TOC 在 2%～5% 之间，排烃效率在 30%～40% 之间；再次为富碎屑矿物页岩，TOC 小于 2.0%，排烃效率小于 20%。

2. 致密油储集条件

陆相湖盆致密油储层类型丰富，主要发育陆源沉积和内源沉积两类储层（图 6-1-1、图 6-1-2）。陆源沉积为主的致密油储层，普遍发育水下分流河道、滩坝、河口坝、远沙坝等三角洲前缘—滨浅湖相沉积储层，以及重力流、砂质碎屑流、滑塌体、浊流等半深湖—深湖相沉积储层。典型案例如：（1）鄂尔多斯盆地，水下分流河道、砂质碎屑流等是前期致密油勘探的有利储层类型；近期发现湖岸线附近发育多期叠置的滩坝优质储层，垂向厚度 10 余米，顶部含油性好，是新的有利储层类型；（2）松辽盆地环湖坡折带发育多种储层类型，垂向叠置分布，呈多套三明治结构，发育多种重力流砂体，平面连片，具有一定勘探潜力。内源沉积为主的致密油储层，包括台地灰岩、云岩等浅湖相沉积储层，和混积岩、凝灰岩、浊流等半深湖—深湖相沉积储层，如松辽盆地青山口组斜坡区发育席状介壳岩储层，是致密油勘探新领域。

3. 致密油储盖组合

中国陆相致密油主要涉及源内和近源两种成藏组合（图 6-1-1、图 6-1-2）。源内成藏组合含油层段位于烃源层系内部，致密储层与烃源岩直接接触，往往在凹陷区、斜坡带下部大面积连续分布，致密储层具有较高的油气充满度，分为致密砂岩油、致密碳酸盐岩油及致密混积岩油。如鄂尔多斯盆地三叠系长 7 段中下部、松辽盆地白垩系高台子油层、柴达木盆地上干柴沟组下段等致密砂岩油，渤海湾盆地西部凹陷沙四段、沧东凹陷孔二段、束鹿凹陷沙三段、准噶尔盆地玛湖凹陷风城组、四川盆地侏罗系大安寨段等致密碳酸盐岩油，准噶尔盆地吉木萨尔凹陷芦草沟组、三塘湖盆地马朗—条湖凹陷芦草沟组等混积岩致密油。近源成藏组合含油层段与烃源层系空间上较近，不直接接触，往往在斜坡带上部大面积连续分布，储层物性相对较好，需借助通源断裂系统沟通成藏，储层油气充满度相对较低，分为致密砂岩油、致密沉凝灰岩油等类型，如鄂尔多斯盆地长 7 段中上部三角洲前缘致密砂岩油、松辽盆地白垩系泉四段扶余油层致密砂岩油、三塘湖盆地二叠系条湖组致密沉凝灰岩油等。

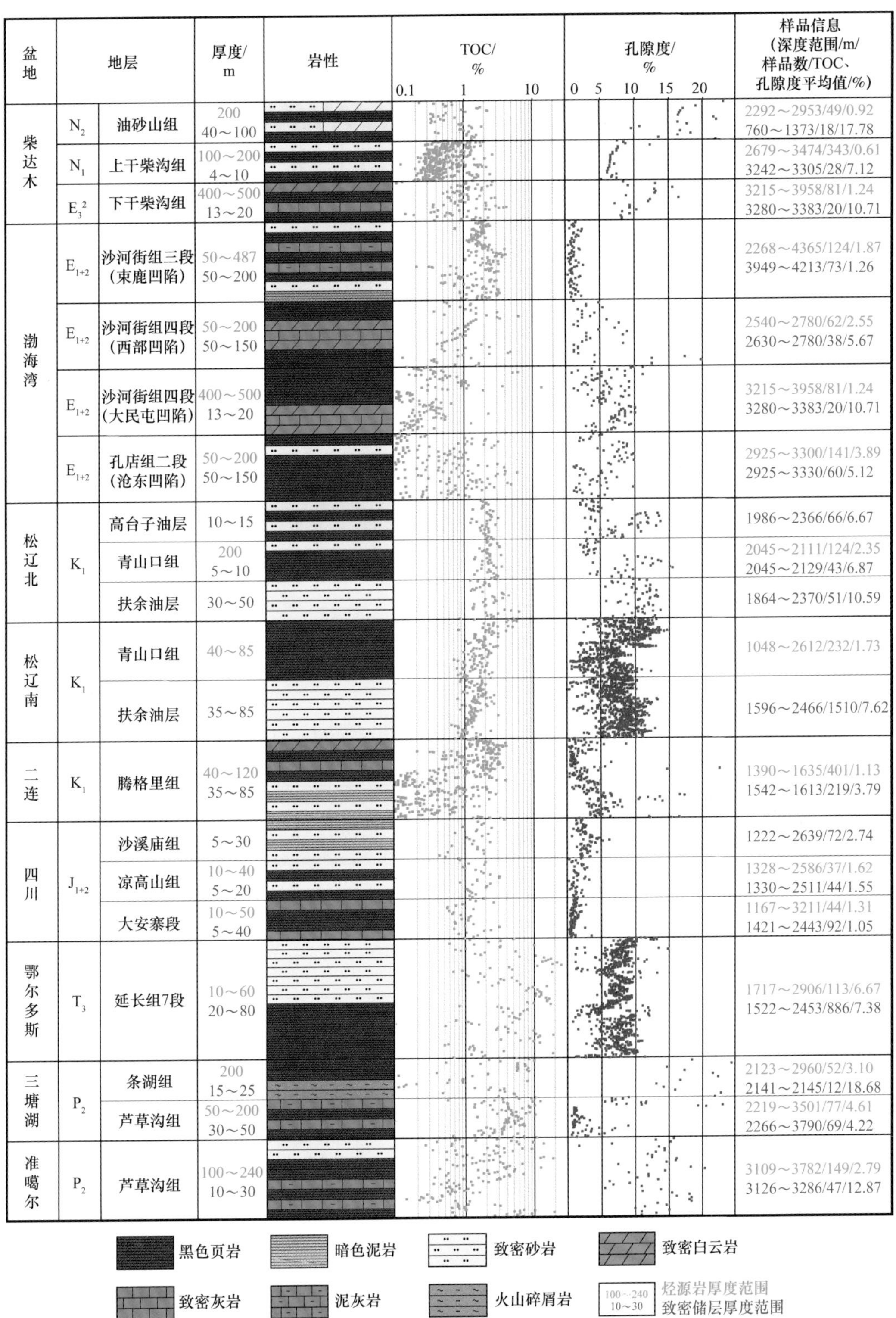

图 6–1–1　中国陆上致密油源储特征及组合

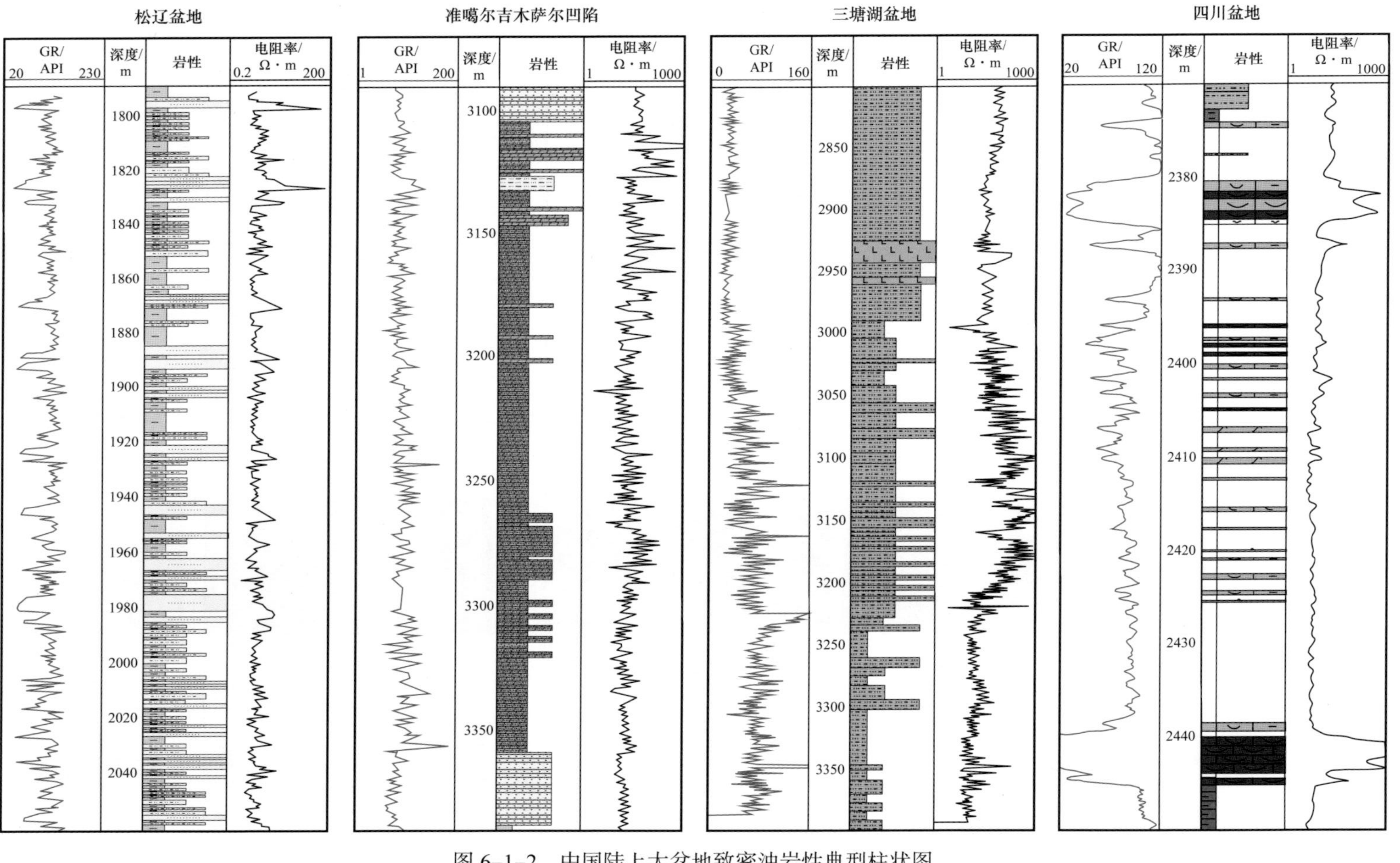

图 6-1-2 中国陆上大盆地致密油岩性典型柱状图

三、主要类型

根据页岩层系储层主要储集岩性的差异，将中国陆上致密油划分为“碎屑岩、混积岩—沉凝灰岩、碳酸盐岩”3 种主要类型（图 6-1-3、表 6-1-1、表 6-1-2）。其中碎屑岩、混积岩—沉凝灰岩是更为有利的储集岩性，碎屑岩型、混积岩—沉凝灰岩型是致密油资源的主体部分。

致密油类型	含油层系	岩性剖面	烃源岩TOC/%	储层孔隙度/%	源储组合	典型实例
碎屑岩	鄂尔多斯盆地长7段中上部	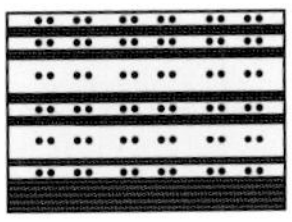	3～12	6～12	下生上储	新安边油田
	松辽盆地白垩系扶余油层		2～4	5～12	上生下储	乾安油田
	柴达木盆地上干柴沟组		0.3～1.2	5～10	下生上储	扎哈泉油田
混积岩—沉凝灰岩	准噶尔盆地芦草沟组	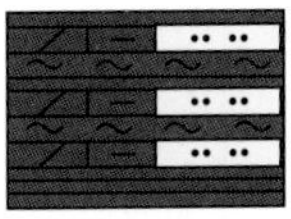	2～8	5～16	源储共存	吉木萨尔凹陷
	三塘湖盆地条湖组		2～8	10～25	下生上储	马朗凹陷
	渤海湾盆地孔店组二段		1～5	3～8	源储共存	马朗凹陷
碳酸盐岩	柴达木盆地下干柴沟组	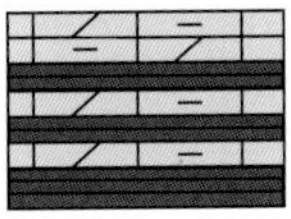	1～3	2～12	源储共存	英西地区
	四川盆地侏罗系大安寨段		1～3	1～2（介壳灰岩） 2～6（黑色页岩）	源储分离 源储一体	川中北地区
	渤海湾盆地沙河街组四段		1～4	3～7	下生上储	雷家地区

图 6-1-3 中国陆上致密油主要类型

表 6-1-1 中国石油陆上主要类型致密油代表性区带资源现状

致密油类型	盆地	凹陷/区带	含油层系	资源现状					
				勘探面积/km^2	资源规模/10^8t	三级储量/10^8t	剩余资源量/10^8t	甜点区面积/km^2	甜点区资源量/10^8t
碎屑岩	松辽	北部	泉头组四段	20000	12.7	6.8	5.9	3629	7.6
	松辽	南部	泉头组四段	15000	10.0	8.0	2.0	717	2.3
	柴达木	扎哈泉	上干柴沟组	1800	3.3	0.5	2.8	10.1	0.7
混积岩—沉凝灰岩	准噶尔	吉木萨尔	芦草沟组	1278	12.4	4.9	15.5	1017	11.1
	三塘湖	马朗—条湖	条湖组	580	1.4	0.5	0.6	164	0.77
碳酸盐岩	柴达木	英西	下干柴沟组	1600	3.3	1.2	2.1	62	0.6
	四川	中北部	大安寨段	8700	22.6	1.6	21	657	0.42

表 6-1-2 中国石油陆上主要致密油代表性区带油层特征

凹陷/区带	含油层系	岩性	油层特征						
			埋深/m	厚度/m	孔隙度/%	渗透率/mD	原油密度/g/cm³	原油黏度/mPa·s（50℃）	含油饱和度/%
松辽北部	泉头组四段	粉细砂岩	1700～2400	2～10	5～12	0.01～0.5	0.81～0.85	35～45	50～55
松辽南部	泉头组四段	粉细砂岩	1750～2500	8～20	5～12	＜1	0.82～0.86	20	40～50
柴达木扎哈泉	上干柴沟组	粉细砂岩	2700～3500	4～10	6～12	＜1	0.83～0.87	14～31	58～66
准噶尔吉木萨尔	芦草沟组	云质岩、砂质岩	2300～4500	20～50	5～16	＜0.1	0.88～0.92	50～123	60～85
三塘湖马朗—条湖	条湖组	沉凝灰岩	1400～3200	5～30	10～25	0.001～1	0.86～0.9	60～100	60～80
柴达木英西	下干柴沟组	礁灰岩、藻灰岩	3800～6000	2～20	2～12	0.02～1	0.82～0.88	4.2～53	52～79
四川中北部	大安寨段	黑色页岩	2000～2800	20～50	2～6	0.03～0.58	0.80～0.89	5～20	50～70

1. 碎屑岩致密油

以鄂尔多斯盆地上三叠统延长组7段中上部、松辽盆地白垩系泉头组四段、青山口组中上部为代表，陆源碎屑供给较为充足，主要为河流—三角洲—湖泊相碎屑岩沉积，具有河道摆动频繁、砂泥互层、砂多泥少的特点，甜点段储层主要为近供烃中心的曲流河砂体、三角洲平原河道砂、三角洲前缘分流河道砂、滨浅湖滩坝、砂质碎屑流等有利孔隙型砂岩。储集空间主要为剩余粒间孔、粒间溶蚀孔、粒内溶孔、微裂缝等（图6-1-4），偏光镜下孔径主要分布在1～50μm，高压压汞及气体吸附孔径10～300nm。

2. 混积岩—沉凝灰岩致密油

以新疆北部地区中二叠统芦草沟组和条湖组为代表，陆源碎屑供给相对不足，主要为三角洲—湖泊相混积岩沉积，受气候韵律性变化和水动力条件变迁、周缘火山、盆底热液、海水侵入等多因素综合影响形成的页岩层系，具有混合沉积、互层频繁、纹层叠置的特点，甜点段储层主要为近源或源内的富含砂质、凝灰质、云质等孔隙型混积岩和沉凝灰岩。储集空间主要为粒间溶蚀孔、粒内溶孔、微裂缝等（图6-1-4），偏光镜下孔径主要分布在50nm～50μm之间，高压压汞及气体吸附孔径主要在10～200nm之间。

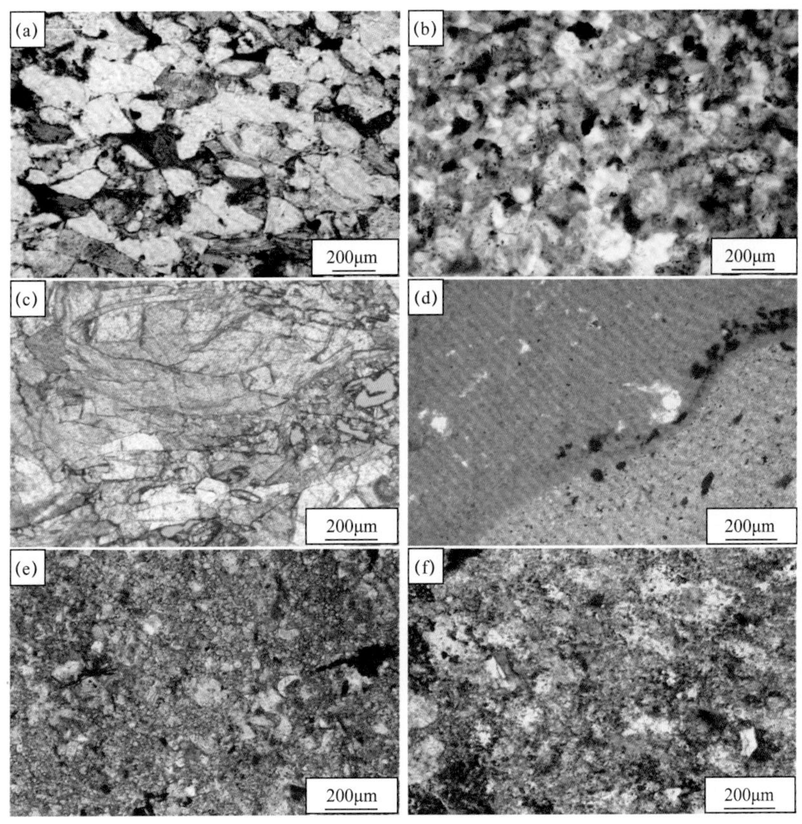

图 6-1-4　中国陆上主要类型致密油储层微观照片

（a）鄂尔多斯盆地三叠系延长组 7 段致密砂岩，宁 66 井，1517.41m，长石溶孔、少量粒间孔；（b）松辽盆地白垩系泉头组四段致密砂岩，乾 218 井，1795.8m，长石粒间孔、溶孔；（c）四川盆地侏罗系大安寨段结晶灰岩，磨 030-H31 井，1425.9m，粒间溶孔；（d）柴达木盆地新近系上干柴沟组藻团块灰岩，风西 101 井，2959.99m，溶蚀孔；（e）准噶尔盆地吉木萨尔凹陷二叠系芦草沟组致密混积岩，吉 174 井，3141.04m，火山碎屑型混积岩；（f）三塘湖盆地条湖凹陷条湖组沉凝灰岩，条 3402 井，3005.7m，火山尘凝灰岩溶蚀孔

3. 碳酸盐岩致密油

以柴达木盆地西南古近系下干柴沟组、四川盆地侏罗系大安寨段为代表，陆源碎屑影响较弱，主要为内陆湖盆湖侵体系域—高位体系域演化形成的内碎屑碳酸盐岩沉积，受物源供给、水体盐度、古气候等多因素影响，具有静水沉积、源储共生、局限分布的特点，甜点段储层主要为近源或源内的滨浅湖相礁灰岩、藻灰岩、介壳灰岩等，及半深湖—深湖相泥灰岩、页岩等。储集空间主要为粒间溶蚀孔、粒内溶孔、晶间孔、微裂缝等（图 6-1-4），偏光镜下孔径主要分布在 10～500nm 之间，高压压汞及气体吸附孔径主要在 6～100nm 之间。

整体上，中国陆上致密油储层为陆相页岩层系沉积体系，相比于北美海相页岩层系沉积体系，受构造作用影响更大，进而导致储层分布非均质性更强、地层压力应力更加多变，以及甜点区（段）评价预测、工程作业和试采开发难度更大，亟须深入实践中国特色的致密油地质工程一体化，支持致密油规模工业发展。

第二节　资源潜力评价与有利区优选

一、资源评价参数

近年来，含油气盆地致密油研究多集中于对致密油形成条件的研究、与国外典型致密油条件的对比、储层表征、资源评价、有利区优选评价等方面，初步开展了对致密油资源的分级评价工作，对评价参数及标准进行了探讨，总体分类评价参考要素主要包括生烃强度、储层岩石类型、储层有效厚度、储层物性、孔隙类型、含油饱和度等方面，这些研究或主要针对单个盆地，参数多而操作性不强，或试图建立一个统一的评价参数和体系，由于我国致密油为陆相背景，形成条件复杂多变，难以用一个标准去评价。因此根据各含油气盆地独特的石油地质条件，提取共性的关键参数，分地区开展分级评价有着重要意义。

致密油运移距离相对较短，形成和分布主要受构造背景、烃源岩、储层及源储配置控制，呈现在优质烃源岩发育区内连续或准连续分布，局部富集的特点，构造背景控制了烃源岩和储层发育的宏观特点，烃源岩、储层特征决定了致密油资源的规模和分布，源储配置关系可划分为源内型和源外型，这两类致密油在中国各大含油气盆地广泛分布。源内型和源外型致密油资源有着不同的分布与富集控制因素，分析其不同的控制因素、优选关键参数是对致密油资源开展分级评价的关键，明确致密油资源潜力和主要勘探方向。不论是源内型还是源外型致密油资源，分级评价都应该以烃源岩和储层这两个核心参数作为关键参数。

二、资源分级评价

1. 烃源岩分级评价

我国陆上沉积背景各异，相带类型多样，导致致密油烃源岩类型复杂多样，有机质丰度差异较大，热演化历史和母质类型也有一定差异，导致生烃门限和生烃总量方面也有较大差异。研究表明，陆相烃源岩分淡水—微咸水、微咸水以及半咸水—咸水 3 类，淡水—微咸水型最有利。

四川盆地侏罗系及鄂尔多斯盆地三叠系为淡水—微咸水环境。其中鄂尔多斯盆地长 7 段是晚三叠世的湖盆最大湖泛期，湖盆面积大，半深湖—深湖面积达 $6.52\times10^4km^2$，富有机质页岩发育，高丰度烃源岩分布广、生烃强度大、排烃能力强；四川盆地侏罗系虽然分布面积也很广泛，但母质类型和有机质含量相对较差。

松辽盆地青山口组沉积时为半封闭内陆微咸水湖盆，曾受到大范围海侵，青一段为湖盆最大湖泛期，湖盆面积达 $8.72\times10^4km^2$，自下而上由贫氧强还原环境演化为弱还原环境。

准噶尔盆地、三塘湖盆地二叠系及柴达木盆地古近系为咸化湖盆背景，炎热干旱古气候与咸水环境结合，有机质生产力较高，但湖盆面积较小，烃源岩品质变化较大。总体上准噶尔盆地、三塘湖盆地二叠系烃源岩有机质丰度和生排烃能力强于柴达木盆地古近系烃源岩。

这些主要含油气盆地致密油主力烃源岩的沉积环境、分布情况与生排烃条件差异明显，因此在致密油烃源岩分级评价时，很难用统一的地球化学参数去评价各种沉积背景下控制的烃源岩条件，应针对不同盆地根据实际情况选择不同的评价标准（表 6–2–1）。

表 6–2–1　重点盆地致密油主力烃源岩分级评价标准

盆地	地区	烃源岩	评价参数	分级标准		
				Ⅰ	Ⅱ	Ⅲ
鄂尔多斯	湖盆中部	长 7 段	TOC/%	>10	6～10	2～6
			R_o/%	>1.0	0.8～1.0	<0.8
			（S_1+S_2）/（mg/g）	30～80	10～30	5～10
松辽	北部	青一段、青二段	TOC/%	>2.0	0.6～2.0	<0.6
			R_o/%	≥0.75	0.50～0.75	<0.50
			（S_1+S_2）/（mg/g）	≥10	5.0～10	<5.0
	南部	青一段、青二段	TOC/%	>2.0	0.8～2.0	<0.8
			R_o/%	0.7～1.0	0.5～0.7	<0.5
			（S_1+S_2）/（mg/g）	>10.0	6.0～10.0	<6.0
准噶尔	吉木萨尔凹陷	芦草沟组	TOC/%	>3.5	2.0～3.5	1.0～2.0
			R_o/%	>1.0	0.9～1.0	<0.9
			（S_1+S_2）/（mg/g）	>30	10～30	<10
三塘湖	马朗、条湖凹陷	芦草沟组	TOC/%	>5.0	3.0～5.0	<3.0
			R_o/%	0.7～1.3	0.5～0.7	<0.5
			（S_1+S_2）/（mg/g）	>30	10～30	<10
柴达木	柴西南	上干柴沟组	TOC/%	>0.8	0.6～0.8	0.4～0.6
			R_o/%	0.8～1.0	0.7～0.8	0.5～0.7
			（S_1+S_2）/（mg/g）	>4.0	2.0～4.0	0.5～2.0
		下干柴沟组下段	TOC/%	>1.0	0.7～1.0	0.4～0.7
			R_o/%	0.8～1.3	0.7～0.8	0.5～0.7
			（S_1+S_2）/（mg/g）	>6.0	3.0～6.0	0.5～3.0
四川	川中	大安寨段	TOC/%	>2.0	1.5～2.0	1.0～1.5
			R_o/%	>0.9	0.7～0.9	0.5～0.7
			（S_1+S_2）/（mg/g）	>8	4～8	<4

以柴达木盆地古近系上干柴沟组致密油主力烃源岩为例。柴达木盆地古近系为咸化湖盆，虽然有机质丰度和成熟度均较低，但因具有母质类型好（Ⅰ—$Ⅱ_1$型为主）、生烃时间早（生烃高峰R_o=0.6%左右）、转化效率高（高于同类烃源岩20%以上）的特点，也形成了致密油资源规模聚集。柴达木盆地西南部上干柴沟组暗色灰质泥岩烃源岩机质类型主要为$Ⅱ_1$型，有机碳平均值为0.9%，S_1+S_2平均值为2.05mg/g，暗色泥岩有机质类型主要为$Ⅱ_2$—Ⅲ型，平均有机碳值为0.51%，S_1+S_2平均值为0.23mg/g，依据地球化学分析资料，确定柴西地区有效烃源岩TOC下限为0.4%，优质烃源岩TOC下限为0.6%。热演化程度总体不高，R_o大部分小于1.0%，热模拟分析表明，烃源岩在R_o=0.6%已开始大量生油，R_o=1.0%时达到最大生油量（350mg/g），R_o=2.0%生油趋于结束，进入大量裂解生气阶段，综合以上指标，建立了烃源岩分类评价标准。据此测算，TOC不小于0.6%的优质烃源岩厚度可达200～1000m，分布面积7203km^2，为致密油的形成与聚集提供了良好的物质基础。

2. 储层分级评价

中国陆上致密油储层岩石类型复杂，类型多样，分布较广，主要发育陆源碎屑岩、内源碳酸盐岩、火山源和混源4种沉积成因的储层，在晚古生代至新生代陆相盆地广泛分布，物性较差，尤其是四川盆地侏罗系大安寨段介壳灰岩，岩性致密，孔隙度普遍小于1%，渗透率普遍小于0.1mD。

与北美地区相比，中国陆相盆地由于构造背景多样，面积相对较小，沉积相带窄，岩性岩相变化快，分布稳定性差，以及构造活动性较强等因素，储层表现为更致密、单层厚度更薄、非均质性更强的特点。因此在进行储层评价时，需根据各盆地的具体情况，制定不同的分级评价标准，评价参数以孔隙度和渗透率参数为主，储层分级评价也是资源潜力分析的主要依据之一（表6-2-2）。

以准噶尔盆地吉木萨尔凹陷二叠系芦草沟组致密油储层为例。二叠系芦草沟组发育湖相云质混积岩致密油储层，岩性主要由砂屑白云岩、粉砂质白云岩/白云质粉砂岩和微晶白云岩组成，见少量粉砂岩和凝灰岩。储集空间以次生粒间溶蚀孔隙和部分剩余粒间孔隙为主，微裂缝仅在少数样品中发育。在查明芦草沟组岩石学与储集空间基本特征的基础上，综合储层的物性和含油性对储层进行了分类评价。

驱替实验法确定致密油储层孔隙度下限，即在常规蒸馏抽提洗油后，采用一定的驱替压力（最高20MPa）对不同孔隙度的样品进行驱替试验，实验结果以5%为界，孔隙度大于5%以上的储层内的油可以驱替，孔隙度小于5%的储层内油无法驱替，说明样品太致密难以产油，据此以5%作为有效储层孔隙度下限。再根据含油产状法等方法综合确定不同级别的储层评价参数（图6-2-1）。

Ⅰ类储层包含了全部的油浸级样品和部分油斑级样品，孔隙度大于12%，渗透率大于0.1mD。Ⅱ类储层包含了大部分油斑级和油迹级样品，孔隙度为8%～12%，渗透率为0.01～0.1mD。Ⅲ类储层包含部分油迹级和荧光级显示样品，孔隙度在5%～8%之间，渗透率介于0.005～0.01mD。

表 6-2-2　重点盆地致密油主力储层段分级评价标准

盆地	地区	储层	评价参数	分级标准		
				Ⅰ	Ⅱ	Ⅲ
鄂尔多斯	湖盆中部	三叠系长 7 段	孔隙度 /%	＞10	8～10	6～8
			渗透率 /mD	＞0.12	0.07～0.12	0.03～0.07
松辽	北部	白垩系扶余油层	孔隙度 /%	≥8	5～8	＜5
			渗透率 /mD	≥0.05	0.02～0.05	＜0.02
	南部	白垩系扶余油层	孔隙度 /%	＞9	5.5～9.0	＜5.5
			渗透率 /mD	＞0.2	0.04～0.2	＜0.04
准噶尔	吉木萨尔凹陷	二叠系芦草沟组	孔隙度 /%	＞12	8～12	5～8
			渗透率 /mD	＞0.1	0.01～0.1	＜0.01
三塘湖	马朗凹陷、条湖凹陷	二叠系条湖组	孔隙度 /%	≥18	8～18	＜8
			渗透率 /mD	≥0.1	0.01～0.1	＜0.01
柴达木	柴西南	古近系上干柴沟组	孔隙度 /%	≥7	2.0～7.0	＜2.0
			渗透率 /mD	≥0.01	0.001～0.01	＜0.001
		古近系下干柴沟组下段	孔隙度 /%	≥2.0	1.0～2.0	＜1.0
			渗透率 /mD	≥1.0	0.1～1.0	＜0.1
四川	川中	侏罗系大安寨段	孔隙度 /%	＞2.0	1～2	＜1.0
			渗透率 /mD	＞0.1	0.01～0.1	＜0.01

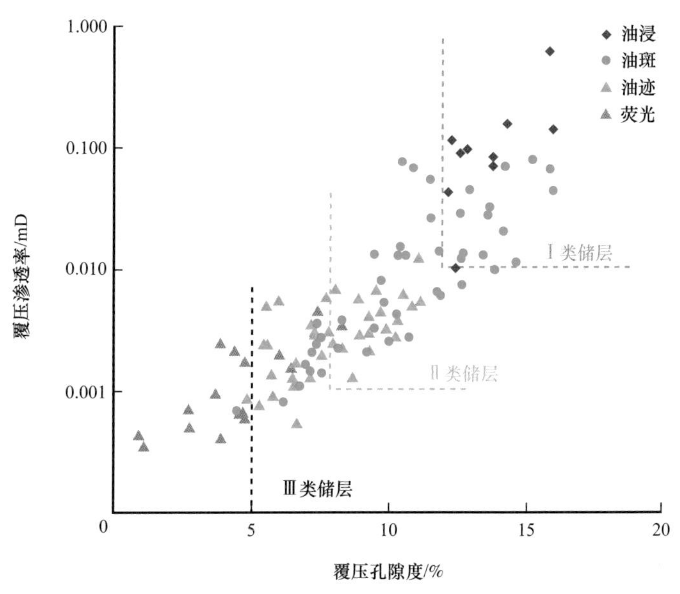

图 6-2-1　吉木萨尔凹陷芦草沟组致密油储层分级评价图

三、富集带优选

以烃源岩、储层分级评价结果与资源评价结果结合，可将致密油资源分为三级，在进行资源分级评价的时候，储层和烃源岩评价结果有差异，评价时以储层分级评价为主，参考烃源岩分级评价结果。一级致密油资源是勘探甜点区，也是近期可升级和动用资源，通常位于烃源岩和储层分级评价的Ⅰ类区，孔隙度大于8%，资源丰度较高，单井产量较高。二级致密油资源是勘探有利区，是目前难以动用但随着技术进步和经济条件改善有望动用的资源，通常位于烃源岩和储层分级评价的Ⅱ类区，孔隙度为5%～8%，资源丰度较低，单井产量较低。三级致密油资源则是勘探的前景区，是除去一级和二级致密油资源之外的其他部分，通常位于烃源岩和储层分级评价的Ⅲ类区，资源丰度很低，勘探程度和认识程度也很低，是需要长期探索的远景资源，孔隙度一般小于5%，单井产量普遍较低。

烃源岩和储层特征是致密油勘探潜力评价中最重要参数。通常根据储层物性、烃源岩厚度、有机碳、成熟度等参数划分致密油评价单元，根据储层条件、烃源岩条件和储盖配置条件等要素和解剖区对比，确定与刻度区的类比相似系数，结合体积法、资源丰度类比法、小面元法等资源评价方法，综合进行致密油资源潜力分析。烃源岩评价的参数主要包括TOC（%）、R_o（%）、S_1（mg/g）、S_1+S_2（mg/g）等；储层评价的参数主要包括有效孔隙度（%）、渗透率（mD）、含油饱和度（%）、可动油油饱和度（%）、主流喉道半径（nm）、脆性矿物含量（%）、黏土含量（%）、原油密度（50℃）（g/cm^3）、原油黏度（50℃）（mPa·s）、气油比（m^3/m^3）、压力系数、水平应力差（MPa）、天然裂缝发育程度等。

重点盆地致密油富集带优选结果见表6-2-3，重点盆地评选出致密油富集区带28个，资源规模60.59×10^8t。

通过开展资源分级评价标准及依据研究，进一步夯实了致密油目的层系储层分类分级评价标准及依据，并据此评价优选出规模资源有利区。（1）通过重点盆地致密油主力烃源岩有效分布面积、厚度、生烃强度、生烃量、TOC值、R_o值、S_1+S_2等主要参数，分类确定评价标准，开展分级评价，综合评价鄂尔多斯盆地长7段、松辽盆地青山口组、准噶尔盆地—三塘湖盆地芦草沟组、柴达木盆地E_3^2和N_1为Ⅰ类、Ⅱ类优质烃源岩。（2）通过重点盆地致密油目的层段储层岩性岩相、分布面积、厚度、孔隙度、渗透率、脆性指数等主要参数，分类确定评价标准，开展分级评价，综合评价鄂尔多斯盆地长7段、松辽盆地泉四段、准噶尔盆地芦草沟组、三塘湖盆地条湖组、柴达木盆地下干柴沟组、上干柴沟组为Ⅰ类、Ⅱ类优质储层。（3）通过重点盆地致密油烃源岩参数、储层参数、储量提交情况、资源有利区规模、已有钻探工作量等分析，综合评价致密油资源富集带资源规模60.6×10^8t（图6-2-2），评价识别出28个富集区带，主要分布在鄂尔多斯、松辽、准噶尔、渤海湾、三塘湖等大盆地富油气凹陷（表6-2-3），为致密油整体规划部署提供决策依据。

表 6-2-3　重点盆地致密油富集带基本情况

盆地 / 坳陷	主要区带（区块）	层位	勘探面积 / km^2	富集区带资源情况	
				富集带名称	资源量 /10^8t
松辽北部	三肇凹陷 大庆长垣 龙虎泡阶地	扶余	15616	三肇	4.95
				长垣	2.46
				龙虎泡阶地	3.75
	齐家中南部	高台子		齐家南	1.56
松辽南部	红岗阶地 扶新隆起带	泉四段	2600	大安—海坨子	2.72
				塔虎城	0.62
				新北	1.67
	长岭凹陷	泉四段	2800	乾安	1.87
				余字井	1.23
				大情字井	0.68
				孤店	1.17
准噶尔	吉木萨尔凹陷	芦草沟组	1278	芦草沟组上段	4.76
				芦草沟组下段	7.64
	玛湖西斜坡	风城组	2312	风城组一段	2.84
				风城组二段	4.70
				风城组三段	3.60
	石树沟	平地泉组	585	平地泉组一段	3.20
柴达木	柴西南碎屑岩	N_1	1800	扎哈泉地区	0.09
	柴西碳酸盐岩	E_3^2	1600	英雄岭地区	1.11
		$N_1—N_2$	4900	大风山地区	0.51
三塘湖	马朗—条湖凹陷	条湖组	580	条湖凹陷南缘条 8—条 19 区块	0.4
				马朗凹陷牛圈湖—马中区	0.48
		芦草沟组	993	条湖凹陷条 8—条 34 区块	0.57
				马朗凹陷牛圈湖—马中区	1.12
冀中	束鹿凹陷	沙三段	152	中洼槽	2.32
二连	阿南凹陷	腾一段	387	阿南洼槽	0.72
				哈南洼槽	0.56
四川	川中	大安寨段	5126	川中隆起带	3.29
总计			40729		60.59

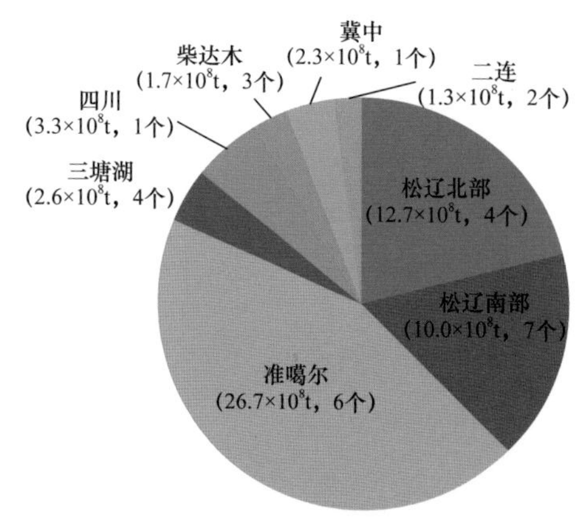

图 6–2–2　重点盆地富集区带资源规模及分布

鄂尔多斯、松辽、准噶尔、柴达木、三塘湖和四川等重点盆地富集带是近期致密油勘探的主体（表 6–2–3），其中一级致密油资源潜力合计达 59.6×10^8t，主要分布在鄂尔多斯盆地的陕北和陇东地区，松辽北部的长垣南部，松辽南部的红岗阶地、扶新隆起带、长岭凹陷，准噶尔盆地的吉木萨尔凹陷，柴达木盆地柴西南扎 2、扎 7 区块和柴西尕斯、红柳泉、英西地区，三塘湖盆地的马朗凹陷、条湖凹陷以及四川盆地的川中地区。

第三节　储层甜点区（段）评价预测

寻找甜点区和甜点段是致密油勘探的主要任务。评价陆相致密油甜点区（段），需要重点在烃源岩、储层、构造背景等地质要素研究基础上，综合评价出资源潜力区，优选出制约致密油富集的核心要素，进而确定不同探区致密油优先发展的区带和层段。基于大量室内岩心分析测试数据、测井地震响应资料、生产测试数据等统计分析，通过实例解剖中国陆上重点盆地高勘探开发程度区致密油，发现致密油富集区普遍位于富油气凹陷，成藏条件优越，储层品质是控制致密油富集的第一共性地质因素。如松辽盆地南部乾安地区泉头组四段，位于生烃中心，具鼻状构造背景，Ⅰ砂层组水下分流河道砂体和Ⅱ—Ⅳ砂层组分流河道砂体是致密油富集的主要控制因素；如柴达木盆地西南扎哈泉地区上干柴沟组，位于斜坡—凹陷背景下的古隆起区，源储互层叠置发育，坝中砂体中—粗砂岩有利储层控制致密油富集；如准噶尔盆地东部吉木萨尔凹陷芦草沟组，源储一体，构造稳定平缓，粉—细砂岩、云质粉细砂岩、砂质云岩等相对优质储层成为致密油富集的决定性地质因素；如三塘湖盆地马朗凹陷条湖组，通源断裂下生上储有利成藏条件，近火山口稳定湖盆区沉凝灰岩储层集中发育区往往是致密油富集区；如四川盆地桂花油田大安寨段，紧邻浅湖生烃凹陷，源储侧向直接接触，介壳灰岩、泥页岩等相对优质储层发育区一般富集致密油。综上，储层甜点的评价是致密油甜点区（段）评价的核心内容。

致密油储层甜点，是指富油气凹陷页岩层系发育区（段），处于主力生油窗口，具有石油充注程度高、储层整体含油气、油气大面积连续分布的有利成藏条件。储层品质成为油气富集的第一关键因素，依靠水平井体积压裂等现有技术，厚度大、物性好、含油饱和度高、脆性矿物含量高、微裂缝发育、较小水平应力差的储层发育区（段），往往是致密油优先勘探开发的富集目标区（段）。含油致密储层甜点包括“地质、工程、经济”三个甜点品质：地质甜点着眼于储层、超压与裂缝等综合评价；工程甜点着眼于埋深、岩石可压性、地应力各向异性等综合评价；经济甜点着眼于资源规模、埋深、地面条件等评价（表 6–3–1）。

表 6-3-1 陆上主要类型致密油代表性区带储层甜点参数

储层类型	陆源碎屑沉积为主				内碎屑沉积为主				混积岩为主		
分布单元	鄂尔多斯盆地中南部	松辽盆地北部	松辽盆地南部	柴达木盆地西南扎哈泉地区	四川盆地中部	柴达木盆地西南英西地区	渤海湾辽河坳陷雷家地区	渤海湾冀中坳陷束鹿凹陷	准噶尔盆地吉木萨尔凹陷	渤海湾黄骅坳陷沧东凹陷	三塘湖盆地马朗—条湖凹陷
地层	三叠系延长组 7 段	白垩系泉头组四段	白垩系泉头组四段	新近系上干柴沟组	侏罗系大安寨组	古近系下干柴沟组	古近系沙河街组四段	古近系沙河街组三段	二叠系芦草沟组	古近系孔店组二段	二叠系条湖组
埋深 / m	1000～3000	1700～2500	1750～2650	2700～3500	1500～3000	3200～4800	2800～3200	3200～5000	1500～4000	2600～4200	1800～5000
储层厚度 / m	5～30	5～15	10～25	4～10	20～50	10～20	20～40	50～100	20～50	50～100	5～25
有利储层相带	三角洲平原—前缘、半深湖—深湖重力流	三角洲平原—前缘、半深湖—深湖重力流	三角洲平原—前缘	滨浅湖滩坝	滨湖—半深湖	半深湖灰云坪	浅湖—半深湖	半深湖—深湖	浅湖—半深湖	浅湖—半深湖	近火山口火山碎屑岩相
储层岩性	粉—细砂岩	粉—细砂岩	粉—细砂岩	粉—细砂岩	介壳灰岩	灰云岩	云质泥岩、泥质云岩	泥灰岩、砾岩	云质岩、砂质岩等	云质岩、砂质岩等	沉凝灰岩等
储集空间	微米—纳米级孔喉系统	微米—纳米级孔喉系统	微米—纳米级孔喉系统	微米级孔喉系统	纳米级孔喉系统	微米级孔喉系统	微米级孔喉系统	纳米级孔喉系统	百纳米级孔喉系统	百纳米级孔喉系统	百纳米级孔喉系统
储层甜点参数 / 地质甜点参数	沉积特征、物性特征、孔隙类型、孔隙结构、裂缝密度、隔层厚度等	小层沉积特征、储层厚度、岩性、物性、构造条件、断裂特征等	小层沉积特征、储层厚度、岩性、物性、构造条件、断裂等	沉积特征、储层厚度、岩性、物性、孔隙结构、构造条件等	沉积特征、储层厚度、岩性、孔隙性、构造条件、裂缝等	沉积特征、储层厚度、岩性、孔隙性、构造条件、裂缝等	沉积特征、储层厚度、岩性、孔隙性、构造条件、裂缝等	沉积特征、储层厚度、岩性、孔隙性、构造条件、裂缝等	沉积特征、储层厚度、岩性、物性、孔隙特征、裂缝特征等	沉积特征、储层厚度、岩性、物性、孔隙特征、裂缝特征等	岩相特征、储层厚度、岩性、物性、孔隙特征、裂缝特征等

续表

储层类型		陆源碎屑沉积为主				内碎屑沉积为主				混积岩为主		
储层甜点参数	测井甜点参数	岩性、物性、砂体结构、孔隙结构、岩石脆性、裂缝及地应力等	岩性、孔隙性、岩石脆性、裂缝及地应力、含油性等	岩性、孔隙性、岩石脆性、水平应力差、含油性等	岩性、孔隙性、脆性、地应力特征、含油性、可动油等	基质孔隙度、岩性、裂缝、裂缝孔隙度、含油性、水平应力差等	成像孔隙结构、裂缝孔隙度、基质储层因子、脆性、应力特征等	岩性、孔隙性、裂缝、脆性、地应力各向异性、含油性等	岩性、孔隙性、裂缝、脆性、地应力各向异性、含油性等	优势岩性、孔隙性、脆性、裂缝、水平应力差、含油性、可动油等	岩性、层理结构、声波时差与密度交会、阵列感应电阻率频率结构等	岩性、孔隙性、孔隙结构、裂缝、水平应力差、含油性、可动油等
	地震甜点参数	时间域特征、频率域特征、叠前高亮体特征、岩石力学脆性指数等	振幅反射特征、最大振幅属性、波形指示反演、电阻率反演等	波形特征、振幅属性、时间域波阻抗反演、深度域伽马反演等	波形特征、均方根振幅属性、流体活动性属性等	波组组合特征、纵波速度、叠后裂缝预测等	叠前时间域特征、纵横波阻抗反演、蚂蚁体裂缝预测等	叠前时间域特征、岩石弹性参数、波阻抗反演、纵横波速度比反演等	电阻率拟声波反演、叠前弹性反演、均方根振幅属性等	波形特征、甜点振幅特征、均方根振幅属性、弧长属性等	波形特征、振幅特征、波阻抗反演、电阻率反演等	波形特征、叠前高亮体特征、波阻抗反演、绝对阻抗属性等
成效		城96井等多个“七性”评价铁柱子，落实甜点区面积约3000km^2	源63等多个“七性”评价铁柱子，落实规模甜点区23个	让平15井等多个“七性”评价铁柱子，落实可动用甜点区面积约300km^2	扎平1井等“七性”评价铁柱子，落实甜点区面积约80km^3	龙浅2井等“七性”评价铁柱子，落实规模甜点区5个	狮42井等“七性”评价铁柱子，落实甜点区面积约200km^3	雷88井等“七性”评价铁柱子，落实甜点区面积约300km^3	束探1井等“七性”评价铁柱子，落实甜点区面积约200km^4	吉174等多个“七性”评价铁柱子，落实甜点区面积约1000km^2	官108-8井等“七性”评价铁柱子，落实甜点区面积约200km^2	芦1井等多个“七性”评价铁柱子，落实甜点区面积约300km^2

中国陆相含油致密储层类型较多，总体呈现岩性杂、物性差、非均质性强、各向异性强、弹性复杂多变、分布面积相对较小、资源丰度较低等特点。含油致密储层甜点评价，三项主要任务是地质评价优选储层段、测井评价识别甜点段和地震评价预测甜点区。地质评价一般包括沉积相带、储集体结构、岩矿组成、物性特征、孔隙结构、脆性特征、裂缝及地应力、含油性、构造条件等参数，测井评价一般包括岩性、孔隙性、电性、脆性、裂缝、岩石力学、地应力各向异性等参数，地震评价一般包括叠后—叠前资料多属性、多反演技术等预测裂缝、岩性、物性、地应力、脆性、地层压力等参数及方法（表 6–3–1）。在陆相富油气凹陷页岩层系中，开展综合研究，优选出敏感参数，准确评价识别出相对较好品质的储层，圈定出甜点段和甜点区，对明确致密油有效作业靶区、提高钻井和压裂成功率、提高单井和区块产量及采收率，发挥着十分重要的先导和支撑作用。

以松辽盆地南部白垩系泉头组四段含油致密储层为例阐述。泉头组四段大面积连片发育三角洲平原河道砂体和三角洲前缘水下河道砂体，河道主要由西南向东北呈条带状展布，多个单期河道叠加、切割而成复合河道；平面上，小层砂岩呈条带状、网状展布，砂体延伸方向大致为西南—北东向，小层砂岩厚度一般 4～10m，大多发育 2～3 个单砂层，单砂层厚度一般 2～8m；纵向上，砂岩多期河道叠加或切叠，顺物源方向砂体连通性好，切物源方向砂体连通性相对较差，河道变化快，单井一般发育 6～12 个单砂层，单砂体厚度一般 2～8m，累计厚度一般 20～55m。依据砂体规模、单砂厚度、储层物性、油气显示、油层厚度、识别难度等优选地质储层甜点，泉头组四段包括上部水下分流河道砂层组和下部叠置分流河道砂层组两个储层甜点（图 6–3–1）。依据储层厚度、岩性、砂地比、常规电性、孔隙度、脆性、孔喉结构等参数响应特征，结合岩石物理实验，建立了“七性”测井定量分级评价标准体系，综合识别储层甜点段（图 6–3–2）。泉头组四段上部储层甜点与青山口组页岩层系直接接触，顶界面在地震剖面上反射能量强，表现为一个相对较强的相位组成的反射波组，连续性好，容易对比追踪。上下两个储层甜点同相轴连续，层间信息丰富，断点清晰可靠，可对比追踪，满足构造解释需要，利于储层甜点预测（图 6–3–3）。依靠深度域三维地震资料，依据储层厚度、储层物性、波形特征等参数响应特征，开展相控储层甜点参数预测，建立了河道砂体储层甜点地震分级评价标准体系，综合预测上段可作业储层甜点区约 300km^2 和下段可作业储层甜点区约 230km^2。储层甜点描述精度逐年不断提高，有效支撑了水平井导向，确保了试验区产能效果。

围绕陆相含油致密储层复杂的岩性特征、特殊的物性特征、难以识别的含油气特征和对工程参数计算的迫切要求，近年来重点页岩层系储层甜点攻关取得重要进展，形成了系列配套技术。

（1）陆源碎屑致密砂岩储层：① 松辽盆地北部针对白垩系泉头组四段、青山口组二段和三段薄储层难题，在大庆长垣、三肇、齐家、龙虎泡地区开展地震资料处理解释攻关，形成了一套薄互层砂体识别和储层甜点预测地震处理解释技术，有效支持了致密油勘探开发部署。② 松辽盆地南部在泉头组四段储层建模和“七性”评价基础上，重点选取反应储层品质和工程品质的敏感参数，构建了地质甜点和工程甜点评价指数，开展甜

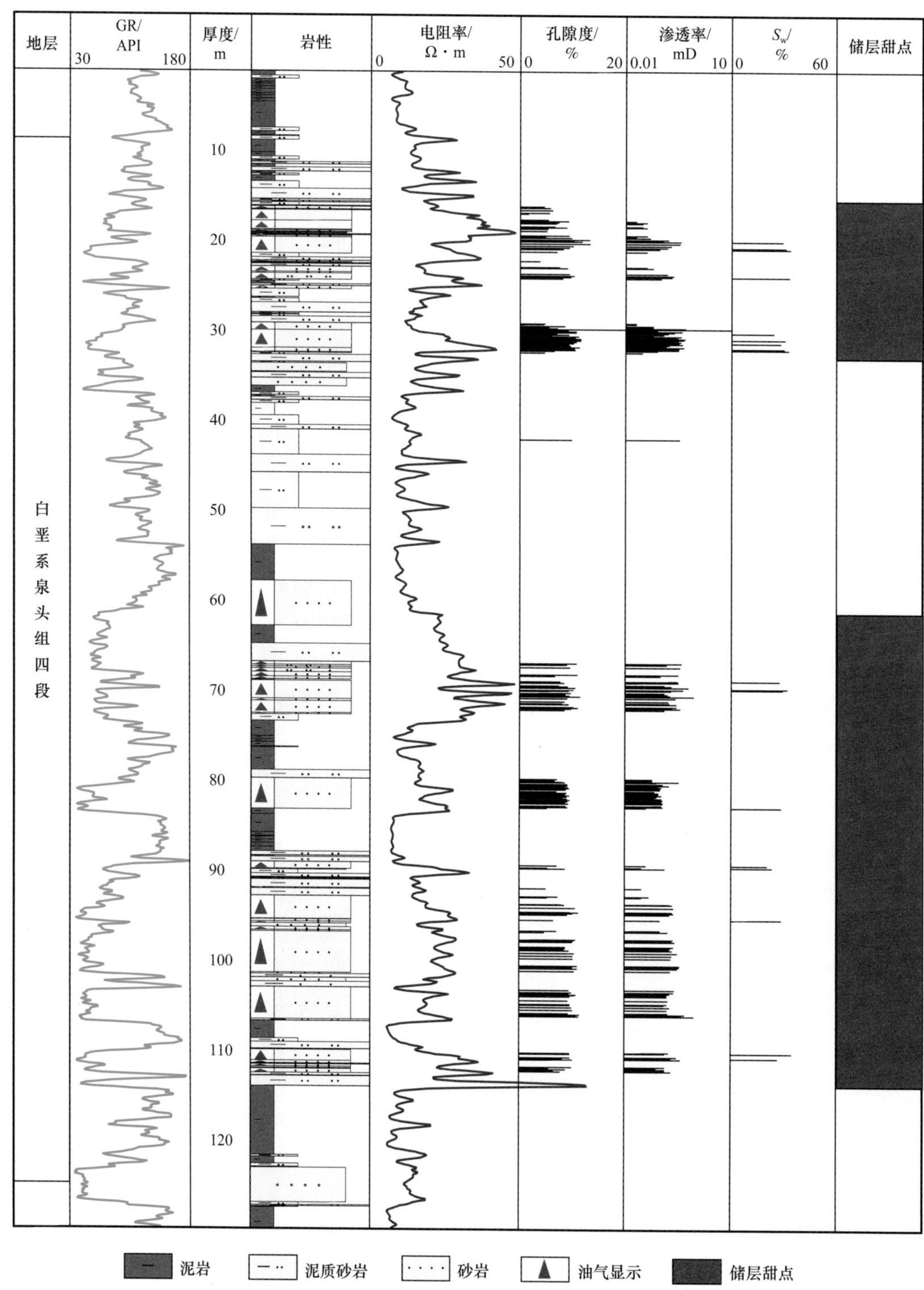

图 6-3-1 松辽盆地南部泉头组四段含油致密储层甜点综合柱状图

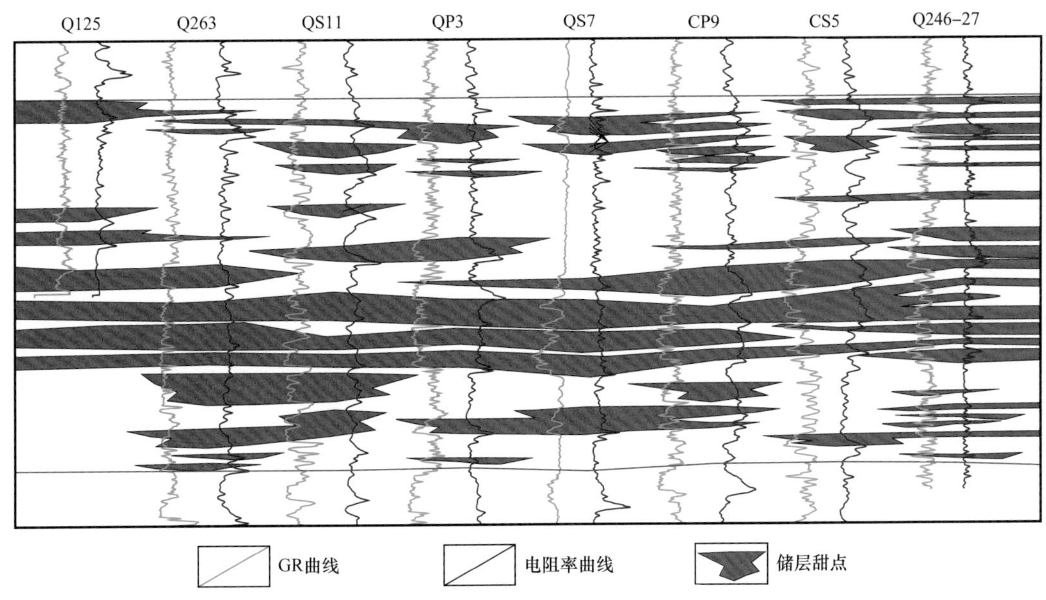

图 6-3-2 松辽盆地南部泉头组四段含油致密储层甜点连井剖面图

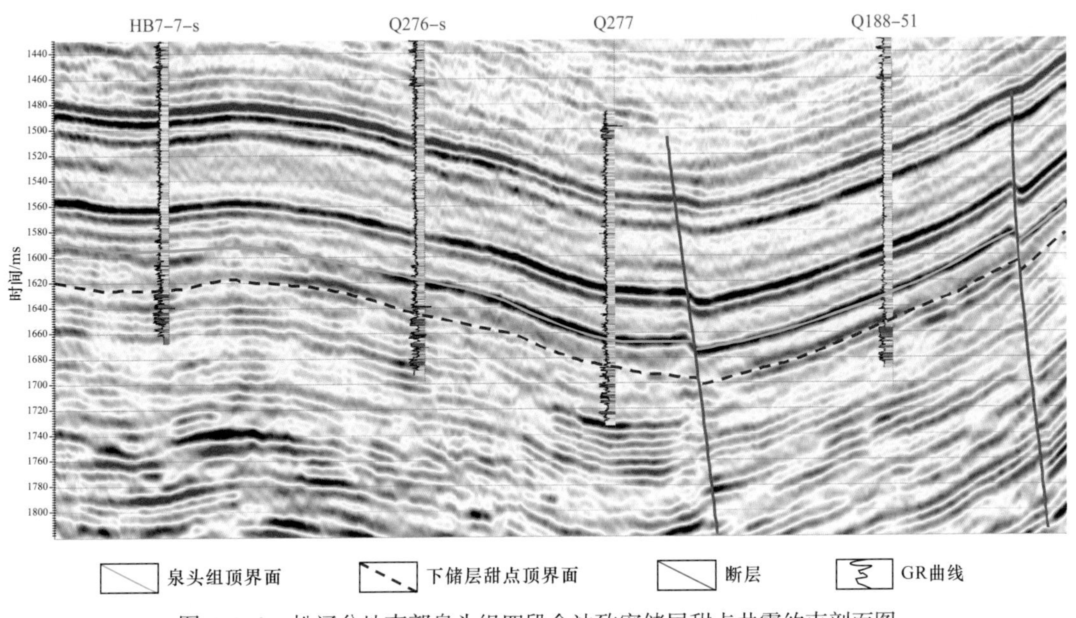

图 6-3-3 松辽盆地南部泉头组四段含油致密储层甜点井震约束剖面图

点评价及分类研究，确定了小层甜点空间展布，优化射孔段、射孔簇，为提高水平井优质钻遇率和后期水平井压裂施工提供了技术支持。

（2）内碎屑致密碳酸盐岩储层：① 柴西南以叠后、叠前两套数据体为基础，井震结合，形成了地质地震多手段、多信息联合，多属性预测储层甜点配套适用技术；② 四川盆地大安寨段开展了致密油和页岩油“甜点区（段）”评价标准、识别与预测；③ 华北探区探索形成了以“优质烃源灶精细刻画—致密储层甜点预测—地层可压性评价”为核心的地质地球物理致密油气“甜点区”预测评价技术。

（3）致密混积岩储层：① 吉木萨尔凹陷芦草沟组据核磁共振测井识别储层甜点段，井震结合精细解释，开展甜点段纵向识别、横向对比与预测，实钻井约束定量预测编制上、下甜点段工业图件；② 三塘湖盆地条湖组形成了凝灰岩致密油“七性关系”评价技术、“模式控区带、参数控质量、融合控甜点”甜点评价预测技术规范、分类标准及技术手册。

含油致密储层甜点地震评价主要有岩性杂、物性差、含油响应弱、工程参数要求高4项挑战。致密储层主要是湖相三角洲前缘—前三角洲、半深湖—深湖相重力流等环境沉积的细砂岩、粉砂岩、泥质粉砂岩、云质岩、泥灰岩等复杂岩性，影响因素多变复杂；储层物性普遍偏差且横向变化快，储集体连通情况复杂，成岩改造作用强烈；储层含油与含水弹性差别很小，地震资料分辨率低、预测多解性强；工程甜点靶区优选、水平井轨迹设计、储层压裂改造、开发井网设计等对地层压力、地应力、脆性等储层工程参数提出更多要求。因此，需基于多属性、多方法综合评价预测陆相含油致密储层甜点：（1）解释评价控制井测井数据，如基于元素俘获测井的岩性识别、基于核磁共振测井的孔隙性解释等，明确含油致密储层“甜点段”特征，进一步通过岩石物理分析与建模，明确储层岩性、物性、含油性、脆性等因素的弹性特征；（2）基于地震资料精细构造解释和沉积分析，准确表征致密目的层构造沉积特征；（3）基于构造解释结果对地震数据体进行地震属性提取和地震反演；（4）基于测井甜点段评价数据，结合构造特征、沉积微相、储层岩性、物性、含油性、脆性、裂缝各向异性、地应力、地层压力等甜点参数进行综合评价预测。

按照致密油烃源岩、储层分级评价标准（参见表6-2-1、表6-2-2），开展了中国致密油甜点区评价优选。Ⅰ、Ⅱ级储层分布区是致密油甜点富集区，评价落实有利甜点区55个，分布面积7646km^2，资源规模32×10^{8}t，主要分布在松辽、鄂尔多斯、准噶尔等盆地，目前已建设试验区29个（表6-3-2）。

表6-3-2　2016—2020年重点盆地致密油甜点区评价结果

盆地/坳陷	层位	区带名称	三维地震区面积/km^2	甜点区编号	甜点区名称	甜点区面积/km^2	甜点区资源量/10^{8}t
松辽北部	扶余	中央凹陷区	11719	1	树14	198.8	0.52
				2	肇平2	121.0	0.25
				3	肇平8	146.5	0.25
				4	肇平11	182.1	0.41
				5	葡471	128.0	0.22
				6	肇平22	192.1	0.61
				7	源16	356.7	0.98
				8	肇平25	222.2	0.73

续表

盆地 / 坳陷	层位	区带名称	三维地震区面积 / km^2	甜点区编号	甜点区名称	甜点区面积 / km^2	甜点区资源量 / 10^8t
松辽北部	扶余	中央凹陷区	11719	9	敖平 2	394.0	0.47
				10	大 424	111.2	0.06
				11	垣平 1	256.6	0.41
				12	高 17	133.1	0.15
				13	太 21	145.1	0.17
				14	龙 26	17.3	0.03
				15	龙 23	50.8	0.07
				16	塔 28	158.4	0.52
				17	塔 161	24.6	0.10
				18	哈 12	74.3	0.16
				19	英 142	120.0	0.19
				20	英 77	41.9	0.04
松辽南部	扶余油层	红岗阶地扶新隆起带	5200	21	乾 246—让 70	379.0	1.30
				22	查 25	72.0	0.30
				23	黑 179	32.0	0.10
		长岭凹陷		24	乾 216	34.0	0.10
				25	新 362	89.0	0.25
				26	红 152—红 89	84.0	0.20
				27	嫩 9	27.0	0.05
准噶尔	芦草沟组	吉木萨尔凹陷	852	28	芦草沟组上段	342.8	4.46
				29	芦草沟组下段	673.7	6.66
	风城组	玛湖西斜坡风城地区	963	30	风城组一段	358.0	2.11
				31	风城组二段	406.0	3.51
				32	风城组三段	291.0	2.69
柴达木	N_1	柴西南碎屑岩	1800	33	扎 401 区块	5.1	0.02
	E_3^2	柴西碳酸盐岩	1600	34	狮 52 区块	36.1	0.31
				35	狮 49 区块	12.1	0.14
				36	狮 41 区块	9.7	0.16
	$N_1—N_2$	柴西碳酸盐岩	4900	37	风西区块	87.5	0.51

续表

盆地/坳陷	层位	区带名称	三维地震区面积/km^2	甜点区编号	甜点区名称	甜点区面积/km^2	甜点区资源量/10^8t
三塘湖	条湖组	马朗—条湖凹陷	2622	38	条19—条34区块	51.7	0.20
				39	条5区块	29.2	0.10
				40	条8区块	23.8	0.10
				41	牛圈湖区块	32.6	0.16
				42	马中区块	68.3	0.32
	芦草沟组	马朗—条湖凹陷	2622	43	ML1区块芦一段凝灰岩	66.9	0.10
				44	牛圈湖—ML1芦二段沉凝灰岩	351.6	0.55
				45	条8—条25区块芦二段沉凝灰岩	227.3	0.36
				46	条5—条7区块芦二段玻屑凝灰岩	30.3	0.05
				47	条34区块芦二段玻屑凝灰岩	66.9	0.10
冀中坳陷	沙三段下亚段	束鹿凹陷	895	48	束探3	17.6	0.06
				49	晋100	26.2	0.05
				50	晋古11	19.9	0.08
				51	晋67	18.7	0.04
				52	晋97	14.5	0.02
				53	晋古3	29.2	0.06
				54	晋古2	44.8	0.07
四川	大安寨段	川中	13812	55	川中页岩油	512.6	0.329
总计						7645.8	31.96

第四节　勘探开发关键技术总体进展

一、“进（近）源找油”及地质工程一体化内涵

致密油是国内“进（近）源找油”的主要对象。“进（近）源找油”有两个内涵，找出“甜点区”和采出“甜点体”（图6-4-1）。中国陆上含油页岩层系大面积连续分布，总

体厚度大，油气贴近烃源或生烃层系内部分布，资源规模大，但含油丰度较低，需要准确的地质评价和精细的物探识别，找出找准含油储层“甜点区”；含油页岩层系一般储层致密、地层能量不足，无稳定自然产能，渗流能力较差，需要制定系统的人工干预方案，打进甜点层、压好甜点段，平台式工厂化作业，多井多层立体联动，形成“人工渗透率”，制造“人工甜点体”，开发“人工油气藏”。致密油实现“进（近）源找油”，地质工程一体化是“杀手锏”，追求地质物探上看对看清、钻井改造上打准压开、油藏开发上高产稳产。

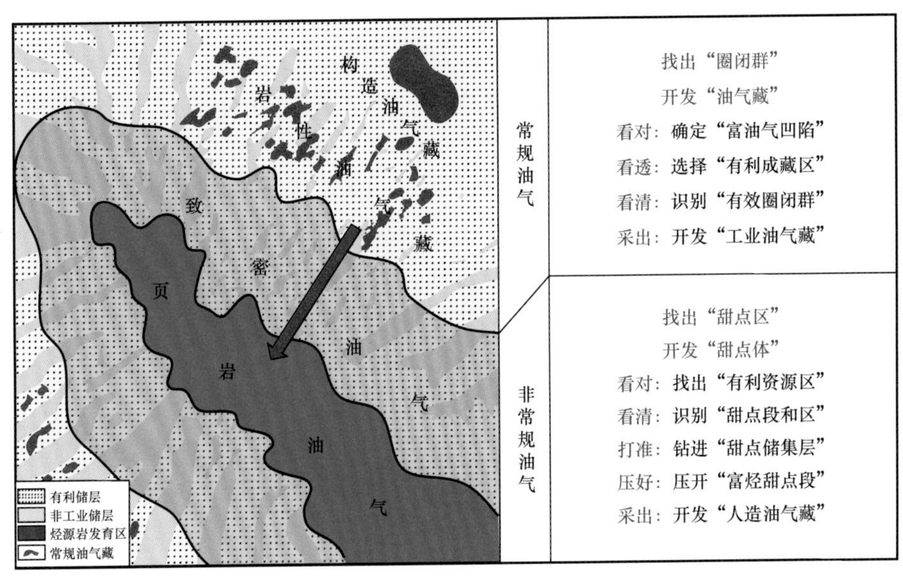

图 6-4-1　致密油“进（近）源找油”内涵

致密油地质工程一体化，就是针对陆相含油页岩层系储层，以甜点区（段）评价识别为基础，以甜点体高产稳产为目标，以“逆向思维设计、正向作业施工”为工作指南，坚持地质设计与工程实践一体化组织管理，做好甜点区（段）评价刻画和“人工油藏”制造开发两篇文章，最终把蓝图设计转化为工程作业、转化为效益产量的系统工业过程。

二、地质工程一体化进展

中国石油探区“十三五”以来，不同类型致密油地质工程一体化工业探索均取得积极进展，以下分地质评价预测、工程关键技术和主要管理举措 3 个方面展开叙述。

1. 碎屑岩致密油地质工程一体化的主要进展

碎屑岩致密油在松辽盆地白垩系扶余油层、鄂尔多斯盆地三叠系延长组 7 段、柴达木盆地西南部扎哈泉新近系上干柴沟组等地质工程一体化实践取得重大进展。

1）松辽盆地南部吉林探区致密砂岩油

（1）地质评价预测方面。扶余油层纵向上划分为 4 个砂层组，下部为 3 个三角洲平原相分流河道砂层组，上部为 1 个三角洲前缘水下分流河道砂层组。致密油富集主控因素为供烃中心、鼻状构造背景、通源断裂、叠置厚储层、高气油比等，主要聚集于上部近源砂层组和下部中间富砂砂层组。建立了测井与岩石物理结合“七性”评价技术，多参数融合，实现了有效分级评价甜点段。应用针对性能量补偿、叠前相对保持提高分辨率处理、针对储层地震响应目标处理3项技术，物探地质综合质控，获得保幅、高分辨率地震数据；分级建立地震复波识别和波形约束地质统计反演技术，分区分类识别主砂带，提高了纵横向分辨率，有效落实了甜点区分布。（2）长岭凹陷乾安地区为试验建产的重点示范区，2015年以来基于测井“七性”定量刻画、井震约束薄互层主河道砂体三维预测数据体，形成了4项关键工程技术。一是水平井设计技术，应用水力裂缝监测、地层倾角测井、列阵声波测井、地应力预测等资料确定水平井方位，根据甜点储层分布特征“一区一策”优化水平井井位部署，针对不连续储层“一井一策”个性化设计优化水平段轨迹设计，结合沉积相带地震深度域平剖面精确地质导向，实现砂层和油层钻遇率均在95%以上。二是形成二开浅表套水平井钻完井技术，钻井周期缩短近50%，钻速提高30%以上，固井质量合格率100%，单井钻井投资降低44%，实现了降本提速。三是形成“甜点段”+密切割体积压裂技术，理论研究与矿场实践相结合，优化水平井体积压裂关键参数，持续优化压裂工艺，实现增大改造体积、蓄能提压、渗吸置换三重功效，地层压力提高33%，见油周期缩短42天，自喷周期大于500天，水平井提产能力不断增强（图6-4-2）。四是加强开发前期试验，优化水平井开发单元、井排距，井网设计与地质、工程改造规模相匹配，倒算油藏工程设计方法，确保方案设计可操作性和到位率，保障储量动用及效益最大化。（3）两条主要管理举措。一是打破条块化传统管理模式，创新一体化管理模式，降本增效；二是分解单井投资构成，市场化运作，降低双方运行成本，达到双赢。通过深入的地质工程一体化实践，致密油已成为吉林油田中长期发展的重要接替资源，预计“十三五”末将探明亿吨级致密油储量，有望建成百万吨产能规模。

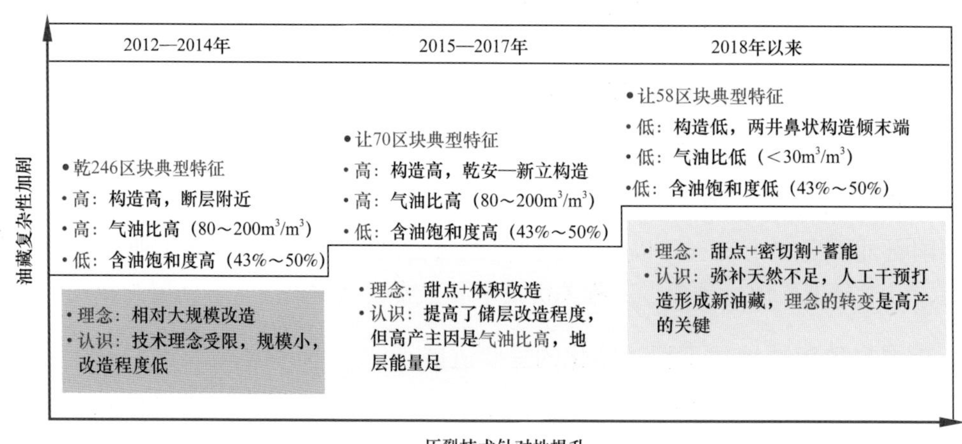

图6-4-2 松辽盆地南部吉林探区扶余油层致密油水平井储层改造技术发展路线

2）松辽盆地北部大庆探区致密砂岩油

（1）地质评价预测方面。扶余油层纵向上划分为7个砂层组，发育大型河流—浅水三角洲沉积体系，主要储集砂体类型为曲流河、网状河及分流河道等，坳陷区广泛分布。致密油富集受控于有利相带厚层储层、源储叠合区、通源断裂、埋藏深度等因素，主要聚集于中部以三角洲前缘河道砂储层为主的3个砂层组。建立了以实验数据约束的测井“七性”参数定量评价方法，有效识别出含油“甜点段”。区域上根据砂体成因，应用地震多属性优选分析技术，优选砂体厚度敏感的均方根振幅等属性，多方法反演比对，形成地震储层预测和砂体精细刻画方法，精细描述“甜点区”分布。（2）两类开发模式工程关键技术。“十三五”大庆油田采用水平井体积压裂和直井大规模压裂两种不同的开发模式，开展了10个水平井体积压裂和5个直井大规模压裂的现场试验，取得了积极进展。如芳198–133水平井试验区，把握储层和产能两个关键参数，优选有利目标区；选好资料、用对属性，刻画甜点储层，精细钻井跟踪导向，提高有效钻遇；精细压裂设计，减小缝间距，增大砂液比，提高裂缝波及范围及导流能力；平台布井、优快钻井、连续压裂，采用“工厂化”施工模式，实现控投资提效率；通过一体化攻关，实现砂岩钻遇率91.2%，含油砂岩钻遇率88.1%，初产油32.7t/d，平均产油14t/d。如塔21–4直井试验区，立足沉积微相开展储层精细分类评价，制定多轮次地震预测方案，不断提高储层跟踪预测精度，支撑平均单井钻遇有效厚度10.0m/9.9层；形成斜直井多层缝网压裂一体化平台开发设计技术，共完成5个批次86口井509层段，单井平均砂岩厚度16.5m，平均单层设计砂量45.1m^3、滑溜水量709m^3，达到了不同品质储层个性化有效改造；通过一体化攻关，试验区已见油50口井，平均单井日产油3.7t，综合含水率69.3%，全区累计产油12561t。（3）以效益开发为目标，通过赋予项目经理部机构编制设置权、投资计划审批权、市场化运作权、招标管理权、物资采购权等11项权利，统一组织、统一管理、统一运行，实行产量及经营指标全生命周期管理，实现降投资、降成本目标。

3）柴西南扎哈泉地区上干柴沟组致密砂岩油

上干柴沟沟组纵向上划分为6个砂层组，下部主要发育优质烃源岩，致密油主要分布在中上部的3个砂层组，以湖相滩坝砂为主要储层，埋藏浅、物性差，致密油富集受构造背景、优势岩性等因素控制，发现了扎2、扎7、扎探1等多个甜点区。2013年以来，立足甜点区，经历了优化产建目标、勘探开发一体化、高效开发、外围甜点突破4个发展阶段，形成了多手段多属性预测甜点储层、开发早期介入的勘探开发一体化运行、基于试采评价的产建方案设计等有效举措，推进了新的产能建设和外围新区接替。

2. 混积岩—沉凝灰岩致密油地质工程一体化的主要进展

混积岩—沉凝灰岩致密油在准噶尔盆地东部吉木萨尔凹陷二叠系芦草沟组、三塘湖盆地马朗—条湖凹陷条湖组、渤海湾盆地沧东凹陷古近系孔店组二段等地质工程一体化取得重要进展。

1）吉木萨尔凹陷芦草沟组致密混积岩油

（1）地质评价预测方面。芦草沟组沉积时期为近海咸化湖盆沉积，主要为碎屑岩类和碳酸盐岩类组成的混积岩，岩性复杂、粒度较细、薄层纹层叠置，凹陷区内大面积连续分布。致密油富集受控于宽缓斜坡构造背景、烃源岩成熟度、云质与砂质有利储层、微裂缝系统等因素，致密油主要聚集于上、下两个甜点段，横向分布稳定，其中上甜点段岩性主要为砂屑云岩、岩屑长石粉细砂岩和云屑砂岩，油层跨度38m，主体区域叠合厚度大于16m，是目前的主要开发目的层。建立了测井与岩石物理结合“七性”评价技术，优选骨架密度、结构指数两个敏感参数，连续评价岩性含量，应用核磁测井 T_2 截止值计算页岩孔隙度及含油饱和度，有效提高甜点段解释精度。建立多井地质模型，明确甜点段地震响应特征，优选纵波阻抗、均方根振幅等地震属性参数分层段有效预测孔隙度，定量预测岩石脆性、水平应力、多尺度裂缝等工程参数，地质工程结合准确刻画“甜点区”分布。（2）吉木萨尔凹陷中南部为试验建产的重点示范区，基于地震预测的地质—工程参数三维模型，形成了4项关键工程技术。一是建立地质—工程一体化薄油层水平井轨迹跟踪技术，指导轨迹设计及随钻调整，工程上旋转导向和探边，甜点段钻遇率大幅提高。二是配套形成水平井钻完井技术体系，优化井身结构、钻井液体系、钻具方案等，设计两套方式实现工厂化钻井，钻井周期明显缩短。三是形成了高密度裂缝切割、多粒径支撑剂组合、大排量大规模改造的水平井体积压裂技术系列，储层改造水平明显提高。四是努力推进试验区大平台及细分层系开发试验，优化钻井方位、井距、水平段长度、初期产能等关键参数，“大井丛、工厂化”，优先动用Ⅰ类区，力求勘探—评价—产能一体化、整体部署、分步实施、平面接替、保持稳产。（3）主要管理举措方面，成立了现场指挥部，方案、钻前、钻井、压裂、试产、生产一体化管理，做好降本与技术提效攻关工作。通过不断推进地质工程一体化，致密油已作为新疆油田石油建产上产的重点领域之一，预计“十三五”末将探明亿吨级致密油储量，有望近年建成产量百万吨级致密油田。

2）马朗凹陷条湖组致密沉凝灰岩油

（1）地质评价预测方面。条湖组纵向上划分为三段，上段为泥岩、凝灰质泥岩，有一定生烃能力；中段为沉凝灰岩，是主要的储层“甜点段”；下段为火山熔岩。条湖组沉凝灰岩致密油是火山碎屑落入富含有机质湖盆斜坡及中心，伴随湖盆沉降、有机质成熟，生成油气就近聚集在火山灰脱玻化蚀变产生的大量微孔中，形成大面积连续分布的致密油资源，具有断缝输导下部芦草沟组油源、火山机构周缘湖盆区洼地沉凝灰岩储层聚集石油的富集模式。形成了储层“七性”评价技术，常规测井交会识别岩性、核磁评价有效储层、阵列声波分析力学参数，建立了沉凝灰岩储层分类评价标准。研发了地震预测储层甜点关键技术，运用多属性、地震反演、含油气检测技术综合落实甜点区，井震结合识别甜点区260km^2，储量规模0.77×10^8t。（2）马朗凹陷马56井区是条湖组致密油的开发试验区，2013年以来经历基础井网建设、转变开发方式、井网加密3个发展阶段，试验技术方案，优化工艺参数，形成4项关键工程技术，建立了条湖组沉凝灰岩致密油开发模式。一是水平井设计技术，应用区域应力分析资料初步确定水平井方位，压裂裂缝监测校正主缝网方位，有效确定水平井轨迹方向，提出五点法井网，两水平井首尾在主应力方向错开，确保体积改造缝网的立体全覆盖。二是钻完井技术，自主研制专用导向耐磨PDC钻头、弱凝胶钻井液，集成配套可视化随钻导向及水平井固井技术，创新可控斜全压钻进模式，解决了安全快速钻井难题。三是体积压裂技术，配套形成了“分段多簇、大排量、大液量”水平井体积压裂改造技术系列，实现了由传统单缝改造到大规模体积改造的转变；通过微地震裂缝监测证明，体积压裂形成了复杂裂缝网络系统，证实凝灰岩体积压裂工艺的适用性。四是开发前期试验方面，针对地层压力低、供液能力差的难题，积极转变开发方式，以补充地层能量为目标追求参数最优化设计，各 10 口井分别试验增能压裂和注水吞吐，单井周期增油取得较好效果。（3）两个阶段的主要举措。第一阶段，通过井网适应性评价，编制两次加密方案，共部署水平井 73 口，建产能 32×10^4t，加密后采收率提升至 10%，初具经济性；第二阶段，结合矿场试验和室内实验，将扩大水驱 + 吞吐应用规模，努力将最终采收率提升至 15%。

3. 碳酸盐岩致密油地质工程一体化的主要进展

碳酸盐岩致密油在柴达木盆地西南部古近系下干柴沟组、四川盆地中北部侏罗系大安寨段、渤海湾盆地西部凹陷雷家地区古近系沙河街组四段等地质工程一体化取得积极进展。

1）柴西南英西地区下干柴沟组致密碳酸盐岩油

（1）地质评价预测方面。英西地区下干柴沟组为浅湖—半深湖相沉积，纵向划分为盐间和盐下两套组合 6 个油组，致密油主要分布在盐下 3 个油组，可划分出膏坪、滩、灰云坪、湖泥 4 种微相，其中灰云坪和滩为有利沉积相带，滩—坪复合体较发育，纵向上层段多，累计厚度 200～500m，储地比 50%～60%，有效储层占 30%～40%。致密油富集主控条件为位于烃源中心、有利沉积相带和有利储层发育区。建立了缝洞—孔隙型、裂缝孔隙互补型（溶蚀孔）、裂缝孔隙互补型（晶间孔）3 种储层类型测井“七性”甜点段评价技术，开展灰云岩储层纵横波阻抗反演预测，利用相干蚂蚁体预测优势裂缝发育区，支持了“甜点区”识别。（2）3 项工程关键技术。一是水平井设计技术，综合确定水平段长度在 800～1000m 之间，水平井压裂缝间距 60～80m，结合最大主应力方向优化水平井网设计。二是针对英西地区井漏突出、溢漏共存、钻井周期长难题，形成以“高效提速工具”为核心的钻井提速方案，钻完井配套技术不断完善。三是持续优化工艺参数与体系配方，采用产出液配制滑溜水、小粒径石英砂替代陶粒，形成英西复杂储层水平井体积压裂特色技术。（3）主要管理举措方面。按照“整体部署、分批实施、强化跟踪、优化调整”原则，缝洞—孔隙型储层部署直井开发，裂缝孔型互补型储层以平台方式部署水平井 + 规模压裂投产，部署井数超百口。“十三五”围绕英西地区下干柴沟组碳酸盐岩开展中深层源内致密油勘探，相继发现 5 个“甜点区”，多口井获超千吨高产，落实三级储量 2.41×10^8t，其中探明石油地质储量 2472×10^4t，建成产能 22×10^4t。

2）川中北大安寨段页岩油

过去四川盆地侏罗系油气勘探开发集中在川中地区，总资源量超过 20×10^8t，累计完钻井 2220 口，以侏罗系为目的层井 1229 口，大安寨段累计完钻井 1037 口，探明石油储量 8118×10^4t，1997 年峰值产量为 23.95×10^4t，2018 年产量仅有 2.4×10^4t，资源转化率极低。2019 年以来，转变思路，优选大安寨段页岩为勘探“甜点段”，主要基于页岩段孔隙度4%～6%远优于顶底板致密灰岩、已有多口井页岩段有工业油气流发现等重要新认识新发现，评价出盆地中北部大安寨段富有机质页岩厚度20～50m、目的层埋深1400～2500m的页岩油气甜点区面积约$2\times10^4km^2$（图6-4-3）。目前，中国石油立足川中地区大安寨段湖相页岩油气有利区，按照“突出重点、突出突破、突出效果”部署思路，在两个区块开展两个层次的资料录取和整体风险勘探评价工作：一是优选老井结合地震预测成果开展“直改平”，采用水平井+体积压裂技术，突破产量关；二是开展新井部署和论证，在取全取准资料的前提下，进一步验证含油气性，并开展工艺试验。四川盆地侏罗系油气进入页岩油气勘探新阶段，潜力巨大，前景可期，地质工程一体化提前介入和系统规划，应在这一阶段发挥核心作用，有望开辟海相页岩气之后非常规页岩层系石油的新领域。

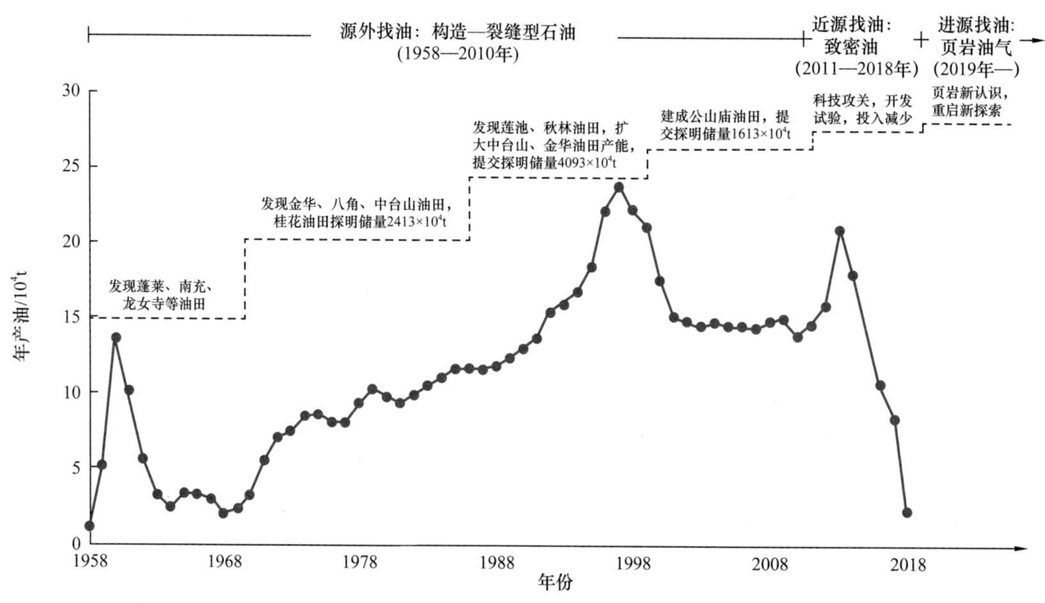

图6-4-3 四川盆地侏罗系勘探阶段划分与油气产量变化关系

三、勘探开发关键技术总体进展

中国重点盆地陆相致密油储层岩性岩相多样、地层年代跨度很大、地质条件复杂多变，整体勘探开发致密油，需要结合实际地质条件对症下药，以致密油“甜点区（段）”评价为核心，针对性形成适用、配套的地质评价、甜点区预测、钻完井、储层改造、有效开发等关键技术系列。

1. 致密油地质评价技术

（1）储层表征技术：研究开发了多尺度超高分辨精细表征技术、图像法微观有效连通性定量分析技术和物理与微观数值模拟技术，为有效表征致密油储层提供了关键技术。一是开发了多尺度超高分辨精细表征技术。基于多尺度CT—聚焦离子束场发射扫描电镜多尺度孔喉空间三维表征、XG射线荧光—Qemscan矿物定量评价系统、微米CT成像系统一环境扫描电镜等先进设备的联合开发应用，逐级选取样品靶区，形成孔隙—矿物—流体三维定量特征综合表征技术流程，分析尺寸跨越 7 个数量级。二是开发了图像法微观有效连通性定量分析技术。以连通性为核心进行量化表征，通过连通域检测、连通域形态学分析、连通域分类、量化连通性参数及连通域数字模型提取等过程，明确了储层孔喉及微裂缝空间配比关系，验证了石油富集下限及运移规律，获得了微观流体驱动规律及外场响应，为致密储层流体流动能力评价提供技术支撑。三是开发了物理与微观数值模拟技术。基于数字岩石孔隙网络骨架，提取储层关键参数，利用残留油分布评价技术、格子玻尔兹曼模拟、有限元模拟等方法，开展油气优势运移路径研究，预测微米—纳米储集空间含油饱和度，并利用分子模拟研究油气在无机、有机纳米孔隙中的聚集机理与扩散潜力，揭示微米—纳米储集空间油气流动机理。

（2）致密油资源评价技术：在储层分级评价、小面元法资源评价方法和技术流程方面取得进展。一是构建“储层评价系数”分级评价标准，通过广泛统计主要致密油区储层物性参数与含油性参数，提出“储层评价系数”，融合孔隙度、渗透率数据，孔隙度控制储集空间，渗透率控制优质储层，对评价参数进行改进，提出储层评价系数，综合表征储层物性品质。二是构建面元空间——蒙特卡洛评价法，通过确定评价参数、计算储集空间、确定关键参数分布，考虑地质不确定性质的小面元——蒙特卡洛致密油预测结果，将空间容积与含油饱和度（S_o）、充满系数进行蒙特卡洛随机模拟，获得不同概率条件下分级评价结果。

2. 致密油甜点区评价预测技术

甜点区（段）是指平面上或剖面上具有工业价值的致密油、页岩油层段，通过利用地质、测井、地震等资料，重点开展烃源性、岩性、物性、脆性、含油气性、应力各向异性及匹配关系综合评价，识别出甜点段，预测出甜点区（图 6-4-4）。（1）松辽盆地北部针对扶余、高台子油层薄储层难题，在大庆长垣、三肇、齐家、龙虎泡地区开展地震资料处理解释攻关，形成了一套薄互层砂体识别和储层“甜点”预测地震处理解释技术，有效支持了致密油勘探开发部署；（2）松辽盆地南部在储层建模和“七性”评价基础上，选取反应储层品质和工程品质的敏感参数，构建了“地质甜点”和“工程甜点”评价指数，开展甜点评价及分类研究，确定了小层甜点空间展布，优化射孔段、射孔簇，为提高水平井优质钻遇率和后期水平井压裂施工提供了技术支持；（3）吉木萨尔凹陷芦草沟组据核磁共振测井识别储层甜点段，井震结合精细解释，开展甜点段纵向识别、横向对比与预测，实钻井约束定量预测编制上、下甜点段工业图件；（4）柴西南以叠后、叠前两套数据体为基础，井震结合，形成了地质地震多手段、多信息联合，多属性预测储层甜点配套适用技术；（5）三塘湖盆地条湖组形成了凝灰岩致密油“七性关系”评价技术、“模式控区带、参数控质量、融合控甜点”甜点评价预测技术规范、分类标准及技术手册；（6）华北探区探索形成了以“优质烃源灶精细刻画—致密储层甜点预测—地层可压性评价”为核心的地质—地球物理致密油气“甜点区”预测评价技术；（7）四川盆地大安寨段开展了致密油和页岩油“甜点区（段）”评价标准、识别与预测。

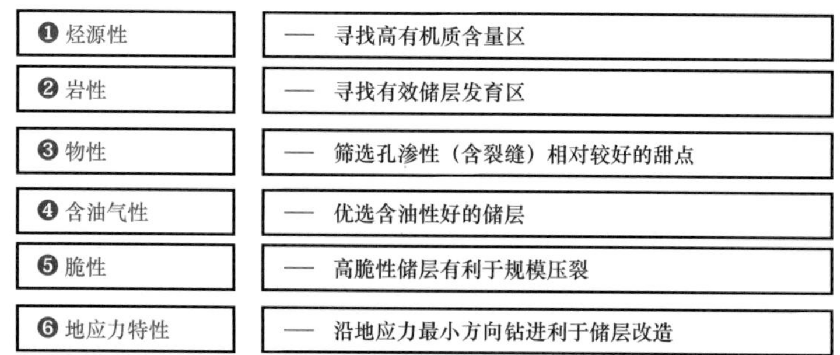

❶ 烃源性
— 寻找高有机质含量区
❷ 岩性
— 寻找有效储层发育区
❸ 物性
— 筛选孔渗性（含裂缝）相对较好的甜点
❹ 含油气性
— 优选含油性好的储层
❺ 脆性
— 高脆性储层有利于规模压裂
❻ 地应力特性
— 沿地应力最小方向钻进利于储层改造

图 6-4-4 非常规页岩层系油气甜点区评价预测技术

3. 致密油钻完井关键技术

重点盆地致密油钻完井技术取得重要进展：（1）松辽盆地北部建立了4套固井模式，研制了8套具有自主知识产权钻完井工具，形成了以提供“优质井眼”为核心的致密油优快钻完井技术；（2）松辽盆地南部优选二开浅表套井身结构，研发了强封堵低滤失钻井液体系，集成应用钻井提速工艺技术，设计与应用个性化PDC钻头，优化固井完井技术，形成了适用的水平井高效钻完井技术；（3）吉木萨尔凹陷创新水平井理念，优化设计井眼轨迹和控制水平井轨迹，集成国产先进钻井技术，形成一套适用水平井优快钻井配套工艺技术；（4）柴西南扎哈泉地区采用了水平井＋桥塞封隔多簇多段主流压裂技术；（5）三塘湖盆地条湖组形成了致密油水平井低成本、高效、安全钻井技术；（6）华北探区初步形成了“三开井身结构—聚胺KCL—聚磺钻井液体系—复合螺杆钻具组合＋双筒取心工具—10.54mm套管＋TAP阀＋桥塞”泥灰岩—砾岩致密油气优快钻完井技术；（7）四川盆地大安寨段主要探索了快速钻井、水平段轨迹控制、3种类型完井方式等钻完井工艺试验和应用。

4. 致密油储层改造技术

重点盆地致密油钻完井技术取得重要进展：（1）松辽盆地北部以“提高单产”为核心研发增产改造技术，形成了致密油水平井体积压裂、穿层压裂和直井缝网压裂3项配套技术系列，建立了适合致密油储层改造的压裂液体系，自主研发了速钻桥塞、水力喷射、固井滑套3项体积压裂工艺及配套工具；（2）松辽盆地南部形成了以蓄能式体积压裂为核心的致密油压裂配套技术系列，蓄能式体积压裂具有大排量、大液量、低黏液体、低砂比、小粒径“两大两低一小”特点；（3）吉木萨尔凹陷形成了混合压裂液体系、射孔桥塞联作分层压裂、分簇射孔技术及套管注人工艺技术等为主体储层改造技术体系，揭示了薄互层致密储层人工裂缝起裂扩展力学机制及延伸规律，集成创新了水平井细分切割体积压裂技术；（4）柴西南英西地区针对套管完井与裸眼完井，形成了套管桥塞分簇分段、裸眼封隔器分段两套体积压裂工艺技术，扎哈泉地区采用了水平井＋桥塞封隔多簇多段主流压裂技术；（5）三塘湖盆地条湖组形成了以速钻桥塞＋分簇射孔体积压裂技术和注水吞吐为主的致密油藏增产技术系列；（6）华北探区提出了从储层井位部署—钻井—完井—储层改造全过程一体化“四步控缝”改造技术；（7）四川盆地大安寨段开展了介壳灰岩储层改造现场试验和页岩大型加砂压裂改造试验。

5. 致密油有效开发技术

重点盆地致密油钻完井技术取得重要进展：（1）松辽盆地北部利用“平台布井、工厂化施工优快钻井、连续压裂”，大幅度降低全过程施工成本，形成了致密油“甜点区”水平井开发全过程精细管理模式；（2）松辽盆地南部针对致密储层非均质性强，砂体变化快，克服个性化压裂设计和目前压裂监测资料精度不足，合理确定油藏工程各项参数，形成了适用油藏工程设计与优化技术；（3）吉木萨尔凹陷开展了 2 口水平井变井距压裂干扰试验，井距 80～260m，采用拉链压裂作业方式，井口压力连续监测，目前现场主要采取 200m 井距进行部署，水平井单井控制储量满足开发需求，但采收率总体还较低，更小井距开发试验工作仍在进一步开展；（4）柴西南扎哈泉地区扎 7、扎 401 等坝砂甜点区实现了有效开发；（5）三塘湖盆地条湖组通过实施水平井 + 多段压裂技术、注水吞吐、水平井井网加密等增产措施，效果明显，采收率由 2.5% 提高至 10%；（6）华北探区初步研制了超高强度抽油杆、玻璃钢—钢杆混合杆柱优化设计模型、举升方式优选评价方法和基于柔性控制策略的闭环控制装置；（7）四川盆地大安寨段页岩开展了直井和水平井的试采试验。

通过开展重点试验区实例解剖，在吸收借鉴北美致密油开发经验基础上，以“水平井 + 体积压裂”为核心，发展了以地质评价、甜点预测、优快钻井、复杂缝网、效益开发 5 项配套技术，形成了陆相致密油地质工程一体化集成为特色的关键技术系列（表 6-4-1），为致密油规模稳步发展提供了有力技术支持。

表 6-4-1 2016—2020 年重点盆地致密油地质工程一体化集成关键技术系列

油田	应用对象	关键技术
大庆	扶余、高台子油层	● 薄互层砂体识别和储层“甜点”预测地震处理解释技术 ● 水平井体积压裂、穿层压裂和直井缝网压裂配套技术
吉林	乾安地区扶余油层	● 二开浅表套井身结构、水平井高效钻完井技术 ● 蓄能式体积压裂为核心的致密油压裂配套技术
新疆	准噶尔盆地二叠系	● 采用井地联采的方式实施“两宽一高”纵波三维 ● 创新形成了 VSP 井驱地面地震宽频处理技术
青海	柴西南古近系碳酸盐岩	●“缝控压裂”储层改造技术
	扎哈泉新近系碎屑岩	● 套管桥塞多簇多段体积压裂技术
吐哈	马朗凹陷条湖组	● 集成可视化随钻导向 + 固井的水平井低成本优快钻井技术 ● 低成本“大排量、大液量、低黏液体”体积压裂技术 ● 水平井“注水增能压裂 + 二次加密”的致密油增产技术
华北	束鹿凹陷沙三段	●“源灶刻画—储层甜点—可压性评价”甜点区评价技术
西南	侏罗系大安寨段	● 致密油甜点区（段）评价标准、识别与预测技术

第五节　重点盆地勘探开发技术应用

一、松辽盆地北部

1. 地震技术与应用

针对松辽盆地北部扶杨、高台子油层低渗透薄储层地震勘探难题，在大庆长垣、三肇、齐家、龙虎泡地区开展地震资料处理解释攻关，形成了一套适合于松辽盆地致密油地质特点的砂体识别和储层预测地震处理解释技术，有效支持了致密油勘探开发部署。

（1）建立了高分辨保幅处理技术系列，成果剖面目的层频宽拓展 30Hz 以上，突出了薄互储层反射特征。主要是在原有流程基础上研发表层 Q 补偿和黏弹性叠前时间偏移等新技术，同时量化监控手段和处理解释一体化评价。① 研发并推广了表层模型静校正及表层 Q 补偿技术，目的层原始单炮地震资料频带展宽 20～30Hz，成果资料频带展宽 15～20Hz。② 研发并推广了黏弹性叠前时间偏移技术，进一步拓宽成果剖面有效频带 10～20Hz。总体来看，以上两项 Q 补偿技术的应用，使地震资料有效频宽提高 30Hz 以上，扶余油层薄互层砂体地震识别率由 25% 提高到 50%，为甜点地震预测奠定了良好资料基础。

（2）完善了扶余油层“甜点”有效识别技术系列，实现了窄小河道砂体识别、有利储层预测和水平井目标刻画。① 研发并推广了薄层阻抗直接反演技术（Z 反演），砂体识别率在黏弹偏 50% 基础上提高到 75%，对薄互层的识别能力明显提高。② 对扶余油层致密油河道砂体“甜点”地震反射模式及预测能力进行了分类评价，并形成了相应的配套技术（图 6-5-1）。

通过持续探索，致密油“甜点”地震预测技术持续攻关，不断完善，有效支撑了“甜点”目标优选和水平井实施。近年来，共支撑扶余油层致密油预探及评价区块 47 口水平井实施，以长垣南部、三肇凹陷扶余油层为主，水平井入靶点砂岩地震预测准确率 80%，水平段平均砂岩钻遇率 75% 以上。2019 年永乐工区完钻水平井 3 口，平均水平段长度 1352m，钻遇砂岩 1192m，油层 1033m，砂岩钻遇率 88%，油层钻遇率 76.5%。以肇平 26 井为例，该井位于三肇凹陷永乐地震工区，2017 年通过黏弹性偏移处理，地震分辨率得到大幅度提高，砂体的响应特征明显，并开展了 Z 反演砂体预测，甜点砂体的特征也明显。该水平井的实钻效果较好，水平段长 1370m，其中砂岩 1274m，砂岩钻遇率 93%，含油砂岩 1131m，油层钻遇率 82.6%，实钻与地震预测一致。

2. 钻完井、测录井甜点层段评价技术与应用

以提供“优质井眼”为核心的低成本优快钻完井技术，形成了井深结构优化技术、致密油钻井的新型钻井液体系及钻完井工具自研、致密油气钻井提速技术、致密油气固井配套技术 4 项技术系列，形成了 4 套固化的固井模式；研制了 8 套具有自主知识产权

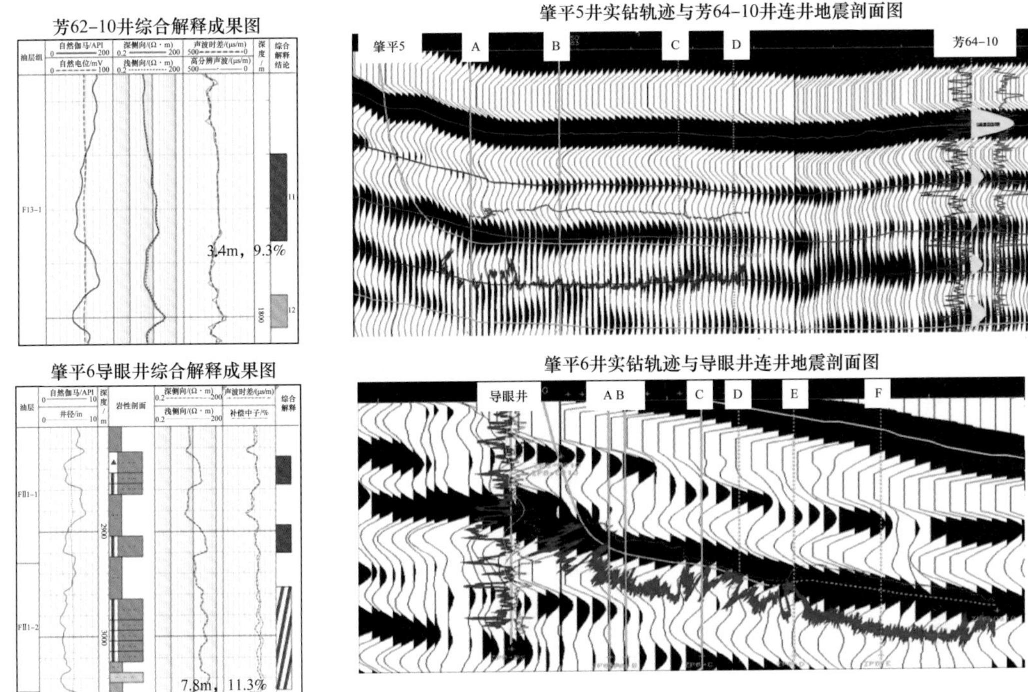

图 6-5-1　松辽盆地北部扶余油层致密油甜点层段地震响应特征

的钻完井工具；形成了致密油钻井提速技术，解决了井壁坍塌、水平井钻井周期长、固井质量不能满足后期压裂改造要求等难题。平均全井机械钻速提高 30% 以上。通过井深结构、钻头钻具、固井措施的优化，实现了致密油气领域提速、降本的目的。优化井身结构，提高施工效率，优化钻头和钻具，各段“一趟钻”，优化固井措施，改善固井质量，固化旋转导向技术，提高机械钻速。直井段优选钻具组合和钻井参数，确保打直打快；造斜段优选钻头和动力钻具，提高造斜效率；水平段应用旋转地质导向，提高钻速。在松北中浅层致密油领域现场试验 25 口井，平均全井机械钻速提高 37%，平均单井缩短钻井周期 30% 取得较好的效果。

以甜点层段为核心的非常规测录井综合评价技术，形成了致密油气领域的以“三品质为核心”的“七性”参数评价技术。建立了岩性评价，微观孔隙结构评价、电性及含油性评价解释方法，建立了包括岩石力学参数求取、脆性指数计算、地应力及破裂压力计算等储层工程品质评价方法。形成了致密砂岩油储层“甜点”评价标准。形成“岩性、物性、电性、含油性”四性关系储层评价和“脆性、杨氏模量、泊松比、破裂压力、地应力”五项参数工程品质评价配套技术系列。建立了包括水平井测井响应特征与直井差异分析、水平井井眼轨迹与地层位置确定、基于井眼轨迹的水平井测井资料校正方法，以及水平井甜点层段储层品质 + 工程品质评价技术，为致密油水平井、直井压裂甜点层段优选提供了保障。并依据“七性”参数，建立了缝网压裂直井产能预测模型、水平井产能预测模型，在松辽盆地北部致密油甜点识别与评价中发挥了重要作用。

3. 增产改造技术与应用

以“提高单产”为核心研发增产改造技术，形成了致密油水平井体积压裂、穿层压裂和直井缝网压3项配套技术系列。建立了致密油水平井压裂优化设计，施工诊断控制，以静态与试油动态资料为依据的试油求产，适合致密油储层改造的压裂液体系，应用压后返排数据进行压裂改造区域拟合、实现压后初期SRV预测、并获取压后初期裂缝周围压力分布，致密油直井缝网压裂等关键技术。

针对致密油层自主研发了速钻桥塞、水力喷射、固井滑套三项体积压裂工艺及配套工具，均达到耐温120℃、承压70MPa，较国外工具均降低成本50%以上。

速钻桥塞分段压裂工艺具有加砂规模大、施工排量高特点，可实现大规模多簇体积压裂，研制了轻质合金速钻桥塞和复合桥塞系列产品，配套可溶球、轻质球，达到耐温120℃ 、耐压70MPa，桥塞单级钻磨时间现场磨铣55min，达到国外同类产品技术水平，已累计应用10口井。

连续油管水力喷射环空加砂分段压裂工艺技术，具有安全、环保、高效、规模大特点，具有改造针对性强、施工效率高的特点，累计应用16口井，研发了拥有自主知识产权的新型Y211封隔器、平衡阀等配套工具，形成了机械底封式压裂工艺管柱，耐温120℃、承压70MPa，单趟管柱可压裂20段，以5段计算，国产工具5万元/趟，较国外工具30万元/趟，工具成本降低83%。例如高平1井42h施工时间内，一趟管柱完成19段压裂施工（第17段喷砂射孔压裂2次，实际压裂20段），最高施工压力62MPa，最大排量6.7m^3/min，液量8814.5m^3，砂量830.5m^3。该井国产工具费仅5万元，比引进国外工具成本节省109万元。

自主研制了两种类型套管固井压力平衡滑套，该工艺具有无须射孔、施工规模大、排量和效率更高的特点，达到了耐温120℃、承压70MPa指标，工具成本降低50%以上，并开展8口井现场试验。该工艺原理为将多级预置滑套随套管下入并固井，压裂时将封隔器和水力锚下入压裂层段的预置滑套位置坐封，提高环空压力，开启喷砂口后进行压裂。肇56井—平29井Ⅰ型压力平衡滑套压裂现场试验，连续油管补液施工排量0.8～0.9m^3/min，环空加砂施工排量4～5m^3/min，施工压力22～17MPa，压裂6段，液量1305m^3，加砂80m^3，单日完成5段压裂施工，滑套长时间入井后仍能可靠开启，并且显示明显，技术指标达到国外同类水平，同时，降低施工成本50%以上。

利用滑溜水、清水、冻胶的造缝特性，建立“SWS”复合压裂液体系的压裂液模式。清水与滑溜水交替注入，即利用清水摩阻特性，注入地层后增大近井流动阻力，提高缝内压力，控制缝网体系纵向横向有效延伸。

以实现“合理开发”为核心，建立了致密油压后产量变化预测技术、水平井全生命周期优化技术、水平井分段产能测试技术3项技术系列；形成了“三个阶段”产量变化趋势；建立了“焖井、控排、保压采”生产方式；对开采超过半年的28口水平井开展产能评价；对开采半年的28口致密油水平井进行产能预测，预测符合率86.3%，区块单井半年累计产量2948t，是直井8.5倍。

二、松辽盆地南部

1. 油藏工程设计与优化技术

（1）井型方面：从动态特征反映来看，直井投产，产量低，不具备效益开发条件，水平井体积压裂开发可效益开发，大幅度提高初产，采用水平井井网。

（2）井网方面：理论研究、开发实践均表明水平段方位与裂缝发育方向垂直，开发效果最好。因此为保证体积压裂工艺最大限度的增加泄流面积，同时参考已完钻水平井目前的产能水平及压裂设计参数，水平井水平段方位应确定为近南北向，垂直最大主应力方向，保证储量改造动用最大化。

（3）水平段长度：设计水平段长度1000～1500m，水平段方位为南北向，结合储层发育及地面状况，在保证单井动用储量的基础上，灵活调整。

（4）井距、排距方面：裂缝监测资料表明，水力裂缝平均裂缝长366m，裂缝宽127.2m，裂缝高48.3m，综合考虑，推荐排距以450m井距、200m排距为基础，灵活调整。

根据后期现场压裂监测结果及水平井投产动态评价，目前井网方式基本适应评价区扶余油层致密油效益开发，但还要长期跟踪、总结、研究动态数据变化，评价目前开发设计合理性，针对致密储层非均质性强，砂体变化快，克服个性化压裂设计和目前压裂监测资料精度不足，最终合理确定油藏工程各项参数。

2. 水平井高效钻完井技术

前期水平井钻完井存在以下三个方面的问题：第一，研究区井壁稳定性差，同时CO_2发育，容易导致坍塌、井漏、井涌，施工难度大；第二，前期采用四开小井眼、三开小井眼、二开深表套等多种方式完井，钻完井技术没有完全定型，且采用上述的井身结构导致钻井周期长、投资高；第三，前期试验的二开浅表套完井工艺存在套管下入难度大、水平段固井合格率和优质率低（60%～70%）的问题。针对复杂的地质情况，为了提高钻速、缩短周期、降低成本，优选二开浅表套井身结构。为了保障施工质量，降低井控和安全钻井风险，在钻井液、钻井工艺、固井完井工艺3个方面开展了针对性的技术攻关。研发了强封堵低滤失钻井液体系，满足二开浅表套施工需要；集成应用钻井提速工艺技术，实现了机械钻速大幅度提高；应用降摩减扭技术，有效缓解定向托压问题；通过设计与应用个性化PDC钻头，提速效果显著；优化固井完井技术，保证完井质量，满足大规模压裂需求。

2015年以来通过不断试验，浅表套二开井身结构钻完井技术逐步成熟。钻井成本由之前的980万元降至710万元，降幅27.55%；实现了进一步降本，钻井投资由2014年的850万元最终降至550万元，降幅达35.3%，大幅提高了致密油开发效益。

依托钻井提速配套技术支持，实现水平井平均钻井周期26.89天，与2014年前施工的水平井（43.6天）相比，降低38.3%，完井管串安全下入率100%，水平段固井合格率、固井优质率100%。

3. 蓄能体积压裂技术

通过不断攻关，在前期研究与实践基础上，形成了以蓄能式体积压裂为核心的致密油压裂配套技术系列，蓄能式体积压裂具有“两大两低一小”的特点，即大排量、大液量、低黏液体、低砂比、小粒径，施工中利用水平井多段改造技术，并通过滑溜水大排量、大液量施工、组合支撑等技术的集成应用，让主裂缝与多级次生裂缝交织形成裂缝网络系统，最大限度提高储层动用率，提高非常规油藏初产、稳产及采收率。

压裂技术作法上以增加储层改造体积、补充地层能量为目标，应用大排量大液量滑溜水压裂技术，实现裂缝参数与油藏参数、缝控储量与井控制储量、压裂改造与能量补充、改造体积与导流能力相匹配，最大限度提高单井产量。

乾安试验区应用水平井蓄能体积压裂技术，进行水平井投产，初期平均日产液 73.6t，日产油 15t，初期全部自喷生产，自喷周期一般 400～500 天以上，实现了较好蓄能提产效果。

通过水平井 + 蓄能体积压裂初产高、稳产能力强，是致密油有效动用的关键储层改造技术；水平井蓄能体积压裂改造体积大，井控和缝控储量大，实现了由裂缝改造向基质改造的转变；蓄能体积压裂可整体提高地层压力系数，有蓄能功效，见油周期短，可有效提高油井自喷能力；焖井蓄能可以实现渗析、油水置换，提高致密油单井采收率。

三、准噶尔盆地

1. 实验分析技术

针对岩石物性、烃源岩特性、沉积储层及采油工艺等专业领域的实验分析需求，为了更全面、更准确地认识页岩油储层特征，形成了多项多参数联测分析流程和多参数配套联测页岩油实验技术，最多时可实现 1 块样品 12 个参数的配套联测实验。其他方面的主要进展还有改进了页岩油岩心洗油方法，洗油周期缩短为 25～30 天，且洗油彻底，效果较好；采用核磁共振法与氦孔隙度法结合的新方法测量页岩油岩心孔隙度，测量结果稳定性好、准确性高；使用较高压力梯度下的稳态回归法测定超低渗页岩油岩心渗透率，效果较好；压汞毛细管压力测试中将进汞压力提高至 160MPa，提高了进汞饱和度，可以很好地体现细微孔喉类型；采用渗吸法评价页岩油储层润湿特性，改进染色方法，研发出“页岩油储层中碳酸盐类矿物染色技术”的专利技术，成功解决了含油致密储层岩石样品中碳酸盐类矿物成分鉴别时不易染色以及芦草沟组页岩油储层准确确定岩性的问题。改进压铸工艺，大幅度提高了页岩油岩心的压铸质量，使用了场发射电子显微镜观察纳米级孔喉特征及孔隙中残余油膜特征，有效刻画和识别了页岩油孔隙形态和孔隙类型等物性特征。

2. 储层“七性关系”研究

相对于常规油气评价聚焦的“四性关系”，评价内容的广度和深度要大得多，承担的任务也有很大的不同，采用的技术思路与方法技术也大不相同。因此测井评价具有自身固有的特色，具体显现在承担的任务、解决的核心问题、采用的评价思路 3 个方面。

评价的核心问题主要有 3 个方面：一是烃源岩评价，突出烃源岩生烃与排烃能力的计算；二是储层评价；三是工程品质研究，重点确定地应力方位以及其各向异性评价、优选有利压裂层段。通过这 3 个方面的定量计算以及配置关系研究，评价出页岩油气的纵向、横向分布、预测出“甜点发育区”、支撑有效高效勘探开发。为了解决上述问题，就必须“精耕细作”，评价应采用“非常规油气、非常规思路”，具体的体现就是“七性关系”研究，“七性关系”研究即岩性、物性、电性、烃源岩特性、脆性、电性和地应力各向异性研究。通过前述研究，分别得到了岩性、物性、电性、烃源岩特性、脆性和地应力各向异性的测井评价模型，综合起来即可得到研究区的“七性关系”成果图（图 6-5-2）。

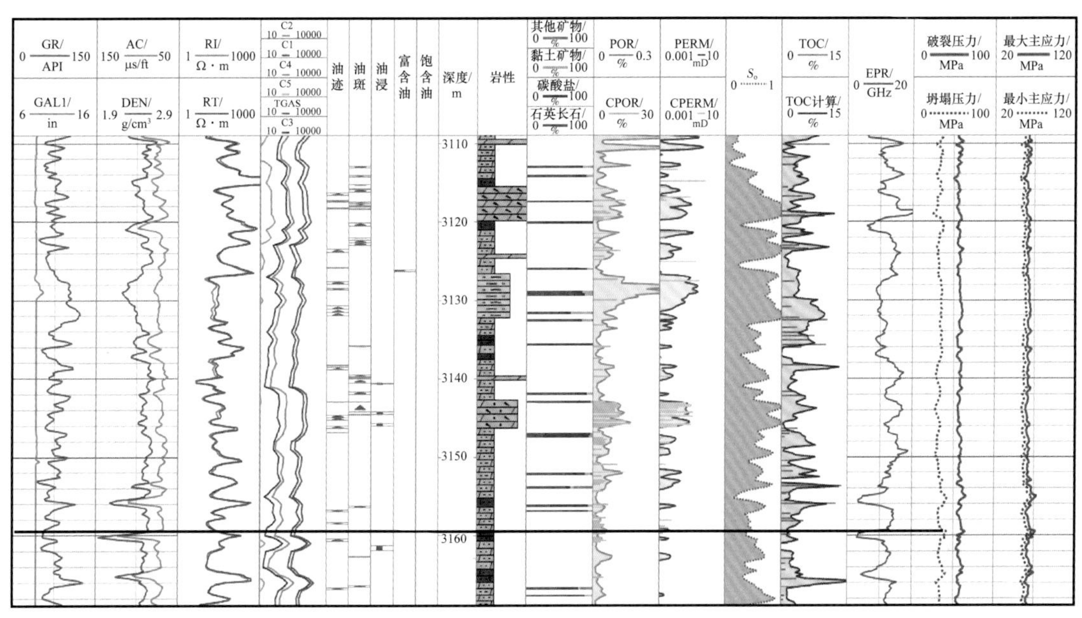

图 6-5-2　吉 174 井上储层“七性关系”分析图

整个研究区“七性关系”较为清晰，岩电关系清楚。岩性控制物性，云质粉细砂岩、砂屑云岩、岩屑长石粉细砂岩物性较好；物性控制含油性，物性较好井段，含油级别高；岩性控制脆性，储层与脆性匹配关系好，除长石岩屑粉细砂岩外，储层的脆性好于围岩；岩性控制烃源岩特性，储层与烃源岩的匹配关系好，除储层本身具有一定的生油能力外，储层被生油能力较强的烃源岩包裹，源储一体。储层的水敏性不强，存在一定的压力敏感性，碳酸盐岩含量低敏感性强。

3. 地震资料处理与解释技术

高品质的地震资料的准确预测页岩油甜点的前提和保障。针对页岩油具有储层岩性复杂多变、单层厚度薄、目的层埋深较大等特点，创新研究了一套地震资料振幅相对保持处理及质控技术。重点采用约束层析反演静校正、高保真叠前去噪、串联反褶积适度提高分辨率、近地表 Q 补偿、高精度速度分析与切除，高精度叠加等关键处理技术，获得了振幅相对保持、分辨率相对较高的地震资料。

在此基础上，形成了适用于吉木萨尔凹陷页岩油的地震处理与解释技术，包括基于叠后特征曲线反演的烃源岩 TOC 预测技术和基于叠后多属性综合分析的孔隙度预测技术、叠前—叠后联合裂缝预测技术和基于叠前同步反演的工程参数预测技术等，有力支撑了页岩油的有效勘探开发。

4. 钻井改造工程技术

主要包括水平井优化钻和快钻工艺技术、压裂工艺及配套技术等。在明确甜点段展布及岩石力学特征的前提下，在钻井方案中首次引入“储层改造最优化”思路，创新水平井理念，据水平井压裂裂缝延展及铺砂最佳方式，优化水平井井眼轨迹设计，通过长水平段 + 多级压裂实现体积改造，获芦草沟组高产及稳产，另外应用先进集成技术，最终形成一套针对页岩油油藏水平井优快钻井配套工艺技术。主要技术成果包括优化设计井眼轨迹和水平井轨迹控制，确保了甜点段钻遇率 100%，油层钻遇率 90% 以上；应用 PDC 钻井技术、特殊提速工具技术、安全快速的钻井液工艺技术等先进集成技术，定向工具常规化，实现水平井技术国产化机械钻速，大大节约了钻井费用（表 6–5–1）。

表 6–5–1 水平井油层钻遇情况统计表

井号	水平段长度 /m	甜点段钻遇率 /%	油层钻遇率 /%
吉 172–H	1233	100	93
吉 251–H	1023	100	91.30
吉 32–H	1228	100	91

提出并初步形成了非常规体积压裂、预期形成高导流主力长缝 + 近井地带复杂缝的新理念，建立根据压裂方案确定水平井井眼轨迹的理念，形成了混合压裂液体系、射孔桥塞联作分层压裂、分簇射孔技术及套管注入工艺技术等为主体的页岩油储层改造技术体系，形成了适用于吉木萨尔凹陷的体积压裂工艺技术，通过电法、微地震、实时监测等监测压裂裂缝形态，初步形成了压裂工艺评价方法。压裂增产效果较好，大幅提高了原油产量，并且能够稳产较长的时间，2012 年以来，全区共计完钻水平井 101 口，新建产能 80.46×10^4t，已投产水平井 90 口。其中，2017 年以来投产 59 口井，目前开井 90 口，区日产油 1235t，累计产油 74.58×10^4t，吉木萨尔凹陷已初步展现十亿吨级勘探场面。

四、柴达木盆地柴西地区

1. 英西关键技术进展及应用

（1）体积压裂可行性：英西储层脆性指数 66%；最大最小主应力差为 13.6～18.9MPa，压裂施工数据分析结果表明采用滑溜水 + 冻胶复合压裂工艺技术施工井裂缝内净压力达到 10～25MPa；发育有天然裂缝，平均裂缝密度 4～10 条 /m。通过岩心地应力回归及测井资料地应力回归，最大主应力方向为 NE7°～63°，平均 NE36°，杨氏模量 35000MPa，泊松比 0.27，脆性指数平均为 64.3%，总体表现较脆，能够形成复杂的缝网系统。综上，英西储层可形成复杂裂缝，具备工厂化体积压裂的可行性。

（2）可压性评估：依据数模结果确定储层需要何种裂缝，并根据水力压裂物模结果和裂缝扩展模拟结果确定不同裂缝形态产生的界限，最后将二者叠合，建立了“四区域四参数”图版，图版回答了储层应该采取何种改造模式的问题，为改造方案制定提供有力支持（图 6-5-3）。

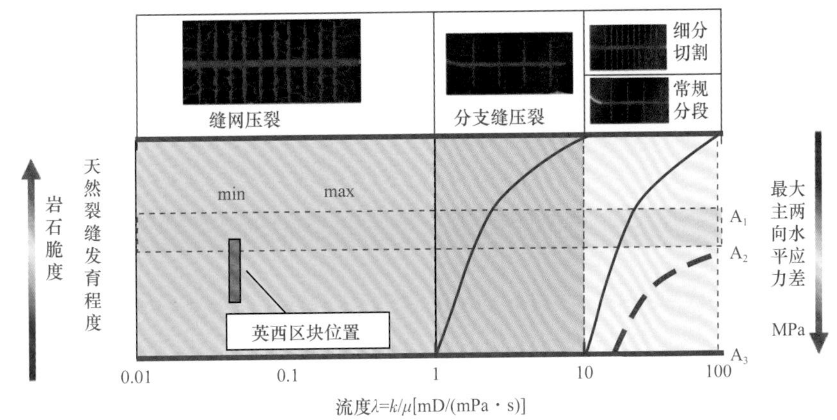

图 6-5-3　英西盐下储层在“四参数四区域”图版中位置

（3）压裂液体系优选：英西地区储层温度较高，压裂工艺选用滑溜水加线性胶加冻胶的复合压裂液模式进行改造，因此对线性胶和冻胶压裂液评价同样作为体系优选的重点工作。根据储层温度，压裂液选用耐温度较高体系开展配方优化研究，重点包括体系耐温性能、破胶性能、伤害性能等开展配方优化实验。

（4）直井缝网压裂技术：采用高等级的压裂井口、地面管汇、压裂泵车及井下工具，以“大排量、低摩阻组合压裂管柱、高滑溜水比、复合压裂液、多段塞打磨、组合支撑剂、强制裂缝闭合”等配套技术为主的直井缝网压裂工艺技术。

（5）水平井体积压裂技术：开展英西水平井体积压裂试验，形成了提高储层改造体积的“工艺四步法”工艺技术，兼顾地质甜点与工程甜点结合、微地震裂缝监测等手段，形成了针对套管完井与裸眼完井，套管桥塞分簇分段、裸眼封隔器分段两套体积压裂工艺技术。

（6）直井现场试验：直井通过措施液体系、措施改造施工规模、施工参数研究及方案优化研究；实现了“3 个 8”的工作目标，压裂指标和压裂效果逐渐向好，直井共措施改造 45 层组，措施后有 31 个层组获得工业油气流。

（7）水平井现场试验：累计施工水平井 14 井次 142 段，采用“裸眼封隔器 + 滑套”改造 4 井次，“套管多簇多段 + 可溶桥塞”改造 10 井次；施工排量在 8.8～12m^3/min 之间，平均为 10.5m^3/min；施工液量在 5942.8～23473.1m^3 之间，平均为 15555.9m^3；

施工砂量在 621.2～1552.9m^3 之间，平均为 998.3m^3；砂比在 10.2～22.6m^3 之间，平均为 16.9m^3；单段液量在 1295.4～1876.3m^3 之间，平均为 1538.7m^3；单段砂量在 71.7～118.6m^3 之间，平均为 98.3m^3；改造体积在 710.7×10^4～7550×10^4m^3 之间，平均为 3503×10^4m^3。英西共完成 14 井次 138 段的压裂施工，14 口水平井生产，投产效果初期呈现高产特征，投产 30 天平均日产油达到 25.71t，目前平均日产油 5.49t，截至目前水平井累计产油 53435.72t，单井累计产量是直井的 16 倍，平均有效期 170 天，远高于直井的 42 天。以“大排量、大液量”为核心的措施改造技术思路在英西具有良好的应用效果。“水平井 + 体积压裂”是解放英西储层以及该区高效开发的有效途径。

2. 扎哈泉关键技术进展及应用

（1）储层压前综合评估：储层岩性为长石岩屑及岩屑长石砂岩为主，石英 40% 左右，长石 20% 左右，碳酸盐岩含量 20%，黏土含量平均 20%；发育一定天然裂缝，方位与最大主应力方位夹角 80°左右，扎 2 井区最大主应力方位 NE20°～30°，扎 7 井区 NE100°～129°，扎 9、扎 11 井区 NE100°～136°；扎 2 井区杨氏模量 44352MPa、泊松比 0.25，扎 7 井区杨氏模量 25583MPa、泊松比 0.29，扎 9、扎 11 井区杨氏模量 23372MPa、泊松比 0.27，呈现杨氏模量大、泊松比大特征。总体表现较脆，能够形成复杂的缝网系统，采用合适的工艺技术能够达到体积改造的目的。压裂施工难点是“破裂压力梯度高和加砂困难”。

（2）压裂液体系优选：根据储层地层条件及温度特点，研究优化滑溜水压裂液、低摩阻压裂液、高温常规压裂液等压裂液体系配方的，结合压裂液的主要特征及适应温度对储层岩心的伤害评价研究与适应性分析，优选出适合措施区块的压裂液类型。

（3）直井压裂改造：从“降低施工压力、提高加砂能力和改造措施效果”三方面切入，形成了“酸预处理、组合管柱技术、高前置液技术、复合压裂技术、组合支撑剂技术、解水锁压裂技术、中等变排量技术、缝内暂堵转向”8 项配套技术。直井措施成功率提高近 60 个百分点，加砂量提高 3 倍，措施后 6 个层组获工业油气流，较攻关前提高了一倍，解决了该区“压不开地层、加不进砂”的难题，工艺取得了突破。

（4）水平井单井体积压裂：以扎平 1 井为例，采用水平井 + 桥塞封隔多簇多段主流压裂技术，结合储层物性采用油藏数值模拟优化裂缝参数，综合油藏工程研究、沿井筒最小主应力大小、测井解释及储层物性、岩石力学参数、脆性等结果，采用模糊识别方法确定最优射孔段和射孔数，采用滑溜水 + 冻胶复合压裂模式，前期用滑溜水大排量制造复杂裂缝，采用小粒径支撑剂段塞填充天然裂缝和分支裂缝，后期采用冻胶携砂，高砂比施工，提高主裂缝导流能力。扎平 1 井现场施工 5 段 14 簇，施工顺利，压后分析结果表明施工净压力 14～15MPa，形成了复杂裂缝系统，施工后邻井扎 2 井产量上升 1 倍，压后 1 年日平均产油 10t，是相邻直井的 3 倍多，证明扎平 1 井压裂产生裂缝波及体积较常规施工大得多。致密油水平井快钻桥塞多簇多段压裂技术具有“技术成熟、通径大、排量大、无限级、改造体积大”的特点，扎平 1 井先导性试验证明能够实现体积压裂改造的目的，是该区下步致密油水平井组工厂化压裂首先的工艺技术。

（5）水平井组“工厂化”压裂配套技术：水平井组“工厂化”主要包括水平井分段方式选择、布缝方式选择、裂缝参数优化、施工参数优化、压裂装备保障、井下微地震裂缝监测等内容，可有效降低施工成本，提高施工效率，为大规模经济开发扎哈泉致密油储层提供技术支持。扎哈泉致密油水平井组“工厂化”压裂配套技术包括连续混配、泵送桥塞分簇射孔、定向射孔、纤维控砂压裂、液体回收利用、连续油管钻磨桥塞等技术。

五、三塘湖盆地

1. 勘探技术系列

通过系统总结，形成了凝灰岩致密油“七性关系”评价技术、“模式控区带、参数控质量、融合控甜点”致密油甜点预测技术（图 6-5-4），形成凝灰岩致密油藏储量、储层、测井评价、甜点预测评价规范、分类标准及技术手册，有力地支撑了盆地致密油的勘探开发。

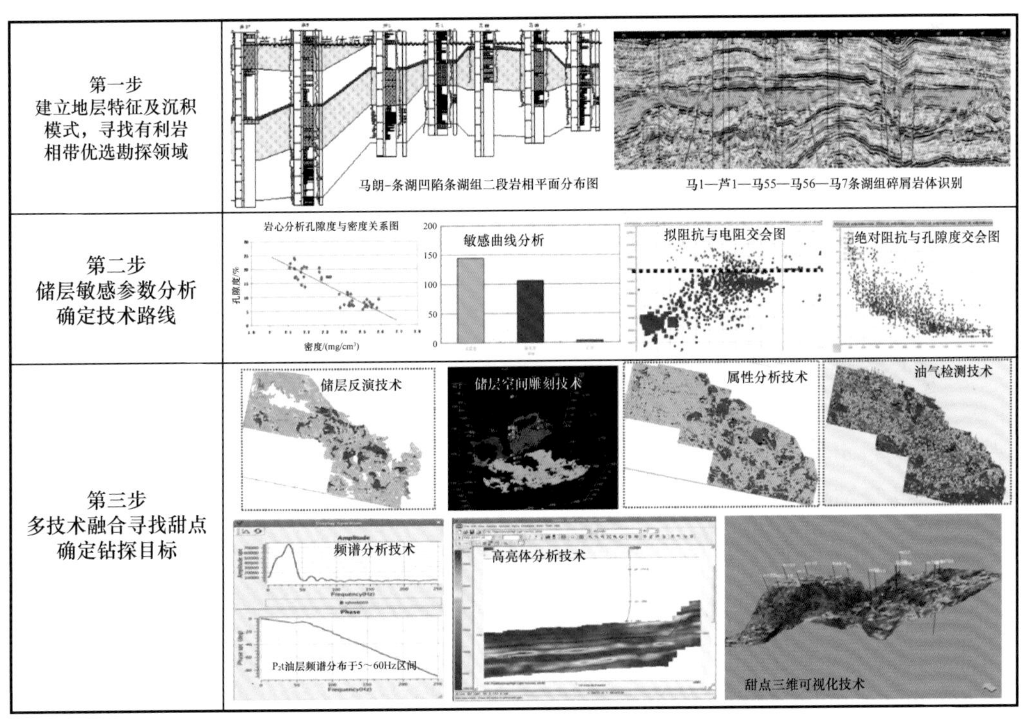

图 6-5-4　致密储层预测技术流程

2. 井筒配套技术系列

针对钻井过程中存在地层分布复杂，安全钻井难度大、可钻性差，钻井周期长、长水平段摩阻扭矩大，井眼轨迹控制、清洁及井壁稳定以及在开发过程中致密储层能量递减快、采收率低等问题，通过水平井钻完井技术攻关（图 6-5-5），解决了安全快速钻井难题，钻井周期缩短 38.4%，机械钻速提高 101%，固井质量一次合格率提高至 100%，固井优质率提高至78.9%，实现了安全快速钻井目标，单井钻井成本下降40.1%，提速效果明显；降本增效方面主要通过优化滑溜水使用比例，全面推进工艺、工具和服务的国产化，实现高产稳产的同时，成本得到良好控制。转变致密油开发模式，形成了以速钻桥塞+分簇射孔体积压裂技术和注水吞吐为主的致密油藏增产技术系列，实现了三塘湖致密油效益动用。

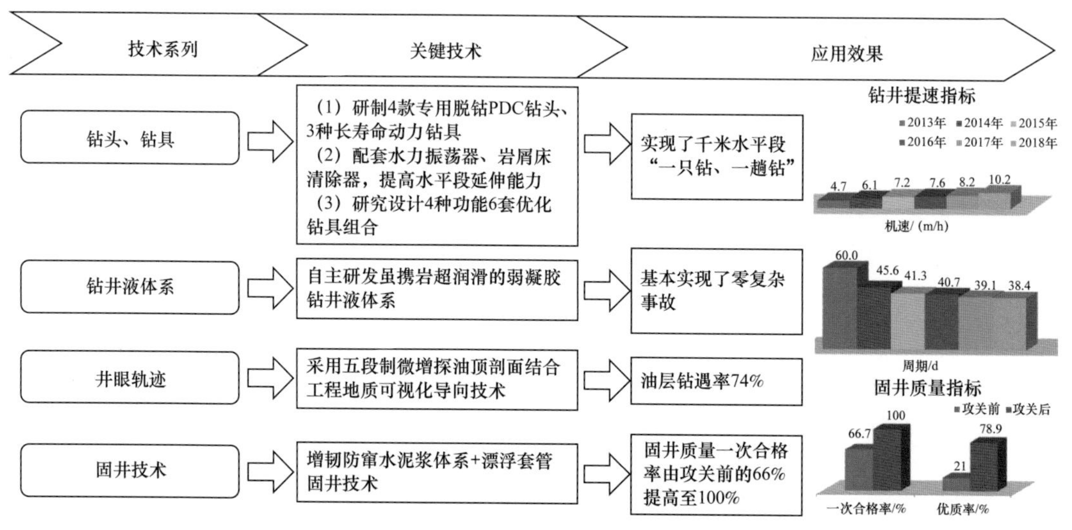

图6-5-5 致密油水平井低成本优快钻井技术路线

六、华北探区

1. 泥灰岩—砾岩致密油优快钻完井技术

根据地层垮塌机理研究及早期钻井、完井领域存在的技术问题，进行井身结构、钻井液体系、钻具组合、套管选型、井眼轨迹及井眼控制等优化设计，形成系统配套的钻完井工程方案。通过束探1H、束探2X、束探3井3口井的钻完井工程方案的优化与实施，形成了"三开井身结构—聚胺KCL-聚磺钻井液体系—复合螺杆钻具组合+双筒取心工具—10.54mm套管+TAP阀+桥塞"泥灰岩优快钻完井技术，实现了安全高效钻井。

2. 致密储层改造一体化工艺配套技术

致密油储层钻—完—改一体化设计流程。总结提出了逆向设计和正向实施的一体化设计理念：（1）确定改造技术模式；（2）确定适合对应改造技术模式的压裂改造工具；（3）确定需要的完井方式包括裸眼完井、套管固井完井等；（4）根据改造的需求确定最佳钻井方式，是否需要欠平衡钻井；（5）确定井身结构和套管尺寸及钢级；（6）设计最优的井型来匹配最初选择的技术模式；（7）布井及井型选择。从致密油储层钻井、完井、改造一体化角度考虑，需要按照上述原则，从体积压裂改造技术的选择逆向追索到地面井场选择，这就需要压裂技术早期介入，实施"逆向设计"的关键，然后从井场布井到压裂进行正向施工。

致密油储层钻—完—改一体化实施方法。主要设计思路都是最大限度的增加压裂裂缝与储层的接触面积，要求从井位部署、钻井设计、完井优化以及压裂改造四方面综合考虑，通过四步控缝实现对储层最大限度的改造。通过对钻—完—改一体化技术的研究提出了从储层井位部署—钻井—完井—储层改造全过程的裂缝形态控制提高储层改造裂缝复杂程度，提高体积压裂改造效果。

七、四川盆地中北部

1. 钻井工艺

（1）快速钻井。① 气体钻：在先导试验井龙浅 009-H1 井遂宁组—沙一段和龙浅 2 井遂宁组—沙二段地层开展了气体钻井提速试验。两口井使用空气钻井后，平均机械钻速是常规钻井的 2～3 倍，钻井速度明显更快，与邻井龙浅 009-H2 井对比，受限于井段不长、钻井周期过短，安装拆卸井口时间占整个周期比列较大，导致平均后的相同井段钻速仅有小幅增加，没有体现出气体钻提速的优势。因此，气体钻仅适用于可气体钻井段较长，安装拆卸井口设备时间占整个周期比例较小的井。② PDC 钻头 + 螺杆。在公山庙油田公 117H、公 003-H17、公 118H 井 3 口井蓬莱镇—沙二直井段试验了 PDC+ 螺杆。3 口井平均机械钻速达 13.6m/h，而同一区块采用常规钻进的邻井在同井段最高机械钻速仅为 10.07m/h。同比机械钻速提高 3.53m/h，提速效果较为明显，可以在直井段推广应用。

（2）水平段轨迹控制。① LWD 常规导向：公 117H 井试验了 LWD 常规地质导向工具，随钻测井项目为常规的自然伽马和电阻率两项。用时 23 天顺利地完成 1112m 进尺，其中水平段长 1000m，储层钻遇率 84.3%，实钻轨迹符合设计要求，较好地完成了地质导向任务。该项技术值得在靶体厚度相对较大且轨迹较为平滑的水平段中进行推广应用。② 斯伦贝谢特殊导向：一是斯伦贝谢 MicroScope（超高分辨率侧向电阻率成像仪），值得在裂缝比较发育的特殊复杂地层中推广使用；二是边界探测仪 + 旋转导向（Periscope+PD），适用于目标靶体有明显边界的地层，但不建议推广使用；三是随钻声波测井（Sonicscope），水平段导向时与 Periscope+PD 组合使用，因费用太高，不宜推广；四是 AND（方位密度中子成像测井），作用是测量储层中子孔隙度及成像，但成像质量较 MicroScope 差，不宜在特殊复杂水平轨迹中推广。

2. 完井与增产改造工艺

（1）完井方式。① 裸眼完井：为保护储层，川中一般针对裂缝发育、钻井有较强烈油气显示油井裸眼完井，龙浅 009-H2 与公 003-H18 井水平段进行了试验，该工艺值得在油气显示较好且井壁比较稳定产层段继续试验；② 裸眼封隔器完井：龙浅 009-H1 井、高浅 1H、公 118H 井试用，适用于需选择性改造且一次改造成功率较大、无须二次分段改造的井；③ 套管射孔完井：公 003-H16、公 115H、公 117H、龙浅 3、公 003-H17 这 5 口井水平段试验了 114.3mm 套管射孔完井，值得在需进行体积压裂的水平井中推广应用。

（2）增产改造。重大专项实施以来，针对 12 口井开展了大安寨段储层改造现场试验，直/斜井4口，水平井8口，采用酸化、酸压工艺6井次，采用加砂压裂6井次。①介壳灰岩储层改造现场试验：一是针对致密灰岩储层裂缝发育井主要进行裸眼封隔器分段酸压现场试验，分别对龙浅009-H2井实施解堵酸化、对公003-H18井实施水力喷射酸化、对龙浅009-H1井和高浅1H井及公118H井实施分段酸压现场试验、对公107X实施降阻酸酸压，试验了多种不同酸液体系组合，仅高浅1H井通过水平井油乳酸+转向酸+降阻酸分段酸压获高产油流；二是针对裂缝欠发育储层主要开展加砂压裂现场试验，水平井试验了公115H、龙浅3、公003-H17井，均采用114.3mm套管完井射孔完井、空心桥塞分段压裂配套技术，公115H井压裂规模最大，测试获低产油气流。②页岩大型加砂压裂改造试验：仅试验了龙浅2井，工艺取得成功，但测试仅获日产气微量，效果较差，有待进一步深化研究和现场试验。

（3）径向钻孔。优选出公36井开展径向钻孔技术试验，该井沙一段河道砂物性与含油性均较好，但裂缝不发育。径向钻孔增加了油层泄流半径，但未沟通裂缝，储层渗透性未根本性改善，仍需深入。

（4）欠平衡下油管。现场试验了水平井公003-H16、公117H、公115H、公003-H17井和直井龙岗172、公山1、公026-2井，7口井均顺利地下入排液或生产管柱，其中高产井公117H井口最大欠压值6MPa、公003-H16井为5MPa，总体达到试验要求，技术基本成熟，可推广。

通过开展重点试验区实例解剖，在吸收借鉴北美致密油开发经验基础上，以"水平井+体积压裂"为核心，发展了以地质评价、甜点预测、优快钻井、复杂缝网、效益开发5项配套技术，形成了陆相致密油地质工程一体化集成为特色的关键技术系列（表6-5-2），为致密油规模稳步发展提供了有力技术支持。

表6-5-2 2016—2020年重点盆地致密油地质工程一体化集成关键技术系列

油田	应用对象	关键技术	应用效果
大庆	扶余油层 高台子油层	●薄互层砂体识别和储层"甜点"预测地震处理解释技术 ●水平井体积压裂、穿层压裂和直井缝网压裂配套技术	指导预测优选甜点区3075km^2，钻探目标8个均高产，累计产量11.2×10^4t
吉林	乾安地区 扶余油层	●二开浅表套井身结构、水平井高效钻完井技术 ●蓄能式体积压裂为核心的致密油压裂配套技术	支撑"十三五"新建产能46.45×10^4t，累计产油76.1×10^4t
新疆	准噶尔盆地 二叠系	●采用井地联采的方式实施"两宽一高"纵波三维 ●创新形成了VSP井驱地面地震宽频处理技术	指导预测优选甜点区2072km^2，钻探目标3个均获高产
青海	柴西南古近系碳酸盐岩	●"缝控压裂"储层改造技术	支撑"十三五"新建产能48.9×10^4t，累计产油66.2×10^4t
	扎哈泉新近系碎屑岩	●套管桥塞多簇多段体积压裂技术	

续表

油田	应用对象	关键技术	应用效果
吐哈	马朗凹陷条湖组	● 集成可视化随钻导向 + 固井的水平井低成本优快钻井技术 ● 低成本“大排量、大液量、低黏液体”体积压裂技术 ● 水平井“注水增能压裂 + 二次加密”的致密油增产技术	支撑“十三五”新建产能 40.3×10^4t，累计产油 82.69×10^4t
华北	束鹿凹陷沙三段	●“源灶刻画—储层甜点—可压性评价”甜点区评价技术	指导预测优选甜点区 171km²，储备有利钻探目标 5 个
西南	侏罗系大安寨段	● 致密油“甜点区（段）”评价标准、识别与预测技术	指导预测页岩段甜点区 500km²，钻探有利目标 3 个

第六节　应用成效及结论建议

一、应用成效

“十三五”，中国石油探区通过大力推进致密油地质工程一体化，“进（近）源找油”油气发现和产能建设实现“双丰收”，研究区三种类型致密油新增探明地质储量 4.99×10^8t，5 年累计产量 444×10^4t（表 6–6–1）。

研究成果为致密油整体快速发展提供了有力支持。近年来，中国石油致密油勘探在鄂尔多斯、松辽、准噶尔、三塘湖、渤海湾等盆地取得了重要进展（表 6–6–1）。（1）鄂尔多斯盆地长 7 段发现庆城十亿吨级储量规模区。（2）松辽盆地扶余油层落实 11 个致密油富集区带，资源规模 22.68×10^8t。盆地北部扶余、高台子油层形成 6.3×10^8t 三级储量区，盆地南部扶余油层形成 1.9×10^8t 三级储量区，建成了以乾安等油气为代表的致密油水平井试验区。（3）准噶尔盆地吉木萨尔凹陷芦草沟组发现亿吨级规模储量，直井小规模压裂、水平井大规模试验取得积极效果，已探明 1.53×10^8t 储量，井控资源规模 11.1×10^8t。（4）三塘湖盆地马朗凹陷、条湖凹陷发现条湖组沉凝灰岩亿吨级致密油资源富集区，已建成马中地区致密油水平井开发区，形成 5000×10^4t 三级储量区。（5）柴达木盆地西部古近系碳酸盐岩、新近系碎屑岩、混积岩致密油勘探进展大，形成 1.66×10^8t 三级储量区。此外，四川盆地川中北侏罗系页岩层段、渤海湾盆地冀中坳陷束鹿凹陷和饶阳凹陷、二连盆地阿南凹陷等致密油领域也取得较大进展。

二、主要结论

（1）深化致密油形成条件认识，揭示不同源储组合成藏机制与富集规律的差异性，为甜点评价优选提供理论认识支撑。① 建立了淡 / 咸水两类湖盆优质源岩生排烃模型，发现烃源岩非均质特征决定排烃效率，R_o 大于 0.9% 纹层状富有机质页岩排烃效率高。② 陆相湖盆储集体的多样性决定储集性能差异，控制了致密油富集程度，建立陆相致密油4类储层发育分布模式与评价标准，为规模勘探提供支持。③ 初步揭示致密油富集主控因素，为甜点区评价优选提供了理论认识指导。

表6-6-1 2016—2020年重点盆地致密油三级储量与产能产量统计

盆地 / 坳陷	勘探面积 / km^2	层位	主要区带（区块）	三级储量 /10^8t		
				探明储量	控制储量	预测储量
鄂尔多斯	30000	长7段	湖盆中心区	5.021	—	5.602
松辽北部	15616	扶余	中央坳陷区	1.409	2.073	2.028
	12524	高台子	中央坳陷区	0.080	0.616	0.097
松辽南部	2600	泉四段 泉三段	红岗阶地（红岗、大安）、扶新隆起带（新北、两井）	0.012	—	—
	2800	泉四段	长岭凹陷（乾安、情字井、孤店）	1.176	0.314	0.407
准噶尔	1278	芦草沟组	吉木萨尔凹陷	1.533	—	2.766
	2312	风城组	玛湖西斜坡风城地区	—	—	—
	585	平地泉组	石树沟	—	—	—
三塘湖	579.54	条湖组	马朗、条湖凹陷	0.074	0.133	—
	992.5	芦草沟组	马朗、条湖凹陷	—	—	0.221
四川	40000	侏罗系致密油	川中—川北	—	—	—
		侏罗系Ⅱ类页岩油	川中隆起带、川北坳陷带、川东高陡构造带、川西坳陷带	—	—	—
		侏罗系Ⅲ类页岩油	川中隆起带	—	—	—
柴达木	1800	N_1	柴西南碎屑岩	0.046	—	—
	1600	E_3^2	柴西碳酸盐岩	0.660	0.422	0.018
	4900	N_2^1—N_2^2	柴西北混积岩（小梁山、南翼山）	—	0.510	—
冀中坳陷	152	沙三段下亚段	束鹿凹陷	—	0.418	—
二连盆地	387	腾一段下亚段	阿南凹陷	—	—	—

（2）发展完善致密储层表征、资源分类评价和甜点评价三项关键技术，为致密油甜点评价提供技术。① 建立了致密油 / 页岩油储层宏观—微观的多尺度、定量化表征技术，

实现了致密油有利储层精细评价与预测。② 构建资源分级评价指标，创建深层混相小面元法及面元空间—蒙特卡洛评价等新方法，解决了致密油资源潜力分级评价面临的方法技术难题。③ 基于致密油富集规律认识和甜点主控因素分析，构建甜点评价方法，探索地球物理甜点综合预测技术，为致密油勘探甜点区评价提供方法技术支撑。

（3）致密油开发理论研究揭示陆相致密油开发目标尺度小，物性、含油性差异大，非线性渗流显著，单井产量差异大、递减快，效益开发困难。通过致密油开发目标评价优选，开发模式优选和方案优化，全生命周期产能评价预测，提高采收率技术等致密油开发关键技术持续攻关，初步形成了大井丛 + 长水平段 + 密切割大规模体积压裂开发，CO_2 吞吐提高采收率为主要开发模式的致密油开发关键技术系列。

（4）构建了“以改造缝网扩展评价技术为核心，改造材料与改造工艺双优化为支点，高效实施相配套”的致密储层低成本高效改造技术系列。① 揭示了致密储层裂缝扩展机理，建立了储层改造缝网压裂裂缝扩展评价技术，为提供压裂程度提供了理论依据。② 建立水平段品质分级评价标准，为选准压裂段、提高水平段压裂精度、改善压裂效果提供基础。③ 研究发现黏度、排量与缝间距影响复杂缝网形态，开发了低黏液 + 大排量 + 高密度裂缝工程参数优化方案。④ 建立了“五步法”体积改造工艺，实现了造缝与“渗吸置换 + 补能”一体化和同步化，压后效果明显提高。⑤ 探索材料优化、工具完善和工厂化作业模式，压裂成本有效降低，作业效果显著提高。

（5）研究成果为致密油整体快速发展提供了有力理论技术支撑。鄂尔多斯盆地探明庆城十亿吨级规模储量区，建成百万吨级产能区；松辽盆地扶余油层、高台子油层落实十亿吨级三级储量区，建成多个十万吨级产能区；准噶尔盆地吉木萨尔凹陷芦草沟组探明 1.53×10^8t 规模储量，开发试验取得积极效果；三塘湖盆地马朗凹陷、条湖凹陷发现条湖组沉凝灰岩亿吨级资源富集区，建成马中地区水平井开发区；柴达木盆地西部古近系碳酸盐岩、新近系碎屑岩及混积岩，四川盆地川中北侏罗系页岩层段，渤海湾盆地冀中坳陷束鹿凹陷、饶阳凹陷，二连盆地阿南凹陷等致密油领域也取得较大进展。

三、主要建议

（1）中国陆相致密油剩余资源潜力大，通过攻关进一步明确了致密油富集地质规律，形成了一整套针对致密油勘探开发配套技术，致密油将成为“十四五”乃至今后一个时期中国石油工业增储上产的重要现实领域。

（2）展望未来致密油重点勘探开发领域，建议聚焦大盆地重点层系“储层甜点”，分层次大力推进鄂尔多斯、松辽、准噶尔、柴达木、四川、三塘湖、渤海湾等重点盆地多种类型致密油勘探开发。第一层次，鄂尔多斯盆地长 7 段、松辽盆地扶余油层、高台子油层碎屑岩致密油，是致密油近期增储上产的重要现实阵地，应加强示范引领，优先加快发展；第二层次，新疆北部二叠系混积岩—凝灰岩致密油，是致密油短期增储上产的接替资源阵地，应加强试验试产，推进稳步发展；第三层次，柴西古近系、四川侏罗系碳酸盐岩致密油，是致密油长远发展的潜力资源阵地，应加强突破发现，推进探索攻关。

参考文献

白晓虎，齐银，陆红军，等，2015. 鄂尔多斯盆地致密油水平井体积压裂优化设计研究[J]. 石油钻采工艺，37（4）：83-86.

边瑞康，武晓玲，包书景，等，2013. 美国岩油分布规律及成藏特点[J]. 西安石油大学学报（自然科学版），2014（01）：1-15.

蔡东梅，2014. 松辽盆地扶余油田泉四段沉积微相研究[J]. 岩性油气藏，26（5）：57-63.

蔡建超，郁伯铭，2012. 多孔介质自发渗吸研究进展[J]. 力学进展，42（6）：735-754.

操应长，葸克来，朱如凯，等，2015. 松辽盆地南部泉四段扶余油层致密砂岩储层微观孔喉结构特征[J]. 中国石油大学学报，39（5）：7-17.

曹剑，雷德文，李玉文，等，2015. 古老碱湖优质烃源岩：准噶尔盆地下二叠统风城组[J]. 石油学报，36（7）：781-790.

曹青，赵靖舟，柳益群，2013. 鄂尔多斯盆地东南部上古生界流体包裹体特征及其意义[J]. 西北大学学报（自然科学版），43（5）：749-756.

曹喆，柳广弟，柳庄小雪，等，2014. 致密油地质研究现状及展望[J]. 天然气地球科学，25（10）：1499-1508.

查明，苏阳，高长海，等，2017. 致密储层储集空间特征及影响因素——以准噶尔盆地吉木萨尔凹陷二叠系芦草沟组为例[J]. 中国矿业大学学报，46（01）：88-98.

查明，苏阳，高长海，等，2017. 致密储层储集空间特征及影响因素——以准噶尔盆地吉木萨尔凹陷二叠系芦草沟组为例[J]. 中国矿业大学学报，46（1）：85-95.

陈冬霞，庞雄奇，杨克明，等，2012. 川西坳陷中段上三叠统须二段致密砂岩孔隙度演化史[J]. 吉林大学学报（地球科学版），42（1）：42-51.

陈发景，汪新文，汪新伟，2005. 准噶尔盆地的原型和构造演化[J]. 地学前缘，12（3）：77-89.

陈建平，孙永革，钟宁宁，等，2014. 地质条件下湖相烃源岩生排烃效率与模式[J]. 地质学报，88（11）：2005-2032.

陈健，庄新国，吴超，等，2017. 准噶尔盆地南缘芦草沟组页岩地球化学特征及沉积环境分析——以准页 3 井为例[J]. 中国煤炭地质，29（8）：32-38.

陈少军，董清水，宋立忠，2006. 松辽盆地南部泉四段沉积体系再认识[J]. 大庆石油地质与开发，25（6）：4-8.

陈盛吉，万茂霞，杜敏，等，2005. 川中地区侏罗系油气源对比及烃源条件研究[J]. 天然气勘探与开发，28（2）：11-14.

陈世加，高兴军，王力，等，2014. 川中地区侏罗系凉高山组致密砂岩含油性控制因素[J]. 石油勘探与开发，41（4）：421-427.

陈世加，张焕旭，路俊刚，等. 川中侏罗系大安寨段致密油富集高产控制因素[J]. 石油勘探与开发，2015，42（2）：1-8.

陈世加，张焕旭，路俊刚，等，2015. 四川盆地中部侏罗系大安寨段致密油富集高产控制因素[J]. 石油勘探与开发，42（2）：186-193.

陈世悦，李聪，杨勇强，等，2012. 黄骅坳陷歧口凹陷沙一下亚段湖相白云岩形成环境[J]. 地质学报，86（10）：1679–1687.

陈书平，张一伟，汤良杰，2001. 准噶尔晚石炭世—二叠纪前陆盆地的演化[J]. 中国石油大学学报（自然科学版），25（5）：11–24.

陈薇，郝毅，倪超，等，2016. 川中下侏罗统大安寨组储层特征及控制因素[J]. 西南石油大学学报（自然科学版），35（5）：7–14.

陈小慧，2017. 页岩油赋存状态与资源量评价方法研究进展[J]. 科学技术与工程，17（3）：136–144.

陈旋，李杰，梁浩，等，2014. 三塘湖盆地条湖组沉凝灰岩致密油藏成藏特征[J]. 新疆石油地质，35（4）：386–390.

陈旋，刘俊田，冯亚琴，等，2018. 三塘湖盆地条湖组火山湖相沉凝灰岩致密油形成条件与富集因素[J]. 新疆地质，36（2）：246–251.

陈旋，刘小琦，王雪纯，等，2019. 三塘湖盆地芦草沟组页岩油储层形成机理及分布特征[J]. 天然气地球科学，30（8）：1180–1189.

陈业全，王伟锋，2004. 准噶尔盆地构造演化与油气成藏特征[J]. 中国石油大学学报（自然科学版），28（3）：4–9.

陈义才，李延钧，廖前进，2009. 烃源岩排烃系数的一元二次方程及其应用[J]. 地质科技情报，28（3）：86–90.

陈颙，黄庭芳，2001. 岩石物理学[M]. 北京：北京大学出版社.

谌卓恒，杨潮，姜春庆，等，2018. 加拿大萨斯喀彻温省 Bakken 组致密油生产特征及甜点分布预测[J]. 石油勘探与开发，45（4）：626–635.

程正兴，1998. 小波分析算法与应用[M]. 西安：西安交通大学出版社.

澄林，朱筱敏，2001. 沉积岩石学（第三版）[M]. 北京：石油工业出版社.

迟元林，云金表，蒙启安，等，2002. 松辽盆地深部结构及成盆动力学与油气聚集[M]. 北京：石油工业出版社.

崔景伟，朱如凯，李森，等，2019. 坳陷湖盆烃源岩发育样式及其对石油聚集的控制——以鄂尔多斯盆地三叠系延长组长 7 油层组为例[J]. 天然气地球科学，30（7）：982–996.

崔守凯，杨鲜鲜，李晓宏，等，2013. 柴达木盆地油气勘探开发现状与发展趋势[J]. 中国石油和化工标准与质量，33（11）：177.

戴俊生，汪必峰，马占荣，2007. 脆性低渗透砂岩破裂准则研究［J］. 新疆石油地质，28（4）：393–395.

邓宏文，王红亮，李小孟，1997. 高分辨率层度地层对比在河流相中的应用［J］. 石油天然气地质，18（2）：90–95.

邓美寅，梁超，2012. 渤南洼陷沙三下亚段泥页岩储集空间研究：以罗 69 井为例[J]. 地学前缘，19（1）：173–181.

邓起东，张维岐，张培震，等，1989. 海原走滑断裂带及其尾端挤压构造［J］. 地震地质，11（1）：1–14.

邓远，蒲秀刚，陈世悦，等，2019. 细粒混积岩储层特征与主控因素分析——以渤海湾盆地沧东凹陷孔二段为例[J]. 中国矿业大学学报，48（6）：1301–1316.

翟光明，2008. 关于非常规油气资源勘探开发的几点思考[J]. 天然气工业，28（12）：1–3.

刁海燕，2013. 泥页岩储层岩石力学特性及脆性评价[J]. 岩石学报，29（9）：3300–3306.

窦宏恩，马世英，2012. 巴肯页岩油开发对我国开发超低渗透油藏的启示[J]. 石油钻采工艺，42（3）：120–124

杜长鹏，2016. 准噶尔盆地吉木萨尔凹陷二叠系芦草沟组致密油甜点预测[D]. 北京：中国石油大学（北京）.

杜金虎，何海清，杨涛，2014，等. 中国致密油勘探进展及面临的挑战[J]. 中国石油勘探，19（1）：1–9.

杜金虎，胡素云，庞正炼，等，2019. 中国陆相页岩油类型、潜力及前景[J]. 中国石油勘探，24（5）：560–568.

杜金虎，李建忠，郭彬程，等，2016. 中国陆相致密油[M]. 北京：石油工业出版社.

杜敏，陈盛吉，万茂霞，等，2005. 四川盆地侏罗系源岩分布及地化特征研究[J]. 天然气勘探与开发，28（2）：26–28+80+6.

范嘉松，2005. 世界碳酸盐岩油气田的储层特征及其成藏的主要控制因素[J]. 地学前缘，12（3）：23–30.

范立国，侯启军，陈均亮，2003. 松辽盆地中浅层构造层序界面的划分及其对含油气系统形成的意义[J]. 大庆石油学院学报，27（2）：13–16.

冯进来，胡凯，曹剑，等，2011. 陆源碎屑与碳酸盐混积岩及其油气地质意义[J]. 高校地质学报，17（2）：297–307.

冯胜斌，牛小兵，刘飞，等，2013. 鄂尔多斯盆地长7页岩油储层储集空间特征及其意义[J]. 中南大学学报（自然科学版），44（11）：4574–4580.

冯烁，田继军，孙铭赫，等，2015. 准噶尔盆地南缘芦草沟组沉积演化及其对油页岩分布的控制[J]. 西安科技大学学报，35（4）：436–443.

冯小英，秦凤启，刘浩强，等，2013. 子波干涉研究在地震解释中的应用[J]. 长江大学学报（自科版），10（16）：72–76.

冯子辉，霍秋立，王雪，等，2015. 青山口组一段烃源岩有机地球化学特征及古沉积环境[J]. 大庆石油地质与开发，34（4）：1–7.

付金华，2018. 鄂尔多斯盆地致密油勘探理论与技术[M]. 北京：科学出版社.

付金华，李士祥，侯雨庭，等，2020. 鄂尔多斯盆地延长组长7段Ⅱ类页岩油风险勘探突破及其意义[J]. 中国石油勘探，25（1）：78–92.

付金华，李士祥，牛小兵，等，2020. 鄂尔多斯盆地三叠系长7段页岩油地质特征与勘探实践[J]. 石油勘探与开发，47（5）：870–883.

付金华，李士祥，徐黎明，等，2018. 鄂尔多斯盆地三叠系延长组长7段古沉积环境恢复及意义[J]. 石油勘探与开发，45（6）：936–946.

付金华，牛小兵，淡卫东，等，2019. 鄂尔多斯盆地中生界延长组长7段页岩油地质特征及勘探开发进展[J]. 中国石油勘探，24（5）：601–614.

付金华，石玉江，2002. 利用核磁测井精细评价低渗透砂岩气层[J]. 天然气工业，22（6）：39–42+9–8.

付金华，喻建，徐黎明，等，2015. 鄂尔多斯盆地致密油勘探开发新进展及规模富集可开发主控因素[J]. 中国石油勘探，20（5）：9–19.

付锁堂，王大兴，姚宗惠，2020. 鄂尔多斯盆地黄土塬三维地震技术突破及勘探开发效果［J］. 中国石油勘探，25（1）：67–77.

付锁堂，张道伟，薛建勤，等，2013. 柴达木盆地致密油形成的地质条件及勘探潜力分析［J］. 沉积学报，31（4）：672–681.

高岗，向宝力，李涛涛，等，2017. 吉木萨尔凹陷芦草沟组致密油系统的成藏特殊性［J］. 沉积学报，35（4）：179–188.

高瑞琪，蔡希源，1997. 松辽盆地油气田形成条件与分布规律［M］. 石油工业出版社 .

苟红光，赵莉莉，梁桂宾，等，2016. EUR 分级类比法在致密油资源评价中的应用——以三塘湖盆地芦草沟组为例［J］. 岩性油气藏，28（3）：27–33.

郭秋麟，陈宁生，吴晓智，等，2013. 致密油资源评价方法研究［J］. 中国石油勘探，18（2）：67–76.

郭秋麟，李峰，陈宁生，等，2016. 致密油资源评价方法、软件及关键技术［J］. 天然气地球科学，27（9）：1566–1575.

郭荣涛，张永庶，陈晓冬，等，2019. 柴达木盆地英西地区下干柴沟组上段高频旋回与古地貌特征［J］. 沉积学报，1（24）：1–15.

郭旭光，何文军，杨森，等，2019. 准噶尔盆地页岩油"甜点区"评价与关键技术应用——以吉木萨尔凹陷二叠系芦草沟组为例［J］. 天然气地球科学，30（8）：1168–1179.

郭泽清，孙平，张春燕，等，2014. 柴达木盆地西部地区致密油气形成条件和勘探领域探讨［J］. 天然气地球科学，25（9）：1366–1377.

国建英，钟宁宁，梁浩，等，2012. 三塘湖盆地中二叠统原油的来源及其分布特征［J］. 地球化学，41（3）：266–277.

韩林，2006. 白云岩成因分类的研究现状及相关发展趋势［J］. 中国西部油气地质，2（4）：400–406.

郝芳，陈建渝，1993. 沉积盆地中的有机相研究及其在油气资源评价中的应用［C］// 矿物岩石学论丛（9）. 北京：地质出版社：101–109.

郝以岭，高鑫，陈国胜，等，2007. 冀中坳陷束鹿凹陷泥灰岩储层测井解释实践与认识［J］. 中国石油勘探（2）：51–85.

何冰，胡明，罗玉宏，等，2010. 川中李渡—白庙地区大安寨段湖相碳酸盐岩油藏裂缝发育特征分析［J］. 复杂油气藏，3（1）：23–27.

何登发，张磊，吴松涛，等，2018. 准噶尔盆地构造演化阶段及其特征［J］. 石油与天然气地质，39（5）：5–21.

何接，杨文博，2017. 巴肯致密油地质特征及体积压裂技术研究［J］. 石油化工应用，36（12）：84–87.

何晓东，安菲菲，罗瑜，等，2015. 四川盆地侏罗系致密油特殊的介观孔缝储渗体［J］. 天然气勘探与开发，38（1）：40–43.

何玉春，1985. 正演模型的多解性［J］. 石油地球物理勘探，20（5）：465–473.

贺静，冯胜斌，袁效奇，等，2011. 鄂尔多斯盆地周缘延长组露头剖面砂岩组分及地质意义分析［J］. 岩性油气藏，23（6）：30–36.

侯明扬，杨国丰，2015. 美国致密油发展的历程、影响及前景展望［J］. 资源与产业，17（1）：11–17.

侯启军，冯志强，冯子辉，等，2009. 松辽盆地陆相石油地质学［M］. 北京：石油工业出版社 .

胡素云，朱如凯，吴松涛，等，2018. 中国陆相致密油效益勘探开发［J］. 石油勘探与开发，45（4）：737–748.

胡文瑞，翟光明，李景明，2010. 中国非常规油气的潜力和发展［J］. 中国工程科学，12（5）：25–29.

黄成刚，关新，倪祥龙，等，2017. 柴达木盆地英西地区E32咸化湖盆白云岩储集层特征及发育主控因素［J］. 天然气地球科学，28（2）：219–231.

黄东. 一种湖相致密介壳灰岩相对优质储层识别方法：201610875907.1［P］. 2019–04–09.

黄东，段勇，杨光，等，2018. 淡水湖相沉积区源储配置模式对致密油的控制作用——以四川盆地侏罗系大安寨段为例［J］. 石油学报，39（5）：518–527.

黄东，杨光，杨智，等，2019. 四川盆地致密油勘探开发新认识与发展潜力［J］. 天然气地球科学，19（1）：1–9.

黄军平，杨占龙，马国福，等，2015. 中国小型断陷湖盆致密油地质特征及勘探潜力分析［J］. 天然气地球科学，26（9）：1763–1772.

黄隆基，1995. 润湿性对岩石电阻率影响的模型估算［J］. 地球物理学报，38（3）：405–410.

黄薇，梁江平，赵波，等，2013. 松辽盆地北部白垩系泉头组扶余油层致密油成藏主控因素［J］. 古地理学报，15（5）：635–644.

黄薇，梁江平，赵波，等，2012. 松辽盆地北部白垩系扶余油层致密油成藏主控因素［J］. 石油勘探与开发，39（2）：129–136.

黄振凯，刘全有，黎茂稳，等，2018. 鄂尔多斯盆地长7段泥页岩层系排烃效率及其含油性［J］. 石油与天然气地质，39（3）：513–521+600.

黄志龙，马剑，梁世君，等，2016. 源—储分离型凝灰岩致密油藏形成机理与成藏模式［J］. 石油学报，37（8）：975–985.

霍秋立，曾花森，张晓畅，等，2012. 松辽盆地北部青山口组一段有效烃源岩评价图版的建立及意义［J］. 石油学报，33（3）：379–384.

吉鸿杰，邱振，陶辉飞，等，2016. 烃源岩特征与生烃动力学研究——以准噶尔盆地吉木萨尔凹陷芦草沟组为例［J］. 岩性油气藏，28（4）：34–42.

吉利明，徐金鲤，2007. 鄂尔多斯盆地三叠纪疑源类及其与油源岩发育的关系［J］. 石油学报，28（2）：40–48.

贾承造，2017. 论非常规油气对经典石油天然气地质学理论的突破及意义［J］. 石油勘探与开发，44（1）：1–11.

贾承造，郑民，张永峰，2012. 中国非常规油气资源与勘探开发前景［J］. 石油勘探与开发，39（2）：129–136.

贾承造，邹才能，李建忠，等，2012. 中国致密油评价标准、主要类型、基本特征及资源前景［J］. 石油学报，33（3）：343–350.

贾承造，邹才能，杨智，等，2018. 陆相油气地质理论在中国中西部盆地的重大进展［J］. 石油勘探与开发，45（4）：1–15.

江涛，唐振兴，党立宏，等，2006. 松辽盆地南部岩性油藏勘探潜力及技术对策［J］. 岩性油气藏，11（3）：24–29.

姜在兴，张文昭，梁超，等，2014. 页岩油储层基本特征及评价要素［J］. 石油学报，35（1）：184–196.

蒋裕强，漆麟，邓海波，等，2010. 四川盆地侏罗系油气成藏条件及勘探潜力［J］. 天然气工业，30（3）：22–26.

焦姣，杨金华，田洪亮，2015. 致密油地质特征及开发特性研究［J］. 非常规油气，2（1）：71–75.

焦淑静，张慧，薛东川，2019. 三塘湖盆地芦草沟组页岩有机显微组分扫描电镜研究［J］. 电子显微学报，38（3）：257–263.

金振奎，冯增昭，1993. 华北地台东部下古生界白云岩的类型及储集性［J］. 沉积学报（2）：11–18.

金之钧，白振瑞，高波，等，2019. 中国迎来页岩油气革命了吗？［J］. 石油与天然气地质，40（3）：5–12.

康玉柱，2012. 中国非常规泥页岩油气藏特征及勘探前景展望［J］. 天然气工业，32（4）：1–5.

匡立春，孙中春，毛志强，等，2015. 核磁共振测井技术在准噶尔盆地油气勘探开发中的应用［M］. 北京：石油工业出版社 .

匡立春，胡文瑄，王绪龙，等，2013. 吉木萨尔凹陷芦草沟组致密油储层初步研究：岩性与孔隙特征分析［J］. 高校地质学报，19（3）：529–535.

匡立春，孙中春，欧阳敏，等，2013. 吉木萨尔凹陷芦草沟组复杂岩性致密油储层测井岩性识别［J］. 测井技术，37（6）：638–642.

匡立春，唐勇，雷德文，等，2012. 准噶尔盆地二叠系咸化湖盆相云质岩页岩油形成条件与勘探潜力［J］. 石油勘探与开发，39（6）：657–667.

匡立春，唐勇，雷德文，等，2012. 准噶尔盆地二叠系咸化湖相云质岩致密油形成条件与勘探潜力［J］. 石油勘探与开发，39（6），657–667.

匡立春，王霞田，郭旭光，等，2015. 吉木萨尔凹陷芦草沟组致密油地质特征与勘探实践［J］. 新疆石油地质，36（6）：629–634.

雷德文，阿布力米提·依明，秦志军，等，2017. 准噶尔盆地玛湖凹陷碱湖轻质油气成因与分布［M］. 北京：科学出版社 .

黎茂稳，马晓潇，蒋启贵，等，2019. 北美海相页岩油形成条件、富集特征与启示［J］. 油气地质与采收率，26（1）：13–28.

李长喜，李潮流，胡法龙，等，2020. 致密砂岩油气测井评价理论与方法［M］. 北京：石油工业出版社 .

李朝霞，王健，刘伟，等，2014. 西加盆地致密油开发特征分析［M］. 石油地质与工程，28（4）：79–82.

李道品，1997. 低渗透砂岩油田开发［M］. 北京：石油工业出版社 .

李登华，李建忠，王少勇，等，2016. 四川盆地侏罗系致密油刻度区精细解剖与关键参数研究［J］. 天然气地球科学，27（9）：1666–1678.

李国欣，欧阳健，周灿灿，等，2006. 中国石油低阻油层岩石物理研究与测井识别评价技术进展［J］. 中国石油勘探，11（2）：43–50.

李吉君，史颖琳，章新文，等，2014. 页岩油富集可采主控因素分析：以泌阳凹陷为例［J］. 地球科学（中国地质大学学报），39（7）：848–857.

李建忠，郭彬程，郑民，等，2012. 中国致密砂岩气主要类型，地质特征与资源潜力［J］. 天然气地球科学，23（4）：607–615.

李建忠，吴晓智，郑民，等，2016. 常规与非常规油气资源评价的总体思路、方法体系与关键技术［J］.

天然气地球科学，27（9）：1557–1565.
李钜源，李政，包友书，等，2014. 北美页岩油气研究进展及对中国陆相页岩油气勘探的思考［J］. 地球科学进展，29（6）：700–711.
李军，王世谦，2010. 四川盆地平昌—阆中地区侏罗系油气成藏主控因素与勘探对策［J］. 天然气工业，30（3）：16–21.
李俊武，2016. 柴西南地区古—新近系致密油储层特征及有利探区预测［D］. 成都：成都理工大学.
李坤白，赵玉华，蒲仁海，等，2017. 鄂尔多斯盆地湖盆区延长组致密油“甜点”控制因素及预测方法［J］. 地质科技情报，36（4）：174–182.
李明，赵一民，刘晓，等，2009. 松辽盆地南部长岭凹陷油气富集区分布特征［J］. 石油勘探与开发，36（4）：413–418
李明诚，李剑，2010. “动力圈闭”——低渗透致密储层中油气充注成藏的主要作用［J］. 石油学报，31（5）：718–722.
李森，朱如凯，崔景伟，等，2019. 古环境与有机质富集控制因素研究——以鄂尔多斯盆地南缘长7油层组为例［J］. 岩性油气藏，31（1）：87–95.
李士超，张金友，公繁浩，等，2017. 松辽盆地北部上白垩统青山口组泥岩特征及页岩油有利区优选［J］. 地质通报，36（4）：654–663.
李树同，王琪，仲佳爱，等，2013. 鄂尔多斯盆地姬塬地区长 8_1 浅水三角洲砂体成因［J］. 天然气地球科学，24（6）：1102–1108.
李天仁，2010. 松辽盆地南部孤店逆断层活动性研究［J］. 内蒙古石油化工，3（3）：133–134.
李文浩，卢双舫，薛海涛，等，2016. 江汉盆地新沟嘴组页岩油储层物性发育主控因素［J］. 石油与天然气地质，37（1）：56–61.
李文厚，庞军刚，曹红霞，等，2009. 鄂尔多斯盆地晚三叠世延长期沉积体系及岩相古地理演化［J］. 西北大学学报（自然科学版），39（3）：501–506.
李宪文，樊凤玲，杨华，等，2016. 鄂尔多斯盆地低压致密油藏不同开发方式下的水平井体积压裂实践［J］. 钻采工艺，39（3）：34–36.
李翔，王建功，张平，等，2018. 柴达木盆地英西地区 E32 裂缝成因与油气地质意义［J］. 岩性油气藏，30（6）：45–54.
李新宁，马强，梁辉，等，2015. 三塘湖盆地二叠系芦草沟组二段混积岩致密油地质特征及勘探潜力［J］. 石油勘探与开发，42（6）：763–771+793.
李秀英，肖阳，杨全凤，等，2013. 二连盆地阿南洼槽岩性油藏及致密油勘探潜力［J］. 中国石油勘探，18（6）：56–61.
李彦恒，2007. 鄂尔多斯盆地有机质与铀矿化关系研究［D］. 邯郸：河北工程大学.
李玉喜，张金川，2011. 我国非常规油气资源类型和潜力［J］. 国际石油经济，19（3）：61–67.
李振宏，杨永恒，2005. 白云岩成因研究现状及进展［J］. 油气地质与采收率，12（2）：5–8.
连承波，2007. CO_2 成因与成藏研究综述［J］. 特种油气藏，14（5）：9–12.
梁狄刚，冉隆辉，戴弹申，2011. 四川盆地中北部侏罗系大面积非常规石油勘探潜力的再认识［J］. 石油学报，132（1）：8–17.

梁浩，李新宁，马强，等，2014. 三塘湖盆地条湖组凝灰岩致密油地质特征及勘探潜力［J］. 石油勘探与开发，41（5）：563–572.

梁宏斌，旷红伟，刘俊奇，等，2007. 冀中坳陷束鹿凹陷古近系沙河街组三段泥灰岩成因探讨［J］. 古地理学报，9（2）：167–174.

梁世军，黄志龙，柳波，等，2012. 马郎凹陷芦草沟组页岩油形成机制与富集条件［J］. 石油学报，33（4）：589–594.

梁世君，黄志龙，柳波，等，2012. 马朗凹陷芦草沟组页岩油形成机理与富集条件［J］. 石油学报，33（4）：588–593.

梁世君，罗劝生，王瑞，等，2019. 三塘湖盆地二叠系非常规石油地质特征与勘探实践［J］. 中国石油勘探，24（5）：624–635.

梁树能，甘甫平，闫柏琨，等，2014. 绿泥石矿物成分与光谱特征关系研究［J］. 光谱学与光谱分析，34（7）：1763–1768.

林承焰，刘伟，刘键，等，2009. 柴达木盆地油泉子油田中孔低渗型藻灰岩储层测井评价［J］. 西安石油大学学报（自然科学版），24（1）：25–28.

林森虎，邹才能，袁选俊，等，2011. 美国致密油开发现状及启示［J］. 岩性油气藏，23（4）：25–30.

林铁锋，康德江，姜丽娜，2019. 松辽盆地北部扶余油层致密油地质特征及勘探潜力［J］. 大庆石油地质与开发，38（5）：94–100.

刘超，卢双舫，薛海涛，2014. 变系数 Δlog*R* 方法及其在泥页岩有机质评价中的应用［J］. 地球物理学进展，29（1）：312–317.

刘成林，李冰，吴林强，等，2016. 松辽盆地上白垩统页岩油地质条件评价［M］. 北京：地质出版社.

刘春慧，刘家铎，张鑫，2001. 准噶尔盆地东部五彩湾—石树沟地区中二叠统层序地层研究［J］. 成都理工大学学报（自然科学版），28（4）：371–375.

刘冬冬，张晨，罗群，等，2017. 准噶尔盆地吉木萨尔凹陷芦草沟组致密储层裂缝发育特征及控制因素［J］. 中国石油勘探，22（4）：36–47.

刘恩龙，沈珠江，2005. 岩土材料的脆性研究［J］. 岩石力学与工程学报，24（19）：3449–3453.

刘国恒，黄志龙，郭小波，等，2016. 新疆三塘湖盆地马朗凹陷中二叠统芦草沟组泥页岩层系 SiO_2 赋存状态与成因［J］. 地质学报，90（6）：1220–1235.

刘国强，李长喜，2019. 陆相致密油岩石物理特征与测井评价方法［M］. 北京：石油工业出版社.

刘护创，王文慧，2001. Earthvision 软件在变速成图中的应用［J］. 吐哈油气，6（2）：15–17.

刘化清，袁剑英，李相博，等，2007. 鄂尔多斯盆地延长期湖盆演化及其成因分析［J］. 岩性油气藏，19（1）：52–60.

刘俊田，张代生，黄卫东，等，2009. 三塘湖盆地马朗凹陷火山岩岩性测井识别技术及应用［J］. 岩性油气藏，21（4）：87–91.

刘群，袁选俊，林森虎，等，2018. 湖相泥岩、页岩的沉积环境和特征对比——以鄂尔多斯盆地延长组长 7 段为例［J］. 石油与天然气地质，39（3）：531–540.

刘伟，林承焰，王国民，等，2009. 柴西北地区油泉子油田低渗透储层特征与成因分析［J］. 石油学报，30（3）：417–421.

刘跃杰，刘书强，马强，等，2019. BP 神经网络法在三塘湖盆地芦草沟组页岩岩相识别中的应用[J]. 岩性油气藏，31（4）：101–111.

刘震，曾宪斌，张万选，1997. 沉积盆地地温与地层压力关系研究[J]. 地质学报，71（2）：23–28.

刘致水，孙赞东，2015. 新型脆性因子及其在泥页岩储集层预测中的应用[J]. 石油勘探与开发，42（1）：117–124.

柳波，吕延防，冉清昌，等，2014. 松辽盆地北部青山口组页岩油形成地质条件及勘探潜力[J]. 石油与天然气地质，35（2）：280–285.

柳波，吕延防，孟元林，等，2015. 湖相纹层状细粒岩特征、成因模式及其页岩油意义——以三塘湖盆地马朗凹陷二叠系芦草沟组为例[J]. 石油勘探与开发，42（5）：598–607.

柳波，吕延防，赵荣，等，2012. 三塘湖盆地马朗凹陷芦草沟组泥页岩系统地层超压与页岩油富集机理[J]. 石油勘探与开发，39（6）：699–705.

楼章华，兰翔，卢庆梅，1999. 地形、气候与湖面波动对浅水三角洲沉积环境的控制作用——以松辽盆地北部东区葡萄花油层为例[J]. 地质学报（1）：83–92.

卢进才，李玉宏，魏仙样，等，2006. 鄂尔多斯盆地三叠系延长组长 7 油层组油页岩沉积环境与资源潜力研究[J]. 吉林大学学报（地球科学版），36（6）：928–932.

卢双舫，黄文彪，陈方文，等，2012. 页岩油气资源分级评价标准探讨[J]. 石油勘探与开发，39（2）：249–256.

吕明久，付代国，何斌，等，2012. 泌阳凹陷深凹区页岩油勘探实践[J]. 石油地质与工程，26（3）：85–87.

路俊刚，陈世加，欧成华，等，2010. 柴达木盆地西部北区干柴沟地区深层勘探潜力分析[J]. 石油实验地质，32（2）：136–139.

罗建强，何忠明，2008. 鄂尔多斯盆地中生代构造演化特征及油气分布[J]. 地质与资源，17（2）：135–138.

罗蛰潭，王允诚，1986. 油气储集层的孔隙结构[M]. 北京：科学出版社.

马达德，寿建峰，胡勇，等，2005. 柴达木盆地柴西南区碎屑岩储层形成的主控因素分析[J]. 沉积学报，23（4）：589–595.

马芳侠，李耀华，葛云锦，等，2017. 鄂尔多斯盆地延长组致密油有效烃源岩评价[J]. 特种油气藏，24（5）：37–41.

马剑，2016. 马朗凹陷条湖组含沉积有机质凝灰岩致密油成储—成藏机理[D]. 北京：中国石油大学（北京）.

马剑，黄志龙，高潇玉，等，2015. 新疆三塘湖盆地马朗凹陷条湖组凝灰岩油藏油源分析[J]. 现代地质，29（6）：1435–1443.

马克，侯加根，刘钰铭，等，2017. 吉木萨尔凹陷二叠系芦草沟组咸化湖混合沉积模式[J]. 石油学报，38（6）：636–648.

马磊，张雷，张学娟，等，2015. 大民屯凹陷沙四下段致密油储层特征与分布预测[J]. 科学技术与工程，15（33）：115–123.

马立桥，2005. 二连盆地阿南—阿北凹陷下白垩统层序发育特征与岩性地层油藏预测（D）. 杭州：浙江大学.

马强，白国娟，闫立纲，2017. 三塘湖盆地芦草沟组致密储层特征及其“甜点”选择［J］. 新疆石油天然气，13（1）：1-5+107.

马永生，冯建辉，牟泽辉，等，2012. 中国石化非常规油气资源潜力及勘探进展［J］. 中国工程科学，14（6）：22-29.

毛俊莉，张金川，刘通，等，2019. 辽河西部凹陷页岩纹层结构及其储集空间意义［J］. 石油实验地质，41（1）：113-120.

毛志强，匡立春，肖承文，等，2004. 低阻油气层测井识别与评价及岩石物理研究进展（综述）［C］// 中俄测井国际学术交流会 . 中国石油学会 .

蒙启安，白雪峰，梁江平，等，2014. 松辽盆地北部扶余油层致密油特征及勘探对策［J］. 大庆石油地质与开发，33（5）：23-29.

孟祥振，刘聃，孟旺才，等，2018. 鄂尔多斯盆地西南部延长组长 7 段致密油地质“甜点”评价［J］. 特种油气藏，25（6）：94-99.

孟元林，胡越，李新宁，等，2014. 致密火山岩物性影响因素分析与储层质量预测——以马朗—条湖凹陷条湖组为例［J］. 石油与天然气地质，35（2）：244-252.

慕立俊，赵振峰，李宪文，等，2019. 鄂尔多斯盆地页岩油水平井细切割体积压裂技术［J］. 石油与天然气地质，40（3）：626-635.

慕立俊，赵振峰，李宪文，等，2019. 鄂尔多斯盆地页岩油水平井细切割体积压裂技术［J］. 石油与天然气地质，40（3）：626-635.

倪超，郝毅，厚刚福，等，2012. 四川盆地中部侏罗系大安寨段含有机质泥质介壳灰岩储层的认识及其意义［J］. 海相油气地质，19（2）：49-60.

聂海宽，马鑫，余川，等，2017. 川东下侏罗统自流井组页岩储层特征及勘探潜力评价［J］. 石油与天然气地质，38（3）：438-447.

聂海宽，张培先，边瑞康，等，2016. 中国陆相页岩油富集特征［J］. 地学前缘，23（2）：55-62.

牛强，曾溅辉，王鑫，等，2014. X 射线元素录井技术在胜利油区泥页岩脆性评价中的应用［J］. 油气地质与采收率，21（1）：24-27.

欧阳健，2002. 油藏中饱和度—电阻率分布规律研究——深入分析低阻油层基本成因［J］. 石油勘探与开发，29（3）：44-47.

欧阳健，王贵文，吴继余，等，1999. 测井地质分析与油气层定量评价［M］. 北京：石油工业出版社 .

潘泉，张磊，孟晋丽，等，2005. 小波滤波算法及应用［M］. 北京：清华大学出版社 .

庞正炼，邹才能，陶士振，等，2012. 中国致密油形成分布与资源潜力评价［J］. 中国工程科学，14（7）：60-67.

彭传利，2014. 冀中南部束鹿凹陷泥灰岩储层特征研究［D］. 北京：中国地质大学（北京）：63.

彭晖，刘玉章，冉启全，等，2014. 致密油储层水平井产能影响因素研究［J］. 天然气地球科学，25（5）：771-777.

彭昱强，涂彬，魏俊之，等，2002. 油气田开发井网研究综述［J］. 大庆石油地质与开发，21（6）：22-25.

蒲秀刚，金凤鸣，韩文中，等，2019. 陆相页岩油甜点地质特征与勘探关键技术——以沧东凹陷孔店组二段为例[J]. 石油学报，40(8)：997-1012.

齐银，张宁生，任晓娟，等，2005. 裂缝性储层岩石自吸水性实验研究[J]. 西安石油大学学报(自然科学版)，20(1)：34-36.

卿忠，刘俊田，张品，等，2016. 三塘湖盆地页岩油资源评价关键参数的校正[J]. 石油地质与工程，30(1)：6-9+146.

邱隆伟，马郡，汪丽芳，2006. 东鹿凹陷古近纪构造活动对沉积作用的影响[J]. 油气地质与采收率，13(5)：3-6.

邱振，施振胜，等，2016. 致密油源储特征与聚集机理——以准噶尔盆地吉木萨尔凹陷二叠系芦草沟组为例[J]. 石油勘探与开发，43(6)：928-939.

邱振，邹才能，李建忠，等，2013. 非常规油气资源评价进展与未来展望[J]. 天然气地球科学，24(2)：238-246.

曲希玉，杨会东，刘立，等，2013. 松南油伴生 CO_2 气的成因及其对油气藏的影响[J]. 吉林大学学报(地球科学版)，43(1)：39-47+17.

邵雨，杨勇强，万敏，等，2015. 吉木萨尔凹陷二叠系芦草沟组沉积特征及沉积相演化[J]. 新疆石油地质，36(6)：635-641.

沈财余，崔汝国，2003. 影响测井约束地震反演地质效果因素的分析[J]. 物探与化探，27(2)：123-127.

沈亚，李洪革，管俊亚，等，2012. 柴西地区古近系—新近系含油凹陷构造特征与勘探领域[J]. 石油地球物理勘探，47(增刊1)：111-117.

盛湘，陈祥，章新文，等，2015. 中国陆相页岩油开发前景与挑战[J]. 石油实验地质，37(3)：267-271.

施立志，王卓卓，张永生，2014. 松辽盆地齐家地区高台子油层致密油分布及地质特征[J]. 天然气地球科学，25(12)：1943-1950.

施培华，范宜仁，顾定娜，等，2015. 三塘湖盆地芦草沟组混积岩致密油烃源岩总有机碳含量计算[J]. 测井技术，39(4)：478-481+526.

施振生，邱振，董大忠，等，2018. 四川盆地巫溪2井龙马溪组含气页岩细粒沉积纹层特征[J]. 石油勘探与开发，45(2)：339-348.

石道涵，张兵，何举涛，等，2014. 鄂尔多斯长7致密砂岩储层体积压裂可行性评价[J]. 西安石油大学学报(自然科学版)，29(1)：52-55.

史杰青，邓南涛，张文哲，等，2015. 国外致密油增产技术发展及中国致密油开发建议[J]. 当代化工，44(2)：335-337.

斯春松，陈能贵，等，2013. 吉木萨尔凹陷二叠系芦草沟组致密油储层沉积特征[J]. 石油实验地质，35(5)，528-533.

斯春松，陈能贵，余朝丰，2013，等. 吉木萨尔凹陷二叠系芦草沟组致密油储层沉积特征[J]. 石油实验地质，35(5)：528-533.

宋道万，张凤喜，安永生，等，2009. 压裂水平井井网参数自动优化研究[J]. 特种油气藏，16(4)：101-103.

宋国奇，张林晔，卢双舫，等，2013. 页岩油资源评价技术方法及其应用[J]. 地学前缘，20（4）：221-228.

宋立忠，李本才，王芳，2007. 松辽盆地南部扶余油层低渗透油藏形成机制[J]. 岩性油气藏，19（2）：57-61.

宋涛，李建忠，姜晓宇，等，2013. 渤海湾盆地冀中坳陷束鹿凹陷泥灰岩源储一体式致密油成藏特征[J]. 东北石油大学学报，37（6）：47-53.

宋岩，李卓，姜振学，等，2017. 非常规油气地质研究进展与发展趋势[J]. 石油勘探与开发，44（4）：638-648.

宋永，周路，郭旭光，等，2017. 准噶尔盆地吉木萨尔凹陷芦草沟组湖相云质致密油储层特征与分布规律[J]. 岩石学报，33（4）：1159-1170.

隋阳，郭旭东，叶生林，等，2016. 三塘湖盆地条湖组烃源岩地化特征及致密油油源对比[J]. 新疆地质，34（4）：510-516.

孙焕泉，2017. 济阳坳陷页岩油勘探实践与认识[J]. 中国石油勘探，22（4）：1-14.

孙建芳，王华，2009. 用正交实验设计方法分析水平井井网参数对开发效果的影响[J]. 石油地质与工程，23（5）：66-68.

孙玮，李智武，张葳，等，2014. 四川盆地中北部大安寨段油气勘探前景[J]. 成都理工大学学报（自然科学版），41（1）：1-7.

孙赞东，贾承造，李相方，等，2011. 非常规油气勘探与开发[M]. 北京：石油工业出版社.

唐晓明，2011. 含孔、裂隙介质弹性波动统一理论——Biot 理论的推广[J]. 中国科学，41（6）：69-78.

唐勇，徐洋，瞿建华，等，2014. 玛湖凹陷百口泉组扇三角洲群特征及分布[J]. 新疆石油地质，35（6）：628-635.

唐振兴，赵家宏，王天煦，2019. 松辽盆地南部致密油“甜点区（段）”评价与关键技术应用[J]. 天然气地球科学，30（8）：1114-1124.

唐振兴，2007. 松辽盆地南部嫩江组—泉四段油气运移特征[J]. 大庆石油地质与开发，26（6）：40-42.

田继先，曾旭，易士威，等，2016. 咸化湖盆致密油储层“甜点”预测方法研究：以柴达木盆地扎哈泉地区上干柴沟组为例[J]. 地学前缘，23（5）：193-201.

田在艺，张庆春，1993. 沉积盆地控制油气赋存的因素[J]. 石油学报，14（4）：1-19.

童晓光，张光亚，王兆明，等，2018. 全球油气资源潜力与分布[J]. 石油勘探与开发，45（4）：1-10.

万传治，王鹏，薛建勤，等，2015. 柴达木盆地柴西地区古近系—新近系致密油勘探潜力分析[J]. 岩性油气藏，27（3）：26-31.

万天丰，1996. 中国中、新生代板内变形与构造应力场[J]. 地质力学学报，2（3）：13.

汪海燕，2009. 松辽盆地北部中央坳陷区泉头组四段层序地层及沉积演化研究[D]. 成都：成都理工大学：14-16.

汪少勇，李建忠，王社教，等，2016. 辽河西部凹陷雷家地区沙四段油气资源结构特征[J]. 天然气地球科学，27（9）：1728-1741.

王才，李治平，赖枫鹏，等，2014. 压裂直井压后返排油嘴直径优选方法[J]. 科学技术与工程，14（14）：44-48.

王成云，匡立春，高岗，等，2014. 吉木萨尔凹陷芦草沟组泥质岩类生烃潜力差异性分析[J]. 沉积学报，32（2）：385–390.

王栋，姜在兴，贾孟强，等，2004. 利用核磁共振测井资料进行烃源岩评价[J]. 西安石油大学学报，19（2）：29–32.

王方雄，侯英姿，夏季，2002. 烃源岩测井评价新进展[J]. 测井技术，26（2）：89–93.

王贵文，朱振宇，朱广宇，2002. 烃源岩测井识别与评价方法研究[J]. 石油勘探与开发，29（4）：50–52.

王洪星，2010. 三肇凹陷扶杨油层上生下储式油运聚成藏规律[J]. 大庆石油地质与开发，29（6）：6–11.

王会来，高先志，杨德相，等，2013. 二连盆地烃源岩层内云质岩油气成藏研究[J]. 地球学报，34（6）：723–730.

王家映，2002. 地球物理反演理论[M]. 北京：高等教育出版社.

王理斌，段宪余，钟伟，等，2012. 地质建模在苏丹大位移水平井地质导向中的应用[J]. 岩性油气藏，24（4）：90–92.

王立武，梁春秀，邹才能，等，2004. 综合地震解释技术在松辽盆地南部岩性油藏预测中的应用[J]. 勘探地球物理进展，27（1）：58–62.

王敏，陈祥，严永新，等，2013. 南襄盆地泌阳凹陷陆相页岩油地质特征与评价[J]. 古地理学报，15（5）：63–671.

王社教，李峰，郭秋麟，等，2016. 致密油资源评价方法及关键参数研究[J]. 天然气地球科学，27（9）：1576–1582.

王世谦，胡素云，董大忠，2012. 川东侏罗系——四川盆地亟待重视的一个致密油气新领域[J]. 天然气工业，32（12）：22–29.

王玮，黄东，易海永，等，2019. 淡水湖相页岩小层精细划分及地球化学特征——以四川盆地大安寨段为例[J]. 石油实验地质，39（2）：129–136.

王彦仓，秦凤启，金凤鸣，等，2010. 饶阳凹陷蠡县斜坡三角洲前缘薄互层砂泥岩储层预测[J]. 中国石油勘探，15（2）：45–49.

王永辉，卢拥军，李永平，等，2012. 非常规储层压裂改造技术进展及应用[J]. 石油学报，33（S1）：149–158.

王震亮，2013. 致密岩油的研究进展、存在问题和发展趋势[J]. 石油实验地质，35（6）：587–595.

王志战，翟慎德，周立发，等，2005. 核磁共振录井技术在岩石物性分析方面的应用研究[J]. 石油实验地质，27（6）：619–623.

魏志平，唐振兴，江涛，等，2002. 长岭凹陷层序地层分析[J]. 石油与天然气地质，23（3）：170–173.

吴聃，鞠斌山，胡景宏，等，2015. 九龙山致密气田压后支撑剂回流机理研究[J]. 河北工业科技，32（4）：312–317.

吴浩，牛小兵，张春林，等，2015. 鄂尔多斯盆地陇东地区长7段致密油储层可动流体赋存特征及影响因素[J]. 地质科技情报，34（3）：120–125.

吴孔友，查明，王绪龙，等，2005. 准噶尔盆地构造演化与动力学背景再认识[J]. 地球学报，26（3）：217–222.

吴丽荣，黄成刚，袁剑英，等，2015. 咸化湖盆混积岩中双重孔隙介质及其油气储集意义［J］. 地球科学与环境学报，37（2）：59–67.

吴林钢，李秀生，郭小波，等，2012. 马朗凹陷芦草沟组页岩油储层成岩演化与溶蚀孔隙形成机制［J］. 中国石油大学学报（自然科学版），36（3）：38–43.

吴萌萌，岳祯奇，孟子圆，等，2018. 柴达木盆地西部地区构造分区及构造演化研究进展［J］. 石油化工应用，37（10）：5–8.

吴奇，胥云，张守良，等，2014. 非常规油气藏体积改造技术核心理论与优化设计关键［J］. 石油学报，35（4）：706–714.

吴文明，谷会霞，周慧成，等，2016. 马朗凹陷芦草沟组混积岩致密油储集层解释评价［J］. 录井工程，27（1）：67–72+93.

吴晓智，王社教，郑民，等，2016. 常规与非常规油气资源评价技术规范体系建立及意义［J］. 天然气地球科学，27（9）：1640–1650.

吴颜雄，杨晓菁，薛建勤，等，2017. 柴西地区扎哈泉致密油成藏主控因素分析［J］. 特种油气藏，24（3）：21–25.

吴因业，顾家裕，郭彬程，等，2014. 油气层序地层学——优质储层分析预测方法［M］. 北京：石油工业出版社.

吴因业，张天舒，张志杰，等，2010. 沉积体系域类型、特征及石油地质意义［J］. 古地理学报，12（1）：69–81.

吴应川，张惠芳，代华，2009. 利用渗吸法提高低渗油藏采收率技术［J］. 断块油气田，16（2）：80–82.

武富礼，李文厚，李玉宏，等，2004. 鄂尔多斯盆地上三叠统延长组三角洲沉积及演化［J］. 古地理学报，6（3）：307–315.

武晓玲，高波，叶欣，等，2013. 中国东部断陷盆地页岩油成藏条件与勘探潜力［J］. 石油与天然气地质，34（4）：455–462.

武耀辉，田建章，王文军，2001. 束鹿西斜坡重力滑脱断层对油气富集的控制［J］. 石油地球物理勘探，36（6）：24–30.

葸克来，操应长，朱如凯，等，2015. 吉木萨尔凹陷二叠系芦草沟组致密油储层岩石类型及特征［J］. 石油学报，36（12）：1495–1507.

向宝力，廖健德，周妮，等，2013. 吉木萨尔凹陷吉 174 井二叠系芦草沟组烃源岩地球化学特征［J］. 科学技术与工程，13（32）：9636–9640.

肖飞，何宗斌，周静萍，2012. 核磁共振测井连续表征储层孔隙结构方法研究［J］. 石油天然气学报，34（2）：93–97.

肖立志，1998. 核磁共振成像测井与岩石核磁共振及其应用［M］. 北京：科学出版社：1–26.

肖圣东，2012. 特低丰度油层水平井井网优化设计研究［J］. 中国石油和化工标准与质量（4）：139.

萧德铭，刘金发，侯启军，等，1999. 向斜区岩性油藏成藏条件及分布规律［G］// 大庆油田发现 40 年论文集，北京：石油工业出版社.

谢庆明，肖立志，廖广志，2010. SURE 算法在核磁共振信号去噪中的实现［J］. 地球物理学报，53（11）：2776–2783.

邢新亚，林承焰，王东仁，等，2015. 低渗透油藏网状河道岔道口优质储层特征及其控制因素[J]. 油气地质与采收率，22（3）：29-33.

邢玉洁，2017. 渤海湾盆地与北美典型盆地页岩油形成条件对比研究[D]. 北京：中国石油大学（北京）.

熊林芳，2015. 坳陷型富烃凹陷优质烃源岩的形成环境——以鄂尔多斯盆地长7烃源岩为例[D]. 西安：西北大学，20-69.

徐红军，胡法龙，2008. 利用核磁共振技术研究岩心的润湿性[J]. 内蒙古石油化工，34（23）：10-13.

许冬进，廖锐全，石善志，等，2014. 致密油水平井体积压裂工厂化作业模式研究[J]. 特种油气藏，21（3）：1-6.

许涵越，2014. 松辽盆地南部青山口组岩页岩油资源潜力评价[D]. 大庆：东北石油大学.

许晓宏，黄海平，1998. 测井资料与烃源岩有机碳含量的定量关系研究[J]. 江汉石油学院学报，20（3）：8-12.

薛永超，田虓丰，2014. 鄂尔多斯盆地长7致密油藏特征[J]. 特种油气藏，21（3）：111-115.

闫伟鹏，杨涛，马洪，等，2014. 中国陆相致密油成藏模式及地质特征[J]. 新疆石油地质，35（2）：131-136.

杨光，黄东，黄平辉，等，2017. 四川盆地中部侏罗系大安寨段致密油高产稳产主控因素[J]. 石油勘探与开发，45（5）：817-826.

杨国丰，周庆凡，卢雪梅，2019. 页岩油勘探开发成本研究[J]. 中国石油勘探，24（5）：576-588.

杨华，刘显阳，张才利，等，2007. 鄂尔多斯盆地三叠系延长组低渗透岩性油藏主控因素及其分布规律[J]. 岩性油气藏，19（3）：1-6.

杨华，张文正，2005. 论鄂尔多斯盆地长7段优质油源岩在低渗透油气成藏富集中的主导作用：地质地球化学特征[J]. 地球化学，34（2）：147-153.

杨华，李士祥，刘显阳，2013. 鄂尔多斯盆地致密油、页岩油特征及资源潜力[J]. 石油学报，34（1）：1-11.

杨华，牛小兵，罗顺社，等，2015. 鄂尔多斯盆地陇东地区长7段致密砂体重力流沉积模拟实验研究[J]. 地学前缘，22（3）：322-332.

杨华，牛小兵，徐黎明，等，2016. 鄂尔多斯盆地三叠系长7段页岩油勘探潜力[J]. 石油勘探与开发，43（4）：511-520.

杨慧钰，2016. 古龙凹陷高台子油层致密油成藏主控因素研究[D]. 大庆：东北石油大学：22-27.

杨竞，周莉，张鹏，等，2008. 柴达木盆地红沟子构造沟7井区烃源岩评价[J]. 油气地质与采收率，15（2）：61-66.

杨雷，金之钧，2019. 全球页岩油发展及展望[J]. 中国石油勘探，24（5）：553-559.

杨焱钧，柳益群，蒋宜勤，等，2019. 新疆准噶尔盆地吉木萨尔凹陷二叠系芦草沟组云质岩地球化学特征[J]. 沉积于特提斯地质，39（2）：85-93.

杨跃明，黄东，杨光，等，2019. 四川盆地侏罗系大安寨段湖相页岩油气形成地质条件及勘探方向[J]. 天然气勘探与开发，39（2）：129-136.

杨智，付金华，郭秋麟，等，2017. 鄂尔多斯盆地三叠系延长组陆相致密油发现、特征及潜力[J]. 中国石油勘探，22（6）：9-15.

杨智，侯连华，林森虎，等，2018. 吉木萨尔凹陷芦草沟组致密油、页岩油地质特征与勘探潜力［J］. 中国石油勘探，23（4）：76–85.

杨智，侯连华，陶士振，等，2015. 致密油与页岩油形成条件与“甜点区”评价［J］. 石油勘探与开发，42（5）：555–565.

杨智，邹才能，2019.“进源找油”：源岩油气内涵与前景［J］. 石油勘探与开发，46（1）：173–184.

姚光庆，孙尚如，周锋德，等，2004. 非常规陆相油气储层［M］. 北京：中国地质大学出版社 .

姚泾利，邓秀芹，赵彦德，等，2013. 鄂尔多斯盆地延长组致密油特征［J］. 石油勘探与开发，40（2）：150–158.

姚军，赵秀才，2010. 数字岩心及孔隙级渗流模拟理论［M］. 北京：石油工业出版社 .

易定红，王建功，石兰亭，等，2019. 柴达木盆地英西地区 E32 碳酸盐岩沉积演化特征［J］. 岩性油气藏，1（25）：1–10.

印兴耀，韩文功，李振春，等，2006. 地震技术新进展［M］. 东营：中国石油大学出版社：89–95.

雍世和，张超谟，2002. 测井数据处理与综合解释［M］. 东营：中国石油大学出版社 .

尤源，牛小兵，冯胜斌，等，2014. 鄂尔多斯盆地延长组长 7 致密油储层微观孔隙特征研究［J］. 中国石油大学学报（自然科学版），38（6）：18–23.

袁剑英，黄成刚，夏青松，等，2016. 咸化湖盆碳酸盐岩储层特征及孔隙形成机理——以柴西地区始新统下干柴沟组为例［J］. 地质论评，62（1）：111–126.

袁选俊，林森虎，刘群，等，2015. 湖盆细粒沉积特征与富有机质页岩分布模式——以鄂尔多斯盆地延长组长 7 油层组为例［J］. 石油勘探与开发，42（1）：34–43.

曾富强，郝建飞，宋连腾，等，2015. 快弯曲波方位差异判断各向异性类型的方法及其应用［J］. 石油学报，36（4）：457–468.

曾溅辉，孔旭，程世伟，等，2009. 低渗透砂岩油气成藏特征及其勘探启示［J］. 现代地质，23（4）：755–760.

曾锦光，罗元华，陈太源，1982. 应用构造面主曲率研究油气藏裂缝问题［J］. 力学学报（2）：202–206.

曾联波，李跃纲，张贵斌，等，2007. 川西南部上三叠统须二段低渗透砂岩储层裂缝分布的控制因素［J］. 中国地质，34（4）：622–627.

曾联波，漆家福，王永秀，2007. 低渗透储层构造裂缝的成因类型及其形成地质条件［J］. 石油学报，28（4）：52–56.

曾亮，李振宇，王鹏，2006. 小波分析在提高核磁共振找水信号信噪比中的应用探讨［J］.CT 理论与应用研究，15（2）：1–5.

曾维主，宋之光，曹新星，2018. 松辽盆地北部青山口组烃源岩含油性分析［J］. 地球化学，47（4）：345–353.

曾允孚，夏文杰，1985. 沉积岩石学［M］. 北京：地质出版社 .

张斌，何媛媛，陈琰，等，2017. 柴达木盆地西部咸化湖相优质烃源岩地球化学特征及成藏意义［J］. 石油学报，38（10）：1158–1167.

张斌，胡健，杨家静，等，2015. 烃源岩对致密油分布的控制作用：以四川盆地大安寨为例［J］. 矿物岩石地球化学通报，34（1）：45–54.

张凤奇，王震亮，武富礼，等，2012. 低渗透致密砂岩储层成藏期油气运移的动力分析［J］. 中国石油大学学报（自然科学版），36（4）：32–38.

张国伟，陶树，汤达祯，等，2017. 三塘湖盆地二叠系芦草沟组油页岩微量元素和稀土元素地球化学特征［J］. 煤炭学报，42（8）：2081–2089.

张红玲，1999. 裂缝性油藏中的渗吸作用及其影响因素研究［J］. 油气采收率技术，6（2）：44–48.

张健，刘楼军，黄芸，等，2003. 准噶尔盆地吉木萨尔凹陷中—上二叠统沉积相特征［J］. 新疆地质，21（4）：412–414.

张杰，赵玉华，黄黎刚，等，2017. 致密油甜点地震预测技术及其在鄂尔多斯盆地的应用［J］. 石油地球物理勘探（物探技术研讨会专刊）：661–664.

张金川，林腊梅，李玉喜，等，2012. 页岩油分类与评价［J］. 地学前缘，19（5）：322–331.

张君峰，毕海滨，许浩，等，2015. 国外致密油勘探开发新进展及借鉴意义［J］. 石油学报，36（2）：127–137.

张抗，2012. 从致密油气到页岩油气——中国非常规油气发展之路探析［J］. 中国地质教育，2012，20（3）：9–15.

张连梁，段胜强，李会光，等，2016. 扎哈泉地区新近系致密油形成条件与分布特征［J］. 特种油气藏，23（2）：36–40.

张林晔，包友书，李钜源，等，2014. 湖相页岩油可动性———以渤海湾盆地济阳坳陷东营凹陷为例［J］. 石油勘探与开发，41（6）：641–649.

张敏，尹成明，寿建峰，等，2004. 柴达木盆地西部地区古近系及新近系碳酸盐岩沉积相［J］. 古地理学报，6（4）：391–400.

张妮妮，刘洛夫，苏天喜，等，2013. 鄂尔多斯盆地延长组长7段与威利斯顿盆地 Bakken 组致密油形成条件的对比及其意义［J］. 现代地质，27（5）：1120–1130.

张品，刘俊田，卿忠，等 . 三塘湖盆地芦草沟组二段有效烃源岩评价［J］. 石油地质与工程，29（6）：15–17+21.

张善文，2013. 准噶尔盆地哈拉阿拉特山地区风城组烃源岩的发现及石油地质意义［J］. 石油与天然气地质，34（2）：145–152.

张文朝，雷怀玉，姜冬华，等，1998. 二连盆地阿南凹陷的演化与油气聚集规律［J］. 河南石油（2）：1–5.

张文正，杨华，杨奕华，等，2008. 鄂尔多斯盆地长7优质烃源岩的岩石学、地球化学特征及发育环境［J］. 地球化学，37（1）：59–64.

张新顺，王红军，马锋，等，2015. 致密油资源富集区与“甜点区”分布关系研究——以美国威利斯顿盆地为例［J］. 石油实验地质，37（5）：619–626.

张以明，刘震，邹伟宏，等，2004. 二连盆地油气运移聚集特征分析［J］. 中国石油勘探，9（3）：11.

张永庶，伍坤宇，姜营海，等，2018. 柴达木盆地英西深层碳酸盐岩油气藏地质特征［J］. 天然气地球科学，29（3）：358–369.

赵澄林，刘孟慧，1991. 内蒙阿南凹陷中生代储层沉积特征和地质模式［J］. 石油大学学报（自然科学版），15（2）：10–18.

赵海玲，黄微，王成，等，2009. 火山岩中脱玻化孔及其对储层的贡献［J］. 石油与天然气地质，30（1）：47–52.

赵虎，尹成，鲍祥生，等，2013. 不同正演方法对地震属性的影响［J］. 石油地球物理勘探，48（5）：32–46.

赵靖舟，2012. 非常规油气有关概念、分类及资源潜力［J］. 天然气地球科学，23（3）：393–406.

赵俊龙，张君峰，许浩，等，2015. 北美典型致密油地质特征对比及分类［J］. 岩性油气藏，27（1）：44–50.

赵万金，李海亮，杨午阳，2012. 国内非常规油气地球物理勘探技术现状及进展［J］. 中国石油勘探，17（4）：36–40.

赵万金，唐传章，王孟华，等，2015. 湖相致密复杂岩性地震识别技术［J］. 石油学报，36（S1）：59–67.

赵贤正，周立宏，蒲秀刚，等，2018. 陆相湖盆页岩层系基本地质特征与页岩油勘探突破——以渤海湾盆地沧东凹陷古近系孔店组二段一亚段为例［J］. 石油勘探与开发，45（3）：361–372.

赵贤正，姜在兴，张锐锋，等，2015. 陆相断陷盆地特殊岩性致密油藏地质特征与勘探实践——以束鹿凹陷沙河街组致密油藏为例［J］. 石油学报，36（增刊Ⅰ）：1–9.

赵占银，董清水，宋立忠，等，2008. 松辽盆地南部河流相岩性油藏形成机制［M］. 北京：石油工业出版社.

赵政璋，杜金虎，2012. 致密油气［M］. 北京：石油工业出版社：164.

赵政璋，赵贤正，王英民，等，2005. 储层地震预测理论与实践［M］. 北京：科学出版社.

赵志魁，张金亮，赵占银，等，2009. 松辽盆地南部坳陷湖盆沉积相和储层研究［M］. 北京：石油工业出版社.

郑传行，张一鸣，2007. 核磁共振信号的小波变换消噪方法［J］. 分析仪器（1）：43–46.

郑伟，姜汉桥，陈民锋，等，2011. 水平井井网渗流场分析及井间距的确定［C］// 渗流力学与工程的创新与实践——第十一届全国渗流力学学术大会论文集：168–171.

支东明，宋永，何文军，等，2019. 准噶尔盆地中—下二叠统页岩油地质特征、资源潜力及勘探方向［J］. 新疆石油地质，40（4）：389–401.

支东明，唐勇，杨智峰，等，2019. 准噶尔盆地吉木萨尔凹陷陆相页岩油地质特征与聚集机理［J］. 石油与天然气地质，40（3）：78–88.

支东明，唐勇，杨智峰，等，2019. 准噶尔盆地吉木萨尔凹陷陆相页岩油地质特征与聚集机理［J］. 石油与天然气地质，40（3）：524–534.

周立宏，蒲秀刚，邓远，等，2016. 细粒沉积岩研究中几个值得关注的问题［J］. 岩性油气藏，28（1）：6–15.

周立宏，陈长伟，韩国猛，等，2019. 渤海湾盆地歧口凹陷沙一下亚段地质特征与页岩油勘探潜力［J］. 地球科学，44（8）：2736–2750.

周利民，2016. 鄂尔多斯盆地西南部长 7 沉积环境对细粒沉积物的影响［D］. 西安：西安石油大学：31–45

周鹏，2014. 新疆吉木萨尔凹陷二叠系芦草沟组致密油储层特征及储层评价［D］. 西安：西北大学：72.

周庆凡，杨国丰，2018. 美国页岩油气勘探开发现状与发展前景［J］. 国际石油经济，26（9）：39–46.

朱超，夏志远，王传武，等，2015. 致密油储层甜点地震预测［J］. 吉林大学学报（地球科学版），45（2）：602–610.

祝海华，钟大康，姚泾利，等，2014. 鄂尔多斯西南地区长7段致密油储层微观特征及成因机理［J］. 中国矿业大学学报，43（5）：853–863.

邹才能，2014. 非常规油气地质学［M］. 北京：地质出版社.

邹才能，杨智，朱如凯，等，2015. 中国非常规油气勘探开发与理论技术进展［J］. 地质学报，89（6）：3–31.

邹才能，赵政璋，杨华，等，2009. 陆相湖盆深水砂质碎屑流成因机制与分布特征——以鄂尔多斯盆地为例［J］. 沉积学报，27（6）：1065–1075.

邹才能，翟光明，张光亚，等，2015. 全球常规—非常规油气形成分布、资源潜力及趋势预测［J］. 石油勘探与开发，42（1）：13–25.

邹才能，陶士振，侯连华，等，2014. 非常规油气地质学［M］. 北京：地质出版社，245–252.

邹才能，陶士振，袁选俊，等，2009. 连续型油气藏形成条件与分布特征［J］. 石油学报，30（3）：324–331.

邹才能，杨智，王红岩，等，2019. "进源找油"：论四川盆地非常规陆相大型页岩油气田［J］. 地质学报，93（7）：1551–1562.

邹才能，杨智，张国生，等，2014. 常规—非常规油气"有序聚集"理论认识及实践意义［J］. 石油勘探与开发，41（1）：14–27.

邹才能，杨智，朱如凯，等，2015. 中国非常规油气勘探开发与理论技术进展［J］. 地质学报，89（6）：979–1007.

邹才能，张国生，杨智，等，2013. 非常规油气概念、特征、潜力及技术——兼论非常规油气地质学［J］. 石油勘探与开发，40（1）：385–454.

邹才能，朱如凯，白斌，等，2015. 致密油与页岩油内涵特征潜力及挑战［J］. 矿物岩石地球化学通报，34（1）：3–17.

邹才能，朱如凯，吴松涛，等，2012. 常规与非常规油气聚集类型、特征、机理及展望——以中国致密油和致密气为例［J］. 石油学报，33（2）：173–187.

Abdul Wahid，2018. 中国鄂尔多斯盆地东南部侏罗系延长组（长7）油页岩地球化学特征和沉积环境研究［D］. 西安：西安石油大学：19–45.

Alattar H H，2010. Experimental study of spontaneous capillary imbibition in selected carbonate core samples［J］. Journal of Petroleum Science & Engineering，70（3–4）：320–326.

Alhuthali A，Datta–Gupta A，2004. Streamline simulation of counter–current imbibition in naturally fractured reservoirs［J］. Journal of Petroleum Science & Engineering，43（3–4）：271–300.

Anne Pendleton Steptoe，Timothy R Carr，2010. Lithostratigraphy and Depositional Systems of the Bakken Formation in the Williston Basin，North Dakota［C］//AAPG Eastern Section Meeting，Kalamazoo，Michigan，September 25–29.

Arns C H，Bauget F，Ghous A，et al，2005. Digital Core Laboratory：Petrophysical Analysis from 3D Imaging of Reservoir Core Fragments［J］. Petrophysics，46（4）：260.

Aronofsky J S, Masse L, Natanson S G, 1958. A model for the mechanism of oil recovery from the porous matrix due to water invasion in fractured reservoirs [J]. Trans. AIME, 213: 17–19.

B LeCompte, G Husan, 2010. Quantifying Source Rock Maturity From Logs : How To Get More Than TOC From Delta Log [R]. SPE133128.

B Madden, S Vossoughi, 2013. US shale gas and tight oil boom–the opportunities and risks for America [R]. SPE 165770.

Bustillo Ma, Arribas M E, Bustillo M, 2002. Dolomotization and silicification in low–energy lacustrine carbonates(Paleogene, Madrid Basin, Spin) [J]. Sedimentary Geology, 151 (1/2): 107–126.

By Janet K Pitman, Leigh C Price, Julie A LeFever, 2001. Pitman. Diagenesis and Fracture Developmentin the Bakken Formation, Williston Basin : Implications for Reservoir Qualityin the Middle Member [M]. USGS.

Cander H, 2012. Sweet Spots in Shale Gas and Liquids Plays : Prediction of Fluid Composition and Reservoir Pressure [C]//Search and Discovery Article #40936. Oral presentation at AAPG Annual convention and Exibition, Long Beach, California, Aprpril 22–25.

Chong K K, Grieser W V, Passman A, 2010. A completions guide book to shale–play development : a review of successful approaches towards shale–play stimulation in the last two decades [C]//Beijing, China : SPE International Oil and Gas Conference and Exhibition.

Civan F, Rasmussen M L, 2001. Asymptotic Analytical Solutions for Imbibition Waterfloods in Fractured Reservoirs [J]. SPEJ., 6 (2): 171–181.

Clarkson C R, Pedersen P K, 2011. Production analysis of Western Canadianunconventional light oil plays [R]. CSUG/SPE 149005.

Cosima Theloy, Stephen A Sonnenberg, 2012. Factors Influencing Productivity in the Bakken Play, Williston Basin [Z]. AAPG Search and Discovery Article #10413. Oral presentation at AAPG Annual convention and Exibition, Long Beach, California, Aprpril 22–25.

Curtis M E, Ambrose R J, Sondergeld C H, et al, 2010. Structural characterization of gas shales on the micro– and nano–scales [R]. SPE 137693.

Curtis M E, Ambrose R J, Sondergeld, et al, 2010. Structural characterization of gas shales on the micro–and nano–scales [C]//Canadian Unconventional Resources & International Petroleum Conference, Calgary, Alberta, Canada : Canadian Society for Unconventional Gas, CUSG/SSPE 37693: 15.

D M Jarvie, 2010. Unconventional Oil Petroleum Systems : Shales and Shale Hybrids [C]. AAPG Conference and Exhibition, Calgary, Alberta, Canada, September 12–15.

D M Jarvie, 2012. Shale Resource Systems for Oiland Gas : Part 2—Shale–oilResource Systems [R]//J A Breyer. Shale reservoirs—Giant resourcesfor the 21st century : AAPG Memoir 97: 89–119.

David W H, Edward D P, 1992. Origin, Diagenesis, and Petrophysics of clay minerals in sandstones [M]. SEPM special Publication, 47: 65–80.

Demaison G, Huizinga B J, 1994. Genctic classification of petroleum systems using three factors : charge, migration and entrapment//L B Magoon, W G Dow. The petroleum system, from source to trap. American Association of Petroleum Geologists Memoir 60: 73–89.

Demaison G, Murris R J, 1984. In Petroleum Geochemistry and Basin Evaluation, The Generative Basin Concept [J]. AAPG Memoir, 35: 1–14.

Desbois G, Urai J L, Kukla P A, 2009. Morphology of the pore space in claystones–evidence from BIB/FIB ion beam sectioning and cryo–SEM observations [J]. eEarth Discussions, 4: 15–22.

Dorrik A V Stow, 1981. Fine–grained sediments : Terminology [J]. Quarterly Journal of Engineering Geology and Hydrogeology, 14: 243–244.

EIA, 2012. Annual Energy Outlook 2012 with Projections to 2035 [M/OL]. http : //www.eia.gov/ forecasts/ aeo.

El–Amin M F, Salama A, Sun S, 2012. Effects of Gravity and Inlet Location on a Two–Phase Countercurrent Imbibition in Porous Media [J]. International Journal of Chemical Engineering, 2012: 1–7.

EL–Amin M F, Sun S, 2011. Effects of Gravity and Inlet/Outlet Location on a Two–Phase Cocurrent Imbibition in Porous Media [J]. Journal of Applied Mathematics, 2011: 1–21.

Geoffrey Thyne, 2001. Simulation of potassium feldspar dissolution and illitization in the Statfjord Formation, North Sea [J]. AAPG Bulletin, 85 (4): 621–635.

Glaser K S, Miller C R, Johnson G M, et al, 2013. Seeking the sweet spot : Reservoir and completion quality in organic shales [J]. Oilfield Review, 2014, 25 (4): 16–29.

Golab A, Knackstedt M, Averdunk H, et al, 2010. 3D Porosity and Mineralogy Characterization in Tight Gas Sandstones [J]. The Leading Edge, Society of Exploration Geophysicts, 12: 1476–1483.

Guillaume Desboisa, Janos L Urai, Peter A Kukla, et al, 2011. High–resolution 3D fabric and porosity model in a tight gas sandstone reservoir : A new approach to investigate microstructures from mm–to nm–scale combining argon beam cross–sectioning and SEM imaging [J]. Journal of Petroleum Science and Engineering, 78 (2): 243–257.

J A Ward, 2010. Kerogen Density in the Marcellus Shale [J]. SPE131767.

J David Hughes, 2015. Bakken Reality Check—The Nation's Number Two Tight Oil Play After a Year of Low Oil Prices [R/OL]. [2015–10–07]. http : //www.postcarbon.org/wp–content/uploads/2015/10/Hughes–Bakken–Reality–Check–Fall–2015.pdf.

Jeffery F Mount, 1984. Mixing of siliciclastic and carbonate sediments in shallow shelf environments [J]. Geology, 12: 432–435.

Jobe H, 2011. Natural Fractures : Their Role in Resource Plays [C]. Tight Oil From Shale Plays World Congress.

Joe H S Mac Quaker, A E Adams, 2003. Maximizing information from fine–grained sedimentary rocks : an inclusive nomenclature for mudstones [J]. Journal of Sedimentary Research. 73 (5): 735–744.

Kazemi H, Merrill L S, et al, 1976. Numerical simulation of water–oil flow in naturally fractured reservoirs [J]. SPEJ., 16 (6): 317-326.

Kenneth S Okiongbo, Andrew C Aplin, et al, 2005. Changes in type Ⅱ kerogen density as a function of maturity : evidence from the kimmeridge clay formation [J]. Energy & Fuels, 19: 2495–2499.

Latham S, Varslot T, Sheppard A P, 2008. Image Registration : Enhancing and Calibrating X–ray Micro–CT

Imaging [J]. Society of Core Analysts, 35: 1–12.

Laura J C, Robert L, Matthew W T, 1996. Silicilasticdiagenesis and fluid flow : Concepts and applications [J]. Tulsa, Oklahoma, U.S.A : 1–217.

Lin lin, Li Chaodong, Wu Changfu, et al, 2017. Carbon and oxygen isotopic constraints on paleoclimate and paleoelevation of the south–western Qaidam Basin, northern Tibetan Plateau [J]. Geoscience Frontiers, 5: 1175–1186.

Liu Zhi, Ahmmed Abbas, Jing Bingyi, et al, 2012. WaVPeak : picking NMR peaks through wavelet–based smoothing and volume–based filtering [J]. Bioinformatics, 28 (7) : 914–920.

Loucks R G, Reed R M, Ruppel S C, et al, 2009. Morphology, genesis, and distribution of nanometer–scale pores in siliceous mudstones of the Mississippian Barnett Shale [J]. Journal of Sedimentary Research, 79: 848–861.

Loucks R G, Reed R M, Ruppel S C, et al, 2010. Preliminary classification of matrix pores in mudrocks [J]. Gulf Coast Association of Geological Societies Transactions, 60: 435–441.

Loucks R G, Reed R M, Ruppel S C, et al, 2012. Spectrum of pore types and networks in mudrocks and a descriptive classification for matrix–related mudrock pores [J]. AAPG Bulletin, 96 (6) : 1071–1098.

Lucier A M, Hofmann R, Bryndzia L T, 2011. Evaluation of variable gas saturation on acoustic log data from the Haynesville Shale gas play, NW Louisiana, USA [J]. The Leading Edge, 30 (3) : 300–311.

Maiek E, Zhang Hao, Bai Baojun, et al, 2011. Submicro–pore characterization of shale gas plays [R]. SPE 144050.

Mallet S, Hwang W L, 1992. Singularuty detection and Processing with Wavelet [J]. IEEE Trans on IT, 38 (2) : 617–643.

Mao Z, Kuang L, Sun Z, et al, 2007. Effects of hydrocarbon on deriving pore structure information from NMR T_2 data [C]//48th Annual Logging Symposium.

Mattax C C, Kyte J R, 1962. Imbibition oil recovery from fractured, water–drive reservoir [J]. SPE Journal, 2 (2) : 177–184.

Milner M, McLin R, Petriello J, 2010. Imaging texture and porosity in mudstones and shales : comparison of secondary and ion milled backscatter SEM methods in Canadian Unconventional Resources & International Petroleum Conference [J]. Alberta, Canada : Canadian Society for Unconventional Gas, CUSG/SSPE 138975.

Milner M, Mclin R, Petriello J, et al, 2010. Imaging texture and porosity in mudstones and shales : Comparison of secondary and ion milled backscatter SEM methods [R]. SPE138975.

Mohammad Reza KamaLi, Ahad Allah Mirshady, 2004. Total organic carbon content determined from well logs using ΔLog*R* and Neuro Fuzzy techniques [J]. Journal of Petroleum Science and Engineering, 45: 141–148.

Momper J A, 1978. Oil migration limitations suggested by geological and geochemical considerations [M]. Tulsa : AAPG, 1–120.

Murray G H, 1968. Quantitative fracture study, sanish pool, McKenzie County, North Dakota [J]. AAPG

Bulletin, 52（1）: 57–65.

Nelson P H, 2009. Pore throat sizes in sandstones, tight sandstones, and shales [J]. AAPG Bulletin, 93（89）: 329–340.

Passcey Q R, Moretti F U, Stroud J D, 1990. A Practical Model for Organic Richness from Porosity and Resistivity Logs [J]. AAPG Bulletin, 74: 1777–1794.

Pepper A S, Corvi P J, 1995. Simple kinetic models of petroleum formation Part Ⅲ: Modelling an open system [J]. Marine and Petroleum Geology, 12（4）: 417–452.

Poon A, 2011. Low–frequency seismic illuminates shale plays [M]. Hart Energy Publishing, E&P, 84（3）: 84–85.

Slatt E M, O'Neal N R, 2011. Pore types in the Barnett and Woodford gas shale: contribution to understanding gas storage and migration pathways in fine–grained rocks (abs.) [J]. AAPG annual Convention Abstracts, 20: 167.

Stephen Sonnenberg, J Frederick Sarg, James Vickery, 2011. Middle Bakken Facies, Williston Basin, USA: A Key to Prolific Production [J]. AAPG Annual Convention and Exhibition.

Talbot M R, 1990. A review of the palaeohydrological interpretation of carbon and oxygen isotopic rations in primary lacustrine carbonates [J]. Chemical Geology: Geoscience section, 80（4）: 261–279.

Talbot M R, Kelts K, 1990. Paleolimnological signatures from carbon and oxygen isotopic rations in carbonates, from organic carbon–rich lacustrine sediments [M]//Katz B J. Lacustrine Basin Exploration: Case Studies and Modern Analogs. Tulsa: AAPG, 99–112.

Tang X, Chen X, Xu X, 2012. A cracked porous medium elastic wave theory and its application to interpreting acoustic data from tight formations [J]. Geophysics, 77（6）: 245–252.

Thomas R Taylor, Melvyn R Giles, 2010. Sandstone diagenesis and reservoir quality prediction: Models, myths, and reality [J]. AAPG, 94（8）: 1093–1132.

Tom Andrews, 2012. Experiences in Alberta's Tight Oil Plays: Devonian to the Cretaceous [C]. Shale Gas & Oil Symposium.

Treadgold G, B McLain, S Sinclair, et al, 2010. Seismic reveals Eagle Ford rock properties: Hart Energy Publishing [J]. E&P, 83（9）: 47–49.

Tyson R V, 2010. Sedimentation rate, dilution, preservation and total organic carbon: some results of a modeling study [J]. Org. Geochem, 32: 333–339.

Van Golf–Racht T D, 1982. Fundamentals of Fractured Reservoir Engineering [M]. Amsterdam: Elsevier Scientic Publishing Company: 1–710.

Walls J D, Diaz E, Derzhi N, et al, 2011. Eagle Ford shale reservoir properties from digital rock Physics [C]. HGS Aplied Geoscience Mudrocks Conference (AGC).

Walter E Dean, Margaret Leinen, Dorrik A V Stow, 1985. Classification of deep–sea, fine–grained sediments [J]. Journal of Sedimentary Research, 55: 250–256.

Wang Hongyu, Fan Tailiang, Fan Xuesong, et al, 2016. Principles of trap development and characteristics of hydrocarbon accumulation in a simple slope area of a lacustrine basin margin: an example from the northern section of the western slope of the Songliao Basin, China [J]. Journal of Earth Science, 27 (6): 1027-1037.

William Christian Krumbein, 1932. The mechanical analysis of fine-grained sediments [J]. Journal of Sedimentary Research, 2: 140 -149.

Yuan Jianying, Huang Chenggang, Zhao Fan, et al, 2015. Carbon and oxygen isotopic composition, and paleoenvironmental significance of saline lacustrine dolomite from the Qaidam basin, western China [J]. Journal of Petroleum Science and Engineering, 135 (11): 596-607.

Zou C N, Yang Z, Tao S Z, 2013. Continuous hydrocarbon accumulation in a large area as a distinguishing characteristic of unconventional petroleum : The Ordos Basin, North-Central China [J]. Earth-Science Reviews, 126: 358-369.